創新材料學

◆作　者◆田民波

◆校　訂◆張勁燕

五南出版

五南圖書出版公司 印行

内容簡介

　　《材料學概論》和《創新材料學》作為材料學組合教材，系統鳥瞰學科概況。《材料學概論》按 10 條橫線討論緒論、元素週期表、金屬、粉體、玻璃、陶瓷、聚合物、複合材料、磁性材料、薄膜材料，說明每一類材料從原料到成品的全程、相關性能及應用，推薦作為本科新生入門教材，以《創新材料學》為輔。《創新材料學》按 10 條縱線介紹各類材料在半導體積體電路、微電子封裝、平面顯示器（包括觸控面板和 3D 電視）、白光 LED 固態照明、化學電池、太陽能電池、核能利用、能量及信號轉換、電磁遮罩、環境保護等領域的應用，推薦作為研究生新生教材，以《材料學概論》為輔。縱橫交叉，旁及上下左右，共涉及百餘個重要知識點，力圖以快捷、形象的方式把讀者領入材料學知識的浩瀚海洋。

　　本材料學組合材料既不是海闊天空的漫談，也不是《材料科學基礎》課程的壓縮，更不是甲、乙、丙、丁開中藥鋪。在內容上避免深、難、偏、窄、玄，強調淺、寬、新、活、鮮。在占有大量資料的前提下，採用圖文並茂的形式，全面且簡明扼要地介紹各類材料的新進展、新性能、新應用，力求深入淺出，通俗易懂。千方百計使知識新起來、動起來、活起來，做到有聲有色，栩栩如生。

　　本書可作為材料、機械、精密儀器、化工、能源、汽車、環境、微電子、電腦、物理、化學、光學等學科本科生及研究生教材，對於從事相關行業的科技工作者和工程技術人員，也具有極為難得的參考價值。

前　言

　　材料一般指具有特定性質，能用於製造有用物品的物質。材料的獲得離不開人的勞動。人們在追求材料更高價值的同時，在原料、製造、使用、回收再利用等各個環節都必須考慮資源、節能、環境友好等因素。

　　最早為人類所用的材料，比如石塊、木棒、陶罐、青銅器具、鐵製武器、農具等，種類單一、形式簡單；而今天的汽車、飛機、電腦、平板電視、智慧型手機等，無一不是各種材料的最佳整合，不僅涉及種類繁多的材料、各種材料的性能都發揮到極致，而且處於激烈的競爭和日新月異的變化之中。

　　材料伴隨著人類社會的進步而進展。由於早期的粗放經營，加之近年來環境污染的現狀，一提到材料，人們往往會聯想到鋼鐵、水泥、電解鋁、平板玻璃、多晶矽等，給人的印象是粗放、耗能、低效、污染，似乎與創新和高新技術相距甚遠。因此，無論對於我們培養的學生還是普通民眾，必須消除對材料的誤解與偏見。

　　材料是人類一切生產和生活活動的物質基礎，是生產力的體現，被看成是人類社會進步的標誌。在人類發展的歷史長河中，材料起著舉足輕重的作用。對材料的認識和利用的能力，決定著社會的形態和人類生活的品質，歷史學家往往用製造工具的原材料作為歷史分期的標誌。一部人類文明史，從某種意義上說，也可以稱為世界材料發展史。

　　材料既古老又年輕，既普通又深奧。說「古老」，是因為它的歷史和人類社會的歷史同樣悠久；說「年輕」，是因為時至今日，它依然保持著蓬勃發展的生機；說「普通」，是因為它與每一個人的衣食住行資訊相關；說「深奧」，是因為它包含著許多讓人充滿希望又充滿困惑的難解之謎。可以毫不誇張地說，世界上的萬事萬物，就其和人類社會生存與發展關係密切的程度而言，沒有任何東西堪與「材料」相比。

　　「材料科學與工程」此學科包括四個基本要素，即材料的成分和結構、材料的製造與加工、材料的性能以及材料的應用行為。這四要素之間的密切結合，決定了材料科學的發展方向。性質是確定材料功能特性和應用的基準；組成與結構是構成任何一種材料的基礎；而材料的合成、加工與使用性能則是其能否發展的最關鍵的環節。所以材料科學與工程既包括基礎研究和應用研究兩個方面，同時還具有許多學科交叉的特點。

　　有人常用「一流的設備、二流的人才、三流的管理、四流的材料」來形容某些企業。意思是說，不少新建企業「不缺錢」，用大把的錢購進嶄新的設備，用大把的美元從國外購入先進的關鍵設備。同一些國家和地區的企業相比，我們後建的企業，設備普遍比他們的新，有的比他們的更先進，但同樣規模的企業，我們的效益卻望塵莫及。這樣的企業當然生產不出一流的產品。生產不出一流產品的企業，又如何會有一流的人員和一流的管理呢？

　　影響創新的其它原因暫且不談，單就材料而言，「巧婦難為無米之炊」，在科學發展史上，新材料的出現導致高技術誕生的實例屢見不鮮。例如，20 世紀 50 年代鎳基超級合金的出現，將材料使用溫度由原來的 700℃提高到 900℃，從而導致了超音速飛機的問世；而高溫陶瓷的出現，則促進了表面溫度高達 1000℃的太空梭的發展。與之相似，如同矽、鍺、化合物半導體材料之於電腦，螢光體材料、液晶材料、各種膜層、特殊玻璃之於顯示器，陽極材料、陰極材料、電解液、隔離層之於各類電池，猶如水之源、木之本。無一撇一捺，何談人字？

　　新材料是指新出現或已在發展中的、具有傳統材料所不具備的優異性能和特殊功能的材料。新材料更新換代快、式樣多變，其製造和生產往往與新技術緊密相連，其製造及在高技術中的應用，需要更綜合的知識和能力。每一種新材料的發現，每一項新材料技術的應用，都會給社會生產和人類的生活帶來巨大改變，把人類文明推向前進。材料工業始終是世界經濟的重要基礎和支柱，隨著社會的進步，材料的內容正在發生重大變化，一些新材料和相應技術正在不斷替代或局部替代傳統材料。

　　概括起來，材料是人類社會進步的標誌，材料是當代文明的根基，材料是各類產業的基礎，先進材料是高新技術的核心，新材料是國家核心競爭力的體現，材料可以「點石成金，化腐朽為神奇」，材料可以「以不變應萬變」，提高材料的性能永無止境，新材料應該不斷適應技術創新和產業創新。

　　「創新是一個民族進步的靈魂」。創新是經濟發展的根本現象。創新包括技術創新、管理創新和制度創新。創新應包括五個方面：新產品開發、新技術引入、開闢新的市場、獲得新的資源、創立新的組織。其中，材料創新具有舉足輕重的作用。目前，新材料已成為高新技術產業發展的關鍵、科學創新和技術創新的基礎。「製造材料者製造技術」，無論是原始創新、整合創新還是引進消化吸收再創新，往往都是以新材料作為基礎。

　　前二、三十年，我們發展的技術起點較低，所需要的技術大都是國外成熟的技術，甚至有些是過時的低端技術，因此從國外購買技術相對容易。然而，這種用大量金錢從國外購買技術、設備、材料的現象，是具有明顯的階段性特徵的，是不可能持續的。特別是，有錢難買新材料。在一個產業領域，不掌握核心材料，總歸要受制於人。我們不可能永遠擁有低成本的優勢，也不可能靠別人的技術實現我們自己的現代化，這只能是大而不強。

　　作為《材料學概論》的續篇，《創新材料學》共分 10 章，每章涉及一個相對獨立的材料領域，自成體系，內容全面，系統完整。內容包括半導體積體電路材料、微電子封裝和封裝材料、平面顯示器（包括觸控面板和 3D 顯示器）相關材料、半導體固態照明及相關材料、化學電池及電池材料、光伏發電和太陽能電池材料、核能利用和核材料；能源、信號轉換及感測器材料、電磁相容——電磁遮罩及 RFID 用材料、環境友好和環

境材料，涉及高新技術的各個領域。因此，本書所討論的既是高新技術中所採用的新材料，也是新材料在高新技術中的應用。

本書在每章之下採用「節節清」的論述方式，圖文對照。內容豐富，重點突出；層次分明，思路清晰；選材新穎，強調應用；綱舉目張，脈絡清楚。

本課程教學的最終目標是培養同學開發新材料的創新能力，而創新能力需要建立在學習理解能力、綜合運用知識能力、系統分析問題能力和創造能力基礎上。內容論述始終圍繞此一目標而展開，通過分析最前沿的實際問題，從各方面增強同學的創新意識，幫助他們樹立創新的理念和思維，積累創新的動力和本領，培養他們成為具有獨立思考，勇於創新的人才。

本書獲得清華大學 985 名優良教材立項資助，並受到清華大學材料學院的全力支持。劉偉、陳娟、程利霞、吳薇薇博士參加了本書的部分輔助工作，在此一併表示感謝。

作者水準有限，不妥或謬誤之處在所難免，懇請讀者批評指正。

田民波

2015 年 8 月

目　錄

3　平面顯示器及相關材料　　131

4 半導體固態照明及相關材料 243

5　化學電池及電池材料　　　　371

6 光伏發電和太陽能電池材料   429

7 核能利用和核材料 523

8 能量、信號轉換及感測器材料　　565

9　電磁相容 ── 電磁遮罩及 RFID 用材料　　613

10 環境友好和環境材料　709

1

半導體和積體電路（IC）材料

1.1　何謂積體電路（IC）

1.1.1　從分立元件到積體電路

「積體電路」的英文名稱為「integrated circuits」，簡稱 IC。

顧名思義，積體電路是集多個電路元件為一體，共同產生各種電氣（電子）功能的組合電路。

稍微年長者，大都見過甚至親手裝過礦石收音機。為能收到電臺的廣播，要把分立的電晶體、電阻、電容、二極體等插在印刷電路板上，通過引線組成電路。

與此相對，現在最為普及的半導體積體電路是在一個矽單晶基片上做成多個具有電晶體、電阻、電容等功能的元件，用鋁佈線（現在更多地採用銅佈線）連接在一起，所起的作用可以與上述礦石收音機電路的作用完全相同，只是做成一體，又小又細，用肉眼看不到而已。

現在，在工業生產的 IC 中，最小線寬已達 90nm（最先進技術為 32nm，45nm 技術次之），與礦石收音機時代相比，尺寸僅為原來的 5 萬分之一，面積僅為 30 億分之一，由此可以想像其整合度高到什麼程度。

電路的高度整合，不僅大大利於電子設備的小型化，而且由於電路同時具備各式各樣的功能，從而有利於提高性能，減低功耗，增加可靠性。IC 的變遷及尺寸比較，如圖 1.1 所示。

1.1.2　由矽圓片到晶片再到封裝

實際的矽 IC，一般要在一塊很薄的圓盤形單晶（single crystal）矽片上同時做出很多個，再劃分成一個一個的 IC 晶片，最後要做成封裝元件。

由於晶片（wafer）又小又薄又脆，IC 中佈線又細又密，晶片若不封裝，直接與印刷電路板電氣連接十分困難。而且直接拿晶片操作也易產生裂紋甚至斷裂等缺陷，因此封裝是必不可少的。

所謂封裝是把 IC 晶片安置在基板上，經引線、鍵合、封接，最後封裝成一個整體。封裝具有電氣特性保持、物理保護、散熱防潮、應力緩和、節距變換、通用化、規格化等功能。而封裝涉及的有薄厚膜、微細連接、多層基板、封接封裝等幾大類關鍵技術。由矽晶圓片到晶片再到封裝的關係，如圖 1.2 所示。

　　諸位若打開你的微型電腦看一看，首先見到的可能就是這種被封裝的 IC，常稱之為「封裝晶片」。封裝有各種形式，一般都有多條腿（用於電氣連接），容易使人聯想起蚰蜓，故常有此稱呼。實際上，IC 就隱藏在其中。

1.1.3　從雙極性元件到 MOS 元件

　　矽 IC 可以分為 MOS 型和雙極性電晶體型，二者皆可以由自由電子為載子，又可以由電洞為載子。雙極性型具有速度快的特質，在高頻率、低雜訊、高放大倍數等方面占有優勢等優點，但是也存在構造複雜、微細化、高整合化較難、價格高、功耗大等缺點，主要用於無線電傳送等。CMOS 型具有構造簡單、易於實現微細化、高整合、功耗小、價格便宜、通過微細化易於實現高速化等優點，但是與雙極性型相比，一般來說速度較慢，且頻率特性、雜訊特性較差，主要用於記憶體、微處理器、邏輯元件等。

1.1.4　半導體積體電路的功能及按規模的分類

　　礦石收音機時代就已使用的二極體、電晶體、電阻、電容等分立元件（discrete device），至今仍在生產、出售、使用。IC 中更是大量存在具有相同功能的元件，為與通常的分立元件區別，稱前者為「半導體元件」。

　　這些半導體元件，一般可以分成兩大類。

　　第一大類為有源元件（又稱為能動元件、主動元件），指在 IC 中具有使電氣信號放大、變換等積極功能的元件，例如電晶體、二極體等。

　　第二大類為無源元件（又稱為受動元件、被動元件），指在 IC 晶片中起受動作用的元件，例如電阻、電容等。

　　這些半導體元件在 IC 中成千上萬，數量很多，為對積體電路有初步了解，應該從以下幾個方面考慮。

　　(1) 功能方面：該積體電路有哪些功能，起什麼作用？

　　(2) 性能方面：運行速度、工作電壓、功耗各是多少？

　　(3) 整合度方面：IC 中含有多少（數量級）半導體元件？

　　(4) 整合密度方面：半導體元件在晶片上擠得有多滿，或說單位面積上裝有多少半導體元件？

　　(5) 技術方面：為實現上述要求，採用了哪些技術？

　　從 1958 年積體電路發明算起，在 50 餘年的時間裡，IC 在上述各個方面都有突飛猛進的發展，其更新的速度令人驚奇。僅從整合度方面看，在前 30 年就先後更換了四、五代。在其後的近 20 年中，整合度繼續按摩爾定律（Moore's law）向前發展。截至 2015 年，一個晶片上的元件數甚至超過 4T。與整合度按幾何級數增加相比，表徵閘長和線寬的「特徵尺寸（feature size）」更能直觀地反映技術進步和技術難度，因此現在一般按生產線的特徵尺寸（設計基準）表徵產業化水準。

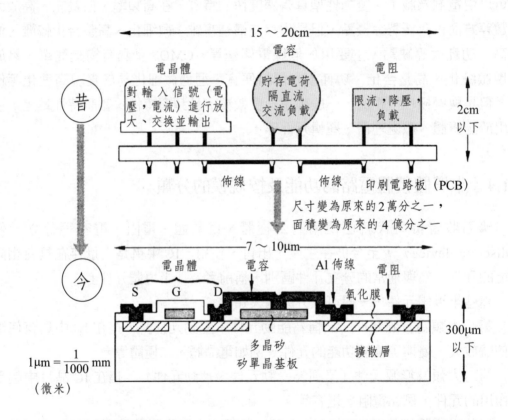

圖 1.1　積體電路（IC, integrated circuits）的變遷及尺寸的比較

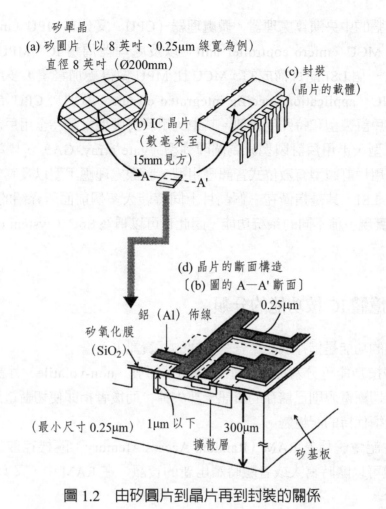

圖 1.2 由矽圓片到晶片再到封裝的關係

1.2 積體電路（IC）發明逾 50 年——兩人的一小步，人類的一大步

1.2.1 從記憶體到 CPU、系統 LSI（CMOS 數位式 IC 的分類）

IC（integrated circuit）大體上分為四大類，分別是記憶體（memory）、微處理器（CPU）、AS-IC 以及系統 LSI（SoC）多媒體微處理器與內設 DRAM 微機等。

首先，記憶體 IC 的功能是儲存記憶各式各樣資訊。其次，所謂 CPU 是指相

當於電腦大腦的中央演算處理器。微處理器（CPU）又分為 MPU（microprocessor unit）、MCU（micro controller unit）以及處理器周邊 IC。MPU 是在 CPU 部分僅裝入一個 LSI 晶片構成的。MCU 比 MPU 做得更加緊湊，多用於家電等產品。AS-IC（application specific integrated circuit）區別於 CPU 更多為訂製的，分為用戶訂製型和特殊用途型。其中的用戶訂製型又分為全用戶訂製型以及半用戶訂制型，半用戶訂製型分為閘陣列型（gate array, GA）、標準單元陣列型。而特殊用戶訂製型有數位式音訊應用型，影像處理應用型以及其它的應用。最後是系統 LSI，其是指僅在一個晶片上同時裝入多個前面所介紹的通用 IC 以及 LSI，以實現多種不同的系統功能，因此也可以稱為 SoC（system on chip），即單晶片系統。

1.2.2　記憶體 IC 按功能的分類

記憶體的功能是儲存或記憶各式各樣的「資訊」。

記憶體按功能可分為揮發性記憶體和不揮發（non-volatile）性記憶體兩大類：前者指切斷電源則已儲存的資訊全部失掉；而後者指即使切斷電源，已儲存的資訊也繼續保持的記憶體。

揮發性記憶體稱為 RAM（Random Access Memory：隨機存取記憶體），這種記憶體可以隨時寫入或者隨時讀出新的資訊。在 RAM 中，又有 DRAM 和 SRAM 之分。

在 DRAM（Dynamic RAM：動態隨機存取記憶體）中儲存的資訊，即使電源不切斷，經過一定的時間，記憶內容也會失掉。為此，在 DRAM 中，每經過一定的時間需要重複進行「再存入」（修復動作）操作。

與此相對，對於 SRAM（Static RAM：靜態隨機存取記憶體）來說，只要電源不切斷，記憶就繼續保持。沒有必要像 DRAM 那樣進行「再存入」操作，因此使用方便，速度也快。

無論是 DRAM 還是 SRAM，都屬於揮發性記憶體，電源一旦切斷，記憶的內容就會失掉。與此相對，即使電源切斷，內容仍能保持的不揮發性記憶體為 ROM。通常，僅提到 ROM，是指「光罩 ROM」，其記憶的內容在 IC 製作時即已存入，以後不能更改，故只能進行「讀出動作」，為唯讀性記憶體。

與此相對，EPROM 在 IC 製造時處於「白紙」狀態，必要資訊可以在以後記入。而且，經紫外線照射可消除記入的資訊，但與 DRAM 相比要慢得多，消

除時全部資訊同時失掉。

　　EPROM 也屬於 ROM，其中資訊可以塊為單位，由電氣方法進行消除，只是構造複雜，整合度難以提高。

　　集上述各種記憶體的優點，近年來出現了快閃記憶體。例如家庭用 ISDN（Integrated Services Digital Networks：整合服務數位網路系統）設備等，經一次設定，以後即使電源切斷，也不會自動消除，顯然快閃記憶體儲存器等大有用武之地。

1.2.3　DRAM 中電容結構的變遷

　　DRAM（dynamic random access memory）是一種重要的記憶體結構。該類型的儲存 IC 工作速度很快，常用於 LSI 系統核心區域的緩存。然而 DRAM 在中斷電源之後資料會丟失，因此需要不斷刷新每個單元，為每個單元的電容充電來維持資料信號。

　　由於 DRAM 的特點，它的資料存取速度以及刷新速度是我們關心的重點。其中每個單元的 MOS 結構充放電過程可以用 RC 二端口網路模型來看，特徵時間為 RC，是限制 DRAM 的工作頻率主要參數。因此想降低 DRAM 充電與放電的特徵時間，提高工作頻率，就要不斷地減小 DRAM 的電容。同時電容的面積也是我們關心的重點，隨著晶片整合度的不斷提高，DRAM 的容量也不斷倍增，電容面積也應該向著更小的方向發展，才能適應此一發展趨勢。最早期是平板型電容器構造，占用面積很大。後來出現了疊層型電容器構造與溝槽型電容器構造，分別體現了向上與向下兩個方向的發展趨勢。之後出現了溝槽再疊層型電容器構造，結合了二者的結構特點，使得單個單元的面積更小。DRAM 中電容結構的變遷，如圖 1.3 所示。

　　半導體記憶體（特別是 DRAM）晶片的儲存容量，基本上是按每 3 年 4 倍的速度增加，隨著儲存容量的增加，半導體記憶體相應地更新換代。為製作 DRAM，規定元件各部分的尺寸及相互位置關係的「設計基準」，每 3 年縮小到前一代的 70%。與此相對，每更新一代，儲存容量增加 4 倍，即使如此，晶片面積並不增加到原來的 4 倍，而只是增加到大約 1.5 倍。伴隨著 DRAM 的更新換代，晶片尺寸之所以必須控制在如上所述的 1.5 倍，主要是基於經濟方面的理由。在儲存容量增加到 4 倍的同時，還必須確保有競爭力的售價，因此必須極力避免晶片尺寸的增大，與此相應的技術革新是必不可少的。而且，即使對同一代

的 DRAM 來說，採取壓縮（縮小）方式，也可以使晶片尺寸進一步縮小。如果在微細加工技術中進一步引入晶片壓縮技術，則從 1 塊矽圓片可取出的有效晶片數就會增加，結果可使價格進一步降低。半導體記憶體中最重要的是快閃記憶體（flash memory），其單元陣列如圖 1.4 所示。DRAM 三位結構的位元線單元，如圖 1.5 所示。

1.2.4　微處理器的進展

微處理器是積體電路中最具代表性的門類，也是更新換代最快的，平均每 3 ～ 5 年就有一次大的變革和突破，而且隨著時間的推移，突破的時間不斷縮短。

從 1971 年英特爾（Intel）發布世界上第一個微處理器 4004 開始，微處理器就進入了高速發展的階段，到 2007 年 1 月時，Intel 發布了針對桌面電腦的 65nm 製程 Intel 芯 TM2 四核處理器和另外兩款四核伺服器處理器。Intel 芯 TM2 四核心處理器含有 5.8 億多只電晶體。最近，Intel 公布了採用突破性的電晶體，即高 -k 閘介電質和金屬閘極電晶體，已經生產出了 Intel 45nm 微處理器名稱 Penryn。儘管總有「對電晶體尺寸縮微技術的研發走到了盡頭」的擔憂，但權威專家確信，通過更加先進的照相製版微影成像（photo-lithography）技術與新型材料相結合，以及改變 IC 的設計（如進一步採用 SOI、應變矽、EDRAM、Fin-FET、HOT、MRAM、MultiCore 技術）等，將可以使電晶體的特徵尺寸（feuture size）最小壓縮至 5nm，在未來 10 年有效地推動 IC 晶片產業的發展。

2009 年初，Intel 公司和 IBM 公司均公開表態，將開發新一代的鰭式場效應管（FinFET），可能最早與 2011 年或 2012 年開始的 22nm 技術時代投入使用。這種電晶體具有更高密度的優勢。

而且，新材料和新的製造技術遲早會使電腦技術更加廉價。從長遠來看，新的電子開關元件可能以電磁技術、量子技術乃至奈米動力切換技術為基礎。有一種可能性是使用單一電子的自旋（spin）變化來代表 1 或 0。

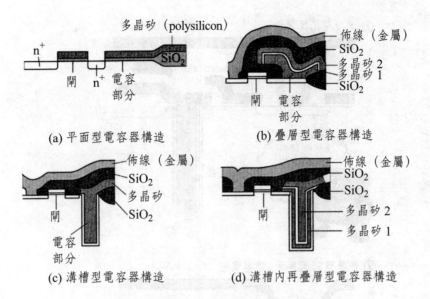

(a) 平面型電容器構造　　　　(b) 疊層型電容器構造

(c) 溝槽型電容器構造　　　　(d) 溝槽內再疊層型電容器構造

圖 1.3　DRAM 中電容結構的變遷

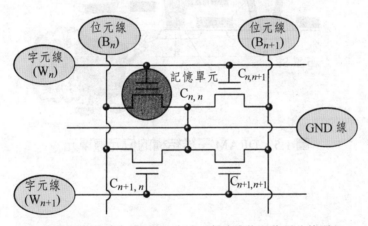

這種單元佈置稱為「NOR 型」，在手機等所使用的快閃記
憶體中採用。此處還有稱為「NAND 型」的，使「記憶單
元」縱向堆積，佈置成單元形式，這類快閃記憶體一般在
「文件塊」等之中採用。

圖 1.4　快閃記憶體的單元陣列

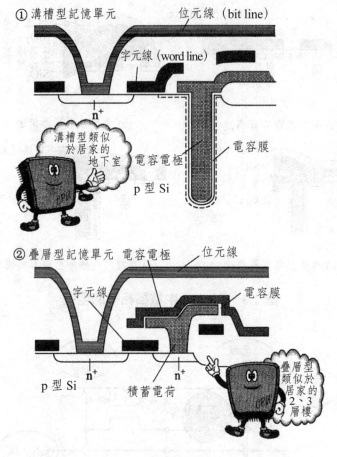

圖 1.5 DRAM 三維結構的位元線單元

1.3 記憶體 IC（DRAM）和邏輯 LSI 的進展

1.3.1 CMOS 構造的斷面模式圖（p 型矽基板）

CMOS（complementary metal-oxide-semiconductor transistor） 中文名為互補金屬氧化物半導體電晶體。在 MOS IC 發展早期，人們發現數位電路中將 PMOS 與 NMOS 串聯，能夠大大減小靜態功耗，這種電路就是 CMOS 電路。最基本的 CMOS 結構是一種反相器（inverter），有著優異的電壓傳輸特性，抗干擾能力極強，並且功耗只發生在高低電位轉換時，這些優點使得 CMOS 在現代 IC 產業中有著重要地位。

　　CMOS 需要將 PMOS 與 NMOS 同時放置在一個積體電路裡，因此必須至少要有一種電晶體放在與襯底反型的井裡。如果襯底是 n 型的，那麼 p 通道 MOSFET 就直接做在襯底上，同時需要形成 p 井以製造 n 通道 MOSFET。類似也可以採用 n 井技術來製作 CMOS。CMOS 的電流特性我們也要考慮，NMOS 和 PMOS 的驅動電流要求近似相等。井是通過補償摻雜得到，會降低其載子（arrier）的遷移率（mobility），同時在電子遷移率比電洞遷移率要高，因此如果採用 p 井技術，在 p 井中製作 n 通道的 MOS 電晶體，我們會得到驅動能力更加對稱的 CMOS。然而我們一般採用 n 井技術來製作 CMOS，因為電路裡多數 MOS 管為 n 通道，需要 p 型襯底。

　　隨著技術發展人們對於性能更加完美的 CMOS 電晶體有著更大的需求，因此採用了雙井、甚至三井技術來製造 CMOS，保證 n 通道的 MOSFET 和 p 通道的 MOSFET 都能有最佳的性能。

1.3.2　快閃記憶體單元電晶體「寫入」、「消除」、「讀出」的工作原理

　　快閃記憶體（flash memory）單元電晶體有很多種類，如圖所示的為基本的浮閘記憶體件，這種元件實際上是一個有兩層閘的 n 通道 MOSFET。控制閘（control gate）連接外部電路，浮閘（floating gate）沒有外部連接。浮閘中的電子洩漏得非常慢，通常可以保存數十年，因此可以被用做記憶元件。

　　浮閘儲存期間的「讀取」相對「寫入（write in）」與「擦除（erase）」要簡單且直接很多。「寫入」與「擦除」一般需要比電源電壓更高的電壓。在很高的通道電壓下，電子達到速度飽和形成熱載子，較高的控制閘電壓有效收集熱載子，我們利用其高能的物理效應穿透絕緣膜完成「寫入」。如果有更薄的絕緣膜，那麼可以利用福爾諾漢（Fowler-Nordheim）隧道效應來實現「擦除」。通過在控制閘與源極之間加上較高的負電壓，形成一部分垂直的電場，則電子會通過隧穿效應離開浮閘，完成「擦除」。其工作原理如圖 1.6 所示。

1.3.3　新元件靠材料和製程的革新而不斷進展

　　2009 年初，Intel 公司和 IBM 公司均公開表態，將開發新一代的鰭式場效應管（FinFET），可能最早與 2011 年或 2012 年開始的 22nm 技術時代投入使用。這種電晶體具有更高密度的優勢。新元件靠材料和製程的進步而不斷發展，如圖

1.7 所示。

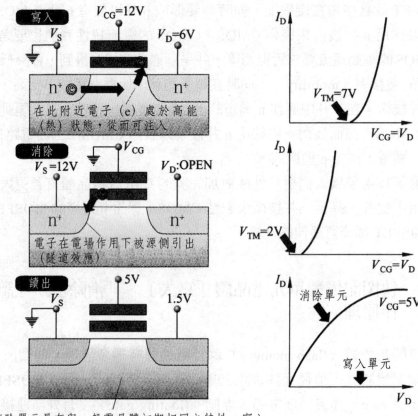

消除單元具有與一般電晶體初期相同之特性。寫入
單元在浮置閘極中電子負電荷的作用下,在閘極上
施加的「正」電壓被抵消,從而不能進行「寫入」
操作。

圖 1.6 快閃記憶體單元電晶體「寫入」、「清除」、「讀出」的工作原理

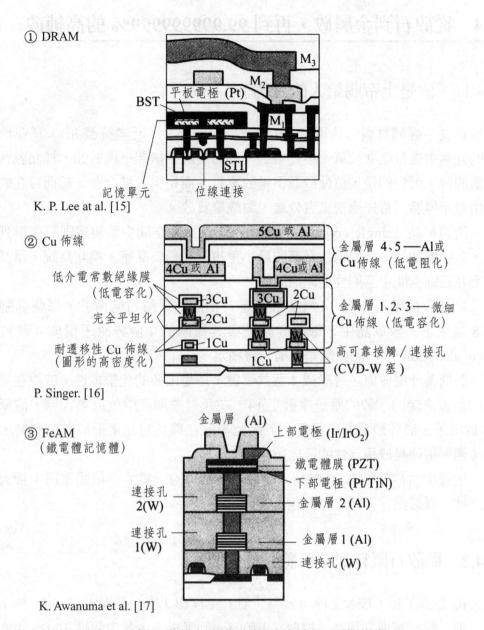

① DRAM

M₃

平板電極 (Pt)

BST

M₂

M₁

STI

記憶單元　位線連接

K. P. Lee at al. [15]

② Cu 佈線

5Cu 或 Al

金屬層 4、5 ——Al或
Cu佈線（低電阻化）

4Cu 或 Al　4Cu 或 Al

低介電常數絕緣膜
（低電容化）

3Cu　3Cu　2Cu

完全平坦化

W　2Cu　W

金屬層 1、2、3 —— 微細
Cu佈線（低電容化）

耐遷移性 Cu 佈線
（圖形的高密度化）

1Cu　W

1Cu

高可靠接觸／連接孔
（CVD-W 塞）

P. Singer. [16]

③ FeAM
（鐵電體記憶體）

金屬層 (Al)

上部電極 (Ir/IrO₂)

鐵電體膜 (PZT)

下部電極 (Pt/TiN)

連接孔
2(W)

金屬層 2 (Al)

連接孔
1(W)

金屬層 1 (Al)

連接孔 (W)

K. Awanuma et al. [17]

圖 1.7　新元件靠材料和製程的進步而不斷進展

1.4　從矽石到金屬矽，再到 99.999999999% 的高純矽

1.4.1　「矽是上帝賜給人的寶物」

作為半導體材料，使用最多的是矽（silicon）（元素符號 Si)，其在地球表面的元素中儲量僅次於氧，排行第二。在路邊隨手撿起一塊石頭，裡面就含有相當量的矽。可惜的是，這種矽並不是矽單質，而是與氧結合在一起而存在的。要想用於半導體，首先應使二者分離，製成單質矽。

所謂單晶（single crystal），是指原子在三維空間中呈現規則有序排列的結構，其中體積最小且對稱性又高的最小重複單元稱為晶胞。換句話說，單晶是由晶胞在三維空間中週期性堆砌而成的。

單晶矽與鑽石（C）、鍺（Ge）具有相同的「鑽石結構」，每個晶胞中含有 8 個原子。矽單晶中，每個矽原子與其周圍的 4 個矽原子構成 4 個共價鍵（covalent bond），因此晶體結構十分穩定。

若問為什麼矽原子會形成 4 個共價鍵，這是由矽的化學本性，或說在週期表中的位置決定的。矽的原子序數是 14，在元素週期表中位於第 IV 族，矽原子有 14 個電子，最外殼層有 4 個電子。因此，矽在與其它元素形成共價鍵時，表現為 4 價，這便是矽穩定性的原因所在。

地殼中含矽量約為 27.72%。這種「不稀罕的元素」在積體電路中卻大有用武之地，真可謂「天賜之物」也！

1.4.2　從矽石原料到半導體元件的製程

IC 製造工程，按大工序可分為「前」工程和「後」工程。

前工程按習慣又稱為「擴散（diffusion）工程」，其中包括 300 ～ 400 道工序。前工程的最終目的是「在矽圓片上製作出 IC 電路」。

所謂後工程是在已完成的矽圓片上，對每個 IC 晶片進行逐個檢查〔G/W（good-chip/wafar）檢查〕，切分矽圓片，把合格的晶片固定（mount）在引線框架的中央島上，將晶片上的電極與引線框架上的電極用細金線鍵合連接（bond-ing）。

進一步為起保護作用，要把晶片封入模壓塑封料中，按印標示品名、型號，電鍍引線，切分引線框架成一個一個的 IC，把引線加工成各種形狀。如此

做成的晶片要按 IC 製品規格分類，檢測可靠性，出廠前最終檢查，作為最初製品到此全部完成。這便是 IC 的全製造過程。

在上述 IC 製造過程，特別是「前工程」中，還包括許多不同的製程（工序），按其技術性質可分為下述幾大類：形成各種材料薄膜的「成膜製程」；在薄膜上形成圖案並蝕刻，加工成確定形狀的「微影成像（lithography）製程」；在矽中摻雜（dope）微量導電性雜質的「雜質摻雜製程」等。其過程如圖 1.8 所示。

同時，在上述各種製程進行過程中，對矽圓片 IC 內部尺寸和形狀，特別是電氣性能等，還要隨時進行相關的測量、檢查和驗證。與此同時，得到的資料要存入電腦中，作為製造履歷加以保存。

萬一資料中發生致命性的異常，應立即停止該矽圓片甚至該批矽圓片的後續製程，查明原因，採取措施加以改正。

1.4.3 從矽石還原為金屬矽

矽在地球表面的元素中儲量排行第二，僅次於氧，占大約 27.72%，通常以矽石（silica，主要成分為 SiO_2）的形式存在。但從矽石變成矽圓片，絕不是一件容易的事。

矽石中矽與氧的結合鍵很強，因此首先要在電弧爐中將矽石熔化，用碳或石墨使矽還原，首先製成純度大約為 98% 的還原「金屬矽」（冶金級單質矽）。

將很脆的塊狀還原矽粉碎成微細粉末，並溶於鹽酸中，製成無色透明的三氯氫矽（$SiHCl_3$，或稱三氯矽烷），並對其進行蒸餾、精製，盡最大可能提高其純度。

從上述三氯氫矽製取多晶矽的最典型方法是「氫還原法」。

首先，將精製成高純度的三氯氫矽與超高純氫一起通入反應器（如玻璃鐘罩）中，在通電加熱的矽晶棒表面，三氯氫矽被氫還原會析出並生長多晶矽。在此反應中，要控制晶棒（ingot）的溫度、氣體的混合比及流量。多晶矽是由大量的單晶矽小顆粒集聚而成的，其純度高達 11 個 9，即 99.999999999%，若與「純金」的純度 99.99% 相比，其純度之高可想而知。

1.4.4 改良西門子法生產多晶矽

工業上利用三氯氫矽還原生產多晶矽的方法，稱為改良西門子（Siemens）法。第一代改良西門子法是分別回收還原爐尾氣中的 $SiHCl_3$、$SiCl_4$、HCl 和 H_2，但 $SiCl_4$ 和 HCl 不再迴圈使用，而是作為副產品出售（或甚至放空而污染環境），H_2 和 $SiHCl_3$ 則回收利用；第二代改良西門子法是將還原尾氣中回收的 $SiCl_4$ 與冶金級矽和氫氣反應，在催化劑（catalyst）參與下生成 $SiHCl_3$（稱之為 $SiCl_4$ 的氫化），再迴圈利用，其反應式為

$$SiCl_4 + H_2 \rightarrow SiHCl_3 + HCl \quad , \quad 3SiCl_4 + Si + 2H_2 \rightarrow 4SiHCl_3$$

第三代改良西門子法是用乾法回收還原尾氣中的 HCl，將解析出的乾燥 HCl 再送回「合成」或「氫化」技術中繼續參與製作三氯氫矽，如此循環往復。這種完全封閉式生成，實現了還原尾氣各種成分的全部迴圈回收利用，不僅做到污染物質的零排放，而且降低了多晶矽生成的物耗和成本。技術流程如圖 1.9 所示。常用的石英坩堝，如圖 1.10 所示。

自半導體積體電路發明以來，矽作為不可替代材料的基礎地位一直未發生，今後也不會發生動搖。近年來光伏發電產業的興起，進一步突顯了矽材料的重要性。「矽是上帝賜給人類的寶物」；「矽材料是根，根深才能葉茂」；「擁矽者為王，得矽者得市場」。中國是矽資源大國，又是多晶矽的主要用戶，絕不能「捧著金碗要飯吃」，應科學有序地發展中國的多晶矽產業。

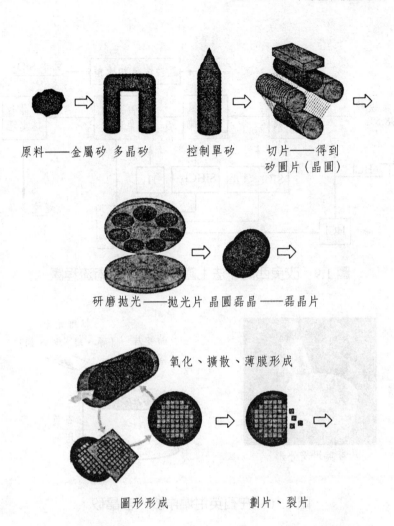

原料——金屬矽　多晶矽　　控制單矽　　切片——得到
　　　　　　　　　　　　　　　　　　　　　矽圓片（晶圓）

研磨拋光——拋光片　晶圓磊晶——磊晶片

氧化、擴散、薄膜形成

圖形形成　　　　　　劃片、裂片

固晶、連線　　　樹脂封裝　　　完成元件

圖 1.8　從矽石原料到半導體元件的製程

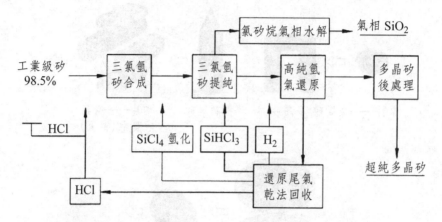

圖 1.9　改良西門子法生產多晶矽的技術流程圖

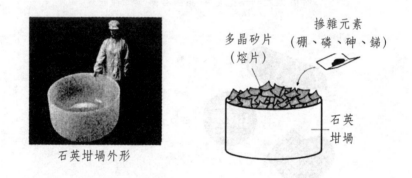

圖 1.10　在石英坩堝中放入多晶矽

1.5　從多晶矽到單晶矽棒

1.5.1　多晶矽的析出及生長

　　半導體積體電路和太陽能電池（solar cell）用單晶矽（single crystal silicon）晶圓〔矽圓片（silicon wafer）〕的製作技術流程是：矽石（SiO_2）→冶金矽→多晶矽→拉製單晶矽→單晶棒切割成矽圓片→矽圓片研磨拋光→拋光矽圓片。

　　從三氯氫矽製取多晶矽（poly crystal silicon）的最典型方法是氫還原法。

矽石（主要成分為 SiO_2）中矽氧的結合鍵很強，因此首先要在電弧爐中將矽石熔化，用碳或石墨使矽還原，首先製成純度大約為 98% 的冶金級矽單質。將很脆的塊狀還原矽粉碎成細微的粉末，並溶於鹽酸中，製成無色透明的三氯氫矽（$SiHCl_3$，或稱為三氯矽烷），並對其進行蒸餾、精製，盡最大可能提高其純度。得到三氯氫矽後，將其與超高純度的氫一起通入反應容器中，在通電加熱的矽晶棒表面，三氯氫矽被氫還原會析出並生長多晶矽。該方法最高的純度可達到11 個 9，即 99.9999999%。而工業上，則利用更加高效環保的改良西門子法生產多晶矽。

1.5.2　直拉法（Czochralski 法）拉製矽單晶

製取單晶矽的方法主要有兩種：一種為 CZ 法柴可斯拉基法，柴氏法（Czochralski 法：直拉法），另一種為 FZ 法（floating zone 法：區熔法）。

在 CZ 法中，要將超高純度的多晶矽粗碎，洗淨後裝入石英坩堝（crucible）中，通過加熱爐熔化。與此同時，添加微量導電型雜質〔稱為摻雜劑（dopant）〕，其摻雜量要嚴格控制。製程如圖 1.11 所示。

為得到 p 型單晶矽要添加硼（B），而 n 型要添加磷（P）、砷（As）或銻（Sb）。通過雜質摻雜量的多少，可以控制單晶矽的電阻率。

用鋼琴絲吊一「種晶（seed）（小單晶）」，與上述熔融矽相接觸，種晶在旋轉的同時被慢慢向上提拉，則在種晶下方生長出單晶矽。在此過程中要調節溫度及提拉速度，由此控制單晶矽棒的直徑及各種特性。而且，拉製單晶矽要用「單晶爐」，在氫氣保護氣氛中進行。生長成的單晶矽棒與種晶同樣，為完整的矽單晶。

矽單晶中的含氧量對單晶的特性，從而對 IC 的特性會產生很大影響。近年來，為減少氧從坩堝石英中溶入矽溶液的量，對溶液施加磁場以減少對流，這種方法稱為 MCZ 法。這種方法也很適應矽片直徑越來越大的發展趨勢，目前正在採用中。

1.5.3　區熔法製作單晶矽

在 FZ 法中，是在含有添加劑的氬（Ar）氣中，通過高頻線圈對多晶矽棒加熱進行帶狀區熔，熔融部分與小種晶接觸後，使線圈上下移動，由此實現整個矽棒的單晶化。

　　所謂 FZ 法，是控制溫度梯度使狹窄的熔區移過材料而生長出單晶的方法。分為水準區熔法和懸浮區熔法。製作過程為將種晶放在料舟的一端，開始先使種晶微熔，保持表面清潔，隨著加熱器向另一端移動，熔區即隨之移動，移開的一端溫度降低而沿種晶取向析出晶體，隨著移動而順序使晶體生長。晶體品質和性能取決於區熔溫度、移動速率、冷卻溫度梯度。懸浮區熔法不使用坩堝限制，可生長高熔點晶體。單晶鎢（3400℃）在真空中區熔無坩堝污染，可製作高純單晶材料。具有高蒸氣壓或可分解的材料，則不能使用此方法。懸浮區熔法製成單晶矽的純度高。採用區域熔化和雜質移除技術相合可得到高純金屬。隨著液封區域熔化和微量區熔等技術的發展，區熔法得到更廣泛的應用。

1.5.4　拋光片、磊晶片和 SOI

　　切好的矽圓片經倒角後，使用含有微細顆粒研磨劑的研磨液，進行機械研磨（lapping）。在對側面磨削之後，將矽圓片置於轉盤之上，對表面進行機械的、化學的研磨，使其變為閃閃發光的鏡面狀態。對於部分矽圓片來說，在經研磨、洗淨後，還要放入擴散爐（diffusion furnace）中，在氮氣和氫氣氣氛中進行熱處理。這樣可以確保矽片表面附近成為無缺陷（DZ：defect zero）層。研磨好的矽圓片，經過各種嚴格檢查，做最後洗淨之後，裝入特製的盒子，出廠銷售。

　　為了製作矽圓片基板，磊晶（epitaxy）矽圓片也是典型方法之一。這種方法是在研磨完成之後或形成埋置擴散層後的矽圓片上，用氣相沉積法形成矽單晶膜。這種氣相生長稱為「磊晶生長（epitaxial growth）」，是在反應容器（chamber）內通入矽烷（SiH_4）及氫氣（H_2），一般將矽圓片加熱到大約 1500℃的高溫，通過流動狀態的 SiH_4 與 H_2 的氣相反應，在矽基板表面按其晶體學方向連續地生長。整體過程如圖 1.12 所示。

　　此外，還有所謂 SOI 矽圓片（silicon on insulator：絕緣膜上生長的矽圓片）方法。在這種方法中，有利用高能氧離子植入（ion implant）的 SIMOX（silicon implanted oxide）基板和貼合基板兩種。無論由哪種製作的 IC，在高整合度、高性能化及耐輻射性輻照方面都是很優良的，但要廣泛採用，在價格和品質等方面有必要進一步改善。

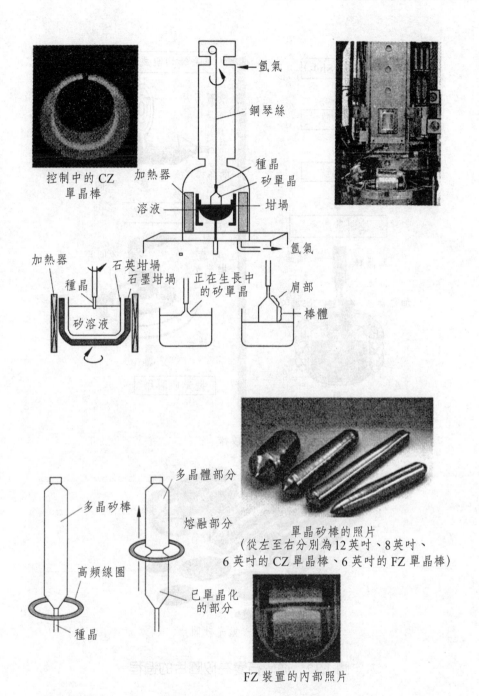

控制中的 CZ 單晶棒

氫氣

鋼琴絲

種晶
矽單晶

加熱器

溶液　　坩堝

氫氣

加熱器　　石英坩堝
種晶　　石墨坩堝

矽溶液

正在生長中的矽單晶

肩部

棒體

多晶體部分

多晶矽棒

熔融部分

高頻線圈

已單晶化的部分

種晶

單晶矽棒的照片
（從左至右分別為12英吋、8英吋、
6英吋的 CZ 單晶棒、6英吋的 FZ 單晶棒）

FZ 裝置的內部照片

圖 1.11　利用柴氏法 CZ 法（直拉法，上）和 FZ（floating zone）法（區熔法，下）
製取單晶矽棒

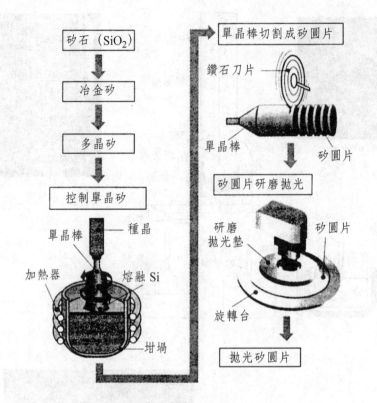

拉製成的單晶矽棒

拋光矽圓片

圖 1.12　從矽石變為矽圓片的過程

1.6 從單晶矽到晶圓

1.6.1 先要進行取向標誌的加工

目前由直拉法製取的單晶矽棒，一般長度為 2m，直徑為 8in（12in 的越來越多），重量為 150kg。從矽棒中要切除不需要的部分，如上、下兩頭，並將其切分成若干個矽坯。如圖 1.13 所示。

而後，按所要求的矽圓片直徑，用磨削刀具研削矽坯外圓。當然，在拉製單晶時，應按矽圓片尺寸要求，保證矽棒外徑足夠大，並留有研磨外圓的尺寸裕度。如圖 1.14 所示。

為了定出矽圓片面內的晶體學取向，並適應 IC 製造工程中在裝置內裝卸的需要，要在矽坯周邊切出稱為「取向平面（OF：orientation plane）」或「缺口（notch）」的標誌。加工方式如圖 1.15。

圖 1.13 將矽棒切分成若干矽坯

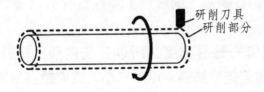

圖 1.14 矽坯外圓的研削

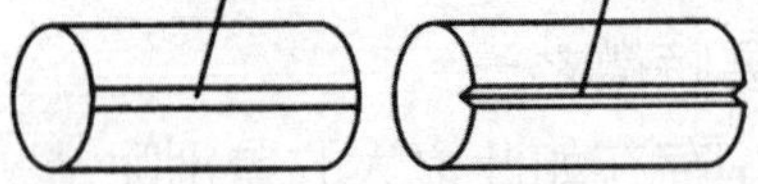

取向平面（OF）
（OP, orientation plane）　　V 字形缺口（notch）

取向標誌的作用：
當矽圓片在裝置內處理時，根據取向標誌排列，可保證矽圓片間處理的均勻性，並且適應 IC 製造工程中矽圓片在裝置內裝卸的需要。過去，日本採用 OF 方式，美國採用 V 字形缺口方式，目前有朝向缺口方式統一的趨勢。

圖 1.15 取向標誌的加工

1.6.2　將矽坯切割成一片一片的矽圓片

接著，用黏結劑把矽坯固定在支持架上，將其切割成一片一片的矽圓片（切片）。在切片作業中，多採用貼附有鑽石顆粒的內圓刃切刀。但近年來，隨著矽坯外徑變大，被稱為「線刀（wire-saw）」的由鋼琴絲與切削研磨液相所組合的新切片法，也正在逐漸普及。

這種線刀切縫小，可以多片同時切成，再加上切割大口徑矽片的平面刃刀具材料不易解決，因此，對於外徑大於 300 釐米的矽圓片，用線刀切割有可能成為標準切割方法。

切斷後，用化學溶液溶解黏結劑，使矽圓片從支撐架上剝離，成為一片一片的矽圓片。整體過程如圖 1.16 所示。

下一步是倒角（beveling）工序，要把矽圓片的側面研磨成拋物線形狀。這樣做的目的，是為了在 IC 製造過程中裝卸及加工矽圓片時，避免側面稜角處破損（並產生後續製程中令人討厭的顆粒污染），還可防止在熱處理等製程中，由側面部分導入晶體的缺陷。

1.6.3　按電阻對絕緣體、半導體、導體的分類

「半導體（semiconductor）」這個詞現在似乎無人不知、無人不曉，但仔細琢磨一下，其中卻大有文章。銅導線等能順利導電的物質稱為「導體」；相反地，玻璃杯等不導電的物質稱為「絕緣體」；性質介於二者之間的稱為「半導體」。

物質不同，通過電流的難易程度之所以存在差別，在於物質的「電阻大小」不同。電阻越大，電流越難通過；電阻越小，電流越容易順利通過。

粗略地講，根據各種物質電阻大小的不同，可將其分為「導體、半導體、絕緣體」。應該指出的是，兩塊相同的材料做成不同形狀，其電阻會有很大差別。因此，若用電阻率（resistivity）而非電阻進行考查，則電阻率僅由材料本身決定。

如圖中所看到的，同屬於半導體，但其電阻率卻分佈在 10^{13} 倍的寬廣範圍內，這是半導體材料的主要特徵之一。

為什麼半導體的電阻率存在如此之大的差別呢？

這是因為，即使同為半導體，其所處的狀態不同，電阻率會發生很大的變化所致。例如，在幾乎完全不含雜質〔本徵，本質（intrinsic）半導體〕、原子呈規則排列的單晶狀態下，電阻率就會相當高。也就是說，電流幾乎不能通過。

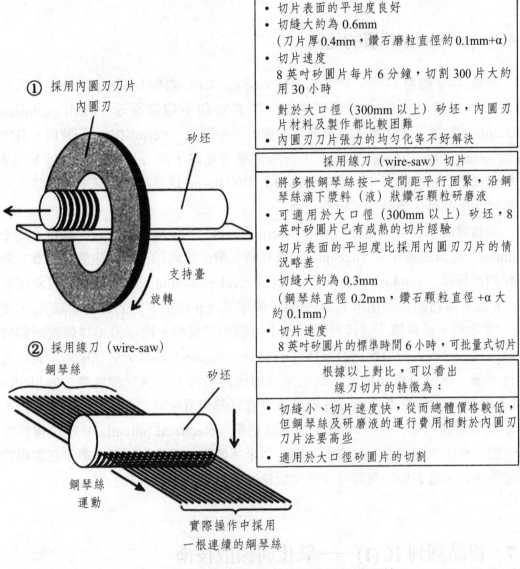

採用內圓刃刀片切片
• 內圓刃刀片由高硬度不鏽鋼製作，架於環形刀架內側，加一定張力固緊
• 適用於 8 英吋以下的矽圓片切片
• 切片表面的平坦度良好
• 切縫大約為 0.6mm（刀片厚 0.4mm，鑽石磨粒直徑約 0.1mm+α）
• 切片速度 8 英吋矽圓片每片 6 分鐘，切割 300 片大約用 30 小時
• 對於大口徑（300mm 以上）矽坯，內圓刀片材料及製作都比較困難
• 內圓刃刀片張力的均勻化等不好解決

採用線刀（wire-saw）切片
• 將多根鋼琴絲按一定間距平行固緊，沿鋼琴絲滴下漿料（液）狀鑽石顆粒研磨液
• 可適用於大口徑（300mm 以上）矽坯，8 英吋矽圓片已有成熟的切片經驗
• 切片表面的平坦度比採用內圓刃刀片的情況略差
• 切縫大約為 0.3mm（鋼琴絲直徑 0.2mm，鑽石顆粒直徑 +α 大約 0.1mm）
• 切片速度 8 英吋矽圓片的標準時間 6 小時，可批量式切片

根據以上對比，可以看出線刀切片的特徵為：
• 切縫小、切片速度快，從而總體價格較低，但鋼琴絲及研磨液的運行費用相對於內圓刃刀片法要高些
• 適用於大口徑矽圓片的切割

① 採用內圓刃刀片
內圓刃
矽坯
支持臺
旋轉

② 採用線刀（wire-saw）
鋼琴絲
矽坯
鋼琴絲運動
實際操作中採用一根連續的鋼琴絲

圖 1.16　將矽坯切割成一片一片的矽圓片

　　然而，在相同的半導體物質中，哪怕是添加極微量的雜質（impurity）〔摻雜（doped）半導體〕，其原有的高電阻率會急劇下降。由此，電流會較方便地通過其中。

　　除了是否含有雜質之外，在半導體中還有由單一元素構成的「元素半導體」、由兩種以上元素的化合物構成的「化合物半導體（compound semiconductor）」以及由某些金屬氧化物構成的「氧化物半導體」等各種類型。

認為「半導體就是矽」的人恐怕不少。實際上半導體材料有各式各樣的種類，可按不同的使用要求做合理選擇。

1.6.4　pn 接面中雜質的能階

宏觀半導體材料中，自由載子（free carrier）的數目是相當大的，因此通常可以用統計力學的定律來描述。考慮包利不相容原理（Pauli exclusion principle），熱平衡時電子的分佈滿足費米—德瑞克（Fermi-Dirac）分佈。其中 E_f 為 Fermi 能階（energy level），是一個參考能階。該分佈函數描述能量為 E 的能階被電子占據的概率。而整個系統的中的 Fermi 能量必須具有統一的值，以保證熱平衡時電子傳輸要求達到平衡。

未摻雜的本徵半導體費米能階（Fermi level），位於禁帶中央。當摻入施子（donor）雜質或者受子（acceptor）雜質時，費米能階的位置發生變化，費米能階相對於導帶（conduction band）和價帶（valence band）的位置與摻雜濃度相關。n 型半導體的費米能階 E_{fn}，更靠近導帶 E_c。p 型半導體的費米能階 E_{fp}，更靠近價帶 E_v。當兩種不同摻雜類型的半導體相接觸時，兩部分半導體整體的費米能階趨於一致，而遠離過渡區域（transition region）的部分各個能階相對位置保持不變，與原有摻雜情況下的能階分佈保持一致，因為禁帶寬度（forbidden band width）為常數 E_g，所以在過渡區附近導帶和價帶隨位置變化而發生變化。導帶與價帶隨位置的變化，電場強度為電勢（electrical potential）對位置的微分，由此產生內建電場，其方向為由 n 型半導體指向 p 型半導體。載子在電場的作用下運動，直到新的電荷分佈使系統達到平衡。

1.7　從晶圓到 IC(1)——氧化與擴散技術

1.7.1　塗佈光阻——製作圖形的第一步

在微影曝光工程中，首先要在矽圓片表面均勻地塗佈感光性樹脂光阻（photoresist），塗佈操作需要在塗膠機（coating）中進行。在塗膠機中，將矽圓片固定在旋轉甩膠臺上，再抽真空，由上方的噴嘴向矽片表面中心滴入液態光

阻，由於矽圓片高速旋轉，從而在表面形成均勻的光阻薄膜。如圖 1.17 所示。

　　光阻的感光性對溫度、濕度很敏感，在超淨工作間內操作光阻的區域要用特殊的紅色光照明，而且必須特別注意控制溫度和濕度。被光照射的圖形部分，在後續的顯像處理中，被去除的光阻稱為正光阻。反之，被光照射的部分保留的光阻稱為負光阻。近年來，採用正光阻的越來越多。

　　塗佈好光阻的矽圓片，要在烘箱中輕微加熱（prebake，預焙）固化後，送入曝光工序。

1.7.2　曝光，顯影

　　塗佈好光阻的矽圓片，要裝在稱作步進重複曝光機的曝光裝置中進行光罩圖形的複製。對於不同光源的光，採用各式各樣的透鏡系統，通常利用實際圖形 5 倍大小的光罩，進行縮微投影，先對一個晶片進行曝光，此後通過步進重複（step-and-repeat），對整個矽圓片進行掃描。決定步進重複曝光機性能的兩大要素，一是光的波長，另一個是透鏡的數值孔徑（NA, numerical aperture）。換句話說，能穩定地形成多麼微細的圖形，取決於這兩個因素，要想得到更高的解析度（resolution），需要利用波長更短的光和數值孔徑更大的透鏡。但與此同時，焦點（focus）的深度也會變淺，由於元件表面凹凸很多，如果焦點深度太淺，晶片內部就會出現結像不實的狀態，也就難以形成微細化的圖形。因此，為了實現圖形的微細化，必須同時對元件表面進行平坦化處理。

　　曝光後的矽圓片在經過 PEB（post exposure bake：曝光後烘烤）後，進行顯影（develop）（又稱顯相）處理。過程如圖 1.18 所示。用 g 線及 i 線對光阻曝光時，由於駐波的影響，光阻圖形的邊緣會變成微型鋸齒狀。上述 PEB 處理的目的之一是消除這種微小缺陷，另一個目的是，對於準分子雷射光阻來說，可以通過觸媒反應加速酸的產生。顯影要在顯影機中進行，將強鹼性顯影液（developer）TMAH〔$N(CH_3)_4OH$〕滴在或噴射在矽圓片上。顯影處理中所利用的光化學反應，對於 g 線、i 線光阻和準分子雷射光阻是不同的，但最為重要的是，以「正光阻」為例，利用光照射部分光阻的化學反應，在鹼溶液作用下，化學結構發生變化，進而溶於顯影液中。而未被光照射部分的光阻圖形則不發生變化而被保留下來。顯影後的矽圓片要在烘箱中熱處理，以使光阻中殘留的沖洗液及水分蒸發，同時增加光阻的熱穩定性，之後送入乾式蝕刻工序。微影曝光的八個步驟，如圖 1.19 所示。

1.7.3　絕緣膜的作用——絕緣、隔離、LSI 的保護

在 IC 製造中，萬萬離不開氧化膜等各式各樣的「薄膜」，但薄膜究竟起什麼作用呢？下面讓我們以 DRAM 和 MPU 的斷面結構為例加以說明。

首先，在薄膜中有一類薄膜起著「絕緣」作用。特別是像電晶體中產生電氣隔離作用的元件分離膜，還有電晶體閘絕緣膜等，一般是通過矽氧化而形成的二氧化矽（SiO_2）膜，以產生絕緣膜的作用。這種二氧化矽膜是極為優良的「絕緣膜」，這是矽這種材料製作 IC 的天然優勢之一。

還有一類薄膜以降低電阻為目的。例如，為使閘極上的電阻下降而採用的矽化物膜，以及為使 p 型或 n 型擴散層的表面電阻下降而做成矽化物薄膜等。

作為閘極上的絕緣膜，通常為了平坦化，要求在高溫下要有流動性，因此採用含硼和磷的氧化物玻璃。

在元件間起電氣連接作用的信號線、電源線、接地線等，採用鋁中添加微量銅的鋁膜，而層間佈線常採用鎢及其矽化物。在這些佈線間起絕緣作用的層間絕緣膜採用氧化矽（SiO_2 膜）。為了佈線間及佈線與元件其它部分間縱向的連接，要在絕緣膜上開孔（接觸孔或通孔）埋置鎢膜，在接觸部分還要覆以作為絕緣套的氮化鈦／鈦膜。

在 DRAM 中，作為固有結構，要有電容器，其電極為多晶矽膜。而電容絕緣膜採用介電常數比較高的氮化矽膜。

而且，在 LSI 最上面，為了防止劃傷及雜質（impurity）的侵入等，要有緻密的氮化矽膜保護（表面鈍化）。

1.7.4　熱氧化法——製取優良的絕緣膜

所謂熱氧化法（thermal oxidation），是使矽（Si）與氧（O_2）或水蒸氣（H_2O）在高溫下發生反應，生長二氧化矽（SiO_2）膜，其裝置及反應有各種各樣的類型。下面讓我們看看其反應過程。

首先，將矽圓片置於石英爐管中，利用氧化爐的加熱器對爐管加熱，通入氧及水蒸氣，由此在高溫條件下發生熱氧化反應。

按照反應氣體供應方式的不同，熱氧化法主要有下述幾種類型：以氮（N_2）為載送氣體，氧氣流動的「乾 O_2 氧化法」；氧先通過加熱的水再供應的「濕 O_2 氧化法」；全部利用水蒸氣的「水蒸氣（100%）氧化法」；水蒸氣與氮氣一起流動的「部分水蒸氣氧化法」；使用氫氣與氧氣現在外部燃燒，變為水

蒸氣再供應的「生熱或焦化（pyrogenic）氧化法」；使氧氣通過液態氧，並以氮氣為載送氣體而流動的「O_2 分壓氧化法」；在氮氣與氧氣中添加 HCl 氣體的「鹽酸氣氧化法」等。

　　利用熱氧化法，可以獲得極為優良的二氧化矽絕緣膜，這是矽作為半導體材料得天獨厚的優越之處。因此，在對特性要求相當嚴格，與 IC 微細化相伴隨的，越來越薄膜化的 MOS 電晶體的閘極絕緣膜中，都是採用熱氧化法製取的二氧化矽膜。

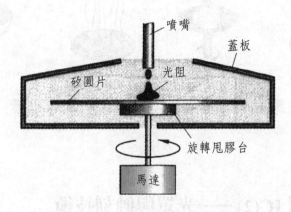

圖 1.17　塗光阻機的斷面模型

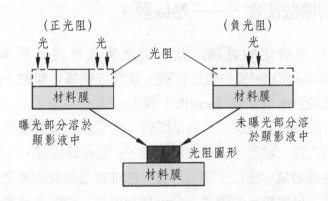

圖 1.18　顯影光刻的過程

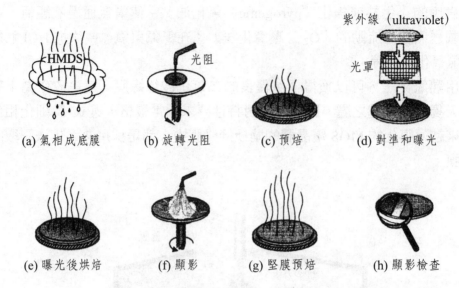

(a) 氣相成底膜　　(b) 旋轉光阻　　(c) 預焙　　(d) 對準和曝光

(e) 曝光後烘焙　　(f) 顯影　　(g) 堅膜預焙　　(h) 顯影檢查

圖 1.19　微影曝光（exposure）的八個步驟

1.8　從晶圓到 IC(2)──光罩與蝕刻技術

1.8.1　雜質的擴散法之一──熱擴散法

　　在整個矽片或特定的區域，有意識地導入特定雜質稱為「雜質擴散（impurity diffusion）」。通過雜質擴散，除可控制導電類型（p、n）之外，還可用來控制雜質的濃度及分佈（profile）等。

　　擴散源（diffusion source）可以是固體，也可以是液體或氣體；擴散法有封閉式和敞開式兩大類；典型的 p 型雜質為硼，n 型雜質為磷、砷、銻。

　　熱擴散要在擴散爐中進行。將矽片置於由加熱器加熱的高溫爐管中，雜質氣體處於流動狀態。摻雜雜質的濃度及分佈通過溫度、時間、氣體的流量來控制。

1.8.2　雜質的擴散法之二──離子植入法

　　在 LSI 製作中，導電型雜質的摻雜及擴散層的形成，廣泛採用離子植入（ion implant）法。之所以如此，是由於離子植入法可以非常精確地控制雜質的濃度及其分佈。離子植入要在離子植入機中進行，離子植入機分低、中、高能不

同類型。通常，低、中能植入離子的能量為數十 keV 以下，主要用於淺擴散層的植入。高能植入離子的能量為數百 keV 到 MeV，用於深擴散層的植入。

在離子植入機中，首先將需要摻雜的導電型雜質，例如 n 型雜質的磷、砷或 p 型雜質的硼等氣態物質導入電弧室，通過放電而離子化（ionization），離子（ion）經電場加速後，利用磁鐵品質分析器按荷質比（charge/mass ratio）選擇需要的離子及所帶的電荷，選定的離子經進一步加速由矽片表面植入。離子以「束（beam）」的形式入射，要在大範圍內均勻植入，需要入射離子束掃描及矽片精確移動。

植入的雜質不經處理則處於電氣惰性狀態，而且離子植入會造成矽晶體的物理損傷。為此，離子植入後要經熱處理，以使植入的雜質活性化並使晶體損傷恢復。

1.8.3　濕式蝕刻

在濕式蝕刻（wet etching）中，有浸蝕法和旋轉法兩種方式。

在浸蝕法中，將藥液貯於用石英或聚四氟乙烯（PTFE）等製成的蝕刻槽內，浸入矽圓片進行蝕刻（etch）。一般是將矽圓片置於框架中進行浸蝕，框架一般由高純度的、耐藥性、耐熱性均優良的聚四氟乙烯製成。

為了減少藥液中蝕刻產物等雜質並調節溫度，蝕刻裝置一般附帶有迴圈加熱過濾回路。而且，為了提高蝕刻性能，除了藥液的浸漬之外，還要採取下述相應的措施。(1) 搖動：為迅速將蝕刻產物脫離矽圓片並防止其在框架表面存留，同時為了超聲振動更有效地對矽圓片產生作用，要在蝕刻槽內不停地搖動框架。(2) 吹泡：為了去除矽圓片上附著的雜質，在槽的底部設置帶有小孔的聚四氟乙烯板，從下往上用氮氣吹泡。(3) 超聲振動：在槽的底部設置振動板，使其產生超聲振動，以去除矽圓片上附著的雜質。

在旋轉蝕刻法中，用真空吸附或機械的方法，將矽圓片固定在旋轉支架上，在旋轉的同時，向矽圓片表面噴射蝕刻藥液進行蝕刻。這種方式容易控制蝕刻量的大小。

但是，無論上述哪種形式，與各向異性的（anisotropic）乾式蝕刻相比，濕式蝕刻為各向同性的（isotropic），因此不可避免地會造成側向蝕刻現象，而且，不需要的側向蝕刻深度與所需要的縱向蝕刻深度大致相等。因此，很微細的圖形不宜採用濕式蝕刻。

　　濕式蝕刻是將蝕刻材料浸泡在腐蝕液內進行腐蝕的技術。它是一種純化學蝕刻，具有優良的選擇性，蝕刻完當前薄膜就會停止，而不會損壞下面一層其它材料的薄膜。由於所有的半導體濕式蝕刻都具有各向同性，所以無論是氧化層還是金屬層的蝕刻，橫向蝕刻的寬度都接近於垂直蝕刻的深度，即發生所謂的「側蝕」或「鑽蝕」現象。這樣一來，上層光阻的圖案與下層材料上被蝕刻出的圖案就會存在一定的偏差，也就無法高品質地完成圖形轉移和複製的工作，因此隨著特徵尺寸的減小，在圖形轉移過程中基本上不再使用。

　　目前，濕式蝕刻一般被用於技術流程前的晶圓片準備、清洗等不涉及圖形的環節，而在圖形轉移中，乾式蝕刻已占據主導地位。

1.8.4　乾式蝕刻

　　在矽圓片上製取圖形的蝕刻方法，有乾式和濕式兩種。最普通的乾式蝕刻為平行平板反應離子蝕刻，名稱雖然較長，但卻包括了該方法的全部含義。

　　在反應蝕刻室中，兩平板電極平行佈置，上部電極接地，下部電極施加高頻電壓，矽圓片置於該電極上。蝕刻之前抽真空，達到較高的真空度後，按需要蝕刻的材料，通入相應的反應蝕刻氣體，同時在下部電極施加高頻電壓。在該高頻電壓作用下，平行平板間的氣體發生氣體放電，產生電漿（plasma）。在電漿中，分佈著大量的正離子、負離子、電子等帶電粒子以及中性活性團等。帶電粒子在高頻電場的作用下，在放電空間振盪。蝕刻粒子被矽圓片吸附即在表面發生反應，產生反應蝕刻，蝕刻生成物被排出室外。

　　在乾式蝕刻（dry etching）中，必須保證蝕刻圖形相對於光阻圖形的精度。而且當以光阻為光罩時，被蝕刻材料與光阻的蝕刻速率比（選擇比）應盡量大些為佳。

　　而且，理論和實踐都已證明，在乾式蝕刻中，晶體缺陷及污染等物理的損傷，由於充電等引起的絕緣破壞，還有圖形的粗細、疏密等不同，都會造成蝕刻速率的差異〔微負荷效應（micro-loading effect）〕。為避免這些問題發生，要在裝置設計、技術參數的控制、樣品預處理等方面採取措施。

　　LSI 的最後製造工程，如圖 1.20 所示。接著要進行晶圓檢查，如圖 1.21 所示。

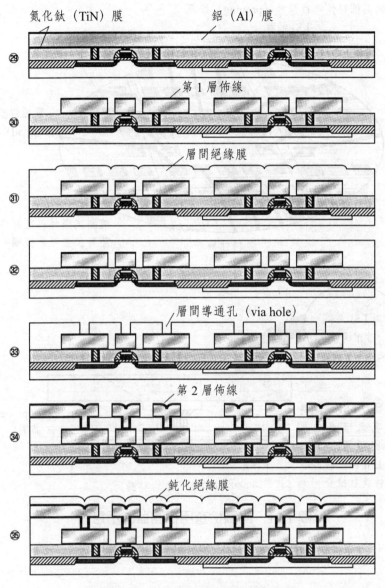

圖 1.20　LSI 的最後製造工程

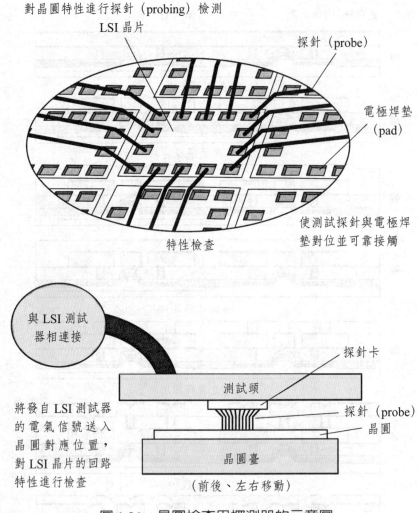

圖 1.21　晶圓檢查用探測器的示意圖

1.9　IC 製作中的薄膜及薄膜加工──PVD 法

1.9.1　真空蒸鍍

在真空（vacuum）環境中，將材料加熱並鍍到基片上稱為真空蒸鍍，或叫真空鍍膜（vacuum evaporation）。真空蒸鍍是將待成膜的物質置於真空中進行蒸發（evaporation）或昇華（sublimation），使之在工件或基片表面析出的過

程。真空蒸鍍中的金屬鍍層通常為鋁膜，但其它金屬也可通過蒸發沉積。金屬加熱至蒸發溫度。然後蒸氣從真空室轉移，在低溫零件上凝結。該技術在真空中進行，金屬蒸氣到達表面不會氧化。在對樹脂實施蒸鍍時，為了確保金屬冷卻時所散發出的熱量不使樹脂變形，必須對蒸鍍時間進行調整。此外，熔點、沸點太高的金屬或合金不適合於蒸鍍。

　　真空蒸鍍的蒸發源種類很多，電阻加熱式的有絲狀、螺旋絲狀、錐形籃狀、箔狀或板狀、還有直接加熱式塊狀與間接加熱式。如圖 1.22 所示。人們也利用電子束（electron beam）的熱量對蒸餾材料進行加熱，使其熔化蒸發，進行真空蒸鍍。蒸鍍通常可以在圓柱形塗鍍室內分批進行。塗鍍室直徑可達幾米，取決於塗鍍零件的大小和數量。零件可以繞蒸氣源做行星運動，以在零件各邊均勻地塗鍍金屬層。如果需要的話，不需塗鍍的區域可使用隔膜，通常是金屬板。

1.9.2　離子濺射和濺射鍍膜

　　濺射（sputtering）鍍膜，有直流二極濺射、射頻二極濺射、磁控濺射（megnetron sputtering）等。在 IC 製造中用得最多的是「平面磁控濺射」，下面看看這些裝置的工作原理。

　　直流二極濺射成膜的過程包括：(1) 電場產生 Ar^+ 離子；(2) 高能 Ar^+ 離子撞擊金屬靶；(3) 將金屬原子從靶中撞出；(4) 金屬原子向襯底遷移；(5) 金屬原子沉積在襯底上；(6) 用真空將多餘的物質從腔中抽走。直流二極濺射沉積速度慢，靶和基板發熱嚴重，靶上還需要加高壓，實用價值不大。但射頻二極濺射在製造絕緣膜方面還有一些用處。如圖 1.23 所示。

　　平面磁控法則有效利用了 γ- 電子〔二次電子（secondary electron）〕，在陰極靶的背面附加磁鐵，在靶的表面形成互相垂直的電磁場，γ- 電子在上述電磁場的作用下，沿靶表面的「跑道」以圓滾線進行運動，增加了與原子碰撞並使後者電離的機會，使入射到靶的離子密度大大增加，從而可以實現高速、低溫、低損傷、低電壓與寬壓力範圍的鍍膜。

　　濺射法製取膜層表面品質好，附著力比真空蒸鍍強，膜厚可以精確控制。但是其臺階覆蓋度不如 CVD，目前已有各種改變方法。濺射過程中入射離子和晶圓表面的作用，如圖 1.24 所示。

1.9.3   平面磁控濺射

平面磁控濺射是在二極濺射中增加一個平行於靶（target）表面的封閉磁場，藉助於靶表面上形成的正交電磁場，把二次電子束縛在靶表面特定區域來增強電離效率，增加離子密度和能量，從而實現高速率濺射的過程。具體工作原理是指電子在電場 E 的作用下，在飛向基片過程中與氬原子發生碰撞，使其電離產生出 Ar^+ 正離子和新的電子；新電子飛向基片，Ar^+ 離子在電場作用下加速飛向陰極靶，並以高能量轟擊靶表面，使靶材發生濺射。在濺射粒子中，中性的靶原子或分子沉積在基片上形成薄膜，而產生的二次電子會受到電場和磁場作用，產生 E（電場）$\times B$（磁場）所指的方向偏移，簡稱 $E \times B$ 偏移，其運動軌跡近似於一條擺線。若為環形磁場，則電子就以近似擺線形式，在靶表面做圓周運動，它們的運動路徑不僅很長，而且被束縛在靠近靶表面的電漿區域內，並且在該區域中電離出大量的 Ar^+ 來轟擊靶材，從而實現了高的沉積速率。如圖 1.25 所示隨著碰撞次數的增加，二次電子的能量消耗殆盡，逐漸遠離靶表面，並在電場 E 的作用下最終沉積在基片上。由於該電子的能量很低，傳遞給基片的能量很小，致使基片溫升較低。平面磁控濺射沉積速率比直流二極濺射高出幾個數量級，靶和基板的溫度都大大降低。由於基板表面不受高能電子的轟擊，因此基板的損傷小。靶上所加電壓為數百伏，電壓不是很高。濺射壓力可降到 0.1Pa 量級，通入反應氣體還可以進行反應濺射來製取化合物膜。

1.9.4   晶圓流程中的各種處理室方式

CVD 處理室方式有很多種。其中，單片方式分為單片單處理與單片多處理；多片〔批量（batch）〕方式分為批量單處理室方式和批量多處理室方式；另外，也有單片式與批量式相組合的方式（群集式）；最後是連續型處理室方式，分為直線式（連續成膜）與回轉式（積層成膜）。

直線連續型處理室方式是在基片托架上裝載多塊矽圓片，依次成膜，進行連續式線上處理。特別是在製作過程中，以每種薄膜為一單元，通過截止閥，僅對所需要數量的基板進行連續性生產。

但是，除基板上沉積的膜層之外，沉積在其它部位的膜層必須及時去除並清潔，為此需要定期停機、降溫，進行清潔處理。因此，會造成生產效率降低；而且，基板與托架間的摩擦會產生顆粒，每次加熱都要對熱容量很大的基板托架升溫，造成功耗增加等。

　　回轉連續型處理室方式不採用基板傳送托架，而是通過機械手將基板直接傳送到 PCVD 室進行薄膜沉積或表面處理。這種方法具有諸多優點，近年來獲得廣泛應用。

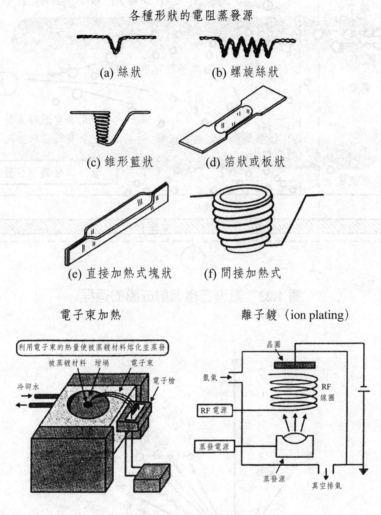

圖 1.22　真空蒸鍍

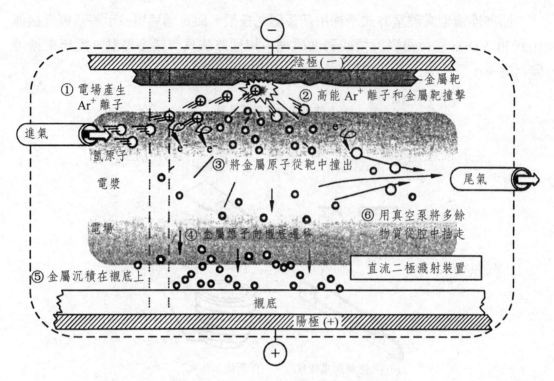

圖 1.23　直流二極濺射成膜的過程

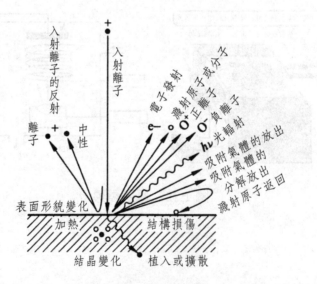

圖 1.24　離子和固體表面的相互作用

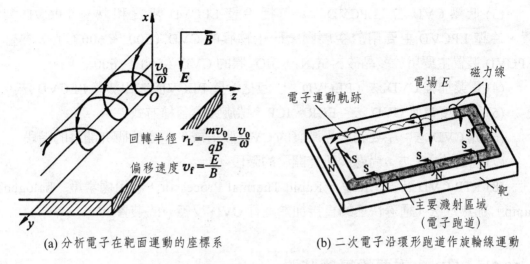

(a) 分析電子在靶面運動的座標系　　　(b) 二次電子沿環形跑道作旋輪線運動

圖 1.25　磁控濺射中二次電子運動的分析

1.10　IC 製作中的薄膜及薄膜加工——CVD 法

1.10.1　用於 VLSI 製作的 CVD 法分類

CVD 法主要分為磊晶生長法、常壓 CVD 法、低壓 CVD 法、電漿 CVD 法、高密度電漿 CVD 法、光 CVD 法、雷射 CVD 法（研究開發階段）以及快速熱（rapid thermal）RTCVD 法（利用鹵素燈的加熱）。

各種方法的具體介紹如下：

(1) 磊晶生長法：僅用於磊晶膜的形成，磊晶生長即在單晶襯底（基片）上生長一層有一定要求的、與襯底晶向相同的單晶層，猶如原來的晶體向外延伸了一段，故稱磊晶生長。磊晶生長的新單晶層可在導電類型、電阻率等方面與襯底不同，還可以生長不同厚度和不同要求的多層單晶，從而大大提高元件設計的靈活性和元件的性能。磊晶技術還廣泛用於積體電路中 pn 接面隔離技術（見隔離技術）和大型積體電路（LSI）改善材料品質方面。

(2) 常壓 CVD 法（APCVD）：常壓 CVD 一般用開管氣流法。開管氣流法的特點是能連續地供氣與排氣，一般物料的輸運是靠外加不參加反應的中性氣體來實現的。大多利用 400℃左右的低溫 CVD 形成 SiO_2 膜（SiH_4-O_2 系，TEOS-O_3 膜）。

(3) 低壓 CVD 法（LPCVD）：包括冷壁 LPCVD 裝置和熱壁 LPCVD 裝置，冷壁 LPCVD 主要用於金屬膜、矽化物膜的 CVD（500～600℃），熱壁 LPCVD 裝置主要用於多晶矽、Si_3N_4，SiO_2 膜的 CVD（500～600℃）。

(4) 電漿加強 CVD 法（PECVD）：包括冷壁 PECVD 法和熱壁 PECVD 法。

(5) 高密度電漿 CVD 法：ECR、ICP、螺旋波等各種方式。

(6) 光 CVD 法：主要利用光激發的 CVD 膜形成，尚處於研究開發的階段。

(7) 雷射 CVD 法：尚處於研究開發的階段。

(8) RTP CVD 裝置：RTP = Rapid Thermal Processor，利用鹵素燈（halogen lamp）加熱方法（通過快速的直接加熱進行 CVD 反應）的裝置。

1.10.2　CVD 中主要的反應裝置

CVD 的主要反應裝置包括：單片方式、多片（批量）方式、單片式與批量式相組合的方式以及連續型處理室方式。其中單片方式包括單片單處理室方式及單片多處理室方式，多片（批量）方式包括批量單處理方式和批量多處理室方式，連續型處理方式包括直線型（連續成膜）和回轉型（積層成膜）。

CVD 過程中傳輸、反應和成膜過程包括：(1) 反應物的質量傳輸；(2) 薄膜先驅物（precursor）反應；(3) 氣體分子擴散；(4) 先驅物的吸附；(5) 先驅物擴散到襯底中；(6) 表面反應；(7) 副產物的脫附（desoption）作用；(8) 副產物去除。如圖 1.26 所示。

主要反應裝置包括常壓（AP）CVD 裝置、低壓（LP）CVD 裝置、電漿加強 CVD 裝置、高密度電漿 CVD 裝置。

常壓 CVD 裝置：反應氣體矽圓片放在傳送帶上，反應氣體自上而下經噴射器噴出，噴向矽圓片充分接觸反應後，自兩側排氣，矽圓片的傳送和氣體的噴射及排氣過程連續進行，因而可實現連續的常壓 CVD 反應。

低壓（LP）CVD 裝置：反應氣體自下而上噴出，矽圓片多層堆疊，氣體自下至上達到頂部後，進入排氣道，從底部排除。整個反應過程中有加熱器對裝置加熱。

電漿 CVD 裝置：反應氣體進入後分流成為多個通道，自上而下噴向矽圓片，矽圓片下有加熱器對其加熱，反應後氣體由兩側排氣口排出。

高密度電漿 CVD 裝置：反應裝置中有匹配箱和感應線圈，反應氣體噴入後，通過感應線圈的控制實現 ECR、ICP、螺旋波的形式進行反應。

1.10.3　電漿 CVD（PCVD）過程中，傳輸、反應和成膜的過程

　　CVD 過程中，傳輸、反應和成膜的過程是在 CVD 反應室中進行，反應的步驟包括：(1) 反應物的質量傳輸：主要是氣體傳輸的過程；(2) 薄膜先驅物反應：反應的過程中副產物進入步驟 (7) 的過程；(3) 氣體分子擴散；(4) 先驅物的吸附：先驅物吸附到襯底之上，與襯底緊密接觸；(5) 先驅物擴散到襯底中；(6) 表面反應：表面反應的結果得到了連續的膜；(7) 副產物的脫附作用：主要是排氣的過程；(8) 副產物去除。如圖 1.27 所示。

　　電漿（plasma）CVD（PCVD）過程中，傳輸、反應和成膜的過程是在 PECVD 反應室中進行，反應室有 RF 發生器裝置，整個裝置的兩端設立了兩個電極，反應步驟包括：(1) 反應物進入反應室：主要是氣體傳送的過程；(2) 電場使反應物分解：反應的過程中副產物進入步驟 (7) 的過程；(3) 薄膜初始物形成；(4) 初始物吸附：初始物先吸附到襯底之上，與襯底緊密接觸；(5) 先驅物擴散到襯底中；(6) 表面反應：表面反應的結果得到了連續的膜；(7) 副產物的脫附作用：主要是排氣的過程；(8) 副產物去除。

1.10.4　離子植入原理

　　在離子碰撞固體表面時會引發各種現象，在固體表面發生的現象，包括入射離子的反射、中性粒子的放出、二次正離子的放出、二次負離子的放出、氣體的分解及放出、光輻射、被濺射粒子的返回等，而發射的離子也在這個過程中成功植入。

　　多晶 Si 中植入不同能量的離子，在劑量相同的情況下，離子沿深度方向分佈首先上升達到最大值後迅速下降，入射離子的能量越高，最大離子濃度的深度越大。而隨著植入的離子能量不同，濃度越大，在不同深度方向濃度的分佈更加分散，最大濃度的數量也隨之減少。達到最大濃度前及濃度後的函數圖大致對稱。

　　單晶矽中植入不同能量的離子，在劑量（dose）相同的情況下，入射離子同樣沿深度分佈濃度先增大，後迅速減小，入射離子能量越高，則所能達到的最大深度越大，並且達到最大濃度的對應深度也越大。在濃度上升的過程，隨著深度變化較慢，而濃度下降的過程隨著深度變化則較快，因而達到最大濃度前及濃度後的函數圖並不對稱。隨著植入的離子能量不同，濃度越大，在不同深度方向濃度的分佈更加分散，最大濃度的數值也隨之減少。

剛剛植入後，原子狀態較為散亂，各個原子並不能位於自己的晶格位置。而經過退火後，無論是植入的離子還是原有的 Si 原子，都返回晶格位置，並實現電氣活性化。離子植入的整體原理，如圖 1.28 所示。

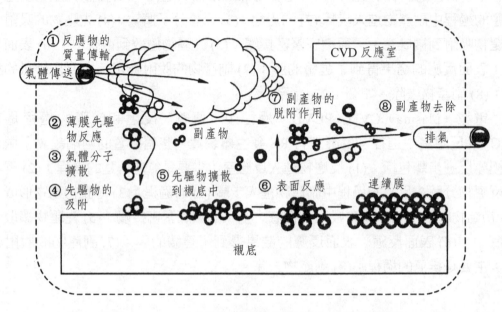

圖 1.26　CVD 過程中傳輸、反應和成膜的過程

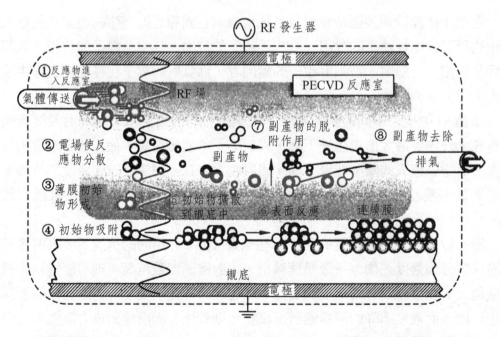

圖 1.27　電漿 CVD（PCVD）過程中，傳輸、反應和成膜的過程

(1) 離子碰撞固體表面時所引發的各種現象

(2) 多晶 Si 中植入不同能量的 As$^+$，劑量均為 $1 \times 10^{16}/cm^2$ 的情況下，濃度沿深度方向的分佈

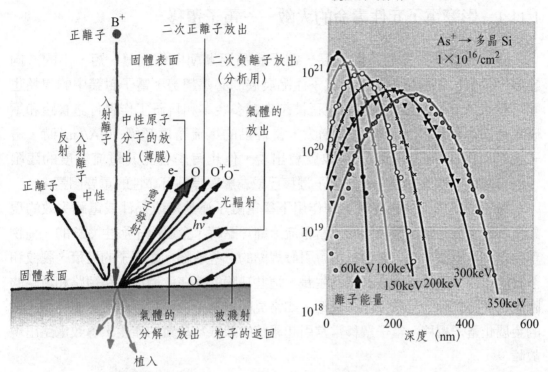

(3) Si 單晶中植入不同能量的 B$^+$ 劑量均為 $1 \times 10^{15}/cm^2$ 情況下，濃度沿深度方向的分佈

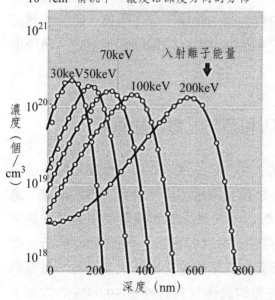

(3) 經過退火〔見圖 (b)〕，無論是植入的原子（●），還是原有的 Si 原子（○），都返回晶格位置，並實現電氣活性化

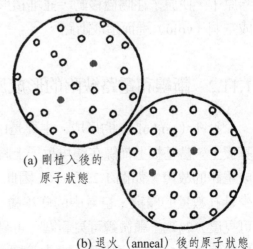

(a) 剛植入後的原子狀態

(b) 退火（anneal）後的原子狀態

圖 1.28　離子植入的原理

1.11 Cu 佈線代替 Al 佈線

1.11.1 影響電子元件壽命的大敵 —— 電子遷移

隨著微電子技術的不斷發展，電子產品逐漸朝向輕、薄、短、小的方向發展，微型化和智慧化是未來電子產品發展的必然趨勢，電子封裝中的焊點也變得越來越小，焊點可靠性問題正被越來越多企業和科研工作者付諸實踐和鑽研。通過焊點的電流密度逐步增大，當焊點的電流密度超過 $10^4 A/cm^2$ 時，電子遷移（electro-migration）現象就會出現，但也有學者認為電流密度的臨限（threshold）值為 $10^3 A/cm^2$，電子遷移已成為影響焊點可靠性的重要因素。

電子遷移通常是指在電場的作用下導電離子運動造成元件或電路失效的現象。為發生在相鄰導體表面的，當電流流經焊點時，金屬原子發生遷移的一種物理現象。金屬原子的不斷遷移，會引發焊點的一些缺陷，如原子的堆積、裂紋和氣孔的形成，而且能促進晶鬚的生長，這些缺陷的存在會增加電路短路和斷路的隱患，使得焊點的可靠性急劇降低。如常見的銀離子遷移和發生在金屬導體內部的金屬化電子遷移。電子遷移常常引起鋁線的斷線及晶鬚的產生，導致電路出現故障。

早在 20 世紀 60 年代，國外研究機構就開始了對電子遷移的研究，時至今日對電子遷移效應的研究也越來越受到重視。所謂的電子遷移是指在較高的電流密度下，電子往陽極流動，在流動的過程中與金屬內的原子發生碰撞，將動能轉移給原子，使原子往陽極移動，並堆積形成突起物，而在陰極則留下空位，最後形成空洞（void）進而造成斷路。

1.11.2 斷線和電路缺陷的形成原因和預防、修補措施

針孔（pinhole）的形成，主要是由於大氣中的灰塵（dust）及塵埃粒子落在基板上，當基板上佈線在塵埃粒子上時，則極易剝落，形成針孔，引起斷線，造成電路的故障。如圖 1.29 所示。因此，如何能夠保證在佈線環境中的塵埃是減少針孔數量的關鍵。空氣中的塵埃粒子有各式各樣的種類，如圖 1.30 所示。從可見度分為電子顯微鏡可見範圍、可見範圍和肉眼可見範圍三大類，粒子直徑與 X 射線近似相等的塵埃粒子大小範圍，完善的篩檢程式有近乎 99.97% 的效率，而這範圍的灰塵顆粒對於佈線的影響是最嚴重的，因而可以通過完善的篩檢程

式，很大程度上減少灰塵顆粒帶來的針孔數量。

電路中存在的故障，主要包括斷線（open）和短路（short），如圖 1.31 所示。斷線的修復需要將斷開的電路接通，而短路的修復需要將短路的電路斷開，可用專門的針來修理，修理用的針尖半徑約數奈米。如圖 1.32 所示。

伴隨著微細化、高整合化、佈線變密變細，從而佈線電流密度迅速增加。佈線材料中的鋁原子由於電子碰撞而向外擴展的現象即為電子遷移。電子遷移現象往往成為斷線及短路等故障的原因。

鋁佈線在一般情況下為多晶材料，因而沿晶界（晶粒邊界）往往更容易發生電子遷移。並且，故障時間隨佈線的不同而變化，說明晶界對於電子遷移存在一定的影響。

為了提高耐電子遷移性，一般是在鋁中添加微量的原子序數比鋁大的銅。添加的銅會在晶界析出，產生強化晶界的作用，從而在一定程度上改善鋁佈線的耐電子遷移性。

1.11.3 Cu 佈線代替 Al 佈線的理由

隨著微處理器的時鐘頻率超過 1GHz，近年來 LSI 的高速化進展明顯加速。由於電氣信號的延遲（時間常數）與佈線電阻和佈線電容之積成正比，因此，電阻率比 Al 更低的 Cu 佈線開始導入。

作為佈線材料，Cu 與 Al 相比有下述優點：(1) 電阻低（相對於 Al 合金膜的電阻率為 $3.5 \sim 4.0 \mu\Omega \cdot cm$，Cu 膜僅為 $2.0 \mu\Omega \cdot cm$）；(2)Cu 的熔點高、原子質量大，耐熱遷移和電子遷移的特性好（佈線壽命可提高 10 倍以上）。

Cu 佈線之所以遲至近幾年才成功導入，主要是存在下列問題：(1) 難以利用乾式蝕刻進行微細加工；(2)Cu 向層間絕緣膜（SiO_2）及 Si 基板的擴散較快，因此容易造成對元件特性的不良影響；(3) 與層間絕緣膜間的附著性較弱。

為了解決這些問題，人們成功開發出稱為大馬士革法（damascene）的新佈線方法。

1.11.4 用電鍍法即可製作 Cu 佈線

電鍍（electro-plating）的種類包括防蝕電鍍、裝飾電鍍、精密電鍍（功能電鍍）。其中防蝕電鍍鍍層金屬主要為鋅（Zn）、錫（Sn）、鎳（Ni）、鉻

（Cr）等，裝飾電鍍的鍍層金屬主要為金（Au）、銀（Ag），而精密電鍍（功能電鍍）主要是各種金屬合金（多晶—非晶態）等，以獲得機械的、電子及電氣的、磁的、光學的、化學的等各種高功能和性能，如圖 1.33 所示。

銅的電鍍方式，即利用電鍍槽，將待鍍的元件放在電鍍液中，接上電源，陽極（anode）接銅棒，陰極（cathode）接待鍍的金屬，則接電後陰極部分的元件便可得到一層銅的鍍膜，如圖 1.34 所示。電源可使用直流、脈衝或者非對稱交流，電鍍液中主要有 $CuSO_4 \cdot 5H_2O$、H_2SO_4、添加劑（平滑劑）（Cl^-、骨膠等），陽極接 Cu 棒，則在陽極銅被氧化成為銅離子進入溶液。而在陰極，銅離子被還原成為銅元素，沉積在陰極所接的金屬上，成為銅鍍膜。與此同時，溶液中的氫氧根離子在陽極被氧化成為氧氣，氫離子在陰極被還原成為氫氣，從溶液中放出。

陰極反應為：$Cu^{2+} \longrightarrow 2e^- + Cu$

陽極反應為：$2e^- + Cu \longrightarrow Cu^{2+}$

在電鍍膜析出的過程中，陰極附近有亥姆霍茲（Helmholtz）二重層，達到了原子尺寸的厚度，10^9V/m 程度的電場，二重層之外有擴散層。在 Helmholtz 二重層電場的作用下，擴散層水化的水化金屬離子被吸引，在這電場的作用下，水化的金屬離子被吸引，至 Helmholtz 二重層中水化金屬離子的水分子偏向擴散層一側，金屬離子靠近陰極，最終進入陰極，如圖 1.35 所示。

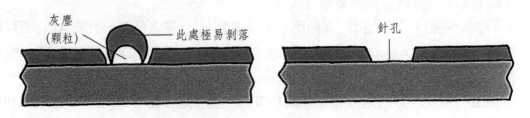

圖 1.29　針孔形成的過程

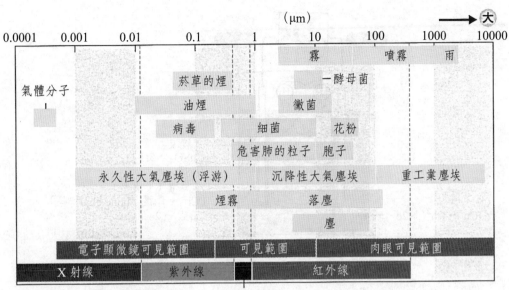

在此範圍內完善的篩檢程式
能有近乎 99.97% 的效率

圖 1.30 大氣中的塵埃粒子及其大小範圍

A 處為斷線，B 處為短路。這些缺陷要
按圖中虛線所示進行修理

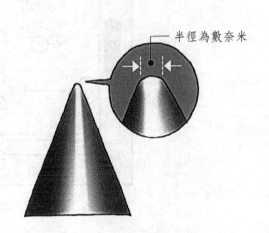

圖 1.31 斷線和短路

圖 1.32 修理用的針尖

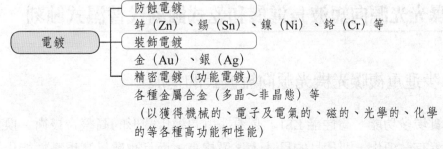

圖 1.33 電鍍的種類

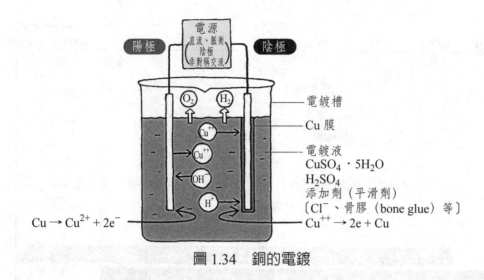

圖 1.34　銅的電鍍

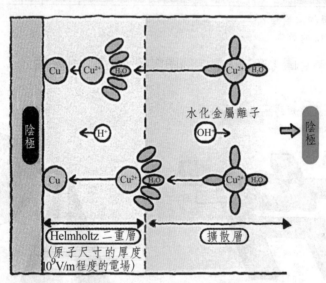

圖 1.35　電鍍膜的析出，陰極附近的反應狀況

1.12　曝光光源向短波長進展和乾式蝕刻代替濕式蝕刻

1.12.1　步進重複曝光機光源向短波長的進展

　　為了實現多功能、高性能 LSI，必須採用微細化圖形的高整合技術。換句話說，假如沒有微細化，則晶片的尺寸大、價格高，而且也難以實現高性能化。

　　LSI 的元件圖形設計必須依據稱作「設計基準」（design rule）的標準進行，該設計基準中規定了「特徵尺寸」（feature size）或最小尺寸（在 MOS 中意味著普通電晶體的閘長）。在此之前，大約每 3 年技術和製品更新汰換一次，最小尺寸縮小到前一代的 0.7 倍。

　　為實現更先進的設計基準，推進 LSI 高整合化的微細化技術關鍵是微影蝕刻技術（lithography）。

　　通過光罩在矽片上製作微圖形的微影蝕刻工程中，使用稱作步進重複曝光機的曝光（exposure）裝置，使光罩圖形縮微複製的場合下，用解析度表徵能形成最微細圖形的能力。解析度（resolution）R（請注意，此值越小，解析度越「高」）、景深（depth of focus）D、光源（light source）的波長 λ 及表示透鏡亮度的數值孔徑 NA（numerical aperture）之間，有下述關係：

$$R = 0.6\lambda/\text{NA}$$
$$D = \lambda/2(\text{NA})^2$$

　　由於 R 與 λ 成正比，與 NA 成反比，因此，為形成更微細的圖形，必須採用波長更短的光源及數值孔徑更大的透鏡。而數值孔徑的增加受到透鏡材料物性等限制，其最大值以 0.65 為限。因此提高解析度必須開發波長更短的光源。

1.12.2　曝光波長的變遷

　　在光源朝向短波化的進展中，從可見光的 g 線（436nm）、h 線（405nm），紫外線的 i 線（365nm）及對應大於 130nm 特徵線寬的氟化氪（KrF）準分子雷射（excimer laser，248nm），正向著對應大於 90nm 特徵線的氟化氬（ArF）準分子雷射（193nm）發展。為對應 90nm 甚至更小尺寸的特徵線寬，正在開發更短波長的 F_2 準分子雷射（157nm）。

　　圖 1.36 中給出曝光波長及相應系統的變遷圖形曝光裝置的分類。在光學曝光裝置中，歷史上曾經歷過接觸式曝光、接近（proximity）式曝光等方式。目前，採用 KrF 光源以及 ArF 光源的步進式（stepper）曝光機都有市售，由此可以製作特徵線寬為 130～150nm 的圖形。而且，不採用一次式縮微投影，而採用掃描（scan）方式，且可直接製作縮微圖形的掃描式（scanner）曝光機也已出現。這種曝光機可以製作畸變量小，曝光場（field）面積大的圖形。作為進一

步提高圖形解析度的技術,採用相位移動光罩（phase shift mask, PSM）的方法也達到實用化。

光學曝光技術終將會發展到極限,為此人們正在開發 X 射線（XR）、電子束〔EB（electron beam）〕曝光技術。

作為技術指南,為實現 0.09μm（90nm）的解析度,除了採用 ArF（193nm）+ PSM,F_2（157nm）光源之外,正在開發的還有:

(1) EBPL（electron beam projection lithography）:電子束投影曝光;

(2) XRL（X-ray lithography）:X 射線曝光;

(3) IBPL（ion beam projection lithography）:離子束投影曝光。

為實現 0.07μm（70nm）的解析度,除了採用 F_2（157nm）+PSM 以及上述 EBPL、XRL、IBPL 之外,正在開發的還有:

(1) EBDW（electron beam direct writing）:電子束直接描畫;

(2) EUV（extreme ultra violet lithography）:極短波長紫外線曝光。

對於 0.05μm（50nm）的圖像解析度來說,在光中只有 EUV 才能勝任,此外還有 EBPL、EBDW、IBPL 等。EUV 的波長為 13.5nm、10.8nm 等,是極短的,適應這種波長的透鏡系材料大概不太好找,看來需要採用反射鏡系。

1.12.3 圖形曝光裝置的分類

圖形曝光（exposure）裝置包括光曝光裝置、X 射線曝光裝置、雷射束（laser beam）曝光裝置、電子束曝光裝置、離子束（ion beam）曝光裝置等。如圖 1.37 所示。其中,光曝光裝置包括:(1) 接觸曝光裝置:利用接觸式直線對準曝光機、紫外線光源;(2) 接近曝光裝置:利用接近式直線對準曝光機、紫外線光源;(3) 反射投影曝光裝置:利用反射一接近式直流對準曝光機、紫外線及遠紫外線光源;(4) 透鏡縮微投影裝置:利用步進曝光機、使用紫外線光源;(5) 掃描方式縮微投影曝光裝置:利用掃描步進、掃描曝光機,使用遠紫外線（deep ultra-violet）光源;(6) 反射型縮微投影曝光裝置:步進及掃描（step and scan）方式直線對準曝光機,利用紫外線光源。

另外,X 射線曝光裝置尚處於開發階段;雷射束曝光裝置用於刻線板製作,以及回路圖形、光罩（photo mask）修復;電子束曝光裝置可用於刻線板製作、等倍光罩製作、矽圓片上直接描畫圖形、回路圖形、光罩修復;離子束曝光裝置用於回路圖形、光罩修復。

1.12.4 乾式蝕刻裝置的種類及蝕刻特徵

按蝕刻氣體去除被蝕刻物的機制，乾式蝕刻又分為物理性蝕刻、化學性蝕刻、物理化學性蝕刻三種。乾式蝕刻裝置包括電漿蝕刻、反應離子蝕刻、濺射蝕刻以及離子研磨（ion mill）等，最普通的乾式蝕刻裝置為平行平板反應離子蝕刻。

乾式蝕刻是用電漿進行薄膜蝕刻的技術。當氣體以電漿形式存在時，它具備兩個特點：一方面電漿中的這些氣體化學活性比常態下時要強很多，根據被蝕刻材料的不同，選擇合適的氣體，就可以更快地與材料進行反應，實現蝕刻去除的目的；另一方面，還可以利用電場對電漿進行引導和加速，使其具備一定能量，當其轟擊被蝕刻物的表面時，會將被蝕刻物材料的原子擊出，從而達到利用物理上的能量轉移來實現蝕刻的目的。因此，乾式蝕刻是晶圓片表面物理和化學兩種過程平衡的結果。

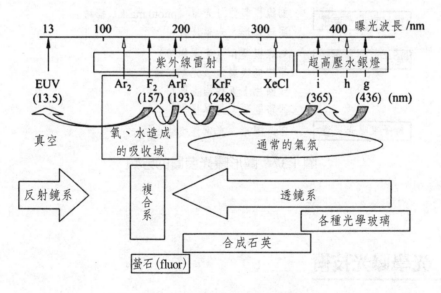

圖 1.36 曝光波長的變遷

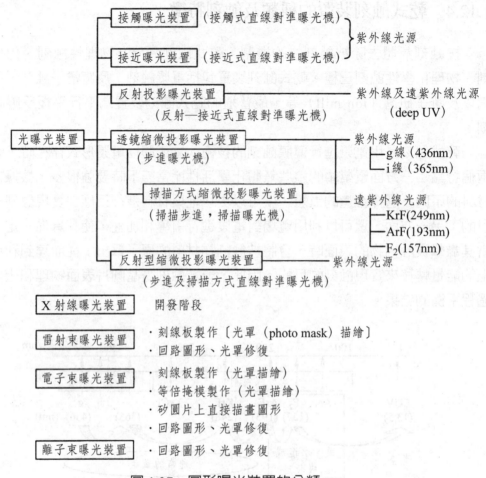

圖 1.37　圖形曝光裝置的分類

1.13　光學曝光技術

1.13.1　薄膜圖形加工概要

　　最先進的超微細加工方法可以達到接近一萬分之一毫米的水準，這和病毒的尺寸相近。如果能將加工所得的薄膜巧妙地從基板上剝離，夾在手指間，根本感覺不到任何的厚度。要達到如此之薄的程度，必須使用基板（substrate），在其上製作和加工元件。其次，在基板本身或其上加工薄膜，需要在其上塗覆感光材料（photoresist，光致抗蝕材料），有很多種進行塗佈的方法。之後要在其上放

置一個相片底片一樣的裝置，稱為光罩（photomask，也叫中間掩模），使它與基板進行重疊。然後進行顯像（develop）完成圖形的轉寫，就像對相片底片進行曝光一樣。光罩需要單獨製作。按照轉寫的電路圖形進行加工。薄膜的加工主要是進行蝕刻，以形成電氣回路。基板的加工主要是進行摻雜，以形成電晶體。

以上就是超微細加工的一個迴圈，然後開始進行迴圈加工。在每一輪加工中，精度都是極其重要的，需要達到最小尺寸的 20%。

1.13.2　對基板的曝光及曝光波長的變遷

圖 1.38 表示迄今為止使用的曝光方法。圖 1.38(a) 為接觸曝光（contuct exposure）方式，也就是指基板緊貼光罩（photomask）。具體見圖 1.39，將光源（高壓水銀燈）射出的光用凹面反射鏡和準直透鏡（collimating lens）變為平行光，再用反射鏡進行反射，光線通過光罩曝光。雜質會進入基板和光罩之間，對兩者有損害，兩者要相距 10μm 左右進行曝光。因此，開發出了近接曝光（proximity exposure）〔圖 1.38(b)〕，接著又開發出了縮小（reduction）投影曝光〔圖 1.38(c)〕和反射投影曝光〔圖 1.38(d)〕。

這裡需要注意的是光的繞射（diffraction）現象，這是由於光具有波動性。如圖 1.40 所示，由於光的繞射現象，光會進入應該為陰影的部分。為了避免這種現象發生，必須縮短光的波長。光罩圖案現在已精細到 0.1μm。光曝光的難點從最小尺寸小於可見光（0.4～0.7μm）時開始。使用的波長不斷縮短，有時要使用雷射進行曝光。曝光用各種光源，如圖 1.41 所示。

1.13.3　近接曝光和縮小投影曝光

為了不傷及微影成像光罩和基板，二者之間相距 d_{pw} 的方法稱為近接曝光法。超高壓水銀燈發出紫外線，第一反射鏡、凹透鏡（concave lens）、蠅眼透鏡（fly eye lens）單元（多數為凸透鏡的集合）將分佈在基板上的光線均勻化。第二反射透鏡、準直透鏡將光束平行化。光線通過光罩到達基板，曝光就完成了。

該方法的解析度為 $R=\sqrt{(d_{pw} \cdot \lambda)}$，$\lambda$ 為光的波長，d_{pw} 接近 10μm 就比較困難了。為此，這種技術在半導體領域已不再使用，但是仍適用於最小圖案達到微米量級的電漿液晶顯示器（liquid crystl display）。

從最小尺寸為幾個 μm 左右開始，現在的目標訂在 0.1μm 以下。進行許多改良之後，得到了縮小投影曝光法（stepper）。基板和光罩完全分開，使用透鏡進行投影和曝光，這樣光罩就可以永久保留了。為了提高解析度，就要增加數值孔徑（當然也可以縮短光的波長），透鏡的焦點深度（depth of focus）（適合聚焦的距離範圍）就要變淺。根據這些關係，應將數值孔徑訂在 0.6 左右，焦點深度設計為 1μm 左右。為了得到高解析度而開發了這種方法。

如果使用一個完整的大基板進行加工，在超微細加工的一個迴圈過程中，基板會不斷升溫降溫而發生變形，可能使焦距無法對準。焦點深度 1μm 就很小了，θ 角變大，很難顧及到基板的每個細節。為了解決以上困難，將基板劃分為許多小塊，在光罩上標出相應的圖形位置。對焦並用縮小投影透鏡，將清晰的圖形一步一步重複的曝光。這樣，光罩上圖案的缺陷或傷痕也可以被忽視了，也就增長了光罩的使用壽命。另外，也可以輕鬆的加工凹凸不平的圖形。

1.13.4 曝光中的各種位相補償措施

使用老式望遠鏡（telescope）看景色時，山脊線和建築、天空的交界處，經常會有彩虹一樣的影像出現。這是因為光在通過透鏡時，因為波長的不同，折射率也不同而產生的現象（色差）。在曝光裝置中如果出現這樣的現象，影像就會變得模糊不清。例如，超高壓汞燈（的光譜中）會出現三條線，但使用濾光器，可以只把其中的一條線分離出來使用，這樣在透鏡中就不會有色差。即使這樣，如果能同時使用超高壓汞燈的三條線，就能提高效率。

由此誕生的就是如圖 1.42 所示的反射投影曝光裝置。在這種時候，符合焦距的空間範圍是圓弧形，所以使用圓弧型的照明光，對光罩和基板同時進行掃描。使用這種方式，要獲得 1μm 以下的解析度比較困難，但是因為掃描很適用於大型基板，所以這種方法在液晶或電漿顯示器的大量生產中被廣泛使用。

在工廠，隨著設備的微小型化，從成本角度來考慮，很難購買新的曝光設備（價值數十億日圓）。為了可以在現有的曝光裝置上達到更小的尺寸，超分辨技術誕生了。

超分辨技術是很多技術的總稱。圖 1.43 就是各種位相（phase）變換法的示意。在 (1) 中，通過如 (a) 中普通光罩的光線，到達如 (2) 中的基板上。因為光強是振幅的平方，所以實際光強會像 (3) 中那樣，這樣 (1) 中的普通光罩是無法分辨的。因為光是波，在圖 1.43(b) 中，使用了折射率不同的膜（位相變換膜），

如圖 1.43(2)，光波變為反相，與原光波合成之後，如圖 1.44，就可以分辨了。如圖 1.43(c) 中，只使用位相變換膜也是可以的。另外，如圖 1.44(a) 中，設計圖案為方形時，光阻（photo resist）會變成如圖所示的圖形。為了解決這個問題，在四個角的位置要設計突出的圖形。當兩個方形圖案很近的時候，這種修正也變得複雜起來（如圖 1.44(b)）。

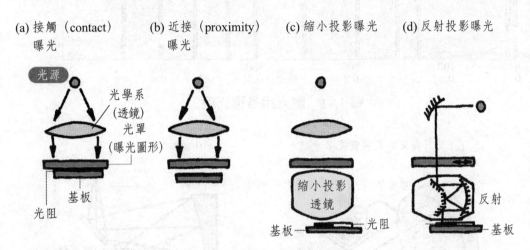

(a) 接觸（contact）曝光　　(b) 近接（proximity）曝光　　(c) 縮小投影曝光　　(d) 反射投影曝光

圖 1.38　光曝光的方式

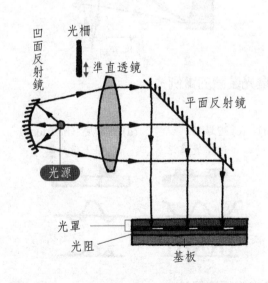

圖 1.39　接觸（contact）曝光法實例

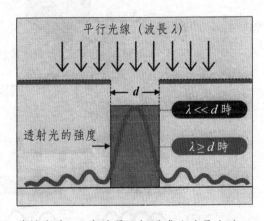

狹縫寬度 (d) 與波長 λ 相同或比波長小時，透射光除了通過狹縫之外，還向兩邊拖一個長長的尾巴

圖 1.40　繞射現象

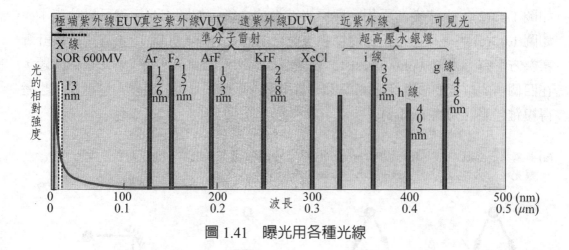

圖 1.41　曝光用各種光線

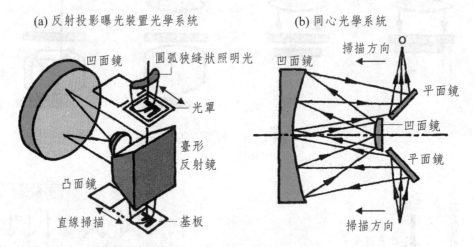

(a) 反射投影曝光裝置光學系統　　　　(b) 同心光學系統

圖 1.42　反射投影曝光裝置的實例

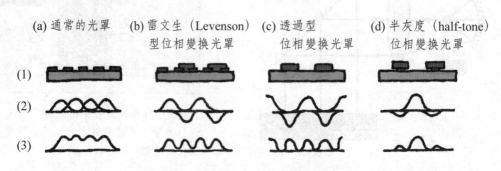

(a) 通常的光罩　(b) 雷文生（Levenson）　(c) 透過型　(d) 半灰度（half-tone）
　　　　　　　　　　型位相變換光罩　　位相變換光罩　　位相變換光罩

(1)

(2)

(3)

圖 1.43　各式各樣的位相變換法

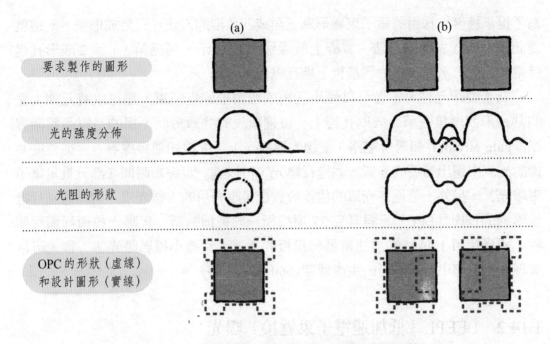

圖 1.44　光的近接效應和光的近接效應補償

1.14　電子束曝光和離子植入

1.14.1　電子束曝光

通過電子顯微鏡（electron microscope）看到原子的解析度，大約是原子的大小，也就是 0.2nm 的程度。電子束（electron beam）的控制性非常好，因此人們期待著，只有被電子束照到的地方才會感光，不需要光罩。但是 0.2nm 的電子束在掃描時，要花費很長的時間，生產率並沒有提高。此為這種方法的缺點，但是最近人們又看到了希望。

用電子束畫圖的方式，在提高生產效率方面取得了進步。圖 1.45 中給出幾種具有代表性的方式。在圖 1.45(b1) 中，塗有光阻的基板全部受到特定粗細的電子束掃描，同時，通過控制光束的開關描繪圖像。這種方法稱為光柵掃描（raster scan）。圖 1.45(b2) 是向量掃描（vector scan），只在想要描繪出圖像的地方來回移動光束進行描繪。使用這些方法，可以節省一些時間。

要實現這種方法，使用的裝置如圖 1.46 所示，基本上和電子顯微鏡一樣。

為了提高速度，採用將電子束變形為三角或四角形的方法（可變成形束）。這就是圖 1.45(b3) 表示的方法。實際上就像圖 1.47 所示，通過第 1、第 2 成形孔徑將電子束成形，然後照射到基板上進行曝光。

為了製作元件，不僅可以使用三角或四角形的電子束，還可以將元件大量的共通形狀匯集在第 2 成形孔徑上。這裡所說的共通形狀，指的是電晶體閘電路（gate circuit）和周邊電路、配線的形狀、上下配線和連接線等等。從這些共通的光罩中選出需要的光罩，並進行曝光，可以進一步縮短時間（部分批量電子束曝光）。另外，最近在光罩的位置放置批量曝光用的大號光罩，對全體進行批量曝光的技術（EPL），與其它 27 項技術一同被稱為新一代曝光技術而備受期待。通過使用 100kV 的加速電壓和模板的光罩，和縮小投影曝光法一樣，可以實現 4 倍於縮小投影曝光的生產速度（60 枚／小時）。

1.14.2　LEEPL（低加速電子束近接）曝光

隨著 21 世紀的到來，「每小時 60 枚的電子束曝光技術」，此一新的挑戰也到來了。LEEPL 是低加速電子束近接曝光的縮寫。這項技術是將曝光以前使用之近接曝光的光束換成電子束。

LEEPL 曝光的主要特徵有以下兩點：(1) 使用 2kV 的低加速電子束：因為電壓從原來的 100kV 降為五十分之一，光阻的敏感度也變為原來的大約 50 倍。另外，電子束在光阻中的散射（scattering）也比較小，近接效應可以忽略；(2) 相比於等倍近接曝光，電子光學系統極為簡單：由於光罩靜止曝光，所以高速高精度的真空內光罩臺就不需要了。

LEEPL 試驗機的有透鏡和偏向器（deflector）等主要部件，其結構較為簡單。解析度達到 100nm 當然沒問題，即使是劃分為 70nm，生產速度也可以達到每小時 60 枚。沒有近接效應，形成了良好的圖形，不必擔心近接效應，因為使用了 2kV 的低加速低電壓電子束，就可以使用薄膜技術製造光罩了。有孔洞的光罩稱為模板（stencil）。當然通過超精細加工也可以製造出來，現在正對此進行大量的研究。

1.14.3　離子植入裝置

離子植入（ion implant）和熱擴散使用相同的氣體。

圖 1.48(1) 為離子植入設備真空系統的內部結構。氣體從左下方的離子源（ion source）中導入，使用硼離子 B^+。在裝置中，加速的電子衝擊不純物質使其分解，同時，B 原子也由於受到電子的衝擊，而失去 1 個電子，形成硼離子 B^+。硼離子 B^+ 打入質量分離電磁鐵形成的磁場中。這樣一來，硼離子就會沿著如圖所示的正常軌道運動。

在磁場中，比 B^+ 重的離子會沿 a 軌道運動，較輕的離子則像 b 一樣急速轉彎，偏離正常的軌道。只有高純度的 B^+ 才能持續沿著正確的軌道運動。磁場中的電極還會產生微量重金屬離子（不鏽鋼材質的電極會產生 Fe、Ni 等離子），這些離子不會被加速很多。有一種稱為污染消除器的裝置，它有兩個極板，之間加上電壓就可以將這些粒子去除（這些雜質粒子的運動軌道如圖中的 c 軌道）。這樣就可以得到高純度的 B 離子流。加速管由八個相同的特殊電極組成，可以將離子加速到指定的速度。也就是說，使離子具有一定能量。能量大小決定了沿基片深度方向的濃度分佈。

圖 1.48(2) 是用來製作大基板使用的離子植入裝置示例。原理上，與圖 1.48(1) 相同。離子束（ion beam）擁有較寬的幅度，將基板垂直放置就可以進行全面掃描。

1.14.4 低能離子植入和高速退火

大型、高價的離子植入裝置，對於製作超高密度、超微細的電晶體是不可或缺的。這不僅僅是製作超微細的電晶體，使電晶體的性能均一化，提高 IC 的良率（yield）所必須的，也是目前的研究熱點，以及未來的發展方向。

為了實現 IC 的高密度化，比如，對於電晶體的製作來說，需要越來越淺的植入深度。植入深度達到 100nm 就已經太深了。據預測，在不久的將來，植入深度會達到 10nm 左右。其中一個方法是降低植入離子的能量。由於離子束中的離子帶有相同的電荷，它們相互排斥。但是如果植入能量較低，就不能忽視離子之間的排斥力。因此，就需要研究重離子的植入，比如使用 $B_{10}H_{14}$ 形成 B^+_{10} 以代替 B^+。將 B^+_{10} 加速，平均每個 B 得到的能量就會減少到十分之一。這樣一來，植入深度也就會變淺。

離子植入晶體之後會使得原子的排列混亂。隨著基片溫度的長時間上升，植入的原子會向基片內部擴散，這時，淺植入就失去了意義。因此就開發出了高速退火（anneal）裝置，這個裝置可以秒為單位，進行溫度的上下調節。用雷射對

基片進行瞬間加熱以實現淺擴散的研究，也在進行中。

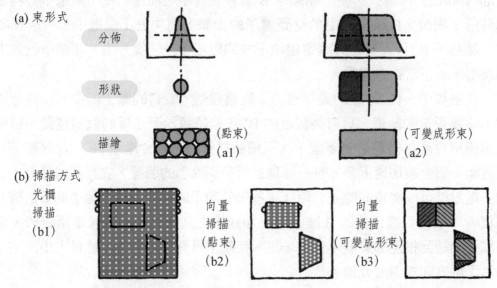

通常使用的主要是利用點束的光柵掃描、利用點束的矢量掃描和利用可變成形束的向量掃描這三種類型

圖 1.45　電子束曝光的主要方式

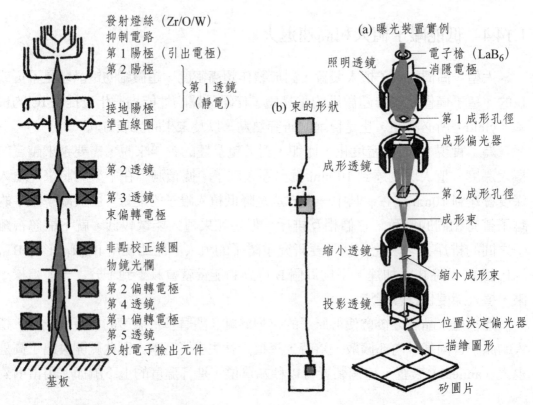

圖 1.46　利用點束的曝光裝置實例　　　圖 1.47　利用可變成形束的曝光裝置實例

(1) 離子植入裝置的原理圖和離子束的路徑

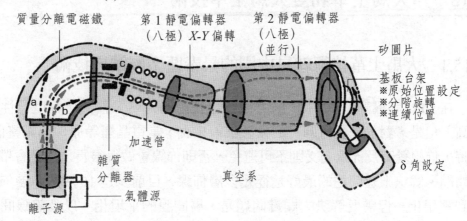

(2) 大基板用離子植入裝置

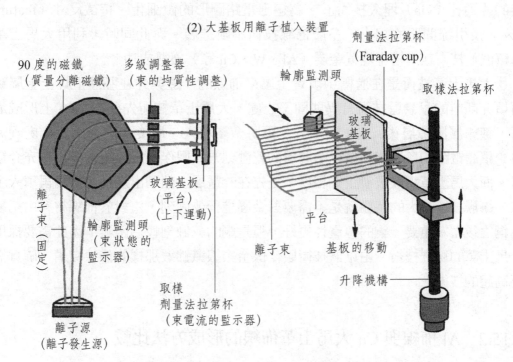

(a) 原理圖 　　　　　(b) 基板的部分放大圖

圖 1.48　離子植入裝置

1.15　單大馬士革和雙大馬士革技術

1.15.1　大馬士革技術就是中國的景泰藍金屬鑲嵌技術

在 CPU 等邏輯系 IC 中，隨著微細化技術的進展，整合化程度及性能不斷提高。但是，對於基體矽圓片的擴散技術來說，當電晶體等原件佈滿整個 IC 晶片時，佈線變窄及佈線交叉則不可避免，否則佈線會做得很長，這又會帶來更大的問題。解決上述問題的最好途徑是多層佈線，目前多達 10 層的多層佈線已經達到實用化。但需要解決的關鍵問題是，層間膜的平坦化，以及佈線間垂直連接的「通孔（via）埋入技術」。為適應電路圖形的微細化、特徵尺寸（feature size）及引線間距的縮小，多層佈線技術不斷進展。與此同時，利用大馬士革（鑲嵌）技術在溝槽中埋置金屬（Al、W、Cu 等）獲得成功。

大馬士革技術是在溝槽中填置金屬來佈線的，這與先在胚體上焊上金屬絲再填充顏料的景泰藍技術有異曲同工之處。大馬士革技術先要在 SiO_2 上形成溝槽，鍍一層阻障層後（TiN 或 Ti），再將金屬埋入，最後再進行平坦化處理。傳統積體電路的多層佈線是以金屬層的乾蝕刻方式製作金屬導線後，再填充介電層。而大馬士革鑲嵌技術正好相反，是先在介電層上蝕刻出溝槽，然後再填入金屬。鑲嵌技術最大的特點就是不需要對金屬進行乾蝕刻，這對於佈線材料由鋁變為銅之後尤為重要。銅的導電性更好，但是銅的乾蝕刻較為困難，因此需要採用大馬士革的鑲嵌技術。由鑲嵌技術製作像金銀線織錦緞那樣的佈線結構，確實需要高超的技術。

1.15.2　Al 佈線與 Cu 大馬士革佈線的形成方法比較

圖 1.49 表示 Cu 大馬士革佈線與 Al 佈線方法的比較。對於 Al 佈線來說，是在層間絕緣膜中形成連接孔之後，埋入 W 柱塞（tungsten plug），再對 Al 膜乾式蝕刻形成 Al 佈線。而且層間絕緣膜形成之後，是藉由 CMP 研磨實現平坦化。Cu 大馬士革佈線則與傳統 Al 佈線和佈線加工順序不同，是在層間絕緣膜中按佈線形狀形成溝槽。在 Cu 大馬士革佈線中，又有單大馬士革和雙大馬士革（dual damascene）之分，前者連接孔中用 W 柱塞，僅佈線溝槽中埋入 Cu，後者是在連接孔和佈線溝槽形成之後，一次性埋入 Cu，因此工序較少。二者都是在塗敷阻障層金屬之後，整體埋入 Cu 膜，再利用 CMP 將佈線之外的 Cu 和阻障層金屬

層去除乾淨，由此形成所需要的佈線。

1.15.3　Cu 雙大馬士革佈線的形成方法

圖 1.50 和圖 1.51 分別表示 Cu 雙大馬士革佈線的結構及形成步驟。

雙大馬士革的佈線結構如圖所示。在 Cu 的下部佈線上有兩層絕緣膜阻障層和兩層 low-k 膜，四層膜交替分佈。絕緣膜阻障層兼作蝕刻阻止層、硬光罩，使用的材料為 SiN 或 SiC，由化學氣相沉積（CVD）形成。low-k 膜可以為無機膜，也可以為有機膜，採用化學氣相沉積（CVD）或旋塗玻璃（SOG, spin on glass）製得。經過蝕刻後，形成了 T 字形的通道，下部是連接孔，上部是佈線溝。在進行金屬 Cu 佈線之前，先要鍍兩層膜：Cu 電鍍用的打底層和金屬阻障層（barrier layer，如 TaN、TiN 等），打底層是為了增強 Cu 佈線部分與基體的附著力，並保證在溫度較高的工作狀態下，仍能保持較高的附著力，而阻障層則用來防止銅離子向絕緣膜中擴散。由於 Cu 極易在 Si 及 SiO_2 擴散，改變半導體的電性能，造成積體電路失效。為了阻止 Cu 在 Si 及 SiO_2 的擴散，需要在 Cu 與 SiO_2 增加一層由高熔點的過渡金屬及其氮化物組成的阻障層。根據大馬士革技術，Cu 的金屬化是在阻障層上進行的，因此阻障層材料表面對化學鍍銅、銅膜形態結構、電性能都有重大的影響。這兩層膜均可用化學氣相沉積（CVD）或物理氣相沉積（PVD）的方法製得。製作完這兩層膜就可以將 Cu 埋入，可以採用化學氣相沉積（CVD）或電鍍（electroplating）、化學鍍（chemical plating）的方式。埋入的 Cu 可以分為兩部分：佈線部分和連接孔部分。相比之下，在單大馬士革佈線技術中，Cu 只起佈線作用，而不作為連接孔部分。最後，再用化學機械平坦化（CMP）將多餘的金屬 Cu 去除。

Cu 雙大馬士革佈線的簡要形成步驟如圖 1.51：(1) 雙大馬士革溝槽加工；(2) 阻擋層、Cu 打底層形成；(3)Cu 電鍍膜形成；(4) 利用 CMP 形成佈線。

1.15.4　由大馬士革（鑲嵌）技術在溝槽中埋置金屬製作導體佈線的實例

多層佈線是在晶片上完成的立體化佈線，該製程相對於形成電晶體構造的基板製程而言，屬於佈線製程，因此有時也成為後端製程（back end）、在前端製程 FEOL（front end of the line）、後製程等。多層佈線技術始於 20 世紀 60 年代的第一代，至今已進展到第四代，其特徵是 Cu 佈線與 low-k 介質膜相結合。

第 4 代多層佈線技術中，除了採用 W 柱塞作為層間連接之外，全部採用了 Cu 雙大馬士革（dual damascene）技術：

(1) 生長多層絕緣膜：絕緣膜分為佈線間絕緣膜、層間絕緣膜和阻塞絕緣膜。其中佈線間絕緣膜和層間絕緣膜也稱為 low-k 膜。阻塞絕緣膜的厚度很小，low-k 膜和阻塞絕緣膜交替分佈。

(2) 利用微影成像和乾式蝕刻，在絕緣膜上製作層間導通孔和佈線溝槽：佈線溝槽和層間導通孔（開口）的連續形成是雙大馬士革佈線的特點之一。

(3) 利用濺射鍍膜法依次在表面形成阻擋金屬層和打底金屬層：阻擋金屬層也稱為防擴散金屬層，顧名思義，是為了防止 Cu 向基體中擴散而影響電信號的傳輸。打底金屬層則可以增加 Cu 和阻障層間的黏結力。

(4) 利用電鍍法生長銅，在層間導通孔和佈線溝中埋置（填充）銅：電鍍銅將 T 字形的導通孔和佈線溝填滿。

(5) 利用 CMP 法對銅和阻擋金屬層進行研磨，製成平坦的銅佈線：利用化學機械平坦化（CMP）的方法，將多餘的 Cu 去除，以便進行後續的絕緣膜的沉積。

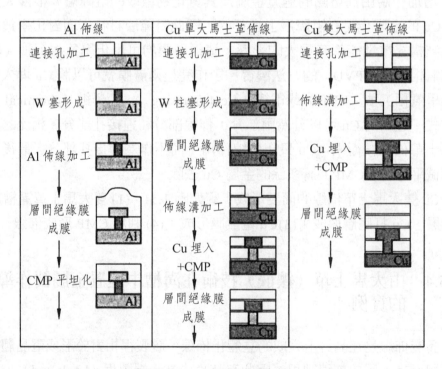

圖 1.49　Al 佈線與 Cu 大馬士革佈線形成方法的比較

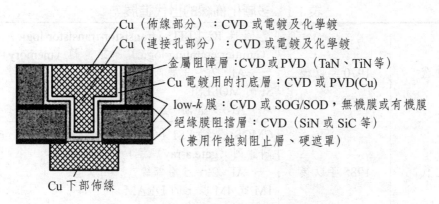

Cu（佈線部分）：CVD 或電鍍及化學鍍
Cu（連接孔部分）：CVD 或電鍍及化學鍍
金屬阻障層：CVD 或 PVD（TaN、TiN 等）
Cu 電鍍用的打底層：CVD 或 PVD(Cu)
low-*k* 膜：CVD 或 SOG/SOD，無機膜或有機膜
絕緣膜阻擋層：CVD（SiN 或 SiC 等）
（兼用作蝕刻阻止層、硬遮罩）

Cu 下部佈線

圖 1.50　Cu 雙大馬士革佈線的結構

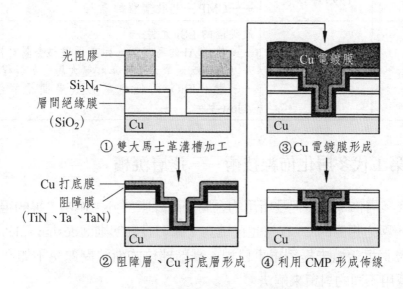

光阻膠
Si$_3$N$_4$
層間絕緣膜
（SiO$_2$）
Cu
① 雙大馬士革溝槽加工

Cu 電鍍膜
Cu
③ Cu 電鍍膜形成

Cu 打底膜
阻障膜
（TiN、Ta、TaN）
Cu
② 阻障層、Cu 打底層形成

Cu
④ 利用 CMP 形成佈線

圖 1.51　Cu 雙大馬士革佈線的形成方法

1.16　多層化佈線已進入第 4 代

　　以薄膜形成、加工技術以及層間平坦化技術為支撐，用於半導體積體電路的多層化技術已發展到第四代。表 1.1 表示多層佈線技術的世代進展，下面分別對各代多層佈線技術做簡要介紹。

表 1.1　多層化佈線的世代進展

第 1 代	1970 年以後	雙極性 IC〔TTL（transistor-transistor logic），ECL（emitter coupling logic），記憶體（memory）等〕 ——Al，2～3 層佈線 Si 閘 MOSLSI ——Al- 多晶 Si，2 層佈線
第 2 代	1985 年以後	CMOS 邏輯 LSI〔CPU（central procossing unit），閘陣列（gate array）等〕 ——Al，2～5 層佈線 1M 或 4M 以上的 DRAM ——Al，2 層佈線
第 3 代	1995 年以後	CMOS 邏輯 LSI 及 64M 以上的 DRAM ——CMP 平坦化製程的導入
第 4 代	2000 年以後	最尖端的 LSI 元件 ——替代 Al 的高電導、耐電子遷移金屬材料 Cu 的導入（銅佈線、單大馬士革和雙大馬士革製程的導入） ——替代 SiO_2 的低介電常數層間絕緣膜的導入（low-k）

1.16.1　第 1 代多層化佈線技術——逐層沉積

第 1 代多層佈線的製程及所用的金屬及絕緣膜部分，作為主導的絕緣膜已確定為 SiO_2，與之相應的 CVD 法也已確立。圖形設計準則（design rule）為 10μm 左右，佈線平坦化還未提到議事日程，臺階部位的斷線問題遠不如今天這樣嚴重，可以採用不同的對策來解決。

1.16.2　第 2 代多層化佈線技術——玻璃流平

圖 1.52 表示第 2 代多層佈線的結構。隨著圖形微細化的進展，日益重視窄間隙中絕緣膜的填入，進而導入了玻璃流平（SOG）技術。還大量引入採用犧牲層（光阻等）的反向蝕刻平坦化法，至今仍有採用。但是這些均不能保證完全的平坦化。

SOG 旋轉塗佈玻璃為半導體製程上主要的局部性平坦化技術。SOG 是將含有介電材料的液態溶劑以旋轉塗佈方式，均勻地塗佈在晶圓表面，以填補沉積介電層凹陷的孔洞。之後再經過熱處理，可去除溶劑，在晶圓表面上留下固化後近似二氧化矽的介電材料。

1.16.3　第 3 代多層化佈線技術——導入 CMP

如圖 1.53，在第 3 代佈線技術中，設計基準已達 0.25μm 以下，對窄間隙中的金屬埋入、金屬間窄間隙中絕緣膜的埋入，要求更加嚴格，平坦化製程的導入必不可缺。CMP 技術被開發並在 W 柱塞的形成、絕緣膜的平坦化方面成功應用。Al 回流焊接也作為平坦化的手段被成功運用。至此，全程（global）平坦化概念被普遍接受，在用於金屬下層間絕緣膜硼磷矽玻璃（BPSG）完全平坦化的回流焊接（reflow）法基礎上，再加上 CMP，使得更多層佈線製程成為可能。

化學機械拋光是半導體技術的一個步驟，該技術於 90 年代前期開始被引入半導體矽晶片工序，從氧化膜等層間絕緣膜開始，推廣到聚合矽電極、導通用的鎢插塞、淺溝隔離 STI（shallow trench isolation），而在於元件的高性能化，同時引進的銅佈線技術技術方面，現在已經成為關鍵技術之一。雖然目前有多種平坦化技術，同時很多更為先進的平坦化技術也在研究中嶄露頭角，但是化學機械拋光已經被證明是目前最佳、也是唯一能夠實現全域平坦化的技術。進入深次微米（deep submicron）以後，擺在 CMP 面前的代表性課題之一，就是對於低介電常數材料的全域平坦化。

1.16.4　第 4 代多層化佈線技術——導入大馬士革技術

21 世紀多層佈線結構的第 4 代多層佈線技術，記為 Cu（ρ_{eff} = 2.4μΩ · cm）low-k ILD（k_{eff} = 2.5）者，為實際電阻率及介電常數。Cu 的本徵電阻率是 1.7μΩ · cm 要比 2.4μΩ · cm 低，後者是由於與阻擋金屬層等積層所致，介電常數的情況也與此類似。

第 4 代多層佈線技術中，除了採用 W 柱塞作為層間連接之外，全部採用了 Cu 雙大馬士革（dual damascene）技術。第 4 代多層佈線技術中已不採用絕緣膜埋入技術，也不需要金屬的蝕刻技術。

採用 Cu-CMP 的大馬士革鑲嵌技師，目前唯一成熟和已經成功用於 IC 製造中的銅圖形化技術。據預測，到了 0.1μm 技術階段，將有 90% 的半導體生產線採用銅佈線技術。在多層佈線立體結構中，要求保證每層全域平坦化，Cu-CMP 能夠兼顧矽晶片全域和局部平坦化。

目前第 4 代佈線結構只是在最尖端元件中採用，而第 2 代、第 3 代多層佈線技術仍廣為採用。

第 2 代多層佈線技術的特徵

· 藉由光阻反向蝕刻（etch back）法實現絕緣膜平坦化
　　——利用電漿 CVD 氧化膜埋入層間膜
· 藉由 SOG（塗佈玻璃流平）膜的輔助埋入平坦化
　　——利用電漿 CVD 氧化膜的三明治結構
· 藉由 BPSG 回流焊接的金屬前平坦化絕緣膜的形成
· 藉由鎢（W）CVD 膜的反向蝕刻形成柱塞（plug）結構
· 作為防止電子遷移的對策，採用 Al-Cu-Si 合金膜

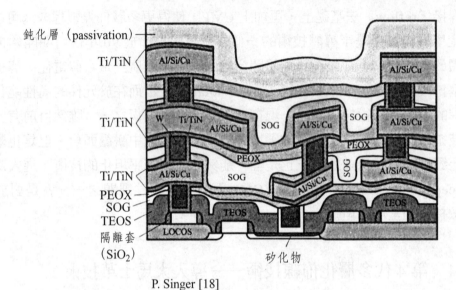

P. Singer [18]

圖 1.52　第 2 代多層佈線技術——玻璃流平

第 3 代多層佈線技術的特徵

· 為實現平坦化，部分地導入 CMP 技術
—— STI（shallow trench isolation，淺溝槽隔離）被部分地導入
—— 金屬前平坦化 BPSG 膜
—— Al－Al 層間絕緣膜，SiO$_2$ 或一部分 SiOF 等的 low-k 膜
—— 在 W 柱塞形成中，部分地由 CMP 技術代替反向蝕刻（etch back）
· 為形成淺結接觸，採用 TiSi$_2$ 層及 TiN 阻擋層
· 在 Al 上形成反射防止膜
· 自調整接觸結構的導入（金屬前平坦化膜）
· 通過 Al 的回流焊接埋入形成柱塞

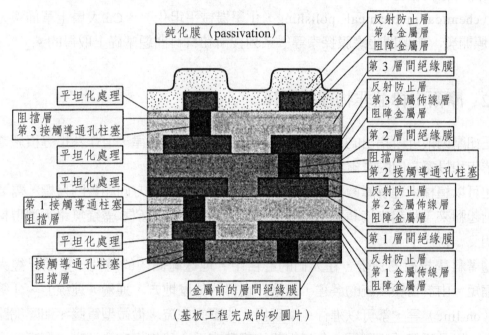

圖 1.53　第 3 代多層佈線技術——導入 CMP

1.17　摩爾定律繼續有效

1.17.1　半導體元件向巨大化和微細化發展的兩個趨勢

1965 年，作為美國英特爾公司最初創始人之一的戈登·摩爾（Gordon Moore）預言：單位平方英吋上電晶體的數目每隔 18 ～ 24 個月就將翻升一倍。

這一綜合效應是基於微細尺寸化效果、晶片尺寸增大效果、元件及回路改良效果等多方面進步取得的。即使到今天，已被人稱為定律的上述摩爾預言依然有效。

　　然而，當人們對未來發展進行預測時，總是對摩爾定律（Moore's law）能否繼續有效表示或多或少的懷疑。例如，ITRS（International Technology Road-map for Semiconductor，國際半導體技術指南）於 1999 年 11 月公布的預測就指出，如果摩爾定律繼續有效，在最小尺寸 100nm（0.1μm）以下的範圍內，在技術上將存在難以跨越的壁壘。但幾年的實際發展證明，不但如期克服了此一壁壘，特徵線寬也突破 90nm、65nm、45nm。而且正向 32nm，甚至 20nm 邁進。當然，這是在基板方面解決了超精細微影曝光、乾式蝕刻，佈線方面解決了 CMP（chemical mechanical polishing，化學機械平坦化）、Cu 大馬士革佈線、low-k 膜開發、新型閘絕緣膜探索等一系列技術和材料問題基礎上取得的。

1.17.2　摩爾定律並非物理學定律

　　正如摩爾最近所指出的，儘管並非物理學意義上的定律，但作為指導積體電路產業化和投資方向的摩爾定律，在今後數年內仍然有效。

　　也可以這樣來理解摩爾定律：它為我們指明的是前進方向和奮鬥目標，需要我們踮起腳來，跳起來摘蘋果。只要大家努力，就能從山窮水盡疑無路，實現柳暗花明又一村。

　　隨著科學技術的進步，在人們的心目中，地球範圍內的時間、空間已經大幅度縮短。由於情報系統的發達，無論在世界的什麼地方，通過「連線」、「線上」（on-line）等，都可以進行「準現場」的資訊交流。從微型電腦、網際網路的普及，以及近年「物聯網」急速崛起的趨勢來看，我們肯定會迎來一個高度資訊化的社會。

　　推動上述變革的電子學及處於其核心地位的半導體 IC，作為「不斷進化的細胞」，本身在系統化的同時，正加速促進更大、更複雜系統的實現。而且，這種發展直到今天仍不間斷的持續中。那麼半導體的未來究竟如何呢？

　　與半導體事業發展息息相關的人們，包括研究者、開發者，生產者、經營者及使用者，在對未來充滿憧憬的同時，也時時懷著擔心：「不久將達到極限吧」、「已經發展到盡頭了吧」。當然，這種「極限」、「盡頭」並不是僅與技術相關，還包括必須考慮經濟效益的產業和經營等。幸有整個半導體界同仁的不懈努力，才達到今天令人驚嘆的發展和輝煌成就。不論以後的前景如何，相對於

悲觀論者來說，樂觀論者的「跳起來摘蘋果」、「能往前走絕不停留」，更能反映人們的真實心態。

現在的微細化水準，對於批量生產來說已達到 65nm。下一步，45nm 及 32nm 水準已是不遠將來的事。看來 20nm 甚至更微細水準達到實用化，不太成為問題。在此之前，說不定量子元件和奈米電子學等基於新原理的 IC 會登上舞臺。不言而喻，除了上述微細化技術以外的其它方面，如 IC 用途的開發、新市場的開拓等，自然具有無限的前途。

1.17.3 摩爾定律是描述產業化的定律

圖 1.54 表示據 20 世紀 90 年代中期預測，半導體元件向巨大化和微細化發展的兩個趨勢。十幾年的發展遠遠超過了人們的預期。2000 年以後封裝密度也隨半導體晶片密度增加。20 世紀 90 年代後半期，僅靠微影成像技術的改良，已難以有效地提高密度，而 IBM 從 1998 年起，成功地將鋁佈線改為銅佈線（copper wiring），使性能和密度兩個方面都得到改良，從而摩爾定律得以延續。現在各個半導體廠家正逐步將低介電常數（low-k dielectric）或超低介電常數（ultra low-k dielectric）材料實用化，此外還有在佈線層中配置電晶體的矽在絕緣物上 SOI（silicon on insulator）之技術，使矽產生應變，以期實現高速化的應變矽（strained silicon）技術，在上述閘極中使用高介電常數（high-k dielectric）材料，以抑制漏電流（leakage current）的 high-k 閘技術，使閘垂直化佈置，以提高密度的 FinFET 技術，使 n-FET 與 p-FET 交互配置，以實現高速化的 HOT（hybrid orientation technology，混合取向技術），藉由磁致電阻效應記憶資料的 MRAM（magneto-resistive RAM）技術，以及採用作為最終手段的多芯（multicore）並行處理等，在這些技術開發的支援下，摩爾定律不斷延續。正因為如此，在過去 10 年中，半導體晶片的密度提高了 100 倍。邏輯 LSI 中佈線技術的變遷，如圖 1.55 所示。

與半導體晶片比較，如果著眼於高密度、高性能的倒裝片（flip chip）和微孔積層（bulid-up）板技術，10 年前倒裝片連接間距為 300μm，現在，最先進技術的製作水準為 150μm，間距縮小為 1/2。由於倒裝片可以按平面陣列佈置端子，故端子密度可達到原來的 4 倍。再看倒裝片用基板的佈線，在積層（build-up）多層印刷電路板發展的道路上，從今天追溯到 10 年前的線寬為 50μm，而現在最先進的製作水準為 15μm，這也縮小為 1/3，若按在同一平面上佈線考慮，

則密度增加到原來的 9 倍。引線鍵合（wire bonding）的間距從 125μm 縮減到 25μm，由於不能進行平面佈置，故縮小為原來的 1/5。

1.17.4 「踮起腳來，跳起來摘蘋果」

這樣說來，過去十年間封裝密度的增加充其量為 10 倍，與半導體晶片密度增加之間，大概有一個數量級的差距。今後的發展方向，需要同步地提高封裝及半導體晶片的密度，在不使半導體晶片的性能劣化、提高整體性能的前提下，特別要降低價格。

儘管借用半導體晶片技術使封裝密度提高很容易實現，但是要低價位地進行生產規模的普及和推廣是相當困難的。儘管會遇到技術上的重大挑戰，但由於是藉由以低價格的材料、成熟技術和大生產用設備為基礎的封裝技術來實現的，因此被寄予厚望。

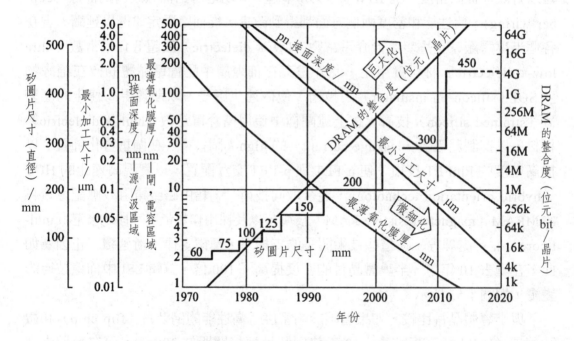

圖 1.54　半導體元件向巨大化和微細化發展的兩個趨勢

技術	0.5~0.35μm	0.25~0.2μm	0.18μm 以下
佈線斷面圖	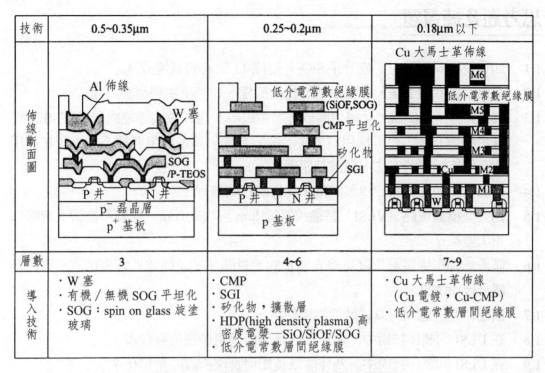		
層數	3	4~6	7~9
導入技術	・W 塞 ・有機／無機 SOG 平坦化 ・SOG：spin on glass 旋塗玻璃	・CMP ・SGI ・矽化物，擴散層 ・HDP(high density plasma) 高密度電漿─SiO/SiOF/SOG ・低介電常數層間絕緣膜	・Cu 大馬士革佈線 （Cu 電鍍，Cu-CMP） ・低介電常數層間絕緣膜

圖 1.55　邏輯 LSI 中佈線技術的變遷

思考題及練習題

1.1 如何從矽礦石（主要成分是 SiO_2）變成 11 個 9 的高純矽？

1.2 畫出改良西門子法製作多晶矽的技術流程，並寫出主要反應方程式。

1.3 從工業矽（MG-Si，又稱金屬矽，冶金級矽）提純為太陽能級矽（SO-Si）可採用化學方法，也可採用物理（冶金）方法，請各舉出四種工業上正在採用或有可能採用的方法，簡述其原理。

1.4 畫圖並說明從單晶矽棒製成電子元件的技術流程。

1.5 超大型積體電路（VLSI）特徵線寬從 1μm 到次 0.1μm，在製作技術上有哪些重大變革？

1.6 請表述圖形線寬解析度與曝光波長的定量關係，並簡述近年來短波長光源及曝光技術的進展。

1.7 請比較乾式蝕刻與濕式蝕刻的優缺點。

1.8 在 ULSI 的製作技術中，為什麼以及如何採用多層佈線技術？

1.9 在 ULSI 的製作技術中，為什麼以及如何實現佈線的平坦化？

1.10 說明在 ULSI 技術中 Al 佈線的優缺點？ Cu 佈線代替 Al 佈線的理由？採用 Cu 佈線技術需要解決的問題。

1.11 請敘述摩爾定律。往回追溯 20 年，有哪些新技術不斷支持摩爾定律繼續有效？

參考文獻

[1] 田民波，積體電路（IC）製程簡論，北京：清華大學出版社，2009。

[2] Kasap S O. Principles of Electronic Materials and Devices, 3rd ed.，清華大學出版社（影印版），2007。

[3] Michael Quirk, Julian Serda. Semiconductor Manufacturing Technology. Prentice Hall, 2001.

[4] 菊地正典，半導體のすべて，日本實業出版社，1998。

[5] 前田和夫，はじめての半導體プロセスへ，工業調查會，2000。

[6] 岡崎信次，鈴木章義，上野巧，はじめての半導體リソグテフ技術，工業調查會，2003。

[7] 邊藤伸裕，小林伸長，若宮互，はじめての半導體製造材料，工業調查會，2002。

[8] 張厥宗，矽單晶拋光片的加工技術，北京：化學工業出版社，2005。

[9] 菊地正典，やさしくわかる半導體，日本實業出版社，2000。

[10] 西久保靖彥，てれで半導體のすべてがわかる！秀和システム，2005。

[11] 張勁燕，電子材料，臺北：五南圖書出版有限公司，2004。

[12] 張勁燕，半導體製程設備，臺北：五南圖書出版有限公司，2004。

[13] 李世鴻，積體電路製程技術，臺北：五南圖書出版有限公司，1998。

[14] Betty Lise Anderson, Richard L. Anderson. Fundamentals of Semiconductor Devices. McGraw-Hill, 2005.

[15] Technical Digest of IEDM 95, p.907 (Dec., 1995).

[16] Semiconductor International, p.52 (Nov., 1994).

[17] Technical Digest of IBDM 98, P.363 (Dec., 1998).

[18] Semiconductor International, p.57 (Aug. 1994).

2 微電子封裝和封裝材料

2.1　微電子封裝的定義和範疇

2.1.1　微電子封裝的發展過程

　　「封裝（package 或 assembly）」這個詞用於電子工程的歷史並不久。在真空電子管時代，將電子管等元件安裝在管座上構成電路設備，一般稱為「組裝或裝配」，當時還沒有「封裝」此一概念。

　　如電子封裝的發展歷程圖所示，真空管（vacuum tube）與半導體的市場占有率相等的交叉點出現在 1961 年，此後以電晶體（transistor）為代表的半導體分立式元件（discrete device）占據主導地位；而分立式元件與積體電路元件的市場占有率相等的交叉點出現在 1975 年，此後積體電路元件占據主導地位。也就是說，50 多年前的電晶體、30 多年前的 IC 等半導體元件的出現，改寫了電子工程的歷史。一方面這些半導體元件細小柔嫩；另一方面其性能又高，而且多功能、多規格。為了充分發揮其功能，需要補強、密封、擴大，以便實現與外電路可靠的電氣連接，並得到有效的機械、絕緣等方面保護作用。「封裝」的概念正是在此基礎上出現的。

2.1.2　前工程、後工程和封裝工程

　　在半導體元件製作過程中，有前工程和後工程之分（如圖 2.1 所示）。二者以矽圓片切分成晶片（wafer）為界，在此之前為前工程，在此之後為後工程。

　　所謂前工程是從整塊矽圓片（silicon wafer）入手，經過多次重複製膜、氧化、擴散，包括照相製版和微影成像等工序，製成電晶體、積體電路等半導體元件及電極等，開發材料的電子功能，以實現所要求的元件特性。前工程的技術流程，如圖 2.1 所示。

　　所謂後工程是由矽圓片切分好的一個個晶片入手，進行裝片、固定、鍵合連接、塑膠灌封、引出接線端子、按印檢查等工序，完成作為元件、部件的封裝體，以確保元件的可靠性，並便於與外電路連接。

2.1.3　電子封裝工程的範圍

　　從晶片開始，通過封裝基板、實裝基板，最後再安裝到電子機器設備或系統。

儘管圖中所示的關係比較複雜，但如果從幾何維度的角度，將其分解為點、線、面、體、塊、板等，則可以更好地理解電子封裝工程所涉及的範圍及各工序、各部分之間的關係。

(1) 點：從幾何維度看為零維。通過點的鍵合實現電氣導通，如引線連接的鍵合點、倒裝片（flip chip）的接點、回流焊的鍵合點等。

(2) 線：從幾何維度看為一維。通過金線或佈線實現電氣連接，如鍵合引線、帶載引線、電極佈線、電源線、接地線、信號線等。

(3) 面：從幾何維度看為二維。通過封接實現面與面的緊密接觸，以保證固定、密封、傳熱等。

(4) 體：從幾何維度看為三維。通過封裝，如將可塑性絕緣介質經模注、灌封、壓入等，使晶片、仲介板（或基板）、電極引線等封為一體，從幾何維數看構成三維的封裝體，而產生密封、傳熱、應力緩和及保護等作用。狹義的封裝即指此過程。

(5) 塊：帶有電極引線端子的封裝體即為「塊」，「塊」與下面要討論的「板」，可以看作是多維體。塊與基板的連接即為實裝。實裝方式有針腳插入型〔如雙排直立 DIP（dual-in-line）〕，平面陣列針腳插入型〔如針閘陣列 PGA（pin grid array）〕，表面貼裝型〔如四方平包裝 QFP（quad flat package）〕，平面陣列表面貼裝型〔如球柵陣列 BGA（ball grid array）〕等。目前無論是 IC 晶片封裝體還是片式元件，採用表面貼裝技術 SMT（surface mounting technology）進行實裝的越來越多。

(6) 板：實裝有半導體積體電路元件，L、C、R 等分立元件，變壓器和其它部件的基板即為「板」。由板通過插入、機械固定等方式安裝成為系統或整機。

通過以上分析就可以了解電子封裝工程中鍵合、連接、封接、封裝、實裝、安裝等術語具體而明確的含義。

2.1.4　微電子封裝的定義

狹義的封裝（PKG, package）主要是在後工程中完成，並可定義為：利用膜技術及微細連接技術，將半導體元件及其它構成要素在框架或基板上佈置、固定及連接，引出接線端子，並通過可塑性絕緣介質灌封固定，構成整體立體結構的技術。

廣義的電子封裝工程，應該是狹義的封裝與實裝工程、基板技術的總和。如

圖 2.2 所示，將半導體、電子元件所具有的電子、物理的功能，轉變為適用於機器或系統的形式，並使之為人類社會服務的科學與技術，統稱為電子封裝工程。

表 2.1 按特徵尺寸（feature size）的量級，給出電子封裝工程中的四個層次。其中，從半導體晶片到 50μm 的工程領域為狹義的封裝，將封裝體連接於基板之上為實裝工程。表中的四個層次構成電子封裝工程的整體。如圖 2.3 所示。

近年來，隨著以手機為代表的電子設備朝向小型化、多功能化發展，對電子元件本身的小型化、複合化、高密度化提出更高的要求。但是，利用通常進行之在基板表面貼裝（SMT）元件的方法，受元件個數和尺寸的制約，迫切需要在微電子封裝領域尋找新的出路。作為與之相對應的技術就是三維（3D）封裝，以及將元件內藏於（嵌入）回路基板的技術。如此，不僅能減少封裝面積，而且可以大大削減死空間（dead space）。當然，電子封裝工程中的層次也會大大減少。

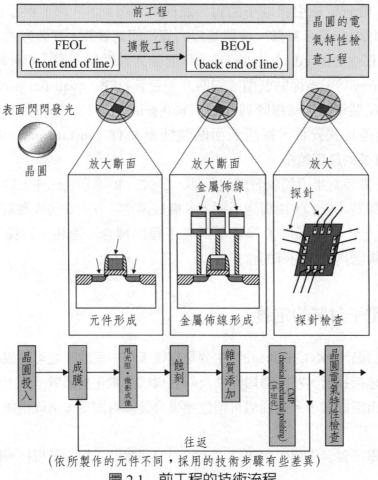

（依所製作的元件不同，採用的技術步驟有些差異）

圖 2.1　前工程的技術流程

將半導體、電子元件、半導體封裝、印刷電路板、設計等各種技術
有機地組合，以實現最佳整機系統的綜合設計製作技術。

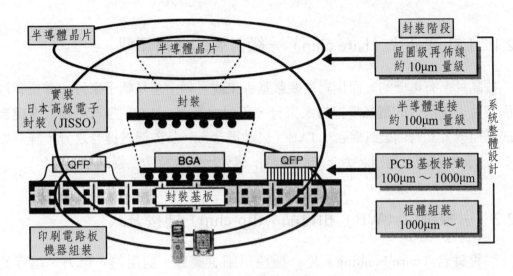

圖2.2 廣義的封裝技術

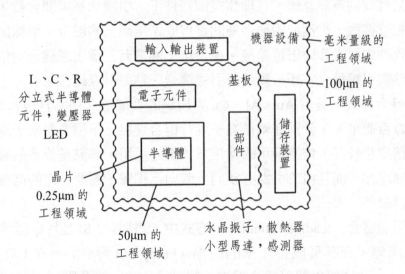

圖2.3 按特徵尺寸的量級，電子封裝工程中的四個層次

2.2　一級封裝和二級封裝

2.2.1　LSI 裸晶片（bare chip）一級封裝的各種類型

　　按晶片上有電極的一面相對於裝載基板來說是朝上還是朝下來分，有正裝片和倒裝片；按晶片的電氣連接方式來分，有引線鍵合（WB）方式和無引線鍵合方式，而後者又有倒裝片鍵合、TAB（自動鍵合帶）及微機械鍵合之分，詳見如表 2.1。表中附圖在列出裝載方法的同時，還列出結構特徵及優缺點等。

2.2.2　引線鍵合（WB）和覆晶（flip-chip）連接方式

　　引線鍵合（wire bonding）是一種使用細金屬線，利用熱、壓力、超音波（ultrasonic）能量，使金屬引線與基板焊盤緊密焊合，實現晶片與基板間的電氣互連和晶片間的資訊互通。在理想控制條件下，引線和基板間會發生電子共用或原子的相互擴散，從而使兩種金屬間實現原子量級上的鍵合。引線鍵合的作用是從核心元件中引入和匯出電連接。在工業上通常有三種引線鍵合定位平台技術被採用：熱壓引線鍵合、鍥─鍥超聲引線鍵合、熱聲引線鍵合。

　　引線鍵合方式，是用 Au、Al、Cu 等極細的金屬絲（通常直徑為 35µm，功率元件用數百微米），分別在兩個端子進行鍵合連接。不需要對端子進行預先處理，定位精度也較高，作為通用的連接方式廣泛採用。缺點是要多個端子進行鍵合、作業速度慢；而且由於引線必須向上或向下拐彎，需要一定的高度，因此不利於薄型封裝。

　　在無引線鍵合（leadless bonding）方式中，需要對 LSI 晶片電極（Al 電極）進行預先處理，使其形成半球形的凸點（bump）（焊台）。在 LSI 晶片電極（Al 電極）上，通過中間阻擋金屬層，附上 Au、Cu 等凸點。在倒裝片微互聯時，使凸點直接與基板上相應的佈線電極相接觸，鍵合一次完成。

　　Flip-chip（覆晶）：一種無引腳結構，一般含有電路單元。設計用於通過適當數量之位於其面上的錫球（導電性黏合劑所覆蓋），在電氣上和機械上連接於電路。以上三種連接方法，如圖 2.4 所示。

　　起源於 60 年代，由 IBM 率先研發出，具體原理是在輸入／輸出焊塑（I/O pad）上沉積錫鉛球（solder ball），然後將晶片翻轉加熱，利用熔融的錫鉛球與陶瓷板相結合，此技術已替換常規的打線接合，逐漸成為未來封裝潮流。Flip-chip 既是一種晶片互連技術，又是一種理想的晶片黏接技術。早在 30 年前 IBM 公司已研發使用了這項技術。但直到近年來，flip-chip 已成為高端元件及高密度封裝領域中經常採用的封裝形式。今天，flip-chip 封裝技術的應用範圍日益廣泛，封裝形式更趨多樣化，對 flip-chip 封裝技術的要求也隨之提高。同時，flip-chip 也向製造者提出一系列新的嚴峻挑戰，為這項複雜的技術提供封裝、組裝及測試的可靠支援。以往的一級封閉技術都是將晶片的有源區面朝上，背對基板和貼後鍵合，如引線鍵合和載帶自動健全（TAB）。FC 則將晶片主動區面對基板，通過晶片上呈陣列的焊料凸點，實現晶片與襯底的互連。矽片直接以倒扣方式安裝到 PCB，從矽片向四周引出輸入／輸出（I/O），互聯的長度大大縮短，減少了 RC 延遲，有效地提高了電性能。顯然這種晶片互連方式能提供更高的 I/O 密度。倒裝占有面積幾乎與晶片大小一致，在所有表面安裝技術中，覆晶可以達到最小、最薄的封裝。

Flip-chip 封裝另一個重要優點是電學性能。引線鍵合技術已成為高頻及某些應用的瓶頸，使用 flip-chip 封裝技術改進了電學性能。如今許多電子元件工作在高頻，因此信號的完整性是一個重要因素。在過去，2～3GHz 是 IC 封裝的頻率上限，flip-chip 封裝根據使用的基板技術可高達 10～40GHz。

2.2.3　TAB 連接方式

TAB 是「tape automated bonding」的縮寫，意思是用於自動鍵和的帶，表示晶片不是裝載在基板上，而是裝載在預先佈好線的有機帶基上；與之相近的詞是 TCP（tape carrier package），意思是帶載封裝。有時 TAB 和 TCP 混用，不過前者更強調晶片，後前者更強調封裝。之所以這兩個詞都與「帶」相關，這是由於載帶晶片的是，如同 135 電影膠片那樣的有機薄帶，兩側設有送帶方孔，用於自動送帶和自動定位。這種方式適合薄型高密度封裝，便於自動化鍵合等操作。如圖 2.5 所示。

ILB〔內側引線鍵合（inner lead bonding）〕是將倒裝 LSI 晶片的凸點與帶狀載體的內側電極一次鍵合連接。採用方式即上一節所談的覆晶（flip-chip）連接法。

OLB〔外側引線鍵合（outer lead bonding）〕是將帶狀載體切分成一個一個的元件，與此同時，使元件引線外側與基板上對應的佈線電極一次鍵合。一般是採用各向異性導電膠連接方式，即將封裝形式為 TCP 的 IC 以各向異性導電膠

分別固定在 LCD 和 PCB 上。這種安裝方式可減少液晶模組 LCM（liquid crystal module）的重量、體積、安裝方便、可靠性較好。

2.2.4　二級封裝的類型和特徵

電子封裝工程發展極為迅速，PKG 的種類繁多、結構多樣，發展變化大，需要對其分類研究。分類的方法很多，本書中按晶片的裝載方式（一級封裝）、基板類型、封接方式、PKG 的外形、結構、尺寸以及實裝方式（二級封裝）來分類。

按 PKG 的外形、尺寸、結構分類。所謂按外形，主要是根據 PKG 接線端子的排佈方式對其進行分類。依靠 PKG 的發展順序，先後出現 DIP、PGA、QFP、BGA、晶片尺寸包裝 CSP（chip scale package）等幾大類。二級封裝包括引腳插入型（DIP、SIP、ZIP、S-DIP、SK-DIP、PGA）、表面貼裝型（SOP、MSP、QFP、FPG、LCCC、PLCC、SOJ、BGA、CSP）、TAB 型（TCP）等。

隨著三維（3D）封裝以及將元件內藏於（嵌入）回路基板中技術的出現，一級封裝和二級封裝的界限越來越模糊，這些概念本身的差異和所涵蓋的層次也逐漸淡化甚至消失。

表 2.1　LSI 裸晶片一級封裝的各種方式類型

方式		結構及特徵				連接方法	優點	缺點
		測試難易性	可維修性	散熱性	適應超薄性			
引線連接	正裝片及引線鍵合					用黏結劑預先將 LSI 固定在基板上，再利用金屬絲分別與 LSI 上的電極、基板上的佈線電極一一對應地鍵合連接	1. 晶片與引腳的連接很方便，按程序進行多引線連接，自由度大 2. 很容易獲得這種 LSI 晶片	當引腳數較多時，生產效率較低
		×	△	○	△			

續表 2.1　LSI 裸晶片一級封裝的各種方式類型

方式	結構及特徵				連接方法	優點	缺點
	測試難易性	可維修性	散熱性	適應超薄性			
倒裝片					在 LSI 晶片 Al 電極表面，分別按黏附層、阻擋層、接焊層的順序形成凸點，以倒裝片的方式（LSI 的佈線面朝下），加熱、加壓實現連接	1. 能減小微組裝面積 2. 可在晶片上整體佈置凸點 3. 焊接一次完成，生產效率高 4. 可靠性高	1. 需要在 LSI 晶片上形成凸點，不容易獲得這樣的晶片 2. 由於是倒裝焊，難於進行目檢
	△	○	△	◎			
無引線連接　TAB					先將 LSI 晶片裝載於照相底片狀的帶狀載體上（載體上已預先佈置好引線）（ILB：內側引線鍵合），而後將帶狀鍵體切分成一個個的元件，與此同時，將該元件熱壓在基板上（OLB：外側引線鍵合）。也有採用焊盤凸點黏附於帶狀載體上的方式（BTAB）	1. 以自動焊接帶的方式焊接一次完成，生產效率高 2. 易與細間距引線相對應（最小電極間距 80～100μm） 3. 適合於薄形微組裝 4. 可靠性高	1. 需要在 LSI 晶片上形成凸點，不容易獲得這樣的晶片 2. 用於帶基的聚醯亞胺材料比較貴
	○	△	○	◎			

續表 2.1 LSI 裸晶片一級封裝的各種方式類型

方式	結構及特徵				連接方法	優點	缺點
	測試難易性	可維修性	散熱性	適應超薄性			
無引線連接 / 微機械壓接					通過導電橡膠進行微機械壓接。該橡膠中加入碳粉、低熔點焊料、金屬顆粒等，在壓力作用下，可從絕緣狀態轉變為導電狀態。也可利用各向異性導電漿料、各向異性導電膜實現	1. 可精細佈置壓接凸點，其間距為 25～50μm（實驗水平可達 10μm） 2. 凸點製作相對容易，且實現的方法很多 3. 晶片、凸點、基板的整體效果好，依靠熱硬化樹脂等收縮應力，可確保電氣及機械的可靠性	1. 接觸電阻高（10毫歐到幾百毫歐） 2. 如何去除 Al 電極表面的氧化膜有待解決
	×	◎	△	○			

◎─優；○─良；△─中；×─差

ILB：inner lead bonding
TAB：tape auto bonding
OLB：Outer lead bonding
FCB：flip chip bonding

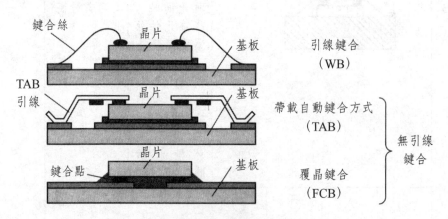

圖 2.4 晶片與封裝基板的連接方法

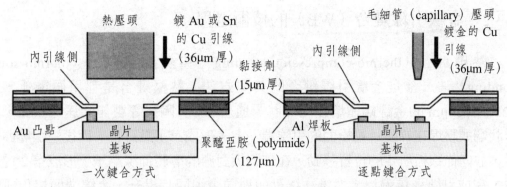

圖 2.5　利用 TAB 方式的連接方法（一次鍵合方式和逐點鍵合方式）

2.3　一級封裝技術

2.3.1　引線鍵合（WB）方式及連接結構

　　通過 Au、Al 等微細絲，將半導體積體電路元件的輸入輸出電極，與佈線板上的導體佈線電極實現電氣連接的技術，稱為引線連接。目前通過 Al 線的引線連接，幾乎都採用超聲鍵合法。這種方法可在常溫實現鍵合，不僅適用於多晶片模組（MCM, multi chip module），還特別適用於對熱敏感的電荷耦合元件（CCD, charge coupled device）及液晶顯示元件等單片 LSI 的引線連接，Al 線用超聲鍵合機中使用的超聲頻率一般為 60kHz。對 Al 線施加超音波，對材料塑性變形產生的影響，類似於加熱。超音波能量，被 Al 中的位錯選擇性吸收，從而位錯在其束縛位置解脫，致使 Al 線在非常低的外力下即可處於塑性變形狀態。在這種狀態下變形的 Al 線，可以使矽上鋁蒸鍍膜表面形成的氧化膜破壞，露出清潔的金屬表面，便於鍵合。這種以機械變形為主要形式，配合以超音波使易於塑性變形及鍵合的超聲鍵合法，在較低的溫度下，即可完成固相結合。在超聲鍵合法中，壓頭及送線導管等工具與材料間的表面狀態，與鍵合材料之間的表面狀態對鍵合強度有更大的影響。超聲鍵合法的優點是不需要加熱，對表面的潔淨度不十分敏感，金、鋁以外的鍵合線也能適用，金屬間化合物等引發的合金劣化問題少（由於是鋁線、鋁線佈線電極相同的金屬組合）。缺點則是對表面粗糙度敏感，有方向性問題，對於吸振性佈線板不適用，技術控制要複雜些，鋁線存在加工硬化的問題（特別是每次鍵合後的端頭部位）。

2.3.2　金線引線鍵合（WB）的技術過程

　　熱壓鍵合（thermo-compression bonding）和熱超聲鍵合（thermo-sonic bonding）法，都是金線引線鍵合的典型方法。熱壓鍵合是利用微電弧，使 $\varphi25 \sim \varphi50\mu m$ 的金線端頭熔化成球狀，通過 WC、陶瓷等製作的送線壓頭，將球狀端頭壓焊在裸晶片電極面的引線端子上，形成第 1 點鍵合。而後送線壓頭提升，並向佈線板所定的位置移動，在佈線板對應的導體佈線端子上形成第 2 鍵合點，完成引線連接過程。然後送線壓頭連同金線同時提升，金線端頭熔化成球狀，為下一個第 1 鍵合點作準備。鍵合作業中，佈線板被加熱到 160 ～ 180℃，送線壓頭保持在 300 ～ 350℃。與此同時，施以一定的外力，在極短時間內，將金線壓焊在裸晶片及佈線板的相應端子上。

　　熱超聲是熱壓和超聲的合成詞。熱超聲鍵合法是在超聲鍵合機的印刷板支援臺上引入熱壓鍵合法中採用的加熱器，進行輔助加熱；鍵合工具採用送線壓頭，並進行超聲振動；由送線壓頭將金線的球形端頭超聲熱壓鍵合在印刷板的導體佈線電極上。金線直徑一般在 $\varphi25\mu m \sim \varphi30\mu m$ 範圍內。熱超聲鍵合法的特徵是，所加壓力及溫度等，都可以低於熱壓焊的情況，而且從第 1 鍵合點到第 2 鍵合點移動時，對方向並無嚴格要求。因此，它適合於由樹脂或鉛焊貼片的 MCM 內部引線鍵合。熱超聲鍵合法的優點在於可在較低溫度、較低壓力下實現鍵合，對表面清潔度不太敏感，無方向性問題。缺點是只能使用金線，需要稍微加熱，技術控制較複雜。金線引線鍵合的技術過程，如圖 2.6 所示。

2.3.3　覆晶（flip-chip）凸點形成方法

　　所謂凸點（bump），即在 LSI 晶片 Al 電極焊區上形成的突起電極，通過該電極使裸晶片實裝在 PCB 等封裝基板上。形成凸點的方法主要有電鍍法、化學鍍法、釘頭凸點形成法、範本印製焊料法及熱注射焊料法等。下面針對 Au 電鍍凸點和焊料電鍍凸點，分別介紹凸點的結構和形成技術等。金凸點主要用於液晶顯示器（LCD, liquid crystal display）驅動元件的 TAB 鍵合和晶片在玻璃上 COG（chip on glass）實裝，前者通過金凸點與電鍍錫的引腳實現金屬間鍵合，後者通過各向異性導電膜實現 Au 凸點與 LCD 的 ITO（indium tin oxide）膜的連接。金凸點位於 LSI 的 Al 電極開口部上方，並跨在四周鈍化膜之上。金凸點與鋁電極之間設有複合金屬層，稱其為凸點下金屬層（UBM, under bump metal）。UBM 一般由濺射鍍膜法製作，其下層為 Ti/W，用作防擴散層，其上

層為 Au，用作電鍍 Au 層的連接層。電鍍 Au 時，UBM 還起到電流通路的作用，在電鍍過程中，Au 逐層沉積在 UBM 上。凸點的製作技術過程可分為六大步：濺射鍍膜、微影成像、電鍍、去除光阻、蝕刻複合金屬膜和退火。(1) 濺射鍍膜由於保護膜表面存在臺階，在其上形成均勻緻密的膜層十分關鍵。濺射膜層品質不高，往往在實裝過程中造成凸點介面的剝離，甚至造成矽圓片的損傷。(2) 微影成像包括厚膜光阻的均勻塗敷，通過曝光、顯像，高精度地在凸點形成部位開口。(3) 電鍍電鍍凸點的高度為 15 ～ 20μm，要求其厚度均勻、表面平滑，特別是凸點彼此之間的高度偏差要小。(4) 去除光阻只有均勻而完全地去除，才能保證凸點間複合金屬膜的完全蝕刻，這對於確保凸點之間的絕緣性至關重要。(5) 蝕刻複合金屬膜在複合金屬膜完成電鍍時電流通路的作用後，要在保證不影響凸點的前提下，由蝕刻加以去除。(6) 退火的目的在於消除應力，並使 Au 達到合適的硬度，以滿足覆晶微互聯的技術要求。

2.3.4 利用 FCB 的連接方法

FCB 有四種實現方式：可控塌陷晶片連接法（C4 法）、各向異性導電膠（膜）法（ACP, anisotropic conductive paste、ACF, anisotropic conductive film）、錫球凸塊焊接（SBB）和機械接觸互連法。C4 法是將晶片電極上製作的高溫 Pb/Sn 焊料凸點再流覆晶連接（FCB, flip-chip bonding）到基板焊盤上，或在 PCB 金屬焊盤上塗覆低溫 Pb/Sn 焊膏，FCB 上凸點晶片後，只是低溫焊膏再流，高溫 Pb/Sn 凸點卻不熔化，這對於翻修十分有利。ACF 法的各向異性導電膠（膜）中，含有不連續的導電粒子球，將塗有 ACF 的基板 FCB 上凸點晶片後，適當加熱、加壓，使凸點金屬平面通過導電粒子球壓在基板焊盤上，而其它方向上因無連續的粒子球而不會導電。該技術多用於溫度要求不高的液晶顯示器上的凸點晶片連接。錫球凸塊焊接（SBB, solder ball bump）法是將 Au 線變成球形成的釘頭凸點，外敷導電膠或焊料，並 FCB 到塗有導電膠或焊料的基板金屬焊盤上，再填充環氧樹脂，加熱固化，從而形成牢固的互連。如圖 2.7 所示。該技術簡便易行、使用靈活、成本低廉，常用於 I/O 不多的晶片 FCB 互連。機械接觸互連法是在基板金屬焊盤上塗覆可光固化的環氧樹脂（epoxy），將凸點晶片 FCB 加壓進行 UV 光固化（curing），所形成的收縮應力將凸點金屬與基板金屬焊盤達到可靠地機械接觸互連。這種方法對高 I/O 數的微小凸點 FCB 互連尤為適用。利用 FCB 的連接方法，如圖 2.8 所示。

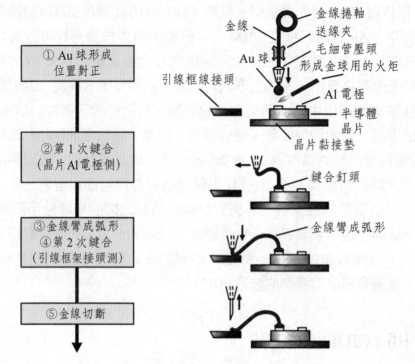

圖 2.6　金線引線鍵合（WB）的技術過程

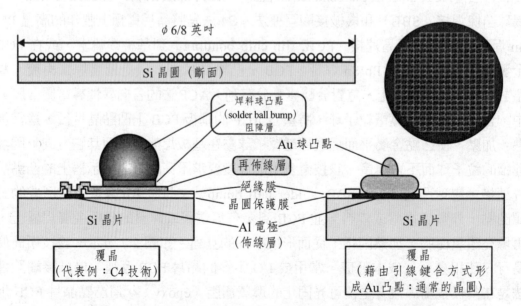

圖 2.7　FCB 中凸點的形成方法（焊料凸點和金球凸點）

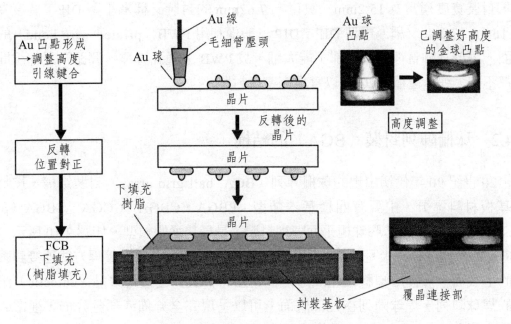

圖 2.8　利用 FCB 的連接方法

2.4　傳遞模注封裝和環氧塑封料（EMC）

2.4.1　DIP 型陶瓷封裝的結構

DIP 是指雙列直插式封裝，圖 2.9 所示為 DIP 型陶瓷封裝的結構。它是最早的 PKG，針腳分佈於兩側，且直線平行佈置（dual-in-line package），直插入印刷電路板，以實現機械固定和電氣連接。晶片由金漿料固定在陶瓷底座上，蒸鍍 Al 的 Fe/Ni 系金屬引線端子一端通過 Al 線鍵合與晶片電極連接，另一端伸到 PKG 以外。底座與陶瓷蓋板由玻璃封接，使晶片密封在陶瓷之中與外界隔離。玻璃除產生封接密封作用之外，還起到應力緩和的作用，經過玻璃過渡，可以使陶瓷與 Fe/Ni 系金屬的熱膨脹係數匹配。由於晶片的電極間距較大，用引線框架即可完成尺寸調整的功能。除 PKG 的外形尺寸及針腳數之外，並無特殊要求。可靠性試驗主要針對封接玻璃進行。DIP 是插入式封裝中最為普及的封裝形式，在標準邏輯 IC、記憶體 LSI、微型機等之中廣泛使用。插腳節距 2.54mm、1.27mm，插腳數為 6 ～ 64，引線數為 4、8、14、16、24、28、40、48、64、

68，封裝寬度通常為 15.2mm。寬度為 7.62mm 的封裝又稱為小型 DIP；寬度為 10.16mm 的封裝又稱為中型 DIP。DIP 一般僅利用 PWB（printed wire bond）的單面。由於針腳直徑和間距都不能太細，故 PWB 上通孔直徑、間距乃至佈線間距都不能太細，這種 PKG 難以實現高密度封裝。

2.4.2　球柵陣列封裝（BGA）的結構

20 世紀 90 年代初出現的球柵陣列（BGA, ball grid array）封裝結構，按封裝基板材料區分，主要有四種基本類型：PBGA、CBGA、CCGA、TBGA（p: plastic）。PBGA 即塑膠球柵平面陣列封裝，是最普通的類型。如圖 2.10 所示。PBGA 的載體或仲介板是普通的印刷板基材。晶片通過金屬線壓焊方式連接到載體的上表面，然後用塑膠模注成形，在載體的下表面連接有共晶（eutectic）組分的焊球陣列。焊球陣列在元件底面上可以呈現完全分佈或部分分佈，通常的焊球直徑在 0.75～0.89mm 範圍內，焊球中心距有 0.8mm、1.0mm、1.27mm、1.5mm 等幾種，最小為 0.5mm。CBGA（ceramic）最早源於 IBM 公司的 C4 覆晶技術。 CBGA 的晶片連接在多層陶瓷載體的上表面，晶片與多層陶瓷載體的連接可以有兩種形式：其一是晶片的電極面朝上，採用金屬線壓焊的方式實現連接；其二是晶片的電極面下，採用倒裝片方式實現晶片與載體的連接。晶片連接固定後，採用環氧樹脂等灌封材料對其進行封裝，以提高可靠性，提供必要的機械防護。在陶瓷載體的下表面，連接有焊球陣列，焊球陣列的分佈可以是完全分佈或部分分佈兩種形式。焊球尺寸通常為 $\varphi0.89$mm 左右，節距因各公司而異，常見的為 1.0mm 和 1.27mm。CCGA（ceramic column）是陶瓷柱閘平面陣列封裝，有兩種形式：一種是焊料柱與陶瓷載體底部採用共晶焊料連接；另一種採用澆鑄式固定結構。TBGA（tape）是 BGA 一種相對較新的封裝類型，晶片載體是聚醯亞胺帶，並覆以單層銅箔或上下雙層銅箔。

2.4.3　傳遞模注塑封技術流程

傳遞模（transfer mold）注塑封技術價格便宜，適於大批量生產，目前在半導體積體電路封裝中採用最為普遍。傳遞模注技術流程如下：先將模具預熱，將經過微互聯的晶片框架插入上下模具中，上模下降，將晶片框架固定。注塑壓頭依設定程式下降，樹脂料餅經預加熱器加熱，黏度下降，在注塑壓頭壓力作用

下，由料筒經流道，通過澆口分配器進入澆口，最後注入型腔中。注入中不加壓力，待封裝樹脂基本上填滿每個型腔之後再加壓力。在加壓狀態下保持數分鐘，樹脂聚合而硬化。此後上模具提升，去除模注好的封裝體。切除流道、澆口等不必要的樹脂部分。其技術流程如圖 2.11 所示。到此階段，樹脂聚合仍不充分，特性也不穩定，需要在 160 ～ 180℃數小時的高溫加熱，使聚合反應完結。由於模注時樹脂可能從模具的微細間隙流出，故最後還要利用高壓水及介質的衝擊力，使殘留在外引腳表面的樹脂溢料剝離。外引腳還要經過電鍍焊料或電鍍錫（tin plating）等處理，以改善引腳的耐蝕性及微互聯時焊料與它的浸潤性。至此，傳遞模注封裝全部完成。隨著晶片和封裝尺寸，及其相應模具的大型化，往往會發生樹脂注入型腔的不均勻化問題。從樹脂注入每個型腔的過程來看，在離注塑壓頭遠的型腔注入樹脂前，離注塑壓頭較近型腔中的樹脂已開始硬化；離注塑壓頭遠的型腔填充完畢，開始增加注入壓力時，離注塑壓頭近的型腔中樹脂已開始硬化，殘留的氣體會產生氣孔或氣泡。

2.4.4　環氧塑封料（EMC）及各種組分的效果

傳遞模注樹脂封裝的可靠性，取決於模注樹脂的可靠性。標準樹脂的組成，按其配比質量分數，從高到低依次為填充料、環氧樹脂、固化劑等。除此之外，還含有觸媒、耦合劑、脫模劑、阻燃劑、著色劑等添加劑，其總量一般控制在 3% ～ 7%。填充料的主要成分是二氧化矽。晶態二氧化矽有利於提高模注樹脂的導熱性，熔凝態二氧化矽有利於降低模注樹脂的熱膨脹係數及吸濕性。加入填充料，對於降低價格、減小熱膨脹係數以及提高樹脂強度等效果明顯。環氧樹脂的組成，在世界範圍內都採用甲酚—酚醛系。環氧樹脂除具有保護晶片、使其與外氣隔絕，確保形成時的流動性外，還對模注樹脂的機械、電氣、熱等基本特徵產生決定作用。固化劑的主成分為苯酚—酚醛樹脂，其與環氧樹脂對於形成時的流動性及封裝樹脂的特性一同產生決定作用。此外，模注樹脂中還含有如下成分：促進固化反應，由咪唑及磷化合物構成的固化促進劑；樹脂在注模內固化後，使其便於取出，由高級脂肪酸及天然或合成蠟等構成的脫模劑；阻止燃燒，完全滿足阻燃性規定，以三氧化銻為主要成分的阻燃劑；以黑色碳粉及各種染料進行著色的著色劑等。為了降低應力和彈性模量，要加入降低應力的添加劑；為了提高與引腳的密封性，要加入密接性增加劑；為了提高彈性和強韌性，要加入可軟性增加劑等。總之，為了對封裝樹脂進行改性，要加入各式各樣的添加劑。

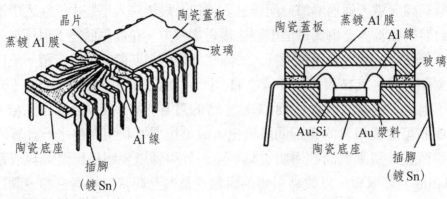

圖 2.9　DIP 型陶瓷封裝的結構

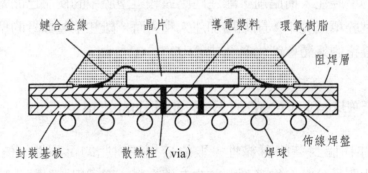

圖 2.10　典型的平面（球柵）陣列封裝結構

2.5　從半導體二級封裝看電子封裝技術的變遷

2.5.1　半導體封裝依外部形狀的變遷

通常所指的半導體組裝（semiconductor assembly）技術定義為：利用膜技術及微細連接技術，將半導體晶片和框架、基板、塑膠薄片或印刷電路板中的導體部分連接，以便引出接線引腳，並通過可塑性絕緣介質灌裝固定，構成整體立體結構的技術。它具有電路連接、物理支撐和保護、外場遮罩、應力緩衝、散熱、尺寸過渡〔藉由扇出（fanout）等〕和標準化的作用。從電晶體時代的插入式封裝、20 世紀 80 年代的表面貼裝式封裝，發展到現在的模組封裝、系統封裝等，前人已經研究出很多封裝形式，每一種新封裝形式都有可能用到新材料、新技術和新設備。

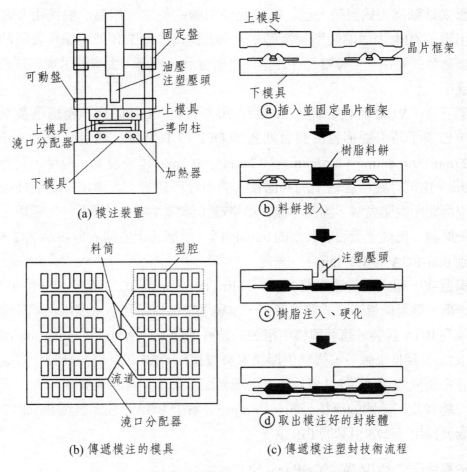

(a) 模注裝置

(b) 傳遞模注的模具

(c) 傳遞模注塑封技術流程

圖 2.11 傳遞模注裝置、模具及塑封技術流程

總體趨勢上講，封裝外部形狀是向著輕薄小尺寸、高密度、高性能方向發展。如圖 2.12 所示。

LSI 的特徵線寬即將進入 0.1μm 的時代。與傳統的 QFP 及薄小輪廓包覽 TSOP（thin small outline package）等周邊端子型封裝相對，BGA 等平面陣列端子型封裝將成為主流。（焊料微球端子按平面閘陣狀佈置）實現著從引腳插入到表面貼裝、到小型封裝、再到系統封裝的過渡。

1. 電子封裝（electronic package）的四次重大變革

第一次，IC 時代：20 世紀 70 年代 IC 時代的封裝時是用 DIP，實裝方式是用 DIP on PWB，即 IC 封裝的引腳插入印刷電路板的通孔中，由浸錫法進行鉛焊實裝。當時還出現了較為小型的 S-DIP 封裝。

第二次，LSI 時代：20 世紀 70 年代後半期，隨著 LSI 的出現，以 DIP 為代

表的舊式針腳插入式封裝，已不能滿足多引線的要求，作為一般民用多端子封裝，出現了 QFP 表面貼裝型封裝形式。與此同時，除 LSI 外，採用表面貼裝方式的被動片式元件、半導體元件等組件推廣普及，進而大大推動了實裝技術的高速發展。

第三次，VLSI 時代：進入 20 世紀 90 年代的 VLSI 時代，為適應多引腳的要求，出現了將引腳佈置於封裝四邊的 QFP 和 TCP 等，其引腳節距（pitch）按 1.27mm → 0.8mm → 0.65mm → 0.5mm → 0.3mm 逐漸變窄。但是，間距小到 0.25mm，由於存在引腳端子的共面性、對中等問題，大大增加了實裝技術的難度，引腳間距很難再窄。因此，僅靠周邊端子結構實現多引腳有一定極限。為解決此一問題，出現了表面貼裝型的 butt-PGA，引腳節距由插入型 PGA 的 2.54mm 減小到 butt-PGA 的 1.27mm。

第四次，超大型積體電路 ULSI（ultra large scale IC）時代：20 世紀 90 年代前後期，隨著微機市場的競爭激烈，出現了實裝技術和高密度化均處於優勢的球柵陣列 BGA 封裝。隨著微機中搭載的特殊應用 IC（ASIC, application of specific IC）引腳越來越多，微機生產廠家發覺採用 QFP 在實現多針腳化方面的限制，許多研究者希望從 PGA 上直接實現表面貼裝，但是不能實現一次回流焊，因而沒能普及。美國的康柏公司（Compro）看中 BGA，在多針腳化 ASIC 中，一開始就採用了 225 引腳的 PBGA。

2. 關於晶片尺寸大小封裝（CSP）

1996 年可以稱為晶片尺寸包裝 CSP（chip scale package）封裝元年，當年 CSP 技術的公開發表，在電子封裝工程發展歷史上有著劃時代的意義。這種與半導體尺寸幾乎相同，具有半導體封裝功能的球柵陣列 CSP 封裝一出現，封裝成套設備的廠商立即投入超小型配套設備的競爭中。

關於 CSP 的定義有以下一些說法：

CSP 是指與晶片尺寸相同或略大的封裝總稱。

就封裝形式來說，屬於已有的封裝形式的派生品，可以按現有的封裝形式來分，如 BGA（ball grid array，球柵陣列）、LGA（land grid array，岸面柵陣列）、SON（small outline no-lead，小輪廓無引線）等。從 1996 年起，CSP 逐漸向可攜式資訊電子設備推廣，從某種意義來講，其標準化、一次再流焊特性及價格等應與 QFP 不相上下。

目前的 CSP 從外觀和內部連接方式來看，有多種不同的結構。各大公司在積極開發超小型封裝，CSP 的發展極為迅速。

2.5.2 LSI 封裝與印刷電路板安裝（連接）方式的變遷

在 20 世紀 70 年代採用插入封裝，印刷電路板安裝方式為引腳插入（lead through hole）印刷板的通孔中。隨著引腳數的增多，若引線間距過窄、引線過細，難免製造和實際安裝時會發生變形，採用插入封裝技術難度增大。20 世紀 70 年代末出現表面貼裝技術，連接方式為晶片周邊引腳貼焊在印刷板表面。20 世紀 90 年代，電子封裝進入轉型期，特點是以超高積體電路為目標，滿足小型化、多引腳的目標。周邊引腳佈置的封裝，逐漸被平面陣列佈置引腳的表面貼裝型封裝替代，此時的引腳為平面排列的焊球，進入 21 世紀後，系統整合度飛速增加，通過陣列焊球將多層晶片連接起來，成為三維立體封裝，進入系統封裝。

正如多晶片封裝（MCP, multi chip package）是相對於單晶片封裝（SCP, single chip package）而言，封裝內系統（SiP, system in a package，即一般所說的系統封裝）是相對於晶片上系統（SoC, system on a chip，即一般所說的系統晶片）而言的。

SiP 是 MCP 進一步發展的產物。二者區別在於，SiP 中可搭載不同類型的晶片，晶片之間可以進行信號存取和交換，從而以一個系統的規模而具備某種功能；MCP 中疊層的多個晶片，一般為同一類型，以晶片之間不能進行信號存取和交換的記憶體為主，從整體來講為一多晶片記憶體。

SiP 的出現之所以代表了半導體封裝的又一次重大變革，主要基於下述理由：

(1) SiP 與單晶片封裝（SCP, single chip package）相比，可使多個封裝合而為一，從而大大減少封裝面積和 I/O 端子數，縮短元件之間的佈線距離，便於元件間的資訊儲存和交換。由於減少了封裝工時，有可能降低價格。SiP 特別適用於手機、個人數位助理（PDA）、光電模組及高頻模組等。SiP 在近一兩年的手機改朝換代中發揮了關鍵作用。

(2) SiP 與一般多晶片封裝（MCP）相比，後者中疊層的多個晶片一般為同一種類型，可實現下一代大容量複合記憶體；前者中搭載不同類型的晶片，如將控制用 LSI、快閃記憶體（flash memory）、SRAM 等封裝於同一 SiP 中，可以實現與系統 LSI 同樣的功能。

(3) SiP 與晶片上系統（SoC）相比，二者都可以實現系統整合，但前者比較容易實現不同技術過程的晶片混載，容易實現低功耗和小型化、價格較低、開發供貨期較短等，因此顯示出更大的發展潛力。

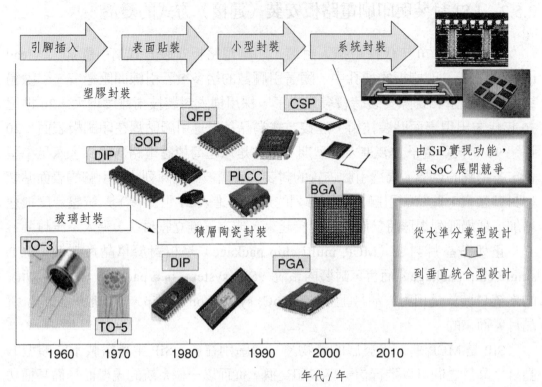

SiP: system in package　　PLCC: plastic leaded chip carrier
SOC: system on chip　　　　塑膠引線晶片載具

圖 2.12　半導體封裝外部形狀的變遷

2.6　三維（3D）封裝

2.6.1　何謂三維封裝？

　　三維疊層封裝技術是一種可實現電子產品小尺寸、輕重量、低功耗、高性能和低成本的先進封裝技術，該技術已廣泛用於手機、數位相機、MP4（多媒體播放器、隨身聽）及其它可攜式無線產品。

　　3D 封裝主要有三種類型，即埋置型 3D、主動基板型 3D 和疊層型 3D。實現這三類 3D 封裝，當前主要有如下三種途徑：一種是在各類基板內或多層佈線介質層埋置 R、C 或 IC 等元件，最上層再貼裝 SMC（surface mounting chip）/SMD（surface mounting device）來實現立體封裝，這種結構形式成為埋置型

3D；第二種是在 Si 圓片規模整合後的主動基板上再實現多層佈線，最上層再貼裝 SMC/SMD，進而構成立體封裝，稱為主動基板型 3D；第三種是在 2D 的基礎上，將每一層的封裝上下堆疊互連，或直接將兩個 LSI、VLSI 晶片面對面、對接、或背對背封裝起來，進而實現立體封裝，這種結構稱為疊層型 3D。

實現封裝疊層三維封裝的過程中，還有疊層載體的連接課題，人們已經提出各種方案，如下列各節說明。

2.6.2　晶片疊層的三維封裝

晶片疊層三維封裝時，利用經過研磨減薄的現有晶片，按金字塔形疊層，即以晶片上晶片的形式（大龜馱小龜），構成三維封裝，晶片類型有靜態隨機存取記憶體 SRAM（static random access memory），快閃記憶體（flash memory）等，並由此構成 CSP 封裝，最終產品一般是記憶體。前幾年就已出現 10 個晶片疊層的三維封裝。三晶片疊層的 CSP 封裝實例，如圖 2.13 所示。

晶片疊層三維封裝一般用引線連接（WB）及傳遞模注等通用技術製作。將兩個或兩個以上的 LSI 晶片，以電極朝上的方式疊放在聚醯亞胺基板上，使晶片電極分別與 CSP 基板佈線實現引線連接，並由基板地面球柵陣列佈置的微球端子引出，最後以樹脂模注完成封裝。由於晶片很薄（150μm），在黏結、疊層每層晶片時，必須採取嚴格的措施，保證晶片特別是其下部的晶片不受損。這種多晶片封裝（multi chip package, MCP），如圖 2.14 所示。

2.6.3　封裝疊層的三維封裝

封裝疊層三維模組實用化的歷史已相當久遠，早在 1957 年，美國無線電 RCA（Radio Company of America）公司就製成並應用了陶瓷基板模組。1990 年代初，由 TCP 疊層的三維模組也實現了實用化。上述模組一般是將 2 ～ 4 個記憶體晶片疊層構成儲存而使用。

在 1990 年，通過使晶片及晶片載體薄形化，例如達到 100 ～ 130μm，再將其疊層實現更薄的三維模組，如圖 2.15 是將四個厚度為 130μm 的膠帶載具封裝 TCP（tape carrier package），疊層構成了三維封裝模組，各層載體間的連接由外環結構完成。由 CSP 進行疊層的三維封裝製作技術如下：先在記憶體晶片端子電極上形成金凸點（gold bump），由覆晶熱法使其與載體相連，再在晶片與

晶片載體的間隙中灌入樹脂進行填充。樹脂乾燥後，依要求對儲存晶片背面進行研磨，使其薄形化。在載體上已形成的焊盤搭載共晶焊料（eutectic solder）微球，將其放入回流焊爐（reflow furnace）中，通過加熱使微球熔化，形成疊層用端子，製成 CSP。將多個 CSP 疊層，經 230 ～ 250℃的熱處理，使疊層連接用的焊料微球熔化，最後製成疊層記憶體的三維封裝。其製作技術如圖 2.16 所示。

　　由上述方法形成的 CSP，其厚度可達 100μm。將 10 個這樣的 CSP 疊層，模組的總厚度僅為 1mm。如圖 2.17 所示。

　　實現三維封裝的關鍵技術，一是矽圓片的研磨減薄技術，二是超薄晶片的運輸、裝載技術。這些技術是否過關，也是三維封裝能否實現批量化生產的關鍵。

　　實現封裝疊層三維封裝的其它課題，還有疊層載體的連接，人們已經提出各種方案。載體連接要考慮到載體之間、載體與外部的連接、公用電極與非公用電極的處理，以及便於維修等因素。

2.6.4　矽圓片疊層的三維封裝

　　矽圓片疊層三維封裝的主要方式是，將完成擴散的矽圓片進行疊層、加工、完成封裝。將研磨得很薄的矽圓片疊層、劃片，形成小疊塊。然後在小疊塊側面進行佈線，實現各層間的連接。目前這種技術已達到實用水準。其疊層的 LSI 以記憶體為主。從結構上看，由於 LSI 之間的連接都要引到側面實現互連，因此連接線稍長，在電氣特性方面，跟前面談到的有載體的封裝模組不相上下。

　　中間一條加工線路是，在完成擴散的矽圓片厚度方向，形成直徑 10μm 以下的微細孔，通過通孔導體實現不同矽圓片的互聯。這種結構是將完成擴散的矽圓片研磨得很薄，逐層疊加，逐層形成通孔並實現層間連接。因此，所有三維封裝中，這種結構的連線是最短的，並有可能發展成三維封裝的主要形式。

　　由封裝疊層的三維封裝、晶片疊層的三維封裝、矽圓片疊層的三維封裝所構成的系統，在 21 世紀的多媒體領域、機器人（robot）領域、汽車領域、生物醫學領域等，將扮演重要角色。而系統 LSI 技術、三維封裝技術以及微機械技術的有機結合，會不斷產生新的元件、構築型的系統。

　　元件內藏〔嵌入（embedded）〕基板作為推進電子設備小型輕量化、高性能化、高可靠化最有力的封裝技術而備受期待。其應用範圍不僅限於以智慧手機為代表的便攜領域，而且朝著汽車、醫療、保健等更寬廣的領域進展。

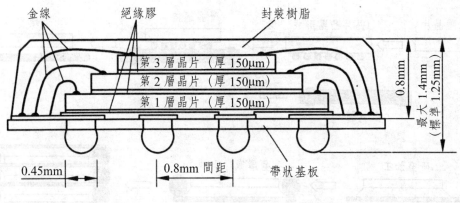

圖 2.13　3 晶片疊層的 CSP 封裝實例

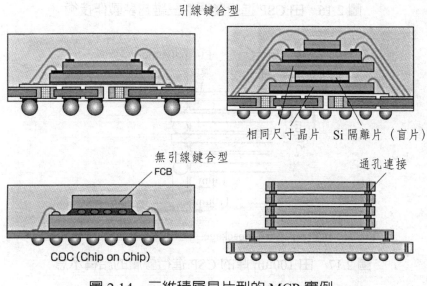

圖 2.14　三維積層晶片型的 MCP 實例

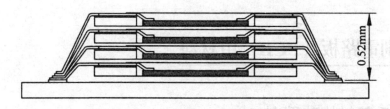

圖 2.15　將 4 個厚度為 130μm 的 TCP 疊層構成的三維封裝模組

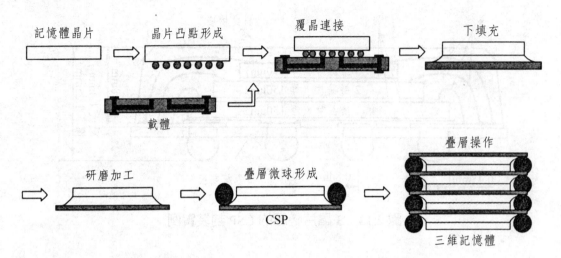

記憶體晶片　晶片凸點形成　覆晶連接　下填充

載體

研磨加工　疊層微球形成　疊層操作

CSP　三維記憶體

圖 2.16　由 CSP 進行疊層的三維封裝製作技術

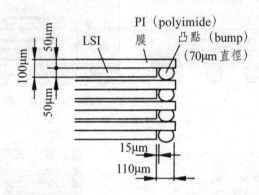

PI（polyimide）膜
LSI
凸點（bump）
（70μm 直徑）
50μm
100μm
50μm
15μm
110μm

TCP: tape carrier package

圖 2.17　由 100μm 厚的 CSP 進行疊層的結構示意

2.7　印刷電路板（PCB）用材料

2.7.1　作為基材的玻璃布

　　玻璃布作為印刷電路板的基材之一起著至關重要的作用，一方面它作為樹脂的支撐體與骨架，另一方面用以保證積層板的強度和尺寸穩定性。

玻璃布（glass cloth）是由 100 根以上 3～5μm 的玻璃纖維絲撮合在一起紡絲成線，再經由縱線與橫線織成的。玻璃布幾乎都是平織而成。其組成及特性，如表 2.2 所列。

將這種玻璃布在環氧樹脂、醯亞胺（imide）樹脂等清漆中浸漬，做成半固化片（pre-preg）。玻璃布的厚度一般在 20～200μm 範圍內。藉由使玻璃布與樹脂的特性相匹配，以使半固化片及相應製品具備所要求的電氣特性、耐熱性、機械特性等，再由此製成滿足性能要求的覆銅合板。

玻璃纖維（glass fiber）的組成和特性如表 2.2 所示。由於電氣絕緣特性極為重要，因此一般採用含鈉量低、電氣特性優良的 E 玻璃。為了降低介電常數，可選用 Q 玻璃、D 玻璃，但加工困難。還開發了對 E 玻璃改性的 NE 玻璃。而且，為了實現低介電常數的 PCB 板，正開發表 2.2 所示的低介電常數玻璃。為了提高玻璃與樹脂間的結合力，要採用如圖 2.18 所示，對二者都適合的耦合劑。對耦合劑的要求是，對樹脂和玻璃雙方都應具有良好的結合性，作為關鍵材料，一直在開發中。

另外，也有的採用開束的纖維束，以便更容易浸漬樹脂。

在積層式 PCB 中，銅箔與玻璃布構成絕緣層的場合，為使雷射打孔容易，還開發了玻璃纖維在整個面上均勻分佈的玻璃布。

除此以外，還開發了玻璃不織布及液晶高分子等樹脂纖維布。可供介電常數等特性的要求來選擇。

2.7.2 熱固性樹脂材料 (1)——酚醛樹脂和環氧樹脂

構成絕緣基板的絕緣樹脂有以下幾種：(1) 酚醛樹脂；(2) 環氧樹脂；(3) 醯亞胺樹脂；(4)BT（bismalimides triazine，雙馬來醯亞胺三嗪樹脂）樹脂；(5) 丙烯化的苯醚（phenylene ether）樹脂（A-PPE 樹脂）；(6) 氟樹脂；(7) 液晶高分子；(8) 其它。

其中，(1)～(5) 是熱固性（thermo-setting）樹脂，(6)～(7) 是熱塑性（thermo-plastic）樹脂。最常使用的是環氧樹脂，在低價格品種中採用酚醛樹脂，作為耐熱性品種是醯亞胺樹脂和 BT 樹脂，作為低介電常數品種多採用 A-PPE 樹脂、氟樹脂和液晶高分子等。

(1) 酚醛樹脂：使酚醛類與甲醛在氨觸媒（catalyst）下發生聚合反應得到，多由其製成紙基材再製成覆銅合板，多用於低價格優先的電子產品。這種酚醛樹脂覆銅合板的電氣絕緣特性等，遜於其它類產品。

(2) 環氧樹脂：由雙酚 A 與表氯醇（3- 氯 -1、2- 環氧丙烷）得到的具有環氧環的樹脂，於其中加入固化劑製成半固化片。再進一步通過加熱方式，打開環氧環，聚合成具有三維結構的熱固性樹脂。為達到阻燃效果，可採用 (B) 所示的溴（Br）化雙酚 A 環氧樹脂。另外，(C) 所示的線型酚醛樹脂型環氧樹脂，最近也開始使用四官能基的環氧樹脂。

由於鹵化物可能存在產生二惡英〔戴奧辛（dioxin）〕的危險，因此受到 RoHS（Restriction of Hazardous Substances，電氣電子設備中限制使用某些有害物質指令）法令的禁用限制，有人採用磷系或氮系阻燃劑等，以實現無磷化。

採用環氧樹脂的覆銅合板在電氣絕緣性、耐濕性、耐電鍍性等方面都具有優良特性，廣泛用於電鍍通孔雙面板、多層板，在製作高可靠性 PCB 板方面，有著無可替代的作用。

2.7.3　熱固性樹脂材料 (2)──聚醯亞胺、BT 樹脂和 A-PPE 樹脂

與通用樹脂相比，下面幾種樹脂在耐熱性、低介電常數等方面具有更為優良的特性。

(1) 醯亞胺樹脂〔聚醯亞胺（polyimide）〕：由無水馬來酸（順丁烯二酸）和二苯氨基甲烷那樣的化合物聚合而成的樹脂屬於熱固性樹脂。它的三種形式結構，如圖 2.19 所示。儘管價格高，但電氣絕緣性、耐熱性、介電特性及高溫尺寸穩定性等都很優良。可作為高多層印刷電路板用材料，或者作為高溫無鉛焊接用的耐熱性絕緣材料。

(2) 雙馬來醯亞胺三嗪樹脂（BT 樹脂）：由雙馬來醯亞胺和三嗪為主樹脂成分，並加入環氧樹脂、聚苯醚樹脂（PPE）、或烯丙基化合物等，作為改性部分，所形成的熱固性樹脂，被稱為 BT 樹脂（bismalimide triazine, BT）。BT 樹脂與醯亞胺樹脂具有同樣的電氣特性、耐熱性等，作為 LSI 的封裝基板（interposer）等而使用。圖 2.19 中給出人們推定的結構圖。

(3) 丙烯化聚苯醚（poly phenylene ether）樹脂（A-PPE 樹脂）：由熱塑性樹脂的 Li 化合物中間體而變成熱固性的。這種樹脂與其它樹脂相比，介電常數更低，氣絕緣性、耐熱性、介電特性及高溫尺寸穩定性等都很優良，作為低介電常數積層板而備受關注。

2.7.4 熱塑性樹脂材料

印刷電路板中使用的樹脂一般為熱固性的，但在一些要求具有特殊性能的產品中，需要採用熱塑性樹脂。可以考慮的熱塑性樹脂有：(1) 聚四氟乙烯樹脂（PTFE, poly tetra fluoro ethylene）；(2) 液晶高分子；(3) 聚醚醚酮（PEEK）；(4) 聚醚碸（PES）。

聚四氟乙烯樹脂（PTFE）具有圖 2.20 中所示的構造，是一種具有低介電常數、低介電損耗、優秀絕緣特性的材料，適用於超高速、高頻的印刷電路板中。這種材料的熔融溫度很高，大約在 400℃上下，因此，多層化要採用熔融溫度低的黏結片。但是，其與熱固性樹脂不同，由於作業溫度變高，因此需要高溫熱壓。

液晶高分子也有幾種不同的類型，圖 2.21 給出的兩種化學式是耐熱性優良品種的實例。這種耐熱性優良的熱塑性樹脂稱為工程塑料。

此外，印刷電路板中使用的還有聚醚醚酮（PEEK, poly ether ether ketone）和聚醚碸（PES, poly ether sulfone），圖 2.22 及圖 2.23 中，呈現出二者的結構。

作為多層板而使用的場合，為了層間結合，黏結片必不可缺。作為原則，黏結片的熔融溫度要低於帶有圖形的基板。這是為了不使已形成圖形的基板發生熔化。因此，作為 PCB 板的整體耐熱性，不同於基材的耐熱性，前者低於後者。

除此之外，其它材料目前仍未達到實用化階段。

表 2.2　玻璃纖維布的組成及特性

項目		E 玻璃	NE 玻璃	D 玻璃	T 玻璃	Q 玻璃
組成	SiO_2（wt%）	52～56	52～56	72～76	62～65	99.97
	Al_2O_3（wt%）	12～16	10～15	0～5	20～25	
	CaO（wt%）	16～25	0～10	0.0	0	
	B_2O_3（wt%）	5～10	15～20	20～25	0	
	MgO（wt%）	0～5	0～5	0.0	15～20	
	Na_2O, K_2O（wt%）	0～1	0～1	3～5	0～1	
	TiO_2（wt%）	0	0.5～5	0.0	15～20	
特性	軟化溫度（℃）	840	840	840	840	1670
	相對密度	2.58	2.58	2.58	2.58	2.20
	介電常數（1MHz/10GHz）	6.6/6.6	6.6/6.6	6.6/6.6	6.6/6.6	3.89
	介電損耗	0.0012/ 0.0066	0.0007/ 0.0035	0.0008/ 0.0056	0.0016/	0.0002
	熱膨脹係數（mm×10^{-6}/mm℃）	5.50	3.40	2.15	2.49	2.20

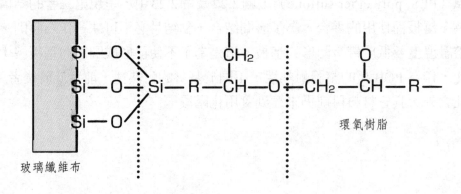

圖 2.18　耦合劑（coupling agent）的作用

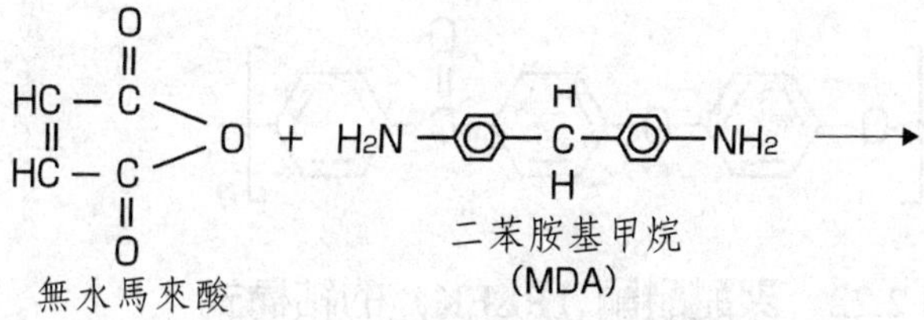

(a) 醯亞胺樹脂的初始材料

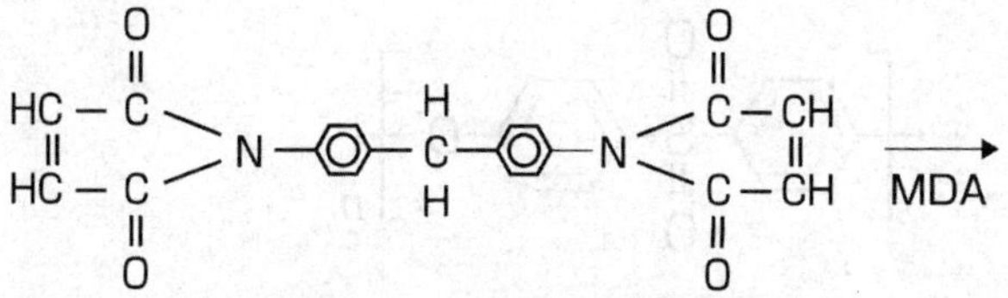

無水馬來酸

二苯胺基甲烷
（MDA）

(b) 雙馬來醯亞胺

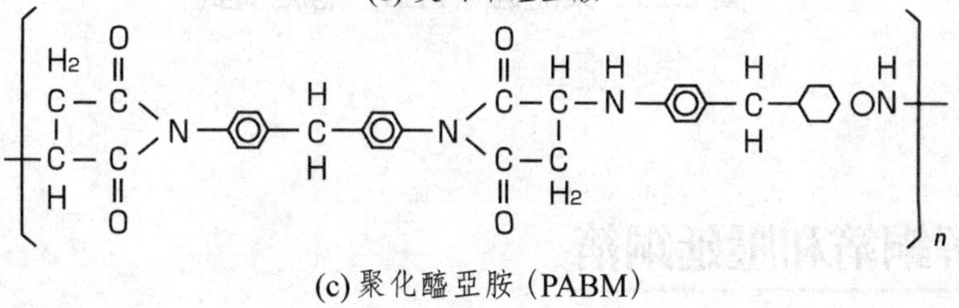

(c) 聚化醯亞胺（PABM）

圖 2.19 醯亞胺（imide）樹脂

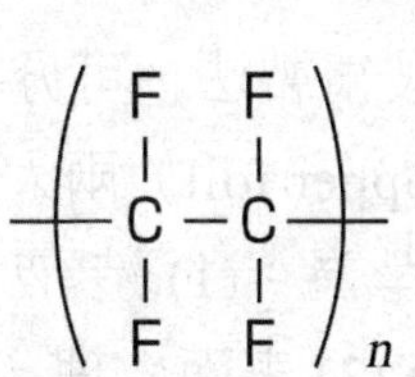

圖 2.20 聚四氟乙烯樹脂（PTFE）

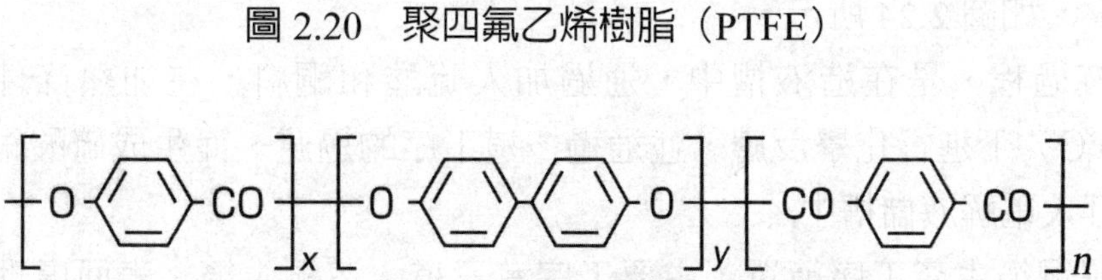

Type2：耐熱性 300℃以上
〔酚醛及鄰苯二甲（酸）酐與對羥苯甲酸的聚合物〕

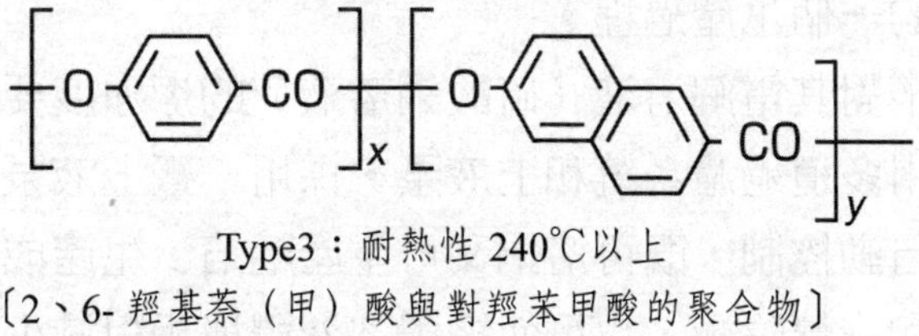

Type3：耐熱性 240℃以上
〔2、6- 羥基萘（甲）酸與對羥苯甲酸的聚合物〕

圖 2.21 液晶高分子的結構式（例）

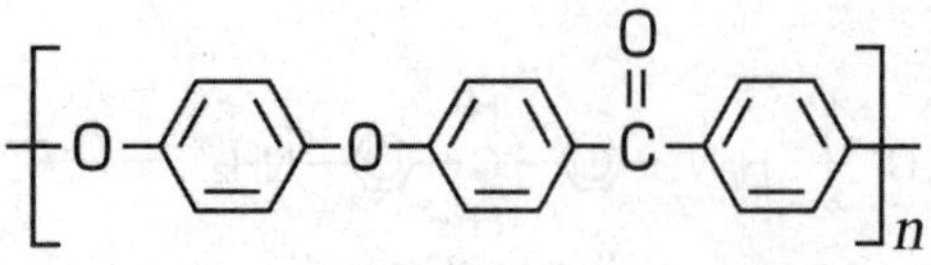

圖 2.22　聚醚醚酮（PEEK）的結構式

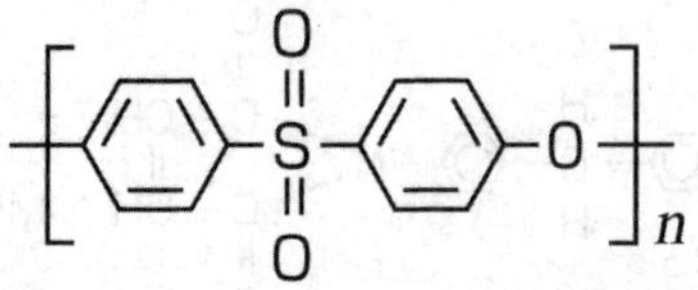

圖 2.23　聚醚碸（PES）的結構式

2.8　電解銅箔和壓延銅箔

2.8.1　電解銅箔的製作技術

按基板材料用銅箔的不同技術製法，可分為壓延銅箔（rolled copper foil）和電解銅箔（ED, electrolytic copper foil）兩大類，分別稱為 W 類和 E 類。

電解銅箔生產技術流程為：(1) 造液（生成硫酸銅液）→ (2) 電解（electrolysis）（生成毛箔）→ (3) 表面處理（粗化處理、耐熱鈍化層形成、光面處理）。如圖 2.24 所示。

造液過程，是在造液槽中，通過加入硫酸和銅料，在加熱條件（一般在 70～90℃）下進行化學反應，並通過多道工序的過濾，而生成硫酸銅液。再用專用泵打入電解液儲槽中。

電解銅箔生產工序簡單，主要工序有三道：溶銅生箔、表面處理和產品分切。其生產過程看似簡單，卻是集電子、機械、電化學於一體，並且是對生產環境要求極為嚴格的一個生產過程。

生產電解銅箔對其電解溶液（硫酸銅溶液）的潔淨度要求非常嚴格，在生產技術中，需要使用多道過濾系統和上液泵。採用一臺上液泵和旋轉陰極，根據不同的電位差進行自動控制，既可溶銅又可生產毛箔，生產成本可大大降低。採用「弧面」的陽極和旋轉陰極，也可使總體溶液體積相對減少，容易控制生產技術

參數。主鹽銅含量可控制在 ±1g/L，也可方便採用線上去除雜質。這種方法也可減少勞動強度、自動化程度高。溶銅能力可根據在線檢測結果，由自動調節閥門（溶液回流閥或風量）進行控制。

電解銅箔毛箔產品品質的好壞及穩定性，主要取決於添加劑的配方和添加方法。不同配方可以調整出不同的產品晶粒結構。

目前電解銅箔添加劑的配方很多，不同配方可以調整出不同產品晶粒結構。添加方法與電解銅箔生產穩定性有著緊密關係。目前常用的有兩種添加方式：(1) 以日本三井公司為代表的一次性過濾材料的添加。(2) 以美國葉茨公司（Yates）為代表的適量均勻添加。

以日本三井公司（Mitsui）為代表的添加方法，吸附材料為一次性添加，在生產開始一段過程中，需要較長時間穩定期的尋找，且其添加劑的添加量與吸附量也不是恆定的，比較難控制。而以美國葉茨公司為代表的添加方法比較穩定，在生產過程中採用連續滴加與勤加的方法，同時投加添加劑和吸附材料，無論生產機組怎樣變化，都容易找到其添加量的比值。

2.8.2　壓延銅箔的製作技術

壓延銅箔是將銅材經輥軋製成的。一般製造過程是：原銅材→熔融／鑄造→銅錠加熱→回火韌化→刨削去垢→在重冷軋機中冷軋→連續回火韌化及去垢→逐片焊合→最後軋薄→處理→回火韌化→切邊→收捲成毛箔產品。

壓延法適合製作力學性能更為優良的銅箔，但製作壓延銅箔的設備較貴，與越厚的電解銅箔越貴相對，越薄的壓延銅箔越貴。毛箔生產後，還要進行表面粗化處理。

2.8.3　銅箔的表面處理工程

電解銅箔（electrolytic copper foil）是通過專用電解機連續生產的初產品（稱為毛箔），毛箔再經表面處理（單面或雙面處理），得到最終產品。其表面處理構造，如圖 2.25 所示。其中對毛箔所要進行的耐熱層鈍化處理，可按不同的處理方式分為：鍍黃銅處理（TC 處理）、呈灰色的鍍鋅處理（TS 處理或稱 TW 處理）、處理面呈紅色的鍍鎳和鍍鋅處理（GT 處理）、壓製後處理面呈黃色的鍍鎳和鍍鋅處理（GY 處理）等種類。

電解機中通過大電流的電解而連續產生出初產品 —— 毛箔。電解機由陰極輥

筒、鉛錫陽極板及可裝硫酸銅的電解槽等組成。隨著電解過程的進行，輥筒表面形成銅結晶核心質點，並逐漸成為均勻、細小的等軸晶體。待電沉積達到一定厚度，形成牢固的金屬相銅層時，隨著輥筒向電解液液面外滾動，並將所形成的毛箔連續地從陰極輥上剝離而出。再經烘乾、切邊、收捲生產出毛箔產品。這種毛箔，靠陰極輥一側為毛箔的光面（S 面），另一側為毛面（M 面）。

生箔不能直接用於基板材料的製作，還需對其毛面和光面分別進行表面處理。毛面處理一般分為三步驟：第一步，通過鍍銅粗化處理在毛面上形成許多凸出的小突點。再在這些小突點上鍍一層銅，把它們封閉起來，達到「固化」的作用，使之與毛面底基牢固結合。第二步，在粗化層上鍍一薄層單一金屬或二元、三元合金，建立耐熱鈍化層。第三步，在鈍化層（passivation layer）上噴射、塗敷有機物等，而形成耦合層。經過上述各工序後，銅箔與基材樹脂的黏合力、耐熱性、耐藥品性等特性，均有很大的提高。

對毛箔光面的處理，是為了提高光面的耐高溫變色性、焊料浸潤性、防鏽蝕性和耐樹脂粉末性等。

2.8.4　電解銅箔和壓延銅箔各有長短，分別適用於不同領域

電解銅箔是 PCB 基材用量最大的一類銅箔（約占 98% 以上）。近幾年適於 PCB 製作微精細圖形、處理面為低輪廓度的電解銅箔產品，無論在技術上，還是市場上，都得到迅速發展。它已成為基板材料所採用的，具有更高技術含量、有廣闊發展前景的新型電解銅箔。它的應用如圖 2.26 所示。

而由於目前在幅寬上有限（小於 650mm），價格較貴等原因，壓延銅箔在剛性覆銅板及多層板上使用甚少。但由於它的耐折性能優良，彈性模量（elastic modulus）高，經熱處理韌化後仍可保留的延展性（ductility malleability）大於電解銅箔等，非常適用於製作軟性覆銅板。它的純度（>99.9%）高於一般電解銅箔（>99.8%），而且其表面也比電解銅箔平滑，因此有利於信號的快速傳輸。所以，近幾年來，國外在用於高頻信號傳輸、細佈線的 PCB 基材上，也少量採用了壓延銅箔。

近年國外還推出一些壓延銅箔的新品種：加入微量 Nb、Ti、Ni、Zn、Mn、Ta、S 等元素的合金壓延銅箔（以提高、改善軟性、彎曲性、導電性等）、超純壓延銅箔（純度在 99.9999%）、高韌性壓延銅箔（如：三井金屬的 FX-BSH；BDH；BSO 等牌號），具有低溫結晶特性的壓延銅箔等。

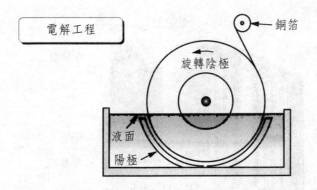

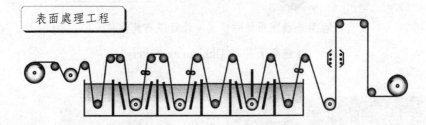

圖 2.24 銅箔的製造工程

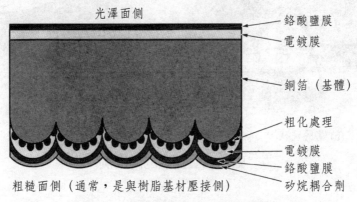

圖 2.25 電解銅箔的表面處理構造

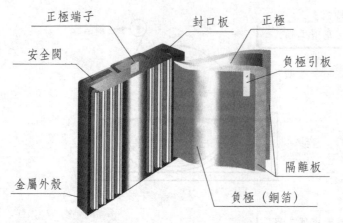

正極端子

封口板

正極

安全閥

負極引板

金屬外殼

隔離板

負極（銅箔）

（金屬外殼使用鋁的情況，外殼即為負極端子）

(a) 鋰離子電池（lithium ion battery）

(b) 電腦硬碟

(c) 手機

圖 2.26　銅箔的應用例

2.9　軟性基板（FPC）

2.9.1　三層法和兩層法軟性基板

隨著電子設備朝向輕薄短小、便攜化、智慧（intelligent）化和多功能方向
發展，軟性覆銅箔板（FCCL, flexible copper clad laminate）和軟性基板（FPC）
的應用越來越普遍。在智慧手機、汽車電子、醫療保健電子這三大應用領域，

FCCL 和軟性印刷電路（FPC, flexible printed circuit）的採用比例越來越高。軟性基板的應用形式有：透明 FPC、光波導一體化 FPC、高密度多層 FPC、極薄兩面 FPC、可鋪設可植入的 FPC、液晶高分子 LCP（liquid crystal polymer）-FPC、高導熱金屬基 FPC、可防水的 FPC、可製作各類軟性感測器的 FPC、3D 成形 FPC、一體成形 FPC 等。

　　軟性覆銅箔板基材從製造技術過程和產品結構組成上，可以劃分為有膠黏劑型（三層法型）和無膠黏劑型（二層法型）。有膠黏劑型的軟性 CCL（copper clad laminate），是由金屬箔導體和介質基片，中間用各種不同類型的膠黏劑經熱壓黏結而成的。它是目前最為廣泛應用的一類軟性 CCL。無膠黏劑型的軟性 CCL，是近年新發展起來的。它是僅由金屬導體箔與介質基片構成的。

　　目前有膠黏劑型軟性 CCL 用的黏結銅箔的膠黏劑，多採用改性環氧樹脂類或丙烯酸類樹脂。

　　膠黏劑塗敷在薄膜上的加工，以及與銅箔黏合的層壓加工，主要由塗膠——層壓機組來完成。層壓加工是將已塗好膠的介質薄膜與金屬箔材料連續（或片狀式地）在一定溫度和壓力條件下複合在一起。技術示於圖 2.27。

　　有膠黏劑型軟性 CCL 中膠層的存在，帶來耐熱性、耐藥品性、電絕緣特性下降等問題。同時，膠黏劑中鹵素阻燃劑的存在，也為今後適應環保帶來負面影響，這些都促進了無膠黏劑型軟性 CCL 興起和迅速發展。

　　無膠黏劑型軟性覆銅箔板基材，不僅克服了上述有膠黏劑型軟性 CCL 的膠層所帶來的問題，而且還可以降低產品的重量和厚度，提高了阻燃性，降低了 z 方向熱膨脹係數，減少了 PCB 加工出現的沾污問題。以此法製作兩層軟性基板，如圖 2.28 所示。

2.9.2　兩層法 FPC——鑄造法、濺鍍／電鍍法、疊層熱壓法製作技術

　　塗敷法是在銅箔上塗敷聚醯亞胺樹脂，經乾燥亞胺化形成絕緣薄膜層而製成軟性 CCL。這種技術法可以獲得高的銅導線剝離強度及很薄的膜層。但此技術法製造厚的膜層較為困難。塗敷法製作兩面銅箔的軟性基材時，是採用先塗敷一層黏接性高的熱塑性或熱融性的 PI 樹脂，再覆上具有高尺寸穩定性的 PI（polyimide）薄膜（厚度為 10～50μm）。然後再塗上一層 PI 膠黏劑，覆上銅箔後，經加熱加壓而製成。所塗的熱融性型 PI 樹脂，熔點在 300℃以上。壓製的溫度在 350℃左右。壓製加工的方式多採用真空壓製（vacuum lamination）。

這種技術的困難點是，如何克服 PI 基片層在最後成形中，由於 PI 的亞胺化反應生成少量的水而產生氣泡的問題。

電鍍法（electro-plating）是在經過表面處理的薄膜上，利用化學鍍或者真空蒸鍍。濺射鍍膜以及化學氣相沉積等先沉積上一層極薄的銅層（厚為幾十奈米），然後再進行銅電鍍加工，達到表面導體層需要的厚度（電鍍層厚為 1 ～ 35μm）。化學鍍的極薄層目前以使用鍍鉻或鍍鎳為主。

層壓法（laminating）是在 PI 薄膜（一般厚為 18 ～ 70μm）兩側表面塗敷熱融性 PI 樹脂，覆上銅箔，通過真空壓製（在 350℃下）來完成。此技術成形法與塗敷法存在的問題是，製作較厚金屬導體層的軟性 CCL 較困難。一般導體層厚為 18 ～ 70μm。另外，此技法中所用的一般黏接性 PI 樹脂或熱融性 PI 樹脂，由於分子結構密度較大，使得化學蝕刻較困難。因而多採用雷射或電漿蝕刻的技術加工。

2.9.3　連接用和補強用軟性基板

傳統的軟性覆銅箔板是指在一般聚醯亞胺薄膜或聚酯（polyester）薄膜上複合銅箔而成的軟性基板。近幾年軟性基板基材的不斷發展，已經打破這種傳統概念，出現多種其它新型基材。以環氧玻璃布為基材的捲狀薄型 CCL 產品，就是其中一種新型軟性 PCB 基材。它由於有顯著的高尺寸穩定性、優良的耐濕特性，作為封裝用基板材料而更加引人注目，目前國外已將此類軟性基材用於帶載型封裝用基板中。

在適宜薄型化封裝用基板材料特性方面，這類環氧玻璃布基軟性 CCL 與聚醯亞胺薄膜製的軟性 CCL 相較，產品特性有如下優勢：(1) 尺寸穩定性和耐濕性優良；(2) 與封裝樹脂的密封黏接性好；(3) 耐化學藥品性優良；(4) 在製作軟性 PCB 及元件實裝中，捲繞式生產的作業性好：(5) 成本較低。

2.9.4　用於手機和液晶電視封裝的軟性基板

近年來，手機、液晶電視 LCD 面板驅動 IC 的安裝，都採用晶片在薄膜上的 COF（chip on flex）基板來代替傳統的膠帶自動焊接 TAB（tape auto bonding）基板，以適應手機多功能和圖像精細化的要求。COF 不同於 TAB，前者能進行微細線路間距（pitch）的佈線加工。隨著液晶顯示器的高功能化和電極數量增

加，強烈要求引線間距的微細化。現在已有間距小於 40μm 適應微細線路的 COF
產品上市，目前開發的重點是使適應 25μm 間距的產品量產化，下一個目標是間
距 20μm 的 COF 產品。

COF 基板使用高耐熱性聚醯亞胺樹脂的單面覆銅箔兩層法的 FCCL，而且大
多數使用在透明的聚醯亞胺上連續濺射 Ni 合金和 Cu，成膜以後採用電鍍法鍍銅
加厚。首先在 2 層 FCCL 材上沖製鏈輕孔開口。在銅箔上塗佈光阻再進行曝光顯
影，在需要形成圖形的地方保留光阻，接著噴淋含有 FeCl₃ 和 CuCl₂ 水溶液等，
蝕刻溶解去除不必要的 Cu，形成微細化圖形。剝離光阻膜以後，再全面進行化
學鍍 Sn，印刷塗佈絕緣性阻焊漆，完成 COF 製造。汽車用 FPC 示於圖 2.29。

由於引線直接黏貼在聚醯亞胺帶上，所以不會引起微細化的引線變形。安裝
法一般是利用鍍 Sn 的引線與 Au 凸塊的低共晶結合。由於安裝方通常採用透視
聚醯亞胺帶一側，以便使凸塊與引線對準的方法，因此不會沾污黏結工具，但對
聚醯亞胺帶的透明性有一定要求。由於傳統使用黏結劑層壓的 3 層 FCCL 材質
透明性差，所以要求保留銅箔與聚醯亞胺介面的附著性而且透明性優良的 2 層法
FCCL。

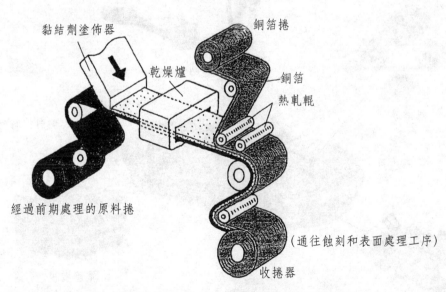

圖 2.27 軟性基板（FPC）── 有黏結劑的三層法製作技術

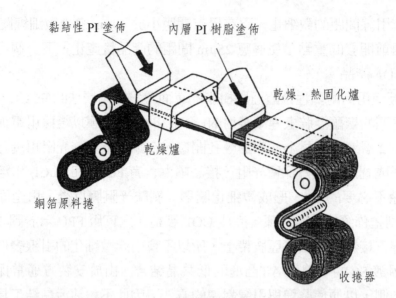

黏結性 PI 塗佈

內層 PI 樹脂塗佈

乾燥·熱固化爐

乾燥爐

銅箔原料捲

收捲器

圖 2.28 軟性基板（FPC）──無黏結膠的鑄造法（兩層法）製作技術（單面）

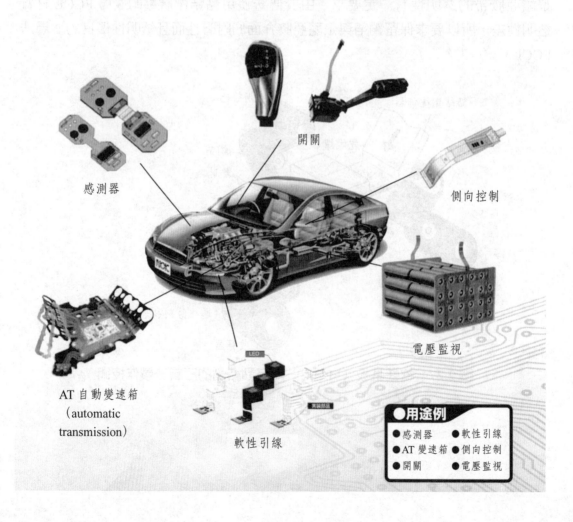

開關

感測器

側向控制

電壓監視

AT 自動變速箱
（automatic
transmission）

軟性引線

LED

●用途例
●感測器 ●軟性引線
●AT 變速箱 ●側向控制
●開關 ●電壓監視

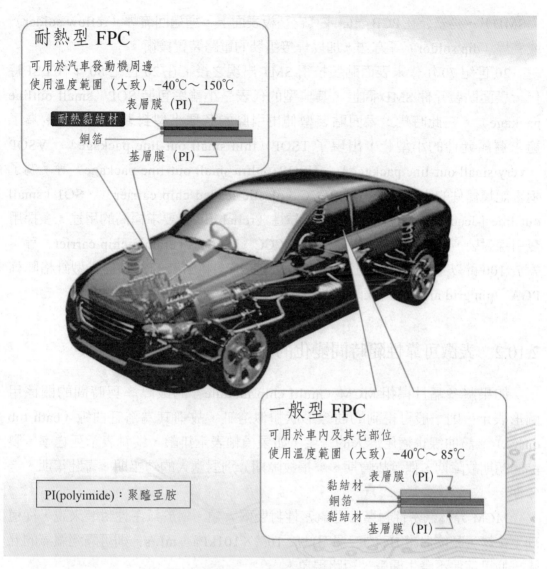

圖 2.29 汽車用 FPC

2.10 表面貼裝技術（SMT）及無鉛焊料

2.10.1 何謂 SMD 和 SMT

SMD（surface mount devices）意為表面貼裝元件；SMT（surface mount technology）意為表面貼裝技術，是一種將無引腳或短引線表面貼裝元件

（SMD），再安裝在 PCB 表面或其它基板表面上，通過回流焊（reflow solder）或浸焊（dip soldor）等方法，加以焊接組裝的電路裝置技術。

20 世紀 70 年代末表面貼裝技術 SMT 出現之後，在 20 世紀 80 年代 LSI 時代，表面貼裝元件 SMD 問世，其典型的代表是小輪廓包裝 SOP（small outline package）。在此時代，表面貼裝型伸出引腳的各種小型封裝紛紛湧現。為了追求邏輯元件的小型化，出現了 TSOP（thin small out-line package）、VSOP（very small out-line package）、USOP（ultra small out-line package）等；為了追求記憶體件的小型化，出現 PLCC（plastic leaded chip carrier）、SOJ（small out-line j-lead package）等。對於可靠性（reliability）要求極高的用途，多採用無引線封裝，如以陶瓷為晶片載體的 LCCC（leadless ceramic chip carrier）等；對於 100 針以上的多引腳用途，出現了陶瓷或塑料封裝的針腳插入型針格陣列 PGA（pin grid array）。該時代的特點是，電子封裝呈現多樣化狀況。

2.10.2　表徵可靠性隨時間變化的浴缸曲線

如果將多晶片模組 MCM（multi chip module）的故障率與時間的關係用圖形表示，則一般可得到的曲線形狀類似浴缸，故稱其為浴缸曲線（bath tub curve）。該曲線也適用於人的一生，如果橫軸表示年齡，縱軸表示死亡率，製品的初期故障期、偶發故障期、磨損故障期分別對應人的幼年期、青壯年期、老年期。

MCM 分為氣密性封裝和非氣密性封裝兩大類。對於氣密性封裝來說，從道理上來講，若能保證 He 的洩漏率低於 $10^{-8} \times 101kPa \cdot mL/s$，則可隔絕濕氣的混入，並可確保不發生漏電、短路現象。

但實際情況並非如此。若氣密封裝前電路板的乾燥不充分，則即使陶瓷的吸水率為 0，被封裝的電路板還是有可能已吸附一定量的水分。在這種情況下，對 MCM 進行工作溫度迴圈試驗，分散在氣密性空間中的濕氣會在處於低溫區的電路板表面結露。由低溫轉變為高溫過程中，結露的濕氣變暖而結為水滴。MCM 工作中，佈線間隙在所加電場作用下，會發生漏電，甚至短路，結果造成 MCM 變為不良品。因此，封裝之前必須在清潔的環境下，對所有零件進行充分的真空乾燥。

2.10.3　貼裝元件故障分析

塑膠封裝（plastic package）中的故障，可分為封裝過程或向基板實裝工程中發生的故障和使用時（或可靠性試驗時）發生的故障兩大類。前者的代表有晶片斷裂、焊點回流裂紋；後者代表有因溫度迴圈引起的樹脂裂紋、鋁佈線的腐蝕等。

晶片斷裂主要是在利用襯底鉛焊晶片。銅、鐵系合金等襯底的熱膨脹係數比晶片大，由於晶片鍵合後的熱收縮，故若假設晶片不產生反作用，則從整體上說，晶片受壓縮，而襯底受平面拉伸應力。但是，由於晶片端部會產生局部拉伸應力，這樣就會產生起自端部的裂紋，晶片就會斷裂為兩部分。另一方面，當反作用引起的彎曲應力與平面應力相比大得多時，晶片有圖形的一側會產生拉伸應力，直至晶片破壞。與機械強度相關的課題，如圖 2.30 所示。

在表面貼裝封裝體的過程中，若採用吸濕的封裝體，並在基板上貼裝時，在回流焊接工程中可能引起樹脂裂紋。

由於晶片、引線框架、樹脂各自的熱膨脹係數不同，樹脂模注後會產生內應力。在溫度迴圈試驗中，這種內應力成為迴圈應力。因此強度最低的樹脂材料，在最容易發生應力集中的襯底上下或引線框架之間的區域，容易產生裂紋。同樣的，連接晶片和引線框架的金屬線也會因為溫度迴圈而受到迴圈變形，從而發生疲勞破壞。與樹脂相關的腐蝕作用，如圖 2.31 所示。

元件表面之上都設有 Al 佈線（圖形的線寬、線厚度都在 1μm 以下）和鍵合凸點。Al 圖形表面一般都有一層缺陷少的保護膜（鈍化膜），而鍵合凸點因鍵合技術的需要沒有保護膜，直接與樹脂接觸，這樣，元件與樹脂的結合面會發生剝離，而且樹脂中也會存在氣孔等缺陷。當這種封裝被置於高溫高濕的環境中，進入樹脂內部的水分發生滲透、擴散，並可能在缺陷部位凝結成水。這種凝結水受到封裝技術過程的污染或與樹脂內的成分接觸而被污染。一般情況下，其腐蝕性會明顯增加。因此，若上述水的凝結點與 Al 佈線上保護膜的缺陷部位或與 Al 的焊接凸點的部位相一致，就有發生腐蝕斷線的危險。

2.10.4　無鉛焊料的分類及其特性

表 2.3 中分類列出各種無鉛焊料（leadless solder），包括材料組成、熔點、相關特性及存在的問題等。目前接近實用化的是 Sn-Ag 系焊料，而其中 Sn-Ag-Cu 系以及 Sn-Ag-Cu 中，添加 Bi 的系統最接近實用化。

　　一般來說，Sn-Ag 系焊料在蠕變特性、強度、耐熱疲勞等力學性能方面要優於傳統的 Sn/Pb 共晶焊料（eutectic solder）。而採用 Sn-Ag 系的困難點如下：與共晶焊料熔點 183℃ 相比，前者的熔點要高出 35 ～ 40℃，這對某些電子元件和印刷板來說，由於耐熱性較差而不能承受。另一方面，從鉛焊（brazing）溫度與焊料熔點（液相線）的關係看，傳統 Sn/Pb 共晶焊料要求鉛焊溫度比其熔點高出 40 ～ 50℃，而 Sn-Ag 焊料僅高出 20 ～ 30℃ 即可。但即使如此，從電子元件及佈線板耐熱性的限制看還是存在問題。最近研究顯示，在 Sn-Ag 系無鉛焊料中添加 Bi 可降低其熔點，但添加少量 Bi 引起浸潤性略有降低，而添加多量 Bi，對於元件電極電鍍時加入 Pd 的情況，會引起可靠性下降。

　　Sn-Zn 系焊料（solder）可以實現與 Sn-Pd 共晶焊料最接近的熔點，其力學性能也好，而且便宜，有希望達到實用化。但 Zn 為反應性強的金屬，容易氧化致使浸潤性變差。Sn-Zn 系焊膏鉛焊系統的保存性較差，長期放置會引起結合強度變低等不少問題。

　　Sn-Bi 系焊膏（solder paste）可以實現低熔點，採用這種焊膏可以降低對電子元件及印刷版耐熱性的過高要求，因此，人們對其實用化寄予希望。做成的 Sn-Bi 系焊膏不存在經時變化及浸潤性變差等問題，鉛焊材料本身的拉伸強度（tensile strength）也較高。但是，該焊料一旦發生塑性變形，由於延伸率（elongation）低而表現為脆性。而且還有因偏析引起的熔融現象，會產生耐熱性變差的失效問題。

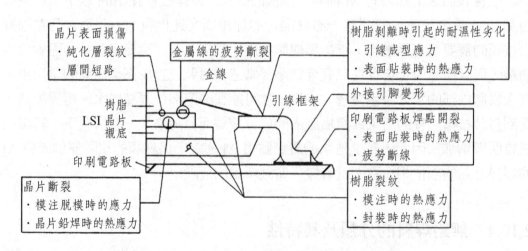

圖 2.30　LSI 封裝中影響機械強度的技術課題

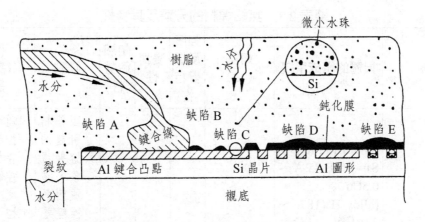

圖 2.31　塑膠封裝 LSI 的樹脂層缺陷及相關的腐蝕作用

表 2.3　無鉛焊料的分類及其特性

分類		具體的組成系統	熔點 (℃)	強度及蠕變特性	浸潤性	耐熱疲勞性	缺點	問題 (待開發課題)
Sn-Ag 系	添加 Cu 不含 Bi	Sn-3.5Ag*(221℃) Sn-3.5Ag-0.7Cu Sn-3.5Ag-0.5Cu (alloy T) (187 ～ 221℃) Sn-3.5Ag-1Zn Sn-1Ag-1Cu	216 ～ 221 （高溫）	◎	○	◎	熔點較高，對於 LSI 晶片、電子元件以及印刷板來說，往往難以承受	·開發合金系統，降低熔點 ·提高 LSI 晶片、電子元件及印刷板的耐熱性
	含少量 Bi	Sn-1Ag-2Bi	200 ～ 314 （高溫）					
	含較少的 Bi	Sn-3.4Ag-4.8Bi	180 ～ 200 （高溫）					
Sn-Zn 系		Sn-9Zn*(199℃) Sn-8Zn-3Bi Sn-8Zn-5In-0.1Ag (185 ～ 199℃) Sn-9Zn-5In Sn-9Zn-10In Sn-5.5Zn-5In-1Bi Sn-8Zn-5In-0.1Ag	195 ～ 200 （中低溫）	◎	△	◎	·容易氧化，致使浸潤性變性 ·保存性較差 ·結合界面強度低	·在非活性氣氛中銲焊 ·通過合金化抑制 Zn 的氧化 ·添加能破壞氧化膜的合金元素 ·進一步改進焊劑

續表 2.3 無鉛焊料的分類及其特性

分類	具體的組成系統	熔點 (℃)	強度及蠕變特性	浸潤性	耐熱疲勞性	缺點	問題 (待開發課題)
Sn-Bi 系	Sn-58Bi*(138℃) Sn-7.5Bi-2Ag-0.5Cu (alloy H)(187 ～ 221℃) Sn-2Ag-22Bi Sn-58Bi-1Ag Sn-58Bi-1Ag Sn-4.5Bi-3.5Ag Sn-31.5Bi-3Zn Sn-9.5Bi-0.5Cu (198℃)	138 ～ 200 (低溫)	○	○	△	· 因偏析引起的熔融現象，造成耐熱性變差 · 剝離 (lift-off) 現象發生 · Bi 粗大晶粒析出，造成強度下降	· 通過合金化控制固液共存相區 · 控制冷卻速度 · 控制 Bi 的析晶過程，使其晶粒微細化 · 提高 Bi 本身的延展性

△──優；○──良；△──差

2.11 無鹵阻燃

2.11.1 阻燃劑分類

通常按照阻燃劑（flame retardant）與基質材料間的關係，可將阻燃劑分為添加型阻燃劑和反應型阻燃劑兩種。添加型阻燃劑直接以物理方式分散於基質材料之中，使用方便，成本低廉，廣泛應用於熱塑性高聚物（polymer）和熱固性高聚物之中；反應型阻燃劑會與基質材料發生分子間的反應，將阻燃機構引入高聚物的分子鏈上，在阻燃的同時，對高聚物的其它性能影響不是很大。

按照阻燃劑的化學成分，可以將阻燃劑分為無機阻燃劑和有機阻燃劑兩大類。無機阻燃主要包括氫氧化鋁、氫氧化鎂、銻系阻燃劑、硼系阻燃劑和紅磷；有機阻燃劑可分為鹵系、磷系和氮系阻燃劑。(1) 鹵素阻燃劑阻燃效率高、應用面廣、價格低廉、熱穩定性好，具有其它阻燃劑無法到達的性價比，廣泛應用於工程塑料之中，是阻燃劑領域的主要產品。(2) 磷系阻燃劑有含鹵和不含鹵之

分，含鹵的磷系阻燃劑，兼具磷系和鹵系兩類阻燃劑的優點，阻燃效果非常好，單耐熱性相對較差；不含鹵的磷系阻燃劑主要有磷酸酯和氧化磷類、聚磷酸銨類以及新興的 DOPO 類，磷系阻燃劑在燃燒時大量成炭，阻燃效果好。(3) 氮系阻燃劑可以與磷系阻燃劑配合使用，祈禱磷氮協效阻燃作用，在工業上被廣泛使用。

2.11.2　阻燃機制

(1) 氣相阻燃機制：材料在燃燒過程中會與空氣中的氧進行反應，在氣相中生成活潑的自由基（radical）OH‧，這些自由基會促使高聚物繼續裂解並在氧的作用下生成新的自由基 OH‧，就像核分裂一樣進行著連鎖反應（chain reaction）。能夠阻斷或者延緩氣相中的此一鏈式反應作用，就是氣相阻燃機制。鹵化物在燃燒室會生成捕捉自由基 OH‧ 和 H‧ 的鹵化氫，從而終止燃燒連鎖反應，鹵化物與三氧化二銻聯合使用的時候，捕捉自由基的效果更加明顯，這就是鹵銻協效阻燃的原理。另外一些阻燃劑在燃燒過程中會釋放出不可燃氣體或者高密度蒸氣，這些氣體會稀釋氣相中的氧氣和可燃氣體，從而阻斷燃燒，這種作用也屬於氣相阻燃原理。

(2) 凝聚相阻燃機制：燃燒過程中凝聚相中高聚物材料會因為受熱而分解而不斷向氣相中提供可燃氣體和自由基，能夠阻斷或者延緩凝聚相中高聚物的熱裂解作用，就是凝聚相阻燃機制。無機阻燃劑氫氧化鋁和氫氧化鎂在材料燃燒過程中會分解吸熱，阻止凝聚相升溫從而起到阻燃作用；磷系阻燃劑在燃燒時會促使材料在凝聚相中形成一層多孔炭層，這個炭層產生隔絕熱量和氧的作用，阻止炭層以內的高聚物進一步熱裂解。

(3) 膨脹阻燃機制：膨脹阻燃劑是主要依照凝聚相阻燃機制發揮阻燃作用的，但是膨脹型阻燃劑發展迅速，應用廣泛。膨脹阻燃劑由酸源、碳源和氣源三部分組成，碳源通常是加熱後能產生無機酸的物質，例如磷酸物和硼酸物等，碳源通常是含有多羥基的有機物，例如季戊四醇和環氧樹脂等，而氣源通常是胺類化合物，如三聚氰胺和雙氰胺等。含有膨脹阻燃劑的高聚物受熱後，酸源會釋放出無機酸，溫度繼續升高後，無機酸就會與多羥基有機物發生酯化反應，酸源與碳源一起脫水生成酯化物，隨著溫度進一步升高，氣源釋放出氣體，對熔融的酯化物產生膨脹作用，同時高溫促使酯化物碳化，便形成了多孔炭層。這個多孔炭層有效地提高了炭層表面到聚合物表面的溫度梯度，阻止高聚物進一步熱裂解，

不再釋放可燃氣體到氣相之中，另一方面阻止氣相中氧的進入，阻止氣相反應向高聚物內部滲透。另外膨脹阻燃劑還具有氣象阻燃的作用，磷化物在燃燒室會產生阻斷自由基的中間產物，同時氮化物會產生不燃氣體，這些氣體稀釋可燃氣體和氧氣並使自由基發生結合而終止燃燒鏈式反應。

(4) 磷氮協同阻燃機制：膨脹阻燃體系主要以磷氮阻燃體系為主，聚磷酸銨APP 和三聚氰胺配合是此類阻燃體系的最普遍應用。對於磷氮協效阻燃的機制研究還不能得到十分確切的解釋，較為普遍的解釋是：磷氮阻燃體系中的氮化物〔如三聚氰胺（melamine）、雙氰胺（dicyandiamide）等〕可與磷化物在燃燒過程中生成含有 P-N 鍵的中間產物，這些中間產物能夠與高聚物進行酯化反應，形成的酯化物比單純的磷酸酯化物有更好的熱穩定性，另外這種中間產物可以有效減少凝聚相中磷化物的揮發損失。磷氮阻燃劑在燃燒初期便可以裂解產生焦炭和不可燃氣體，有效提高殘炭量，當引燃後溫度較高時，磷氮阻燃劑可以使高聚物形成一層隔熱、隔氧和隔可燃氣體的多孔炭層，祈禱阻燃、抑煙和防滴落的作用。

2.11.3　無鹵阻燃

含鹵環氧樹脂有著優越的阻燃性能，對環氧樹脂的力學性能和電學性能影響不大，價格相對便宜，具有其它類型阻燃劑無法比擬的性價比，廣泛應用於電子電工領域。但是含鹵材料在燃燒過程中會產生致癌的戴奧辛（dioxin）類化合物，比如含溴化合物燃燒時會放出多溴代二苯並戴奧辛（PBDD）和多溴代二苯呋喃（PBDF）等物質，另外含鹵廢料很難回收和處理，會像含汞廢料一樣，在有機體內殘留累積，對環境造成破壞。

無鹵阻燃通常分為添加型、反應型兩種。添加型阻燃劑以物理形式分散於環氧樹脂中，是環氧樹脂達到阻燃效果，不過由於阻燃劑本身並沒有與環氧樹脂發生反應，不可避免地影響到環氧樹脂的相關力學性能；反應型阻燃劑與添加型阻燃劑最大的不同，就是與環氧樹脂發生了分子間反應，通過化學反應把特定阻燃元素（P、N、Si、B 等）結合到樹脂的分子鏈之中。反應型阻燃劑具有高效阻燃性而且還兼具耐遷移、熱穩定性、尺寸穩定等優點，符合無鹵、低毒、低煙、環保的趨勢，現在研究和開發反應型無鹵阻燃劑已經是環氧樹脂無鹵阻燃的主流方向。

2.11.4　添加型無鹵阻燃劑

應用於環氧樹脂的添加型阻燃劑可以分為無機和有機兩大類，常用的無機添加型阻燃劑有硼化物、氫氧化鎂、氫氧化鋁、聚磷酸銨、紅磷、二氧化矽等，常用的有機添加型阻燃劑包括矽油（silicone oil）、矽樹脂（silicone）、多面體半矽氧烷低聚倍化合物、三聚氰胺及其衍生物、亞磷酸酯、烷基磷酸酯等。

與反應型阻燃劑相比，添加型阻燃劑不會和環氧樹脂形成化合鍵，因此，在環氧樹脂中加入添加型阻燃劑，並不會影響環氧樹脂的固化反應技術，操作流程相對簡便，另外添加型阻燃劑價格低廉，因而添加型阻燃劑在工業上有很廣泛的應用。但由於添加型阻燃劑並沒有與環氧樹脂的分子間形成化合鍵，不可避免地會降低固化後的環氧樹脂力學性能、電學性能和熱穩定性能，一定程度上限制了環氧樹脂的應用。而且添加型阻燃劑是以物理形式分散在環氧樹脂中，添加量大且不易分散均勻，阻燃效率低。單純依靠添加型阻燃劑來完成環氧樹脂的阻燃不會有非常理想的效果，但是添加型阻燃可以進行相互組合複配，或者與反應型阻燃劑進行配合協效來提高阻燃能力，降低成本。

2.12　半導體封裝的設計

2.12.1　半導體元件的分類

半導體元件（semiconductor device）是利用半導體材料製成的元件的總稱。其以封裝模式不同，分為分立元件、積體電路（IC）、複合模組三大類。

其中分立元件（discrete）主要包括二極體、電晶體、熱敏電阻、霍爾元件（Hall device）以及 LED、雷射二極體（laser diode）等。

積體電路（IC）又可分為厚膜混成積體電路 IC 和薄膜積體電路，即單片型 IC。

單片型 IC 中的雙極型積體電路可以分為類比式和數位式兩種，單極型積體電路 MOS 型分為 PMOS（p-channel metal oxide semiconductor，p- 通道金屬氧化物半導體）、NMOS（n-channel metal oxide semiconductor，n- 通道金屬氧化物半導體）和 CMOS（complementary metal oxide semiconductor，互補金屬氧化物半導體）等類型。Bi-CMOS 是雙極型 CMOS（bipolar-CMOS）電路的簡

稱，這種閘電路（gate circuit）的特點是，邏輯部分採用 CMOS 結構，輸出級採用雙極型電晶體，因此兼有 CMOS 電路的低功耗和雙極型電路輸出阻抗低的優點。CCD（charge-coupled device，電荷耦合元件）是一種新型的單片型 IC。

複合模組包括 SiP（system in package，系統級封裝）、DIMM（dual in memory module，雙列直插式記憶模組）、IPM（intelligent power module，智慧功率模組）、IGBT（insulated gate bipolar transistor，絕緣閘雙極型電晶體）。

2.12.2　對半導體封裝的要求

半導體封裝需要保證電子元件正常工作，並保證電子元件之間資訊的正常存取，所以對半導體封裝的性能具有特定的要求。從結構層次上來分，主要有晶片和封裝兩個方面，從生產和使用方面來分，主要有製品、作業、環境三方面的要求。

首先是晶片方面。對晶片製品，我們要求其滿足多引腳化，滿足散熱設計、低應力設計、雜訊裕量縮小、高速資料傳送，使用低 α- 射線材料、low-k 材料；作業方面要求實現異種晶片的封裝以及晶片間連接技術；環境方面要求單體可靠性。

這其中值得一提的是 low-k 材料，即低介電常數絕緣材料，用於晶片中的 ILD（inter layer dielectrics，層間介電質），可以有效地降低互連線之間的分佈電容，縮短信號傳播延時，降低線路串擾，提升晶片總體性能。但是進入 90nm 技術後，low-k 介電質的開發和應用是晶片廠商面臨的難題。由於 low-k 材料的抗熱性、化學性、機械延展性以及材料穩定性等問題都尚未獲得完全解決，為晶片的製造和品質控制帶來很多困難。

然後是封裝方面。對於封裝製品，我們要求其價格合理，輕薄短小，嚴格的（harsh）環境耐性；在作業方面，我們要求封裝具有共面性、回流焊耐熱性，能夠抑制冷熱翹曲；環境方面要求封裝材料無鉛化、無鹵化、零放射性，並要求封裝的可靠性。

2.12.3　半導體封裝的設計

半導體封裝技術要承擔電子封裝作用中的兩項工作，第一是保證電子元件正

常工作，並引出其功能，第二是保證電子元件之間資訊的正常存取，並以功能塊的形式實現其功能要求。其具有物理保護、電氣連接、應力緩和、散熱防潮、標準化、規格化等功能，所以在設計中需要考慮諸多因素。

一方面需要考慮濕度、溫度、氣體、塵埃、氣壓等氣象條件及環境化學物質影響，另一方面需要考慮放射線、α- 射線、無線電波、光等電磁能之影響，此外還需考慮電子封裝承受的來自外部和內部的各種應力，如振動、衝擊、封裝熱、壓力等各種應力，和電壓、電流、功率、電湧（surge）等電負荷及電應力。

我們還需要從構成封裝材料的物理、化學現象預測製品的壽命，並向用戶推薦元件的最佳使用條件等。

2.12.4　半導體封裝的設計專案

在半導體封裝設計中，要綜合考慮各方面的因素，首先要根據所要求的電學性能，針對封裝的電學特性值，計算和設計材料的特性，並最終選定材料，且確定佈線圖形、引線佈置、封裝類型等。綜合考慮功能—電路—封裝—元件，進行系統最優化設計。

我們需要遵循方便使用並確保可靠性的原則，從構造、形狀，材料、製造等方面進行精心的設計。

在構造和形狀方面，我們需要把握電子設備所需特性、與 LSI 晶片性能的相容性、在印刷電路板上的安裝性，以及電磁模擬、熱應力解析、彈塑性解析、黏彈性解析、目標可靠性的壽命預測等。

在材料方面，針對導體材料的選擇，我們需要注意材料的電導率、線膨脹係數、彈性模量等性能；針對絕緣材料，我們要注意材料的絕緣性、水分吸濕率、雜質控制和管理、材料檢測、分析方法開發等。

在製造方面，我們需要關注封裝的製造方法，包括製造條件和鍵合／連接條件，還需要關注裝置設計（卡具，工具）、良品率（yield）、製造成本、顧客的安裝條件等。

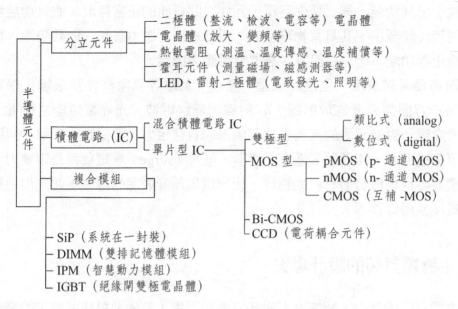

圖 2.32　半導體元件的分類

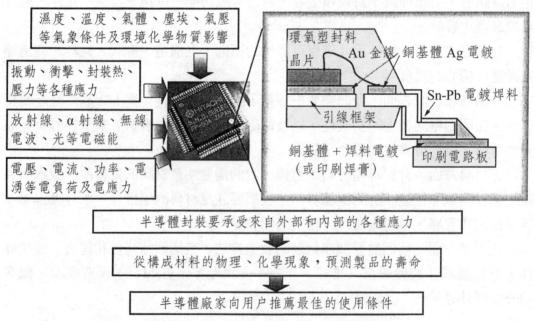

上面以 QFP（Quad Flat Package，四方扁平封裝或四側引腳扁平封裝）為例加以說明

圖 2.33　半導體封裝設計中需要考慮的因素

思考題及練習題

2.1 簡述晶片微互聯的 WB 技術。

2.2 簡述晶片無引線連接的 TAB 技術。

2.3 在晶片電極上為什麼要形成凸點（bump）？簡述焊料凸點和金凸點的形成方法。

2.4 凸點下金屬（under bump metal, UBM）產生什麼作用，請舉例說明。

2.5 覆晶微互聯技術共有哪幾種，簡述技術過程及其優缺點。

2.6 傳遞膜注樹脂共包括哪些成分，每種成分的作用是什麼？

2.7 舉例高 T_g、低 α、低 ε 型樹脂基板材料，並對其性能進行對比。

2.8 常用積層（build-up）式基板共有哪幾種類型，分別給出其製作技術流程。

2.9 說明目前已達到實用化的無鉛焊料種類和缺點。

2.10 請調查「無鉛化」的標準和檢測方法。

2.11 簡述 WEEE、RoHS、EuP（歐盟環保）三個指令的主要內容。

2.12 列舉先進封裝技術中所採用的新技術和新材料。

2.13 了解印刷電路板按世代的進展及 LSI 封裝的發展方向。

參考文獻

[1]　田民波，電子封裝工程，北京：清華大學出版社，2003。

[2]　田民波編著，顏怡文修訂，半導體電子元件構裝技術，臺北：臺灣五南圖書出版有限公司，2005。

[3]　田民波，林金堵，祝大同，高密度封裝基板，北京：清華大學出版社，2003。

[4]　福岡義孝，はじめてのエレケトロニクス実裝技術，工業調查會，2000。

[5]　Rao R, Tummala, Fundamentals of Microsystems Packaging, McGraw-Hill, 2001.

[6]　John H, Lau, Shi-Wei Ricky Lee, Chip Scale Packaging, CSP: Design, Materials, Process, Reliability, and Applications, McGraw-Hill, 1999.
中譯本：賈松良，王水弟，蔡堅等譯校，晶片尺寸封裝：設計、材料、技術、可靠性及應用，北京：清華大學出版社，2003 年 10 月。

[7]　半導體新技術研究會編，村上元監修，図解：最先端半導體パッケージ技術のすべて，工業調查會，2007 年 9 月。

[8]　沼倉研史，よくわかるフレキシブル基板のできるまで，日刊工業新聞社，2004 年 6 月。

[9]　稻垣道夫，カーボン —— 古くて新しい材料，工業調查會，2009 年 3 月。

[10]　須賀唯知，鉛フリーはんだ技術，日刊工業新聞社，1999。

[11]　菅沼克昭，はじめてのはんだ付け技術，工業調查會，2002。

[12]　杉本榮一，図解：プリント配線板材料最前線，工業調查會，2005。

3 平面顯示器及相關材料

3.1 平面顯示器——被列爲戰略性新興產業

3.1.1 從陰極射線管（CRT）顯示器到平面顯示器（FPD）

電子顯示元件（electronic display device）即是人們常說的人－機介面（man-machine interface），它能將來自各種電子裝置的資訊（information），通過人的視覺傳遞給人；而且，通過它能與人交換資訊，進行人機對話，具有電子工具的功能。因此，電子顯示元件是連接人與機器的紐帶，是人－機間傳遞、交換資訊的橋樑。

電子顯示元件可分為主動發光型（emissive display）和非主動發光型（non-emissive display）兩大類，前者利用光資訊發光，直接進行顯示；後者本身並不發光，而是通過反射、散射、干涉等現象，對其它光源所發出的光進行控制，即通過光變換進行顯示。主動發光型顯示器主要有 CRT（陰極射線管）、FED（場致發光型顯示器）、PDP（電漿平面顯示器）、有機 EL（有機電致發光顯示器）或 OLED（有機發光二極體顯示器）；非主動發光型顯示器則依據是否需要背光源，分為投射式和反射式兩種。

歷史最悠久的電子顯示元件是陰極射線管（CRT）顯示器。1997 年在紀念布勞恩（Braun）發明陰極射線管 100 週年時，CRT 電視曾在顯示品質、經濟性、市場占有率等方面依然保持第一位。但在不到 20 年的時間內，CRT 電視已風光不再，迅速在市場上銷聲匿跡。CRT 電視退出歷史舞臺的原因：(1) 厚且重，難以實現薄型化；(2) 不能實現超過 40 型的大螢幕；(3) 彩管中含鉛，易造成環境污染；(4) 電壓高，有 X 射線輻射；(5) 信號易受外界干擾，圖像精細化受限。

在 1970 年前後，隨著 IC 及 LSI 半導體技術的迅猛發展，各種電子元件紛紛實現了固體化及低電壓、低功耗等。與此相伴，各種電子設備也向小型、輕量化方向發展。隨著以電腦為軸心的各種資訊處理裝置誕生，為適應這種新形式，人們對全新的電子顯示元件 —— 薄型、輕量、低驅動電壓、低功耗平面顯示器的社會需求急劇增加。為滿足這種巨大的社會需求急劇增加，目前對各式各樣平面顯示板型電子顯示元件的研究、開發、改良工作，正在積極進行之中。

3.1.2　透射型直視式液晶顯示器的基本結構

透射型直視式 LCD 的基本構造如圖 3.1 所示。主要由組成液晶（liquid crystal）盒的兩塊玻璃板構成，液晶盒中灌封液晶。兩塊玻璃板中，佈置有主動元件〔薄膜電晶體 TFT（thin film transistor）〕的一塊稱為像素陣列（pixel array）基板（後基板），另一塊稱為對向電極基板（前基板）。前、後兩塊玻璃板的外側，要分別貼附能使僅沿一個方向的光〔直線偏振光（polarized light）〕透過的偏光片（polarizer），而且，在對向電極與偏光片之間，還要佈置用於彩色顯示的彩色濾光片（color filter, CF），因此對向電極基板（前基板）也稱為 CF 基板，以便對光源供電並對其進行控制。陣列基板要與印刷電路板相連接，印刷電路板上裝有支援顯示器工作的控制電路及驅動器電路（driver circuit）等。

3.1.3　液晶顯示器的用途分類

今天，液晶顯示器的應用已覆蓋了從小型〔對角線 2.5cm（1 型）甚至以下〕到超大型（數百型以上）幾乎所有領域。不僅搶占了作為傳統 CRT 領域的對角線三十幾釐米級（十幾型級）至對角線九十釐米級（三十幾型級），而且還成功打入 PDP 得意的對角線 90 公分級（三十型級）～對角線 150 公分級（數十型級）領域，隨著液晶電視畫質的提高和價格的降低，正將 PDP 電視逼向更大尺寸的領域。

資訊顯示用顯示器主要用於電腦及監視器（monitor）等，畫面較小，易觀視且不易疲勞，顯示時有紙一樣的質感，解析度超過印刷品，電力消耗低。

便攜／隨時隨地均可使用的顯示器主要用於小型電子設備，如掌上型電腦和手機，或者是與眼鏡組合使用的超小型顯示器，在任何場合都可方便地觀視，電力消耗低。

動態圖像顯示用顯示器主要用於電視、家庭影院等，可以擁有中型到大型畫面，視角廣，回應速度更快，畫面美麗，富於臨場感和參與性。

3.1.4　直視式液晶顯示器的分類

如表 3.1 所列，按顯示原理分類，直視式液晶顯示器可以分為扭曲向列型（TN, twisted nematic）和超扭曲向列型（STN, super twisted nematic）。扭曲向

列型顯示器，不加電壓時，向列液晶分子依 90 度扭曲結構排列；施加電壓時，平行於玻璃基板排列的液晶分子呈垂直於基板表面排練，液晶分子扭曲排列的結構消失。利用這兩種狀態所產生的旋光性（optical rotation）變化進行顯示。其中，產生 270 度扭曲的扭曲向列液晶又稱超扭曲向列型，較小的電壓變化即可使液晶產生 ON/OFF 光柵作用。STN 液晶顯示器在對向佈置的兩塊玻璃基板內表面，各設 X 方向、Y 方向相互正交的條狀電極。當有掃描信號分別在上、下兩個電極上施加電壓時，對應電極相互正交部位的像素（pixel）會有光透過。這種基板只需要形成條狀電極及取向膜即可，結構簡單、製作方便。但是這種方式也往往存在交叉雜訊等影響畫面品質的問題，不適合製作像素多、高解析的大尺寸顯示器。目前在中小型及低價格產品中，多位元採用依像素的驅動方式分類。多路傳輸（單純矩陣）驅動，像多位元數位顯示那樣，適合使用於比較多的段電極情況以及構成矩陣電極的情況，為時分割驅動或動態驅動。而且，相對於主動矩陣（active matrix）驅動來說，也可稱其為單純矩陣驅動。單純矩陣驅動的顯示器上下基板電極簡單地相互正交。主動矩陣驅動是在掃描電極與信號電極矩陣交點處的像素位置，附加、整合開關元件及電容器元件，目的在於提高對比和回應性等顯示性能。各像素的開關元件及電容器元件分別負責防止「串像」和積蓄電荷的功能。因此他們本質上將不受掃描電極數的約束，從原理上講，可以實現與占空比（duty cycle）100% 的靜態驅動接近的液晶顯示。

在主動矩陣驅動方式中，目前應用最廣的是以 TFT、TFD、MIM 為開關的顯示器。在 TFT 中，場效應電晶體（FFT, field effect transistor）通道部分的材質，主要採用非晶矽（a-Si, amorphous silicon）和多晶矽（poly-Si, poly-crystal-line silicon），此外還有連續晶界矽（CG-Si, CG: continuous grain boundary）。在簡單矩陣驅動方式中，目前應用最多的是，採用扭曲向列液晶的 TN LCD 和採用超扭曲向列液晶的 STN LCD。

按照明方式分類，可以分為透射型和反射型。透射型液晶顯示器利用背光源（back light source）（有側置式和下置式之分）發出的光進行照射，並使其透過液晶屏及彩色濾光片等進行顯示。下置式背光源會增加顯示器的重量和厚度，再加上必須向其供電及功耗等，基本上不用於手機等可攜式裝置，而多用於便於供電的液晶電視、電腦監視器等大型、且對亮度要求較高的顯示裝置。對於反射型液晶顯示器，由於外光如白天的太陽光及室內燈光等照射顯示器的表面（在液晶盒內受到反射），該反射光透過液晶盒及彩色濾光片等進行顯示。通常沒有背光源的功耗，重量也輕，多用於計算器、鐘錶等。此外，與前置光源並用的反射型液晶顯示器也廣泛用於可攜式裝置。

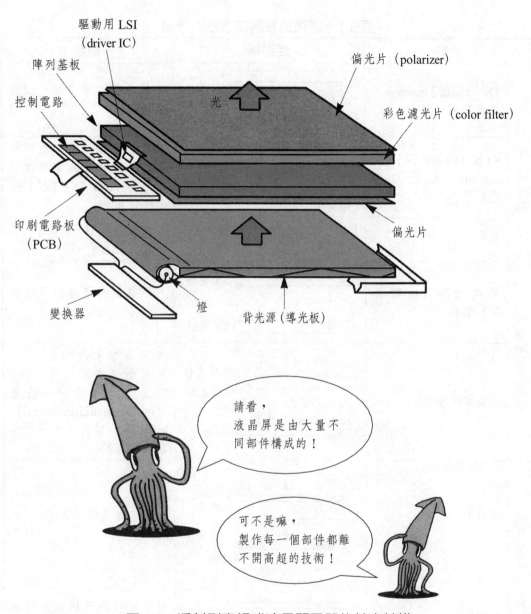

圖 3.1　透射型直視式液晶顯示器的基本結構

表 3.1 直視式液晶顯示器的分類

分類		斷面圖	備註
按顯示原理分類	TN（twisted nematic，扭曲向列）型	TN 液晶	液晶分子在兩基板之間扭曲 90°
	STN（super twisted nematic，超扭曲向列）型	STN 液晶	液晶分子在兩基板之間扭曲 270°，較小的電壓變化即可使液晶產生 ON/OFF 光柵作用
	其它	鐵電性液晶、IPS、MVA、OCB 等	各式各樣的工作模式正在研究開發之中
按驅動方式分類	單純矩陣（被動矩陣）驅動	X 電極　液晶　Y 電極	上下基板的電極簡單地相互正交
	主動矩陣驅動	液晶　共用電極　X 電極　主動元件　Y 電極	在 X 電極和 Y 電極交叉點處通過主動元件（TFT 或金層—絕緣體—金層〔metal-insulator-metal〕MIM 等〕相耦合，並對像素進行控制
按照明方式分類	透射型	光　液晶　背光源	由背光源提供照明光
	反射型	光　液晶　反射板	用外光作為照明光，因此需要反射板

IPS: in plane switching
MVA: multi-domain vertical alignment
OCB: optically compensated birefringence

3.2 液晶分子的四個組成部分各有各的用處

3.2.1 液晶分子由四個部分組成

1888 年奧地利植物學家瑞尼澤爾（F. Reinizer）發現，在液體和固體晶體之間，還存在一類處於中間狀態的特殊物質。瑞尼澤爾將這類不可思議的物質以德語命名為「Flüssiger Kristall」，英語稱為「liquid crystal」，漢語譯為「液態晶體」，日語譯為「液體結晶」，簡稱「液晶」。

1888 年德國物理學家 O. Lehmann 使用帶有加熱裝置的偏光顯微鏡，對 F. Reinizer 發現的物質進行仔細觀察，發現該物質具有「雙折射（birefringence）效應」。雙折射效應是具有「各向異性（anisotropic）」晶體結構物質所特有的效應。所謂各向異性，是沿不同晶體學方向，結構和性質均不相同的特性。根據這點可以判定，液晶此一狀態呈晶體狀態。

液晶具有「流動性」，從這一點講具有液體的性質。液晶分子不能發生大的移動，而只能發生少許移動，或在分子位置不變的情況下發生旋轉。這種少許運動的方式，依液晶種類不同而有各種樣式。一般是以分子的重心為中心，在一定角度範圍內發生旋轉的情況是有的，發生少許移動的情況也是有的。

液晶的流動性和各向異性，這兩大特性是其用於液晶顯示器的基礎。

液晶分子由極性基、剛硬部分、柔軟部分和連接部分四個部分組成。當對液晶分子施加電壓時，極性基會受到電場力的作用取向發生變化。液晶分子的剛硬部分是苯基，包括苯環己烷系、聯苯系和苯雙環己烷系，苯基部分由於具有雙鍵而難以變形，液晶分子與液晶分子之間，該部分的凡德瓦力（van der Waals force）強，趨於平行排列。烷基作為柔軟部分，僅由單鍵結合而成，因此容易變形，凡德瓦力弱，用於調節液晶的黏度，並決定液晶分子的運動特性。烷叉基（alkylidene radical）起連結作用，富於彈性。各個部分的排列次序則各式各樣。

3.2.2 向列型液晶和層列型液晶

向列型在液晶中取最簡單的排列規則，所謂向列（nematic），在希臘語中有「絲狀」之義。棒狀分子縱向平行排列，每個棒狀分子的上下位置各不相同，在同一平面上也無明顯規則性。雖然棒狀分子整體上講沿縱向平行排列，但與另外兩種類型的液晶相比，向列型液晶排列的規則性是最低的。

一般說來，向列液晶的黏滯性（viscosity）（黏度）較小，易流動。從缺點方面講，易流動不利於其用於顯示介質；從優點方面講，黏滯性小，液晶分子的方向易轉動，且容易向某一方向集中排列，從而回應速度快。

向列型液晶之所以呈較為整齊的平行排列，是由於分子形狀光滑對稱所致（如果出現各式各樣的凹凸，一旦這種形狀的對稱性降到一定程度，向列型也會轉變為螺旋排列的膽固醇相型）。

層列型分子形狀是棒狀的，也呈縱向平行排練，但分子在垂直方向的排列也具有規則性。不妨認為它是由向列型進一步按層狀規則堆疊而成。

在層面之內（水平面內）儘管略有參差，但同向列型相比，層列型排列的有序性強，黏滯性也大。所謂層列（smectic），有「脂肪（黃油）狀」、「肥皂類」等意思。

3.2.3　膽固醇相型液晶分子及其排列

膽固醇（cholesterol）相型，是棒狀或板狀分子在任一層均沿某一方向平行排列，而下一層排列方向的角度略為發生一些變化，逐層以螺旋方式堆疊。從整體上看，分子排列方向發生螺旋狀扭曲。如圖 3.2 所示。取螺旋排列的物質，一定是右手型或左手型（光學各向異性體）這兩種類型，其中都含有不對稱碳這種特殊的構成要素。

與四個各不相同的鍵合物件相連接的碳原子，稱為不對稱碳原子。不對稱原子是造成分子結構不對稱性的根本原因。膽固醇相型分子中存在不對稱碳原子，造成其不具有左右對稱性，從而液晶分子才取螺旋排列。

3.2.4　在電場作用下可改變分子取向的極性基

用於液晶顯示器的液晶分子都要有極性基，以便在電場作用下液晶分子可改變其取向。那麼，什麼是極性基，它又是如何產生的呢？

在共價鍵中，鍵合的雙方基本上是電中性的。但在離子鍵中，由於電子向一方偏離，因此分為帶正電的部分和帶負電的部分〔稱此為極化（polarized）〕。而稱這種具有離子鍵部分的原子團為「極性基」。又由於正、負構成一對，故又稱其「具有永久偶極矩（dipole moment）」。

實際的化學鍵，並非僅限於共價鍵或離子鍵一種，而是處於二者的混合。

諾貝爾化學獎及和平獎獲得者萊納斯‧卡爾‧鮑林（Linus Karl Pauling）認為，「所有的化學鍵都是共價鍵和離子鍵的平衡共存」。其中，到底離子鍵和共價鍵各占多大比例，需要一個評判指標 —— 元素的電負性（electronegativity），電負性可以定量表示所有種類原子（元素）對電子吸引的強度。元素間的電負性相差越大，離子鍵的比例越高。

　　構成液晶分子的羥基羧基、氰基、氧化偶氮基、羥庚基等都是極性基。在電場作用下，這些極性基具有使液晶分子排列方向集中的功能。

　　當對液晶盒施加電壓時，液晶分子的旋轉運動能否更有效，液晶分子能夠迅速地發生取向變化，取決於液晶材料的介電常數。一般說來，液晶材料的介電常數越大越好。

　　若極性基永久偶極矩方向與液晶分子的長軸方向一致，則稱其為「介電各向異性為正」。如圖 3.3 所示，帶有氰基末端的液晶，介電各向異性為正，由於具有大的靜電介電常數，使液晶分子旋轉所需要的電壓（驅動電壓）僅為 1V 左右，因此多用於 TN 型顯示器。而且，氟比氰基中的氮有更大的電負性，因此以氟為末端的液晶，驅動電壓更低。若極性基永久偶極矩的方向與液晶分子的長軸相垂直，則稱其為「介電各向異性為負」。例如，羥基羧基位於液晶分子中央的情況，存在兩個永久偶極矩。分子長軸方向上為（C－O），與之呈直角方向上為（C==O），二者相互抵消，最終剩餘直角方向的永久偶極矩，從而介電各向異性為負。介電各向異性為負的場合，一般說來介電常數較小，需要 5V 左右的驅動電壓，這對於實際應用來說是不利的。

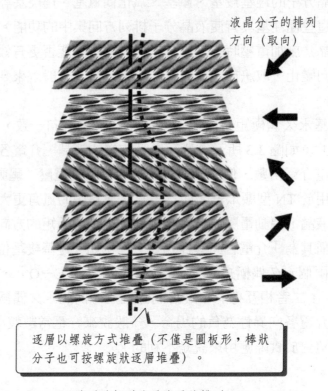

(a) 膽固醇相型液晶分子的構造

液晶分子的排列
方向（取向）

逐層以螺旋方式堆疊（不僅是圓板形，棒狀
分子也可按螺旋狀逐層堆疊）。

(b) 膽固醇相型液晶分子的排列

圖 3.2　膽固醇相型液晶分子及其排列

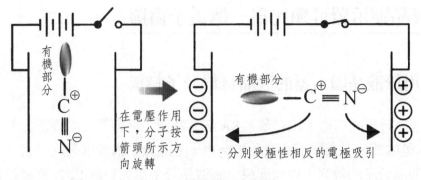

(a) 介電各向異性為正的情況

（⊕⊖所示的方向，同分子的長軸方向一致）

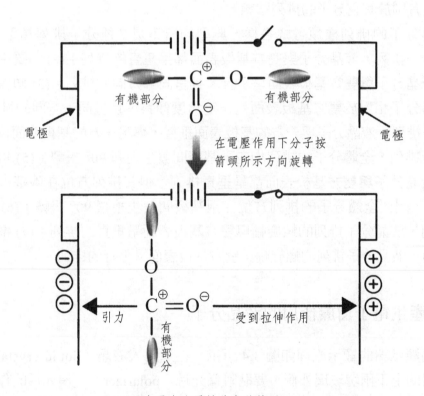

(b) 介電各向異性為負的情況

（⊕⊖所示的方向，同分子的長軸垂直）

圖 3.3 介電各向異性與液晶分子的取向

3.3   液晶顯示器可類比爲一個電子窗簾

3.3.1   用於液晶顯示器的液晶材料分子結構

(1) 液晶分子的構造：以聯苯系 SA 液晶為例，以聯苯（剛硬部分）為骨架，以烷基（柔軟部分）為尾部的液晶化合物，液晶分子構成細長的棒狀。

(2) 液晶分子的排列：均勻而穩定的液晶分子排列對於 LCD 來說是必不可少的，這是因為無論對於哪種方式的 LCD，都要通過電場及熱等外部場的作用，使其產生有別於其它分子的排列狀態。

液晶分子的排列種類各式各樣，典型的有下述 7 種分子排列類型：(1) 均質垂直分子排列，液晶分子與雙方基板表面都呈垂直的排列；(2) 均質平行分子排列，液晶分子與雙方基板表面呈平行，且呈同一方向的排列；(3) 傾斜分子排列，液晶分子相對於雙方基板表面呈一定角度傾斜，且呈同一方向的排列；(4) 混合分子排列，液晶分子與一方的基板表面垂直，與另一方的基板表面按同一方位呈平行排列，全體分子的排列均在兩基板間發生連續 90° 扭轉；(5) 扭曲分子排列，液晶分子與雙方基板表面都呈垂直排列；但其排列方位在兩基板間發生90° 轉動，因此全體分子的排列方位在兩基板間發生連續 90° 扭轉；(6) 平面型分子排列，液晶分子排列的螺旋軸與雙方基板表面呈垂直的排列；(7) 聚焦圓錐分子排列，液晶分子排列的螺旋軸與雙方基板表面呈平行的排列。

3.3.2   產生電子窗簾作用的液晶分子

液晶顯示器的顯示原理如圖 3.4 所示。在灌封入液晶（liquid crystal）、構成顯示器的上下兩塊玻璃外側，要貼附偏光片（polarizer），偏光片的作用是僅使沿特定方向振動的偏振光透過。貼附在陣列基板上的偏光片稱為起偏片，貼附在CF基板上的偏光片稱為檢偏片，要保證起偏片和檢偏片的偏振方向互相垂直。

而且，在陣列基板和彩色濾光板 CF（color filter）基板的內側，即與液晶接觸的表面要貼附取向膜。取向膜多由聚醯亞胺製作，其表面需經取向化處理。所謂取向化處理是通過摩擦等，在表面形成定向排列的刮傷。在無外場作用下，向列液晶分子的長軸趨向平等於刮痕的方向排列。

當液晶盒兩側不施加電壓時，看看封入液晶盒中的液晶分子排列情況。靠近陣列基板一側的液晶分子，平行與陣列基板內側取向膜刮痕的方向排列；靠近

CF 基板一側的液晶分子，也平行於 CF 基板內側刮痕的方向排列。由於上、下取向膜的刮痕方向相互垂直佈置，如此，液晶盒中上、下玻璃基板之間的液晶分子排列方向發生 90° 的扭曲。

在上述狀態下，當由背光源（back light source）發出的光從上方（陣列基板的背面）照射液晶盒時，在起偏片的作用下，只有沿特定方向振動的直線偏振光才能透過。這種直線偏振光經過在液晶盒中 90° 扭曲排列的液晶分子傳輸，偏振方向也發生 90° 的扭轉。注意到檢偏片同起偏片的偏振方向相互垂直，當偏振方向發生 90° 扭轉的線偏振光照射到檢偏片時，該偏振光能順利透過檢偏片。即不加電壓時，液晶光柵使光透過，定義這種透過光為「白」。

而當液晶盒內兩側施加電壓時，在電場作用下，封入液晶盒中的液晶分子之排列，將克服陣列基板內側和 CF 基板內側聚醯亞胺取向膜表面刮痕的影響，由平行於刮痕方向轉向垂直於取向膜表面排列，而所有液晶分子均沿電場方向平行排列。

在上述狀態下，當由背光源發出的光從上方（陣列基板的背面）照射液晶盒時，在起偏片的作用下，只有沿特定方向震動的線偏振光才能透過。這種線偏振光經過在液晶盒中垂直於上、下玻璃基板而平行排列的液晶分子傳輸，在射向下玻璃基板的檢偏片時，偏振方向不發生任何變化。注意到檢偏片同起偏片的偏振方向相互垂直，因此該線偏振光不能透過檢偏片。即當施加電壓時，液晶光柵使光截止，定義這種被阻斷光為「黑」。

如上所述，根據外加電壓的有無，可使封入液晶盒中的液晶分子取向發生變化（例如 90° 扭曲），若上下偏光片的偏振方向相互呈 90°，那麼沿一特定方向的光能否透過液晶盒，則由外加電壓的有無來決定。使光透過與否同「白」、「黑」相對應，則可實現 LCD 的畫面顯示。當然，「白」、「黑」之間的中間色可由外加電壓高低來設定。

3.3.3 液晶顯示器的主要構成部件

液晶顯示器的主要構成組件如圖 3.5 所示，包括：

(1) 彩色濾光片（color filter）（濾色膜）基板模組：又稱對向電極基板模組或前基板模組。由玻璃基板上的彩色濾光片（濾色膜）、透明導電膜（對向電極）構成，此外在透明導電膜表面還要形成取向膜。

(2) TFT 陣列基板模組：又稱像素陣列基板模組或後基板模組。由玻璃基板

上的偏光片、透明導電膜（像素電極、驅動電晶體）構成，此外，在透明導電膜表面還要形成取向膜。

(3) 液晶：在外部電壓等作用下，液晶分子排列的取向發生變化。正是基於這種變化，液晶得以使線偏振光發生透過／遮斷轉換，從而起到光柵的作用。

(4) 透明導電膜：在 TFT 陣列基板模組上設有由透明導電膜形成的像素電極，在彩色濾光片基板上設有由透明導電膜形成的對向電極。通過在兩透明電極間施加與圖像資料相對應的電壓信號，以產生液晶光柵作用。它在起電極作用的同時要能透過光，因此需要採用透明電極。

(5) 取向膜：保證液晶分子按一定方向排列取向的膜層。一般是在透明導電膜上，由聚醯亞胺樹脂等形成，再經過定向摩擦等處理而產生取向作用。

(6) 偏振光片：僅使沿特定方向振動的光（直線偏振光）透過。液晶顯示器所用的偏振光有起偏片和檢偏片之分。

(7) 驅動用電晶體：每一個次像素設置一個起開關作用，用來控制液晶上所加電壓高低，進而使液晶產生光柵作用的 TFT。

(8) 彩色濾光片：為使像素彩色化，每個像素都要配置 RGB 三原次像素元的彩色濾光片〔一個像素由 RGB 三個次像素（sub pixel）構成〕。彩色濾光片基板上的 RGB 陣列，應與 TFT 基板上的像素排列陣列精密對位。

(9) 背光源（back light source）：液晶自身並不發光，要進行顯示，光源是必不可少的。由於光源一般佈置於液晶屏的背面，故稱其為背光源。

3.3.4　液晶顯示器的組裝結構

液晶顯示器的主要構成組件，在構成液晶盒的兩塊玻璃基板模組上，都設有透明導電膜，由這些透明導電膜分別做成 TFT 陣列基板模組上的驅動用 TFT、像素電極，以及彩色濾光片（濾色膜）基板模組上的對向電極。在上述兩塊玻璃基板所設的透明導電膜之間施加電壓，則夾於玻璃基板的液晶取向會隨之發生變化，配合以取向膜、偏光片的作用，或使光透過或使光遮斷，從而產生液晶光柵的功能。

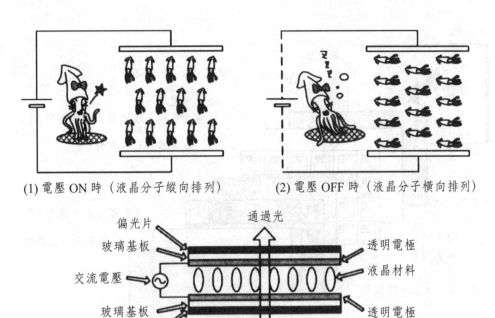

(1) 電壓 ON 時（液晶分子縱向排列）　　(2) 電壓 OFF 時（液晶分子橫向排列）

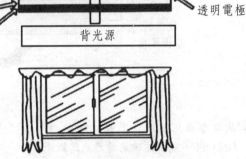

(a) 施加電壓時（電子窗簾打開）

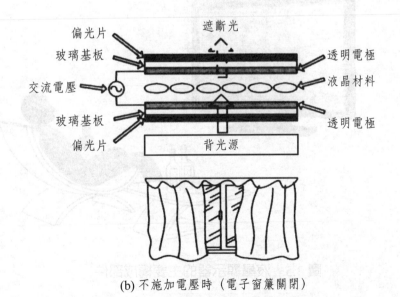

(b) 不施加電壓時（電子窗簾關閉）

圖 3.4　產生電子窗簾作用的液晶分子

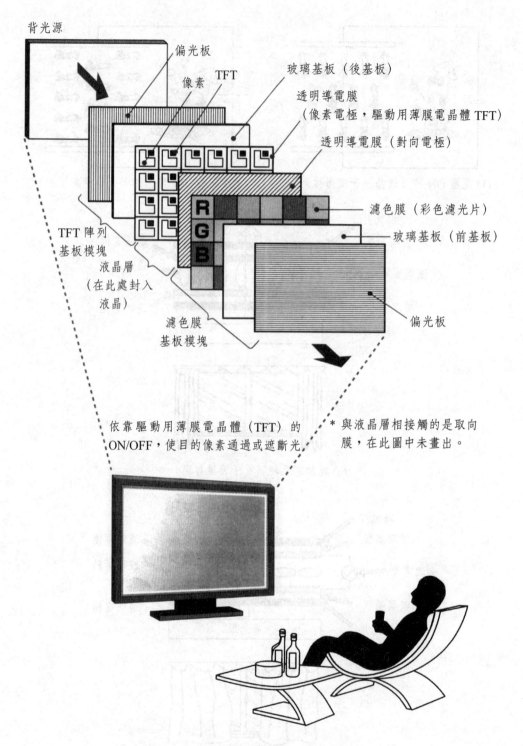

圖 3.5　液晶顯示器的主要構成部件

3.4　液晶顯示原理

3.4.1　TN 型液晶顯示器的工作原理

「扭曲向列型液晶顯示器」（twisted nematic liquid crystal display），簡稱「TN 型液晶顯示器」。這種顯示器的液晶組件構造向列型液晶夾在兩片玻璃中間，這種玻璃的表面上先鍍有一層透明而導電的薄膜以作電極之用。這種薄膜通常是一種銦（indium）和錫（tin）的氧化物（oxide），簡稱 ITO。ITO 的玻璃上鍍表面配向劑（alignment agent），以使液晶順著一個特定且平行於玻璃表面之方向排列中左邊玻璃，使液晶排成上下的方向，右邊玻璃則使液晶排成垂直於圖面之方向。

在透明電極基板間注入 10μm 左右厚的 $\Delta\varepsilon>0$ 向列液晶（Np 液晶），構成三明治結構，使液晶分子的長軸在基板上發生 90° 連續的扭曲，製成向列（TN）排列的液晶盒。該液晶盒扭曲的螺距與可見光相比大得多，因此垂直於電極基板入射直線偏光的偏光方向，在通過液晶盒的過程中，隨液晶分子的扭曲發生 90° 旋光。因此，這種 TN 排列液晶盒具有使平行偏振片間的光遮斷功能。

未加電場時，入射光通過偏振方向，與上電極面液晶分子排列方向相同的上偏振片（起偏器）形成偏振光。此光通過液晶層時扭轉了 90°。到達下偏振片（檢偏器）時，偏振方向不變，偏振光通過下偏振片，並被下偏振片後方的反射板反射回來。盒呈透亮，因而我們可以看到反射板。

當對這種 TN 排列液晶盒施加電壓時，從某一臨限值（thresold value）電壓 V_{th} 起，液晶分子的長軸開始向電場方向傾斜，當施加電壓約為 V_{th} 2 倍時，大部分液晶分子發生長軸與電場方向平行的在排列，90° 的光性消失。這種狀態下與沒有施加電場的情況相反，經過液晶盒的偏振光方向不變，與檢偏片方向垂直，光被吸收，沒有光反射回來，也就看不到反射板。在電極部位出現黑色。

3.4.2　用簾子模型說明偏振片的作用

在液晶顯示器中，通過使光透過或遮斷，實現圖像顯示。但是對於全方位光，其在所有方向上振動，難以完全遮斷。偏振光是指僅在特定方向上振動的波，易於遮斷。簾子模型生動地說明了偏振片的起偏和檢偏作用。

將細繩的一端固定，另一端用手握緊，上下振動，波沿繩傳播。這種波僅

在特定的方向振動，因而是橫波，對應的光為線性偏振光。若手在水平方向上振動，則對應水平方向上的線性偏振光。只有當波的振動方向平行於簾子間隙時，機械振動波才能通過間隙。若波的振動方向垂直於簾子間隙，則機械波不能通過簾子。

偏振片吸收有偏光軸垂直方向的光，只讓偏光軸方向的光通過，把自然光轉變成直線偏振光。這種材料都是以膜或板形式存在。自然光包含各個方向振動的偏振光，所有偏振光可分為平行於偏光軸和垂直於偏光軸的光，自然光入射到偏光片上，垂直於偏光軸的光被吸收，只有平行於偏光軸的光可以通過，這樣自然光通過偏光片後就變成了直線偏振光。如果此偏振光的方向與檢偏器相同，則可以透過檢偏片，若垂直於檢偏片，則被遮斷。

當偏振光的振動方向與檢偏片的方向不完全相同時，在偏振光的振動之中，只有與檢偏片平行的部分才能透過。選出具有特定方向振動波的材料，稱為起偏片；與起偏片相對應，檢測或遮擋偏振光的材料，稱為檢偏片。

3.4.3　電場效應雙折射控制型液晶顯示器的原理

將向列型液晶垂直排列，液晶盒左邊放置光源（light source）和起偏片（polarizer），起偏片垂直放置，並使其振動方向與液晶分子長軸方向保持一致。將檢偏片放置於晶盒右邊，使檢偏片的偏振面保持在水平面內，在上述佈置下，來自液晶盒左邊，且垂直振動的偏振光，由於其振動方向與液晶長軸方向一致，所以透過液晶後為 100% 的非尋常光，並按原振動方向透過液晶盒。但是對於檢偏片（analyzer）來說，由於其振動方向為水平方向，與起偏片的振動方向呈 90°，因此，偏振光不能通過檢偏片，從檢偏片右邊看完全是暗的。

加上橫向外加電場後，外加電場方向使光透過的方向一致。但是如圖 3.6 所示，電場方向與光的傳播方向垂直。這樣的電場施加方式成為面內切換型。極性基與長軸方向一致，即垂直排列的液晶分子，在水平方向電場作用下，極性基發生傾斜。因此在外加電場作用下，液晶分子也會發生類似傾斜。若長軸方向發生 45° 傾斜，則從左端入射之沿垂直方向振動的直線偏振光，由於雙折射會分解為向右傾斜 45° 的非尋常光和向左傾斜 45° 的尋常光。這種分解的結果，會產生沿水平方向振動的偏振光成分。由於沿水平方向振動的偏振光成分可以透過檢偏片，因此該部分光可以參與顯示。

如此，在外加電場時，可使光的一部分透過，切斷電場時，液晶分子重新返

回垂直取向，可是光遮斷，這種顯示方式稱為「電場效應雙折射」型。

3.4.4 液晶光柵的兩種基本工作模式──常黑型和常白型

如圖 3.7 所示。常白型：在不加外電場時，展現亮態；常黑型，在不加外電場時展現暗態。起偏片和檢偏片的設置情況，決定了加電場和不加電場狀態下液晶盒的亮暗狀態。

常白型：TN 液晶顯示器的起偏片和檢偏片相互垂直，在不加電場條件下，起偏片的偏振方向與下基板表面液晶分子指向矢（director）垂直，經起偏片獲得的入射光射入液晶盒後，隨著液晶分子的扭曲同步旋轉 90°（旋光效應），當光到達檢偏片時，光的振動方向與下檢偏片偏振方向平行，這樣該光線就穿過檢偏片而展現亮態顯示。因為無電場時為白，所以稱為「常白型」，加電狀態下呈暗態。

STN 液晶顯示器的原理與 TN 類似，有以下幾點不同，STN 模式利用液晶分子的雙折射性進行工作。兩者有以下幾點不同：(1) 起偏片和下基板液晶分子長軸呈 30°，經起偏片獲得的線偏光射入液晶盒發生雙折射。(2) 上下基板液晶分子長軸連續扭曲 270°。

常黑型：TN 液晶顯示器的起偏片和檢偏片相互平行，在不加電場條件下，起偏片的偏振方向與下基板表面液晶分子指向矢平行，經起偏片獲得的入射光射入液晶盒後，隨著液晶分子的扭曲同步旋轉 90°（旋光效應），當光到達檢偏片時，光的振動方向與下檢偏片偏振方向垂直，這樣該光線就被折斷而展現暗態顯示。因為無電場時為暗態，所以稱為「常黑型」，加電狀態下呈亮態。

STN 液晶顯示器的原理與 TN 類似。

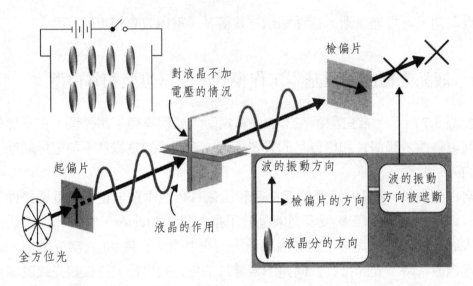

(a) 對液晶不加電壓的情況

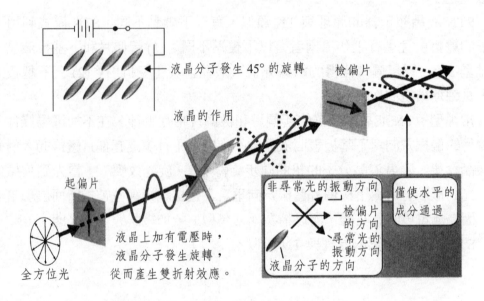

(b) 對液晶加電壓的情況

圖 3.6　電場效應雙折射控制型液晶顯示器的原理

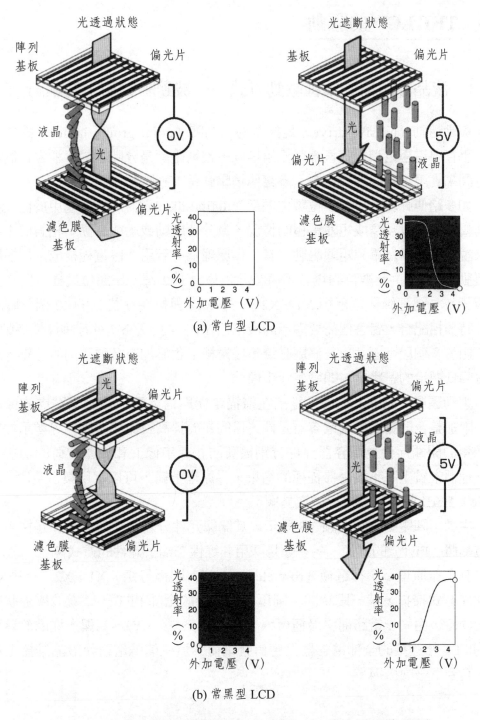

(a) 常白型 LCD

(b) 常黑型 LCD

圖 3.7 液晶光柵的兩種基本工作模式——常白型和常黑型

3.5　TFT LCD 的驅動

3.5.1　液晶顯示器的兩種驅動方式——被動驅動和主動驅動

　　被動驅動（passive drive）是指普通的點陣（point group, lattice）式驅動，由水平直線電極組和垂直直線電極組構成。被動驅動是分時驅動，通過控制信號的時間來實現對某個點的控制。多路傳輸驅動是被動驅動。

　　如多路傳輸驅動、向多位數位顯示（digital display）那樣，適用於比較多的段剪輯情況，以及構成矩陣電極的情況，為分時驅動或動態驅動。相對於主動驅動來說，也稱其為單純矩陣驅動。其工作原理為，若用 7 段電極構成，用多路傳輸驅動顯示 12 位元數位的場合，將公共電極分為 2 份，作為位電極；同時全體段電極按 7 組連線。位電極 X1、X2、……X12 與按順序排列的 12 個分時驅動的計時器相配合，對各個需要顯示的段電極 Y1、Y2、…Y7 進行選擇性驅動。

　　由於多個段電極共用一條驅動線，段電極上也施加有各種不同的分壓，這顯然會降低顯示的對比度，即發生「串像」。

　　主動驅動（active drive）是指在掃描電極與信號電極矩陣交點處的像素位置，附加整合開關元件及電容器元件，目的在於提高對比和回應性等顯示性能。各像素的開關元件及電容器元件分別擔負防止「串像」和積蓄電荷的功能。因此，他們本質上將不接受掃描極的約束，從原理上講，可以實現與占空比（duty cycle）100% 靜態驅動接近的液晶顯示。

　　主動矩陣驅動方式如圖 3.8 所示，其開關元件分為兩大類，一類是採用場效應電晶體（FET）的方式，另一類是採用非線性二端子元件的方式。

　　其工作原理為，行電極（row electrode）（閘極母線）X1、X2、……X_n 按線次序方式掃描，某一段時間，閘極母線連接的全部 FET 一齊處於導通狀態：與此同時，由同步電路通過汲極母線 Y1、Y2、……、Y_n，為與上述處於導通狀態的 FET 相連接的全部電容器供應信號電荷，這些信號電荷使液晶維持工作狀態，直到下一次掃描。

3.5.2　ITO 透明電極及其製作方法

　　ITO 透明電極（transparent electrode）指玻璃襯底上製造的氧化銦錫透明導電膜，經過蝕刻後可形成的特定形狀電極。氧化銦錫（indium tin oxide, ITO）

成分中，In_2O_3 占 90% ～ 95%、SnO_2 占 5% ～ 10%。

ITO 透明電極具有高電導率、高可見光穿透率（transmittance）、高紅外線反射率（reflectivity）、與玻璃基板黏結牢固、耐刮傷等眾多優良的物理性能，以及良好的化學穩定性，容易製成電極圖形，被廣泛地應用於太陽能電池、建築用玻璃帷幕、固態平面顯示元件（包括 LCD、OLED、FED）等許多方面。

ITO 透明電極的製造方法：製造 ITO 薄膜的方法很多，基本上所有製膜方法都可以用於製造 ITO 薄膜。

濺射鍍膜法：在電場的作用下，被加速的高能粒子（Ar^+）轟擊銦錫合金或氧化銦錫靶材表面，能量交換後，靶材表面的原子推離原晶格而逸出，濺射粒子沉積在基體表面與氧原子發生反應，而生產氧化物薄膜。

濺射鍍膜優點：膜厚均勻，易控制。通過改變電場大小來控制膜厚，可大面積鍍膜。薄膜品質的重複性好，鍍膜技術穩定，靶的壽命長，適於連續鍍膜生產。濺射原子動能大，薄膜與基板的附著力強。可在較低溫度下製造緻密的薄膜。

缺點：設備複雜，投資大。影響因素複雜，尤其是靶材品質的影響。

真空蒸鍍法：在真空室中，加熱待形成薄膜的原材料，使其原子或分子從表面氣化逸出形成蒸氣流，入射到基片表面，凝結形成薄膜。按蒸發源加熱部件的不同，蒸發鍍膜法可分為電阻蒸發、電子束蒸發、高頻感應蒸發、電弧蒸發、雷射蒸發等。

真空蒸鍍法優點：設備簡單，操作容易：成膜純度高，品質好，厚底可較準確控制。成膜速度快，效率高，用掩膜可得清晰圖形。

缺點：不容易獲得結晶結構的薄膜，薄膜在基板上附著力小，技術重複性不夠好。成型過程中易發生組分偏離化學配比（stoichemistry），影響膜的品質。

3.5.3 TFT LCD 的像素陣列

如圖 3.9 所示 TFT LCD 的像素陣列。若正對 TFT 陣列基板來看〔如圖 (a)〕，則如圖 (b) 所示，可以發現一個像素由三個次像素構成。也就是說，為了實現彩色化，一個像素要分割成 RGB 三原色對應的三個次像素。

由陣列基板上的縱線〔又稱數據線（data line）、源極線、X 線、列線（column line）〕通過上側的焊盤接受圖像資料信號，並向各個次像素輸入。另一方面陣列基板上的橫線〔又稱選址線、地址線、閘極線、Y 線、行線（row line）〕通過左側的焊盤接受選址信號，並向各個次像素輸入。

也就是說，由閘電極（gate electrode）實現顯示位置的選擇（選址），在選定的位址上，由資料線寫入回應的圖像資料。由此可以看出決定圖像資料能否寫入的是 TFT，並受閘電極控制。圖 (b) 右上角圓圈中所示即 TFT 元件。

此外，位於次像素中央的儲存電容器也非常重要，有它的充放電實現圖像資料的儲存和解除，並利用儲存電容所儲存的電荷實現圖像顯示。

3.5.4　一個 TFT LCD 次像素的結構

一個次像素的結構有 TFT 的源極（source）、閘極（gate）、汲極（drain），以及 a-Si 通道層、儲存電容及次像素電極。次像素的 X-X' 斷面結構：玻璃基板上為閘極，閘極上為絕緣膜（$SiO_x + SiN_x$），絕緣膜上方為非晶矽（a-Si）通道層，往上分別設置源極、汲極以及保護通道的 SiN_x 絕緣膜。顯示圖像的部分，佈置有透明電極構成的次像素電極。在對像彩色濾光片（color filter）基板相應的電極與像素電極之間施加電壓，對液晶分子實施控制。另外，對圖像資料實施儲存的是儲存電容器 Cs，它與像素電極相連。

若閘電極施加電壓（掃描信號電壓），使對應的 TFT 導通，則由資料線接受的圖像資料由源極傳遞給汲極，從而向次像素寫入圖像資料。寫入的圖像資料可在儲存電容中儲存記憶，使更改資料對應像素電極的電壓，在次像素中顯示所需的圖像。在這裡，源極和閘極的名稱是按假設電流之方向來命名的。

上述圖像是對應圖像資料在次像素區域顯示的。在寫入資料用的 TFT 中，為了對 a-Si 通道層進行保護，需要在其上方沉積氮化矽保護膜。這種結構的 TFT，為通道保護型 TFT。伴隨著液晶顯示技術的進步，還開發出多種結構的 TFT。

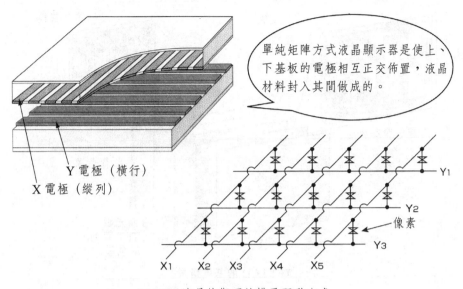

(a) STN 液晶的斷面結構及驅動方式

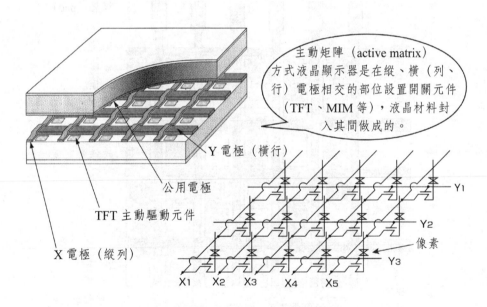

(b) TFT 液晶的斷面結構及驅動方式

MIM: metal insulator metal

圖 3.8 液晶顯示器的兩種基本類型驅動方式——被動驅動和主動驅動

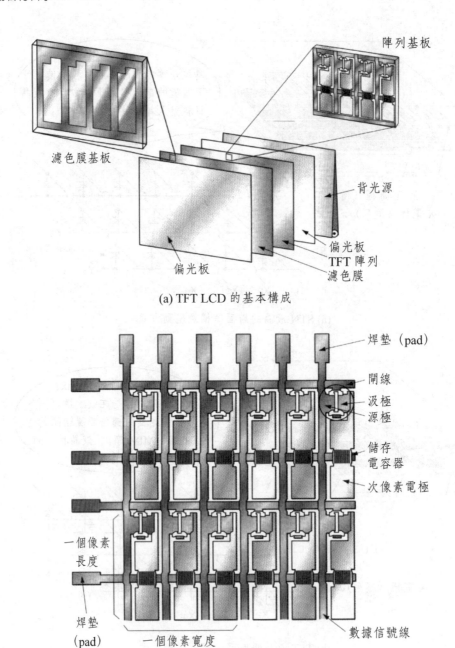

(a) TFT LCD 的基本構成

(b) 由 TFT、次像素、儲存電容器所構成的 TFT 陣列基板

圖 3.9　TFT LCD 的像素陣列

3.6 TFT LCD 的圖像解析度和彩色化

3.6.1 液晶顯示器的圖像如何才能更清晰逼眞

為精細顯示文字和圖形，細微加工技術是至關重要的。

要想利用液晶顯示器顯示文字及圖形，只要在有字的地方遮光，無字的地方讓光透過即可。當遮光時，在光的通路上設置障礙，使光不能通過就可以了。但是，在一個畫面上顯示文字和圖形，而且能隨時間改變，必須將畫面精細分割，對應一個個網眼（像素）能全面佈置且能隨時放入，但取出極小的障礙物這極難做到，如圖 3.10 所示，要保證最低可辨認程度地顯示「華」字，需要配置 $9 \times 13 = 117$ 個障礙物，這機會是不可能的。

但是，著眼於構成物質的微細單元，並能對其旋轉實施有效控制，則由可能實現精細動畫顯示。要做到這一點，需要用細微加工的透明電極（transparent electrode）將上述物質夾於其間。施加電壓時，僅使與電極相接觸的極細微部分物質發生旋轉，從而達到與放入、取出障礙物同等效果。其中，一個畫面上的所有像素，必須以像素為單位獨立地施加電壓。也就是說，用來施加電壓的點擊必須按像素獨立，而且要做到十分精細。

幾十年前半導體積體電路製程中的微影成像（photo lithography）技術已達到微米、次微米（submicron）水準，由此製作畫面為數萬個像素的電極，應用於液晶顯示器。20 世紀 70 年代，像素數已達到 100 左右，世紀末達到數百萬個，例如為了清晰地顯示圖像，可採用每 $100cm^2$ 有 100 萬個像素的液晶顯示器。這樣就可以求出像素一條邊長為 100μm。

3.6.2 圖像解析度單位（ppi）和顯示規格

所謂解析度（resolution），即單位面積上的像素數。

解析度是一個最容易被混淆的概念。人們常說的 VGA、SVGA、XGA、SXGA 等，實際上是一種顯示格式。例如，VGA 格式就是這款顯示器上共有 640×480 個像素（pixel）點，至於這款顯示器的面積有多大並沒有說。如果這款顯示器的對角線尺寸是 2 英吋，那麼 VGA 的解析度已經很高了；如果這款顯示器的對角線尺寸是 40 英吋，那麼 VGA 的解析度就很低。在嚴格意義上來說，解析度是一個很複雜的問題，不僅與顯示器的像素有關，還和認知視覺有關。現

在我們把解析度定義為單位面積上的像素。單位面積上的像素越多，解析度越高。

許多人認為顯示器的解析度越高越好，但是研究發現，15 英吋顯示器的最佳解析度是 XGA。

LCD 顯示的整個畫面，是由一個一個的點縱橫排列構成，這種畫面顯示方式為點矩陣顯示，稱這種最小顯示單位為像素。在彩色顯示中，每個像素被分割為 RGB 三個次像素（subpixel）。在彩色像素中，每個子像素由一個 TFT 控制。

依像素在整個螢幕上排列數量的不同，對 LCD 有不同的名稱。也就是說，LCD 顯示器因像素不同而有其固定的規格名稱。

3.6.3　採用數位電壓對像素實施驅動

液晶顯示器中透過液晶面板的光量和施加在液晶屏上的電壓密切相關。以透過顯示器的光量百分比為縱軸，以液晶上所加電壓為橫軸，可獲得顯示器的透射率曲線。電壓為 V_1 時透射率為 100%，電壓為 V_2 時透射率為 50%，電壓為 V_3 時透射率為百分之幾，則面板對應的灰階（gray scale）分別對應白、灰、黑。如果外加電壓來自現實信號源，向 LCD 顯示器提供，則外加電壓 V_1 的像素現實白，外加電壓 V_2 現實灰，外加電壓 V_3 的像素現實黑。上述方法稱為電壓調幅調灰法。如果用彩色濾光片，則可實現多種顏色的彩色。

用於 LCD 驅動的資料型信號電壓，$V_1 \sim V_3$ 必須是極性正負交替變化的交流信號。這是因為若施加直流信號，極性液晶分子的正負電荷長時間偏向負，正電極表面壽命會大大縮短。實際驅動中，多採用每幀發生極性反轉的「幀反轉驅動法」。

3.6.4　彩色顯示是如何實現的

使螢光管（fluorescent tube）發出的光透過彩色濾光片，則透射光變為帶有某種顏色的著色光，如圖 3.11(a) 所示，LCD 的彩色顯示正是利用了此一現象。也就是說，如圖 3.11(b) 所示，透過液晶盒的光，在經過 CF 之後，變成著色光。實際的 TFT LCD 中，如圖 3.11(c) 所示，一個像素被分割為 RGB 三原色的三個次像素，每個次像素通過採用與其顏色對應的 RGB 彩色濾光片，獲得相應的著色光。

　　液晶顯示器彩色顯示的基本原理是「先減後加」。透過產生光柵作用的液晶盒，藉由三個次像素所加的電壓，平衡調整三個次像素的光量；利用 RGB 彩色濾光片，從白光中「檢出」三種單色光（減法）；再將 RGB 三原色光混合（加法），進而產生各式各樣的彩色。

　　因此，TFT LCD 的彩色顯示是通過採用彩色濾光片產生 RGB 三原色光，再將 RGB 三原色混合，進而產生各式各樣的彩色。這種彩色化方式被稱為加法混色。

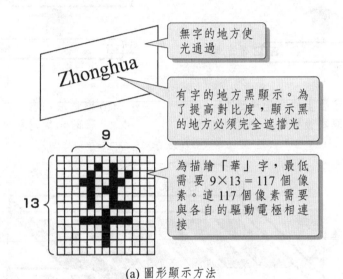

(a) 圖形顯示方法

例如，為了清晰地顯示圖像，可採用每 100cm² 有 100 萬個像素的液晶顯示器。求出 100 萬的平方根，即每邊長的像素數。這樣就可以求出像素一條邊長。

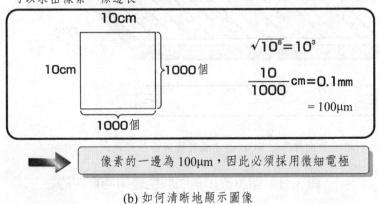

(b) 如何清晰地顯示圖像

圖 3.10　液晶顯示器顯示的圖像如何才能清晰逼真

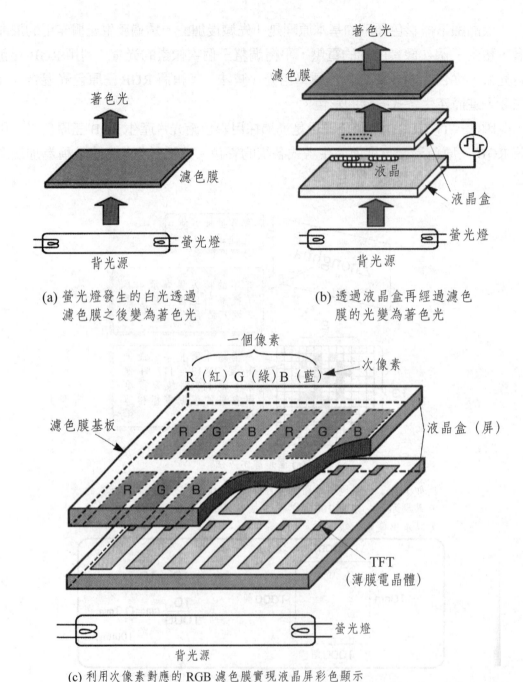

(a) 螢光燈發生的白光透過
  濾色膜之後變為著色光

(b) 透過液晶盒再經過濾色
  膜的光變為著色光

(c) 利用次像素對應的 RGB 濾色膜實現液晶屏彩色顯示

圖 3.11　顯示數百萬個顏色是如何實現的

3.7 TFT LCD 陣列基板（後基板）的製作

3.7.1 溢流法製作玻璃基板

浮法作為平板玻璃高品質、高效率、低成本的生產方法，早已在建材用平板玻璃（窗玻璃）的大規模生產中成功採用。將配好的原料在熔融爐中熔化，經澄清槽，使熔化的玻璃流向液態金屬浮槽，浮槽由耐火材料製成，槽中充以熔融的錫（Sn），並保持還原氣氛。由於熔化的玻璃浮在熔融錫的表面，且容易在表面流動攤平，可大批量生產玻璃製品；然而，從不利的方面來說，玻璃基板（glass substrate）表面的細微起伏與錫的沾污等，對 LCD 面板產生不利影響的部分，必須研磨以完成平坦化的工作。因此，浮法不適於 TFT LCD 液晶顯示器製作。

液流下拉法作為另一種玻璃基板的製作方法，其將熔融的玻璃經過白金狹縫成型，並由成對的輥軸以一定張力向下方拉出。這種方法利用寬窄可變的狹縫，可控制玻璃板的厚度，並連續生產（特別適合玻璃生產）；然而，採用狹縫易引起表面劃傷等問題。

而所謂溢流法，是使熔融態玻璃由特製的溢槽兩側溢出，溢出的幕狀玻璃在溢槽下方匯聚以完成玻璃基板製作；溢流法能夠透過保證熔融玻璃在入口處的進入量與出口處的溢出量相等，以獲得厚度均勻的玻璃，且熔融玻璃依靠重力在非接觸的降落的同時，便能做到澄清化而無須研磨；但是，從不利的方面講，溢流的大小一般在 1 ～ 2m，不便於製作大型玻璃基板。

3.7.2 玻璃是影響液晶顯示器性能的最主要部件之一

對於液晶顯示器來說，玻璃基板無疑是最重要的關鍵部件（key component）之一，儘管一直有用更輕量塑膠基板替代玻璃基板的想法，但由於在陣列基板製作技術流程中，製作薄膜電晶體 TFT 要用到非晶矽（amorphous silicon, a-Si），需要 400℃ 左右的技術溫度，因塑膠的耐熱性差而難以採用。

一般常用於窗玻璃的平板玻璃，因其斷面為青色，故被稱為「青板玻璃（soda lime glass）」，即人們俗稱的「蘇打石灰玻璃」。這種青板玻璃製作簡單、價格低廉，透過在其表面進行 SiO_2 的塗層處理，即可用於簡單矩陣驅動型液晶顯示器（STN LCD）的玻璃基板。但是，青板玻璃中含有鈉（Na）等鹼金

屬，這類鹼金屬對於主動矩陣驅動型液晶顯示器（TFT LCD）的薄膜電晶體特性有不利影響，故青板玻璃不適用於主動矩陣驅動型液晶顯示器。與單晶矽半導體 LSI 中「易遷移離子」會引起 LSI 特性不良影響相類似，玻璃基板中易遷移鈉離子（Na^+）的存在也會引起 TFT LCD 的特性不良。因此，TFT LCD 用玻璃基板多採用鋁矽酸（鹽）玻璃、鋁硼矽酸（鹽）玻璃。除了成分之外，對 TFT LCD 用玻璃基板特性還有下述幾項基本要求。如圖 3.12 所示。

(1) 玻璃基板的表面、內部無缺陷：所謂缺陷，包括玻璃基板表面和內部的傷痕、氣泡、沾污等。所謂無缺陷是指對這些缺陷的數量、大小和分佈都有極嚴格的限制。

(2) 玻璃基板表面平坦：液晶盒間隙（cell gap，陣列基板與彩色濾光片基板的間隔，即液晶層的厚度）需要控制在數微米（如 5μm），若玻璃表面存在超過允許範圍的起伏和凹凸，則會造成顯示不良，因此必須保證玻璃表面平坦光滑。而且，玻璃表面的粗糙度只要超過數奈米，就會造成畫面不光滑等問題。

(3) 玻璃基板要具有優良的耐藥品性：在陣列基板製程中，玻璃基板會受到以氫氟酸為首的各種化學藥品及乾式蝕刻〔如電漿蝕刻（plasma etching）〕之作用，因此必須採用耐化學反應強的玻璃。

(4) 玻璃基板的熱膨脹係數要小：陣列基板上要佈置大量數十微米寬的佈線以及間距為數百微米的像素。以 XGD 顯示規格的顯示器為例，其配置的像素數為 1024×(RGB)×768。如果玻璃基板熱膨脹係數太大，經歷高溫製程（在特殊情況下，溫度達 400℃）的陣列基板，其上製作的 TFT 特性會受到不利影響。例如，會使微影成像工程中的圖形產生偏差，造成電晶體通道長度及寬度變化等。致使面內薄膜電晶體（TFT）的特性產生不允許的偏差，從而會引起稱為「mura」的顯示斑痕缺陷，必須嚴格控制。

(5) 對玻璃表面的微小附著物有嚴格要求：TFT 的閘氧化膜厚度極薄（約300nm 左右），即使微小的異物（約 1μm 以下），也會引發點缺陷等顯示不良的情況。特別是如果 TFT 部位的異物殘留機率高，則 TFT 的源、汲間與源、閘間發生短路或斷路的機率就高，從而引發顯示不良。

3.7.3　TFT 陣列製作工程

從電路元件考慮，液晶顯示器主要由顯示圖像的像素、控制像素寫入資料的薄膜電晶體以及儲存資料信號的電容器所構成。為了製作這些元件，彙總設計資

料製作相應光罩（mask），分別形成所需要的金屬膜、絕緣膜、半導體層、雜質摻雜層等，最後將一個一個的元件形成在陣列基板上。換句話說，通過陣列製作工程，要在玻璃主板上形成數以百萬個按矩陣排列的像素陣列。

　　作為起始工程的 TFT 陣列製作工程，同半導體積體電路（IC）製作工程相類似。與 IC 是在矽圓片（wafer，晶圓）上製作電路的情況同樣，TFT 陣列是反復經由成膜工程、照相製板工程、蝕刻工程等，在玻璃基板上作出 TFT 的陣列電路。這種 TFT 陣列工程中所使用的裝置，從原理上講，也與積體電路的製作裝置相同。

　　正是基於此，TFT 陣列的製造技術經常與半導體積體電路技術作比較。與後者相比，前者主要的差別在於，所使用的是玻璃基板而非矽晶圓（wafer），而二者的面積之比為數倍甚至更大，特別是近年來玻璃基板面積的擴大速度遠快於矽晶圓。隨著市場對大型液晶顯示器的需求越來越旺，在解決大型面板製作技術、提高顯示功能的同時，必須提高生產效率，降低成本，以進一步增強市場競爭力。

　　光罩數越少，總體工程的數量越少，從而投資效率提高，而且總工程時間縮短。直到數年前，光罩數多為 6～8 道，最近幾年幾乎所有顯示器廠商都採用「5 道光罩」，一部分廠商甚至引入 4 道光罩的製造技術。

　　以上所述工程數的削減，與玻璃主機板尺寸擴大的趨勢基於相同背景：為應對平面顯示器激烈的市場競爭壓力，需要不斷降低液晶顯示器的製造成本，提高生產效率。

3.7.4　驅動 TFT LCD 的驅動電路（驅動 IC）

　　TFT 的主動矩陣（active matrix）驅動思路是，儘管針對一個一個像素的電壓掃描時間極短，但能否在開關切斷之後，為了配合動作遲緩的液晶分子完成取向轉換，而在較長的時間內維持此一電壓呢？為達到此一目的，需要利用在液晶盒的電極上附帶一個產生儲存電荷作用的電容器，或者在液晶盒中並列（並聯）插入電容器等方法。這樣做的結果，除了在原來的縱、橫電極的交叉點設置開關（單純矩陣）之外，還應具備充電（儲存電荷）、充電停止、放電（釋放電荷）、放電停止四個階段的功能。經過長期研究開發，人們利用具有放大功能的電晶體作為像素開關，實現了此一目的，並稱此方式為 TFT 的主動矩陣驅動。如圖 3.13 所示。

(a) 液晶顯示器用各種玻璃基板的特徵和用途

玻璃類型	蘇打石灰玻璃	低鹼玻璃	無鹼玻璃
化學組成（%） （含鹼量）	13.5	7.0	0
屈服點（yield point） （℃）	510	535	593～667
熱膨脹係數（10^{-7}/K）	85（50～350℃）	51（50～380℃）	37～48 （50～350℃）
密度（g/cm²）	2.49	2.36	2.49～2.78
用途	被動矩陣（passive matrix）驅動（主要用於STN-LCD）	被動矩陣驅動（主要用於STN-LCD）	主動矩陣（active matrix）驅動（主要用於TFT-LCD）

(b) 550mm×650mm 玻璃基板的規格實例

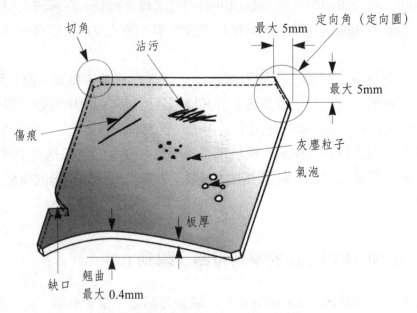

圖 3.12　玻璃是影響液晶顯示器性能的最主要部件之一

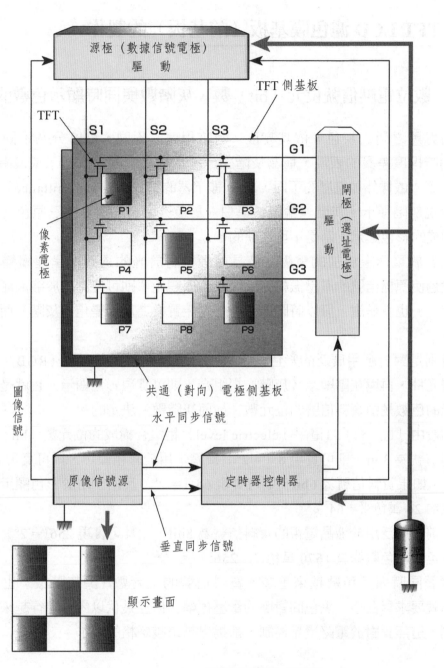

圖 3.13 TFT LCD 的驅動電路（驅動 IC）

3.8　TFT LCD 濾色膜基板（前基板）的製作

3.8.1　數位電壓信號位元（bit）數、灰階數與同時顯示色數的關係

　　白與黑之間的灰色，依其亮度（明暗程度）不同，可區分為不同等級。這種明暗程度差異的表現，稱為灰階顯示，也稱為中間亮度顯示或灰階（gray scale）等。依據外加電壓的不同，LCD 顯示器的透光率（transmittance）各異，從而實現灰階顯示。灰階無論對於黑白（單色）顯示，還是由三原色（RGB）組合而成的彩色顯示，都是不可或缺的。

　　相對於電極上施加的電壓，液晶面板相對於光的透射率呈連續變化。這樣，通過使源極信號的電壓振幅應圖像資料而變化，則可使施加於液晶層的電壓相應變化。也就是說，可以將圖像的明暗變化置換為灰階變化（灰階）而顯現出來。

　　特別是對於應用廣泛的彩色顯示來說，通過使用與三原色（RGB）對應的彩色濾光片，再與灰階顯示（灰階）相組合，則可實現彩色顯示。也就是說，彩色顯示的色數是由資料信號的位元數（從而灰階數）決定的。

　　假設由「0」、「1」電平（electric level）相組合構成的位元數（bit）為 3，即資料信號為 3bit，則可實現 8（= 2^3）灰階，用於彩色顯示，則可實現 512（= 8^3）色；如果資料信號為 6bit，則可實現 64（= 2^6）灰階，用於彩色顯示，則可實現大約 26 萬色（= 64^3）。

　　目前，廣泛用於液晶電視的資料信號為 8bit，尤其可實現 256（= 2^8）灰階，用於彩色顯示色數約為 1670 萬色（= 256^3）。

　　隨著同時顯示色數越來越多，資料信號的位元數（調灰階數）也越來越大，這就要求對白色、黑色間對應的電壓振幅（僅在幾伏以內）進行越來越精細的分割，這無論對於電路還是控制，都提出越來越嚴格的要求。

3.8.2　彩色濾光片是用哪些步驟製作出來的

　　彩色濾光片（color filter）製作工程與陣列基板製作工程相同，也要採用照相蝕刻技術〔PEP 技術（photo engraving process）或微影成像技術（photo lithography）〕。在陣列基板的製作中，使用的光阻（photoresist）僅起光罩作用，當沉積的薄膜層經蝕刻形成圖形之後，光阻已無存在必要，必須剝離乾淨。與之

相對，在彩色濾光片製作中，顏料分散法光阻不被剝離，而作為殘留的著色層（濾色膜）產生彩色濾光片的作用。此為彩色濾光片製造工程與陣列製造工程的區別。

彩色濾光片的製程是，先在玻璃基板上形成防止透過不需要光的黑色矩陣（black matrix），而後依次用 R（紅）、G（綠）、B（藍）等顏料分散法光阻，形成相應的彩色濾光膜。而且，在形成外敷層（over coat, OC）之後，還要形成相對於陣列基板來說，作為對向電極的透明導電膜。整個製程主要是由成膜和圖形化（patterning）構成的。

3.8.3　濾色膜製作於陣列之上的液晶模式

在一塊玻璃基板上形成 TFT 和像素電極做成陣列基板，在與之相對的另一塊玻璃基板上貼附彩色濾光片形成彩色濾光片基板（對向基板），將兩塊基板對位貼合，向二者的間隙中充以液晶材料，經封接做成液晶面板。之後，將外部周邊電路等與基板連接，組裝在框體中，形成液晶螢幕模組。可以看出，液晶顯示器是由多種元件和材料構成的。如圖 3.14 所示。

彩色濾光片位於陣列之上（color filter on array, COA）的液晶顯示器，是將傳統液晶顯示器中位於對向基板上的彩色濾光片，改做在陣列基板上，由於每個像素的像素電極需要對液晶材料施加電壓，因此像素電極應做在著色層（R、G、B 彼此分隔的彩色濾光片）之上，如圖 3.15 所示。而對於對向玻璃基板來說，只需在單面形成透明導電膜（公用電極），因此結構很簡單。陣列之上的著色層可以由加入顏料（pigment）或染料（dye）的透明樹脂製作，在製作陣列時一併完成。由於在陣列基板形成過程中，著色膜一起製成，因此價格便宜。

在採用傳統彩色濾光片的液晶顯示器中，陣列基板上的像素電極與對向佈置的彩色濾光片基板上相應的彩色濾光片之間，要再夾有厚 5μm 液晶層的情況下精密對位，對於精度不夠，會造成顏色的混亂，從而不能正確地顯示顏色。與之相對，採用彩色濾光片位於陣列之上的方式實現彩色顯示，彩色濾光片的一部分與陣列的相應部分一起製成，不會產生位置偏差，從而不會造成顏色混亂，可以顯示清晰鮮明的彩色。因此，彩色濾光片位於陣列之上的技術對於高精細（高圖像解析度）屏來說，是極為重要的技術之一。

3.8.4　軟性液晶顯示器及其結構

塑膠基板液晶顯示器夾液晶於其中的上下基板，由富於軟性（flexible）的塑膠做成。從像素的斷面看，與通常液晶顯示器所不同的是，原來玻璃基板由塑膠基板所代替而已。但是，由於這種塑膠基板採用的是透明特殊樹脂材料，與採用玻璃基板的通常液晶顯示器相比，重量僅為 1/3 ～ 1/2，厚度僅為 1/5 ～ 2/3，又輕又薄，但彎曲強度可以達到 10 倍，特別適合做可攜式顯示器。

軟性 LCD 顯示技術成功與否，基板技術和 TFT 陣列製造技術是關鍵所在。

以塑膠基板為例，對基板材料的主要要求有：(1) 透明性好，可見光的透射率至少達到 90% 以上；(2) 光雙折射係數小；(3) 耐熱性好，要求耐熱溫度為 200℃，最低也要在 150℃以上；(4) 吸水率低；(5) 氣體阻隔性好；(6) 易於成形。

因此，在較低製作溫度下如何保證液晶顯示器的性能及可靠性，是必須要解決的問題。而且，為保證水分和空氣不透過塑膠基板，需要採用阻擋層（barrier）、增加附著力的打底層（under coat）、防止表面劃傷的保護層（hard coat）等。正因如此，與採用玻璃基板的普通液晶顯示器相比，目前塑膠基板液晶顯示器的價格要高得多。但是，由於後者具有更輕、更薄、高強度、可彎曲、甚至摺疊的特點，在便攜型電子設備中的應用會迅速擴展。

目前，製作軟性 LCD 的 TFT 陣列技術，主要有兩大發展趨勢：一是採用低溫多晶矽技術，二是有機 TFT 技術。低溫多晶矽製造法包括雷射退火法、固相生長法、低溫氣相生長法、觸媒 CVD 法以及轉寫法；另一方面，利用噴墨列印法製造有機 TFT 或其它有機電路，乃至全有機電路，近年來被廣泛研究，這是一個激動人心的研究領域。

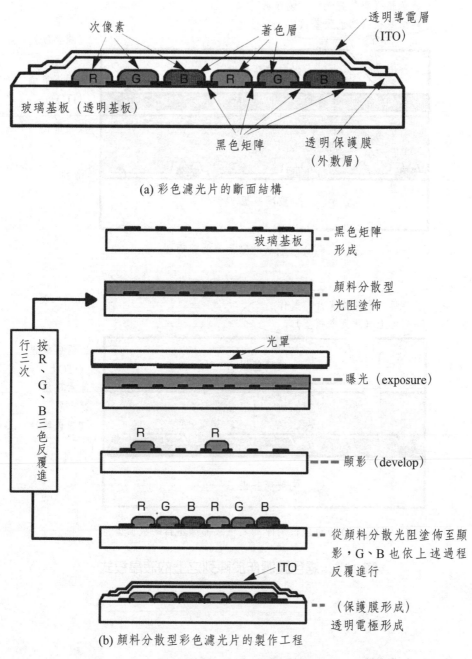

(a) 彩色濾光片的斷面結構

(b) 顏料分散型彩色濾光片的製作工程

圖 3.14　彩色濾光片是用什麼步驟製作出來的

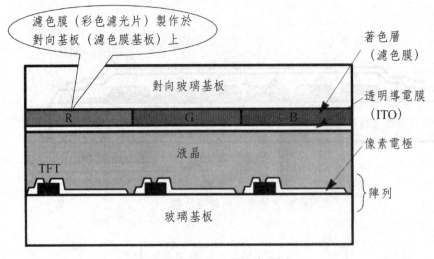

滤色膜（彩色濾光片）製作於
對向基板（濾色膜基板）上

著色層
（濾色膜）

對向玻璃基板

透明導電膜
（ITO）

R　　　　G　　　　B

液晶

像素電極

TFT

陣列

玻璃基板

(a) 一般液晶顯示器的截面圖

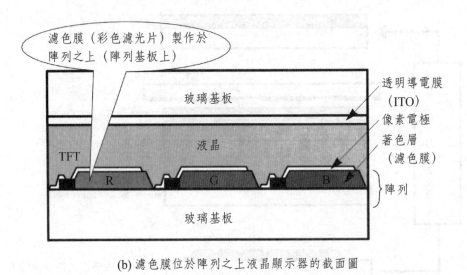

滤色膜（彩色濾光片）製作於
陣列之上（陣列基板上）

透明導電膜
（ITO）

玻璃基板

像素電極

液晶

著色層
（濾色膜）

TFT

R　　　　G　　　　B

陣列

玻璃基板

(b) 濾色膜位於陣列之上液晶顯示器的截面圖

圖 3.15　濾色膜製作於陣列之上的液晶模式

3.9　液晶盒製作

3.9.1　TFT LCD 的三大製作工序

TFT LCD 的製作工程，包括：(a) 陣列基板形成，(b) 液晶盒組裝，(c) 模組

組裝等三大部分，如圖 3.16 所示。所謂陣列基板形成，是在玻璃基板上，將薄膜電晶體（TFT）按二維矩陣有序排列。由於薄膜電晶體是在基板表面按矩陣整齊排列，此為陣列基板形成工程，又稱為陣列工程或基板工程。該工程主要是針對基板進行加工，形成像素電極、資料信號電極、主動組件（薄膜電晶體）等。整個工程的核心工序是製作薄膜電晶體，其與製作半導體組件的積體電路技術相類似。液晶盒組裝工程又稱為液晶盒工程（cell process），或液晶屏工程。該工程是將上述加工好的陣列基板和與之相對的彩色濾光片（CF 基板），經表面處理後，進行對位、貼合、組裝，並在兩塊基板的間隙（gap）中灌注液晶（liquid crystal），而後經封接形成液晶盒。液晶盒又稱為陣列─彩色濾光基板盒，或液晶面板。模組組裝工程又稱為封裝工程或模塊工程，該工程是將液晶盒與外部電路相接連，後者用於液晶顯示器的驅動和控制。與此同時，還要將背光源及其控制電路、光路（optical path）等，與液晶盒組裝在一起。

3.9.2　液晶盒的製造及其製作技術標準流程

一只液晶盒組裝技術（cell assembly technology），其目的是製作起人─機界面（man-machine interface）作用的顯示設備，該顯示設備是在外加電壓作用下，使初始取向排列（initial alignment）的液晶分子（liquid crystal molecule）取向發生變化，使電氣信號轉變為可視的圖像。

為使液晶分子的取向變化轉化為可視圖像，需要在設有取向層（alignment layer）的陣列基板（array substrate）和彩色濾光片基板之間充入液晶材料，並在兩塊機板外側配置偏光片。為了工業化規模地製作這種結構，一般是將液晶層（盒）的製程分為前工程和後工程。

前工程包括將玻璃基板投入生產線進行洗淨的「投入、洗淨」工程，為實現液晶分子取向排列的「取向」工程，為裝載液晶材料而形成液晶盒的「對位貼合（組裝與封接）」工程（包括隔離子植入、框膠塗佈、傳導材料塗佈等）；後工程包括從主機板尺寸（技術流程基板尺寸）切割成單個顯示器尺寸的「切割」工程，將液晶材料充入顯示器（盒）並進行密封的「注入、密封」工程、對玻璃基板邊緣、稜角進行處理的「倒角工程」，以及貼附光學膜的「偏光片貼附」工程。TFT LCD 液晶的斷面構造，如圖 3.17 所示。

3.9.3　如何使液晶分子取向（定向排列）

在液晶顯示器中，液晶是以薄層的形式鋪滿整個畫面。在這種情況下，液晶分子需要整齊有序的沿某一方向排列（稱其為「取向（alignment）」）。當光照射時，使光透過還是將光遮擋，取決於液晶分子的取向。因此，所有液晶分子時常沿同一方向排列是完全必要的。試想，如果液晶分子排列不集中，則光處於半透過半遮擋狀態，對比度（contrast）怎麼能提高呢？因此，從開始便保持液晶分子沿同一方向排列（集中取向）是不可或缺的。

目前，作為主流而使用的向列液晶為棒狀分子，這種棒狀分子本身可以在一定角度範圍之內，自然地集中於某方向排列，但如果不加控制，這種排列往往存在一定分散度。為滿足顯示器的使用要求，需要液晶分子井然有序排列，但僅靠分子間自然發生的作用力（凡德瓦力）是不夠的，必須人為地控制。

為使液晶取向，首先要在做好透明電極的基板表面塗敷膜狀聚醯亞胺（polyimide）耐熱性樹脂層。為此，是將處於完全固化之前聚醯亞胺的所謂「前驅體（precursor）」溶於有機溶劑之中，薄薄地塗敷於基板表面，經乾燥再加熱，聚醯亞胺完全硬化而變成固體薄膜。這便是「取向膜」。取向膜厚度一般在 $0.05 \sim 0.1\mu m$ 之間，是相當薄的。

而後，利用外周捲有尼龍布等的輥子，在旋轉的同時，對取向膜進行定向摩擦。利用此「摩擦（rubbing）作業」，實現聚醯亞胺高分子的取向——沿一定方向平行排列。此後，當液晶分子與經過取向處理的聚醯亞胺膜相接觸時，液晶分子的長軸會沿著與摩擦處理方向一致的方向排列。

關於上述液晶分子取向的機制，目前仍有不同觀點。一種觀點認為，液晶分子沿著被摩擦聚醯亞胺表面的傷痕和溝槽排列；另一種觀點認為，摩擦過程中產生的靜電，對液晶分子的排列產生控制作用等。聚醯亞胺常用作取向膜是基於下述理由：

耐摩擦強度高；摩擦處理過的取向膜，經水和有機溶劑洗淨，摩擦處理效果也不會喪失；在組裝顯示器時，需要對作為框膠材料（封接用）的矽樹脂（silicone）及環氧樹脂加熱，使其硬化，即使這種加熱，聚醯亞胺被摩擦的效果也不會喪失。

對於液晶分子垂直於基板面的均質垂直取向來說，摩擦處理則不能奏效。此時，如同在密集的草坪上豎立青草那樣，需要在透明電極上對這種細長的液晶分子進行吸附，使其直立排列，為此需要高超的技術。

兩塊玻璃基板的間隙通常控制在 $5 \sim 20\mu m$ 上下。為了保證此一間隙，需要

在兩塊基板之間散佈稱為「間隙子」的球狀塑膠粒子或二氧化矽（SiO_2）粒子。隔離子（spacer）原意是具有形成空間的意思。液晶存在的間隙若不均勻，會發生畫面斑駁或色斑。嚴格保持基板間隙一定的隔離子起著十分重要的作用。

3.9.4 TFT LCD 的斷面構造

　　液晶顯示器是由稱作陣列基板（後基板）和彩色濾光片基板（前基板）的兩塊玻璃基板對位、貼合、封接，在陣列基板上製作薄膜電晶體及像素電極等，並將彩色濾光片基板上的彩色濾光片（RGB 按矩陣狀排列）以一一對應的精確對位佈置，與各個陣列的次像素對應，最後，在這兩塊玻璃基板之間注入液晶材料，以間隙子保持基板間隙一致，從而實現液晶顯示。

　　前、後兩塊玻璃板的外側，要分別貼附僅使沿一個方向震動的光（直線偏振光）通過的偏光片；在陣列基板下側，設有冷陰極燈（或其它類型的）背光源，背光源與變換器相連接，以便對光源供電，並對其進行控制；而且陣列基板要與印刷電路板相連接，印刷電路板上裝有支援顯示器工作的控制電路及驅動電路等。

　　為了實現上述液晶顯示器斷面構造，在液晶盒製作階段，需將做好透明電極和取向膜的兩塊玻璃基板對位貼合，在使兩者之間保持一定間隙的情況下，利用環氧樹脂及矽樹脂等封接材料（框膠）將四周封接固定，再向間隙中注入液晶，並在向液晶盒四周進行封接時，可將玻璃纖維粉碎，使圓柱狀的纖維與封接材料混合，製得既有封接作用又有隔離子作用的框膠。

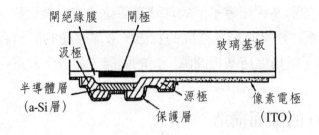

(a) 陣列基板形成

在玻璃基板表面形成按二維矩陣排列的薄膜、電
晶體（TFT）陣列，一個 TFT 對應一個次像素。

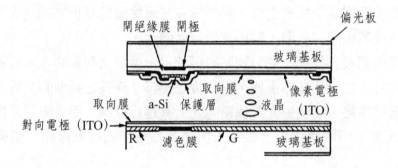

(b) 液晶盒組裝

分別對陣列基板和濾色膜基板的內側（接觸液晶的一側）
進行摩擦取向處理，四周塗敷黏結劑（框膠），進行對位
貼合，灌注液晶，密封後製成液晶盒。

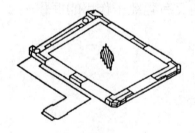

(c) 模塊組裝

將安裝在 PCB 板（近年來更多地採用 TAB、COF、COG
等）上的驅動回路等貼裝在液晶面板上。

TAB: tape auto bonding
COF: chip on film
COG: chip on glass

圖 3.16　TFT LCD 的三大製作工程

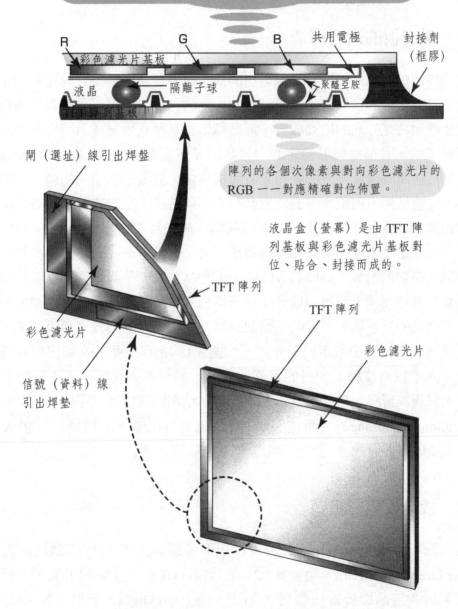

將陣列基板和彩色濾光片基板對位、貼合、封接，其中灌注液晶。兩塊基板間的間隙，靠中間的間隙子保持均勻一致。

R　　　　　G　　　　　B　　　共用電極　　　封接劑（框膠）

彩色濾光片基板

液晶　　　　　隔離子球　　　　　　　　聚醯亞胺

TFT 陣列基板

閘（選址）線引出焊盤

陣列的各個次像素與對向彩色濾光片的 RGB 一一對應精確對位佈置。

液晶盒（螢幕）是由 TFT 陣列基板與彩色濾光片基板對位、貼合、封接而成的。

TFT 陣列

TFT 陣列

彩色濾光片

彩色濾光片

信號（資料）線引出焊墊

圖 3.17　TFT LCD 液晶的斷面構造

3.10　TFT LCD 模組組裝

3.10.1　偏光板的斷面構造

　　太陽光及由液晶顯示器背光源發出的光，並不是僅沿特定方向振動的光，而是沿所有方向振動的自然光。沿所有方向振動的自然光，可以分解為沿垂直和水平方向這兩個特定方向的振動成分，液晶顯示器真是利用這種沿特定方向振動的光進行顯示的，且稱這種沿特定方向振動的光為直線偏振光（linearly polarized light）。若在僅沿垂直方向振動的光波傳播途中，放置一個縱向的鏈子，則沿垂直方向的光能透過，而沿水平方向振動的光不能透過，反之亦然。在液晶顯示器中，起偏片和檢偏片共同作用，二者統稱為「偏光片（polarizer）」。構成偏光片的分子，其電子密度在縱向和橫向差別很大，而且分子在偏光片中按特定方向擇優排列。在聚乙烯醇（poly vinyl alcohol, PVA）高分子膜中添加「碘化物」，對這種膜片進行拉伸，可獲得碘分子平行排列的膜片，與這種膜片中碘分子長軸方向平行振動的光被碘分子吸收，而與長軸方向垂直振動的光透過碘分子，這種膜片正是液晶顯示器中所用的偏光片，如圖 3.18 所示。圖 3.19 給出偏光板的斷面構造。為了提高這種偏光片的可靠性，PVA 膜片被夾在兩會乙醯纖維素基板膜間，為保護該層膜，還要在其下貼附含有黏結劑的聚對苯二甲酸乙二醇離形膜（separation membrane）。而且，為了保護偏光片免被外部損傷，在 PVA 膜的上面，還要貼附保護膜。

3.10.2　液晶模組的組裝

　　液晶面板模組（module）組裝共包括下述幾個工序：(1) 驅動用積體電路（driver integrated circuit，驅動器 IC）的連接（OLB 工程及 PCB 實裝工程），以便對製成的液晶面板實施驅動；(2) 背光源（backlight）組裝工程；(3) 為保證模塊出廠品質，稱為老化（aging）的檢證工程；(4) 確認最終顯示畫面品質的「最終檢查（final inspection）工程」，經過上述工程得到的液晶面板稱為「液晶模組」（LCD module）。液晶顯示器的模組組裝有兩大類。一類是被稱為 TAB（tape automated bonding，帶載自動鍵合或稱自動鍵合帶）或 TCP（tape carrier package，帶載封裝）封裝的驅動 IC（driver integrated circuit）連接在 LCD 面板上的 TAB 模組，這種模組主要涉及 OLB（outer lead bonding，外部引

線連接）工程和 PCB（printed circuit board，印刷電路板）實裝工程；另一類是將驅動 IC 不加封裝的裸晶片（bare chip）搭載在 LCD 面板上進行連接的 COG（chip on glass，玻璃上晶片）模組製作工程。採用 TAB 膠帶自動鏈接（tape automated bonding）的 LCD 面板模組製作工程，是使用稱作 ACF（anisotropic conductive film，各向異性導電膜）的起黏結劑作用且各向異性導電的膜片，將面板與 TAB 等電極相連接的工程。封入驅動用 LSI 晶片的驅動器 IC，一般採用稱作 TAB 或 TCP 形式的封裝，是將驅動 IC 封裝在具有自動走帶功能的帶狀載體上的封裝形式。這種 TAB 是在聚醯亞胺薄膜上通過微影成像形成電極，在該電極上熱壓鍵合驅動用 LSI 晶片，而後再在晶片上覆以樹脂進行封裝。PCB 實裝是將組裝好的 PCB 電極與 TAB 的輸入端子相連接，以便向驅動 IC 供給資料信號及電壓等。老化工程是在苛刻的溫度環境下，對可能發生的溫度相關性不良，以及熱膨脹引起的電氣、機械的不良等，進行檢出的檢查工程。老化結束的完成品，還要進行亮燈檢查和外觀檢查，對包括面板顯示不良在內，要對所有不良項目進行檢出。此外還要對驅動時的電流值、電壓值進行確認。該工程成為「最終檢查工程」。

3.10.3　液晶模組中所使用的 TAB 及其連接方式

封入驅動用 LSI 晶片的驅動器 IC，一般採用 TAB 或 TCP 形式的封裝，是將驅動 IC 封裝在具有自動走帶功能的帶狀載體上的封裝形式。這種 TAB 是在聚醯亞胺薄膜上通過微影成像形成電極，在該電極上熱壓鍵合驅動用 LSI 晶片，而後再在晶片上覆以樹脂進行封裝。由於這種 TAB 封裝帶長達 50～100m，以成捲的方式捲帶和送帶，特別適合自動化生產。所使用的 TAB 是以濕式蝕刻形成電極，由於各向同性蝕刻的結果，形成的電極斷面呈腰部尺寸更小的台形，故微細間距電極的形成受到限制。而且作為基板的帶基較厚，隨著微細化的進展，電板承受彎折和振動的能力變差，從而易斷線等。為了克服 TAB 的上述缺點，COF 採用更薄的聚醯亞胺膜片，電極形成不是採用濕式蝕刻，而是採用在帶基上電鍍生長或電鑄成型，這樣得到的電極斷面近似長方形，而且由於基膜與銅箔直接沒有黏結劑層，採用的是兩層結構，整體厚度薄，適應微細化，耐彎折和振動的性能強，從而比 TAB 具有更優良的特性。

3.10.4 利用 ACF 實現液晶面板與驅動 IC 間的連接

如圖 3.20 所示，起黏結劑作用的 ACF，是在環氧樹脂、丙烯基等樹脂和固化劑之中，按照一定比例混入直徑 3～5μm 範圍內的微小導電粒子構成的。該導電粒子是在樹脂球上電鍍鎳及金製成。將這種混合物延展成膜片狀，按電極連接寬帶裁成條帶，為便於在生產線上使用，將 50～100μm 長的條帶捲成捲狀。ACF 連接的關鍵在於，各電極連接電阻的大小是否達到妨害驅動顯示器電流流動的程度，也就是說，是否能保證有足夠大的驅動電流流向顯示器。而連接電極面積的大小，導電粒子的直徑、含有量，以及製造技術等，對驅動電流有決定作用。ACF 的貼附方法是，首先按所要求的長度切斷 ACF，將其貼附在面板上或TAB 上，而後剝離 ACF 的保護膜，僅使 ACF 露出。在實際應用中，ACF 既可以貼附於 TAB 的一側，有可以貼附於顯示器一側，而對於後者來說，所貼附的ACF 長度等，依顯示器的種類不同而異。例如，在具有狹像素節距（pitch）的面板上貼附 ACF 時，對於閘電極一側，是以 IC 塊為單位，將 ACF 切斷為單位長度進行貼附；對於電極數目很多的資料信號源一側，是按面板的定尺長度整邊貼附 ACF。儘管後者按定尺長度貼附 ACF 生產效率高，但需要採取對策解決下述問題：(1) 要具備定尺長度的壓接工具，特別是對壓頭的溫度分佈及平行度要求很高；(2) 在沒有 TCP 的部分，壓頭可能附著溶解的 ACF 而受到沾污，從而影響後續的壓接。

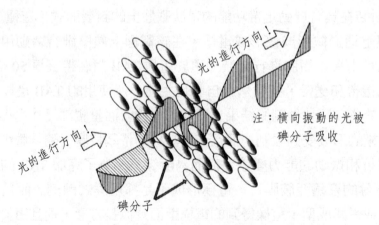

光的進行方向！

注：橫向振動的光被
碘分子吸收

光的進行方向！

碘分子

靠定向排列的碘分子吸收橫向振動的光，在稱作
PVA 的塑膠膜中，混入碘分子，經單向拉伸，使
碘分子定向排列，製成分子的「簾子」。

圖 3.18　有碘分子平行排列其中的偏光片

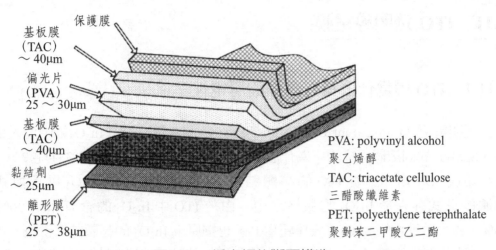

PVA: polyvinyl alcohol
聚乙烯醇

TAC: triacetate cellulose
三醋酸纖維素

PET: polyethylene terephthalate
聚對苯二甲酸乙二酯

圖 3.19　偏光板的斷面構造

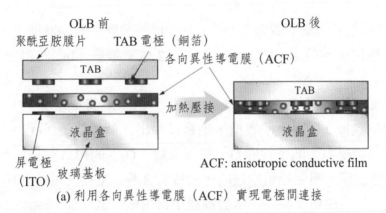

(a) 利用各向異性導電膜（ACF）實現電極間連接

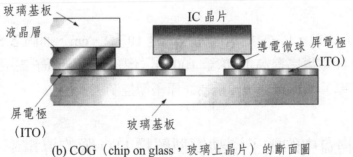

(b) COG（chip on glass，玻璃上晶片）的斷面圖

(c) COF（chip on film，膜上晶片）的斷面圖

圖 3.20　利用 ACF 實現液晶面板與驅動 IC 間的連接

3.11　ITO 透明導電膜

3.11.1　ITO 膜為什麼具有良好的導電性？

透明電極（transparent electrode）（ITO）是由氧化銦（In_2O_3）中溶入氧化錫（SnO_2）的固溶體組成的。為什麼 ITO 透明電極具有良好的導電性呢？

如圖 3.21 所示，從 ITO 的晶體結構看，5% ～ 10% 的 SnO_2 以置換式固溶體的形式存在於 In_2O_3 的晶格之中。由於 ITO 中 In_2O_3 的含有率占 90% ～ 95%，占少數地位的 SnO_2「入境隨俗」，也按原來 In_2O_3 的晶體結構占位，錫離子（Sn^{4+}）置換銦離子（In^{3+}），並占據後者的陣點（離子本來應占據的位置 lattice point）。

SnO_2 中氧原子的離子價態為 O^{2-}，它在保持價態不變的狀態下，占據 In_2O_3 中 O^{2-} 的晶格位置。但原來的 In_2O_3 中，每 2 個銦離子（In^{3+}）對應 3 個氧離子（O^{2-}）。

另一方面，SnO_2 中每 2 個錫離子（Sn^{4+}）對應 4 個氧離子（O^{2-}）。如果 2 個銦原子的位置被 2 個錫原子置換，則會多餘出一個氧離子（O^{2-}）。此時，如果略微降低外界壓力，則多餘的 O^{2-} 會以氣體（O_2）的形式存在，而以 O_2 的形式向氣體中逸出時，需要是電中性的，這樣勢必將負電荷（電子）存留於固體之內，這種電子以自由電子存在。由於固體中自由電子數增加，因此導電度（率）增大。

在固溶 SnO_2 之前，In_2O_3 的電阻率大約是 $10^{-2}\Omega \cdot cm$，而固溶 SnO_2 之後降為 $10^{-4}\Omega \cdot cm$，即電導率提高 10 倍至 100 倍。像這種通過原子價不同的物質固溶而使導電度（率）增加的方法，稱為「原子價控制法」。

3.11.2　利用物質中的電子運動模型解釋 ITO 膜的導電率

通常大多採用金屬做電極，金屬中充滿「自由電子（free electron）」，靠這些電子的電氣運輸，金屬可順暢導電（換句話說，具有高導電性）。但是，金（Au）、銀（Ag）、白金（Pt）、銅（Cu）等對於可見光來說都是不透明的。金屬之所以富於光澤是基於其反射性，其原因也是自由電子。這些電子位於金屬的固體箱（pool）中，處於電漿波動狀態。正是因為處於這種狀態的電子排斥可見光及頻率比其更低的光（紅外線等），並使其反射。由於可見光不能透過金

屬，在肉眼可見能力範圍內，金屬是不透明的。由此可以理解，儘管金屬具有高導電，但卻不能作為液晶顯示器的電極而使用。

實際上，物質中的電子，有自由電子和被原子核束縛（錨定）的電子兩大類。通常被原子核束縛的電子以負電荷的形式，與帶正電的原子核構成彈簧的兩端，而電子處於不斷振動之中。由於這種電子的動作如同彈簧振子，故稱該圖所示的模型為彈簧模型（學術上稱之為「調和振子模型」）。

另一方面，自由電子卻不受原子核的束縛，以集團的形式存在於金屬之中。帶正電荷和帶負電荷的粒子數相等，「作為集體」而振動時，稱為電漿振動。金屬中的自由電子如同池子中的水，並以波動的方式運動。到底該波動如同微風吹動下的細波，還是狂風大作下的巨浪，決定於電漿參數。其中，「電漿振動頻率（又稱電漿吸收沿）：f_p」與自由電子密度密切相關。

3.11.3　ITO 膜為什麼是透明的？

電漿（plasma）振動頻率 f_p 在理論上可由下式求出：

$$f_p = \sqrt{ne^2/\pi m^*} \qquad\qquad (3\text{-}1)$$

式中，π 為圓周率；n 為每 $1\mathrm{cm}^3$ 中的自由電子數，即電子密度；e 為電子電量（$1.6 \times 10^{-19}\mathrm{C}$）；$m^*$ 為電子的有效質量。由式（3-1）可以看出，n 越大，f_p 越高，波長越短。

對於金、銀、白金、銅等金屬來說，大致可以按每一個原子貢獻一個或幾個自由電子考慮。對於銅，$n = 8.5 \times 10^{22}$ 個 $/\mathrm{cm}^3$，由此計算出銅的 $f_p = 2.6 \times 10^{15}/\mathrm{s}$。

另一方面，可見光頻率在 $(4 \sim 7) \times 10^{14}/\mathrm{s}$，比銅中電子的電漿頻率低，因此，可見光被銅反射。如圖 3.22(a) 所示，在自由電子組成的水池中，活躍的電子已十分擁擠，因此，相對不是很活躍的可見光（電子的振動）不能進入其中，從而被反射。

話題轉到 ITO。在 ITO 中，電子是由固溶於 In_2O_3 中的 Sn_2O_3 提供的。每 $1\mathrm{cm}^3$ 中的 In 原子大致為 10^{22} 個，而 Sn 原子只占 $5\% \sim 10\%$，從而每 $1\mathrm{cm}^3$ 中的自由電子數約為 $10^{20} \sim 10^{21}$ 個，僅約為銅的 $1/100 \sim 1/1000$。將相應的資料代入式（3-1），f_p 減小，計算出的 f_p，僅為銅的 $1/10 \sim 1/30$，振動頻率僅為 $(1{\sim}3) \times 10^{14}/\mathrm{s}$。顯然，它比可見光頻率低。正因為如此，可見光可以透過 ITO 電極。如圖 3.22(b) 所示，由於 ITO「池子」中的電子不是很活躍，相對活躍的可見光（電子的振動）可以透過其中。

　　像這樣，ITO 中的自由電子並不太多，數量比較合適，從而 ITO 在具備一定程度導電性的同時，還可透過可見光，真是魚和熊掌兼得。怪不得人們把銦（In）作為戰略物質，大力收購與儲存。

3.11.4　簡單矩陣驅動的兩大問題

　　單純矩陣驅動確實能使電機數目和開關數目減少，但也存在兩個主要問題。第一個問題是，難以適應液晶分子的回應速度慢的問題。讓我們考慮顯示動畫的場合。為觀視到連續的動畫效果，1 秒鐘內必須至少顯示 60 個畫面（幀）。換句話說，一幀所用的時間至多為 1/60s。

　　僅使水平掃描電極最上邊一行的電壓為 ON，與此同時，垂直掃描（列）電極（顯示電極）按先後輸入 ON 或 OFF 信號。這樣就形成最上邊一行所對應的部分畫面。接著，僅使水平掃描電極第二行的電壓為 ON，與此同時，垂直掃描（列）電極（顯示電極）按先後輸入 ON 或 OFF 信號。這樣就形成最上方第二行所對應的部分畫面。這樣，一個掃描點（行電極和列電極的交叉點）的平均掃描時間，就等於將 1/60s 再除以掃描電極數。假如掃描電極數為 200，每一個掃描點允許施加電壓的時間為 0.08ms。但對於 TN 型液晶來說，液晶分子在被施加電壓之後到完成新的取向所用的時間（回應速度）一般為 10ms。顯然，掃描時間不能適應液晶分子的回應時間。

　　第二個問題是交叉雜訊（cross-talk，又稱整合雜訊、串擾、交調失真等）。STN 型儘管比 TN 型的回應速度快，但如果採用單純矩陣驅動，為了乾淨俐落（sharp）地完成液晶分子的取向轉換，需要外加更高的電壓，但由此會引發交叉雜訊問題。當一列電子 ON、上下二行電極 ON 時，本來行、列相交的兩個交叉點顯示黑，但處於 ON 狀態的兩個掃描點的中間位置，列與行的交叉點，也受到 ON 狀態的影響而有所顯示。這種受周圍 ON 狀態的影響，連帶的若干個像素也會有所顯示的現象，稱為「交叉雜訊」。

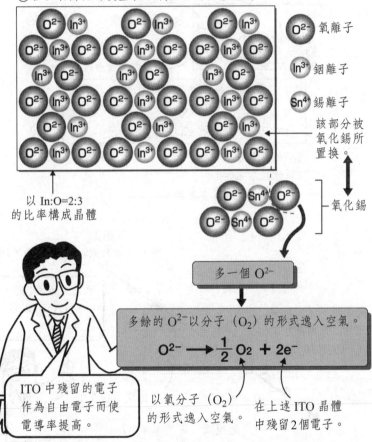

氧化銦（In$_2$O$_3$）和氧化錫（SnO$_2$）固溶在一起，電導率為什麼會提高呢？

● 若以最簡化的模型表示氧化銦的晶體結構……

O^{2-} 氧離子

In^{3+} 銦離子

Sn^{4+} 錫離子

該部分被氧化錫所置換。

氧化錫

以 In:O=2:3 的比率構成晶體

多一個 O^{2-}

多餘的 O^{2-}以分子（O$_2$）的形式逸入空氣。

$$O^{2-} \longrightarrow \frac{1}{2}O_2 + 2e^-$$

ITO 中殘留的電子作為自由電子而使電導率提高。

以氧分子（O$_2$）的形式逸入空氣。

在上述 ITO 晶體中殘留 2 個電子。

圖 3.21　ITO 膜為什麼具有良好的導電性

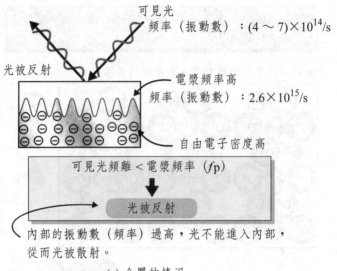

(a) 金屬的情況

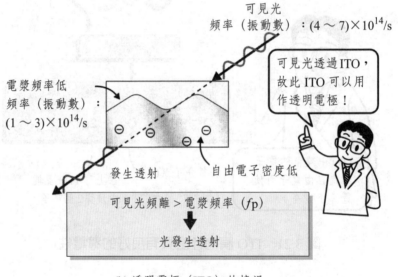

(b) 透明電極（ITO）的情況

圖 3.22　金屬與 ITO 對光的反射（透射）性不同

3.12 液晶顯示器的飛速進展

3.12.1 液晶顯示技術的四個階段

液晶顯示器從 20 世紀 70 年代誕生至今的 40 年中，從應用角度，共上了四個階段，每個階段大約用了 10 年。第一個階段為 TN、STN 液晶時代，液晶顯示從無到有；第二個階段為 TFT LCD 液晶時代；第三個階段為液晶電視時代；第四個階段為液晶顯示器多樣化時代。如圖 3.23 所示。

液晶顯示器最早於 1973 年是以電子計算機顯示元件的形式，在日本實現實用化的，此後，由於低功耗和輕量、薄型的特徵，與 20 世紀 80 年代，在手錶及便攜資訊設備的應用中打開市場，並迅速滲透到各個領域。20 世紀 70 年代以 TN 液晶、80 年代以 STN 液晶作為基礎技術，並以相應產品牢牢在市場上站穩腳跟，該時代被稱為液晶的黎明期。從 20 世紀 80 年代後半期到進入 90 年代，採用主動元件的 a-Si TFT 驅動方法達到實用化，從而可實現大型而清晰的圖像顯示。此後，在電腦產業發展的同時，市場上出現的掀蓋型電腦、筆記型電腦中都搭載了液晶顯示器，由於其輕量、薄型、低功耗的特徵淋漓盡致地發揮，20 世紀 90 年代，這種市場迅速擴展。在此年代，已經以真正意義上的產業起飛遠航，旭東公司（Wisepoineer）確立批量生產體制，由此進入市場擴張期。面向這種計算機用途的液晶顯示器，開始主要採用的是 TN 模式，進入 21 世紀之後，各種廣視角技術和高速回應技術競相開發成功，顯示性能飛速提高。今天，液晶顯示器在我們身邊隨處可見，從電腦、可攜式裝置，直到最近的大螢幕電視，用途極為廣泛，並期待進一步飛躍。憑藉多樣化的市場需求及與之相適應的技術和製品，已在整個平面顯示器中占據不可動搖的霸主地位。

3.12.2 玻璃基板的進化──液晶顯示器產業的世代劃分

隨著顯示器尺寸的擴大，特別是為適應液晶電視急速增長的市場需求，廠商紛紛採用能生產更大尺寸玻璃基板的生產線，以便高效低價地大批量生產液晶屏。隨著一代一代新生產線的建立，通過採用新的生產設備和更先進的技術，生產效率迅速提高。在陣列基板製程中，直接在玻璃基板（glass substrate）上大面積且均勻地形成非晶矽的技術已相當成熟。但是，伴隨著顯示器尺寸的大型化，要求所採用的玻璃基板尺寸越來越大。這是因為要先將完成多個陣列圖形加

工的圖形基板和彩色濾光片基板進行對位貼合，再將其切割成一塊一塊的液晶面板。因此，玻璃基板的大型化就愈發重要。伴隨著液晶商品的大型化進展，玻璃基板尺寸逐漸增加。第八代與第六代生產線對比，前者的生產效率是後者的 2.7 倍。20 世紀 80 年代後半期，採用的是第 1 代玻璃基板，伴隨著液晶商品的大型化進展，玻璃基板尺寸逐漸增加。特別是 2000 年以後，隨著液晶電視需求的爆發式增長，玻璃基板的尺寸也急速擴大。到 2006 年秋，面積近 5 平方米的第 8 代生產線開始運行。以生產 45 型的液晶螢幕為例，表示採用上述生產線與目前運行中第 6 代生產線的對比，前者可面取 8 塊，而後者只能面取 3 塊，前者的生產效率是後者的 2.7 倍。如圖 3.24 和圖 3.25 所示。

　　一般來說，液晶面板廠商為提高生產效率，相對於一定的畫面尺寸，希望面取數越大越好。因此，隨著畫面尺寸不斷擴大，玻璃主機板（glass mother board）也越來越向大尺寸（規格）方向發展，如圖 3.26 所示。玻璃主機板大型化的歷史從 1990 年前後開始，由第 1 代的 300mm×400mm，逐漸擴大到 2007 年前後第 8 代的 2300mm×2600mm。

3.12.3　液晶顯示器的應用商品領域

　　從 10.4 型 VGA（640×800 像素）開始的筆記型電腦用 TFT 液晶顯示器，經過 12.1 型、13.3 型、14.1 型、15.0 型，逐漸向大尺寸方向發展。液晶顯示器的尺寸從 14.1 型、17/19 型、20 型、28 型、40 型，尺寸型號基本上按每兩年一個的速度進展，到 2003 年出現了 57、58 型〔三星電子（Samsung）、樂金 LG（Life's Good）、飛利浦（Philips）〕，2004 年出現 65 型〔夏普（Sharp）〕，2005 年出現 82 型（S-LCD），2006 年出現 100 型（LG Philips），顯示器尺寸迅速向大尺寸方向跨越。而且，隨著圖像解析度的提高（像素尺寸變小，像素數增加），顯示器充電率不足的問題日趨嚴重，為解決此問題，佈線材料的進展也十分顯著。

3.12.4　薄型顯示器的競爭戰場

　　液晶的競爭對手也非等閒之輩。儘管 CRT 已成為歷史，但 PDP 和有機 EL 正在虎視眈眈。PDP 在 50 型以上超大型領域，可充分發揮其優越性，目前的市場正在擴展。40 型以下則是液晶電視的領域。在 40 ～ 50 型領域，液晶正

在逐漸蠶食 PDP 的市場。競爭的勝負將取決於包括畫面品質、價格（製造價格和生產線運轉價格）、環境保護、能耗等在內的綜合因素。液晶的武器是輕量、薄型、低能耗，看來攻克 50 型以下的市場只是時間問題。2008 年初，松下（Matsushita）在美國拉斯維加斯（Las Vegas）舉辦的國際消費類電子產品博覽會上，推出最新研製成功的 150 英吋型高畫質電漿顯示器，為 PDP 大螢幕市場注入活力。最近被普遍看好的有機 EL 先是從小型屏實現實用化，在消化、借鑒 TFT 技術的前提下，正瞄準更大型方向蠶食液晶市場。同樣是在 2008 年 CES 上，三星和索尼（Sony）分別展出 31 英吋和 27 英吋 OLED 電視。不過，目前全球首台正式投入市場的 OLED 電視——索尼 11 英吋 XEL-1，售價高達 20 萬日圓（約 5 萬元臺幣），這樣的價位可以進入普通家庭。其它被寄予厚望的薄型顯示器還有 FED（特別是 SED）、投射型以及微型元件等。FED 具有與 CRT 相類似的結構，但可以做到薄型，畫質方面也不亞於 CRT。但問題是價格（包括製造價格和生產線運行價格）高，製作技術複雜，從多大畫面尺寸介入也是個問題。關於投射型，50 型以上供眾人觀視是其主要發展方向。雖說投射型與一般常見的直視型屬於不同類型，但依市場需求而異，前者能否在大型監視器、電視等領域開拓新的市場，同樣應該關注。微型顯示元件也與直視型有很大差異，但前者與專用電腦相結合，說不定也能開拓新的市場。

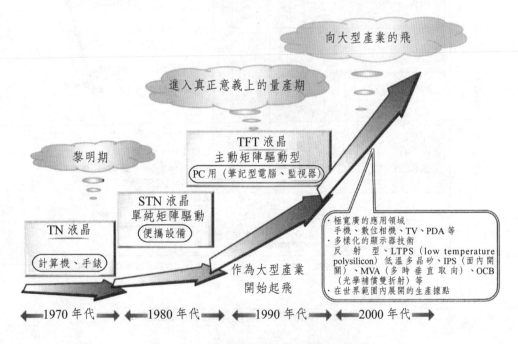

圖 3.23　液晶顯示技術的四個階段

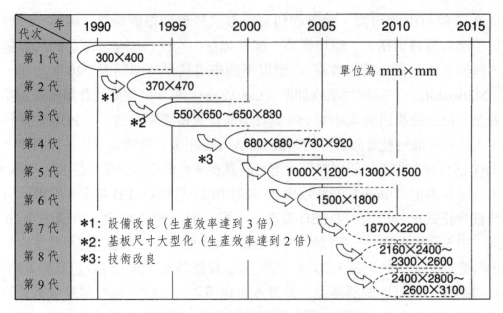

圖 3.24　玻璃主機板尺寸的變遷

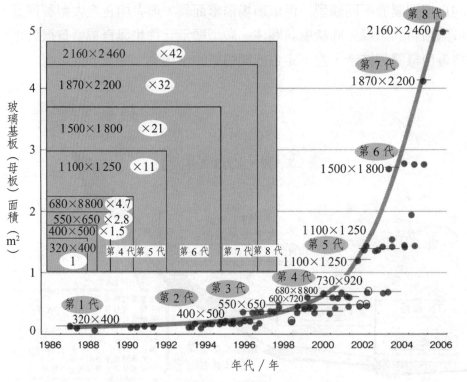

圖 3.25　液晶顯示器產業的世代劃分

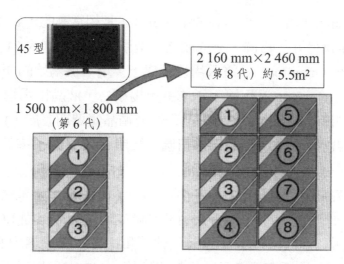

圖 3.26 玻璃基板（主機板）大型化可實現更高的生產效率

3.13 液晶顯示器進入市場的發展歷程

3.13.1 筆記型電腦液晶顯示器的發展過程

進入 20 世紀 90 年代，筆記型電腦（notebook computer）對液晶顯示器的應用全面發展。最初由畫面尺寸 8 ～ 10 型的 VGA（video graphic array）開始實用化，隨著畫面尺寸的大型化，目前高端產品以 14 ～ 15 型為主流。作為筆記型電腦的 A4 尺寸框體可收入的最大尺寸在 15 型左右。桌面兼用型的顯示器尺寸要略大些。顯示規格（display format）從最初的 VGA（640×480）開始，現在以 XGA（1024×768）為主流，高端產品為 SXGA（1400×1050）、UXGA（1600×1200）。各顯示器廠家為了保持個性化（差別化）的功能特點，在擴大畫面尺寸的同時，顯示規格也在競相提高。顯示規格的提高，意味著畫面不斷向高畫質清晰化進展。到目前為止，在筆記型電腦上的應用，一直是液晶的獨占市場，今後在參與並置換現有市場的預期下，可望獲得進一步發展。

3.13.2 快速增長的液晶顯示器市場

20 世紀 90 年代的液晶產業，也按晶體週期（crystal cycle）的規律穩步增

長。從這 10 年間看，年增長率保持在 5% ～ 30%，是相當高的，到 2000 年已達到 2 兆（即約臺幣萬億元）日圓，一躍成為大型產業之一。進入 21 世紀，在筆記型電腦及監視器（monitor）等電腦用途基礎上，以手機為始的便攜用途，特別是大尺寸電視（television）用途，正成為市場核心，液晶市場進一步擴展騰飛，而成為更大型產業。今後，儘管液晶仍將遵循晶體週期發展，但到 2010 年的產值將達到 10 兆（約臺幣十萬億元）日圓，按前 20 年的增長率記錄，年均增長率將達 20%。

隨著直視式液晶顯示器達到實用化，今年來，由半導體積體電路生產線製造的投射元件也成功投入市場。這便是採用矽晶圓的液晶在矽上面 LOCS（liquid crystal on silicon，矽上液晶反射式投射元件）和採用石英玻璃的 HTPS（high temperature poly-silicon，高溫多晶矽投射式元件）。二者與採用平板玻璃的直視式液晶相比，適用於對角線 127cm（50 型）以上的大畫面顯示器，因場合而異，還可採用對角線十幾米以上（數百型）的大型螢幕。投射型大畫面顯示器可用於家庭影院。

3.13.3　液晶面板的透射率──如何降低液晶電視的功耗

從工作原理講，LCD 這種顯示元件是將背光源（back light source）發出的光，藉由偏光片及液晶盒（液晶分子）等，產生相應於要顯示圖像之光的明暗變化，由此實現人們可辨認的圖像顯示。也就是說，LCD 的亮度決定於透過液晶盒的光的相對量（稱其為液晶盒的透射率）、透過彩色濾片的光的相對量以及背光源的亮度等許多因素。如圖 3.27 所示，到達液晶面板下表面的光，在透過液晶面板時，還會受到 TFT 像素、偏光片、彩色濾光片、透明電極、液晶材料等的吸收、反射、散射等。要想提高液晶顯示器的表面亮度，需要在兩個方面採取措施，一是提高背光源的輸出亮度；二是提高液晶面板的透射率，主要是增加像素的開口率（aperture opening ratio）等。為了增加開口率，需要減少 TFT 及佈線等所占的面積、擴大透光面積。數年前，儲存電容器一般是佈置在像素中間，且 TFT 面積較大，當時的開口率僅有 50% 左右。目前，儲存電容器一般是佈置在閘電極上，TFT 所占的面積也越來越小，從而開口率可達 80% 以上。目前液晶顯示器正向高精度、大尺寸方向發展，而隨著像素數增加，投射率（projection ratio）變低，因此必須增加背光源的亮度。但是，僅靠增加背光源的亮度勢必增大功耗，需要與擴大開口率雙管齊下才能奏效。

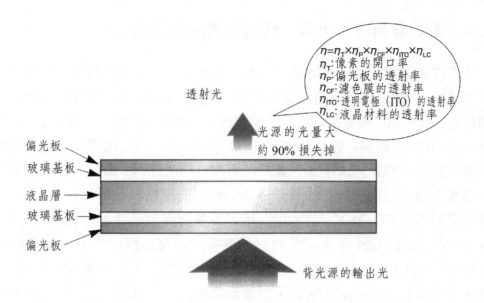

(a) 背光源的輸出光僅有一小部分透過液晶螢幕

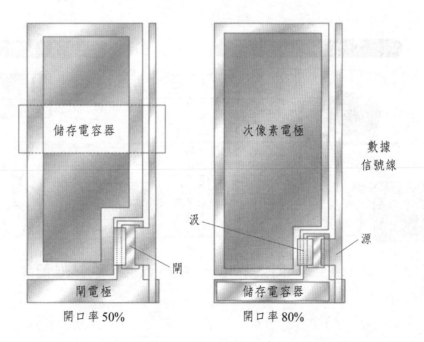

(b) 提高開口率的措施

圖 3.27 液晶面板的透射率──如何降低液晶電視的功耗

3.13.4　圖像解析度、畫角、觀視距離的最佳配合

　　電視畫面向大型化進展的理由，源於人們希望由畫面獲得更大的震撼力和參與感。過去 NHK 在確定高畫質解析度（high-vision）播放規格時，實驗了從畫面算起的觀視距離與畫面精細度（圖像對人參與感的影響）。設畫面高位 H，則以大約 3H 的距離觀看效果最佳，這正好對應人眼的有效視野（能暫態把握物體的畫角範圍）如圖 3.28 所示。寬方向約 30°，高方向約 20°。而且，在此距離下，要想在看不到像素痕跡的情況下達到平滑的觀看效果，假設視力為 1.0 的觀視者眼睛解析能力為 1'〔(1/60)°，設視力檢查採用的是朗多爾式環（Rondo ring）〕，結果如圖 3.29 所示。要求 16:9 寬屏的圖像解析度為 1920×1080 像素（全高畫質 full HD, high definition）。根據最近的日本家庭電視設置距離調查結果，平均值為 2.5 ～ 3m。因此，設該距離為 3H，則對應畫面尺寸為 65 ～ 75 型。

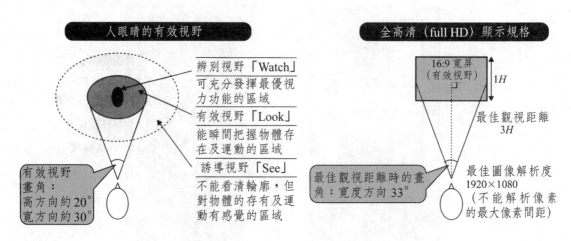

圖 3.28　圖像解析度、畫角、觀視距離的最佳配合

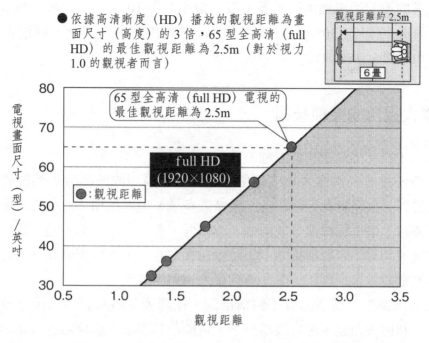

● 依據高清晰度（HD）播放的觀視距離為畫
面尺寸（高度）的 3 倍，65 型全高清（full
HD）的最佳觀視距離為 2.5m（對於視力
1.0 的觀視者而言）

圖 3.29　全高畫質（full HD）電視的最佳觀視距離

3.14　液晶電視的技術突破 (1)──擴大視角

3.14.1　TN 型液晶視角較小的原因

　　一般意義的視角（angle of view），係指視線與畫面法線的夾角（有時指該
夾角的兩倍）。如圖 3.30 所示，由於隨視角不同，人對顯示畫面的對比度、亮
度、彩色等畫質的感覺不同。因此，定義顯示器視角為視覺認可接受的角度範
圍，對於液晶顯示器來說，多指對比度能保持在垂直觀視時的十分之一以上視角
範圍。視角一般按上下左右標記。

　　由於液晶分子（liquid crystal molecule）的形狀是棒狀的，因此相對於液晶
分子的排列，無論從何種方向觀視，對比度和透射率都會不同，這是影響視角的
根本原因。也就是說，相對於觀視角度，如果液晶分子處於垂直方向，則視角會
變窄。如圖 3.31 所示。

對於通常的筆記型電腦用顯示器來說，對比度為 10 以上的視角，保證左右為 90°，上下為 40°（上 30°，下 10°）即可，但對於更大的畫面，特別是電視等，要求視角要接近 180°。

3.14.2 擴大視角的幾種技術

如圖 3.32，表示提高視角的幾種方法。

第一種方法是將一個像素分成兩個區域，兩個區域的液晶分子相對於區域介面呈對稱排列，故稱其為分割取向（雙域或多域）型顯示器。這種方法通過在對取向膜摩擦時，使每個像素分成兩個（或多個）部分，每個部分沿不同方向摩擦，由此實現液晶分子的對稱排列。如此，在從左右、上下觀視液晶分子時，可使一個像素的觀視效果平均化，由此達到擴大視角的效果。

第二種方法是為了使液晶分子對稱排列，在陣列基板和對向基板上分別設置樹脂凸起，利用該凸起，由於液晶分子垂直於凸起表面，因此液晶分子呈垂直斜立狀態。採用外加電壓時液晶分子橫向平臥的負型液晶，稱其為多疇垂直取向（multi-domain vertical aligned, MVA），如圖 3.32(a) 和 3.32(b) 所示。

第三種方法是在陣列基板使兩個像素電極橫向佈置，並在其上施加橫向電場，藉由其間的液晶分子在平面上橫向旋轉達到擴大視角的效果。稱這種方法為面內切換（in-plane switching, IPS）或橫向電場驅動。如圖 3.32(c) 所示。

如果聯合採用上述幾種方法，可使左右、上下的視角擴大至 176° 以上。此外，還可以在液晶螢幕上貼附擴大視角用的光學補償膜，由於這種膜層與液晶材料都具有光學各向異性，通過光學補償，進一步達到擴大視角的效果。

3.14.3 多域方式和 MVA 方式

與傳統 TN 型液晶的取向狀態單一化相比，多疇（multi-domain, MD）方式是將一個像素區域分割為多個域，每個域對應的液晶按不同取向排列，從而形成多個不同的取向區（取向分割）。以圖 3.32(a) 和 3.32(b) 中所示為例，將一個像素區域分割為兩個域，通過摩擦（rubbing）等取向處理，使左右取向膜的垂直方向呈對稱分佈，這樣，液晶分子扭曲時的傾斜方向正好相反。因此，無論從哪個方向觀看，每個像素的光量是均勻一致的，由此獲得增大視角的效果。採用多城方式，每個像素分割的域數越多，改善視角的貢獻越大。例如，四分割改善視

角的效果優於二分割。

但是對於一個微小的像素區域，透過不同方向的摩擦達到取向分割的目的，對於工業生產來說難度很大。為此，需要下面將要談到的 WVA 等方式。

MVA（multi-domain vertical aligned，多域垂直取向）方式是利用使液晶分子垂直於基板方向排列的取向膜，在不加電壓的狀態（電壓 OFF 時），液晶分子呈垂直傾斜排列；施加滿電壓的狀態下（電壓 ON 時），液晶分子呈水平排列。如此，使光遮擋和光透過而實現液晶顯示。實際上，MVA 方式是與多疇方式相組合而採用的。由於液晶分子呈垂直取向狀態，因此光被遮擋顯示黑時，幾乎不受干擾和影響，從而可以獲得高對比並能改善視角特性。

應指出的是，在 MVA 方式中，採用有別於傳統向列液晶的液晶材料，即採用不加電壓時（電壓 OFF），液晶分子垂直於基板表面排列，而施加電壓時（電壓 ON），液晶分子呈平行於基板表面排列的負型（介電各向異性為負的）向列液晶材料。

多域方式是利用沿不同方向的摩擦，在同一像素製作多個不同取向的區域，因此摩擦取向操作要進行多次，技術難度很大。而採用 MVA 方式，只需要在透明導電膜上形成由樹脂打底的突起，就能獲得使液晶分子呈垂直傾斜排列的多個取向區域。因此，只需要製作這種帶突起的取向膜而不需要多次摩擦取向操作，因而可大大節省工序。

3.14.4　IPS 方式和 OCB 方式

IPS（in-plane switching，面內開關、面內切換、水平取向或橫向電場驅動）方式，是僅在同一側的透明導電膜（驅動電晶體一側）上，形成「對向」佈置的兩個電極，一個是像素電極，一個是對向電極。由這兩個電極在平行於玻璃基板方向上施加電場。如此，在橫向電場作用下，液晶分子排列方向在與玻璃基板平行的平面內發生 90° 旋轉，從而實現光柵作用。

在 IPS 方式中，液晶分子僅在水平（橫）方向一起發生旋轉，而不像 TN 型液晶分子那樣發生沿垂直方向的扭曲，從而光學特性（對比度、亮度、色調等）變化小，並能擴大視角。

但是，在透光量及相應速度，以及白色顯示時，在特定方向觀看會產生略發藍及略發黃的效果等方面，IPS 方式還存在不如 TN 型的缺點。

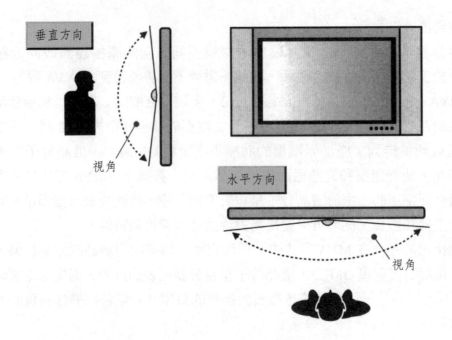

圖 3.30　視角的定義

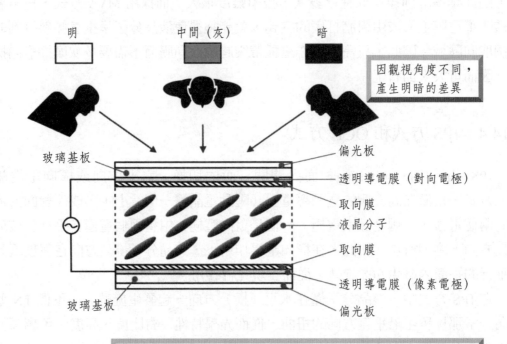

圖 3.31　觀看角度不同，因光的透過量不同而產生明暗的差異

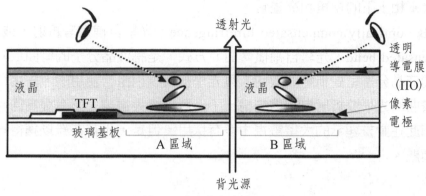

(a) 分割取向（雙域或多域）型顯示器

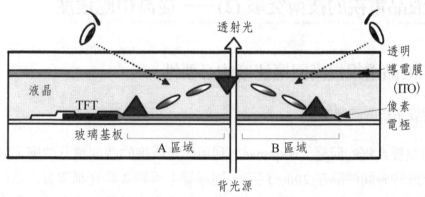

(b) MVA（多域垂直取向）型顯示器

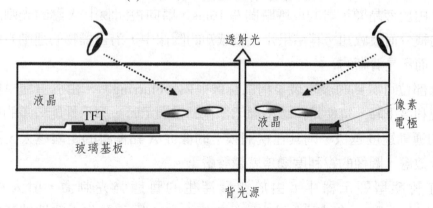

(c) IPS（面內切換，橫向電場驅動）型顯示器

圖 3.32　擴大視角的幾種技術

　　為了克服這些缺點，日立（Hitachi）開發出 S-IPS（super-IPS）技術。
S-IPS 技術是在驅動液晶分子的電極結構上採取措施，如將電極做成鋸齒狀結構
等，從而使色彩變化大幅度降低，而且上下左右視角都達到 170°，實現了與陰

極射線管不相上下的視角和高畫質。

　　OCB（optically compensated birefringence，光學自補償雙折射，或 optically compensated bend，光學自補償彎曲）方式，是將液晶分子的彎曲取向（上、下基板間液晶分子呈對稱彎曲取向）與光學補償膜相組合使用的。採用這種光學補償膜彎曲的光學雙折射自補償結構，不僅可以擴大視角，還有提高回應速度的效果，因此在動畫顯示的大型電視中多有採用。但是，也存在難以獲得均勻穩定彎曲等問題。

3.15　液晶電視的技術突破 (2)──提高相應速度

3.15.1　液晶電視提高回應速度的必要性

1. 人類視覺系統的回應特性

　　人類視覺系統的回應（response）利用的是所謂的時間積分效應，如果斷續入射光刺激的時間間隔在 20ms 以下，則感覺上可將 2 個光刺激合二為一；但如果時間間隔達 70ms 左右，2 個光刺激可以相互不受影響地被人感知為完全獨立的刺激。由於液晶顯示器的反應時間為 16ms，射向視網膜上 A 點的光刺激，在該時間內積分而被感知。其結果是，被感知的圖像中，沿目標物的運動方向會模模糊糊，而不是清晰的。

　　輪廓部位可看到的滲陰現象稱為圖像模糊（blurring）。由於這種模糊，引起圖像銳利度下降。這便是持續型顯示器在動畫顯示時，顯示性能較差的原因。目標物的運動速度越快，則其在視網膜上的像從 A 點偏離的距離越大，而由於時間積分效應，圖像的銳利度變差就越發嚴重。

　　而在暫態型顯示器中，由於激發產生的暫態強光刺激，射入視網膜（retinal）上 A 點，並利用人眼的殘像效應，由 A 點不發生偏離地被感知。即使對於實際上連續運動的物體，其與在追蹤運動眼球視網膜上 A 點所形成的不變的像是等效的，或者說連續運動的物體的像始終就是 A 點，從而不會感覺到圖像模糊不清。

2. 液晶顯示器的回應特性

　　對於動畫顯示用的大型液晶電視來說，除了要求視角特性之外，對回應速

度（response speed）也有很高的要求。所謂回應速度，是指將信號從白切換到黑，或從黑切換到白起，畫面從白轉變到黑，或從黑轉變到白所用的時間。回應速度是衡量動態顯示品質的重要指標。如果回應速度太慢，畫面中運動的物體會產生「拖尾」現象，例如打出的乒乓球變成一條線，甩動的釣竿變成一面扇等，大大影響視覺效果。對於微電腦來說，圖像滾動時不能清晰地看到畫面，使用滑鼠時不能清楚地看到游標位置等。

判斷電視回應速度的快慢，可與由電視掃描方式決定的一個畫面（1 幀）之更換週期 16.7ms（60Hz）相較，大於 16.7ms 不僅會產生上述拖尾現象，而且會產生畫面的重疊，造成圖像模糊。因此，回應速度越快越好。

讀者都相當熟悉的陰極射線管（CRT）顯示原理，使用電子束掃描照射塗佈於畫面（陰極射線管內表面）上的螢光體，使其受激發光，它的回應速度（發光、消失）遠低於 1ms，由於回應速度快，實用上不存在任何問題。

液晶顯示器的回應速度，是指從電場施加在液晶材料上（即電場施加在透明電極上）起，到棒狀液晶分子的排列完成變化所需時間。稍微嚴格一點講，是從電壓施加開始到液晶分子光透過量完成變化所需要的時間，以及從電壓切斷開始到恢復為原來狀態所需要的時間。LCD 和 CRT 圖像響應速度的比較，如圖 3.33 所示。

對於液晶電視來說，上述兩過程的時間都要在 16.7ms 以下。圖 3.34 表示液晶驅動電壓按 $0V \rightarrow V_1 \rightarrow V_2 \rightarrow V_3 \rightarrow V_4$ 變化時，液晶屏光透射率（transmittance）特性及畫面亮度的關係。驅動電壓 0V（電壓 OFF）時，光透射率接近 100%，顯示白；V_4（電壓 ON）時，光透射率接近零，顯示黑；二者中間顯示一系列灰階，如圖 3.35 所示。

通常，電視畫面亮度採用 256 灰階（gray scale）。因此，要求實際的驅動電壓應分為與顯示器透射率統一的 256 級〔$2^8 = 256$，即電壓為 8 位元（bit）信號〕。

3. 回應速度的改善

為提高液晶顯示器的響應速度，需要從改善液晶材料和優化液晶面板設計兩方面下手。最初，採用 TFT 液晶顯示器的回應速度在 50ms 上下，經過人們對液晶屏結構、驅動方式等之成功開發，目前市售產品的回應速度已提高到 16.7ms 以下，有的已達到 3.6ms 甚至 2ms。現在提高回應速度的研究開發仍在積極進行中，下面針對幾項做簡要說明。

3.15.2　液晶結構的改善——採用 OCB 和新液晶材料（鐵電性液晶）的開發

前面 3.14.4 節所述的 OCB（optically compensated birefringence）方式，除可改善視角特性外，對提高回應速度也有顯示效果。OCB 方式與 TN 方式不同，前者上下基板的取向方向為平行狀態，在液晶取向狀態發生傾斜（splay）之後，通過施加 1.5～2V 的彎曲（bend）取向電壓，使液晶取向呈彎曲狀態。這種常白型驅動方式在改善視角特性的同時，還排除了 TN 方式經常發生的典型反流效應（back flow effect），從而可使回應速度提高到 5ms 以下。

另外。採用鐵電性液晶可使回應速度提高到數百微秒量級，目前尚處於研究階段。

3.15.3　倍頻驅動和脈衝驅動

1. 脈衝（impulse）驅動方式

利用在寫入每個畫面時使背光源亮滅，或以一定週期插入全黑畫面等方式，都可以減小殘像感和輪廓模糊等顯示缺陷。

由日立製作所開發的「超脈衝（super-impulse）技術」，是在每 1/60s 送出電視圖像信號之間的轉換點處，寫入一個全黑畫面的資料信號，利用這種「全黑畫面插入驅動技術」，可使鬼影（ghost）等殘像感大幅度降低。

2. 液晶 AI 方式

液晶 AI（artificial intelligence，人工智慧）方式，是通過自動地檢出播放場面的亮度，以此為依據，即時（real time）控制背光源的亮度，與此同時，也對對比度等播放信號進行控制的方式。

3.15.4　過調驅動

過調驅動（feed forward driving, FFD）方式，相對於通常的資料線驅動電壓（決定畫面明暗的調灰電壓），使上升沿電壓以脈衝形式加大，即形成上升過調（over shoot）特性，並由此進行驅動，這樣就可以大大提高調灰區域的回應速度。

　　實際上所採用的是，通過數位電壓信號進行驅動的過調驅動電路，在對液晶施加電壓期間內，通過使上升沿、下降沿的電壓過大（過小），達到過調效果，因此改善液晶亮度（畫面輝度）的回應速度。

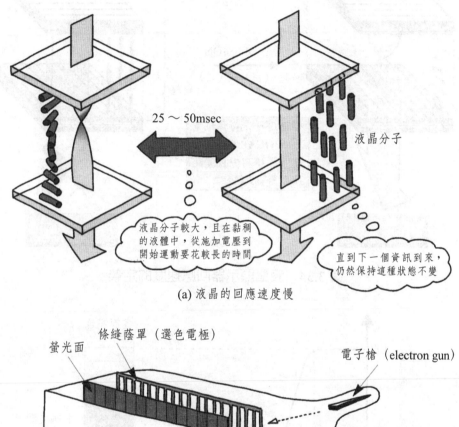

25 ～ 50msec

液晶分子

液晶分子較大，且在黏稠的液體中，從施加電壓到開始運動要花較長的時間

直到下一個資訊到來，仍然保持這種狀態不變

(a) 液晶的回應速度慢

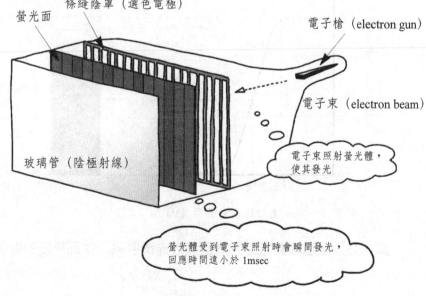

螢光面

條縫蔭罩（選色電極）

電子槍（electron gun）

電子束（electron beam）

玻璃管（陰極射線）

電子束照射螢光體，使其發光

螢光體受到電子束照射時會瞬間發光，回應時間遠小於 1msec

(b) CRT 的回應速度快

CRT: cathode ray tube

圖 3.33　LCD 與 CRT 圖像回應速度的比較

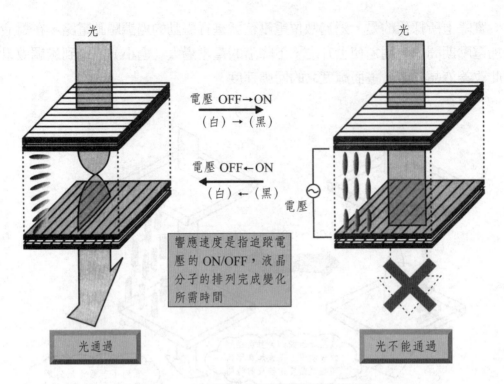

圖 3.34　液晶顯示器回應速度的定義

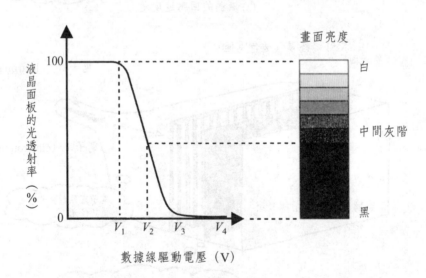

圖 3.35　液晶驅動電壓與液晶面板光透射率、畫面亮度的關係

3.16 低溫多晶矽（LTPS）液晶

3.16.1 非晶矽、多晶矽、連續晶界矽和單晶矽的對比

非晶矽（a-Si）指的是薄膜電晶體（thin film transistor, TFT）中半導體活性層的部分。如果將其與大型積體電路（large scale integrated circuit, LSI）中採用的單晶矽做比較，前者不存在晶體學（crystallography）有序結構，載子（電子）遷移率（mobility）僅為單晶矽中的幾百分之一，其電氣特性自然要低得多。

但是，LSI 中所用的單晶矽必須經過高溫技術才能形成所需要的半導體，而液晶顯示器中採用的玻璃難以承受如此高溫。而在低溫（350℃上下，採用 PECVD 法）可形成的非晶矽薄膜就可以在基板上做出。換句話說，儘管非晶矽的電氣特性並不理想（但不影響使用），但由於可在玻璃基板上低溫形成，而且可以高效率地大批量生產，因此已成為 TFT 液晶顯示器用半導體層（活性層）的主流材料。

實際上，在非晶矽（amorphous silicon）和單晶矽（single crystal silicon）之間還有多晶矽（poly-Si）。多晶由一個一個的小單晶 —— 晶粒所組成，晶粒與晶粒之間存在晶粒邊界〔晶界（grain boundary）〕。由於多晶矽的晶體學有序程度優於非晶矽而劣於單晶矽，其中的載子（電子）遷移率僅為單晶矽中的幾十分之一到二分之一，但與非晶矽中的情況相比要好得多。也就是說，多晶矽較之非晶矽，在電氣特性方面有大幅度的改善。而且多晶矽既能形成 n 型，又能形成 p 型半導體（非晶矽只能形成 n 型），因此可以像在 LSI 中使用的那樣，將 TFT LCD 用的驅動電路，以薄膜電晶體的形式與顯示器其它部分一起製作在玻璃基板上。

液晶顯示用的多晶矽分為高溫多晶矽和低溫多晶矽兩種，前者採用石英玻璃基板，後者採用無鹼玻璃基板。

3.16.2 多晶矽（poly-Si）TFT 顯示器是如何製造出來的？

多晶矽（poly-Si）若按形成方法分，有高溫多晶矽和低溫多晶矽兩種。

高溫多晶矽的形成溫度大致在 1000℃左右，必須採用石英玻璃基板，不僅價格高，且基板尺寸難以做大。另一方面，低溫多晶矽的製造溫度大約在 600℃

以下，因此除了多晶矽層和源、汲層的形成需要特有工程外，其餘幾乎與非晶矽的完全相同。這樣就可以採用像非晶矽技術所採用的那種大型玻璃基板。下面看一看低溫多晶矽的製造技術流程。

首先，為了防止玻璃基板中雜質的進入，首先要在玻璃基板表面形成底塗層（under-coat）SiO_2 膜，而後在其表面形成非晶矽膜。從這種非晶矽膜的上方，用帶狀的雷射照射，使非晶矽快速熔凝，則非晶矽按先後次序變成多晶矽（poly-Si）膜。這樣就獲得了半導體層。在這種多晶化過程中，如果加入鎳（Ni）等金屬作為觸媒而優先形核，且加熱由晶核（crystal nucleus）開始，這種多晶化方法還可以得到連續晶界矽（continous grain silicon, CGS）。

薄膜電晶體的源、汲區域，藉由摻雜（doping）磷（P）等 n 型雜質或硼（B）等 p 型雜質而形成。為了形成這種雜質層，一般採用離子植入技術。首先使預定的雜質離子形成高密度的電漿，並使其負離子化，在幾萬伏加速的作用下，向玻璃基板表面照射，形成所需要的雜質層。

3.16.3　多晶矽（poly-Si）TFT 的結構佈置

與非晶矽相比，多晶矽中電流傳送速率（載子遷移率）高，可以像單晶矽那樣製成 C-MOS（complementary metal oxide semiconductor，互補金屬氧化物半導體）積體電路（注意非晶矽則不能，因為它只能形成 n 型，而不能形成 p 型半導體）。由於多晶矽製成的 MOS 組件由閘電極、多晶矽傳導層（通道）以及閘氧化膜（SiO_2）等構成，由於通道層（活性層）採用半導體薄膜，因此稱其為多晶矽 TFT。採用多晶矽的薄膜電晶體與採用非晶矽的情況相比，前者的特徵尺寸（feature size）和佈線間距都精細得多，因此適合製作圖像解析度更高的 TFT LCD。圖 3.36 表示 poly-Si TFT 的結構佈置。

由多晶矽製作的 MOS 組件有 n 型和 p 型之分。n 型傳輸電子（負電荷），p 型傳輸電洞（正電荷）。若採用非晶矽技術，由於遷移率低，而且只能形成 n 型而不能形成 p 型半導體，因此只能在玻璃基板上形成像素元件而不能形成驅動電路。而若採用多晶矽技術，驅動電路等周邊電路也能在玻璃基板上整合。利用這種整合化技術，可以搭載新功能的玻璃上系統（system on glass, SOG）液晶顯示器已經問世。

低溫多晶矽的製作溫度在 600℃以下，因此，多晶矽層及源極、汲極的形成要採用不同於高溫多晶矽的特殊製作技術。除此之外，它的製作技術與非晶矽的

製作技術基本相同，也可以在大尺寸無鹼玻璃上高效率地製作。

3.16.4　正在開發中的玻璃上系統（system on glass）液晶

利用非晶矽（amorphous silicon, a-Si）TFT 的液晶顯示器，只是在玻璃基板上僅僅搭載向像素寫入資料信號用的薄膜電晶體而已〔見圖 3.37(a)〕。

相比之下，採用多晶矽（poly-Si）的第一代液晶顯示器，是在玻璃基板上整合搭載薄膜電晶體和驅動用的驅動電路〔見圖 3.37(b)〕。而且，採用多晶矽（poly-Si）的第二代液晶顯示器是將控制驅動電路用的控制電路與界面回路等相互整合，在此基礎上，越來越多地將像素資料記憶用的記憶體也搭載於玻璃基板上〔見圖 3.37(c)〕。

在不久的將來，作為顯示器的形態，是將迄今仍外設的周邊電路製作在玻璃基板上，除此之外，觸控面板及圖像（image）感測器（transducer）等的控制電路等，也整合於其中，構成搭載各種功能的所謂玻璃上系統（system on glass, SOG）液晶顯示器〔見圖 3.37(d)〕。另外，由於矽本身具有光電效應等感測器功能，因此人們正在考慮將這些感測器功能也整合在 SOG 中。

在電子遷移率超過 300 cm²/（V・s）的基礎上，通過將驅動 IC 搭載於玻璃基板之上，減少佈線數量及使液晶像素（pixel）小型化，同時可實現液晶顯示器的高精細、薄型、輕量、低功耗等。

進一步使電子遷移率達到 500 ～ 600 cm²/（V・s），則可實現與矽晶圓上製作的 IC 性能相近，卻可以在玻璃基板上製作。如此，在玻璃基板上除了整合驅動 IC 之外，還可以搭載周邊 IC（例如 CPU、記憶體等），從而在液晶顯示器的基礎上做成與 LSI 一體化的玻璃上系統（SOG）液晶。

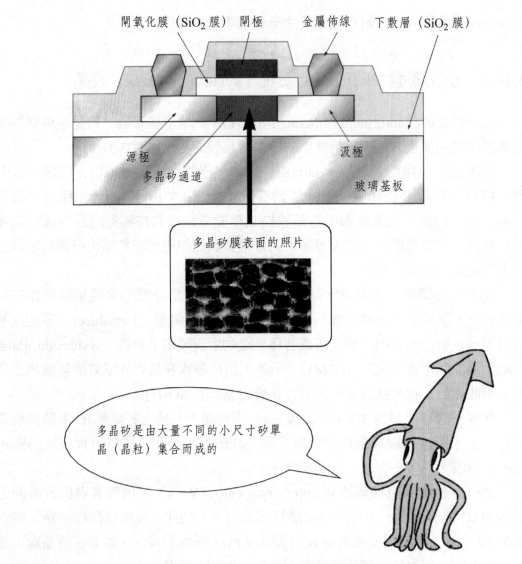

圖 3.36 多晶矽 TFT 的結構佈置

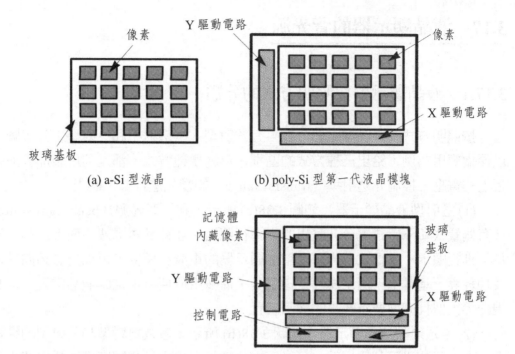

(a) a-Si 型液晶　　　　　　(b) poly-Si 型第一代液晶模塊

(c) poly-Si 型第二代液晶模塊

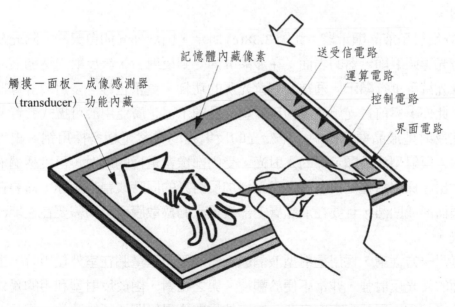

(d) 玻璃上系統（system on glass）

圖 3.37　正在開發中的玻璃上系統（system on glass）液晶

3.17 液晶顯示器的背光源

3.17.1 液晶顯示器按照明方式的分類

按照明方式對液晶顯示器分類，有透射型、半透射型和反射型之分，圖 3.38 以便攜應用為例，給出三種方式的區別。無論哪種方式，都是利用施加於液晶面板上的電壓，控制光透射率（transmittance）的變化進行顯示的。

(1) 透射型液晶顯示器：如圖 3.38(a) 所示，利用背光源（back light source）（有側置式和下置式之分）發出的光進行照射，並使其透過液晶面板及彩色濾光片等進行顯示。下置式背光源會增加顯示器的重量和厚度，再加上必須向其供電及功耗等，基本上不用手機等便攜工具，而多用於便於供電的液晶電視、電腦監視器等大型且亮度要求較高的顯示裝置。

(2) 半透射型液晶顯示器：如圖 3.38(b) 所示，兼具透射型和反射型的結構特徵。在白天外光下利用反射，可以節省功耗；在室內及夜間應需要使用背光源照明。最適合用於可攜式裝置。目前彩色化可攜式裝置如彩色手機等，大都採用半透射型。

(3) 反射型液晶顯示器：如圖 3.38(c) 所示，由於外光如白天的太陽光及室內的電燈光等照射顯示器的表面（在液晶屏內受到反射），該反射光透過液晶屏及彩色濾光片等進行顯示。通常沒有背光源的功耗，重量也輕，多用於計算器、鐘錶等。此外，與前置光源並用的反射型液晶顯示器也廣泛用於可攜式裝置。

在反射型液晶顯示器中，作為光的反射板的像素電極多採用鋁、銀等金屬膜。射入反射型液晶顯示器的入射光，受內部像素電極的反射，再度透過液晶層向外射出。採用這種結構為了在盡量增加反射光的同時改善視角等，需要在像素電極表面形成凹凸，且要在液晶層上部設置光的擴散膜等，即需要在性能改善上下功夫。

從另一方面講，採用透射型液晶顯示器的筆記型電腦在室外使用時，由於面板表面的外光反射強，非常不便於觀視。與之相對，由於反射型利用的是外光，其對比度基本上與外光亮度無關，在室外也能獲得鮮明清晰的圖像。相反地，在外光不強時反射型顯示較暗，觀視不方便。為此需要設置複製的前置燈照明，或在像素電極上開孔以使背光源的光透過（半透射型）等。

一般報紙對白光的反射率（reflectivity）大約為 50%，與相紙大約為 80% 相比，反射型液晶顯示器的反射率僅為 10% 左右，是相當低的。這主要是由於

偏光片的透射率僅為 50%，RGB 像素面積利用率僅約 1/3 所致。當然，視角很小而使反射率提高到 30% 左右的顯示器也是有的，即使如此仍顯不足。目前正利用像素積層結構、彩色濾光片透鏡方式、偏光片透鏡方式等，試圖提高反射率等綜合性能。

3.17.2　背光源在液晶顯示器中的應用及分類

液晶顯示器不同於自發光型的 CRT、PDP 等，由於液晶本身不發光，為進行顯示，外部光源必不可缺。作為外部光源，通常可以採用下述三種：

(1) 冷陰極管（螢光）燈（cold cathode fluorescent lamp, CCFL）；

(2) 發光二極體（light emitting diode, LED）；

(3) 電致發光板（electroluminescence, EL），無機 EL 和有機 EL（OLED）。

以適應大尺寸顯示器、高亮度和低價格等方面考慮，過去採用最多的是 (1)，但從便攜性、發光效率，特別是顯示品質考慮，目前越來越多地採用 (2) 和 (3)。

3.17.3　CCFL 背光源的組成及結構

冷陰極管螢光燈的發光原理如圖 3.39 所示，被電池加速的電子與氬（Ar）原子碰撞，使後者激發或電離，激發態的氬（Ar）原子及被電場加速的氬離子（Ar^+）使汞（Hg）原子激發或電離，它在返回基態時，以紫外線的形式放出能量，放出的紫外線使螢光體激發，變換為可見光的發光。這種螢光燈不僅限於使用氬（Ar），氖（Ne）、氪（Kr）、氙（Xe）等惰性氣體單獨或混合使用均可，燈電極形狀（面積）、螢光體的材質等，共同決定燈的亮度和壽命等性能。

為提高這種冷陰極管螢光燈（CCFL）的亮度和降低功耗等，已開發出採用兩層燈管結構的雙層（double）冷陰極燈，並已達到實用化。與此同時，人們也曾開發將燈的電極設於外部，通過電容耦合作為電極而放電的外部電極陰極燈（external electrode fluorescent lamp, EEFL），由於這種 EEFL 具有高亮度、低功耗，一組燈可以由一個變換器（inverter）來驅動等特點，一度引起人們的注意。但由於採用發光二極體（LED）的背光源開發成功，其它類型的背光源已相形見絀，並被逐漸擠出歷史舞臺。

3.17.4 背光模組中各部件的功能、構成及所用材料

1. 光學膜片的種類及特徵

在背光源中，為將點光源、線光源或面光源發出的光高效率地照射在 LCD 面板上，需要利用各種光學膜片。下面介紹幾種代表性的光學膜片。

(1) 稜鏡膜片：為了提高液晶螢幕的亮度，需要採用稜鏡膜片（prism sheet，簡稱稜鏡片，又稱增輝膜）。這種稜鏡片可分為兩大類：①折射型稜鏡膜片（向上設置稜鏡的膜片）；②全反折射（total reflection refraction）型稜鏡膜片（向下設置稜鏡的膜片）。

(2) 反射膜片：反射現象分鏡面反射和擴散反射兩種。前者是利用平面鏡等，將某方向入射的光束反射為沿同一方向出射的光束，即鏡面反射；後者是由泛白面（粗糙面）等，將某一方向入射的光反射為各個方向的出射光（漫反射），即擴散反射。鏡面反射多見於玻璃表面、平坦的塑膠表面、金屬表面等。作為反射膜，有鍍銀（Ag）薄膜，由於不發生光吸收，反射特性優良，廣泛用於燈光反射膜。這種鍍銀薄膜一般是在聚酯薄膜上由濺射法沉積，而擴散反射一般是由形成微細的不平滑凹凸表面及形成具有孔質結構的表面等來實現。

(3) 擴散膜片：為提高液晶面板的亮度，增加光的擴散以及防止顯示斑駁等發生，需要採用擴散膜片（又稱為散光膜片）。為增強擴散，有的是使聚酯（PET, polyester）表面粗糙化，有的是在 PET 表面封入丙烯酸樹脂微球等。

2. 導光板

對於側光式背光源來說，需要將置於側面的燈發出的光，在導光內全反射的同時向前傳播，為此，需要使導光板上加工的反射點之圖形發生變化，利用全反射角的光由導光板表面射出的現象，將線光源變為面光源，產生這種作用的光學元件即為導光板。

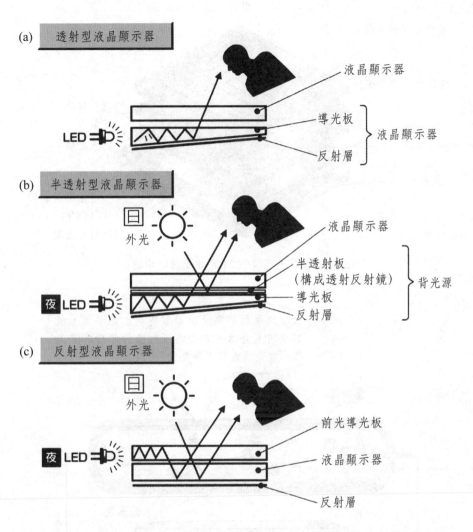

圖 3.38　液晶顯示器按照明方式的分類（以便攜應用為例）

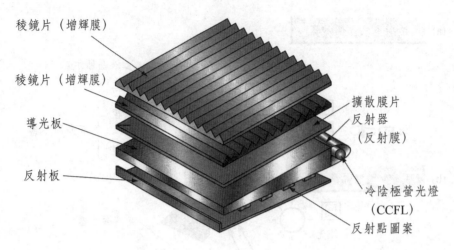

稜鏡片（增輝膜）

稜鏡片（增輝膜）

導光板

反射板

擴散膜片
反射器
（反射膜）

冷陰極螢光燈
（CCFL）

反射點圖案

(a) 冷陰極螢光燈（CCFL）背光源的構造

由陰極發射的電子激發管內的水銀蒸氣，使其放出紫外線，紫外線照射塗於管壁的螢光體，並使後者發出可見光

紫外線　　光　　　　光　　螢光體

電子　　　　　　電子

水銀蒸氣

高效率　電源
由變換器電路產生數百伏的
脈衝電壓

(b) 冷陰極螢光燈（CCFL）的發光原理

CCFL：cold cathode fluorescent lamp

圖 3.39　CCFL 背光源的組成及結構

3.18　LED 背光源

3.18.1　LED 背光源的採用和液晶電視的技術革新方向

目前 LED 背光源（back light）幾乎完全用於手機、平板電腦、筆記型電腦等小尺寸液晶面板領域，而向桌上型顯示器和液晶電視等大尺寸液晶面板領域的滲透率也在逐年提升。因此，LED 在背光源領域的應用，既是大尺寸液晶面板技術革新的重點，也是 LED 產業發展的新一輪驅動力。如圖 3.40 所示。

隨著 LCD 應用範圍的擴展和顯示品質的提高，對背光源的要求越來越高。為適應電視畫面品質的提高，如高精細化、優良的色彩再現性，以及作為顯示裝置的薄型化、輕量化、節約資源等要求，背光源應實現高亮度、視角可控、薄型化和低價格的要求，而且採用 LED 背光源的產品越來越多。

3.18.2　LED 背光源在中小型顯示器中的應用

對可攜式裝置用顯示器來說，高畫質、小型輕量化、長時間穩定工作是極為重要的性能。但是，這些都離不開背光源的高亮度化、超薄化、低功耗這三個基本要求。以下從便攜液晶用 LED 背光源的基本性能出發，介紹其應用現狀。

LED 背光源的基本功能可考慮分為下述三條：(1) 使由 LED 發出的光擴展；(2) 經導光板由單側均勻射出；(3) 向正面方向（屏方向）集光。

對於便攜液晶用 LED 背光源來說，光源並非採用冷陰極燈管（CCFL）那樣的線光源，而是採用離散的（discrete）複數 LED 點光源。因此，為滿足上述 (1)、(2) 兩項功能要求，入射端面必須嚴格控制為平行方向。而且，可攜式裝置以單人應用為前提，為滿足上述功能 (3)，從高效率化的觀點，需要指向性更集中而不是發散（供多人觀視的液晶電視需要後者）。當然，對於 LED 背光源方式來說，上述 (1) ～ (3) 的實現方式也是不同的。

在筆記型電腦、桌上型電腦監視器等中型顯示器（10 ～ 20 英吋）領域，為適應薄型化、輕量化的要求，採用側光式冷陰極管背光源正逐漸成為主流。

冷陰極螢光管中含有 RoHS 法令中禁用的汞（Hg），儘管背光源用冷陰極螢光管仍被列入豁免範圍，但限制會越來越嚴，說不定將來會禁用。

而為滿足可攜式裝置〔如手機、數位相機、個人數位助理（PDA, personal digital assistant）、遊戲機、iPhone、iPad 等〕小型化（10 英吋以下）、高亮

度、低功耗，特別是液晶電視高畫質的要求，採用側光式及直下式 LED 背光源的越來越多。

3.18.3　直下式和側置式 LED 背光源

位於顯示器背面的光源稱為背光源。按光源（螢光燈、LED、EL 等）與導光板間的位置關係，背光源有下置式（直下式）和側置式（側光式）之分，此外還有不設導光板的平面面光源型等。

(1) 下置式（直下式）背光源：在 LCD 屏的正下方設置光源（多根螢光燈管，多個 LED 燈或 OLED 發光板等）和反射膜、光幕（lighting curtain），作為面光源而使用；

(2) 側置式（側光式）背光源（edgelight）：將線光源的螢光燈管或點光源的 LED 燈置於丙烯酸樹脂做成的導光板側面，由線光源變換為平面光源；如圖 3.41 所示。

(3) 平面面光源型背光源：光源自身為平面（OLED 發光板等）而被利用的平面型背光源。

下置式冷陰極管背光源的優點是，光利用率高、容易實現大面積，通過調節螢光燈管或 LED 燈數量和功率等，便於控制光源的亮度；缺點是由於受燈管或 LED 燈亮度和色溫度的直接影響，觀看時會感覺到亮度不均勻，而且厚度尺寸大。近年來，以液晶電視為中心，在 20 英吋以上的大尺寸液晶顯示器中，這種下置式冷陰極管，特別是 LED 燈背光源的應用迅速擴大。

3.18.4　LED TV 背光源的發展趨勢

關於 TFT LCD 電視採用 LED 背光源的發展趨勢，根據相關調研機構資料，LED 背光源的滲透比率將由 2012 年的 70% 左右提高到 2013 年的 90% 以上；其二是中大尺寸的終端出貨比重會持續增加，預計 2013 年增速在 5% ～ 10%，有望接近 10%；其三從新興市場來看，包括中國在內的新興市場預計增長 15% 左右，其市場增速為主要增長動力；其四是隨著消費習性的變化，電視平均尺寸區域越來越大，據 DisplaySearch 調研，TV 已由 2011 年的 34.5 英吋（對角線）平均尺寸，達到 2013 年的 36.5 英吋。隨著尺寸越來越大，儘管使用的 LED 顆數相對會增多，但其在整體中所占價格比例會下降。TV 用側置式背光源和下直式

背光源的應用，如圖 3.42 和圖 3.43 所示。

據京東方茶谷的一份資料，如表 3.2 所列，到 2016 年，所有液晶面板將使用 LED 作為背光源。

表 3.2 液晶面板用背光源的市場份額

百萬塊	2010	2011	2012	2013	2014	2015	2016	2017	2018	2019
CCFL	359.7	228.8	124.6	52.0	12.0	0.8	0.0			
LED	292.5	460.4	611.9	765.2	888.9	979.3	1,050.0	1,106.8	1,154.1	1,201.5
Total	652.5	689.3	736.5	817.2	900.9	980.1	1,050.0	1,106.8	1,154.1	1,201.5
LED 滲透率	45%	67%	83%	94%	99%	100%	100%	100%	100%	100%

（數據來源：中國平面顯示器年鑑 2012）

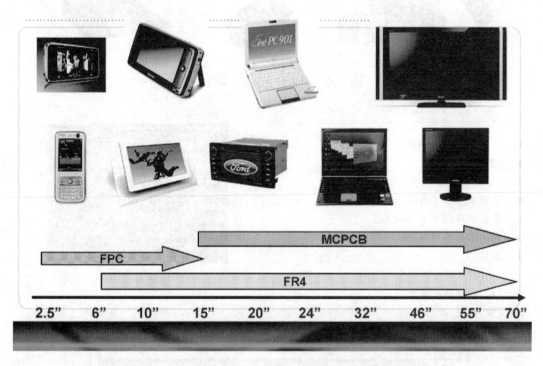

圖 3.40 LED 背光模組 BLU（back light unit）的應用逐漸向大尺寸 TFT LCD 進展

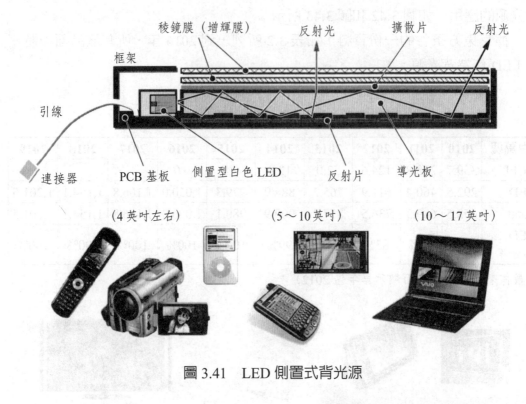

圖 3.41　LED 側置式背光源

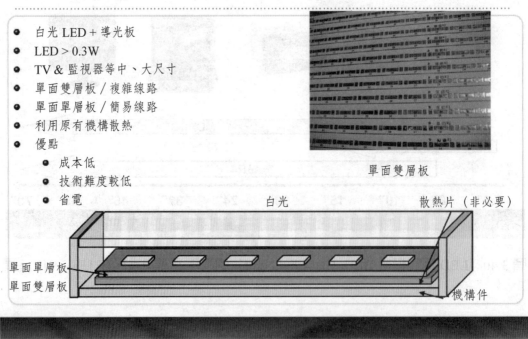

- 白光 LED + 導光板
- LED > 0.3W
- TV & 監視器等中、大尺寸
- 單面雙層板 / 複雜線路
- 單面單層板 / 簡易線路
- 利用原有機構散熱
- 優點
  - 成本低
  - 技術難度較低
  - 省電

圖 3.42　TV 用側置式背光源應用

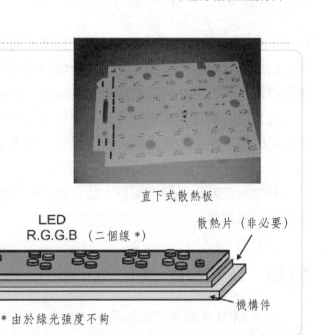

- 白光 OR RGGB LED＋導光板
- LED＜0.3W
- TV 大尺寸
- 單面單層板／線路
- 利用原有機構散熱
- 優點
  - 高畫質
  - 高對比
  - 技術層次高
  - 輕薄

直下式散熱板

LED
R.G.G.B（二個線＊）

散熱片（非必要）

散熱板

螺絲
或夾具

機構件

＊由於綠光強度不夠

圖 3.43　TV 用直下式背光源應用

3.19　觸控面板的原理和分類

3.19.1　觸控面板（TP）及其工作原理

在郵局、銀行、捷運站等常用到觸控面板（touch panel）液晶顯示器，只要在顯示器畫面上用手指一點，便可得到所需要的資訊。正在普及的 iPhone、iPad 等，除用手指、筆尖等，還可以進行文字和圖形輸入，使用起來十分方便。

這種觸控面板中需要設置檢測系統，用以確定「手指所按或筆尖所觸在什麼位置？」儘管對於手指觸控來說所要求的位置精度不是很高，但對於文字及圖形輸入，則需要相當高的精度。同時，對雜訊解析度及耐觸控壽命等，也依用途不同而異，而有較高的要求。

早期使用最多的是電阻方式的觸控面板。這種方式如圖 3.44 所示，在塗敷有透明導電銦錫氧化物（indium tin oxide, ITO）膜的玻璃下側，塗敷有透明導電膜的塑膠基板位於上側，二者之間留有 0.2mm 左右的間隙。當上側的塑膠基

板被手指或筆尖觸壓時,觸壓位置的塑膠基板彎曲,從而與下側的玻璃基板相接觸。由於位於上下的透明導電膜在接觸點發生短路,通過測量該短路處所對應的導電膜電阻,即可正確判斷觸壓點在面板上的所在位置。

這種電阻觸控方式結構簡單、價格便宜,因此大量採用。另外,電阻方式觸控面板的觸控耐久性大約在百萬次量級,若要求千萬次以上量級,宜選用其它方式。

其它觸控面板有靜電電容、超音波、紅外線、電磁波方式等。各種方式可依用途不同而選用。

3.19.2　TP 按位置分類

除在 LCD 面板等之上貼合而成的原有型 TP 之外,最近將 TP 功能內藏(整合)於 TFT LCD 之內的所謂 In-Cell 型 TP 開發十分活躍。由於原來的 TP 是在 TFT LCD 上配置,不僅會增加模組的厚度,而且會影響面板顯示品質(對比度、亮度、反射率等變差)。而且,中小型 TFT LCD 模組的額緣如何才能變窄,一直是十分重要的外形式樣追求,但受 TP 外形尺寸的制約,目前額緣難以做窄。而且,設計自由度受到限制。作為解決這些問題的辦法,人們提出 TP 的 In-Cell 方案。

如圖 3.45 所示,TP 功能內藏於 TFT LCD 胞內部的稱為「In-Cell」型,而 TP 功能設於偏光板和彩色濾光片(CF)基板之間的稱為「On-Cell」型。TP 內藏型的特徵主要有:(1) 利於顯示器的薄型化、輕量化、窄額緣化、堅固化;(2) 可維持 TFT LCD 本來的特性(採用外附式 TP,對比度會降低,輝度會下降,表面反射會增加);(3) 不需要外購 TP,其附加收益由顯示器廠家和 CF 廠家獲得。

圖中同時給出各種類型 TP 製作中的相關事項,可以看出,外附式及 On-Cell 型中需要圖形化及膜片疊層技術,而 In-Cell 型中需要 TFT 技術。

3.19.3　TP 按工作原理的分類

外附式 TP 做大的分類,共有 11 個種類,但無論哪種技術都不是萬能的。以成為現在熱點的靜電電容式為例,就有表面電容型(surface capacitive)和投影電容型(projected capacitive)之分。前者 TP 的導電層是全表面的(不被蝕刻),使面板表面發生均勻的電場,以檢出與從四角到觸控位置距離成反比的微

弱電流值，從而確定被觸控的位置；後者由兩層被蝕刻的導電膜形成縱橫佈置的電極，兩層膜之間設有絕緣膜，利用被觸控場所電極間的靜電電容量發生變化的方式。在 In-Cell 型中，正在開發或已達到實用化的，也有電阻式、光學式、電容式以及由這些方式相組合的混合式。

另一方面，On-Cell 型僅限於電阻式及電容式。即對於光學式來說，由於光學感測器需要採用 TFT 技術在 TFT 陣列基板上製作，TFT 技術是必須的，對於 CF 廠家來說沒有參與的機會。目前，On-Cell 型 TP 開發及實用化的盛行方式也是表面電容型和投影電容型。

將 TP 內藏於 TFT LCD 之內的 In-Cell 型，也有多種方案，如電阻型、光學型、電容型等。

表 3.3 中給出 In-Cell 型和 On-Cell 型 TP 的原理、輸入方法、對顯示的影響、周圍光的影響、壽命、多點輸入及商品化以及開發廠商的比較。從表中可以看出，即使是內藏型也不存在全能的 TP。今後，隨著急速導入而備受期待的 On-Cell 型電容式，其輸入方法限定為手指的觸控面板將成為開發重點。

投影型靜電電容方式 TP，為適應向高精細化方向進化的便攜終端的應用，為能更精細化操作，除了要求能用合成樹脂製的細針進行操作之外，對在寒冷的室外等，帶著手套也能進行 DSC 操作等多樣化輸入手段的需求是很大的。

3.19.4 觸控面板應具備的特性

近年來，觸控面板（touch panel）正逐漸向幾乎所有的機型中搭載，不僅僅是從單一的操作開關轉換為人機界面（man-machine interface），而且，與顯示器相組合，藉由多觸控點操作，還可以實現畫面收縮、翻轉等功能。與應用軟體相組合，在各種不同領域粉墨登場。如果將「觸控」進一步理解為人的五官功能，像人的耳、目、口、鼻、舌那樣，對音響、色彩、軟硬、氣味、味道等廣義的「觸」能靈敏地感知，再配以相應的「控」，可以想像觸控面板的應用領域有多麼的廣泛。

從另一方面講，由於是在觀看畫面的同時，可進行直觀的操作，從兒童到老年人都可以方便地「觸控」。看來，廣告辭「既好看，又好用」這一廣告辭並非言過其實，而預示著觸控面板的需求將飛躍性增長。

作為觸控面板，一般具備下述特徵：(1) 除保留液晶畫面之外，可省去其它用於開關的部件及空間，便於電子器具的輕薄短小化；(2) 由於直接對畫面進行

觸控操作，更接近真正意義上的「人機對話」，直感性強，操作方便；(3) 用於觸控開關的佈置等設計容易、便於修改與變更；(4) 可以描線輸入（盡適用於類比方式）。

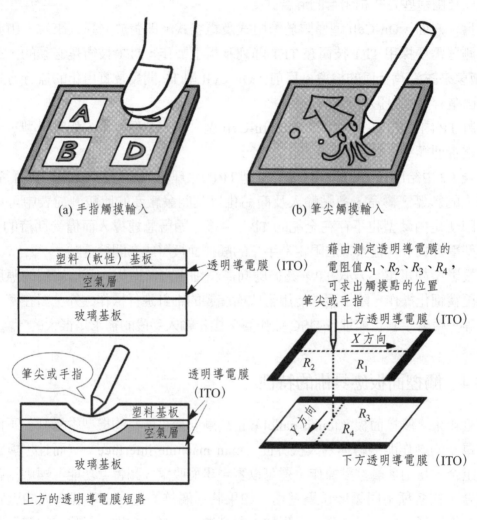

(a) 手指觸摸輸入　　　　　　　　　(b) 筆尖觸摸輸入

(c) 觸摸面板的工作原理

圖 3.44　觸控式螢幕及其工作原理

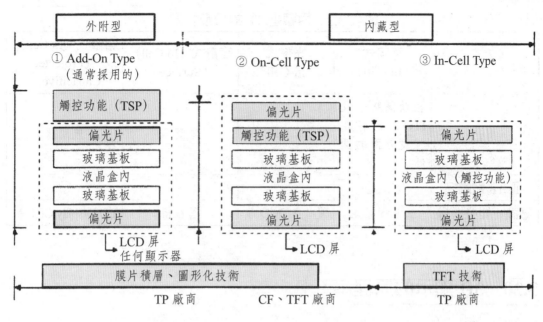

（資料來源：Displaybank）

圖 3.45　TP 按位置的分類

表 3.3　內藏型 TP 的分及特徵

		電阻式（In-Cell）	光學式（In-Cell）	容量式（In-Cell）（Surface）	容量式（In-Cell）（Projected Capacitive）
原理		由於壓下，使像素部位形成的 TFT 陣列基板上的電極接觸，從而產生電阻開關效果	利用在像素內形成的光感測器，對外光及來自背光源的光進行檢出	對由於手指觸控等所產生的靜電電容量之變化進行檢出	對由於手指觸控等所產生的靜電電容量之變化進行檢出
輸入方法	手指	○	○	○	○
	手套	○	○	×	×
	筆尖	○	○	×	×
	圖像	×	○	×	×
對顯示的影響		有	無	無	無
周圍光的影響		無	有	無	無
周圍溫度的影響		無	無	無	無

續表 3.3　內藏型 TP 的分及特徵

	電阻式 （In-Cell）	光學式 （In-Cell）	容量式（In-Cell） （Surface）	容量式（In-Cell） （Projected Capacitive）
壽命	柱狀隔離子及ITO 可能存在強度方面的問題	無問題	無問題	無問題
可否多點觸控	×～○	○	×	○
廠商、開發機構	三星、索尼	夏普、TMD 等	恩益禧	LD Display CPT 等

3.20　3D 顯示的原理

3.20.1　紅外線掃描型觸控面板和圖像認識型觸控面板

在觸控面板向大型化發展的趨勢下而受到矚目的光學方式中，也有圖 3.46 所示的兩種方式。其中，紅外線（infrared）掃描型是在兩相鄰的額緣中放置 LED 光源，在與之相對的額緣中放置受光元件構成的。當在顯示器上觸控，由於光被手指遮擋並由此檢出觸控位置。為了提高解析度及實現小型化，有人還提出發光和受光使用波導（waveguide）的方案。如圖 3.47 所示，在圖像認識型中，將光源和照相機（camera）作為元件，設置在顯示器的兩個角上，當手指等觸控顯示器時，檢測出由各邊上設置的回歸性反射板中得到的觸控物影像，藉由觸控點與兩個影像所構成的三角形，即可檢出出觸控位置。

上述兩種方式的優點是不需要在顯示器上增設任何附加物，但其缺點是往往使顯示器的額緣加寬加厚。而且，由於所利用的是光，因此，在強外光下有可能發生錯誤動作。但是，由於這種方式不會對顯示器的圖像造成任何影響，特別是適用於大型顯示器，期待今後有良好的發展前景。

3.20.2　超音波表面彈性波方式和聲波辨識方式觸控面板

超音波（ultrasonic）表面彈性波方式觸控面板的工作原理如圖 3.48 所示。由設於面板角的 X/Y 發信子發出的超音波表面彈性波，藉由反射陣列在面板上

傳輸，返回到 X/Y 發信子。在觸控部位，超音波表面彈性波發生衰減，由控制器檢出該位置，並將位置資料輸出。而且，衰減量作為 Z 方向的參數也可以識認。超音波表面彈性波方式觸控面板的主要特徵有：(1)91% 的高透射率；(2) 觸控次數無限制的耐久性（即使玻璃表面被劃傷也不影響位置檢出）；(3) 不發生位置偏差的穩定、正確輸入；(4) 可以戴手套輸入；(5) 可以感知 Z 軸的輸入（如壓力感知等）。

聲波辨識方式（APR, acoustic pulse recognition）觸控面板的工作原理如圖 3.49 所示。在面板的四周額緣上配置四個受信元件。觸控時的振動及拖曳時的摩擦振動會產生超音波，超音波以觸控點為中心，以同心圓的形式向屏面上擴展，設於四個額緣上的換能器按時間先後接收到超音波信號，經計算將其轉換成觸控位置。聲波辨識方式（APR）觸控面板的主要特徵有：(1) 高透射率；(2) 高耐久性、耐傷性；(3) 高解析度，可防塵、防水；(4) 窄額緣，省電力；(5) 便於手掌應用等。另外，這種方式不像其它方式那樣需要預先（連續地）通以電流、紅外線、超音波等，因此省電效果明顯。

上述兩種方式的主要用途有公用售貨亭、電話亭終端、娛樂設施、店鋪自動販賣機、機關自動取物機，醫療設備等。

3.20.3　3D 顯示的原理

現實世界是三維立體世界，它為人的雙眼提供了兩幅具有位元差的圖像，映入雙眼後，即形成立體視覺所需的視差，這樣經視神經中樞的融合反射，以及視覺心理反應便產生了三維立體感覺。利用這個原理，通過顯示器將兩幅具有位元差的左圖像、右圖像分別呈現給左眼和右眼，就能獲得 3D 的感覺。現實世界給人眼豐富的資訊，其中產生立體效果的主要有靜態視差和運動視差。

由於雙眼感知的立體視覺比單眼感知的立體視覺有立體解析度精度高、立體感強等特點，目前立體顯示器都是依據雙眼感知立體資訊機制來獲得立體視覺。現今普及的立體顯示器要通過配戴眼鏡（eyeglass）才能實現，雖然獲得了立體視覺，但是配戴眼鏡阻礙了人的自然感受。近年來，無輔助工具觀看的裸眼技術三維立體顯示器取得多元化進展。

(1) 有輔助工具觀看的立體顯示：這類立體顯示觀看者需要配戴專門的眼鏡，是雙眼獲得具有立體視差的兩幅圖像。根據立體眼鏡的原理不同，又分為光分法、色分法、時分法和頭盔法。

(2) 無輔助工具裸眼直接觀看的立體顯示：裸眼（naked eye）立體顯示目前最具代表性的有三類，分別為基於視差的自動立體顯示、全像（holography）顯示和立體顯示。基於雙目視差原理成像的立體顯示有多層顯示、景深（depth of focus）融合顯示、掃描式背光、視差柵欄和柱狀透鏡顯示等；全像顯示記錄了物體的光波振幅和相位資訊，通過物光波的再現，實現不同視角的三維顯示，由於全像法顯示比較複雜，而且顯示圖像範圍小，所以目前只用於靜態顯示；體積顯示是一種基於嵌入式系統的三維立體顯示，主要利用螢幕的旋轉或者光投影技術，將多幅二位元圖像合成為三維立體影響，與真實在物體視覺效果接近。體積顯示目前尚在實驗室階段。

3.20.4　各種 3D 技術優劣勢解析

(1) 快門式（shutter）3D 技術優劣勢解析：快門式 3D 技術的實現原理和解決方案均與 120Hz 的刷新率有關（目前已經推出 144Hz 刷新率的相關產品），因此，無論是顯示器端還是眼鏡的接受端，都需要這個刷新率的支援。目前市面上能夠見到的快門式 3D 顯示器相較於偏光式 3D 顯示器，數量少得多，其中最主要的原因就是偏光式 3D 顯示器的成本較低。前者售價人民幣 1500 元，後者售價人民幣 3500 元。

(2) 偏光式 3D 技術優劣勢解析：偏光式 3D 技術又被稱為「不閃光 3D」，這也就代表了這種 3D 解決方案不會造成畫面的閃爍，但是景深的表現並沒有快門式的出色，並且偏光式 3D 技術在觀看 3D 畫面時會造成解析度減半的窘境，這一點也是目前用戶最苦惱的。

(3) 裸眼（naked eye）3D 技術優劣勢解析：目前的裸眼 3D 技術，雖然免去了用戶配戴眼鏡的煩惱，但不會造成畫面亮度降低的問題，也不會因為眼鏡影響用戶日常使用的體驗性。但是，使用者在進行裸眼 3D 螢幕觀看時，需要在特定的位置和角度，才能夠觀看到完美的 3D 畫面，如果角度和位置有偏差，那麼 3D 的效果就會大打折扣。此外，目前的裸眼 3D 與偏光式 3D 一樣，會有解析度減半的問題存在。因此，如果使用者需要觀看全高畫質規格的 3D 畫面，需要原始解析度達到或接近 4k 的標準才行。此外，目前的裸眼 3D 成本較高，因此相關的產品售價也會偏高。

此外，三種 3D 技術還有一個共同的缺點，就是使用者長時間觀看時，會造

成嚴重的視疲勞感，無論是配戴眼鏡還是不配戴眼鏡，都會引發這個問題，這也與目前 3D 的技術解決方法有著直接關係。

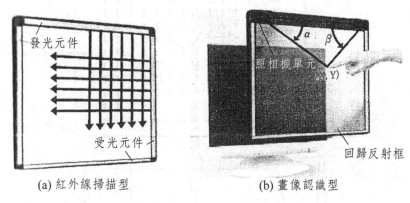

(a) 紅外線掃描型　　　　　(b) 畫像認識型

圖 3.46　光學式觸控面板

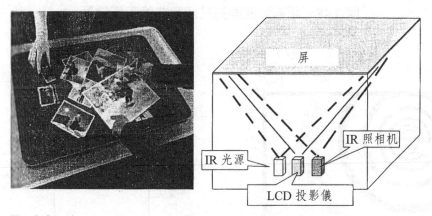

IR：infrared

圖 3.47　圖像認識的新型觸控面板

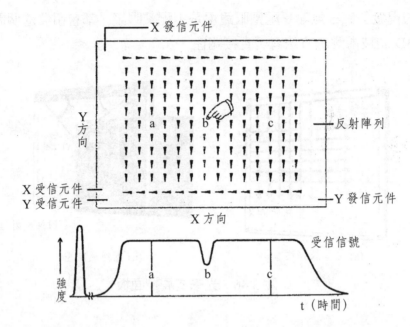

圖 3.48　超音波表面彈性波方式的工作原理

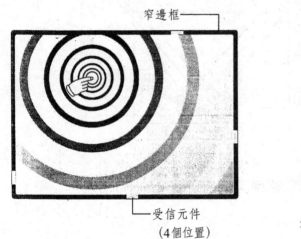

	顯示屏尺寸	
	大	小
商用 工業用	ATM、售票機 娛樂設備 Retail(POS) 醫用設備 產業用資訊終端 FA、OA 等	遙控器 計量器 汽車導航儀等
耐用 消費品	通用 PC 等	手機 便攜音響終端 便攜遊戲機等

觸控面板的市場

注：ATM（auto teller machine）即自動提款機

圖 3.49　聲波照合（對照）方式的工作原理

3.21 PDP 的原理如同螢光燈

3.21.1 螢光燈、PDP、陰極射線管發光原理的異同

(1) 螢光燈（fluorescent lamp）：在交流電壓作用下，燈絲交替地作為陰極（cathode）和陽極（anode），燈管內壁塗有螢光粉（phosphor），管內充有 $400 \sim 500Pa$ 壓力的氬氣和少量的汞。通電後，液態汞蒸發成壓力為 $0.8Pa$ 的汞蒸氣，在電場作用下，汞原子不斷從原始狀態被激發成激發態（excited state），繼而自發躍遷到基態（ground state），並輻射出波長 253.7nm 和 185nm 的紫外線（主峰值波長是 253.7nm，約占全部輻射能的 70% ～ 80%；次峰值波長是 185nm，約占全部輻射能的 10%)，以釋放多餘的能量，螢光粉吸收紫外線的輻射能後發出可見光。

(2) PDP：它採用電漿（plasma）管作為發光元件，螢幕上每一個電漿管對應一個像素，螢幕以玻璃作為基板，基板間隔一定距離，四周經氣密性封接形成一個個放電空間。放電空間內充入氖、氙等混合惰性氣體作為工作媒質。在兩塊玻璃基板的內側面塗有金屬氧化物導電薄膜作激勵電極。當向電極上加入電壓，放電空間內混合氣體便發生電漿放電現象。氣體電漿放電產生紫外線，紫外線激發螢光面板，螢光面板發射出可見光，顯現出圖像。

(3) 陰極射線管（CRT, cathode ray tube）：在交流電壓作用下，燈絲交替地作為陰極和陽極，燈管內壁塗有螢光粉，管內充有 $400 \sim 500Pa$ 壓力的氬氣和少量的汞。通電後，液態汞蒸發成壓力為 $0.8Pa$ 的汞蒸氣，在電場作用下，汞原子不斷從原始狀態被激發成激發態，繼而自發躍遷到基態，並輻射出波長 253.7nm 和 185nm 的紫外線（主峰值波長是 253.7nm，約占全部輻射能的 70% ～ 80%；次峰值波長是 185nm，約占全部輻射能的 10%），以釋放多餘的能量。螢光粉吸收紫外線的輻射能之後，發出可見光。

與 CRT 由電子束照射螢光體而使其發光的方式不同，PDP 與螢光管相同，是通過電漿放電發光的。

3.21.2 PDP 像素放大圖

彩色電漿電視的每一個顯示單元 —— 像素，由紅、綠、藍三個次像素（subpixel）構成，圖為一個像素（pixel）的結構示意，將數百萬個 RGB 三原

色對應的非常小的放電胞（即次像素）按 X 行 Y 列排成矩陣狀（間距為 0.5 到 1mm，目前有的已達 0.1 到 0.2mm），佈滿整個螢幕。如圖 3.50 所示，位於前玻璃基板的行電極（row electrode）（顯示電極包括掃描維持電極、維持電極）在面板面橫向施加電壓；位於後玻璃基板的列電極（column electrode）（資料電極又稱信號電極或選址電極）在面板縱向施加電壓。像素在外加電壓作用下發光，由此構成一個彩色畫面。

是在兩張薄玻璃板之間充填混合氣體，施加電壓使之產生離子氣體，然後使電漿氣體放電，與基板中的螢光體發生反應，產生彩色影像。它以電漿管作為發光元件，大量的電漿管排列在一起構成螢幕，每個電漿對應的每個小室內都充有氖、氙氣體，在電漿管電極間加上高壓後，封在兩層玻璃之間的電漿管小室中的氣體會產生紫外線，並激發平面顯示器上的紅綠藍三基色螢光粉發出可見光。每個電漿管作為一個像素，由這些像素的明暗和顏色變化組合，使之產生各種灰度和色彩的圖像，類似顯像管發光。電漿彩電又稱「壁掛式電視」，不受磁力和磁場影響，具有機身纖薄、重量輕、螢幕大、色彩鮮豔、畫面清晰、亮度高、失真度小、視覺感受舒適、節省空間等優點。以 42 英吋電漿顯示器為例，此一尺寸的電漿顯示器有 1、226、880 個像素點，子場驅動系統電漿顯示的亮度控制通過改變電漿放電時間實現，即子場驅動技術。一個子場包括初始化、寫入和維持三個階段。

3.21.3　PDP 電漿放電的工作原理

(1) 預放電——啟動像素（次像素內的電子）。在顯示電極的掃描維持電極和維持電極之間施加電壓，強制性的使像素（次像素）胞中發生預放電。PDP可以看成由大量微小螢光燈集合組成的。因此，為使這些微小螢光燈穩定發光，需要像螢光燈啟輝器所引起的作用那樣，產生預放電。

(2) 寫入放電——選擇需要發光像素的資料（選址）電極。通過在需要發光像素的掃描維持電極與資料（選址）電極之間施加電壓，使其放電，在需要發光的放電胞（像素）中形成壁電荷。

(3) 放電發光與維持放電（顯示亮度的維持）——發生放電發光（產生紫外線）且持續發光，維持像素的持續顯示狀態。在掃描維持電極與維持電極之間交互施加電壓極性變化的 AC 電壓（脈衝電壓），使其發生穩定的表面發光放電。在這種情況下，依兩電極施加脈衝大小（體現為脈衝頻率）的不同，以使亮度發

生變化。脈衝數越多，發光次數增加，則亮度越高。因此，通過控制每個像素上施加的脈衝數目，即可獲得所訂像素的顯示高度。

(4) 消除放電 —— 為顯示下一個畫面，消除像素內的壁電荷。為了消除現存的壁電荷，需要在顯示電極的掃描維持電極和維持電極之間施加相對較低的電壓，使該胞中產生弱放電，以消除像素內的壁電荷。這樣做的結果，使曾發生放電顯示的像素與不曾發生放電顯示的像素雙方，壁電荷達到相同的狀態，使其恢復到像素選擇前同一條件下的初始狀態。

3.21.4　PDP 放電胞的結構示意

目前電漿顯示器的研究主要集中在提高亮度、效率，以及改進圖像品質等方面，除了驅動材料和技術方面的改進外，結構優化也具有重要意義。由於電漿顯示面板（PDP, plasmg display panel）實際單元很小，且放電過程極短，實驗測量比較困難且成本較高，因此放大單元實驗方法就成為 PDP 研究的重要手段。在一定條件下使用放大單元的研究方法，可以在較大的空間和時間範圍內，對 PDP 的放電特性進行研究，這對於我們了解 PDP 的放電過程和放電機制、優化放電單元結構及參數、尋找提高效率的途徑等，都是一種非常有效和實用的研究手段。

如圖 3.51 所示，電漿平面顯示器由前玻璃基板和後玻璃基板構成，前玻璃基板中佈置有顯示電極（包括掃描維持電極和維持電極），後玻璃基板中佈置有數據電極（data electrode）。後玻璃內側由一個個的屏蔽分隔為數百萬個放電胞，放電胞內壁和底部分別塗覆發紅綠藍三原色光的螢光體（phosphor）。真空放電胞中封入氖和氙，或氦和氙組成的惰性混合氣體，在上述顯示電極和資料電極間施加電壓，引起氣體放電。

在氣體放電狀態下，氣體原子被游離化成離子和電子，並構成電漿狀態。電漿狀態下的離子和電子復合，由激發態恢復到基態放出能量，並以紫外線形式向外發射。紫外線照射塗覆於放電胞內壁和底部的紅綠藍螢光體，由螢光體發出相應顏色的可見光。三原色巧妙混合，對於觀察者來說，產生豐富多彩的顏色並構成動態畫面。

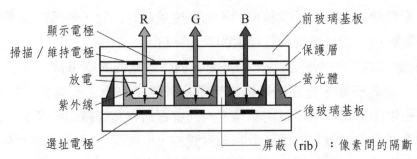

顯示電極　　　　R　　　G　　　B　　　　前玻璃基板

掃描／維持電極　　　　　　　　　　　　　保護層

放電　　　　　　　　　　　　　　　　螢光體

紫外線　　　　　　　　　　　　　　後玻璃基板

選址電極　　　　　　　　　　　屏蔽（rib）：像素間的隔斷

（實際上，顯示電極與選址電極的位置是相互正交佈置的）

當在一對顯示電極間施加電壓時，由玻璃基板和屏蔽所圍的空間中產生放電並發生紫外線，該紫外線照射螢光體，發出所需要的光

圖 3.50　PDP 像素的放大圖

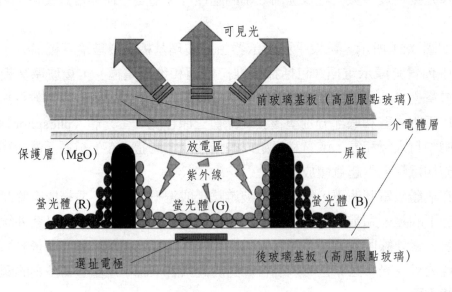

可見光

前玻璃基板（高屈服點玻璃）

介電體層

保護層（MgO）　　放電區　　　　屏蔽

紫外線

螢光體 (R)　　　螢光體 (G)　　　螢光體 (B)

選址電極　　　　　　後玻璃基板（高屈服點玻璃）

(a) PDP 的工作原理

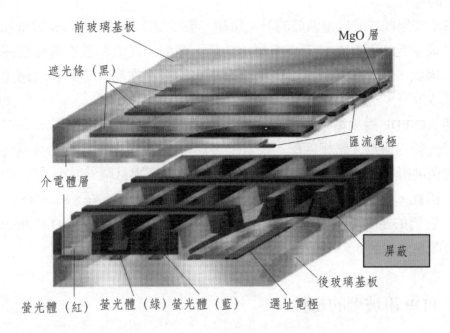

(b) PDP 的結構示意

PDP: plasma display panel

圖 3.51　PDP 放電胞的結構示意

3.22　PDP 的構成材料及功能

3.22.1　放電氣體的作用

　　PDP 主要利用電極加電壓、惰性氣體游離產生的紫外線激發螢光粉（phosphor）發光，製成顯示器。放電氣體的作用，如圖 3.52 所示。PDP 顯示器的每個發光單元工作原理類似於霓虹燈（neon lamp）。每個燈管加電後就可以發光。彩色 AC（alternating current）交流電（AC-PDP）的發光，主要由以下兩個基本過程組成：

　　1. 氣體放電過程，即利用稀有混合氣體在外加電壓的作用下產生放電，使原子受激而躍遷，發射出真空紫外線（< 200nm）的過程；

　　2. 螢光粉發光過程，即利用氣體放電所產生的紫外線，激發光致螢光粉發射

出可見光的過程。

具有不同組成成分放電氣體的著火電壓、放電電流、輻射的光譜分佈和強度不同，造成彩色 AC-PDP 的工作電壓、功耗、亮度、光效和色度等性能存在較大差異。因此，為了使彩色 AC-PDP 具有優良的顯示性能，必須合理選擇放電氣體的組成成分。

彩色 AC-PDP 對放電氣體的要求是：(1) 著火電壓低；(2) 輻射的真空紫外線譜與螢光粉的激勵光譜相匹配，而且強度高；(3) 放電本身發出的可見光對螢光粉發光色純影響小；(4) 放電產生的離子對介質保護膜材料濺射小；(5) 化學性能穩定。因此，彩色 AC-PDP 可以選用稀有氣體 He、Ne、Ar、Kr、Xe 作為放電氣體，它們的諧振輻射波長分別為 58.3、73.6、106.7、123.6、147.0nm。光的波長及顏色，如圖 3.53 所示。惰性氣體原子結構，如圖 3.54 所示。

3.22.2　PDP 用玻璃的特性

在 PDP 開發初期，製作玻璃基板所使用的是蘇打石灰玻璃（soda lime glass）（因其斷面呈海藍色而稱為青板玻璃）。但是，砸在 PDP 製作中，由於反覆在 500 ～ 600℃溫度下燒成，在熱變形和熱收縮等熱穩定性方面往往會發生問題，因此迫切期待高屈服溫度（high yield temperature）玻璃；但從另一方面講，製作中所使用的黏結劑玻璃等 PDP 構成材料都是配合蘇打石灰玻璃而開發的，且一直沿用至今，因此希望採用的高屈服溫度玻璃具有與蘇打石灰玻璃相近的熱膨脹係數而且具有高絕緣性。

基於以上兩點，從 20 世紀 90 年代起，幾個玻璃廠商先後開發出與蘇打石灰玻璃具有相同的熱膨脹係數，但具有高屈服溫度，並成功應用於 PDP 基板的玻璃。

以最近開發的 CP600V 型為例，它具有與蘇打石灰玻璃基本相同的熱膨脹係數，但屈服溫度要高 70℃以上，而且體電阻率也比蘇打石灰玻璃高 2 到 3 個數量級，絕緣性優秀，因此是適合於 PDP 基板的玻璃。

3.22.3　不含有機成分玻璃封接劑的優點

概括地說，玻璃和金屬的封接可以分成匹配封接和非匹接封接兩大範疇。匹配封接是指玻璃和金屬的直接封接，但必須選用膨脹係數和收縮係數相接近的玻

璃和金屬,使封接後玻璃中產生的應力在允許範圍內。通常某些金屬就配以專門的玻璃來封接,諸如鉬與鋁組玻璃封接、鋼與鋼組玻璃封接等,這是玻璃與金屬封接的一種主要形式。

與此相反,非匹配(non-match)封接是指金屬和玻璃或其它待封接的兩種材料之膨脹係數相差很遠而彼此封接的形式。倘若直接封接,則封接件中的玻璃將產生較大的危險應力。解決非匹配封接有如下幾種途徑:(1) 選用直徑細小的金屬絲;(2) 選用性質柔軟的金屬;(3) 採用過渡玻璃進行封接。

低溫封接玻璃是指熔點顯著低於普通玻璃的封接玻璃。它的形成,如圖 3.55 所示。它可以作為一種焊料應用於真空技術和電子技術中,它還可以成為易熔釉和琺瑯的一種組分,作為熱敏電阻(thermister)、電晶體和微型電路的防護層而應用於微電子學中。電子技術設備中,儀器儀表和元件的防塵、防潮非常重要,在半導體儀器儀表的無殼密封中,應用無機玻璃比應用有機介電質在防潮和堅固性方面具有更為明顯的優越性。此外,與有機介質相比,無機玻璃能夠耐更高的溫度,玻璃的膨脹係數也比有機漆和樹脂的膨脹係數小,這樣就提高了在溫度急劇變化的條件下,對半導體儀器儀表保護的可靠性。

3.22.4 AC 型 PDP 的構成材料及功能

圖 3.56 中,列出了普通 AC(alternating current,交流電)型 PDP 的構成材料及功能,主要構成材料有:(1) 玻璃基板材料;(2) 透明電極材料;(3) 匯流電極(bus electrode)材料;(4) 選址(資料)電極材料;(5) 介電體材料;(6) 保護膜材料;(7) 屏蔽材料;(8) 螢光體材料等。

電漿平面顯示器中,承載像素等各種材料的玻璃基板,占構成材料的一大半。在玻璃基板中,應 PDP 電視大型化、高精細化的要求,正採用耐熱性優良的高軟化點玻璃。由這種玻璃基板依前面板工程、後面板工程所要求的尺寸進行切割,在後面板上還要加工用於真空排氣和氣體封入的孔。

前面板工程部分,首先,要形成電漿放電所需求的顯示電極,為使其發光透射,顯示電極必須採用透明電極(ITO 等)。其次,與透明電極的一部分重疊,還要形成匯流(匯流排)電極(由金屬膜構成的輔助電極)。電極做成之後,還要形成電極保護及電漿放電維持(記憶功能)用的介電體層。最後,還要形成表面保護膜。

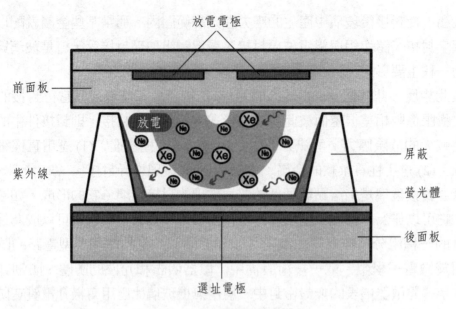

圖 3.52 放電氣體的作用

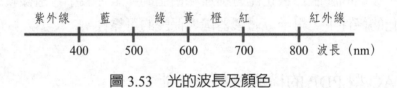

圖 3.53 光的波長及顏色

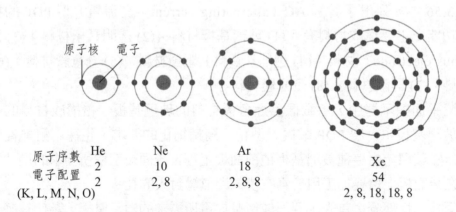

圖 3.54 惰性氣體原子的電子配置、閉殼層結構

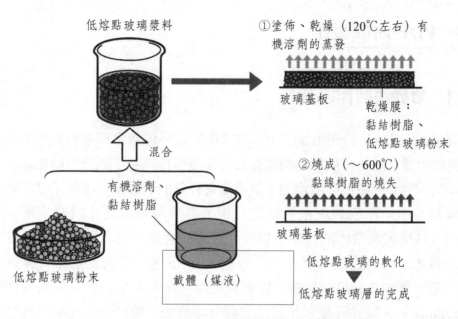

圖 3.55　介電體（低熔點玻璃）層的形成

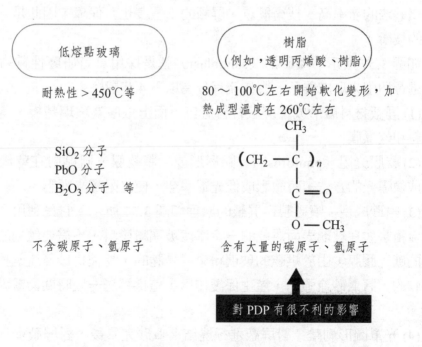

圖 3.56　低熔點玻璃與樹脂的差異

3.23　PDP 面板製作

3.23.1　噴砂法製作屏蔽

屏蔽（barrier）的作用是防止本放電胞的紫外線激發相鄰放電胞的螢光粉，引起光的串擾；防止本放電胞的電荷及外加電場作用到不該作用的相鄰放電胞引起電串擾；另外，由於屏蔽增加了放電電荷存貯的表面積，增加了儲存能力。

屏蔽製作是彩色 PDP 所特有的技術，對屏蔽幾何尺寸的要求是，壁應盡可能窄，以增大像素的開口率，提高元件的面亮度。要求屏蔽端面平整度優於正負幾微米，以防止因交叉干擾而引起 PDP 在選址時的誤動作。屏蔽主體應該是白色，有較高的反射係數，以提高亮度；端面呈黑色，可提高元件的對比度（contrast）。國外屏蔽製作方法主要有印刷法、噴砂法、光敏漿料法、填平法、模壓法等。由於噴砂法採用微影成像中的曝光技術，因此屏蔽尺寸一致性好。噴砂法的產率高、技術簡單、屏蔽的平整度也有保障，因此是一種適於大量生產的技術。

如圖 3.57 所示，噴砂法（sandblast）就是採用具有研磨性質的粉料對屏蔽漿料進行切削來形成屏蔽，製作流程分為以下 4 步驟：

(1) 屏蔽材料層形成：屏蔽材料層自下而上依序為玻璃基板、選址電極、屏蔽材料和乾燥膜。

(2) 乾膜光阻（photoresist）圖形形成：將乾膜光阻貼附在乾燥膜上，通過微影成像曝光的方法，將微影成像光罩擊穿，使光阻曝光顯影。

(3) 噴砂成型：噴砂製作屏蔽的原理如圖 3.57 所示。它是利用含有一定砂粒的氣流衝擊塗在玻璃表面烘乾的一定厚度玻璃粉漿料，不需要蝕刻的地方則做上柔軟的感光膠膜，由於烘乾的玻璃粉漿料是脆的，易被含砂氣流刻掉，而保護膜是柔軟的，將氣砂流彈開，產生保護作用，這樣經過一段時間衝擊就會形成所需圖形。

(4) 光罩圖形剝離、對屏蔽進行燒結：噴砂完畢後，對屏蔽進行燒結，將有機樹脂完全燒掉。噴砂法製成的屏蔽精度高，但其缺點是消耗材料多，有害粉塵多，易產生污染。

目前較常見的屏蔽結構形狀有華夫（Waffle）屏蔽的胞結構、條狀屏蔽的胞結構和 Delta 屏蔽的胞結構。如圖 3.58 所示。

3.23.2 PDP 螢光體的塗佈及燒成

在屏蔽上黏附螢光體的方法，分為以下三步驟：(1) 塗佈 —— 要在屏蔽上黏附螢光體，首先需要在放電胞（即次像素）中充滿螢光體漿料；(2) 乾燥 —— 對螢光體漿料進行乾燥，使有機溶劑逐漸蒸發，最後螢光體和樹脂將會殘留在屏蔽側壁和胞的底部。反覆進行上述操作三次；(3) 燒成 —— 然後在高溫下燒成，此時樹脂分解，只有螢光體燒附於放電胞底部和側壁。

用於 PDP 的螢光體材料主要有：(1) 紅 —— 以稀土元素銪（Eu）作為賦活劑（activator）的釔（Y）、釓（Gd）、硼（B）酸鹽（(Y, Gd) BO$_3$；Eu^{3+}）；(2) 綠 —— 以錳（Mn）作為賦活劑的鋅（Zn）、矽（Si）酸鹽（Zn$_2$Si$_4$；Mn^{2+}）；③ 藍 —— 以銪（Eu）作為賦活劑的鋇（Ba）、鎂（Mg）、鋁（Al）酸鹽（BaMgAl$_{10}$O$_{17}$；Eu^{2+}）。

螢光體發光的原理是：當某種螢光體在常溫下經某種波長的入射光（通常是紫外線或 X 射線）照射，螢光體吸收光能後進入激發態，並立即退激發且發出比入射光波長長的出射光（通常波長在可見光波段）。而且一旦停止入射光，發光現象也隨之立即消失。具有這種性質的出射光被稱之為螢光（fluorescence）。

3.23.3 顯示器製作工程概要

PDP 由二層基板組合而成，二者之間的放電胞間隙不到 0.1mm。前基板是由玻璃基板、透明電極、輔助電極、介電體層及 MgO 保護層所構成；後基板則是由玻璃基板、選址（address）保護層、阻隔壁所構成。其中阻隔壁內側依序塗佈紅（R）、綠（G）、藍（B）螢光體，在組合之後分別注入氖、氙等氣體即構成 PDP 面板。其發光原理與螢光燈的相接近，是利用氣體放電（gas discharge）產生紫外線，然後照射至螢光體形成可見光，有別於目前所使用的 LCD 顯示器。

如圖 3.59 所示，PDP 電視製作技術分為以下四個步驟：(1) 面板製造工程，前面板分為電極形成工程、介電體形成工程、屏蔽形成工程和螢光體形成工程；而後面板分為組裝工程、封接工程、排氣工程和老化（aging）工程；(2) 模組組裝工程，分為組裝和檢查；(3) 整機組裝工程，包括前面濾光片、電源、高頻頭、揚聲器和 HDD（hard disk drive，硬碟驅動）答錄機的組裝；(4) 最終檢查。

3.23.4　PDP 電視製作技術路線

　　PDP 的製作過程可分為：(1) 前基板製造工程──首先是電極形成工程，在前玻璃基板上形成 ITO 透明電極，然後形成匯流電極；然後在 ITO 電極層覆上一層介電體以形成介電層，最後塗覆 MgO 形成保護層；(2) 後基板製造工程──首先是電極形成工程，在後玻璃基板上形成選址電極；然後在選址電極層覆上一層介電體以形成介電層；形成屏蔽；最後在屏蔽上塗覆螢光體；(3) 組裝、排氣工程──將封接材料封接，並進行加熱，排除封裝體中的氣體，並注入放電氣體 Xe、Ne 等惰性氣體。

　　現階段 PDP 的製作過程中，良率（yield）最難達到的部分是，後段製程屏蔽的製作。由於阻隔壁的作用是為防止鄰接 cell 端時，過程中可能會出現的放電干擾問題，因此阻隔壁的精密度需要非常高，以免開放性針孔存在，如果有開放性針孔存在，面板使用一段時間之後，阻隔壁則可能會因為其中所產生的干擾，而使 cell 端的電壓值改變。而如何在大型基板的製作過程中，使後面基板支撐前面基板的重量，同時顧及到精密度的問題，是此道製程最難達到的部分。

　　在後段製程中驅動電路板的連接製作方面，由於 PDP 是採直位式放電激發螢光位發光來控制灰階（gray scale）變化，以氣體放電之方法來控制，因此需要決定的因素有放電的特性、發光效率、面板亮度的對比以及消耗電力等，如何一方面增加高解析度及亮度（brightness），而又同時不影響到放電安定性，廠商在這些製作過程中仍產生許多問題，現階段 PDP 良率仍不高，量產技術仍未完全成熟。

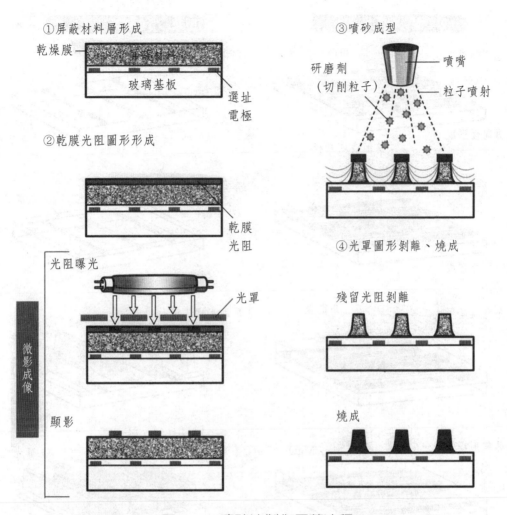

①屏蔽材料層形成

乾燥膜 — 屏蔽材料

玻璃基板

選址電極

②乾膜光阻圖形形成

乾膜光阻

微影成像

光阻曝光

光罩

顯影

③噴砂成型

噴嘴

研磨劑（切削粒子）

粒子噴射

④光罩圖形剝離、燒成

殘留光阻剝離

燒成

圖 3.57　噴砂法製作屏蔽流程

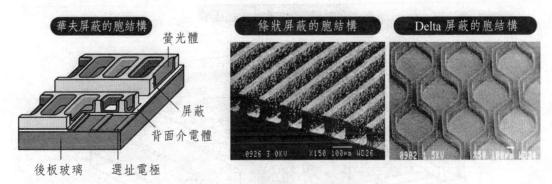

華夫屏蔽的胞結構

螢光體

屏蔽

背面介電體

後板玻璃　選址電極

條狀屏蔽的胞結構

Delta 屏蔽的胞結構

圖 3.58　屏蔽結構形狀的實例

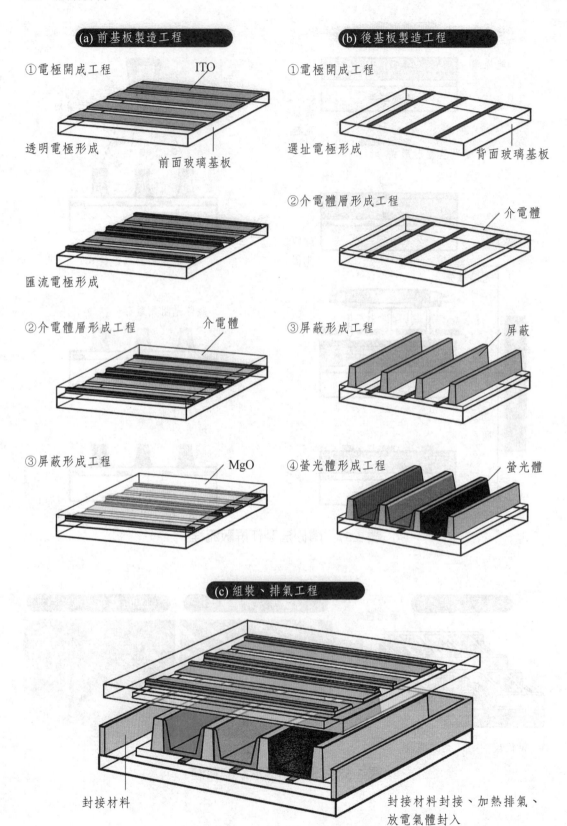

(a) 前基板製造工程

① 電極開成工程　　　　　　　ITO

透明電極形成　　　　　　前面玻璃基板

匯流電極形成

② 介電體層形成工程　　　　介電體

③ 屏蔽形成工程　　　　　　MgO

(b) 後基板製造工程

① 電極開成工程

選址電極形成　　　　　　背面玻璃基板

② 介電體層形成工程　　　　介電體

③ 屏蔽形成工程　　　　　　屏蔽

④ 螢光體形成工程　　　　　螢光體

(c) 組裝、排氣工程

封接材料　　　　　　封接材料封接、加熱排氣、放電氣體封入

圖 3.59　顯示器製作工程概要

思考題及練習題

3.1　依照液晶顯示技術從上世紀 70 年初開始已跨越四個階段，請簡述此一發展過程。

3.2　液晶顯示器的產業化進展一般以玻璃主機板的尺寸劃分為「代」，為什麼這樣劃分？其與積體電路產業的摩爾定律（Moore's law）有什麼相似之處？

3.3　用於顯示的典型棒狀液晶分子由哪四個部分構成，各起什麼作用？

3.4　試用「電子窗簾」模型說明液晶顯示器的工作原理。

3.5　何謂薄膜電晶體（thin film transistor, TFT），為什麼液晶顯示器要用 TFT？

3.6　請畫圖表示液晶顯示器的斷面結構，其採取了哪些措施用於提高回應速度和視角？

3.7　主動驅動全色顯示 TFT LCD 閘驅動採用 8 bit 的數位電壓，請計算每個像素（包括三個次像素）可顯示的顏色數。

3.8　新購顯示規格為 UXGA（1600×(RGB)×1200）的 16：9 型 42 英吋 TFT LCD 彩電，請計算每個像素的尺寸〔高（μm）×寬（μm）〕。

3.9　觸控面板的觸控位置和工作原理是如何分類的？分別有什麼特點？

3.10　說明不用戴眼鏡的 3D 電視工作原理和結構。

3.11　說明三電極表面放電 AC 型 PDP 的工作原理和顯示器結構。

3.12　列舉並畫圖表示 PDP 屏蔽（隔斷）的幾種形成方法，並指出其優缺點。

參考文獻

[1] 田民波，電子顯示，北京：清華大學出版社，2001。

[2] 田民波，薄膜技術與薄膜材料，北京：清華大學出版社，2006。

[3] 田民波，葉鋒，TFT 液晶顯示原理與技術，北京：科學出版社，2010。

[4] 田民波，葉鋒，TFT LCD 面板設計與構裝技術，北京：科學出版社，2010。

[5] 田民波，葉鋒，平面顯示器的技術發展，北京：科學出版社，2010。

[6] 田民波編著，林怡欣修訂，TFT 液晶顯示原理與技術，臺北：臺灣五南圖書出版有限公司，2008。

[7] 田民波編著，林怡欣修訂，TFT LCD 面板設計與構裝技術，臺北：臺灣五南圖書出版有限公司，2008。

[8] 田民波編著，林怡欣修訂，平面顯示器之技術發展，臺北：臺灣五南圖書出版有限公司，2008。

[9] 戴亞翔著，田民波修訂，TFT LCD 面板的驅動與設計，北京：清華大學出版社，2007。

[10] 戴亞翔，TFT LCD 的驅動與設計，臺北：五南圖書出版股份有限公司，2006。

[11] 西久保靖彥著，田民波譯，圖解薄型顯示器入門，臺北：臺灣五南圖書出版有限公司，2007。

[12] 鈴木八十二，液晶ディスプレイのできるまで，日刊工業新聞社，2005。

[13] 西久保靖彥，薄型ディスプレイ，秀和システム，2006。

[14] 內田龍男，電子ディスプレイのすべて，工業調查會，2006。

[15] （株）次世代 PDP 開發センター編，プラズマディスプレイの本，日刊工業新聞社，2006。

[16] 苗村省平，はじめての液晶ディスプレイ技術，工業調查會，2004。

[17] 鈴木八十二，液晶の本，日刊工業新聞社，2003。

[18] 水田進，図解雜學：液晶のしくみ，ナツメ社，2002。

[19] 鈴木八十二，液晶ディスプレイ工學入門，日刊工業新聞社，2002。

[20] 北原洋明，新液晶產業論，大型化かち多樣化への轉換，工業調查會，2004。

4 半導體固態照明及相關材料

4.1　發光二極體簡介

4.1.1　何謂二極體

　　本章將介紹發光二極體（light emitting diode, LED）的工作原理及在各領域的應用。而在進入發光二極體這個主題之前，有必要先省略「發光」二字，僅就「二極體」的工作原理和結構做簡要說明。

　　所謂「二極體（diode）」，是早年真空管時代出現的名稱，原本是指具有陽極和陰極的二極真空管，它用於交流信號的整流和高周波的檢波。但今天一提到二極體，往往是指二端子半導體元件的總稱，它廣泛應用於整流和檢波的電路中。

　　二極體的原理構造，由一組具有 pn 接面（pn junction）結構的半導體元件所構成。由外部對半導體 pn 接面施加順向電壓，此即使正極處於正電位、負極處於負電位時，pn 接面正極側存在的電洞（hole）（失去電子而帶正電荷的正孔）沿電位梯度從左側向右側流動。與此同時，位於負極側的半導體中存在的電子，從右側向左側流動。也就是說，此時正電極和負電極間有電流流動，稱此為二極體的順向電流。

　　由外部對 pn 接面施加的電壓方向，與上述情況相反。從而在 pn 接面的兩側形成空乏層（depletion layer）。這樣二極體便不能有電流流過。這便是二極體的整流作用。

　　不使用二極體的電路和使用二極體的電路所取波形的對比。將交流電壓直接加於電阻的情況，其波形就是交流電壓的波形。在電路中加入二極體，則只在交流的正半周才有輸出。這便是二極體的整流（檢波）作用。

4.1.2　何謂光電二極體

　　光電二極體作為光檢出用的感測器、照相機的曝光器及測量亮度的照度計、電荷耦合元件（CCD, charge coupled device）相機的圖像感測器、以及在與光相關的電器製品中大量使用。光電二極體的原理構造，是在半導體的 pn 接面（二極體）中附加光檢出功能。

　　一般情況下，光與物質之間會發生物理相互作用。通常稱物質吸收光子（photon）（光能）而放出電子的現象為光電效應（photo-electric effect）。而

且，作為光電效應的結果，在半導體 pn 接面處發生電壓的現象被稱為光伏效應（photo voltaic effect）。順便指出，除了光伏效應之外，在金屬電極與半導體之間、以及電極與電解液之間，也往往會產生電動勢。

圖 4.1 是說明光電二極體工作原理的模式圖，圖中示意光能照射 pn 接面的狀態。圖 4.2 是與之相應的電路符號。其中，p 型半導體為正極，即表示正輸出；n 型半導體為負極，即表示負輸出。圖 4.3 給出光電二極體的內部構造，同時表示入射光能變換為電能的過程。圖 4.4 表示 pn 接面的能帶構造及光伏效應的原理。從圖中可以看出，光子是如何使晶體中的電子激發的，空乏層電場是如何將電洞推向 p 型層、將電子推向 n 型層，從而產生光伏效應的。

一般情況下，當入射光能量比能帶隙（energy gap）能量（E_g）大時，電子將被激發至導帶，而在原來的價帶留下電洞（hole）。而且，這種現象在元件內的 p 型層、空乏層、n 型層均可發生，而在空乏層內由於內建電場（built-in field）的作用，電子和電洞分別向 n 型層和 p 型層加速。

而且，在 n 型層內發生的具有電能的電子，與從 p 型層移動來的電子一起在 n 型層導帶集結。也就是說，在光電二極體內，產生與入射光成正比的、p 型層為正、n 型層為負的電壓，這樣便構成一個小型發電器。太陽能電池（solar cell）就是基於這種原理發電。

4.1.3　何謂發光二極體（LED）

發光二極體（light emitting diode, LED）是一類特殊的二極體，其特點是，一旦半導體接面中有電流通過便可發光。不同的發光二極體除了可以發出可見光（visible）之外，還可發出不可見的紅外線（infrared）及紫外線（ultra violet）等。

另一方面，儘管發光二極體在「二極體」的前面有「發光」二字，但它與通常使用的整流二極體並無本質差別。即它不僅能發光，還同時兼有對交流電流的整流作用。因此，發光二極體通常以通電方向的箭頭加一橫線表示，外面圍一圓圈，並加有發光標識。

圖 4.5 是說明發光二極體發光原理的模式圖，其中圖 (a) 表示在 pn 接面中，從左至右有順向電流流動的狀態，而圖 (b) 表示發生載子復合（carrier recombination）時，能帶間隙與發光（波長）間的關係。

由圖 4.5(a) 可以了解 pn 接面的發光原理：從 p 型區域向 n 型區域注入的電

洞，與從 n 型區域向 p 型區域注入的電子，在空乏層（發光層）發生復合時，便發射自然發光，而且發射光的波長 λ 與半導體的導帶（conduction band）與價帶（valence band）的能隙（禁帶寬度）E_g 相對應，並用公式表示：

$$\lambda[\text{nm}]=1240/E_g\,[\text{eV}] \tag{4-1}$$

為了對此進行略微詳細的說明，再看看圖 4.5(b)。處於某一能階（energy level）的導帶中的電子，在返回價帶與電洞復合時，發生直接躍遷，此時便發射波長與能帶間隙相對應的光。當然，物質為了要發光，需要其原子從激發狀態向基態遷移的過程。

發光二極體多由直接躍遷型化合物半導體製作。一是由於其發出的光強度高，二是由於可實現可見光全光譜發光，特別是藍光甚至是紫外線。但製作技術較為複雜。

4.1.4　發光二極體（LED）的發展歷史

發光二極體發展過程中的標誌性事件：對發光二極體的最初研究起源於1907 年，當時英國的 H. J. Round 發現針尖與碳化矽接觸部位有微弱發光，由於其發出的黃光太暗，不適合實際應用，另外碳化矽與電致發光不能很好的適應，研究被摒棄了。在 1922 年，此種現象再次被發現，以此為開端，人們對於電流應用開始有廣泛的認識，並針對各式各樣的材料展開大量研究。20 世紀 50 年代，有關半導體雷射（semiconductor laser）的研究出現迅速進展，當時出現的第一個商用 LED 發出的光為紅外線（infrared），這是不可見的，並不能實現照明，但在感應和光電領域得到了迅速應用。至 1962 年，美國奇異（GE, General Electric）公司的 N. Holonyak Jr. 製作並發表首顆 GaAsP 紅光 LED，添加了 P 的LED 更高效、發出的紅光更亮。之後，對於發光二極體的研究進展愈發迅速，出現了橙色、黃色和綠色 LED。一砲彈型 LED 的構造，如圖 4.6 所示。直至1993 年，藍紫色發光二極體的研製成功，標誌著 LED 顯示進入一個新階段──白光 LED 的顯示成為可能（1993 年後的研究進展，請參照 4.10 節）。時至今日，有關 LED 的研究已日臻成熟，LED 的應用也越來越廣泛。

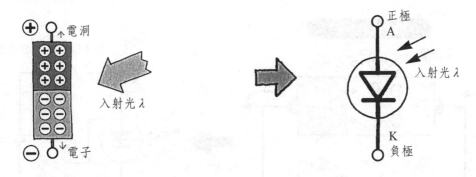

圖 4.1　光電二極體的 pn 接面　　圖 4.2　光電二極體在電路中的表示符號

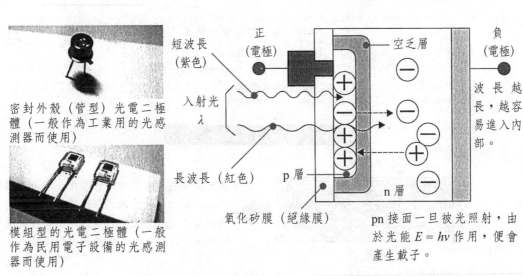

密封外殼（管型）光電二極體（一般作為工業用的光感測器而使用）

模組型的光電二極體（一般作為民用電子設備的光感測器而使用）

pn 接面一旦被光照射，由於光能 $E = hv$ 作用，便會產生載子。

圖 4.3　光電二極體的內部結構（示意圖）

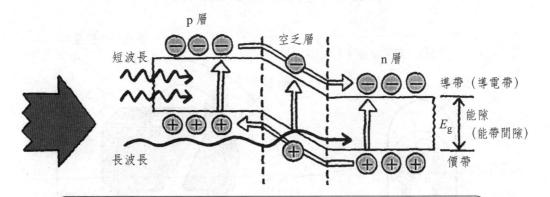

工作過程說明：
半導體接面受短波長光（$E = hv$）照射，產生與光量成正比電子⊖及與之相對應的電洞⊕，在空乏層內建電場的作用下，⊕被推向 p 層⊖被推向 n 層。

圖 4.4　光電二極體 pn 接面處的工作示意圖

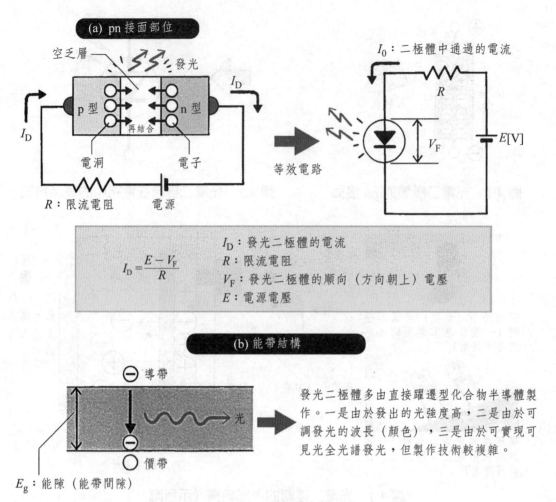

(a) pn 接面部位

I_0：二極體中通過的電流

空乏層 — 發光

p 型 / n 型

再結合

電洞 / 電子

I_D

R：限流電阻 / 電源

等效電路

R

V_F

$E[V]$

$$I_D = \frac{E - V_F}{R}$$

I_D：發光二極體的電流
R：限流電阻
V_F：發光二極體的順向（方向朝上）電壓
E：電源電壓

(b) 能帶結構

⊖ 導帶

光

⊖ 價帶

E_g：能隙（能帶間隙）

發光二極體多由直接躍遷型化合物半導體製作。一是由於發出的光強度高，二是由於可調發光的波長（顏色），三是由於可實現可見光全光譜發光，但製作技術較複雜。

圖 4.5　發光二極體的發光原理

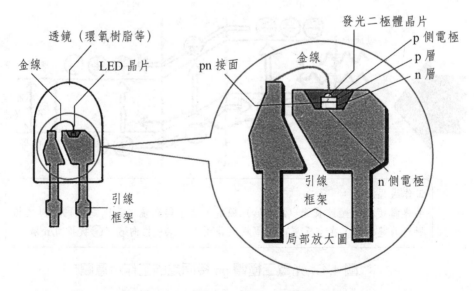

透鏡（環氧樹脂等）

金線 / LED 晶片

發光二極體晶片

p 側電極

p 層

n 層

pn 接面 / 金線

引線框架

n 側電極

引線框架

局部放大圖

圖 4.6　砲彈型（穹頂型）發光二極體的構造圖

4.2　發光二極體的特徵

4.2.1　間接躍遷型和直接躍遷型發光二極體

發光二極體的工作原理是，當半導體 pn 接面流過順向電流、電子與電洞發生複合時，所發生的電磁能量以光的形式而被利用。而且，這種光的波長同半導體導帶與價帶的能隙 E_g 相對應，並以電磁波（electromagnetic wave）的形式發射。

一般說來，電子與電洞發生複合時，會發出與上述能隙相應的電磁波。但在有些情況下，依半導體使用的材料不同而異，這種帶隙能量不是以光，而是半導體發生晶格振動才消耗掉，從而不會發出光。也就是說，在「發光二極體」中，既有發光的類型，也有幾乎不發光的類型。

圖 4.7 是對半導體光學躍遷機制的簡單說明，其中屬於間接躍遷（indirect transition）型者，由圖 4.7(a) 表示。從圖中可以看出，導帶的電子最低點與價帶的電洞最高點，位置的動量不一致，二者之間存在大小為 K_0 的動量差。因此，電子與電洞發生複合時，如圖 4.8(a) 所示，會伴隨晶格振動，能量被消耗掉，因此幾乎不能放出可供實用的光。

圖 4.7(b) 和圖 4.8(b) 表示直接躍遷型的情況，其中，導帶的電子最低點與價帶的電洞最高點從動量看是一致的。當導帶的電子與價帶的電洞發生複合時，不會出現徒勞無益的能量損耗，因此發光效率高得多。也就是說，電子可在保持動量守恆的情況下發生躍遷，致使發光特性優良。這也就是為什麼發光二極體材料都採用晶格（振動）損失小、所謂直接躍遷（direct transition）型半導體的原因。

通常發光二極體多採用 III-V 族化合物半導體，III 族為 Al、Ga、In 等，V 族為 N、P、As 等。III-V 族化合物除了屬於直接躍遷型且化學穩定性好之外，還可通過改變組元及成分等調節發光波長。

表 4.1 彙總部分化合物半導體及其發光波長、用途等。

4.2.2　發光二極體的特徵

發光二極體有各式各樣的特徵，代表性的幾項，主要是與白熾燈泡（incandescent lamp）相比，看看二者有哪些不同簡要說明。

　　(1) 小型輕量。發光二極體的尺寸很小。儘管要對 1mm×1mm 甚至更小的晶片封裝並安裝 25mm×25mm 以上的熱沉（heat sink），但與白熾燈相比，尺寸要小得多。因此多用於發光和受光功能相組合的電氣信號的光耦合器（photo-coupler）中，作為我們身邊的應用實例，但空調與電視機的遙控器，還大量應用於網路（internet）的光纖通信中。近年 LED 照明光源正在普及。

　　(2) 工作電壓低。一般發光二極體的工作電壓，紅色的為 1.7V，綠色的為 3.6V，藍色的為 3.9V，即使接上限流電阻等，用 6V 的電源足以工作。

　　(3) 高亮度。亮度與照度不是一個概念。前者指發光體每單位面積的輝度（luminance）。因此，亮度高並不一定意味著更明亮地照亮周圍環境。

　　(4) 發光強度大。極限發光強度為 250lm/W（流明／瓦特）。目前已達到 75lm/W（白熾燈泡為 12lm/W），估計 2015 年可達 150lm/W。

　　(5) 可見光轉換效率（conversion efficiency）高。它可用發出的可見光能與消耗的電能之比來表徵。發光二極體的最高轉換效率可達 70% 以上，目前產業化水準為 45% ～ 50%（白熾燈泡為 8% ～ 12%），為白熾燈泡的 4 ～ 5 倍，節能效果顯著。

　　(6) 開關回應時間極短，僅為 100ns，通電即亮。特別適用於光通信的資訊傳送。

　　(7) 可以直接發出以 RGB 為代表的各種顏色的光。

　　(8) 耐振動、抗衝擊、長壽命。它利用半導體的全固態發光，耐振動、抗衝擊性強，非常堅固，具有數萬小時的長壽命。

　　(9) 色溫（color temperature）度高。可以發出像水銀燈那般色溫度在 4000 ～ 15000K 範圍的光。

　　但是，作為照明光源，當務之急是降低價格。另外，除了要克服色溫度過高、指向性太強的缺點之外，在顯色性、光譜選擇、防眩光等方面，仍有不少課題正在開發。

4.2.3　發光二極體與白熾燈泡的比較

　　白熾電燈是 1879 年由愛迪生（Edison）發明的。據記載，最初電燈的壽命只有大約 10 分鐘。為了提高壽命，人們進行了各式各樣的探索，其中，利用竹炭作燈絲，使電燈壽命跨越了一大步。

　　但是，即使採用竹炭燈絲，電燈的壽命也只有 40 小時上下，與現在的白熾

燈相差甚遠。經過此後進一步改良,於 1906 年在美國開發出採用鎢絲(tungsten filament)的白熾電燈,這便是今天實用電燈的開始。這種電燈不僅是燈絲的改良,還要封入氮氣及氬氣等非活性氣體,燈絲也多取二層線圈。

另外,電燈泡內壁一般要塗佈二氧化矽層,以減輕刺眼的感覺,使發出的光更為柔和。經過改進,白熾燈泡的壽命達到 1000 小時不在話下。而在有些場合,若允許發光量下降至 80% 左右,則壽命可延長到 5000 小時以上。

以下是二者發光效率的比較。白熾電燈的發光原理是利用電流加熱(由鎢絲的熱發射)現象,發光效率很低,大致在 8% ∼ 13%,其餘電能以熱的形式消耗掉。換句話說,白熾電燈是以一種發熱器的形式而利用的。因此,也有以白熾電燈作為取暖器具而應用的。

若採用發光二極體,目前有的可發出 45% ∼ 50% 的可見光能量。因此,同樣的插座電功率,發光二極體發出的光能是白熾電燈的 5 ∼ 6 倍,因此節能效果顯著。

但是,白熾電燈的發光屬於黑體輻射(black body radiation),光譜與太陽光類似,分佈在 450 ∼ 750nm 很寬的範圍內,其顯色性好、色溫度低,符合人眼的視覺習慣。而發光二極體想要成為普遍接受的照明光源,除了價格因素之外,在顯色性、色溫度及防眩光(antiglare)等方面,還有不少課題需要開發。

4.2.4 發光二極體與鹵素燈的比較

在汽車前燈及探照燈中,可以看到一個格外亮的燈,這便是鹵素燈(halogen lamp)。鹵素燈是在 1959 年由美國人 E. G. Zubler 發明的。當時的鹵素燈兩邊帶螺口,採用石英管型〔圖 4.9(a) 和圖 4.9(b)〕。這種燈是在石英玻璃管中設置由鎢絲製作的燈絲,在封入非活性氣體的同時,加入微量碘構成的。二者的參數比較,如表 4.2 所示。

這種燈絲的特徵是,利用鹵素的再生迴圈,可以抑制一般電燈缺點的「燈絲蒸發」現象。這樣,從燈絲蒸發出的鎢蒸氣,幾乎不會附著在玻璃管的內表面上。如圖 4.10 所示。

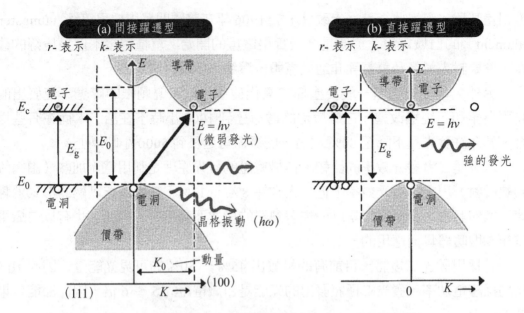

圖 4.7 半導體受光激發躍遷機構的說明（能帶結構）

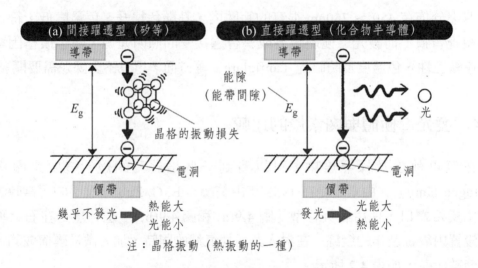

圖 4.8 間接躍遷型和直接躍遷型的對比

表 4.1 發光二極體（LED）的發振波長與化合物半導體的種類

發振波長	化合物半導體材料		主要用途
	活性層	封閉層	
1.3～1.6μm 近紅外線	InGaAsP	p 型 InP n 型 InP	光通信、遙控器、光耦合器、感測器

續表 4.1 發光二極體（LED）的發振波長與化合物半導體的種類

發振波長	化合物半導體材料		主要用途
	活性層	封閉層	
780nm 色（可見光）	GaAs	p 型 AlGaAs n 型 AlGaAs	指示燈、顯示器及照明
600nm 綠色（可見光）	ZnCdSe	p 型 ZnSSe n 型 ZnSSe	指示燈、顯示器及照明
藍色（可見光）	InGaN	p 型 GaN n 型 GaN	指示燈、顯示器及照明

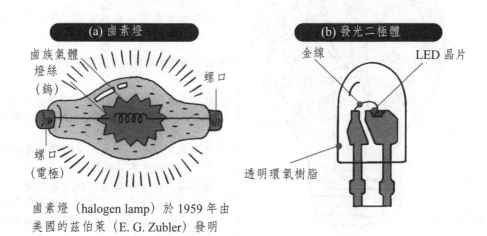

鹵素燈（halogen lamp）於 1959 年由
美國的茲伯萊（E. G. Zubler）發明

圖 4.9 鹵素燈與發光二極體的比較

表 4.2 鹵素燈與發光二極體的比較參數對比

比較項目　　　光源	鹵素燈	發光二極體（白光）
發光量（光束）	發光量大，轉換效率低 （15lm/W）	發光量小，轉換效率高 （75lm/W）
可見光轉換效率	9% ～ 18%	40% ～ 50%
色溫度	2,500 ～ 4,000K	4,600 ～ 15,000K
顯色性	100	75
指向性	近似各向同性	砲彈型的指向性強
回應特性	0.2 ～ 1s	100ns
壽命	2000 小時	數萬小時
耐振動性、耐衝擊性	弱（脆弱）	強（堅固），但不能在高溫下 工作

續表 4.2　鹵素燈與發光二極體的比較參數對比

光源 比較項目	鹵素燈	發光二極體（白光）
其它的特徵	在高溫下也可以工作 一般需要 100V 以上的電壓 大照度化容易	直流低電壓下工作 （數 V ～數十 V） 大照度化較困難

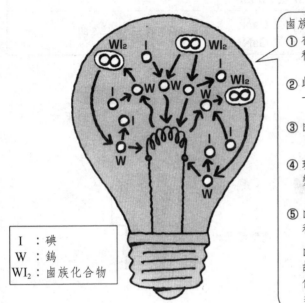

鹵族迴圈的過程
① 在白熾亮燈狀態，鎢從熾熱燈絲蒸發，沉積在玻璃燈泡內壁上。
② 此時鹵族氣體也在燈絲附近發生熱分解，一部分變為原子狀態。
③ 鹵族原子與鎢發生反應產生鹵化鎢（WI₂）。
④ 玻璃燈泡內壁溫度達到 250℃ 以上，鹵化鎢變為蒸氣，經由對流擴散，到達燈絲附近。
⑤ 由於此時燈絲的高溫，使鹵化分解為鹵族和鎢，而後者又返回燈絲。

由於鹵族再生迴圈永不停止地反覆進行，故可有效抑制燈絲以及玻璃燈泡內壁的黑化。因此，可以投入比一般白熾燈泡大得多的電流。

I　：碘
W　：鎢
WI₂：鹵族化合物

圖 4.10　鹵族再生迴圈的說明

4.3　Ⅲ-Ⅴ族化合物半導體 LED 元件

4.3.1　雷射發光二極體的原理

　　雷射發光二極體（laser LED）的原理是利用半導體 pn 接面，但其發光層（活性層）被兩層封閉層（包覆層，clad）夾於中間，構成雙異質接面（double hetero junction, DH）結構。而且，在雷射發光二極體的情況下，其反射鏡（共振器）利用的是晶體的解理面（劈開面）。因此，不需像固體雷射（solid laser）和氣體雷射（gas laser）必須另設反射鏡。

再者，上面提到的所謂解理面，是指當晶體局部帶有缺陷，晶體可由此平行於某一晶面劈開的性質。由於這種解理面方位確定，平整光潔，可以作為反射鏡用於光共振器。

在雷射發光二極體中，發光顏色（波長）決定於發光層（活性層）半導體材料的禁帶寬度，而與發光層形成異質接面的封閉層應該有更大的禁帶寬度。例如，若發光層是 GaAs（紅外線），則封閉層應為 AlGaAs 等；若發光層是 InGaN（藍色），封閉層應為 GaN 等。而在多量子阱（multi quantum well）中，也是按這種原則，隔層互配。

圖 4.11 表示雙異質接面（DH）的半導體結構，圖 4.12 表示雙異質接面結構（雷射發光二極體的）概要圖。

另外，由於採用條紋（stripe）結構，即使微小電流，也會使該通過區域的反轉分佈密度增加，還具有採用單一模式也能容易發振等優點，而且其壽命也可達 10 萬小時以上。

雷射二極體（laser diode）的優點是小型輕量、高效率、低價格。特別是採用多量子阱型的效率在 20% ～ 40%，即使 pn 接面型的效率也在百分之幾到 25% 之間，總體說來，能量轉換效率（conversion efficiency）很高。而且，連續輸出可以覆蓋紅外線—可見光—紫外線寬廣範圍的發振波長，其中光脈衝輸出功率可達 50W（脈衝寬度 100ns）以上，作為固體雷射及氣體雷射的激發源等，用途廣泛。

圖 4.13 表示雷射發光二極體中 pn 接面部位的能帶結構。

4.3.2　LED 的能帶結構

LED 的結構如圖 4.14 所示，核心部件是 pn 接面。當替 LED 加以順向偏壓時，活性層中將輸出光。

LED 的能帶（energy band）結構如圖 4.15 所示，其中圖 (a) 是外加偏壓為零的情況，左側為 p 型區域，右側為 n 型區域，中間是 pn 接面，此時，處於熱平衡狀態，因為載子注入而不發光；而如圖 (b) 所示，當 pn 接面上外加順向偏壓時，通過空乏層，電子從 n 型區向 p 型區注入，同時電洞從 p 型區向 n 型區注入，該過程成為少數載子注入。而流入 p 型區的電子，即較之熱平衡狀態過剩的電子，與作為多數載子的電洞發生複合而消失，有可能發出光子。少數載子電洞發生的過程與上述電子發生的過程相反。

4.3.3 化合物半導體中使用的元素在週期表中的位置

LED 中使用的材料都是化合物半導體。化合物半導體中有Ⅲ-Ⅴ族的 GaAs、GaP、GaAsP、GaAlAs、AlInGaP、GaN 及 Ⅱ-Ⅵ 族 的 ZnS、ZnSe、ZnCdSe，Ⅳ-Ⅳ族的 SiC 等多種。目前可達到實用化水準且有市場供應的 LED，只採用Ⅲ-Ⅴ族化合物半導體，可見光 LED 多數是由 GaAs、GaP、GaN 系化合物及其混晶半導體製成。

實現商品化的各種 LED 特徵，可見光及紫外線 LED 幾乎都是由Ⅲ-Ⅴ族、Ⅱ-Ⅵ族 3 元或 4 元混晶化合物半導體製成的。而所謂多元混晶化合物，是指由不同元素構成的化合物單晶體。隨著化合物半導體混晶中組元、成分的不同、禁帶寬度不同，發出光的波長亦顏色不同。因此藉由控制混晶組元間的比例成分，便可獲得所需要的發光顏色。

4.3.4 Ⅲ-Ⅴ族化合物的結構和性能參數

與屬於鑽石晶體結構的矽、鍺不同，Ⅲ-Ⅴ族化合物半導體的晶體結構都是閃鋅礦（zinc blende）型，少部分為纖鋅礦型。鑽石的晶體結構為立方面心晶胞，碳原子除占據晶胞的頂角和面心外，還占據了一部分四面體間隙，相當於由兩套面心立方晶格嵌套而成，每個碳原子以 sp^3 混成，配位數為 4。半導體材料中，矽、鍺皆為此結構。

閃鋅礦型晶體結構與鑽石結構很相似，也是由兩套面心立方晶格嵌套而成，只不過閃鋅礦型的兩套晶格原子是不同的，一套是Ⅲ族原子，另一套是Ⅴ族原子，一套原子占據晶胞的頂點和面心，另一套原子則占據該套原子的部分四面體間隙。GaAs、GaP 即為此種結構。

少部分Ⅲ-Ⅴ族化合物半導體為纖鋅礦（wurtzite）結構，纖鋅礦結構為六方晶系、六角密堆積（hcp）結構，離子鍵產生主要作用。

所謂多元混晶化合物，是指由不同元素構成的化合物單晶體。以Ⅲ-Ⅴ族化合物半導體單晶為例，Ⅲ族元素所占的 A 位可以是 Al、Ga、In，Ⅴ族元素所占的 B 位元可以是 N、P、As。如果僅考慮由 A 位元構成的次晶格（sub-lattice），每個晶格上不是由 Al 就是由 Ga 或 In 占據，即三者之間具有「置換性」，Al、Ga 或 In 所占據的位置是不確定的，因此具有「無序性」；而 Al、Ga 或 In 在某一晶格（lattice）占據的機率可以從 0 到 1，因此具有「無限性」。由 B 位構成的次晶格也有類似情況。由兩種次晶格按一定平衡關係嵌套在一起，即組成混晶

（單晶體）。隨著化合物半導體混晶中組元、成分的不同、禁帶寬度不同，從而所發出光的波長，即顏色不同。因此，通過控制混晶的組元及組元間比例（成分），便可獲得所需要顏色的光。

　　各種化合物半導體的晶格常數（lattice constant）、禁帶寬度與發光波長的關係。無論從占據 A 位的 Al、Ga、In、Mg、Zn、Cd 來看，還是從占據 B 位的 N、P、As、Sb、S、Se、Te 來看，可以發現元素的原子序數越小，則構成單晶體的晶格常數越小、禁帶寬度越大。這可從構成化合物的組元原子半徑、電負性、電子濃度等因素得到解釋。

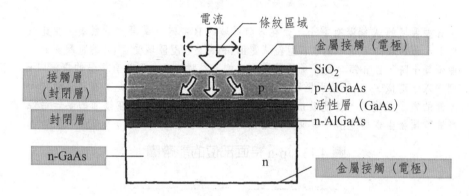

圖 4.11　雙異質接面（DH）的半導體接面構造

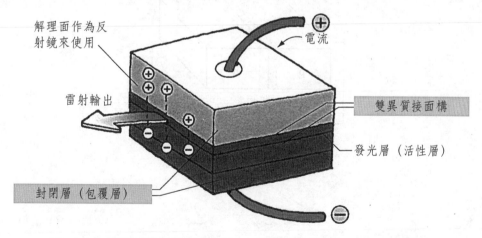

圖 4.12　雙異質接面結構雷射二極體（laser diode）的概要圖

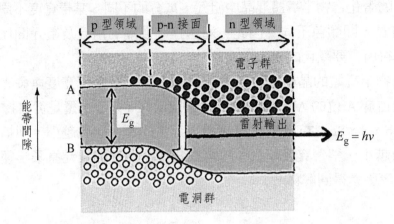

圖 4.13　p-n 接面部位的能帶圖

在 n 型區域的 A 能階有電子，而在 p 型區域的 B 能階有電洞大量聚集。在此狀態下，外加順向偏壓，則在 p 型區域受正 (+) 的、n 型區域受負 (-) 的電壓驅動，能帶變平時，自 n 側會有多量的電子向 p 側，同時，自 p 側會有多量的電洞向 n 側注入。這樣，在 pn 接面區域將多量的電子和電洞集結。因此，在該區域中，A 部的電子數變多，據此就能滿足反轉分佈的條件。這樣，在接面的某一活性層會瞬間發生誘導放出，實現光的增幅作用產生雷射。

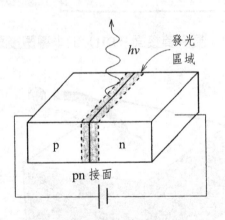

圖 4.14　LED 的結構示意

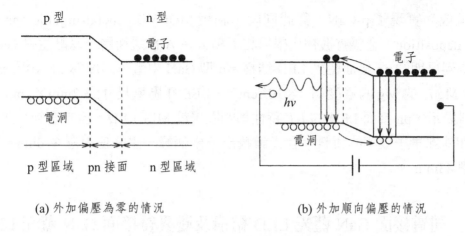

(a) 外加偏壓為零的情況　　　　(b) 外加順向偏壓的情況

圖 4.15　LED 的能帶結構

4.4　藍光 LED 的實現技術

4.4.1　GaN MIS 磊晶層結構和早期 pn 接面 GaN 藍光 LED 結構

(1) MIS 結構 LED：1971 年，世界上第一只 GaN LED 就已問世，由於當時不能進行 GaN 的 p 型摻雜，只能採用金屬－絕緣體－半導體 MIS（metal-insulator-semiconductor）結構。MIS 結構的 LED 發光效率比較低，只有 0.03%～0.1%，峰值波長約為 485nm，FWHM〔光譜半峰寬或半高寬（full wavelength half maximum）〕，為 70nm，其典型工作電壓（當輸入電流為 20mA 時）為 7.5V，10mA 下具有 2mcd（毫燭光）的光輸出，且其使用壽命較長。

(2) pn 接面 LED：1983 年，吉田（Yoshida）等研究在藍寶石（sapphice）襯底上沉積一層 AlN 作為緩衝層，此方法使 GaN 的表面結構和晶體品質有了明顯的提高；用 Mg 進行摻雜，並用低能電子束進行輻照〔LEEBI（low energy electron beam irradiation）〕獲得 p 型摻雜 GaN。這兩項重大突破為 GaN pn 接面 LED 的產生和發展奠定了基礎。

(3) 之後，於 20 世紀 80 年代末，由名古屋大學（Nagoya Univerisity）天野浩（Hiroshi Amano）等人利用低能電子束輻照法對摻 Mg 的 GaN 進行處理，製作出世界上第一只 GaN pn 接面 LED，使 GaN 的電阻率從 $1 \times 10^{8}\Omega \cdot cm$ 驟降至 $35\Omega \cdot cm$，電洞濃度為 $2 \times 10^{16} cm^{-3}$，電洞遷移率（mobility）為 $8cm^{2}/(V \cdot s)$，

這樣就成功實現了 p-GaN。與此同時，利用 MOCVD（metal-organic chemical vapor deposition，金屬有機物化學氣相沉積）在 AlN 緩衝層上磊晶生長 GaN 薄膜，得到早期的 pn 接面藍光 LED 結構。n 型 GaN 中電子濃度為 $2 \times 10^{17} \mathrm{cm}^{-3}$，GaN：Mg 中的 Mg 的濃度為 $2 \times 10^{22} \mathrm{cm}^{-3}$，LEEBI 區域尺寸為 2mm×2mm。實驗資料顯示，pn 接面 LED 的 *I-V* 特性都明顯優於 MIS LED。但未查到有關功率輸出和外部量子效率的資料，且光譜輸出有兩個峰，主峰值對應 370nm，次峰值對應 430nm。

4.4.2　同質接面 GaN 藍光 LED 結構及雙異質接面 GaN 藍光 LED

(1) 同質接面 LED：pn 接面 LED 之後，GaN 基 LED 得到了迅速發展。1991 年日亞（Nichia）公司的中村（Nakamura）等成功的研製出摻 Mg 的同質接面 GaN 藍光 LED，如圖 4.16 所示。並首次實現在 GaN 緩衝層上利用雙流（two flow，利用兩個不同方法的氣流夾帶反應物）MOCVD 生長 GaN 薄膜，大大提高了薄膜品質，並使霍爾遷移率（Hall mobility）達到 600cm²/(V·s)，且 GaN：Mg 中的電洞濃度達到 $3 \times 10^{18} \mathrm{cm}^{-3}$。這種元件的發光峰值波長為 430nm，FWHM 為 55nm，光輸出功率達到 42μW（*I* = 20mA 時），且此元件工作電壓只需 4V，外部量子效率（quantum efficiency）約為 0.118%。光譜品質較好，只有一個峰值。

(2) 雙異質接面 LED：由於三元Ⅲ-Ⅴ族化合物半導體 InGaN 的禁帶寬度隨 In 組員的比率改變，可在 1.95 ～ 3.4eV 變動，屬 LED 活性層的極佳材料。隨著高品質 InGaN 膜的生長成功，高亮度藍光 LED 也取得了重大進展。特別是雙異質接面（double hetero-junction, DH）的實現，有助於限制同種電荷的載子，實現向活性層的單側注入。如圖 4.17 所示。

1992 年以後，Nakamura 等研製出第一只 p-GaN/n-InGaN/n-GaN 雙異質接面藍光 LED，其輸出光峰值波長為 440nm，FWHM 為 180meV；輸入電流為 20mA 時，輸出功率 125μW，較高工作電壓為 19V，只要是由於 p-GaN 層的晶體品質較差所致，外部量子效率為 0.122%。

Nakamura 等於 1993 年在此基礎上，又研製出高亮度 InGaN/AlGaN 雙異質接面藍光 LED，這是第一次採用 Zn 摻雜 InGaN 作為活性層，以 Zn 雜質作為發光中心；輸入電流 20mA 時工作電壓為 3.16V，輸出光功率為 115mW；峰值波長 450mm，FWHM 為 70nm，外部量子效率高達 2.17%。

4.4.3 單量子阱和多量子阱 LED 元件結構

所謂量子阱（quantum well）是指由兩種不同的半導體材料相間排列形成的、對電子或電洞具有明顯限制效應的勢井。量子阱的最基本特徵是，由於量子阱寬度（只有當阱寬尺度足夠小時才能形成量子阱）的限制，導致載子波函數在一維方向上的局域化。在由兩種不同半導體材料薄層交替生長形成的多層結構中，如果勢壘（potential barrier）層夠厚，以致相鄰勢阱間載子波函數（wave function）之間耦合很小，則多層結構將形成許多分離的量子阱，稱為多量子阱。

(1) 單量子阱藍光 InGaN LED：如圖 4.18 所示。其活性層非常薄，只有 2nm，這使得光譜半高寬非常窄，更適合做全色顯示元件。輸入電流 20mA 時，輸出功率可達 418mW，且正向電壓僅有 3.1V，峰值波長 450nm，外部量子效率高達 8.17%。

(2) 多量子阱藍光 LED 的結構：如圖 4.19 所示。其中陰影區是活性層，由 5 層 2.5nm 厚的 $In_{0.25}Ga_{0.75}N$ 和 4nm 厚的 GaN 構成；輸出光波長 445nm，FWHM 為 28nm，輸入電流 20mA 時，輸出功率 2.2mW，但飽和電流可達 114A，此時的輸出功率達到 53mW；外部量子效率為 4.5%。

4.4.4 採用通道接觸接面的 LED 和低電壓 InGaN/GaN LED 結構

(1) 採用通道接觸接面的 LED：此種元件主要基於兩種考慮：①在 p-GaN 上高品質、低歐姆接觸（ohmic contact）層，以減少與元件產生的熱量；②為提高發光效率，要求有光區的電流擴散層必須具有較高的透光性。由於 GaN：Mg 具有較低的導電性，傳統的 p 型歐姆接觸需要通過接面區從 p 型焊接處擴散電流，這主要通過在 GaN：Mg 表面沉積一層半透明的金屬膜來實現。雖然這項技術已比較成熟，但在優化高濃度 p 型摻雜方面仍存在問題。

另一種實現電流擴散的方式是消除橫向的電洞電流，而 p 型區隱埋的通道接觸結就可消除橫向電洞激勵電流。通過橫向電子電流，反偏通道接面把電洞提供給活性區上的 p 型晶體。p^+/n^- 通道接面位於傳統 LED 的上部鍍層，並以低阻 n-GaN 代替高阻 p-GaN 作為頂部接觸層，這有利於擴散電流的均勻性，從而使得發光均勻性得以提高，而且不再需要用於歐姆接觸的金屬半透明鍍層，既簡化了技術過程，又減少了光輸出時被半透明膜所吸收的量，提高了輸出功率。

(2) Mg 摻雜 $Al_{0.15}Ga_{0.85}N$/GaN 超晶格的低電壓 InGaN/GaN LED：此種結構有 Mg 摻雜的低電阻 $Al_{0.15}Ga_{0.85}N$/GaN 超晶格（super lattice）InGaN/GaN 結構

LED，其頂部超晶格上的歐姆接觸金屬為 Ni/Au，經 N_2 中 650℃下退火，其電阻率 ρ_c 可達 $4 \times 10^{-6} \Omega \cdot cm$，是非常低的。這可能是因為 Ni 與 GaN 表面的沾污發生反應，減少或消除了沾污，在沉積具有較大功函數的 Au，使得頂部 p 層電流擴展性好，導致如此低的電阻率。實驗測得此種結構 LED 開啟電壓 2.15V，工作電壓 3V，串聯電阻 18Ω，導致 InGaN 活性區載子洩漏，加速老化，依此可知，這種 LED 的使用壽命比較長。

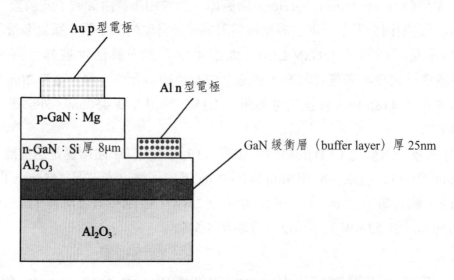

圖 4.16　同質接面 GaN 藍光 LED 結構

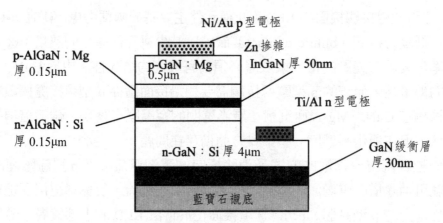

圖 4.17　雙異質接面 GaN 藍光 LED

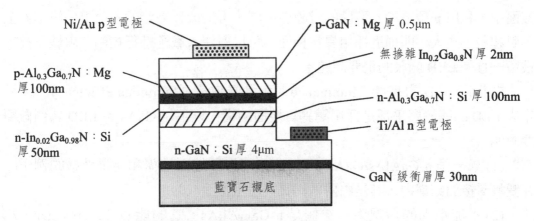

圖 4.18 單量子阱 LED 結構

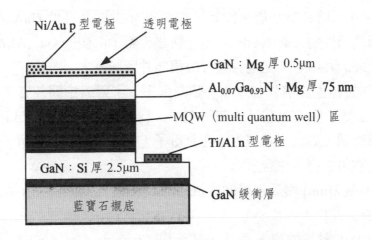

圖 4.19 多量子阱藍光 LED 的結構

4.5 藍光 LED 中的關鍵結構 —— 雙異質接面、緩衝層和量子阱

4.5.1 LED 元件中的雙異質接面（DH）、緩衝層

pn 接面是由 p 型半導體和 n 型半導體的結合面（接面）構成，有同質接面和異質接面之分。前者是由同種半導體，後者是由異種半導體結合而成。在異質

接面中，利用 p 型區和 n 型區的帶隙能不同，可形成較高能障，就可保證基本上不引起載子注入。即通過採用異質接面，可以對注入載子進行控制。該載子控制技術一直是 LED 開發的重要課題。

　　為提高 LED 的亮度（luminance）和發光效率（luminous efficiency），近年來 LED 的開發幾乎都是採用雙異質接面結構。以下以 GaAs 系 LED 為例做簡要說明。

　　(1) 舉一個 n-GaAlAs/GaAs/p-GaAlAs 雙異質接面結構和能帶結構的例子。在雙異質接面結構中，其是由兩個異質接面組合而成的。

　　(2) 不加電場的情況下，左側是 n-$Ga_{1-x}Al_xAs$，它的能隙（energy gap）E_g 也與混晶比 x 相關，大致為 2eV；中間是 GaAs，它的 E_g 為 1.4eV；右側是 p-$Ga_{1-x}Al_xAs$，它的 E_g 大致為 2eV。也就是說，由於中間 GaAs 的 E_g 小，從能帶看，如同一個井，稱其為井層。同時，由於發光主要是在此 GaAs 層發生，因此，該層也稱為活性層（active layer）。與之相對，兩側的 $Ga_{1-x}Al_xAs$ 層，由於能隙大，從中間的井中看，如同井壁，故稱為井壁層。

　　(3) 對雙異質接面結構外加電場（順向偏壓）：對於中間井層來說，自左側來的 n-GaAlAs 電子注入會在其中存留電子，自右側來的 p-GaAlAs 電洞注入，會在其中存留電洞，如此，井層中既會有電子，又會有電洞的存留，從而這些電子和電洞容易在阱中發生複合。

　　(4) 發光波長 λ[nm] 與活性層的能帶間隙 E_g[eV] 之間的關係，大致可表示為
λ[nm] = 1240/E_g[eV]

　　而且，LED 的發光效率 η_0 可由公式給出：$\eta_0 = \eta_v\,\eta_i\,\eta_e$，式中，$\eta_v$ 為電壓效率；η_i 為內部量子效率；η_e 為光的取出效率，外部量子效率（external quantum efficiency）是 η_i 與 η_e 的乘積，而 η_i、η_e 與工作電流密切相關。

4.5.2　LED 元件中的量子阱

　　(1) 目前市場上流通的 LED 大部分採用多重量子阱（multiple quantum well, MQW）結構，為便於理解其工作原理，首先對雙異質接面（double hetero-junction, DH）結構的 LED 作簡要說明。

　　DH 接面結構即是將作為發光層的活性層，用兩層能帶間隙寬度比其能帶間隙更寬的包覆（clad）層相夾的結構。圖 4.20 表示了 GaAlAs 系 DH 結構 LED 的構造實例及電流分佈、發光分佈的模擬結果。

　　對於 LED 來說，重要的是活性層發出的光要高效率地向外取出。為此，最外層的（對於從基板一側取出光的場合，還包括基板）能帶間隙應比活性層大，即對於發光波長應是透明的。而且由於電極部分會遮擋光，因此在電極的配置方面也需要下一番工夫。

　　(2) 對於雙異質接面結構來說，能帶結構如圖 4.21 所示。在 LED 的工作狀態，電子從 n 型包覆層，電洞從 p 型包覆層，分別向活性層注入。若 p 型包覆層的能帶間隙 E_g（clad）與活性層的能帶間隙 E_g（act）相比不是大得多時，即由能帶間隙差決定的導帶側能帶不連續，即 ΔE_c 不是很大時，會有電子從活性層進入 p 型包覆層，即產生溢流（overflow），造成發光效率的降低。p 型包覆層的受主密度 N_{A^-} 與電洞密度 p 之間大致保持平衡，如果 N_{A^-} 變大，則（E_v-F_p）變大。即價帶頂能階 E_v 相對於 F_p 要向上方移動。由於包覆層的能帶間隙一定，所以，E_c 與 E_v 同時向上移動，若受子密度增大，屏蔽高度也要變大。

　　從上述可以看出，為了防止電子溢流，除了保證包覆層的能帶間隙外，向 p 型包覆層的高密度摻入是極為重要的。

4.5.3　DH 結構中的能帶結構、載子濃度分佈、電流密度分佈的計算實例

　　由活性層、n 型與 p 型包覆層組成的 DH 構造中，能帶結構、載子密度分佈、電流密度分佈的計算實例：順向電壓下的能帶結構，在 p 側加正電壓、n 側加負電壓的狀態下，n 側注入電子，p 側注入電洞，與之相對應，會有電子電流、電洞電流流動。在電子和電洞兩種載子都存在的區域，載子發生複合，藉由其中的發光複合而發出光。

4.5.4　各種不同結構的 LED 示意圖

　　為製作 LED，通常最簡單構造採用如圖 4.22(a) 所示，由單異質接面結構磊晶膜層所構成的 pn 接面。為了提高效率，幾乎所有的場合都要分別藉由如圖 4.22(b) 和 (c) 所示的結構，設法使光封閉並使電流狹窄化（更集中）。為此，一般採用雙異質接面（DH）或多量子阱（multiple quantum well, MQW）結構。為使在接面部分及活性層高效率地發光，一般將 p 型層作為上部表面，以便使電子容易注入。另外，需要設法抑制再吸收。

　　紅、黃、橙色 LED 與綠色 LED 是採用以 GaP、GaAs 為中心的化合物半導

體材料製作，相應元件也幾乎都是採用 (a) 和 (b) 所示的結構實現的。1993 年實現了採用藍寶石基板的 GaN 系 DH 接面結構藍光 LED。此後，開發出圖 (c) 所示的，採用 InGaN/GaN MQW 結構的發光強度為坎德拉（candela, cd）級的藍光 LED。據此，將光的三原色（red：紅；green：綠；blue：藍）相組合，就可以實現各種顏色的發光，從而在 RGB 全色顯示領域邁出關鍵性的一步。1996 年，將 GaN 系藍光 LED 與 YAG：Ce〔添加 Ce 的釔鋁石榴石（yttrium aluminum garnet）〕黃色螢光體相組合，實現了白光的 LED。至此，LED 照明技術開始了實際意義上的開發。

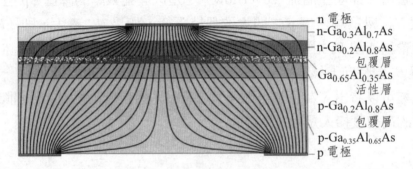

n 電極
n-$Ga_{0.3}Al_{0.7}As$
n-$Ga_{0.2}Al_{0.8}As$
包覆層
$Ga_{0.65}Al_{0.35}As$
活性層
p-$Ga_{0.2}Al_{0.8}As$
包覆層
p-$Ga_{0.35}Al_{0.65}As$
p 電極

圖 4.20　GaAlAs 系 DH 結構 LED 的構造實例和電流分佈、發光分佈的計算模擬一例

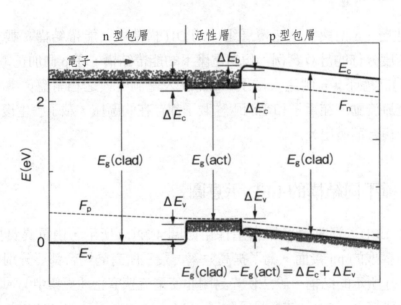

圖 4.21　DH 結構中的能帶構造

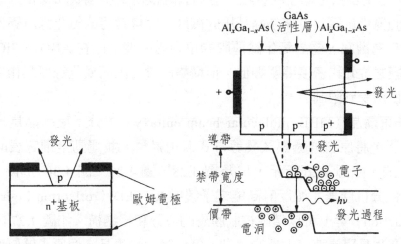

(a) 單異質接面（SH）磊晶 pn 接面 LED　(b) 以 GaAs、AlGaAs 為例的雙異質接面（DH）LED

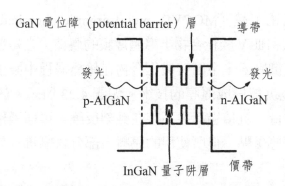

(c) 被 p 型 AlGaN 和 n 型 AlGaN（包覆層）所夾，採用 InGaN、GaN 多重量子阱結構的 LED

圖 4.22　各種不同結構 LED 示意圖

4.6　製作藍光 LED 的關鍵技術

4.6.1　Ⅲ-Ⅴ族化合物半導體薄膜的磊晶

　　用於氮化鎵生長的最理想襯底，自然是氮化鎵單晶材料，這樣可以大大提高磊晶片膜的晶體品質，降低位元錯密度（dislocation density），提高元件工作壽命、發光效率、元件工作電流密度。可是，製造氮化鎵體單晶材料非常困難，到目前為止尚未有行之有效的辦法。有研究人員通過 HVPE（hybride vapor phase epitaxy，混成蒸氣相磊晶）這個方法，在其它襯底〔如 Al₂O₃、SiC、LGO

（LiGaO$_2$）〕上生長氮化鎵厚膜，然後通過剝離技術實現襯底和氮化鎵厚膜的分離，分離後的氮化鎵厚膜可作為磊晶用的襯底。這樣獲得的氮化鎵厚膜優點非常明顯，即以它為襯底，磊晶氮化鎵薄膜的位元錯密度，比在 Al$_2$O$_3$、SiC 上磊晶的氮化鎵薄膜之位元錯密度要明顯低；但價格昂貴。因而氮化鎵厚膜作為半導體照明的襯底使用受到限制。

(1) 分子束磊晶（MBE, molecular beam epitaxy）：分子束磊晶是一種在超高真空條件下，將原料通過熱蒸發等方式氣化昇華，並運動至襯底表面沉積形成薄膜的方法。如圖 4.26 所示，以及圖 4.28、圖 4.29、圖 4.30 所示。配合儀器自帶的原位分析儀器〔如反射高能電子繞射 RHEED（reflection high electron energy diffraction）等〕可以精確控制膜層的成分和相結構。如圖 4.27 所示，分子束磊晶存在生長膜層速度太慢的缺點，每秒鐘大約生長一個原子層厚度，但可以精確控制膜層厚度。

(2) 金屬有機物化學氣相沉積（MOCVD, metal-organic chemical vapor depositon）：主要用於 II-VI 族和 III-V 族化合物半導體薄膜的製造，它是運用載氣將金屬有機化合物氣體輸運至襯底處，金屬有機化合物在輸運過程中發生熱分解反應，在襯底表面發生反應並沉積形成薄膜的技術。如圖 4.23 所示。該法具有沉積溫度低、對襯底取向要求低、沉積過程中不存在蝕刻反應、可通過稀釋載氣調節生長速率和實用範圍較廣等優點，但所使用的原料大部分含劇毒且易燃，在試樣過程中應該予以注意。

(3) 脈衝雷射沉積（PLD, pulsed laser deposition）：利用高能脈衝雷射作用於靶材表面，靶材局部發生融化氣化昇華，並進一步與雷射作用生成電漿羽輝，且向襯底做等溫絕熱膨脹，在沉底表面生成薄膜的方法。此法具有能夠實現同組分沉積，製造與靶材成分一致的的膜層；由於是高能電漿沉積，因此能夠在較低溫度下原位生長磊晶單晶膜層；能在氣氛中實現反應沉積，可引入各種氣體，如 O$_2$、H$_2$ 等實現反應沉積製造以前難以製造的多組元薄膜等優點。

(4) 電子束沉積（EBD, electron beam deposition）：運用電子束作為蒸發源，高能電子束撞擊靶材，使靶材局部溫度升高並發生氣化，隨後形成電漿像襯底方向移動，在襯底表面沉積形成薄膜。該法克服了電阻絲加熱蒸發等必須運用坩堝而引入污染和難以對高熔點物質進行蒸發的缺點，所以特別適用於高純度和高熔點膜層的製造。

(5) 原子束沉積（ABD, atom beam deposition）：由分子束磊晶（MBE）技術變化發展而來的。S. Guha 等在真空室內引入射頻放電源，用以激發 O$_2$ 而轉化為 O 原子束，結果在預先用 HF 處理的矽片（100）面上，製造了結晶狀況良

好的單晶釔基氧化物薄膜。測試表面這種薄膜在高頻下，具有很高的回應頻率，因此在閘電路中具有很好的應用前景。

(6) 其它：當前生長單晶薄膜的方法還有電泳沉積、化學氣相沉積、液相磊晶法等。每種方法都有其各自的優缺點，對於特定的材料可能只有特定的製造方法，所以在生長薄膜的過程中，一定進行仔細分析和研究，制定最優的製造技術。

4.6.2　金屬有機化合物化學氣相沉積（MOCVD）和分子束磊晶（MBE）

較之 HVPE、MBE 等生長方法，以 NH_3 和三甲基鎵 TMG $Ga(CH_3)_3$ 為 N 和 Ga 源，以 H：為載氣 MOCVD 生長方法，是目前使用最多、材料和元件品質最高的生長方法。

(1) 二段生長技術的應用：由於 GaN 與襯底的晶格失配大到 15.4%，用普通的磊晶方法，在襯底上直接生長得不到品質較好的 GaN 單晶膜。必須採用先在襯底上低溫（500、600℃）生長很薄的一層 GaN 或 AlN 作為緩衝層，再於高溫（約 1000℃）下生長 GaN 的二段生長法。如圖 4.24 所示。H. Amall 和赤坂（Akasaki）等人首先以 AlN 為緩衝層，生長出品質有很大提高的 GaN 晶體層，隨後 Nakamura 等人發現以 GaN 為緩衝層可以得到更高品質的 GaN 晶體，從而解決了失配所造成的 GaN 晶體品質不高的問題。

(2) 雙氣流技術的應用：由於 GaN 的生長溫度比較高（>1000℃），GaN 容易分解，產生 N 空位。為了解決這一難題，中村（Nakamura）等人在 1990 年開發了雙氣流（two flow MOCVD，簡稱 TF-MOCVD）MOCVD 生長技術。如圖 4.25 所示。雙氣流 MOCVD 反應室，採用二組氣體輸入反應室的氣流。其一路稱為主路氣流，它沿著與襯底平行方向輸入反應氣體（氨、TMG 和 H_2）；其二路稱為副路氣流，它以高速度在垂直襯底方向輸入 H_2 和 N_2 的混合氣體，旨在改變主氣流的流向和抑制副生長 GaN 時的熱對流，從而獲得了高遷移率 GaN 單晶層。

4.6.3　Ⅲ-Ⅴ族化合物半導體的 n 型摻雜和 p 型摻雜

GaN 基 LED 的核心部分就在 pn 接面上，因此對 GaN 材料 n 型摻雜和 p 型摻雜的控制尤為重要。n 型摻雜技術比較簡單，典型的 n 型摻雜劑是 Si；p 型摻雜的主要摻雜劑是 Mg，但一般摻入 Mg 後，得到的是高阻材料，必須經過熱退

火後，才能得到 p 型材料，因為 Mg 和從薄膜滲透進入的 H 原子結合成非活性絡合物，即通過 H 的鈍化作用使 Mg 失去活性，高溫退火可使 H-Mg 鍵斷開，使 Mg 成為真正有效的 p 型摻雜劑。但並不是說摻雜 Mg 的濃度越高，可得到的載子濃度就越高。最新研究顯示，適當增加 Mg 摻雜劑量，生長出的樣品在退火後，電洞濃度可達到 $10^{18}cm^{-3}$，但超過某一最優值之後，繼續增加 Mg 摻雜劑量，退火後卻得不到載子濃度更高、電阻率更低的 p 型 GaN。實驗中，當 Cp_2Mg 與 TMGa 的流量比小於 1：2.613 時，可得到電洞濃度為 $2 \times 10^{18}cm^{-3}$ 的樣品，而當其比例提高到 1：21.9 時，只能得到高阻 p 型 GaN。主要是重摻雜導致晶格缺陷增多，引入施子（donor）能階，補償了被啟動的 Mg 原子。

4.6.4　退火也是關鍵的一步

　　不同溫度、不同時間的退火，對 GaN 薄膜性質和金屬／GaN 接觸會產生不同的影響。某些條件下退火，能提高薄膜的晶體品質，改善材料的光學和電學特性，降低金屬／GaN 歐姆接觸的比接觸電阻（specific contact resistance），但有時也會產生相反的效果。因此，需根據襯底的不同和目的的不同，選擇合適的溫度和時間進行技術優化。Cole 等人研究了後生長快速高溫退火溫度對薄膜晶體品質的影響，退火在 N_2 下進行，時間 1 分鐘，溫度 600～800℃。實驗發現，退火後，GaN 薄膜表面的缺陷數量要比襯底和緩衝層介面處下降 30%～25%，退火溫度越高，延伸到表面的平面缺陷（位錯）越少，退火溫度為 800℃時，要比 600℃減少 60%，因此較高溫度的退火在一定程度上能抑制位錯向表面的延伸。

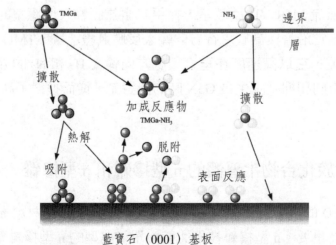

圖 4.23　MOCVD 法成長 GaN 示意圖

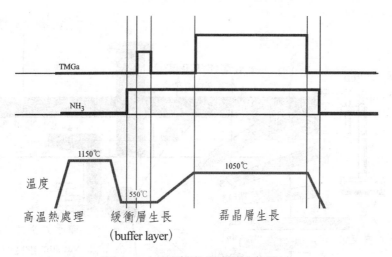

圖 4.24　兩階段磊晶生成長法

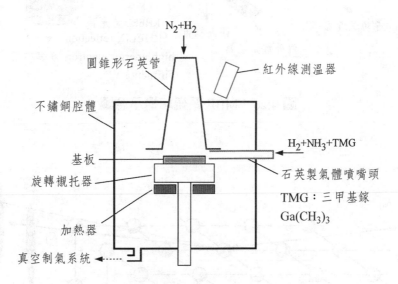

圖 4.25　雙流 MOCVD 系統示意圖

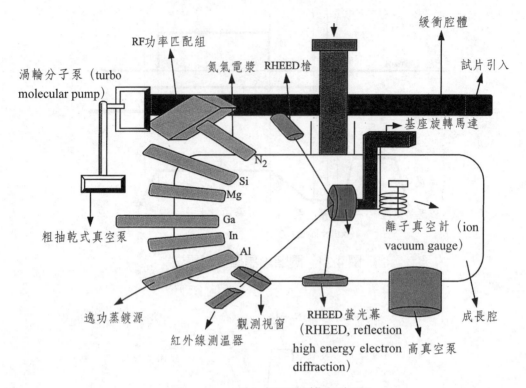

圖 4.26　MBE 系統結構示意圖

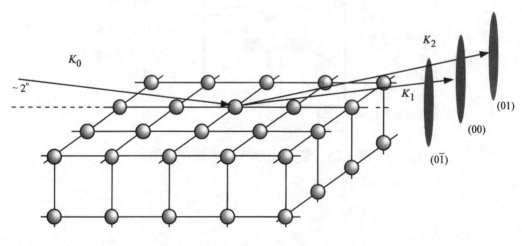

圖 4.27　反射式高能電子繞射原理

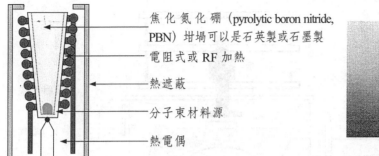

焦化氮化硼（pyrolytic boron nitride, PBN）坩堝可以是石英製或石墨製

電阻式或 RF 加熱

熱遮蔽

分子束材料源

熱電偶

圖 4.28 分子束磊晶系統─生長 GaN 單晶膜

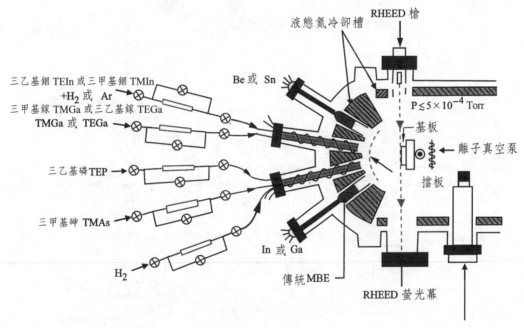

質流控制器（mass flow controller）

⊗ 閥門

分子束磊晶（MBE: molecular beam epitaxy）

圖 4.29 Ⅲ－Ⅴ族分子束磊晶系統示意圖

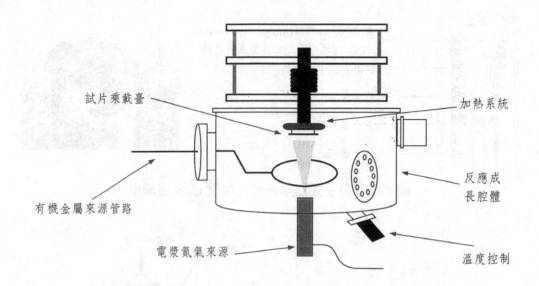

試片乘載臺

加熱系統

有機金屬來源管路

反應成長腔體

電漿氮氣來源

溫度控制

(a) 採用氮氣電漿

樣品傳送裝置

Ti 昇華泵

離子泵
(ion pump)

渦輪分子泵
(turbo molecular pump)

K-Cell:In

NH_3 質量控制

機械泵
(mechanical pump)

(b) 以 NH_3 取代傳統 MOCVD 使用的 NH_3 氣體

圖 4.30　化學束磊晶系統－生長 GaN 單晶膜

4.7　光的三原色

4.7.1　發光色與色度圖的關係

　　色度學（colourometry, colorimetry）是研究顏色度量與評價方法的一門學科。由於每個人對於顏色與光通量的感知程度有差異，即使是在相同條件下，每個人感受到的顏色也是不同的。人們所能看到的所有顏色都可以通過紅、綠、藍單色光的不同比例來配色，所以這三種顏色也被稱為「三原色」。發光色與色度圖的關係如圖 4.31 所示，為了準確描述色彩，採用 CIE XYZ 將色彩感知標準化。規定紅、綠、藍三原色的標準波長分別為 700nm、546.1nm、435.8nm，X 色度座標相當於紅原色的比例，Y 色度座標相當於綠原色的比例，Z 色度座標相當於藍原色的比例。如圖 4.32 所示。但是用 CIE XYZ 色度圖並不能很方便地表示色彩，於是用 CIE_{xy} 來表示顏色，色度座標 x、y 可由下式求得：

$$x = X/(X + Y + Z), \ y = Y/(X + Y + Z)；\qquad （4\text{-}2）$$

　　由圖 4.31(a) 和圖 4.32 中馬蹄形的光譜標記各波長的位置。可以看到光譜的紅色波段集中在圖的右下部，綠色波段則集中在圖的上部，而藍色波段集中在軌跡圖的左下部。各式各樣色的發光光譜，如圖 4.33 所示。延伸等能白光（1/3, 1/3）座標點與待測光源的色度座標（x, y），可與馬蹄形頻譜軌跡外緣交於一點，該點的單色光波長，即為該光源的主波長。光源（x, y）越接近頻譜，表示色彩越純，而色彩飽和度定義如下：

$$色純度（color \ purity）= a/(a + b) \qquad （4\text{-}3）$$

　　其中 a 與 b 分別表示色度圖（chrominance picture, chromatic diagram）上待測光源至等能白光點與主波長的距離。對於位於色度圖的邊緣單色光而言，其色彩飽和度是 100%，而接近白光區的飽和度則將為 0。因此，如果能計算出某顏色的色度座標（x, y），就可以在色度中明確地確定出它的顏色特徵。例如青色的色度座標為 $x = 0.1902$，$y = 0.2302$，它在色度圖中的位置為落在藍綠色區域內。當然不同的色彩有不同的色度座標，在色度圖中就占有不同的位置。因此，色度圖中點的位置可以代表各種色彩的顏色特徵。但是，色度座標僅規定了顏色

的色度，並無法看出顏色的亮度，所以若要唯一地確定某顏色，還必須指明其亮度特徵。

4.7.2 光的三原色和加法混色

色光的混合稱為加法混色，色光混合越加越亮。圖 4.34 中，紅、綠、藍三色為原色，原色與原色混合得補色。改變三原色比例可得各種顏色的色光。紅、綠、藍三原色等量相加得白色。紅和藍綠、綠和紅紫、藍和黃分別為補色關係。紅色和藍色混合得紅紫色，紅色和綠色混合得黃色，藍色和綠色混合得藍綠色。原色與補色相加得白色。與白熾燈全頻段光譜不同，典型的 LED 光譜狹窄，單色性較好。圖 4.33 紅色發光二極體的主峰波長為 630nm，綠色發光二極體的主峰波長為 530nm，藍色發光二極體的主峰波長為 490nm。與 CIE 規定的紅原色標準波長 700nm、綠原色標準波長 546.1nm、藍原色標準波長 435.8nm 相近。用波長分別為 630、530、490nm 的紅綠藍 LED 作為光源，在色度圖上找到三種顏色對應的色度座標，將三個點連成三角形，這樣的三角形區域被稱為「色域」。由於紅、綠、藍 LED 的主峰波長與 CIE 規定的標準波長相近，故而可以混合出色度圖上幾乎全部的顏色，包括白色。圖 4.35 用實驗證明了 LED 的混色特性，利用光學裝置，將紅、綠、藍 LED 混合得到了白光。LED 的這種混色特性，在顯示器和固態照明中已經得到廣泛應用。LED 的光譜分佈如圖 4.36 所示。

4.7.3 原子的受激發射過程

關於原子發光的機制，波耳（Bohr）認為，當電子在某一個固定允許的軌道上運動時，並不發射出光子，當電子從一個能量較大的外側軌道躍遷到一個能量較小的內側軌道時，電子的總能量發生變化，這部分能量的改變值就以光子的形式輻射出來。當電子受到激發時，會從內側軌道躍遷到外側軌道，但由於原子處於高能量的激發態時不穩定，會返回能量較低的基態。電子返回基態時，會發射出不同頻率的電磁波。人眼對於 380 ～ 780nm 的電磁波有反應，這部分電磁波就是通常意義上的「可見光」。LED 的發光機制是在由電子傳導的 n 型半導體和由電洞傳導的 p 型半導體所構成的 pn 接面上施加順向偏壓，由於注入少數載子而發生複合並放出光子，而光子所帶的能量與帶隙能量相等。由於 pn 接面上施加順向電壓時，流過的電流是因少數載子引起的，因此，LED 的光輸出大

致與電流成正比。為了獲得不同頻率的光,就需要得到不同帶隙寬度的半導體。因為化合物半導體的帶隙寬度隨成分及比例的變化而變化,便於得到不同帶隙寬度的半導體,故而 LED 中使用的發光材料都是化合物半導體。化合物半導體中,有 III-V 族的 GaAs、GaP、GaAsP、及 II-VI 族的 ZnS 等。目前達到實用化水準且有市場供應的 LED,只採用 III-V 族化合物半導體。可見光 LED 多數是由 GaAs、GaP、GaN 系化合物及其混晶半導體製成,其產品具有高發光效率的紅、橙、棕、綠、藍及近紫外線 LED 等。

4.7.4 視感度曲線──人的眼睛對綠色最爲敏感

人類視覺系統主要的感覺器官是眼睛(eye),人的眼球內佈滿了視網膜(retinal),視網膜的中央富含視錐細胞(cone cell)和視桿細胞(rod cell),使得視覺中心對光有高度敏感性。光投射在視網膜上,視網膜上的感光細胞利用光色素吸收可見光,除提供清晰的影像,並轉換為神經能量,刺激視神經向腦部傳遞視覺信號。視網膜內的視錐細胞,主要功能為對物體的細節對焦成像,負責細節與色彩視覺。視錐細胞可依光色素的不同分為三種,可分接收紅、綠、藍三原色。人眼所見的物體顏色,即依靠這三種色素細胞所接受之光能量的相對強度,組合成我們所能感覺的色彩範圍。色彩視覺出現在明亮的狀況下,故稱「明視覺」。視錐細胞功能不良會導致色盲。視桿細胞的色素稱為「視紫質」,主要功能為負責夜晚及周邊視覺。相較於視錐細胞,視桿細胞對光更為敏感,較容易看到微弱的光亮,因此在極低的照度環境下,人眼僅能依靠視桿細胞,此時的條件稱為「暗視覺」,因為無法分辨顏色,所有的物體表面這時候看起來僅有灰階明暗的差別。視桿細胞不足會導致夜盲。明/暗視覺條件下,人對於不同波長光有不同的敏感度。可以看到在明視區的視覺函數波長為 550nm 的綠色波段上有最大回應,在暗視區狀態下,回應最大波段為 507nm。當光波長落在 390nm 到 720nm 之間,人眼部的神經細胞可以感受到很強的光刺激。雖然人眼也能感受到波長小於 390nm 及大於 720nm 的光線,但是在這個範圍裡,人眼的敏感度是非常低的,因此,我們可以將波長大於 390nm 且小於 720nm 的光視為可見光。

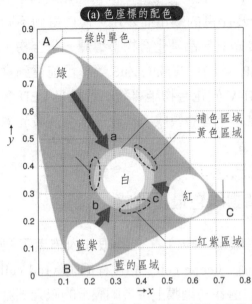

圖 4.31 發光色與色度圖的關係

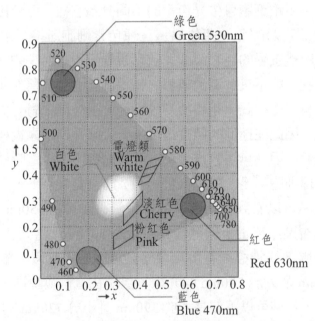

圖 4.32 由 CIE（國際照明委員會）確定的色度圖

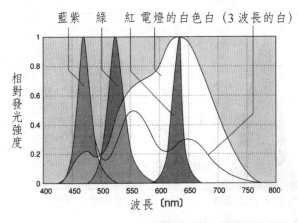

光的三原色的光譜分佈是非常陡直的山形。因此,與白熾燈泡的光相比,白光 LED 發出的光為藍白色的冷白光

圖 4.33 各式各樣色的發光光譜

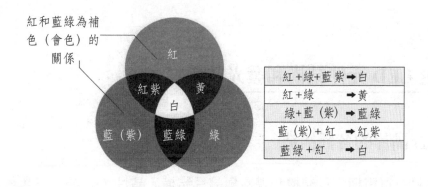

紅＋綠＋藍紫	➡白
紅＋綠	➡黃
綠＋藍（紫）	➡藍綠
藍（紫）＋紅	➡紅紫
藍綠＋紅	➡白

圖 4.34 光的加法混合（補色與原色的關係）

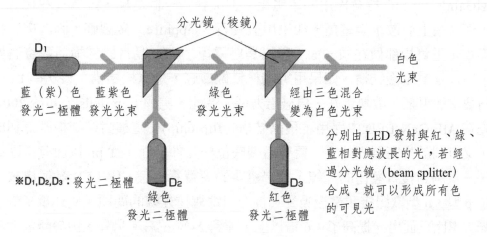

分別由 LED 發射與紅、綠、藍相對應波長的光,若經過分光鏡（beam splitter）合成,就可以形成所有色的可見光

※D₁,D₂,D₃：發光二極體

圖 4.35 藉由光的三原色形成白光

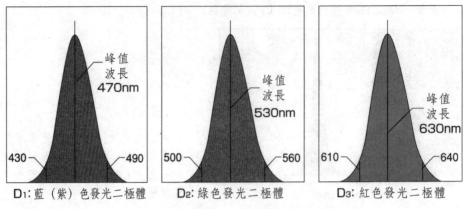

圖 4.36　發光二極體的光譜分佈

4.8　單色 LED 元件結構和發光效率

4.8.1　LED 晶片的各種構造

　　LED 晶片有單電極晶片結構和雙電極晶片結構。晶片（wafer）是單電極還是雙電極，取決於晶片材料。一般來說，二元（AsGa）、三元（GaAsP）、四元（AlGaInP）、SiC 材料採用的單電極，上下各有一個電極，因為這些材料可導電，僅需在上面做單個電極。如果用藍寶石（sapphire）做襯底，因為襯底材料不導電，正負極都做在同一面，所以是雙電極。LED 晶片的結構用藍寶石做襯底，所以是雙電極結構。如果用導電材料做襯底，是單極結構。大功率 LED 的結構要求熱阻低、散熱量好，機械應力低。為此，美國 Lumileds 公司於 2000 年率先在 AlInGaN LED 中採用了覆晶結構（flip-chip），這種封裝結構既有利於散熱，又有利於提高發光效率。藍寶石襯底位於元件上面，從 pn 接面有效區的電子——電洞對複合發出的光線，透過透明的藍寶石襯底，經 LED 發射出去，避免了 p 型、n 型歐姆接觸電極吸光和鍵合引線遮擋光線的問題，使外量子效率和出光效率比正面出光提高了 1.6 倍以上，達到 21% 左右。另外，由於無需考慮歐姆接觸層（電極）的透光性，其厚度可以增加到 50nm，從而可以改善注入電流擴散的問題，減少電流在它上面的電壓降。同時，由發光有效區發出的光，被歐姆接觸層反射回去，可以提高出光率。因此，這種倒裝結構的 LED 發光效率明顯提高，而且散熱效果非常好，所以被普遍應用在大功率白光 LED 中。

4.8.2 綠光 LED 和藍光 LED 涉及的各種技術

如圖 4.37 所示，主要技術為：

(1) p 型單晶製作技術：pn 接面是 GaN 基 LED 的核心部分。對 GaN 的 n 型摻雜比較簡單，因為 n 型摻雜劑 Si 比較穩定，而 p 型摻雜劑主要是活性很高的 Mg，想要達到理想的 p 型摻雜是很困難的。一般摻入 Mg 後，得到的是高阻材料，必須經過退火才能得到 p 型材料。

(2) 高效率發光層製作技術：在優化條件下退火，能提高薄膜的晶體品質，改善材料的光學和電學特性，降低金屬／GaN 歐姆接觸（ohmic contact）的特徵接觸電阻（specific contact resistance）；不恰當的退火反而產生相反的效果。因此，需要根據襯底的種類和目的的不同，選擇合適的溫度和時間進行技術優化。良好的歐姆接觸也是藍光 LED 製造中的基礎和關鍵，因為不良的歐姆接觸會嚴重降低電子元件的性能。選擇優化退火條件，可以大大減少金屬／GaN 歐姆接觸的特徵接觸電阻，提高 LED 電光轉換效率。

(3) n 型導電性控制技術：目前，用於 GaN 系磊晶生長的最廣泛採用方法是 MOCVD。相對於 HVPE 而言，MOCVD 的有機金屬原料具有多種選擇，且原料純度、來源、價格、穩定性及處理便利性等均有保證。且 MOCVD 的化學反應是不可逆的，反應副產物不具有腐蝕性。相對於 MBE 而言，MOCVD 運行不需要高真空，可在大氣壓下工作，系統價格低、操作簡、維修方便。相對於 LPE 而言，MOCVD 不需要溶劑，而且膜層品質高，便於製作多元化合物半導體膜層及進行所需要的摻雜

(4) 高品質單晶製作技術：GaN 系薄膜一般是在藍寶石基板上經異質磊晶生長而成的。Al_2O_3 塊體單晶的生長，最早是採用 Verneuil 法，日本主要以 EFG 法為主，世界上主要以柴氏法（CZ, Czochralski）為主。目前最受關注的是，以俄羅斯為中心的泡生法。除此之外，還有 HDC 法、HEM 法、坩堝下降法等。

不同驅動電流下 UV LED 的發光光譜，如圖 4.38 所示。

4.8.3 最高效率的紅光 LED 工作模式

1962 年，任職於通用汽車公司（General Motor）的 Holonyak 博士，以 III-V 族化合物半導體 GaAsP 材料研製出可商品化的 LED，發光效率僅為 0.1lm/W。1975 年以後，利用液相磊晶生長的 GaP/ZnO 紅色 LED 等相繼研製成功。1985 年以後，日本研究使用 AlGaInP 系統，作為可見光波段雷射用材料，發光

層為 AlGaInP/GaInP 的雙異質接面結構，皆有四元 III-V 族化合物半導體中四種組元比例的調配，成功做出 625、610、590nm 紅、橘、黃波段的 LED，此外，相對於 GaAsP 做出的 LED，AlGaInP LED 在高溫、高濕的環境下有更長壽命，所以取代 GaAsP 成為紅光使用的主要材料。

1990 年以後，LED 的發光效率（luminescent efficiency）飛速提高。對於構成紅光 LED 的 AlGaInP 來說，可以採用與之晶格匹配的 GaAs 基板，若 LED 製作中不出現品質問題，內部量子效率可能達到 90% 以上。但由於 GaAs 的能隙與紅外線相對應，可見光全部被吸收，從而不能取出可見光，且 AlGaInP 半導體的折射率很大，在 3.5 以上，因此全反射角很小，致使光取出效率非常低。使 GaAs 基板剝離，將剝離後的 LED 貼附在對紅光透明的 GaP 上，進一步正在基板背面形成斜面，用以提高光取出效率等，由此實現了超過 50% 的外部量子效率。至此，紅光 LED 的發展已漸趨成熟穩定。

由視感度曲線及 LED 發光效率同峰值波長的關係曲線可知，AlGaInP 系的發光效率大約在黃／橙光處達到最大，最大值接近 100lm/W。而 AlGaInN 的發光效率大約在青／綠光處達到最大，但最大值略小於 AlGaInP。由視感度曲線可知，在 555nm 下發光效率的理論極限值是 633lm/W，目前紅光 LED 材料的最大發光效率與這個極限值還差得很遠。

4.8.4　LED 元件各種效率的定義

III-V 族化合物半導體 GaN 單晶一般以纖鋅礦（wurtzite）或是閃鋅礦（zinc blende）結構存在，其帶隙寬度在 3.29 ～ 3.39eV，與發光波長 377 ～ 366nm 的紫外線相對應，載子複合發光為直接躍遷型，發光效率高，特別是他的化學性質極其穩定，是一種理想的半導體固體發光材料。但是也存在難以獲得大塊基板材料、很難製作 p 型單晶等問題。藍寶石是最常用的襯底材料，其優點是價格低、利用率高，薄膜生長前做簡單處理即可，缺點是晶格常數（lattice constant）和熱膨脹係數與 III 族氮化物存在不同程度的失配，不僅對磊晶膜的生長帶來困難，對電子元件的特性乃至壽命等，也有不利的影響，並且藍寶石是絕緣的，只能採用單面引出電極的結構，如圖 4.39 中所示。由於藍寶石的硬度高、導熱性能差，只是電子元件加工比較困難。但目前藍寶石作為 GaN 藍光 LED 原件的磊晶基板，仍占有統治地位。

圖 4.40 表示決定 LED 效率的各種因素。LED 的效率 η_{wp} 可按下式給出：

$$\eta_{wp} = P_{out} / I\,V = \eta_v\,\eta_{ex} \quad , \quad \eta_{ex} = P_{out} / I\,V_a = \eta_i\,\eta_{extr} \qquad （4\text{-}4）$$

式中，P_{out} 為主動區的輻射光功率，I 為注入電流。η_v 為電壓效率，η_{ex} 為外部量子效率，η_i 為內部量子效率，η_{extr} 為光取出效率。V_a 為施加於活性層的電壓，V_a 表示大致與活性層的能帶間隙電壓相等。η_v 和 η_i 分別由下式給出：

$$\eta_v = V_a / （V_a + IR_s） \quad , \quad \eta_i = I_{sp} / （I_{sp} + I_{nr} + I_{overflow}） \qquad （4\text{-}5）$$

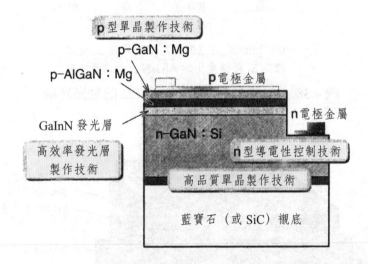

圖 4.37　綠色 LED 和藍色 LED 涉及的主要技術

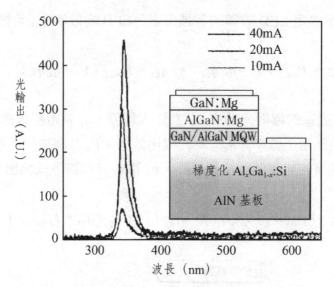

UV LED 是在（0Ī12）AlN 單晶上通過
摻雜 Si 而梯度化的 AlGaN 上磊晶形成的

圖 4.38　不同驅動電流下 UV LED 的發光光譜

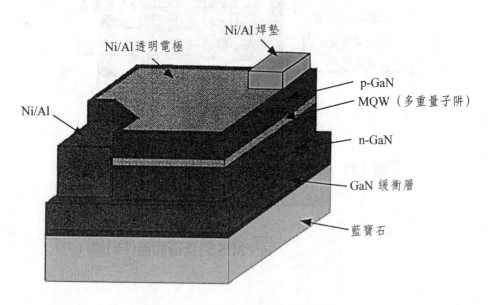

圖 4.39　藍光 LED 元件的結構

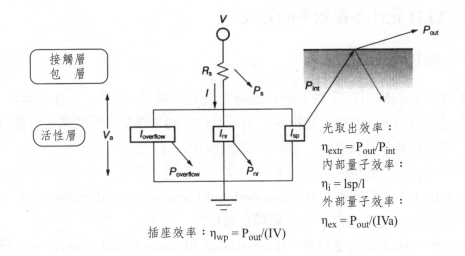

圖 4.40 LED 元件各種效率的定義

4.9 白光 LED 元件結構和發光效率

4.9.1 多晶片型和單晶片型白光 LED

實現白光 LED 的方法有許多種，目前在技術上最成熟的一種是在藍光晶片上塗敷發黃光和（或）發紅光的螢光粉，通過藍光與黃（紅）光的混合，實現不同色溫和顯色指數的 LED。大功率白光 LED 的實現方法主要有兩種，一是直接封裝大功率 LED 晶片，典型的以 Lumileds 公司為代表，1W 和 3W 大功率白光 LED 已經上市；二是通過封裝多個小功率晶片組合成大功率。目前第二種方法比較適合中國國情，因為大功率晶片到目前為止還沒有國產化，從國外或臺灣進口，價格很高，而小功率晶片國內貨源充足，組合成同樣的功率，其價格相對較低。除此之外，多晶片整合型白光 LED 還有獨特的優勢：通過不同的串並聯組合，可以實現各種不同的額定電壓和電流，更好地適應驅動器設計，提高整體發光效能，降低成本；單位面積的晶片數可多可少，可以封裝成各種不同的點和面光源。主要缺點是體積偏大，由於多點發光，二次光學設計的難度加大。

多晶片型白光 LED 如圖 4.41 所示。單晶片型白光 LED 如圖 4.42 所示。

4.9.2 LED 元件各種效率的定義

1. 發光（輻射）效能的定義

首先，必須修正對這個術語的誤解，發光（輻射）效率（efficiency）用在此文中是不妥的，因為效率是指無量綱（單位）的物理量，而此處是有量綱的。所以，正確的稱呼是「發光（輻射）效能（efficacy）」。

發光（輻射）效能的定義如下：

(1)CIE（國際照明委員會，International Comission on Illumination）定義：LED 發出的光通量（輻射通量）與耗費電功率之比。

(2)IEC（國際電工委員會，International Eletrotechnical Comission）定義：LED 發出的光通量（輻射通量）與耗費正向電流之比。

2. 發光強度的測量距離

CIE 規定了發光強度的測量距離有兩種：遠場（條件 A）為 316mm，對應的立體角（steradian）為 01001Sr；近場（條件 B）為 100mm，對應的立體角為 0101Sr：兩者之間可以相互轉換，遠場測量結果乘以 10 就得到近場測量結果。

IEC 規定的測量距離僅為近場（條件 B），立體角 < 0101Sr。

對測量距離，CIE 明確規定從 LED 的外殼頂端到光探測器的靈敏面。而 IEC 規定得比較模糊。

4.9.3 最初的白色 LED 的實現方式

在市場上最早出現可見光發光二極體是在 1969 年前後，當時的發光色只有紅色，發出的光也遠沒有現在這樣強。即使如此，可見光發光二極體的出現，乃是人們長期努力的結果，具有劃時代的意義。

最初的發光二極體只有發紅光的，而後是黃綠色、綠色，進一步經過較長的時間（1993 年）才是藍色。至此，RGB 三原色，進而所有的可見光色，均可由發光二極體實現。

這是因為藉由使二極體發出的 RGB 三原色混合，就可以實現所有的彩色光。例如，綠和藍混合可以合成藍綠色彩光；綠和紅混合可以合成黃色彩光；而綠、藍、紅三個發光二極體組合，則可以合成白色光等。

實際上，目前已投入市場的，無論是用於液晶顯示器背光源、LED 室外顯

示大面板、還是白光 LED 照明器具的白色發光二極體，所採用的不外乎是兩種發光方式。一種是所謂的 RGB 方式，其中紅、綠、藍三種發光二極體分別發光，各自分別配置電路控制系統，LED 室外顯示大面板就採用這種方式；另一種稱為螢光體方式，它是採用藍光或近紫外線發光二極體，使其發出的光照射螢光體進行波長變換，進而產生白色光的方式。但這種白色光仔細看起來，係為多少帶些青藍色的白光，因此稱其為擬似白色光等。圖 4.43、圖 4.44 是為說明白色 LED 原理構造的示意圖。

4.9.4　輻射量與測光量間的對應關係

光的強度若單純地以每單位波長的光子數表示，當入射數相同時，光的強度也相同。但是，若物件是人的眼睛，則情況並非這樣簡單。因為人的眼睛在亮的環境下，對綠色有更強的感知，而對紅色和藍色的感知要弱得多。表示人眼對不同波長感度的特性稱為視感度。視感度在亮的環境（亮處）和暗的環境（暗處）有若干差異，且每個人的視感度也不盡相同。

亮處的標準比視感度曲線在波長 555nm 處出現峰值，相對於此的短波長側和長波長側，視感度都明顯下降，如 450nm 的藍光為 0.038，而 700nm 的紅光為 0.004。再看暗處的標準比視感度曲線，是整體向短波長側移動，其中峰位移至 507nm 處。如此，以每單位波長的光強度（＝分光輻射強度），經過人眼強度濾波後，即為分光光度（luminosity）（單位是 cd/m^2）。雖然輝度計是測量輝度的裝置，但將測量得到的分光輻射強度再經演算以估計亮度（luminance）的儀器也是有的，不過便宜的一種是利用濾波器進行視感度校正，而且亮度單位不用 cd/m^2，更多的是採用 nt（$nt = cd/m^2$）。

假設發光材料相同，且只測定正面輝度，則可進行大致的比較。一定電流流過時的輝對比，即單位電流的輝度 cd/A 的表現是重要參數。當元件結構有大的變化，或發光材料變化的情況不是採用亮度，而是採用外部量子效率來評價。

著眼於光子（photon）的測量方法也十分重要，但這種測光基礎是利用光通量的性質（測光量並非純粹的物理量，而是含有人感覺、感性的量）。從光源的光束發散度是以流明（lumen）平方米（lm/m^2）為單位。離光源距離為 r(m) 處的照度，等於光度除以距離的二次方。

式中，R_s 為包括接觸層、包覆層的電阻與電極／接觸層的接觸電阻在內的串聯電阻的總和，I_{sp} 為自然發射複合電流，I_{nr} 為非發光複合電流，$I_{overflow}$ 為從

活性層流向包覆層的溢流電流。在不溢流的情況下，內部量子效率由 I_{sp} 和 I_{nr} 之比決定。光取出效率 η_{extr} 與 LED 內部的發光在光取出面不發生全反射（total reflection）部分的比例有關，與表面及背面的反射率有關，還與光吸收層及電機結構等元件構造因素相關。

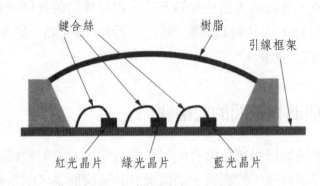

鍵合絲　　　樹脂　　　　引線框架

紅光晶片　綠光晶片　　藍光晶片

圖 4.41　多晶片型白色 LED

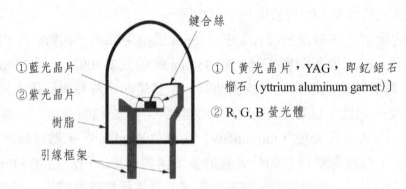

鍵合絲

①藍光晶片

②紫光晶片

樹脂

引線框架

①〔黃光晶片，YAG，即釔鋁石榴石（yttrium aluminum garnet）〕

② R, G, B 螢光體

註：①構成一種結構；②構成另一種結構。

圖 4.42　單晶片型白色 LED

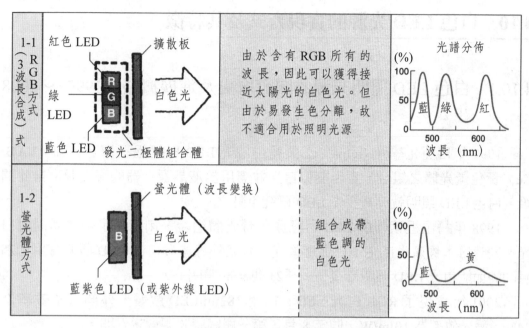

圖 4.43　白光發光二極體的原理圖

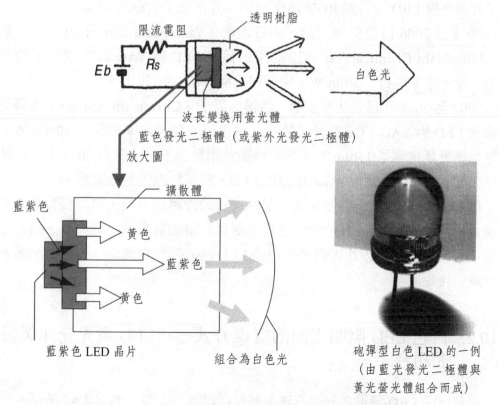

圖 4.44　採用螢光體方式的白光發光二極體模式圖

4.10　白色 LED 光源的實現方式及其特徵

4.10.1　白色 LED 照明光源的開發歷史及進展概略（1997 ～ 2008 年）

1997 年日亞化學（Nichia）工業藉由藍光 LED 與釔鋁石榴石／鈰（YAG/Ce）黃色螢光體之組合，實現擬似白光並應用於液晶顯示器的背光源。自此開始，白色 LED 照明就成為發光 LED 研究重點之一。

1998 年藉由近紫外線 LED 與三原色螢光體組合，創造出了半導體固體白光。同時日本經產省制定了以促進藍光，近紫外線激發白光 LED 照明實用化為目的的節能白光 LED 照明計畫——「21 世紀的照明」。

2001 年實現了 RGB 白光 LED。採用 382nmLED 激發，外部量子效率為 24%，發光效率為 10lm/W，同年 8 月，第一屆固態照明會議召開。

2001 至 2002 年豐田合成（Toyota Gosei）採用近紫外線 LED 激發的方式製作了近紫外線 LED 激發的 RGB 白光 LED。外部量子效率為 43%。

2003 至 2006 日亞化學工業、山口大學（Yamaguchi University）、三菱化學（Mitsubishi Chemical）研製出了採用藍光 LED 與 YAG 螢光體為主的白光 LED。發光效率達到了 50lm/W，平均顯色指數在 90% 以上。

2007 至 2008 年日亞化學工業、西鐵城電子（Citizen Electronics）等研製出了藍光 LED 與 YAG：Ce 為發光體的近似白色，發光效率達到了 100lm/W，實驗室水準更是達到了 150lm/W。但平均顯色指數有不足，只有 60 左右。同時，山口大學等研製出了高顯色 RGB 白色 LED，其平均顯色指數高達 99 ！

以 LED 產生的藍光為激發源，配合適當的光轉換材料，可得到發光效率高和適合於照明的白光 LED。這類白光光源具有驅動電壓低、壽命長、能耗低、無污染等諸多優點，因此人們預估白光 LED 必將替代白熾燈、螢光燈，成為新一代照明光源。

4.10.2　白色 LED 照明光源的實現方式──LED 發光元件與螢光體組合

目前，由 LED 獲得白光的方法主要包括以下三大類，如圖 4.45 所示。

1. 藍光 LED 晶片，與黃色螢光體或綠色螢光體、紅色螢光體相組合。這是

目前最為一般的方法，市售照明用白光 LED 幾乎都用此方法構成，下面以藍光 LED 與 YAG 黃色螢光體相組合為例，說明其獲得白光的原理，首先 LED 晶片發出藍光，藍光照射在晶片周圍的螢光體層，一部分藍光激發螢光層，使其發出黃色螢光。另外一部分藍光與黃色螢光相補，充分組合後，人的眼睛就會看到白光。紅綠兩色螢光體的 LED 光源，其具體原理相仿。

2. 近紫外線 LED 晶片與螢光體相組合。這種技術的發光原理與三波長螢光管相似，採用近紫外線作為激發源，同時激發紅綠藍三色螢光體，組合後最終發出白光。

3. 直接用紅綠藍三原色發光 LED 透過混色實現白光。依據光的三原色原理，只要同時發出紅綠藍三種顏色，經過混色之後便會得到白光。原理較為簡單，但是要通過此方法實現均勻混色卻是較為困難的。

4.10.3　實現白色 LED 發光的不同方式及其特徵

表 4.3 列出從 1997 年到 2008 年大約 10 年間，由藍光 LED、近紫外線 LED 與螢光體相結合的白色 LED 光源的開發歷程。具有 400nm 前後發光波長的近紫外線 LED 之製作及其高效率的研究，是從 1998 年開始的。

目前，採用 LED 實現白色的方法主要分兩大類。一類如圖 4.46(a) 所示，僅由三種半導體 LED 晶片（紅、綠、藍）相結合，使之產生白色的方法；另一類分別如圖 4.46(b) 和圖 4.46(c) 所示，利用 $In_xGa_{1-x}N$（x 是分比，$0 < x < 1$）係藍色 LED 或近紫外線 LED 發光與受激螢光體發光的混合，獲得白色效果的方法。

對於採用 RGB 三色 LED 晶片的情況來說，如圖 (a) 所示，為使其發生白光，每個 LED 都必須配置保證各色 LED 發光強度相平衡的電源電路。另外，由於每個 LED 的發光特性不同，往往會在照射面上產生不均勻的混色效果，因此作為照明光源是不適合的。

現在，作為砲彈型白色 LED，已採行商品化的方式問世，如液晶顯示器背光源（BLU）、照明和壁面顯示器等。對於人的眼睛來說，藍光和黃光混合可以見到白光（擬似白光）。但互為補色關係的藍色和黃色會出現色相分離的效果，且顯示很強的色度與溫度、電流的相關性，造成綠色及紅色成分不足，從而產生顯色性不足的問題。欲改善這些缺點的組合，可利用藍光 LED 激發，使黃光和紅光螢光體或綠色和紅光螢光體發光。

作為光源，要求發出高品質的光。這是因為我們觀看物體時，實際上看到的是反射光。光源的光譜作用於物體表面，經反射到達我們眼中。這種現象稱為

「顯色」（又稱演色，通常用平均顯色性評價指數來表徵）。一般平均顯色指數簡記做 Ra 或 CRI（color rendering index）。如果光源發出的光不與白熾燈泡（incandescent lamp）發出的光或太陽光譜（solar spectrum）相近，則物體的顯色效果就會有別於通常所見。

近紫外線激發白色 LED 的發光原理，從利用近紫外線使螢光體發生光致發光過程，變換為可見光這一點來講，與三波長螢光管相似。這種技術可以獲得更高品質的燝光。

對於上述兩種方式螢光體變換型白色 LED 來說，白光發生原理在本質上是不同的。藉由藍光 LED 和黃光螢光體的白光方式，從藍光 LED 發出純藍色（頻譜更窄的藍光），對於白色構成是不可缺少的要素，但其受溫度及驅動電流的強烈影響。相比之下，由於近紫光的作用僅是激發螢光體而不是直接構成白光的成分，因此可以獲得充分的混色特性及均勻的配光分佈。

藍光 LED 系補色擬似白色 LED，RGB 擬似白色以及近紫外線 LED 雷射型三波長 LED 等三種螢光體型白色 LED，藉由藍光 LED 激發螢光體的變換方式，可以製作出從「冷」白光到「暖」白光的白色 LED。對於由近紫外線激發方式的白光來說，由於其頻譜覆蓋可見光整個範圍（380 ～ 780nm），因此有可能創造出與白熾電燈相近的連續光譜，特別是它還像螢光管那樣，含有 405nm 左右的紫光成分。

4.10.4 幾種白色 LED 光源的特性及應用比較

按照製造方式，白光 LED 主要有三種：紅、綠、藍（RGB）多 LED 晶片組合型白光 LED、有機白光 LED 和螢光下轉換型白光 LED。

表 4.3　白色 LED 照明光源的開發歷史及進展概略（1997 ～ 2008 年）

年代	開發內容	企業・研究機構・備註（用途等）
1997	藉由藍光 LED（～ 465nm）與 YAG：Ce 黃色螢光體相組合，實現了擬似白色（大約 5lm/W）	日亞化學工業（株）（液晶顯示器所用的背光源）

續表 4.3　白色 LED 照明光源的開發歷史及進展概略（1997 ～ 2008 年）

年代	開發內容	企業・研究機構・備註（用途等）
1998	藉由近紫外線 LED（400nm 左右）與 3 原色（RGB）螢光體相結合，創造出真正意義上的（半導體固體）白色發光 目標值 ・外部量子效率（η_e）：40% ・白色 LED 的發光效率： 　60 ～ 80lm/W（2003 年） 　120lm/W（2010 年） ・平均顯色評價數（Ra）：90 以上	由日本經產省、NEDO 依據防止地球溫暖化京都議定書制訂的節能白色 LED 照明規劃「21 世紀之光」，以促進藍光、近紫外線激發白色 LED 照明的實用化為目的
2001	RGB 白色 LED 　（382nmLED 激發，24%10lm/W）	「21 世紀之光」 SPIE（USA）第 1 屆固態照明會議召開（2001 年 8 月，SanDiego）
1991～2002	RGB 白色 LED 　（近紫外線 LED 激發）外部量子效率：43%（405nm）	・豐田合成（株） ・GE（Gelcore,GElighting）「21 世紀之光」
2003 2005 2006	30 ～ 60lm/W，Ra > 90 50lm/W（藍光 LED 與 YAG 螢光體） $\eta_e \approx 44\%$（405nm），40lm/W 以上 Ra > 98	「21 世紀之光」日亞化學工業（株） 文科省「知識群體創生事業」 山口大學、三菱電線工業（株）、三菱化學（株）
2007～2008	藍光 LED 與 YAG：Ce 擬似白色 > 100lm/W，Ra ≈ 60 　（實驗室水準：150lm/W 以上） $\eta_e \approx 70\%$（450nm）	・日亞化學工業（Nichia）（株），西鐵城電子（株）等 ・Philips Lumileds, Cree ・Osram OS
	高顯色 RGB 白色 LED $\eta_e > 50\%$（450nm），80lm/W Ra > 99	山口大學、三菱電線工業（株）、三菱化學（Mitsubishi Chemical）（株） 第一屆白色 LED 和固態照明國際會議召開（2007 年 11 月，Tokyo）

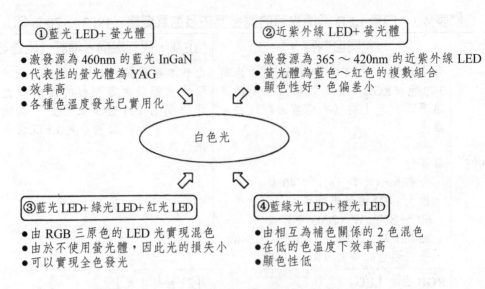

圖 4.45 藉由 LED 實現白色發光的方式

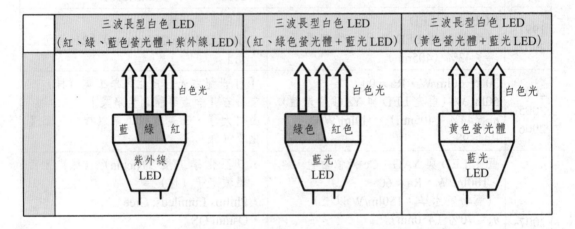

圖 4.46 實現白色 LED 的發光元件與螢光體的組合

4.11 白色 LED 的發光效率和色參數

4.11.1 白色 LED 的構造和發光效率的構成要素

白光 LED 的構造從內向外依次為：藍光 LED 晶片，主要作用是在電場的激發下產生藍光；YAG 螢光體，主要作用是在部分藍光的激發下產生黃光，

進而與剩餘藍光複合產生白光；透明樹脂封裝，主要作用是保護內部元件。作為核心的藍光 LED 晶片又依次由以下幾部分組成：藍寶石基板、GaN 過渡層（transition layer）（過渡層）、n-GaN：Si（n 型半導體）、$In_xGa_{1-x}N$〔（活性層（active layer）或量子阱（quantum well）層，在此處電洞與電子複合發出藍光〕、p-GaN：Mg（p 型半導體）、透明電極、電極焊墊等部分組成。

　　根據藍光 LED 晶片 YAG 螢光體的結構，可知決定 LED 發光效率的關鍵要素主要有以下幾點：(1) 晶片效率。主要取決於內部量子效率，即量子阱中電子和電洞複合之後發光的數量與總的複合數量比（有部分複合並不發光）。可以通過提高半導體的結晶性來改善。還有光取出效率。(2) 螢光體效率。主要取決於螢光體的量子效率和螢光體層的吸收。(3) 封裝效率，主要取決於光取出效率和散熱性能。LED 光源效率用公式表達如下：

$$\eta \text{ [lm/W]} = K \times (P_{output}/P_{input}) = K \times \eta_{PKG} \times (X + (1-X) \times \eta_{phos}) \times \eta_{wpe} \qquad (4\text{-}6)$$

式中，P_{output}：發射光功率 [W]；P_{input}：輸入電功率 [W]；K：發射的視覺效果度 [lm/W]；X：白光中藍光成分。如圖 4.47 所示。其所涉及的五大關鍵材料，如圖 4.48 所示。

4.11.2　InGaN/YAG 白色 LED 的發光色，光譜及顯色評價指數 Ra

　　在 InGaN 藍光 LED 與螢光體產生白光的場合下，對 YAG 螢光體的濃度和組成進行調整，可以得到一系列色溫不同白光的色度點。如圖 4.49 所示，連接左下角的 InGaN 藍光色度點與不同 YAG 螢光體各色度點（圖中右上角圓弧各點）的直線上顏色都可以實現，色溫度從 2850K 到 15000K 附近，從紅光成分多、富於溫暖舒適感的暖白光，到藍白色、高輝度、顯得嚴肅高冷的冷白光，都可以很容易的實現。

　　色溫（color temperature）是光源顏色的一種表示方法。當光源所發出的光的顏色與黑體在某一溫度下的顏色相同時，此一黑體的溫度稱為光源的顏色溫度，簡稱為色溫。

　　顯色性（color rendering）是另外一個評價光源的指標，它是指光源的光照射到物體上所產生的客觀效果和對物體真實色彩的顯現程度，顯色性高的光源對顏色的表現較好，所看到的顏色接近自然原色，反之，顯色性低的光源就不是那

麼理想了。顯色性通常用顯色指數（color rendering index）Ra 表示，Ra 範圍在 0 到 100 之間，Ra 值越高，顯色性越好。

4.11.3 CIE 色度學座標及色組合的實例

CIE 色度學座標是國際照明委員會在 1931 年制定的色座標系統。此系統以三原色混色原理為基礎，用虛擬三原色（X）、（Y）、（Z）分別代表紅、綠、藍三原色，則任一種顏色的光（C）可以表示為：

$$C = X(X) + Y(Y) + Z(Z) \tag{4-7}$$

式中，X、Y、Z 稱為三色刺激值，它們可以計算出來，而色座標由它們的相對值來決定。即：

$$x = X/(X + Y + Z)$$
$$y = Y/(X + Y + Z) \tag{4-8}$$
$$z = Z/(X + Y + Z)$$

這三個新的量只表示顏色光的亮度，稱為色座標。又由於

$$x + y + z = 1 \tag{4-9}$$

所以，只要知道座標中的兩個值，就可以知道第三個值，並確定特定色彩，故可用一個平面圖來表示顏色光的色度。

在色度圖上任意兩種色度的光，可以通過調節組成比例得到它們連線上的任意一種顏色，作為兩種互補色的光，可以組合出白光。

4.11.4 LED 的分光分佈實例

由於人類在長期進化過程中所接收到的光源一直都是太陽光，所以人眼最適宜接受的照明光源必須與太陽光光譜有較高的相似性，具體來說，評價白光照明光源的主要指標有以下幾點：(1) 白光 LED 光通量和輻射通量；(2) 白光 LED 光

譜功率分佈；(3) 白光 LED 色品座標（chromaticity coordinate）；(4) 白光 LED 色溫和顯色指數；(5) 白光 LED 可靠性和壽命。

　　白光 LED 光通量和輻射通量是指發光二極體於單位時間內發射的總電磁能量，稱為輻射通量（radiation flux），也就是光功率（W）。LED 的光譜功率分佈表示輻射功率隨波長的變化函數，它既確定了發光的顏色，也確定了它的光通量以及它的顯色指數。

　　對於白光 LED 等發光顏色基本為「白光」的光源用色品座標（chromaticity coordinate），可以準確地表達該光源的表觀顏色。但具體的數值很難與習慣的光色感覺聯繫在一起。人們經常將光色偏橙紅的稱為「暖色」，比較熾白或稍偏藍的稱為「冷色」，因此用色溫來表示光源的光色會更加直觀。

　　同時在照明工程中的 LED，尤其是白光 LED 中，除表現顏色外，還有一個更重要的特性。周圍的物體在 LED 光照明下所呈現出來的顏色，與該物件在完全輻射（perfect radiation）（如日光）下的顏色是否一致，即所謂的顯色特性。

　　一般來說，採用藍光激發的白光 LED，色溫度大約在 7000K 左右，屬於冷色調，平均顯色指數大約在 80 左右，更重要的是，藍光激發白光 LED 在整個可見光區內分佈不均，尤其是在長波長色段內分佈很少，導致藍光激發白光 LED 還不能有效的作為照明光源使用。

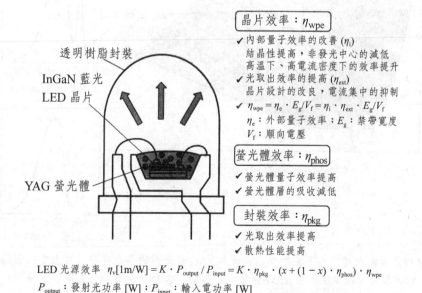

LED 光源效率　$\eta_v[\text{lm/W}] = K \cdot P_{output} / P_{input} = K \cdot \eta_{pkg} \cdot (x + (1-x) \cdot \eta_{phos}) \cdot \eta_{wpe}$

P_{output}：發射光功率 [W]；P_{input}：輸入電功率 [W]

K：發射的視感效果度 [lm/W]（LED 值—— Luminous Efficacy of Radiation）

x：白光中的藍光成分

圖 4.47　白光 LED 的構造與發光效率的構成要素

(1) 磊晶基板材料，包括藍寶石、SiC、AlN、GaN、β-Ga_2O_3 單晶基板。

(2) LED 晶片材料，包括Ⅲ-Ⅴ族化合物半導體發光層、過渡層（緩衝層）、包覆層（阻斷層）及量子阱層等。

(3) 螢光體材料，包括高發光效率的藍光激發和近紫外線激發的螢光體材料。

(4) 改性的環氧樹脂及矽樹脂材料

(5) 高導熱基板材料，包括高熱導複合材料基板、金屬芯基板、陶瓷導熱基板材料等。

圖 4.48　白光 LED 固態照明元件涉及五大關鍵材料

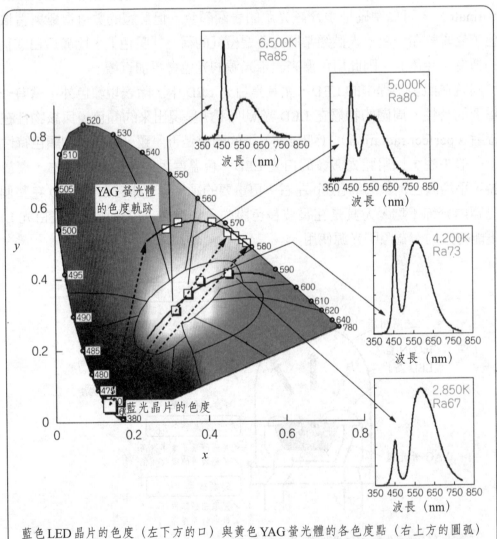

藍色 LED 晶片的色度（左下方的口）與黃色 YAG 螢光體的各色度點（右上方的圓弧）連線上的色都有可能實現。依 YAG 的組成比不同，其發光色各異（在圓弧上移動）。圖中除給出色溫度為 2850K 的情況之外，還表示出三種不同組成下的發光色、光譜、色溫度和 Ra。

圖 4.49　InGaN/YAG 白色 LED 的發光色、光譜及顯色評價指數 Ra

4.12　如何提高白色 LED 光源的色品質

4.12.1　眼球構造及視神經細胞

如圖 4.50 所示，分二部分：

(1) 人眼的構造：物體表面反射或透射特定波長的某些光波，眼睛接收到這些信號，並產生相應的視覺信號傳送至大腦，經過大腦的分析與組合，得到最終的三維影像。這套視覺系統的主要感覺器官是眼睛。視網膜分佈在眼球內底部，是眼睛感光部分，視網膜中心處的小窩是富含視錐細胞（cone cell）和視桿細胞（rod cell）的核心區域，對光有著高度的敏銳性。角膜（cornea）是一個透明薄膜，形同照相機的鏡片，負責 70% 的聚光任務。虹膜（iris）根據光刺激眼睛的程度擴張與收縮瞳孔，進而控制進入的光量。水晶體（crystal）完成剩餘的 30% 的聚光任務。光通過一系列的折射最終到達視網膜，視網膜上的感光細胞利用光色素吸收可見光並轉換為神經能量，刺激視神經。

(2) 視神經細胞：視神經細胞主要包括以下兩種：①視錐細胞。視錐細胞主要負責明亮視覺，根據吸收可見光的種類，可分為紅綠藍三種不同視錐狀細胞。人眼所見的物體顏色，即按照這三種細胞感受到的光能量相對強度，組合成我們所能感覺到的色彩範圍。②視桿細胞。視桿細胞較為容易看到微弱的亮光，因此，在極低光照環境下，人眼只能依靠桿狀細胞，此時即為暗視覺。

4.12.2　白色 LED 光源的優點及實現白色 LED 發光的方式

LED 光源的優點如圖 4.51 所示，主要有以下幾點：(1) LED 發光原件體積小、重量輕，可以做得十分緊湊；(2) 防潮、抗震動。由於 LED 的外部多採用環氧樹脂來保護，所以密封性能和抗衝擊的性能都很好，不容易損壞。它可以應用於水下照明；(3) 耗電量低：光效為 75lm/W 的 LED 較同等亮度的白熾燈耗電減少約 80%；(4) 壽命長：產品壽命長達 5 萬小時，24 小時連續點亮可用 7 年；(5) 亮度和色彩的動態控制容易：可實現亮度連續可調，色彩純度高，可實現色彩動態變換和數位化控制；(6) 環保。無有害金屬汞，無紅外線和紫外線輻射。

目前，由 LED 獲得白光的方法，主要包括以下三大類，如圖 4.52 所示。

(1) 當前形成白光 LED 的主流方案，採用 GaN 基藍光 LED 晶片激發 YAG:Ce^{3+} 黃色螢光粉，可以獲得光通量和發光效率較高的白光 LED，但其色溫

較高,而顯色性較差。

　　(2) 在黃色螢光粉中添加紅色螢光粉,由於光譜中紅色成分的增加,降低了白光 LED 的色溫,同時提高了元件的顯色性。這種方法的優點在於驅動電路簡單,空間混色比較方便;缺點在於目前紅色螢光粉的量子效率較低,致使白光 LED 元件的整體發光效率不高。

　　(3) 採用藍光 LED 晶片激發黃色螢光粉,同時用紅光 LED 進行補償,通過調整藍光和紅光 LED 晶片的工作電流以及螢光粉的用量,也可獲得低色溫和高顯色性白光 LED。由於避開了低效率紅色螢光粉的使用,元件的發光效率相對較高,因此這一途徑是目前製造低色溫、高顯色性白光 LED 比較可行的方法。

4.12.3　幾種白色光源發光光譜的對比

　　有機 EL（organic electro-luminance）是指有機發光的電子板。定義雖然很籠統,但是包含範圍非常廣,比如有機發光二極體、發光聚合物等利用有機 EL 通過物理發光現象的所有有機物之統稱。其原理跟 LED 大致相同,只不過使用的是具有二極體功能的有機化合物。由於有機 EL 是面發光,比無機 LED 和 EL 易於實現白色發光,但使用這種光源所產生的白光集中在藍綠兩色,偏冷色調。

　　無機 EL 的發光機制為:絕緣層與發光層介面隧穿的電子以及發光層雜質、缺陷電離的部分電子在電場作用下加速並碰撞發光中心,引起發光中心的激發或離化,從而實現可見光的發射。已開發的發光材料有硫化物和氧化物兩大系列,其中實現產業化的是硫化物材料,這種光源的光譜集中於 500nm 左右,分佈相對來說比較均勻,但還是在長波長區段分佈較少。

　　藍光激發 LED 白色光源正如上述所討論的,光譜分佈很不均勻,集中在短波長的冷色光區段,不再贅述。

　　螢光燈（fluorescent lamp）即低壓汞燈,是利用低氣壓的汞蒸氣在放電過程中輻射紫外線,從而使螢光粉發出可見光的原理發光,由螢光燈的發光機制可見,螢光粉對螢光燈的品質產生關鍵作用。目前人們將能夠發出人眼敏感的紅、綠、藍三色光的螢光粉,按一定比例混合成三基色螢光粉。它的發光效率高,平均光效在 80lm/W 以上,約為白熾燈的 5 倍,色溫為 5000K 左右,顯色指數在 85 左右,是目前相對來說比較好的照明光源。

4.12.4 幾種常用光源的發光原理

目前常用的光源主要有白熾燈泡、鹵素燈泡；螢光燈；高強度前照燈 HID（high intensity discharge，氣體放電式燈）；LED 燈等四種類型。

白熾燈泡採用鎢絲製作的雙層線圈，通以電流加熱，由熱輻射而引起光輻射。燈泡內面一般塗有光擴散性良好的白色塗層。白熾燈效率較低，轉化率一般在 10% 左右，大部分能量通過紅外線以熱能形式散發。

螢光燈一般形狀為直管型、環型和燈泡型等。發光原理如下：(1) 由高熔點金屬（鎢絲）發射熱電子；(2) 熱電子碰撞 Hg 蒸氣中的 Hg 原子；(3) Hg 原子受激發而發出紫外線；(4) 紫外線激發塗佈與玻殼內表面的複合螢光體材料；(5) 從螢光體發射可見光；(6) 透過玻殼向外發射紫外線、可見光和紅外線。

HID 燈的發光原理是在抗紫外線水晶石英玻璃管內，以多種化學氣體充填，其中大部分為氙氣與碘化物等，然後再透過增壓器將 12V 的直流電壓瞬間增壓至 23000V，經過高壓振幅激發石英管內的氙氣電子游離，在兩電極之間產生光源，這就是所謂的氣體放電。而由氙氣所產生的白色超強電弧光，可提高光線色溫值，類似白晝的太陽光芒，HID 工作時所需的電流量僅為 3.5A，亮度是傳統鹵素燈泡的三倍，使用壽命比傳統鹵素燈泡長 10 倍。

LED 光源的發光方式是藍光 LED 晶片，與黃色螢光體或綠色螢光體及紅色螢光體相組合。首先 LED 晶片發出藍光，藍光包覆於晶片周圍的螢光體層，一部分藍光激發螢光層，使其發出黃色螢光。另外一部分藍光與黃色螢光相補，充分組合後，人的眼睛就會看到白光。

由於發光方式的不同，以上各種光源發出的白光各不相同。

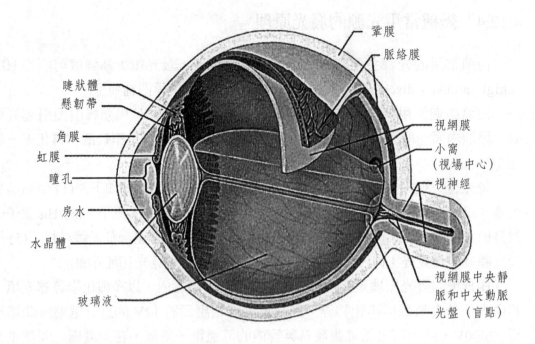

(a) 眼球構造

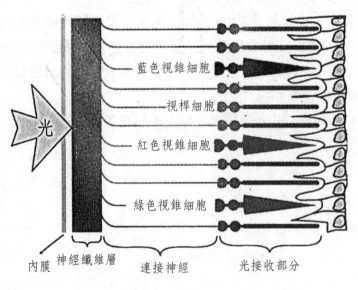

(b) 視網膜片感測器的細胞結構示意圖

圖 4.50　眼球構造及視神經細胞

使用便利　　　　　環境友好

小型·薄型·輕量
光源單元可以做得
十分緊湊

因振動性·耐衝擊性
因振動衝擊而發生
破損的危險性小

低溫起動性
在低溫環境下亦能
方便起動,且能發
揮充分的輝度特性

低消費電力

不需要高電壓

由於高頻雜訊引
發周圍裝置誤動作
等可能性大幅度降
低,因此可顯著

無 Hg
相對於冷陰極螢光燈
(CCFL, cold cathode
fluorescent lamp) 必須
採用微量的水銀而言,
LED 完全不採用水銀

圖 4.51　LED 光源的優點

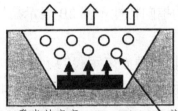

·發光效率高　　　　　　螢光體
·還有採用綠和紅二色螢光體
　的顯色性高的類型

(a) 藍光發光元件 + 黃光螢光體

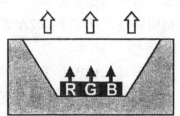

R、G、B 的三原色發光元件,
由於混色而得到白色光

(b)R、G、B 發光元件體

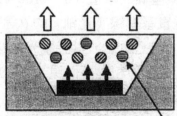

·藉由近紫外線發光元件,　螢光體
　利用 RGB 三色螢光體而
　獲得的白色光

(c) 紫外線發光元件 + 螢光體

圖 4.52　實現白光 LED 發光的方式

4.13　白色 LED 的指向特性及 LED 的應用

4.13.1　砲彈型白色 LED 光源的指向特性

不限於發光二極體，對於幾乎所用被稱為光源的器具來說，所發出的光都有照射方向。例如，太陽光、白熾燈光、螢光燈光、還有蠟燭光和螢火蟲（lighting bug）光等，發出的光都有方向性。也就是說，在某些方向得到的光強，而在另一些方向得到的光弱。這與發光部位的構造相關。對於砲彈型 LED 來說，發光面相反的一側則不能配光圖 4.53（圖 1A）。

與之相對，對於白熾燈泡來說，除去螺口部分，幾乎可以全方位地照射光（圖 1B）。如此，依光源發光部位的構造不同，出光特性各不相同。

那麼，發光二極體的指向（directional）特性又是如何呢？圖 2 表示發光二極體的指向特性。其中，圖 2A 表示砲彈型 LED 的指向特性，圖 2B 表示晶片型 LED 指向特性。

一般情況下，LED 的指向特性是藉由發光的輻射角 θ 來定義的，它與指向角相當。圖 3 表示該指向角的測定方向。如圖中所示，將 LED 固定在圓的中心，其光軸取角度 θ 為零的直線，使受光感測器（photo sensor, optical transducer）在該圓周上向左右方向轉動，用照度計測定每個旋轉角處的輻射強度，並按強度分佈做圖。

在這種情況下，圖 2 中橫座標的數值（0～100%）表示光輸出的相對值，最大值取 100%。而且，取垂直基準線（光軸）的 θ 等於 0°，分別向左右以 10° 的間隔從小到大變化，直到 90°。顯然，對於發光二極體來說，當指向角等於 90°（左右 180°）時，由於其砲彈型和小平面源（不同於白熾燈泡的點光源）的發射特性，將不能有光照射到。

另外，在查閱 LED 的產品樣本和說明書時，注意其中所說的指向角一般是指光輸出為 50% 的輻射角。

4.13.2　平面發光型白色 LED 光源的指向特性

對於發光二極體用於照明裝置的光源而使用的情況，若作為照射比較小面積的器具而用，可以將幾個砲彈型發光二極體相組合來實現。但是，這對於一般家庭 12m² 房間及客廳照明裝置中使用的場合，會出現各式各樣的問題，這是由於

發光二極體的性質，如光源的面積非常小、發光量小等所致，從而難以獲得大範圍內照射的散射光。也就是說，難以實現螢光燈及鹵素燈的使用效果。

對此的解決方法，是將砲彈型 LED 圖 4.54（圖 1）按矩陣（matrix）狀在平面上並排。但這種類型如圖 2 所示，由於指向性強而容易發生輝度不均勻效果。另外，即使採用圖 3 所示平面型 LED，其指向性的半角值，如圖 4 所示，也在 120° 左右。

再者，作為現在開發中的方法，將多個晶片尺寸大小的晶片排成直線（陣列）狀（圖 5）及平面陣列狀（圖 6），用以得到必要的照明面積。與此同時，在發光源之前的組合採用擴散板及波長變換用的螢光板等。但即便如此，也難以獲得螢光燈及鹵素燈那樣大光量、低價格的照明效果。

對此，曾經有不少人對發光二極體光源能否用於普通家庭照明裝置提出疑問。但隨著近年來在大面積化和高發光率方面獲得突破，並在提高顯色性、克服眩光性、降低色溫度和降低價格等方面取得進展，對上述疑問做出了肯定性的回答。目前，已有外形類似白熾燈泡、螢光燈管及吸頂燈（ceiling lamp）的發光二極體燈具投入市場，到 2015 年達到一定程度的普及，業內專家信心滿滿。

相比之下，發光二極體光源在醫療器械、精密測量等要求小面積、高亮度的領域，進展更為迅速。對於這些要求，採用圖 7 所示次微米尺度的面發光型發光二極體也已經開發出來。將成熟的微電子技術與發光二極體新領域的開拓相結合，將在新的應用領域大顯身手。

4.13.3　室外用大尺寸高輝度 LED 顯示器

在機場、車站、體育場、鬧市區，人們抬頭就可以看到顯示動畫的超大面板。這種顯示器不僅尺寸大，而且畫面鮮豔、明亮，在白天陽光之下也能清晰地看到。這便是高輝度 LED 顯示器。

由於 LED 顯示器的元件本身發光，不像液晶那樣需要背光源。由於元件主動發光，因此視角大、輝度高。即使在野外，也能欣賞到鮮明的畫面。但是，構成一個像素就需要 RGB3 色 LED 的組合，不僅控制電路複雜、價格昂貴，而且圖像解析度難以提高，小型化、薄型化困難。

2013 年 7 月，中國開發出 288 英吋全球最大的 4k 超高畫質 LED 電視。這種 LED 面板由 830 萬個 LED 燈組成，它們聚集在一起的熱量，相當於一個功率 1000W 的電熱爐發出的熱量，傳統的風扇散熱根本不能滿足散熱需求。採用在

每一個 LED 燈背面都貼上一個散熱板的「超靜音散熱技術」，可以大大提高散熱效果。

4.13.4　LED 光照溫室用於育秧和植物栽培

植物生長需要水分、適當的溫度和各種肥料，但要生成植物需要的營養成分，需要光合作用，離不開太陽光。所謂光合作用，是指具有葉綠素的植物，在可見光作用下，使吸收的二氧化碳與水分等合成為有機化合物。因此，如果這些條件充分滿足，會加速植物的生長發育。

但是，植物栽培一般是在室外進行，在這種情況下，往往會受到氣象條件的影響。如果遇到冷夏、水災、旱災、颱風等，則難以獲得好收成。

保證糧食安全的對策之一是，利用薄膜溫室大棚或在室內進行育秧和植物栽培。但是這種方式難以大面積推廣，不能從根本上解決糧食安全問題。

為解決此一問題，可在夜間或薄日時使用大量的照明燈。但是在這種情況下，要達到與日間同等程度的照射需要相當大的照明裝置。但是，在這種情況下，為達到與日中同等程度光的照射，需要相當大的照明裝置。由於照明裝置發熱量很大，在發生光合作用（photo synthesis）之前，薄膜溫室大棚中的植物早就枯萎了。為了排除上述有害的發熱，還需要冷卻裝置，其結果造成巨大的能量消耗。

因此，為代替太陽光，採用發光二極體照明用於植物栽培，可利用有效波長帶域的可見光，進行選擇性地照射。

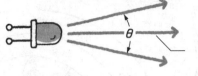

A砲彈型 LED 的情況

θ 稱為指向角，隨著偏離光軸的角度變大，其高度變化越來越顯著

B白熾燈泡的情況

螺口

除了燈泡螺口部分以外，周圍的亮度幾乎是一樣的

2. 螢光體方式的白色光 LED 指向特性模式圖

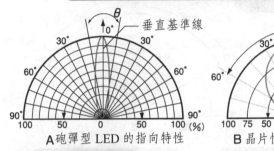

A砲彈型 LED 的指向特性

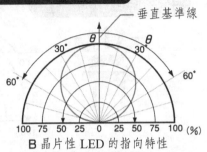

B 晶片性 LED 的指向特性

使用多個白色簡易照明裝置的一例

對於圖 A 的情況，讀取光輸出為最大值。50% 的指向角，每側大致為 10°，其 2 倍為 20°。關於圖 B 晶片型 LED 的指向角，50% 光量的角度為 60°，其 2 倍為 120°。可以看出，因光源的種類、構造不同，其發射光的強度有很大差異

3. 指向特性的測定（光源固定，使照度計按圖中所示旋轉）

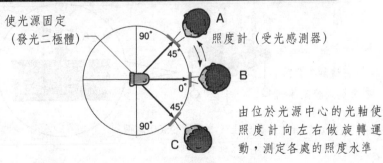

使光源固定（發光二極體）

照度計（受光感測器）

由位於光源中心的光軸使照度計向左右做旋轉運動，測定各處的照度水準

圖 4.53 發光二極體的指向特性

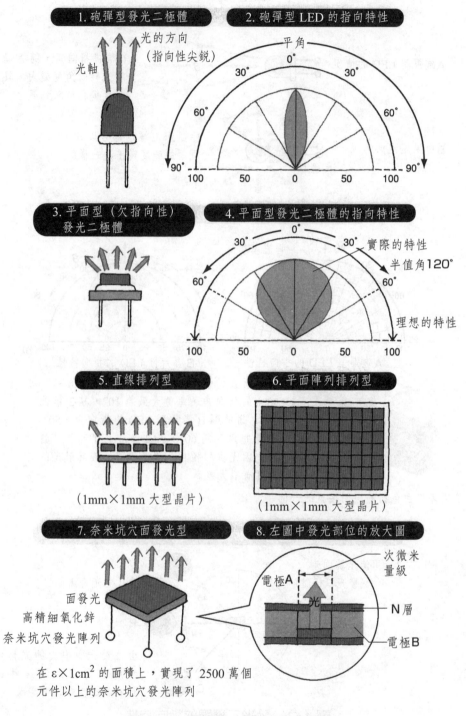

1. 砲彈型發光二極體

光的方向
（指向性尖銳）

光軸

2. 砲彈型 LED 的指向特性

平角

0°

30°　30°

60°　60°

90°　90°

100　50　0　50　100

3. 平面型（欠指向性）發光二極體

4. 平面型發光二極體的指向特性

0°

30°　30°　實際的特性

60°　60°　半值角120°

理想的特性

100　50　0　50　100

5. 直線排列型

（1mm×1mm 大型晶片）

6. 平面陣列排列型

（1mm×1mm 大型晶片）

7. 奈米坑穴面發光型

面發光
高精細氧化鋅
奈米坑穴發光陣列

在 ε×1cm² 的面積上，實現了 2500 萬個
元件以上的奈米坑穴發光陣列

8. 左圖中發光部位的放大圖

次微米量級

電極A

光

N 層

電極B

圖 4.54　平面發光型發光二極體

4.14 白光 LED 光源的應用 (1) —— 用途和市場

4.14.1 白光 LED 的高效率化和向新市場的擴展

近幾年，作為照明器具供一般應用白色 LED 的技術發展引人注目，特別是在發光效率（luminuous efficiency）方面取得顯著進展。現在，發光效率超過 150lm/W 的高效率 LED 元件產品也已製作出來，正達到超越其它白色光源發光效率的水準。正是由於白色 LED 的超高效率，作為照明用途的人們正在探討廣泛推廣的可能性。當然，要達到實用化，在顯色性、眩光對策以及性能價格比等方面，仍存在不少需要開發的課題。

圖 4.55 表示伴隨白色 LED 光源的高效率化，市場不斷擴展的應用領域。可以看出，從狹小空間的照明到建築設施及街路燈等寬廣範圍的照明，應用空間極為廣闊。據報導，在實驗室水準，目前已製作出發光效率 250lm/W 此一理論極限值的白色 LED 器具。當然，對於進一步發展的 LED 照明元件來說，還要開發與之配合的外殼、反射器及透鏡等現有光源所沒有的周邊部件等。

除已成功用於液晶顯示器背光源之外，白光 LED 的高效率化和向新市場的擴展主要包括下述幾個方面：

(1) 局部範圍低照度照明：例如手電筒、檯燈照明；櫥窗、小商品照明。由於 LED 的光輻射集中在一定發射角中光分佈集中，所以可取得高效、節能的效果。

(2) 室內照明：比如作為夜燈、床頭燈、檯燈或照度要求較低的走廊燈等，雖然這種 LED 光源的照度較低，但卻十分節能，並且使用壽命長、成本低。但在一些需要照度較高、照射距離遠的情況下，LED 就不太適用，相比傳統光源仍有不足。

(3) 道路照明：目前常用光源為 250W 或 400W 的高壓鈉燈或金屬鹵化物燈，其光通量約為 20000 ~ 40000lm，壽命 6000 ~ 10000h，若以 1W、70lm/W 的白光 LED 取代，如達到相同照明效果，則至少需要 300 粒 LED，其售價約 6000 元，為常規光源的 50 倍以上。除價格昂貴外，如此多的 LED 照明列陣組合，其難度及費用亦十分昂貴，而其散熱問題更成了一個令人困擾的難點。

(4) 汽車照明：車用領域最大的課題是，將 LED 應用在汽車的頭燈。

4.14.2　白光 LED 用於普通照明存在的問題

目前，白光 LED 用於普通照明還存在不少問題，其中影響其大範圍推廣的主要問題有發光效率（要達到人們所聲稱的高效率並非容易）、顯色性（或稱演色性、現色性）、色溫度、壽命和價格。

先期投入市場的白色 LED 照明器具種類很多，包括砲彈型 LED 燈、LED 燈泡、管燈、吸頂燈以及街路燈等。儘管它們的外形各不相同，但內部結構卻大同小異。一般市售白色 LED 燈泡結構和製作技術流程，在「LED 晶片」部分，經引線鍵合（WB）、灌封螢光體，完成「封裝」（packaging）之後，搭載「驅動電路」構成「元件」，再安裝外殼、散熱片等之後，做成「照明器具」。不同的白色 LED 照明器具在封裝之前的結構和技術基本上是相同的。

標準的白色 LED 封裝結構，其主要部分為激發螢光體用的 LED 晶片、波長變換用的螢光體、灌封材料及封裝結構等，各部分都有需要開發的課題。

白光 LED 的發光效率是由藍光 LED 晶片的效率、螢光體層的效率、封裝的光取出三者共同決定的。將 LED 發射的全光通量（lm）被輸入（W）相除的值，即光源效率（燈泡效率，lm/W）與各構成要素效率之間的關係，均用計算公式計算出。

一般情況下，藉由受激螢光體實現光變換的白光 LED 照明效率，由下式給出：

$$\eta_{\text{white}} = (\eta_v \cdot \eta_i \cdot \eta_{\text{ext}}) \times (\varepsilon_{\text{ph}}^i \cdot \varepsilon_{\text{ph}}^e \cdot \varepsilon_{\text{ph}}^{\text{ex}}) \times \eta_{\text{PKG}} \qquad (4\text{-}10)$$

式中，η_v 為 LED 的電壓效率；η_i 為內部量子效率；η_{ext} 為光取出效率；$\varepsilon_{\text{ph}}^i$ 為螢光體的內部量子效率；$\varepsilon_{\text{ph}}^e$ 為螢光體的外部取出效率；$\varepsilon_{\text{ph}}^{\text{ex}}$ 為雷射的吸收效率；η_{PKG} 為封裝的光取出效率。

白色 LED 封裝中能量流向的一例，即載子經由電極／半導體的接觸電阻、半導體各層的電阻，失去能量的大約 4%，再向發光層注入。注入發光層的載子一部分，由於發光複合，變為與帶隙相當能量的光子，另一部分發生非發光複合，最終變換為熱。在注入發光層的載子中，發光複合所占的比率稱為內部量子效率。由發光複合而發生的光，只有一部分逃逸至晶片之外（相當於輸入功率的 64%）。此時的內部量子向 LED 晶片之外發射的光，一部分透過螢光體層，到達封裝之外（輸入功率的 14%），一部分被螢光體吸收，作為被波長變換的光，到達封裝之外（輸入功率的 36%）。可以推測，即使是 160lm/W 的高效率 LED

封裝，也僅有最初能量的 50%，並以白色光的形式發射。由此可知，提高封裝發光效率的技術開發任重道遠。

若 YAG：Ce 的史托克能量損失（stokes loss）（450nm → 560nm）取 20% 的話，根據以輸入功率的 64% 逃逸至晶片之外的藍光中，有 14% 作為藍光向封裝之外射出，45% 發生波長變換（9% 為史托克能量損失），其中有 5% 在封裝內以反射、吸收等情況損失掉。因此，提高封裝的反射率，提高螢光體的波長變換效率、減低再吸收等，都是改善效率的有效途徑。而且，降低封裝的熱阻，抑制晶片及螢光體的溫升，對於提高效率也十分重要。

假定晶片的內部量子效率為 90%，經計算，非發光複合部分占輸入功率的 9%，其它的晶片內損失大致占 23%，損失比率是相當大的。因此也可以理解，藉由進一步提高結晶品質，以提高內部量子效率，藉由晶片結構的最佳化，以提高光取出效率，對於封裝效率的改善來說，也是不可忽視的課題。

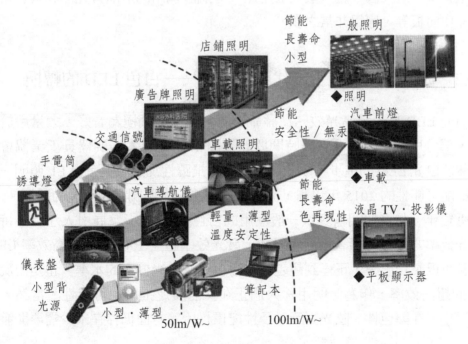

圖 4.55　白色 LED 的高效率化和向新市場的擴展

4.15　白光 LED 光源的應用 (2)──照明光源

4.15.1　使用 LED 的車載照明部位和種類

LED 在汽車領域的應用前景也很大。如圖 4.56 所示。車用領域最大的課題是將 LED 應用在汽車的頭燈。從元件的性能來看，目前的白光 LED 已經可以代替鹵素燈（halogen lamp）了，最大的挑戰是如何取代高亮度前照燈 HID。從基本來看，在汽車頭燈使用 LED 的優點很多，首先是使用壽命，儘管與前述的 LED 高峰衰減期也有一些關係，但是汽車的頭燈不是平常的照明，所以與一般照明用途不同；接下來是設計的靈活度，作為照明可以進行設計簡單化和輕型化。頭燈之外，LED 在汽車的應用也逐漸增多，尾燈、方向燈和霧燈等外部照明，還有車內燈、腳下燈、儀表板用燈、導航設備用的液晶背光，和其它自動設備的操作面板等，應用非常之多。

4.15.2　從傳統光源向下一代照明光源──白色 LED 的轉換

白光 LED 是一種高光效、長壽命光源，應用前景極為看好，大量用於常規照明，部分取代常規光源只是時間問題。圖 4.57 是日本照明器具工業協會發表的，關於白光 LED 的進步，以及技術開發的飛躍性加速，與有機 EL 照明一起，顯示節能可能性的 2015 年預測，從中可以想想日本照明界 4 年後的狀況。

近幾年，作為照明器具供一般應用的白色 LED 技術發展引人注目，特別是在發光效率方面取得顯著進展。現在，發光效率超過 150lm/W 的高效率 LED 元件產品也已製作出來，正達到超越其它白色光源發光效率的水準。正是由於白色 LED 的超高效率，作為照明用途人們正在探討廣泛推廣的可能性。當然，要達到實用化，在顯色性、眩光對策以及性能價格比等方面仍存在不少需要開發的課題。

4.15.3　白色 LED 器具到 2015 年的功耗、價格、規格目標

伴隨白色 LED 光源的高效率化，市場不斷擴展應用領域，從狹小空間的照明到建築設施及街路燈等寬廣範圍的照明，應用空間極為廣闊。據報導，在實驗室水準，目前已製作出發光效率 250lm/W 此一理論極限值的白色 LED 器具。當

然，對於進一步發展的 LED 照明元件來說，還要開發與之配合的外殼、反射器及透鏡等現有光源所沒有的周邊部件等。

近幾年，作為照明器具供一般應用的白色 LED 技術發展引人注目，特別是在發光效率方面取得顯著進展。現在，發光效率超過 150lm/W 的高效率 LED 元件產品也已製作出來，正達到超越其它白色光源發光效率的水準。正是由於白色 LED 的超高效率，作為照明用途人們正在探討廣泛推廣的可能性。當然，要達到實用化，在顯色性、眩光對策以及性能價格比等方面仍存在不少需要開發的課題。

在 LED 照明器具商品化過程中，如何實現 LED 的效率目標、如何降低價格，同時也給出規格標準化的方向。

關於規格標準，不單指器具，對於光源（LED 元件）來說，同樣也必須設定。現在，與之相關的各種機構正在積極探討中。由於 LED 燈泡及直管形 LED 燈等直接面向一般消費者，對其恰當標準化的要求更為迫切，而日本電燈工業協會正加緊標準化的進程。

除了上述提高發光效率、提高性能價格比等措施之外，白色 LED 器具要達到真正意義上的普及，還需要在光色、色溫度、顯色性、配光、眩光性、器具安裝設置、散熱、安全性以及維修等方面下一番工夫。

先期投入市場的白色 LED 照明器具種類很多，包括砲彈型 LED 燈、LED 燈泡、管燈、吸頂燈以及街路燈等。儘管它們的外形各不相同，但內部結構卻大同小異。一般市售白色 LED 燈泡結構和製作技術流程：「LED 晶片」經引線鍵合（WB）、灌封螢光體，完成「封裝」（packaging）之後，搭載「驅動電路」構成「元件」，再安裝上外殼、散熱片等之後，做成「照明器具」。不同白色 LED 照明器具在封裝之前的結構和技術基本上是相同的。

標準的白色 LED 封裝結構，其主要部分為激發螢光體用的 LED 晶片，波長變換用的螢光體，灌封材料及封裝結構等，各部分都有需要開發的課題。

白色 LED 封裝中能量流向，載子經由電極／半導體的接觸電阻、半導體各層的電阻，失去能量大約 4%，再向發光層注入。注入發光層載子的一部分，由於發光複合，變為與帶隙相當能量的光子，另一部分發生非發光復合，最終變換為熱。在注入發光層的載子中，發光複合所占的比率，稱為內部量子效率。由發光複合而發生的光，只有一部分逃逸至晶片之外（相當於輸入功率的 64%）。此時的內部量子向 LED 晶片之外發射的光，一部分透過螢光體層，到達封裝之外（輸入功率的 14%），一部分被螢光體吸收，作為被波長變換的光，到達封裝之外（輸入功率的 36%）。可以推測，即使是 160lm/W 的高效率 LED 封裝，

也僅有最初能量 50% 以白色光的形式發射,提高封裝發光效率的技術開發可說任重道遠。

　　若 YAG：Ce 的斯托克斯損失（Stokes loss）（450nm → 560nm）取 20% 的話,以輸入功率的 64% 逃逸至晶片之外的藍光中,有 14% 作為藍光向封裝之外射出,45% 發生波長變換（9% 為斯托克斯損失）,其中有 5% 在封裝內以反射、吸收等損失掉。因此,提高封裝的反射率,提高螢光體的波長變換效率、減低再吸收等,都是改善效率的有效途徑。而且,降低封裝的熱阻,抑制晶片及螢光體的溫升,對於提高效率也十分重要。

　　假定晶片的內部量子效率為 90%,經計算,非發光複合部分占輸入功率的9%,其它的晶片內損失大致占 23%,損失比率是相當大的。因此也可以理解,藉由進一步提高結晶品質,以提高內部量子效率,藉由晶片結構的最佳化以提高光取出效率,對於封裝效率的改善來說,也是不可忽視的課題。

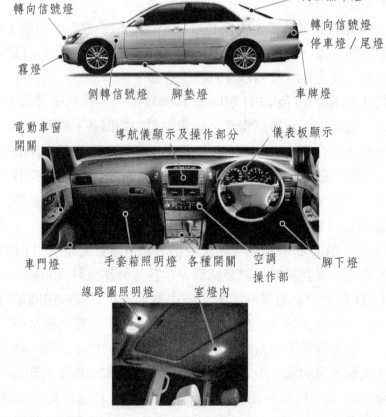

車型不同,式樣各異,若車載照明全部實現 LED 化,則要涉及 200 餘個品種

圖 4.56　使用 LED 的車載照明部位和種類

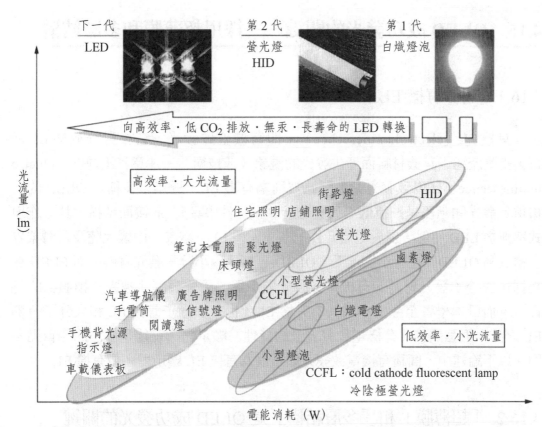

圖 4.57 從傳統光源向下一代照明光源白色 LED 的轉換

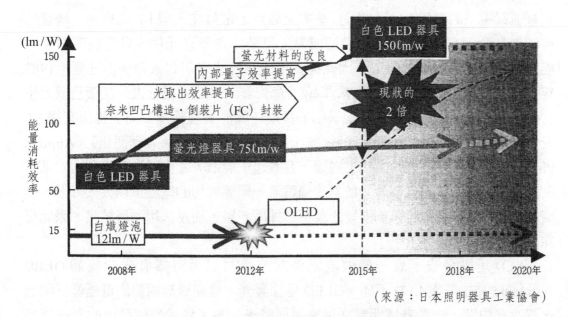

（來源：日本照明器具工業協會）

圖 4.58 白色 LED 器具到 2015 年的技術開發目標

4.16 OLED 成功發光的關鍵——採用超薄膜和多層結構

4.16.1 關於有機 EL 和 OLED

有機 EL（electroluminescence），即有機電致發光，它相對於無機 EL 而言，指電流通過有機材料而產生發光的現象（或技術）。注意其不同於「electro luminescence」（場致發光）。開始被稱為有機 EL，近年來多稱為 OLED 的有機電致發光顯示器是一種低場致發光元件，元件中具有 pn 接面結構，其工作模式與無機 LED 相似，屬於電流元件，為注入型 EL。歐美、中國大陸及臺灣業界多稱其為 OLED（在特定情況下，OLED 專指採用小分子發光材料，而 PLED 專指採用大分子發光材料的有機電致發光顯示器，更強調其「發光二極體」的特性），而日本學者至今仍多稱其為有機 EL（也有小分子有機 EL 和大分子有機 EL 之分，更強調其「有機電致發光」的特性）顯示器，可能是雙方的側重點不同。以下論述中，簡稱有機電致發光顯示器為有機 EL 顯示器，或有機 EL。

4.16.2 「超薄膜」和「多層結構」是 OLED 成功發光的關鍵

有機電致發光的研究起始於 20 世紀 50 年代，W. Helfrich 等於 60 年代觀測到直流電場下的有機 EL 發光，且基本上確定了電荷注入型 EL 的概念。儘管這被認為是今天有機 EL 發光的最初成果，但是作為發光元件，只有在暗室中才能勉強地確認其微弱的發光，因此從實用的觀點並未引起人們多少注意。1983 年，柯達公司（Kodak）的 C. W. Tang〔鄧青雲，美籍香港華人，在康乃爾大學（Cornell University）獲得博士學位，長期任職於美國柯達公司〕提出有機 EL 元件原型的專利申請，特別是 Tang 博士於 1987 年在《應用物理簡訊》（Applied Physics Letter）上發表的論文，猶如一石激起千層浪，產生了意想不到的效果。

由於膜層可以做到極薄，使其流過電流，需要施加的電壓可以大大降低，膜層品質極高、無針孔，再加上發光層不是採用一層，而是採用兩層結構，因此可靠性及壽命大大提高。

LED 是點發光，故一般做成砲彈狀或小片狀。有機發光二極體 OLED（organic LED）與 LED 不同，OLED 是面發光，發光層被兩側的電極像三明治一樣夾在中間，一側為透明電極以獲得面發光。為了使發光層發出的光透過層層阻礙，盡量多地射到外面而不是被元件本身吸收，各層厚度必定要盡量薄，

以使得光透過率盡量高。同時由於各層的性能與層厚密切相關,故需嚴格控制每層的厚度。因此 OLED 需要採用超薄膜結構。因為各層極薄(一般只有 0.2～2nm),一般採用真空蒸鍍、濺鍍、化學氣相沉積、噴霧高溫分解等方式製作。

圖 4.59 所示是按有機膜層數,對有機 EL 元件結構的分類。三層元件是在玻璃基板上濺射透明的 ITO 膜(indium tin oxide,氧化銦錫,一種 n 型半導體,常溫下具有良好的導電性能,對可見光具有良好的透過率)作為陽極,在上面真空蒸鍍三芳香胺(triarylamine)系化合物形成電洞傳輸層(hole transporting layer, HTL),再上面是由有機物形成的發光層,噁唑分子形成的電子傳輸層(electron transporting layer, ETL),最後在頂部沉積一層 MgAg 合金層作為陰極。

多層元件是在三層結構的基礎上,為了幫助電子或電洞更有效地從電極注入有機層,又加入了電子注入層(electron injection layer, EIL)和電洞注入層(hole injection layer, HIL),用以改善 ETL 與陰極、HTL 與陽極的介面。

時至今日,由 Tang 博士提出並實現的「超薄膜」、「多層結構」創意,仍然是有機 EL 開發的基礎。後人所稱的「柯達專利」,主要包括「超薄膜」、「多層結構」等內容。

4.16.3 有機 EL 顯示器能否推廣普及的關鍵在於材料

在 OLED 元件的研製過程中,以上各層所用材料的選用至關重要,材料性能、元件結構以及製作技術決定著 OLED 顯示元件的性能優劣。

(1) 電極材料:為了將電子或電洞有效地注入有機材料,要降低注入能障(energy barrier)。大部分用於 OLED 的有機材料 LUMO 能階(energy level)在 2.5～3.5eV、HOMO 能階在 5～6eV,因此陰極必須是一個低功函數的金屬,陽極需要用一個高功函數的材料去配合,才可得到最低的注入能障。

選擇陰極材料時,為了克服低功函數的金屬鈣、鉀、鋰等具有高化學活性的問題,常採用低功函數的金屬與抗腐蝕金屬的合金 MgAg(90%Mg,3.7eV)、LiAl(0.6%Li,3.2eV)。

選擇陽極材料時,要有良好的導電性、化學及形態的穩定性、功函數與電洞傳輸材料的 HOMO 能階匹配、可見光的透明度。常用透明導電氧化物有 ITO、ZnO、AZO(AlZnO$_x$)。

(2) 電洞傳輸材料(HTM):要求具備高的電洞遷移率、相對較小的電子親

和能（electron affinity）、相對較低的電離能、高的耐熱穩定性。傳統的電洞傳輸材料為芳香多胺類材料，主要有 TPD、NPB、m-MTDATA。

(3) 電子傳輸材料（ETM）：在分子結構上表現為缺電子體系，大都具有較強的接受電子能力，可有效地在正向偏壓下傳遞電子，也要有好的成膜性和穩定性。電子傳輸材料一般均為具有大共軛平面的芳香族化合物，如 PBD 和 BND、OXD、TAZ，以及兼具發光材料性質的 Alq_3。

(4) 有機發光材料：OLED 平面顯示技術的關鍵技術之一是主客摻雜發射體（host guest doped emitter）系統的發明，因為具有優越電子傳輸及發光特性的主發光體材料，可以和各種高性能的螢光客發光體相結合，而得到高效率的 EL（電致發光）及各種不同的光色。

處於高激發能態的分子，可以把能量傳給低能態的分子，此過程稱為能量轉移，此機制在多成分摻雜系統時經常發生，含有較高能態的主發光體可以將能量轉移到客發光體。據此原理，只需加入少量的客發光體就可以修改電致發光的顏色。

OLED 發光的另一個優點是，由電激發產生的電致激子（exciton）可轉移到高螢光效率及穩定的摻雜物中放光，以提高元件的工作穩定性，也因此將元件非發光能量衰退的概率降至最低。無機與有機 LED 發展比較，示於圖 4.60。

4.16.4　OLED 顯示器難得的發展機遇

OLED 顯示器具有自發光、超薄、輕量、低功耗、大視角、高相應速度、高對比等特點，畫面清晰逼真，顯示品味極高，而且顯示器本身為全固態的。具體優點包括：(1) 全範圍可見光顯示：達到自然光效果；(2) 低功耗：耗電極低，移動設備的螢幕耗電不再是續航時間短的主要因素；(3) 寬可視角度：無論從哪個方向看，都能看得清楚；(4) 超薄模組：小於 1mm 的厚度；(5) 低回應時間：使人眼無法識別出圖像變化的殘影；(6) 戶外可看：在刺眼的陽光下，一樣毫不費力地看清顯示器上的內容；(7)「讓人意識不到硬體（hardware）的『透明顯示器』，才是可以讓人專注於內容的終極顯示器。」

基於這些優點，OLED 被認為是 TFT LCD 替代 CRT 之後，顯示領域又一次重大變革，OLED 面臨難得的發展機遇。

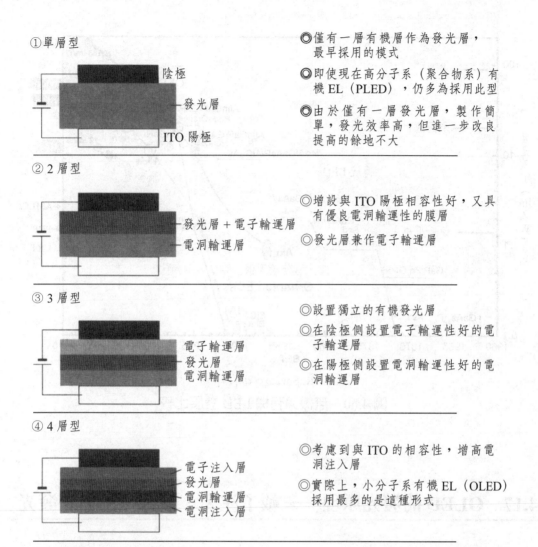

①單層型

◎僅有一層有機層作為發光層，最早採用的模式

◎即使現在高分子系（聚合物系）有機 EL（PLED），仍多為採用此型

◎由於僅有一層發光層，製作簡單，發光效率高，但進一步改良提高的餘地不大

②2 層型

◎增設與 ITO 陽極相容性好，又具有優良電洞輸運性的膜層

◎發光層兼作電子輸運層

③3 層型

◎設置獨立的有機發光層

◎在陰極側設置電子輸運性好的電子輸運層

◎在陽極側設置電洞輸運性好的電洞輸運層

④4 層型

◎考慮到與 ITO 的相容性，增高電洞注入層

◎實際上，小分子系有機 EL（OLED）採用最多的是這種形式

⑤5 層型

◎作為電子注入層，採用摻雜鹼金屬的有機層，目的是降低工作電壓

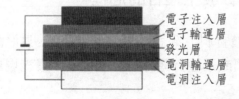

圖 4.59 按有機膜層數對有機 EL 元件結構的分類

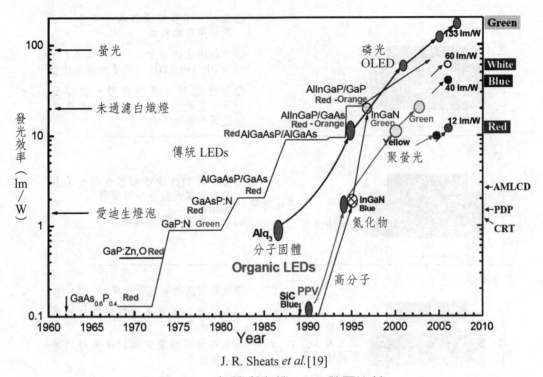

J. R. Sheats *et al.*[19]

圖 4.60　無機與有機 LED 發展比較

4.17　OLED 的發光原理——載子注入、複合、激發和發光

4.17.1　電子和電洞經跳躍、遷移最終發生複合的過程

　　最簡單的有機 EL，是將發光層（有機材料）夾在電極中間做成三明治結構，當然，需要作為整體支撐的基板（玻璃或柔性有機材料）。但是，發光現象與基板無關。

　　如圖 4.61 中所示，在陽極和陰極兩個電極之間，外加直流電壓，陽極將電洞、陰極將電子分別送入有機層中。從化學上講，在陽極介面，有機分子被氧化（電子被奪走），而在陰極介面，有機分子被還原（電子被賦予）。需要注意的是，半導體專家和化學家在說明同一現象時，往往採用不同術語。被注入的電子和電洞等電荷，在有機分子間發生跳躍（hopping）的同時，分別向對向電極遷移。

就這樣，被注入的電洞和電子到達目的地：「發光層」。到達的電洞和電子相互靠近，最終發生結合。通常，稱這種現象為電洞與電子間的「複合」。原本電中性的有機分子被奪走了電子，即注入了電洞；原本電中性的有機分子被賦予了電子，即注入了電子。這些電荷在發光層中發生結合的同時，承載這些電荷的有機分子又恢復為基態的中性分子。因此，上述過程被稱為「復合（recombination）」。

電洞與電子的複合會放出能量，該能量使有機分子的電子狀態從穩定狀態（稱為基態）被啟動到能量更高的狀態（稱為激發態）。如圖 4.62 所示。但是，激發態是極不穩定的，會自動返回基態，與此同時會放出能量，該能量以光的形式表現出來，這便是有機 EL 發光。

這種發光狀態起因於，並通過流過的電流進行控制，這便是「有機EL（electroluminescence）」此一名稱的來源。大家熟悉的螢火蟲也是利用生體物質（有機材料）產生發光（luminescence），這與有機 EL 有相似之處。只是前者利用的生體反應（化學反應）的發光（bioluminescence），而後者利用的電氣化學反應的發光。兩種情況在利用化學反應、使有機分子發光這一點上是相同的。

4.17.2　三階降落發出「螢光」，二階降落發出「磷光」

實際上，有機 EL 的「發光」（luminescence）分「螢光」（fluorescence）和「磷光」（phosphorescence）兩種類型。

如圖 4.63 所示，為了發光，有機分子應處於高能態（被激發狀態），從高能態返回基態時，會放出能量，其中包括發光。上述「高能態」也有兩種，一種位於三階（單重激發態），一種位於二階（三重激發態）。

有機分子受光照、化學反應、電壓電流、摩擦等作用，其能階從基態被激發達到三階（單重激發態）的激發態。從三階（單重激發態）有可能直接降落到基態，也可以經過二階（三重激發態）再降落到基態。高階（三階）稱為「單重激發狀態」，此狀態對應的發光為「螢光」；較低的二階稱為「三重激發狀態」，此狀態對應的發光為「磷光」。光物理對螢光和磷光的區分有明確定義：物質從單重激發態（singlet excited state）發出的光為螢光；物質從三重激發態（triplet excited state）發出的光為磷光。

上面提到的名詞不太容易理解，只要明白三階、二階（激發態）代表不同意義，且三階能量高於二階能量也就可以了。

　　從三階或二階若不是直接降落，而是逐階降落到基態，激發能量會以熱的形式消耗殆盡，從而不會放出光。對於螢光物質來說，其直接降落的比例遠遠大於逐階降落的比例。

　　螢光是人眼可清楚見到的光。螢光管、螢光筆等已在我們日常生活中司空見慣。但是，一般說來，發射磷光的有機材料很少。

4.17.3　電子自旋方向決定激發狀態是單重態還是三重態

　　當電子、電洞在有機分子中結合後，會因電子自旋對稱方式的不同，產生兩種激發態的形式。一種是非自旋對稱（anti-symmetry）的激發態電子形成的單重激發態形式，它會以螢光的形式釋放出能量回到基態。而由自旋對稱（spin-symmetry）的激發態電子形成的三重激發態形式，則是以磷光的形式釋放能量回到基態。

　　分子中存在著各式各樣的電子軌道，成對的電子位於這些軌道上。每個電子都存在自旋，而且自旋只能以「向上」或「向下」這兩種相反的狀態存在。這聽起來費解，但承認此一客觀存在的事實，對於了解螢光、磷光之間的關係是極為重要的。

　　下面看一看電子與電洞發生復合的情況。所謂電子與電洞的復合，即對電子處於接受狀態的分子（將被還原的分子）與處於被吸引狀態的電子間，發生授受反應。此時，反應後激發狀態電子自旋方向處於「相反」的情況，為「單重激發狀態」。由於這種狀態是不穩定的，電子會降落到原來的軌道，與此相應放出的光為「螢光」，而以激發態存在的典型時間大約為 10ns。

　　處於激發狀態電子自旋的方向是相同的，稱這種狀態為「三重激發狀態」，該狀態較之「單重激發狀態」能量要低。電子具有脫離該不穩定狀態的趨勢，但原來軌道上已經存在自旋與其相同的電子，基於包利不相容原理（Pauli exclusion principle），兩個自旋方向相同的電子不能位於同一軌道。因此，即使「三重激發狀態」電子的能量較高，也不能降落到原來的基態軌道上。

4.17.4　銥（Ir）螯合物系磷光物質對應不同波長的發光

　　目前，使用被稱為「金屬螯合物（metal chelation）」的材料，有可能高效率地發射磷光。「金屬螯合物」這一名稱儘管聽起來比較陌生，但正如其名稱所

　　表達的，在占據中心位置的金屬離子周圍，結合有機物配位基。有機物基由金屬離子連結在一起。中心金屬離子採用銥（Ir）、鉑（Pt）等重（貴）金屬離子，可以達到相當好的效果，而通過改變金屬螯合物中有機配位元基的結構，可以獲得不同顏色的發光。

　　為了滿足發射藍（B）、綠（G）、紅（R）光的要求，早就有人著手研究開發相應的配位元結構等。具有不同有機配位基的銥螯合物，對應不同波長發光。以發藍光為例，通過將配位基氟化等，可使發光的波長縮短，再通過改變第二配位基等，已使當初所發藍光的波長 476nm〔CIE 色度座標（0.18, 0.36）〕縮短到目前的 470nm〔CIE 色度座標（0.16, 0.26）〕。當然，並非「金屬螯合物材料全都能發射磷光」。因中心金屬離子不同、配位元結構不同等，情況各異。

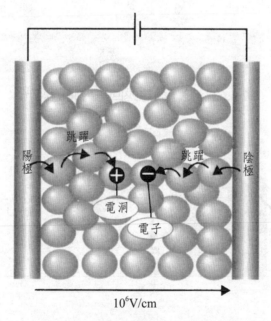

圖 4.61　電子和電洞跳躍遷移最終發生複合的過程

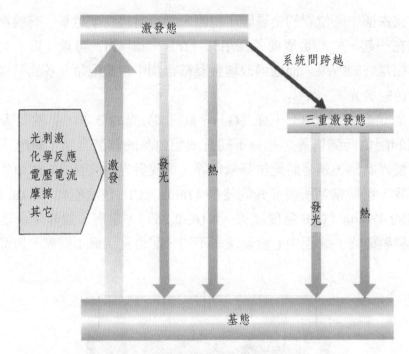

圖 4.62 從激發態返回基態時的發光

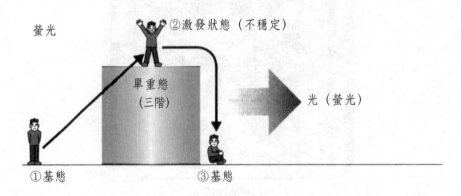

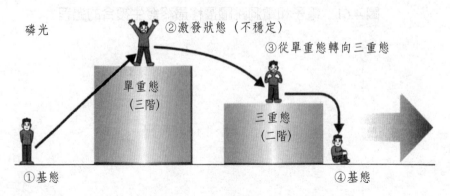

圖 4.63 螢光和磷光的區別

4.18 OLED 的發光效率

4.18.1 從電洞與電子複合直到發光的過程

有機 EL，即有機電致發光（organic electro luminescence：OEL、有機 EL）的簡稱，意思是有機發光的電子版。定義雖然很籠統，但是包含範圍非常廣，比如有機發光二極體、發光聚合物等等，利用物理發光現象的所有有機物統稱。

OLED 專指有機發光二極體。OLED 的發光機制如圖 4.64 所示。將螢光性有機化合物夾於一對電極之間，當在正負電極上施加直流電壓時，來自陽極的電洞和來自陰極的電子向有機化合物注入。注入的電洞向著陰極，注入的電子向著陽極，在有機分子間跳躍的同時發生遷移。該遷移的電子和電洞在一個有機分子中相遇形成電洞－電子對〔稱其為激子（exciton）〕。這種電洞－電子對發生複合放出能量，使上述有機分子激發而處於激發狀態。這種激發態分子（激子）的一部分會發出光，發光的比例因有機分子的種類不同而異。其餘的激發態分子經不同的路徑而失去活性。

4.18.2 有機 EL 的發光過程和發光效率

按上述的發光模型考慮，有機 EL 元件光的取出效率可由下式給出：

$$\eta_{ext} = \eta_{int} \cdot \eta_p = \gamma\,\eta_r\,\varphi_p\,\eta_p \tag{4-11}$$

式中，η_{ext} 為外部量子效率；η_{int} 為內部量子效率；η_p 為光的取出效率；γ 為電子與電洞發生複合的概率；η_r 為發光性激子的生成效率；φ_p 為發光量子效率。

理論上講，為追求有機 EL 的最高發光效率，應保證上式中四個因數都接近於 100%。γ 與 φ_p 可以通過優化介面與 pn 接面積層結構，和選擇內部發光量子效率（quantum efficiency）高的材料達到近似 100%。但是，如何提高發光性激子的生成效率 η_r 和光的取出效率 η_p，是實現有機 EL 高效率發光的兩道難關。

4.18.3　如何提高發光效率

首先分析如何提高發光性激子的生成效率 η_r。發光性激子按其電子自旋（spin）的方向可分為兩類，一類為單重激發態，另一類為三重激發態，二者的生成比率為 1：3（參照圖 4.64）。有機分子從單重激發態向穩定的基態遷移時，所發出的光為螢光。因此，即使發光量子效率為 100%，螢光發光的效率（內部量子效率）也只有 25%。可喜的是，1999 年人工合成了可發磷光的有機物，該有機物從三重激發態向基態遷移時可發出磷光，由此可知，上述其餘的 75%（參照圖 4.65）也能用於發光。如此，內部量子效率從理論上來說可達到 100%。

下面再分析光的取出效率 η_p。對於在普通玻璃基板上形成元件的情況，由於作為基板的玻璃同 ITO 電極之間、玻璃同空氣之間的折射率（refractive index）存在差異，根據幾何光學分析，最終光的取出效率只有大約 19%。這是造成有機 EL 元件發光效率不高的另一原因。然而，當膜厚達到奈米量級時，光的取出效率與膜厚相關，根據量子光學計算，若 ITO 膜的膜厚取 100nm，則光的取出效率可高達 52%。

4.18.4　有機 EL 的能帶模型

有機分子中存在大量電子，而這些電子分別占據能階不同的軌道。在基態，電子所占據的最高能階軌道，成為最高占據軌道（HOMO, highest occupied molecular orbital）；而在空軌道中，處於最低能階的軌道，稱為最低非占據軌道（LUMO, lowest unoccupied molecular orbital）。

若將占據 HOMO 的電子拔脫出來，則產生電子空缺，從而形成電子缺位元狀態，稱這種狀態為電洞。這種電子空缺會吸引鄰近分子的電子，被吸引電子從近鄰分子跳躍至電子空缺位置，在填補電子缺位元的同時，產生新的電洞。這便是由於 HOMO 電子跳躍引起電洞轉移的理由。

運用這樣的能帶結構，可以分析對載子傳輸材料的要求。從金屬中取出一個電子所需要的能量稱為功函數（work function）。顯然，陽極功函數與電洞注入層的 HOMO 能階之匹配極為重要，對陰極來說也有類似要求。即電極的功函數與有機材料的 HOMO 及 LUMO 能階間的間隙，是決定有機 EL 元件驅動電壓的關鍵因素。而且由於電洞強度與流經系統的電子數、電荷遷移率及電場強度三者的乘積成正比，因此，有機 EL 材料中的電子遷移率，也是決定驅動電壓的因素之一。為此，適當加大發光層同電洞傳輸層之間 HOMO 能階的間隙，及發光層

與電子傳輸層之間 LUMO 能階的間隙是十分必要的。

　　綜上所述，用於有機 EL 元件電洞傳輸材料應具備如下特徵：(1) 高的電洞遷移率，利用電洞傳輸；(2) 相對較小的電子親和能，有利於電洞注入；(3) 相對較低的電離能，有利於阻擋電子；(4) 良好的成膜性和熱穩定性。

　　用於有機 EL 元件的電子傳輸材料應具備如下特徵：(1) 高的電子遷移率，利於電子傳輸；(2) 相對較高的電子親和能，有利於電子注入；(3) 相對較大的電離能，有利於阻擋電洞；(4) 良好的成膜性和熱穩定性。

　　有機 EL 所用有機材料有小分子系和高分子（聚合物）系兩大類。二者除相對分子質量（molecular weight）（從而結構）不同之外，在用於有機 EL 的原理方面，並無本質差別。

　　作為有機 EL 的主要有機材料，包括電洞注入及傳輸材料、發光材料、電子注入及傳輸材料等，應滿足下述共同要求：(1) 電學及化學性能穩定；(2) 應具有合適的離化勢和電子親和力；(3) 電荷遷移率高；(4) 能形成均厚、均質的薄膜；(5) 玻璃化轉變溫度要高；(6) 熱穩定性好（特別是對於小分子系材料，應能承受真空蒸鍍長時間的高溫）；(7) 高分子系材料應具有良好的可溶性（用於甩膠或漿料噴塗等）；(8) 如果以非晶態應用，要求不容易發生晶化。

　　電子／電洞傳輸層由單層轉為多層，如圖 4.66 所示。

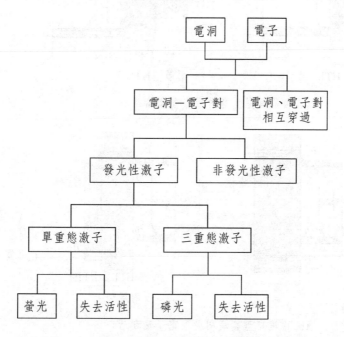

圖 4.64　從電洞與電子復合直到發光的過程

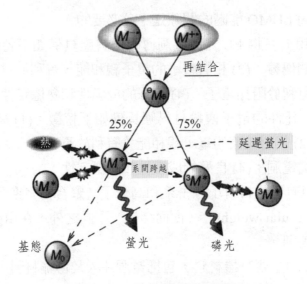

圖 4.65 發光機制示意圖

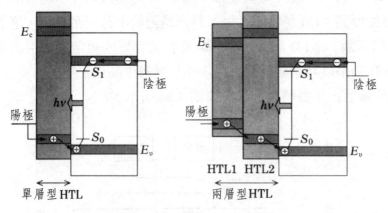

(a) 由單層型變為兩層型電洞輸運層

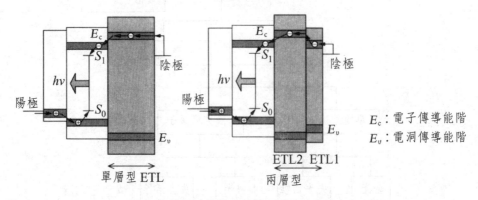

E_c：電子傳導能階
E_v：電洞傳導能階

(b) 由單層型變為兩層型電子輸運層

ETL: electron transport layer
HTL: hole transport layer

圖 4.66 由單層型向積層型電洞輸運及積層型電子輸運層的轉變

4.19　OLED 用材料 (1) ── 螢光材料

4.19.1　電洞輸運材料的分子結構及玻璃轉變溫度（T_g）、離化勢（I_p）的數值

迄今為止，已公開發表了許多電洞傳輸材料，但其中幾乎都是芳香族胺系列。早期的三苯胺變數體（TPD），包括壽命在內的耐久性方面不甚理想。由於驅動電流產生的焦耳熱（Joule heat）會引起元件溫度上升，當溫度接近電洞傳輸材料的玻璃化轉變溫度（T_g, glass transition temperature）時，由於分子運動加快而便於分子之間的凝聚，致使電洞傳輸層的膜結構由非晶態轉變為晶態。膜結構的變化對於元件來說是致命性的，由於造成與電極介面的接觸不良以及膜層自身的不均勻化，從而引起驅動電壓上升和發光亮度下降。

為提高電洞傳輸材料的 T_g，大阪大學（Osaka University）嘗試以三苯胺為基，以星形（star burst）方式加大分子，開發出 m-MTDATA，它的 T_g 為75℃，高於 TPD 的 60℃，採用星形分子結構，人們已經開發出多種 T_g 超過100℃的電洞傳輸材料。柯達公司（Kodak）的研究組用萘基代替苯基，開發出 a-NPD，T_g 達到 95℃，成為最早的實用化電洞傳輸材料；針對特異分子結構，有人利用螺旋結合開發立體結構的分子，二分子螺旋結合的 spiro-TPD 之 T_g 可以達到 133℃，將苯基換為萘基可以進一步提高 T_g。使三苯胺多量化也是提高 T_g 的主要方法之一。利用 TPD 結構的延長，在苯基的對位上，使三苯胺直線連接成三量體（TPTR），它的玻璃化溫度為 95℃，四量體（TPTE）為 130℃，五量體（TPPE）為 145℃，T_g 隨多量化的增多而提高。同時還可以改變末端苯基為萘基進一步增大 T_g。而且，具有芴（fluorene，二苯並茂）結構的 TFLFL 之 T_g 為 186℃，達到了相當高的水準。此由電洞傳輸材料的分子結構、玻璃化溫度（T_g）以及游離電位（I_p, ionization potential）的數值可以查到。

4.19.2　用於有機 EL 元件的代表性電子輸運材料

與電洞傳輸材料類似，電子傳輸材料也有多種見於報導。其中 Alq_3 用得最普遍。它一般是與另外的發光層相組合，作為電子傳輸層和電子注入層使用。當其作為電子傳輸層使用時，受與之接觸的發光材料作用，發光層中的激子（exciton）會向 Alq_3 的單重態和三重態發生能量轉移。為防止此一現象，一

般在其與發光層間插入具有高激發態能量的激子防止牆。例如，透過使 Alq₃ 與 1,10-phenanthroline 衍生物的 BCP（bathocuproine）相結合，就可以防止發光層內產生激子向 Alq₃ 發生移動。

代表性的電子輸運材料示於圖 4.67。在 Alq₃ 以外的電子傳輸材料中，噁唑（oxadiazole）衍生物（derivative）（tBu-PBD）具有優良的電子遷移特性，通過使唑衍生物雙量化以及採用繁星式結構，成功獲得穩定的非晶態薄膜。作為與噁唑相類似的結構，報導的還有三氮唑（triazole，三氮雜茂）衍生物等。另外，作為置換基，在主骨架中導入硝基、氰基、羧基，也是經常採用的方法。以上說明的電子傳輸結構共同點是，在骨架結構中，具有電子吸收性大的置換基及雜芳香環。據此，增加電子親和力從而容易生成游離基陰離子（radical anion）。但是，電子吸收基的導入會在分子中誘發大的永久偶極子，進而發生能量的起伏。因能量起伏而形成捕集能階，致使電子發生跳躍移動而產生能極作用。為解決該問題，有人提出含矽的雜環化合物（siloles）衍生物的方案。實驗證實，這類化合物的電子遷移率是 Alq₃ 的兩個數量級以上，且不受捕集的影響。

最近發現，具有迄今為止一直被認為是電洞傳輸性結構單元咔唑（carbazole）的 CBP 表現出電子傳輸性，這對於在有機 EL 的應用具有重大意義。本質上講，如果具備一定的電洞傳輸率和電子傳輸率，再加上與合適的電極及載子注入層相組合，以產生電洞注入或電子注入，即可具備電洞傳輸層或電子傳輸層，乃至雙極性傳輸層的功能。

4.19.3　用於有機 EL 元件的螢光性主（host）發光材料

與電洞傳輸層組合使用，應用最廣泛的發光材料是喹啉鋁螯合物 Alq₃。還有一些代表性的主發光材料。Alq₃ 的電子遷移率，比它的電洞遷移率高，因此，在 Alq₃ 層與電洞傳輸層相組合的情況下，在該兩層有機層的介面上，能有效地發生電子和電洞的複合，從而獲得高效率的發光。進一步有報導指出，BeBq₂（喹啉鈹螯合物）及 Almq（4-methyl-8-hydroxyquinoline）具有超過 Alq₃ 的發光特性。而且，作為藍光發光材料，被報導的有 BAlq。另外，作為新的金屬螯合物材料系，公開發表的還有 ZnPBO（hytroxy phenyl oxazol）、ZnPBT（hytroxy phenyl thiazole）以及甲亞胺（azomethine）金屬螯合物等。

除金屬螯合物之外，常用的還有具非平面結構的 distyrylbenzene（DSB）衍生物；再者，通過在苯環的不同位置導入轉換基，作為兼具耐久性的藍色發光材

料，獲得各式各樣的 DTVBi 衍生物，已達實用化。此外，通過與電子傳輸層相結合，DSB 衍生物等具有良好的發光特性。

　　發光材料與載子傳輸層介面間往往會形成活性錯合物（exciplex），並造成非發光的消光機制。離化勢小的 HTL，這種現象尤為明顯。所以需要插入甲基等，對置換基進行細微的校驗，這對提高 EL 效率有重大影響。

　　主（host）發光體常採用與 ETM、HTM 相同的材料。常用的紅色摻雜物有DCM、DCJ、DCJT、DCJTB；常用的綠色摻雜物有 C-545T、C-545MT、QA、DMQA、PAH；常用的藍色主發光材料有 AND、TBP、DSA、DPVPA、TPP、TOTP、TMTP；藍色摻雜物有 TBP、DSA-Ph、DB-1、DB-2、DB-3。

4.19.4　按發光波長給出的代表性客（guest）發光材料

　　客（guest）發光材料不僅可以提高發光效率，而且對改善元件的耐久性也有重要的作用。圖 4.68 按波長給出代表性的客發光材料。有機分子如同雷射染料所代表的那樣，在稀薄溶液中，許多可以達到接近 100% 的螢光 / 量子產生效率。將這樣的螢光 / 量子產生效率高的微量螢光性客分子摻雜在載子複合區域，由主分子上生成的單重態激子產生的能量轉移，使客分子激發。或者，在客分子上直接進行載子的捕集、複合，有可能使發光效率大幅度提高。作為雷射染料，已知的有香豆素（cumarin）衍生物、DCM、喹吖啶酮（quinacine）、紅熒烯（rubrene）等。迄今為止，在 Alq_3 為主發光材料的場合，上述客材料的摻雜可使發光效率大幅度提高，與此同時對元件耐久性的改善效果也十分顯著。

4.20　OLED 用材料 (2)──磷光材料

4.20.1　電洞遷移率與電場強度的關係

　　為了表示電洞傳輸材料的電洞傳輸性，需要測量電洞傳輸性。利用飛行時間（time of flight, TOF）法，可以測得幾種電洞傳輸材料的電洞遷移率。無論哪種情況，都可觀察到非分散型的、近似過渡型的光電流波形，而且電洞遷移率的大小與電場強度相關，儘管相關性不是很強。若在電場強度為 $10^5 V/cm$（相當於施加幾伏的電壓）下進行比較，TDP 的電洞遷移率為 $1 \times 10^{-3} cm^2/(V \cdot s)$，a-NPD

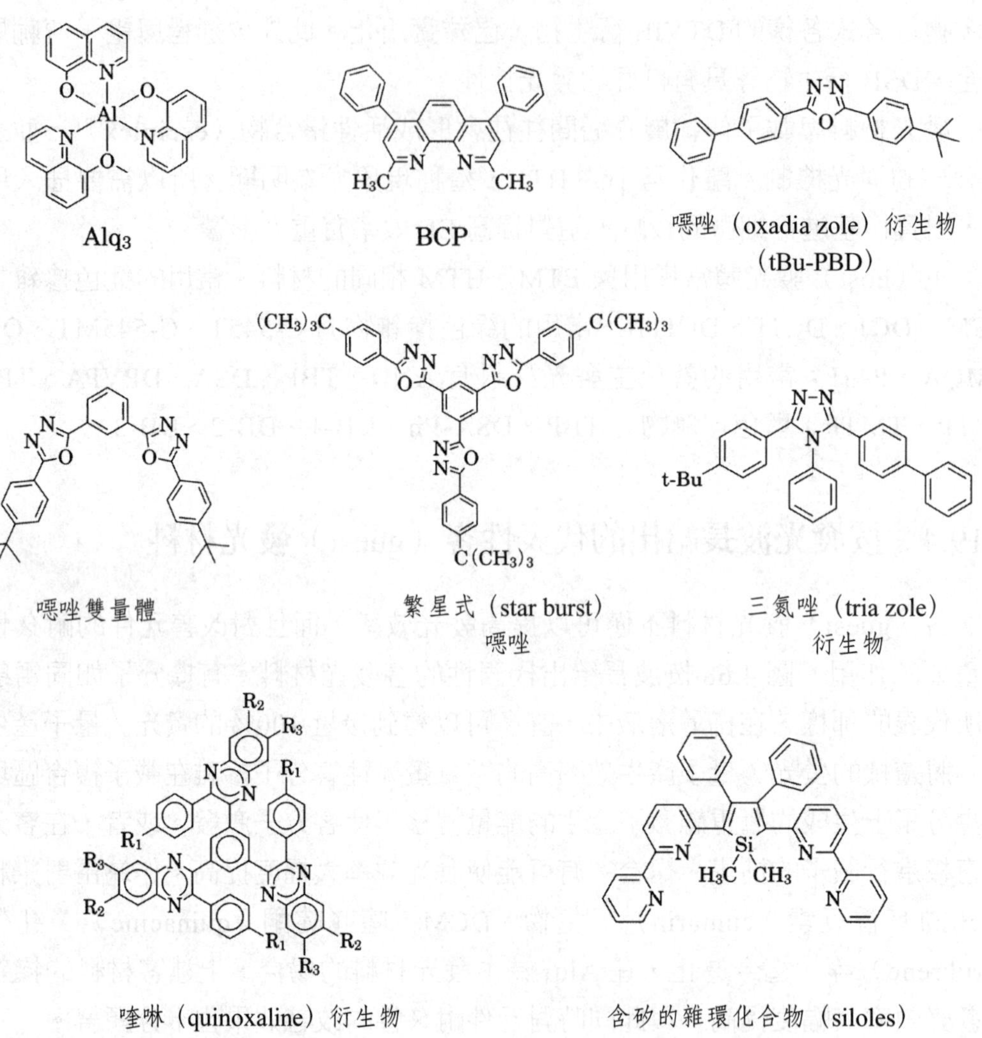

Alq₃

BCP

噁唑（oxadia zole）衍生物
（tBu-PBD）

噁唑雙量體

繁星式（star burst）
噁唑

三氮唑（tria zole）
衍生物

喹啉（quinoxaline）衍生物

含矽的雜環化合物（siloles）

圖 4.67　用於有機 EL 元件的代表性電子輸運材料

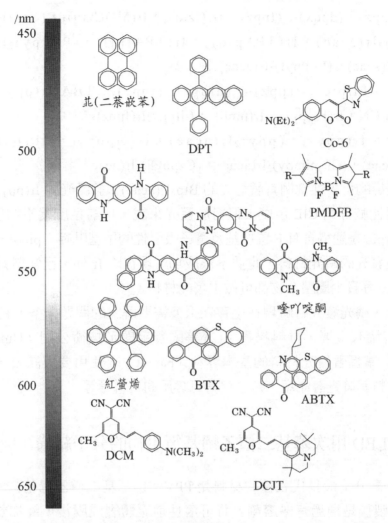

圖 4.68 按發光波長給出的代表性客（guest）發光材料

的略高些，為 $1.4 \times 10^{-3} cm^2/(V \cdot s)$，而 TPTE1 的為 $4 \times 10^{-3} cm^2/(V \cdot s)$。說明多量化確實能在一定程度上提高電洞遷移率。

4.20.2 有機 EL 用銥（Ir）系金屬螯合物磷光發光材料

目前已公開發表多種磷光有機 EL 材料，目前應用前景最好的是 Ir（銥）系金屬螯合物材料。通過對配位子的 π 電子系進行控制，可以獲得從藍色到紅色的各式各樣發光色。如：

紅　光：(btp)$_2$Ir(acac)，(piq)$_2$Ir(acac)，(pbq-F)$_2$Ir(acac)，(1-niq)$_2$Ir(acac)，(2-niq)$_2$Ir(acac)，(m-niq)$_2$Ir(acac)，(napm)$_2$Ir(bppz)CF$_3$，(nazo)$_2$Ir(fppz)， (nazo)$_2$Ir(bppz)，(dpqx)$_2$Ir(fppz)，Ir(Cziq)$_3$，Ir(MOCziq)$_3$，(Cziq)$_2$Ir(acac)，(MOCziq)$_2$Ir(acac)，Ir(TPApiq)$_3$，Ir(TPAfiq)$_3$，(PPPpy)$_2$Ir(acac)，(PPPpyp)$_2$Ir(acac)，(PPPpyf)$_2$Ir(acac) 等；

　　藍　光：FIrpic，Ir(ppz)$_3$，(dfppz)Ir(fppz)$_2$，TBA[Ir(ppy)$_2$(CN)$_2$]，Ir(ppy)$_2$PBu$_3$CN，Ir(F$_4$ppy)$_3$，Ir(pmb)$_3$，(dfppy)Ir(fppz)$_3$ 等；

　　綠　光：Ir(ppy)$_3$，(ppy)$_2$Ir(acac)，Ir(mppy)$_3$，(tbi)$_2$Ir(acac)，(Oppy)$_2$Ir(acac)，(CF$_3$pimpy)$_2$Ir(acac)，(CzppyF)$_2$Ir(acac）等。

　　經常報導的代表性實例有發紅光的 Btp$_2$Ir(acac)、發綠光的 Ir(ppy)$_3$，利用二者可以獲得比較好的 CIE 色度，但對於藍光來說，目前色度還不夠理想（見圖4.69）。FIrpic 是通過含有 F 置換基及電子吸引性的甲基吡啶（picoline）酸，力圖實現藍色發光的磷光材料，也並不很成功。現在除 Ir 外，已知還有 Au、Pt、Os、Ru、Re 等貴金屬螯合物都可做主發光材料。

　　事實上，磷光發光材料現在還存在很多需要解決的問題繁多，包括：(1) 磷光材料含有稀有金屬，材料昂貴；(2) 美國寰宇顯示技術公司（Universal Display, UDC）掌握著磷光材料的基本專利（patent），使用要與該公司談判；(3) 藍光磷光材料其發光壽命短，幾乎沒有可實用的材料等等。

4.20.3　PLED 用次苯基二價乙烯基衍生物的分子結構

　　共軛系高分子最具代表性的材料是 PPV（次苯基二價乙烯基）。初期高分子 EL 元件製作是通過有機溶劑，將可溶性前驅體製成膜後，經加熱得到 PPV薄膜。此後，通過在苯基中附加長鏈，由溶液直接得膜，具代表性的 PPV 衍生物如圖 4.71 所示。由這些材料可以得到從綠到橙的光。為實現高效率，需要輕易地由電極向發光層注入電子或電洞，為此需要載子取得平衡。據報導，採用OC1C10-PPV 的綠色發光，已達到超過 161m/W 的高效率。採用高分子系最早達到實用化的材料就是這種 PPV 系。但是，由於分子結構此一本質原因，PPV系想要發藍光是很難的。

4.20.4　PLED 用聚芴衍生物的分子結構

　　芴（fluorene）系高分子是有可能發藍光的。聚芴具有良好的熱穩定性和化學穩定性，在溶液或固體狀態下，顯示出非常高的螢光／量子產生效率。通過在

芴上置換烷基長鏈，使聚芴變成在有機溶劑中可溶的，從而具有優良的成形性。一些聚芴（poly fluorene）衍生物的分子結構如圖 4.72 所示（順便提醒讀者朋友，圖 4.71 所展示內容為高分子系有機 EL 陽極為改善電洞注入率而報導的材料實例）。聚芴的主要問題是，因為其結構而引發的液晶性。再加熱或電場中，分子鏈與分子鏈發生匯合，基於此的發光〔excimer（活化變體）發光〕。報導指出，這種活化變體發光是由於低分子量成分受熱或電場作用發光所引起的。在去除分子量 20000 以下的低分子量成分之後，實際上製成的高分子 EL 元件之穩定性大幅度提高。現在，通過聚合前提高單體純度等方法來提高聚合物的分子量，可以使分子量達到 100 萬左右。

日本九州大學（Kyushu University）最先端有機光電子研究中心（OPERA）日前宣布，開發出了雖為螢光材料但內部量子效率基本達到 100% 的有機 EL 新發光材料。內部量子效率高的材料，以往僅限於使用稀有金屬的磷光材料，而新材料不使用稀有金屬。OPERA 將該材料命名為「Hyperfluorescence」。OPERA 負責人、九州大學教授安達千波矢稱「該材料不需要磷光材料」。基本原理為：TADF 只在激子經由一重態時才發光，從這一意義來說，它屬於螢光材料。但三重態激子受熱後會「激勵」成一重態。這樣便有望使全部的激子為發光做出貢獻。

第三代有機發光材料包含兩種技術。一種是上文提到的「熱活性型延遲螢光（TADF）」。另一種是「3 重態─3 重態消滅」（TTA）或「3 重態─3 重態融合」（TTF）現象的機制。同一種現象有兩種名稱，是因為以前在磷光發光材料中增加電流密度時，TTA 是導致發光效率降低的因素。而在螢光材料中，則是提高發光效率的因素，因此有人認為「融合（fusion）比消滅（annihilation）更恰當」，所以命名為 TTF。不過，理論上材料的內部發光效率最大只有 40%，與內部發光效率為 100% 的 TADF 有很大差距。

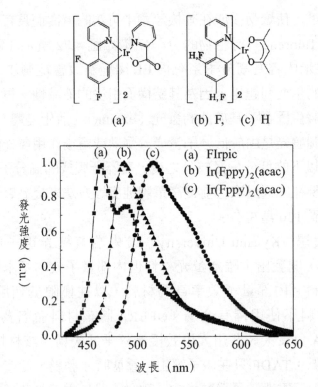

圖 4.69 PLED 用 FIrpic 衍生物的發光光譜

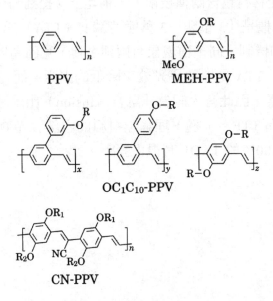

圖 4.70 PLED 用次苯基二價乙烯基衍生物的分子結構

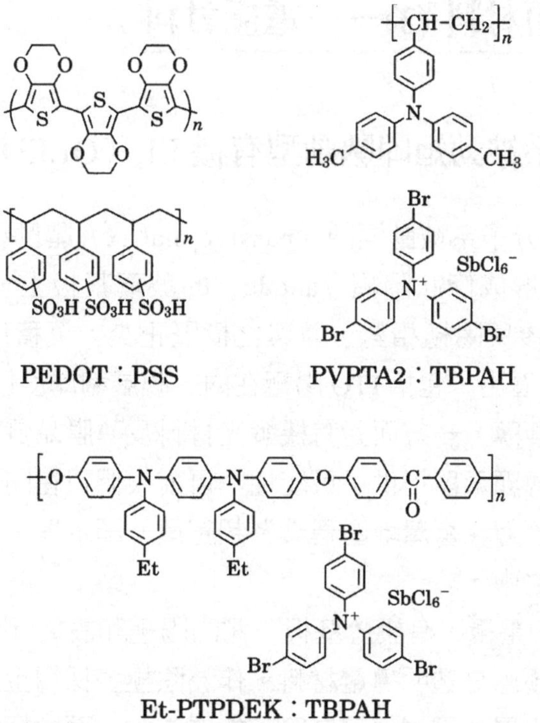

PEDOT：PSS   **PVPTA2：TBPAH**

Et-PTPDEK：TBPAH

圖 4.71 作為電洞注入材料的共軛系高分子（PEDOT：PSS）和非共軛系高分子
（PVPTA2：TBPAH 等）的分子結構

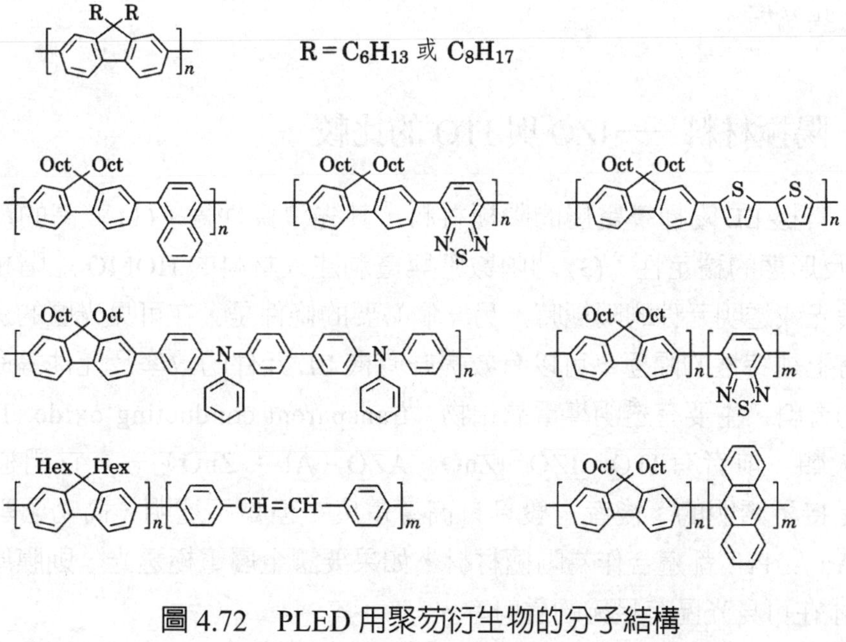

$R = C_6H_{13}$ 或 C_8H_{17}

圖 4.72 PLED 用聚芴衍生物的分子結構

4.21　OLED 用材料 (3)──電極材料

4.21.1　小分子系被動矩陣驅動型有機 EL（OLED）元件的結構

　　圖 4.73 表示小分子系被動矩陣（passive matrix）驅動型有機 EL（OLED）元件的結構。在已形成條狀陽極（anode）的玻璃基板上，重疊沉積奈米尺度極薄的有機膜，而後與陽極相對，並與之橫豎正交，沉積條狀金屬陰極（cathode）。從圖中可以看出，包括 ITO 陽極在內，膜層總厚度僅 0.4～0.5μm，是極薄的。正因為膜層極薄，一方面對有機發光材料及薄膜品質提出極嚴格的要求，另一方面為實現極薄顯示器提供了可能性。目前人們正在開發像紙一樣薄、能自由彎曲、可摺疊的極薄（臺灣地區稱其為超超薄）顯示器，而發展前景十分看好的電子紙也在開發之中。

　　有機 EL 元件的電極，有設於基板一側的陽極和設於元件上部的陰極兩種。一般說來，作為陽極應是透明導電材料，作為陰極多採用金屬材料。陽極的作用是將電洞向電洞注入層及電洞傳輸層等有機層注入；而陰極的作用是將電子向電子注入層及電子傳輸層等有機層注入。為了實現載子的有效注入，降低注入能障是第一要務。由於用於有機 EL 的大部分有機材料的 LUMO 能階在 2.5～3.0eV，而 HOMO 能階在 5～6eV。因此，陽極材料的功函數高些為好，而陰極材料的功函數低些為好。

4.21.2　陽極材料──IZO 與 ITO 的比較

　　作為有機 EL 陽極導電層的陽極材料，其先決條件是：(1) 較高的電導率；(2) 化學及形態的穩定性；(3) 功函數應與電洞注入材料的 HOMO 能階相匹配。當作為發光或透明元件的陽極時，另一個必要的條件是，在可見光區的透明度要高。具有上述特性的陽極，可以有效提升有機 EL 元件的效率及元件壽命。常作為陽極的材料，主要有透明導電氧化物（transparent conducting oxide, TCO）及金屬兩大類。前者有 ITO、IZO、ZnO、AZO（Al：ZnO）等，它們通常在可見光區是接近透明的；後者一般具有高導電度，但是不透明，高功函數的金屬如 Ni、Au 及 Pt，都適合作為陽極材料，如果要讓金屬電極透光，則膜厚需小於 15nm，才在可見光區有足夠的透射率。

　　最常被用作透明陽極導電體的金屬氧化物是氧化銦錫（indium tin oxide,

ITO），ITO 在液晶顯示器及無機薄膜 EL 應用方面，已有長期使用的實績。它的電阻率為 $(1 \sim 8) \times 10^{-4} \Omega \cdot cm$，在膜厚 150nm 的場合下，片電阻（sheet resistance）可以達到 10Ω/□，而且透射率在 90% 以上的產品可以很方便地買到。ITO 的功函數為 $4.5 \sim 5.1eV$，接近電洞傳輸材料的 HOMO 能階（5 ～ 6eV），因此適宜電洞注入。

　　ITO 成膜一般採用濺射鍍膜、電子束蒸鍍、化學氣相沉積（chemical vapor deposition, CVD）、噴霧高溫分解（spray pyrolysis）等方式。ITO 靶材的組成為 In_2O_3 摻雜 10% 的 SnO_2，因為 In 為 3 價，當被摻雜的 4 價 Sn 置換時，會產生 n 型摻雜效果，降低薄膜的電阻。此外，當薄膜中形成氧空位時，每產生一個氧空位，便會多出兩個電子，因此提高了載子濃度，可降低薄膜的電阻。當氧濃度過高時，氧空位便會減少，載子濃度隨之降低，而造成薄膜的電阻率升高。在濺射鍍制 ITO 膜的同時，對成膜基板進行加熱，可促進晶格生長，也可有效降低電阻率。

　　氧化銦鋅（IZO）可由燒結靶進行濺射成膜。採用低溫製程（基板溫度低於 100℃）開發的 IZO 膜，具有較低的電導率和較高的功函數（work function）。IZO 與 ITO 的比較如表 4.4 所示。IZO 膜層的電阻率為 $(3 \sim 4) \times 10^{-4} \Omega \cdot cm$，從室溫到 400℃的基板溫度範圍內成膜，膜層的電阻率基本上不發生變化，膜層為非晶態結構。若以室溫成膜做比較，IZO 甚至比 ITO 的電阻率更低些。

4.21.3　高分子系有機 EL 的陽極

　　對於高分子系有機 EL 來說，在陽極一側使用高導電性高分子材料可以改善電洞注入效率，迄今為止已有報導的材料實例。最具代表性的是導電性高分子材料 PEDOT：PSS。它是在噻吩（thiophene）衍生物中摻入聚醚磺酸（polyether sulphone）組成的水溶性混合系。由於是水溶性懸濁液，即使採用旋塗法（spin-coat），也能在基板上形成均勻的薄膜。它的功函數為 5.1eV 左右。對於採用聚芴發光層的高分子 EL 元件來說，由於聚芴的 HOMO 能階深，因此由 ITO 直接向其注入很難。但是，通過在 ITO 和聚芴發光層之間形成 PEDOT PSS 層，將電位分為兩個臺階，則電洞注入變得容易些。

　　此外，採用非共軛系高分子而被賦予導電性的系統，也可作為電洞注入層來使用。例如，在三苯胺側鏈上摻雜乙烯高分子及受子（acceptor）的 PVTPA2：TBPAH 及 PTPDE：TBPAH 等。採用這類電洞注入層不僅可以改善電洞注入效果，實現低驅動電壓，而且還有使 ITO 表面平坦化，減少短路等缺陷的效果。

4.21.4　陰極材料——透明陰極的發展

對於陰極材料來說，為了向有機層注入電子更容易，應採用功函數小的金屬。在有機 EL 研究初期，Kodak 公司開發的 MgAg（9:1）合金一直廣泛採用至今。Mg 單獨使用在化學上不穩定，往往通過合金化而實現穩定化。此外，Mg 與 In 的合金 MgIn（9:1）也作為陰極材料而使用。這些合金膜是通過控制二成分蒸鍍速率比率的共蒸鍍法，在有機層上形成的。為進一步改善電子注入效果，還考慮採用鹼金屬。例如，摻雜 1% 以下 Li 的 AlLi 合金，也作為陰極材料來使用。但從電極的穩定性考慮，單獨使用 Al 更好些。最近，以非常薄的介面層與 Al 電極相組合的情況成為主流。介面層採用鹼金屬（alkaline metal）及鹼土金屬（alkaline earth metal）的氧化物或氟化物時，介面層的厚度在 1nm 左右，是非常薄的，再在它上面形成 150nm 的鋁膜。最一般的為 LiF（0.5nm）/Al（50nm），它幾乎在所有低分子有機 EL 元件中被採用。

另一方面，對於高分子 EL 元件來說，一般是直接採用富於活性的 Ca、Ba 及 Cs 等鹼（土）金屬作為介面層。該層的厚度在數奈米左右，比低分子 EL 元件的介面層要厚。一般認為，這些鹼（土）金屬在介面上與高分子層形成反應層。另外，在鹼（土）金屬層形成之前，先設置 LiF 層而形成 LiF/Ca/Al 結構的陰極，也在高分子 EL 元件中廣泛採用。

還有一些研究通過對有機層 / 陰極介面進行電子的控制，用以改善電子注入。有報導指出，使具有較大偶極矩的有機分子在介面上排佈，會形成電氣二重層，從而使能障下降。作為很有意義的電極結構，有些實例是通過有機材料與活性金屬的共蒸鍍，使形成的混合層作為介面來使用。例如，使 Alq_3 與 Ca 及 BCP（bathocuproine）與 Ca，或 BCP 與 Cs，以 1:1 進行共蒸鍍（co-evaporation），可使元件的驅動電壓降低。這些混合物的形成是提高電極向有機層電子注入效率的有力方法。

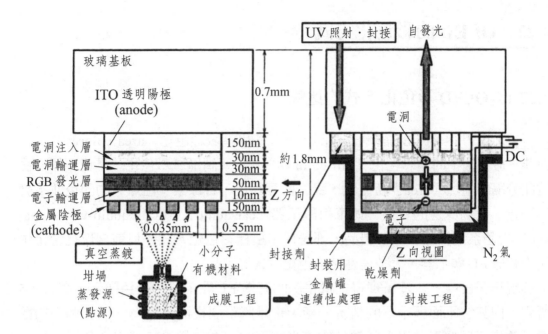

圖 4.73 小分子系被動矩陣驅動型有機 EL（OLED）元件的結構

表 4.4 陽極材料──IZO 與 ITO 比較

導電氧化物	IZO	ITO	
材料	In_2O_3：ZnO	In_2O_3：SnO_2	
組成（%）（質量分數）	90：10	90：10	
成膜基板溫度（℃）	−20～350	室溫	200～300
膜質	非晶態	部分結晶	結晶
電阻率（$\mu\Omega \cdot cm$）	300～400	500～800	200 以下
透射率（%）	81	81	
折射率	2.0～2.1	1.9～2.0	
功函數（eV）	5.1～5.2	4.5～5.1	
特性	表面平滑性 低溫成膜性 具熱穩定性	低電阻	

4.22　OLED 的彩色化方式

4.22.1　OLED 彩色化方式的比較

目前市售的有機 EL 顯示器產品，大多採用區域彩色化（area color）方式，而非一般意義上的全彩色化（full color）方式。所謂區域彩色化，是使一個一個彼此分隔的區域（area）產生紅、綠、藍等顏色，各像素（區域）的顏色並不發生變化。我們身邊的實例，如車用顯示器（car-audio）、AV（audio-visual system，視聽系統）等顯示器製品，都是採用這種彩色化方式。目前實現批量化生產的有機 EL 顯示器，大多是區域彩色化方式的製品。

現正開發中，並逐漸實現批量生產的有機 EL 顯示器的全色顯示，如表 4.5 所列，同其它平面顯示器的情況一樣，也是將整個畫面分解為一個一個小的像素，並使每個像素發出不同顏色的光來實現的。為使像素能發出全色光，每個像素都由三個次像素（sub-pixel）構成，而單個次像素分別發出紅（R）、綠（G）、藍（B）三原色的光。通過使上述三原色發光量變化，可獲得所需要的彩色。按上述三原色獲得方法的不同，有機 EL 顯示器實現全色顯示有下述三種方式：(1) 三色獨立像素方式（三色分塗方式）；(2) 彩色濾光片（color filter, CF）方式；(3) 色變換（color changing medium, CCM）方式。

從技術和製作過程講，上述三種方式各有長處和短處，難以一概而論哪種更好。到目前為止，三色獨立像素方式採用較多，但隨著最近大畫面有機 EL 顯示器需求的增加，彩色濾光片方式和色變換方式也開始採用。

4.22.2　三色獨立像素方式（三色分塗方式）

三色獨立像素（pixel）方式是在每一像素中，分別獨立佈置 RGB 三色次像素（sub-pixel），即在發光層的所在位置，使 RGB 三色發光區域分割佈置的方式。對應 RGB 次像素的每個區域，分別採用各自對應的發光材料，並由此構成發光層。對於小分子系材料來說，蒸鍍發光材料時，需要採用阻擋用的金屬光罩，僅在需要的部位沉積發光材料，而遮擋不需要沉積的部位，佈置 RGB 三色次像素分三次蒸鍍進行；對於高分子系（聚合物系）材料來說，需要採用噴墨（ink-jet）法或凹版（gravure）印刷法。一般是通過摻雜法獲得不同顏色的發光材料，即在成膜性及發光亮度均良好的發光材料中，摻雜微量的有機染料（色

素），使之產生所需要的 RGB 發光。

　　陰極側的電極為公用（common）電極，而 RGB 三色對應的陽極（ITO）分別獨立佈置。例如，需要 R 發光時，R 陽極上施加電壓，從而使紅色發光層發光。像這樣，由於 RGB 三色像素獨立佈置，故稱其為三色獨立像素方式，又由於 RGB 三色發光材料分別塗敷，故稱其為三色分塗方式。

　　三色獨立像素方式的優點是，由像素發出的光不用變換而直接取出，發光材料的性能可以充分發揮，發光效率和色再現性等優於其它方式。這種方式開發歷史最長，也是目前開發的重點。這種方式的缺點是，發光層的蒸鍍需要多次才能完成，技術複雜；對於大尺寸畫面來說，要製作的像素很多，致使精度要求極高；而且，由於 RGB 發光材料的發光效率有高有低，壽命有長有短，需要對其進行平衡。

　　例如，為了在同一塊基板上形成大小為 100μm 左右、十分精細的 RGB 像素，需要採用金屬光罩，但隨著有機 EL 顯示器向高精細化、大型化進展，金屬光罩的對準（alignment）精度變差，高精細全色顯示變得越來越難。在對 RGB 像素依次進行三次蒸鍍時，保證對準精度意味著在準確地蒸鍍完 R 像素之後，要精確控制光罩的移動量，保證在第二次蒸鍍時對準 G 像素，第三次蒸鍍對準 B 像素。金屬光罩移動量的精度即是上述的對準精度。真空蒸鍍時需要加熱，金屬光罩受熱膨脹引起的位置偏差越靠端部越明顯，對於較大的金屬光罩，端部的位置偏差與中央部位的位置偏差相比可達數十微米。可以想像，在這種情況下，整個畫面的 RGB 關係會發生錯亂：依位置不同而異，需要發紅光的像素對應的不是發紅光的材料，需要發綠光的像素對應的不是發綠光的材料等。發生這種「張冠李戴」的情況，怎麼能產生所需要的顯示效果呢？

　　當然，對於顯示畫面較小的有機 EL 顯示器，三色獨立像素方式可以充分發揮其長處。

4.22.3　彩色濾光片（CF）方式

　　彩色濾光片（color filter, CF）方式是由發光層發出白光，通過彩色濾光片分別取出 RGB 三色的方式，如圖 4.74 所示。白色光可由三色發光層積層的方法來獲得，但一般是利用補色關係，由紅色和藍色發光層的積層來獲得。由於發光元件為單一白色，而不採用三色獨立發光的 RGB 像素，因此不需要對發光材料的發光效率和壽命進行平衡。由於發光元件發出的白色透過 RGB 的效率，近似地說均為 1/3，彩色濾光片方式可以利用現有的 LCD，用彩色濾光片技術來實

現。

彩色濾光片方式的缺點是，發光效率（光的利用率）低，且對比度較差。為獲得與三色獨立像素方式不相上下的亮度，必須提高有機 EL 發光元件的發光亮度。為此不僅功耗增加，特別還需要開發高效率發光的白色有機電致發光材料。

4.22.4 色變換（CCM）方式

色變換（color changing medium, CCM）方式是由藍光發光層發出藍光，由分散有螢光染料（色素）的色變換層吸收該短波長藍光（B），並將其變換為較長波長的綠光（G）和紅光（R）的方式。色變換方式的發光層，僅由同一種藍色（B）發光材料構成，由其發出的藍光，對於 B 像素來說可直接取出，對於 R 像素來說是通過紅色螢光染料（色素），對於 G 像素來說是通過綠色螢光染料（色素），分別經過色變換（color changing），取出紅（R）光和綠（G）光。紅光和綠光的色變換是利用藍光的能量分別激發相應染料（色素）的螢光體，並使其放出光。與彩色濾光片方式相比，這種激發方式的發光效率（光的利用效率）更高些。

色變換方式不需要分別佈置三色獨立發光的 RGB 像素，製作方法簡單。色變換層同彩色濾光片的製作方法相類似，可採用微影成像法制作。由於不是採用三色獨立像素，不需要對各自的發光效率和壽命進行平衡。色變換方式的缺點是，外光容易造成螢光體的二次激發，致使對比度下降，再加上螢光體自身的色變換效率較低等，對於實用性來說，需要解決的問題還很多。

表 4.5 OLED 全彩化方法的比較

項目 \ 類型	(a) RGB 像素並置法	(b) 色變換法	(c) 彩色濾光片法	(d) 微共振腔調色法	(e) 多層堆疊法
光色的純度	正常	低	好	優秀	好
發光效率	正常	很低	低	高	好
製作流程	正常	易	易	很難	難

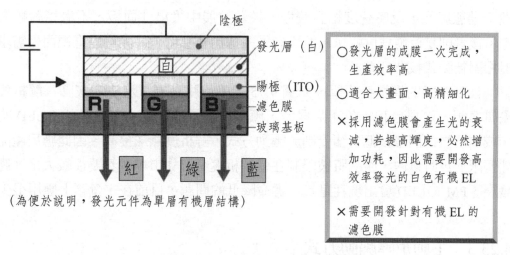

（為便於說明，發光元件為單層有機層結構）

圖 4.74　彩色濾光片（CF）方式

4.23　OLED 的驅動

4.23.1　矩陣方式顯示器驅動掃描方式的種類

　　OLED 根據驅動方式的不同，可分為主動式 OLED（AM OLED）和被動式 OLED（PM OLED）。其中被動驅動又分為靜態驅動和動態驅動兩類。靜態驅動的有機發光顯示元件上，一般各有機電致發光像素的陰極是連在一起引出的，各像素的陽極是分立引出的，這就是共陰極的連接方式。靜態驅動電路一般用於區顯示器的驅動上。動態驅動的有機發光顯示元件上，人們把像素的兩個電極做成了矩陣型結構，即水平一組顯示像素的同一性質電極是共用的，縱向一組顯示像素的相同性質之另一電極是共用的。在實際電路驅動的過程中，要逐行點亮或者要逐列點亮像素，通常採用逐行掃描的方式，行掃描、列電極為資料電極。

4.23.2　被動矩陣（簡單矩陣）驅動方式

　　PMOLED 即被動式驅動有機發光二極體（passive matrix OLED）。

　　如果將 OLED 比作 LCD，PM OLED 就如同 STN LCD；而主動式有機發光二極體（active matrix OLED, AM OLED）就如同 TFT LCD。前者較不適合用於

顯示動態影像，反應速度相對較慢，較難發展中大尺寸面板，不過相對較為省電；後者則是反應速度較快，並可發展各種尺寸應用，最大可達電視面板需求，但相對被動式較為耗電。

被動方式的構造較簡單，如圖 4.75 所示。驅動視電流決定灰階、解析度及畫質表現，以單色和多色產品居多，應用在小尺寸產品上。被動式 OLED 的製作成本及技術門檻較低，卻受制於驅動方式，解析度無法提高，因此應用產品尺寸侷限於英吋以內，產品將被限制在低解析度小尺寸市場。若要往較大尺寸應用發展，PM OLED 會出現耗電量、壽命降低的問題，目前在主螢幕上應用很少。

4.23.3 主動矩陣驅動方式

主動驅動的每個像素配備具有開關功能的低溫多晶矽薄膜電晶體（low temperature poly-Si thin film transistor, LTPS TFT），而且每個像素配備一個電荷儲存電容，周邊驅動電路和顯示陣列整個系統整合在同一玻璃基板上。如圖 4.76 所示與 LCD 相同的 TFT 結構，無法用於 OLED。這是因為 LCD 採用電壓驅動，而 OLED 卻依賴電流驅動，其亮度與電流量成正比，因此除了進行 ON/OFF 切換動作的選址 TFT 之外，還需要能讓足夠電流通過的導通阻抗較低的小型驅動 TFT。

主動驅動屬於靜態驅動方式，具有儲存效應，可進行 100% 負載驅動，這種驅動不受掃描電極數的限制，可以對各像素獨立進行選擇性調節，如圖 4.47 所示。主動驅動無占空比（duty cycle）問題，驅動不受掃描電極數的限制，易於實現高亮度和高解析度。主動驅動由於可以對亮度的紅色和藍色像素獨立進行灰度（gray scale）調節驅動，這更有利於 OLED 彩色化實現。

主動矩陣的驅動電路藏於顯示器內，更易於實現整合度和小型化。另外，由於解決了周邊驅動電路與面板的連接問題，這在一定程度上提高了良率（yield）和可靠性（reliability）。

4.23.4 銦鎵鋅氧化物（IGZO）薄膜電晶體驅動

IGZO 中文名為氧化銦鎵鋅，是將銦、鎵、鋅的氧化物按一定的比例混合而成的。

傳統的 TFT 是將 IGZO 換成 a-Si（非晶矽）。當然，IGZO 採用的也是非晶

態形式。什麼是非晶（amorphous）？理想晶體中原子的排列不僅短程有序，而且長程有序，而非晶態材料中，原子的排列不具有長程週期性，只在短程上是有序的。多晶材料介於二者之間：由大量取向不同的晶粒所組成，晶粒與晶粒之間存在晶界。

隨著液晶顯示器尺寸的不斷增大，以及驅動頻率的不斷提高，傳統非晶矽薄膜電晶體的電子遷移率（遷移率為單位電場強度下電子的平均偏移速度，可以理解為導電能力）很難滿足需求，而且均一性差。所以找到了一種複合金屬氧化物，即所謂的氧化銦鎵鋅（IGZO）。它的電子遷移率高，製造技術簡單，均一性好，而且是透明的。

這裡的 IGZO 同樣是採用非晶。為什麼要用非晶，而不是單晶或多晶？大家都知道，單晶和多晶的導電性都強於非晶。這是因為單晶的製造非常困難而昂貴，而多晶的導電性很不均勻，很容易造成像素點之間亮度不一致。當然，多晶的製造也並非容易。非晶的優勢在於製造技術相對簡單，導電性均勻、價格又便宜，儘管性能有待提高，但在目前工業應用上是足夠的。

半導體的能帶結構分為導帶、禁帶和價帶。在常態下，金屬的導帶中就含有電子，所以金屬是導體，而半導體在不加外界偏壓時，導帶中無電子，所以沒有導電能力。當加上外界偏壓，導帶中的電子被激發到導帶中，在價帶中就出現電子空洞，稱為電洞，導帶中就出現電子，則能導電了。

傳統 TFT 採用非晶矽材料，非晶矽不透明，而且禁帶寬度（導帶、價帶間不含電子的能帶稱為禁帶）較 IGZO 窄，在可見光下，很容易將價帶電子激發到導帶上。這在 TFT 控制中是不想要的，必須用黑矩陣遮擋光線。所以在每個像素點中，非晶矽 TFT 都會占用像素的一定面積，使透光面積減小。而 IGZO TFT 則是透明的，而且對可見光不敏感，所以大大增加了元件開口率，從而提高了亮度，降低了功耗。

既然 IGZO 那麼好，為什麼遲遲不能量產呢？看來壽命是關鍵因素。非晶態金屬氧化物 IGZO 在空氣中很不穩定，特別是對氧氣和水蒸氣很敏感，使用壽命很短。所以必須在 IGZO 表面鍍上一層保護層。所以，怎麼鍍、鍍什麼保護層才能使使用壽命比得上傳統 TFT，成為現在量產的障礙。而且，還需要優化技術，使製造成本下降。

既然 IGZO 作為 TFT 的優勢那麼明顯，而且現在 OLED 柔性顯示器那麼火熱，那 IGZO 能不能應用在 OLED 中呢？答案是肯定的。而且，IGZO 具有其它材料無法比擬的優點，如高電子遷移率、透明，還有一個優點，就是 IGZO 具有很好的彎曲性能，能夠很好地配合柔性 OLED。

　　一個 AM-OLED 顯示器需要搭配一片 LTPS（低溫多晶矽）面板來驅動，但 LTPS 成本太貴，需要經過 7 ～ 11 道光罩來製造，而 IGZO 只需要經過 5 ～ 7 道光罩，成本要低得多。因此，業內希望改用 IGZO 的面板來驅動 AM-OLED。

　　而 AM-OLED 若用在電視等大尺寸面板上，一定要使用 IGZO，否則成本將會非常高。

　　但是，LCD 的 TFT 驅動電路結構無法用於 OLED。因為 LCD 採用電壓驅動，而 OLED 卻是依賴電流驅動，其亮度與電流大小成正比。

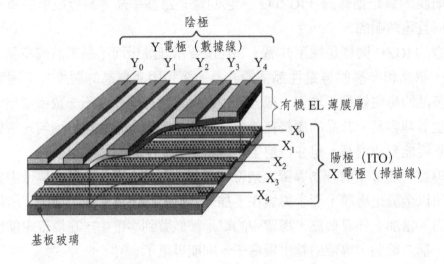

(a) 被動矩陣（簡單矩陣）驅動方式的結構

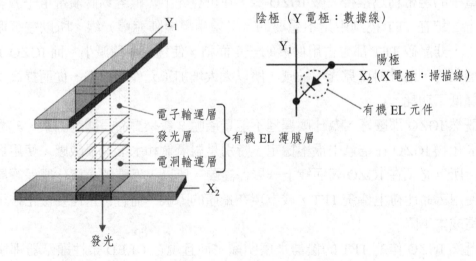

(b) 通過電極 (X_2, Y_1) 向有機 EL 薄膜層施加電場的情況

圖 4.75　被動矩陣（簡單矩陣）驅動方式

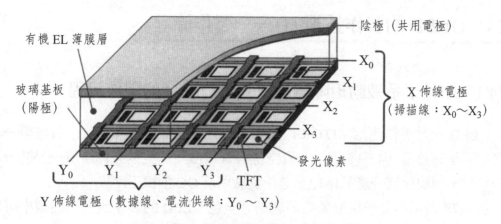

有機 EL 薄膜層

玻璃基板
(陽極)

陰極（共用電極）

X_0

X_1

X_2

X_3

X 佈線電極
（掃描線：$X_0 \sim X_3$）

發光像素

Y_0 Y_1 Y_2 Y_3

TFT

Y 佈線電極（數據線、電流供線：$Y_0 \sim Y_3$）

圖 4.76 主動矩陣驅動方式的結構

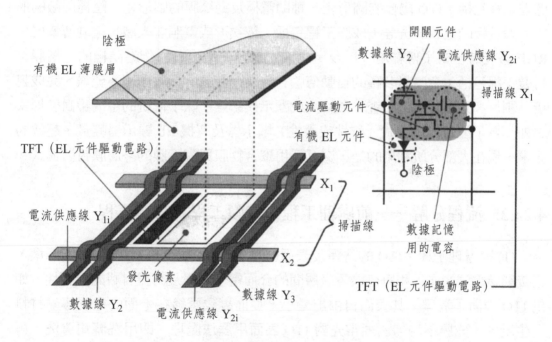

陰極

有機 EL 薄膜層

TFT（EL 元件驅動電路）

電流供應線 Y_{1i}

發光像素

數據線 Y_2

電流供應線 Y_{2i}

數據線 Y_3

X_1

X_2

掃描線

開關元件

數據線 Y_2 電流供應線 Y_{2i}

掃描線 X_1

電流驅動元件

有機 EL 元件

陰極

數據記憶
用的電容

TFT（EL 元件驅動電路）

圖 4.77 主動矩陣驅動方式中陽極的像素結構

4.24　OLED 的製作技術 (1)──製作流程

4.24.1　小分子系被動矩陣驅動型全色 OLED 的製作流程

OLED 元件製作包括：ITO/Cr 玻璃清洗→微影成像→再清洗→前處理→真空蒸發多層有機層（4～5 層）→真空蒸發背電極→真空蒸發保護層→封裝→切割→測試→模組組裝→產品檢驗、老化實驗以及 QC 抽檢工序。

圖 4.78 表示小分子系被動矩陣驅動型全色 OLED 的製作流程。從圖中可以看出，整個技術流程分為前處理工程、成膜工程和封裝工程三大部分。其中，前處理工程包括：ITO 陽極的圖形化、輔助電極及絕緣膜的圖形化、陰極屏蔽的形成、對基板的電漿清洗等；成膜工程包括：依次形成電洞注入層、電洞傳輸層、RGB 發光層、電子傳輸層（以及電子注入層）、最後沉積作為陰極的金屬膜；封裝工程包括：金屬封裝罐的自動傳輸、乾燥劑充填、框膠印刷、乾燥、完成封接、劃片、分割，通電檢查，最終完成顯示模組等。除了傳統的金屬罐封裝形式之外，為了配合可彎曲式（軟性或柔性）顯示器及有機 EL 顯示器輕量、超薄的要求，現在大部分所利用的是，交互採用聚合物膜與陶瓷膜的多層膜封裝模式。

4.24.2　流程分解──前處理工程、成膜工程、封裝工程

(1) 前處理工程：ITO 的洗淨及表面處理。作為陽極的 ITO 表面狀態好壞，直接影響電洞的注入和與有機薄膜層間的介面電子狀態及有機材料的成膜性。如果 ITO 表面不清潔，其表面自由能變小，從而導致蒸鍍在上面的電洞傳輸材料發生凝聚、成膜不均勻。通常先對 ITO 表面用濕法處理，即用洗滌劑清洗，再用乙醇、丙酮（acetone）及超音波清洗或用有機溶劑的蒸氣洗滌，後用紅外線燈烘乾。洗淨後對 ITO 表面進行活化處理，使 ITO 表面層含氧量增加，以提高 ITO 表面的功函數，也可以用過氧化氫處理 ITO 表面，以比例為水：雙氧水：氨水＝5：1：1 的混合溶液處理後，使 OLED 元件亮度提高一個數量級。因為過氧化氫處理會使 ITO 表面過剩的錫含量減少而氧的比例增加，使 ITO 表面的功函數增加，從而增加電洞注入的機率。紫外線－臭氧（ozone, O_3）和電漿表面處理是目前製作 OLED 元件常用的兩種方法，主要目的是：(1) 去除 ITO 表面殘留的有機物；(2) 促使 ITO 表面氧化，增加 ITO 表面的功函數。

經過脫脂表面處理後的 ITO 表面的功函數約為 4.6eV，經過紫外線－臭氧或

電漿表面處理過的 ITO 表面功函數約為 5.0eV 以上，發光效率及工作壽命都會得到提高。在對 ITO 玻璃進行表面處理，一定要在乾燥的真空操作條件下進行，處理過的 ITO 玻璃不要在空氣中放置太久，否則 ITO 玻璃就會失去活性。基板的平坦度對有機薄膜的型態（morphology），也有關鍵性的影響，由於與有機薄膜接觸的表面粗糙度對表面型態有顯著影響，因此在絕緣層及金屬電極的製作就需要選擇平整的製作過程。

(2) 成膜工程：OLED 元件在高真空腔室中蒸鍍多層有機材料薄膜，膜的品質是關係到元件品質和壽命的關鍵。在真空腔室中，有多個加熱舟蒸發源和相應的膜厚監控系統、ITO 玻璃基板固定裝置及金屬光罩裝置（mask）。有機材料的蒸氣壓比較高，蒸發溫度在 100 ～ 500℃之間，其特徵為：(1) 蒸氣壓高（150 ～ 450℃）；(2) 高溫條件下易分解，易變性；(3) 泡沫狀態下導熱性不好。

在蒸發沉積有機材料薄膜時，使用導熱性好的加熱舟，使蒸發速度容易控制。常用的加熱舟有金屬鉬和鉭加熱舟，為了使加熱更均勻，再加上帶蓋的石英舟（quartz boat），它使加熱得到緩衝。在進行有機材料薄膜蒸鍍時，一般基板保持室溫，防止溫度升高破壞有機材料薄膜，蒸發速度不宜過快或過慢，使膜厚度不均勻、過厚。蒸發多種材料分別在幾個真空室中進行，防止交叉污染。在彩色 OLED 元件製作中，含有摻雜劑的有機材料薄膜的形成，要採取摻雜劑材料與基質材料共蒸發的技術，一般摻雜劑材料控制在 0.5% ～ 2%〔占基質材料的摩爾數（mole number）〕，要求在控制基質材料和蒸發量的同時，嚴格控制摻雜劑材料在基質中的含量。

(3) 封裝工程：OLED 元件的有機薄膜及金屬薄膜遇水和空氣後會立即氧化，使元件性能迅速下降，因此在封裝前絕不能與空氣和水接觸。因此，OLED 的封裝技術一定要在無水無氧的、通有惰性氣體（如氬氣）的手套箱中進行。封裝材料包括黏合劑和覆蓋材料。黏合劑使用紫外線固化環氧固化劑，覆蓋材料則採用玻璃封蓋，在封蓋內加裝乾燥劑來吸附殘留的水分。

4.24.3　利用條狀陰極屏蔽兼作光罩製作像素陣列

對於被動矩陣顯示器來說，為實現像素陣列，需要採用同條狀陽極垂直佈置的條狀陰極。但對於有機 EL 來說，由於發光層採用多層極薄的有機膜，若採用先沉積陰極金屬膜，再經蝕刻形成條狀陰極，會傷及有機膜。因此，有必要在薄膜形成的過程中，完成陰極的圖形化。

　　陰極屏蔽的形成過程及陰極屏蔽所起的作用如下：首先，在佈置有 ITO 條狀陽極的玻璃基板表面，由旋塗（甩膠）法塗佈光阻，再通過微影成像技術，形成與 ITO 條狀陽極垂直，而且橫截面為倒梯形的條狀陰極隔離牆（屏蔽）。早期條狀陰極屏蔽的最大寬度為 30μm，陰極間距為 330μm，而後逐漸向精細化方向進展。

　　將做好條狀屏蔽的基板置於真空蒸鍍室中，逐層蒸鍍有機發光層和陰極金屬膜。相對於金屬而言，有機材料的蒸氣壓高，特別是在高溫下易分解，一般由電阻加熱蒸發。由於加熱溫度低，蒸發分子的飛行速度慢，如同雪花那樣，慢慢飄落下來，即使在條狀屏蔽的陰影部位，有機分子也能沉積，結構形成薄而均勻的膜層。

4.24.4　利用條狀陰極屏蔽的被動驅動 OLED 元件之像素結構

　　金屬的熔點高、蒸氣壓低，一般需要在高真空下進行電子束蒸鍍。由於蒸發溫度高，氣態金屬原子的飛行速度快，沿直線前進。由於條狀陰極屏蔽的陰影作用，金屬不能沉積在條狀屏蔽的正下方，從而對陰極產生分割作用。

　　按傳統方式，形成條狀陰極一般採用遮擋光罩法。即先將遮擋光罩置於基板表面，在蒸鍍過程中，僅光罩條狀漏孔部分才能有金屬沉積在基板上。但遮擋光罩法有不少難以克服的缺點，如沉積材料的利用率低、圖形精度差、光罩受熱易變形、難以適應大面積基板等。而採用條狀屏蔽技術，可自動實現陰極的分離，且能克服遮擋光罩法的諸多缺點。實驗證明，條狀屏蔽對陰極確實產生可靠的電氣絕緣作用。而且，人們利用這種條狀絕緣屏蔽結構，成功製作出實用的高像素密度 RGB 全色動畫顯示 OLED 元件。

　　人們對上述條狀陰極屏蔽技術進行了一系列改進。例如，在條狀絕緣屏蔽下，增加一絕緣緩衝層，可以進一步解決同一像素各層間的短路問題，同時增加相鄰像素之間絕緣的可靠性。

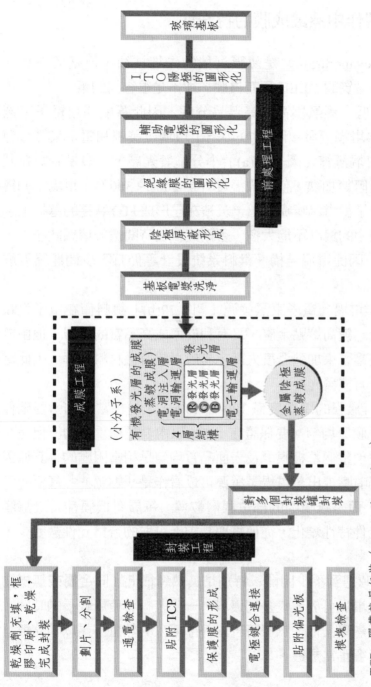

圖 4.78　小分子系被動矩陣驅動型全色 OLED 的製作流程

TCP：膠帶載具包裝 (tape carrier package)

4.25　OLED 的製作技術 (2)——蒸鍍成膜

4.25.1　OLED 元件製作中蒸鍍成膜的特殊性

真空蒸鍍（vacuum evaporation）是薄膜沉積的先進技術，但基於下述原因，利用真空蒸鍍製作高品質的 OLED 用有機膜，卻不是很容易的事。

(1) 有機材料的熔點低、蒸氣壓高，高溫易分解，因此不能採用電子束蒸發，而只能採用電阻加熱坩堝蒸發。圖 4.79 中給出坩堝蒸發源和電子束蒸發源的結構示意。採用加熱坩堝蒸鍍〔圖 4.79(a)〕小分子發光層，一般是將顆粒狀鍍料放入坩堝之中，由電阻等加熱，使坩堝溫度升至 200～300℃，坩堝中的鍍料熔化蒸發，氣態有機分子從坩堝噴嘴飛出，沉積在已形成 ITO 電極的基板上。這種方法，一次放入坩堝中的鍍料不能太多，否則鍍料長時間處於熔融狀態下，不利於有機材料的穩定。因此坩堝結構、供料系統設計等仍有不少問題需要解決。

相比之下採用水冷銅坩堝的電子束蒸發源〔圖 4.79(b)〕鍍料僅在電子束轟擊的局部熔化蒸發，既能蒸鍍高熔點金屬，又有利於形成高品質的膜層。但由於有機材料不導電，特別是電子束加熱溫度太高，易於引起有機材料分解，因此電子束蒸鍍不適用於小分子有機發光層。

(2) 有機 EL 中幾層有機膜的總厚度僅 100～400nm，是相當薄的，要確保每層無針孔、無缺陷，且膜厚均勻（要保證在 ±5% 以內）是極重要的。但是，隨著基板尺寸變大，要實現整個基板膜厚及表面品質均勻是相當困難的。其原因是，氣態有機分子從坩堝噴嘴飛出，坩堝蒸發源可以看作是「點源」，基板上正對噴嘴的部位膜層較厚，而遠離噴嘴的部位膜層較薄。每層有機膜都有最適膜厚，膜厚變化必然引起元件特性變化，從而每塊基板上可取的合格元件數變少，即良率變低。

(3) 有機物作為蒸發源遇到不少困難，特別是其熱導很低（同金屬或無機物相比要低得多），採用大坩堝可放入較多的鍍料，一次裝料可使用較長的時間，但由於放入的鍍料多，其熱導又低，蒸發時，由外部傳入的熱量不足以補充鍍料蒸發吸收的熱量，從而影響正常蒸鍍。

4.25.2　熱壁蒸鍍法與普通點源蒸鍍法的對比

熱壁（hot wall）蒸鍍法就是為蒸鍍有機 EL 薄膜而專門設計的。熱壁蒸鍍法在採用坩堝蒸發源（點源）這一點上，與傳統方法並無差別。但是，前者從蒸發源到玻璃基板的空間，被加熱的壁所包圍，被蒸發的有機材料不在熱壁上附著，而是再蒸發，經過分佈校正板，垂直射向玻璃基板表面。熱壁法可以解決普通點源蒸鍍中有機材料的有效利用率低、沉積速率慢、難以適用於大面積基板等缺點，可以進行有機薄膜的線上沉積，適合連續性生產。

4.25.3　利用遮擋光罩分塗 RGB 三原色有機色素（用於 OLED）

首先在基板前面放置一個按尺寸要求開好視窗的金屬板——遮擋光罩（shadow mask），被蒸發的 RGB 染料（即有機發光層材料）只能透過視窗，在預定的部位沉積。例如，先由光罩蒸鍍沉積 R（紅），將光罩向右移動一個次像素間距，蒸鍍沉積 G（綠），再將光罩向右移動一個次像素間距，蒸鍍沉積 B（藍）。如圖 4.80 所示。

上述方法，通過帶視窗遮擋光罩的精細移動，可實現 RGB 染料（色素）的依次沉積，作為低分子系的彩色化方式，目前已被普遍採用。但是，這種方法存在下述難以解決的問題：

(1) RGB 染料（dye）的大部分材料沉積在光罩金屬板之上，隨著材料堆積增厚，既影響光罩壽命，又影響光罩的精度。實際上，在光罩蒸鍍過程中，95% 以上的有機染料（色素）材料沉積在蒸鍍室的側壁及光罩上。

(2) 隨著 OLED 解析度的提高，由於光罩整體的熱膨脹，其精確定位越來越難，特別是隨著顯示器尺寸的增大，這一困難更加突出。

利用光罩蒸鍍製作 RGB 發光層的困難點，是不容易對應精細化的要求。例如，對於 $30\mu m \times 50\mu m$ 次相素並排的情況，光罩移動的精度必須保持在 $\pm 5\mu m$ 之內。

但是，在真空蒸鍍過程中，坩堝被加熱到 $200 \sim 300℃$（電阻加熱蒸發），在其輻射熱作用下，光罩受熱膨脹。對於小尺寸基板來，由光罩膨脹引起的積累偏差儘管不大，但為提高效率而採用大尺寸基板，這種由光罩熱膨脹引起的累積偏差則會成為嚴重問題。例如，採用 $400mm \times 400mm$ 的金屬光罩，由於蒸鍍時的受熱膨脹，光罩四周將產生數十微米的偏差。即使光罩以 $\pm 5\mu m$ 的精度移動，由於光罩自身的膨脹，四周 RGB 的對位也要發生數十微米的偏移，結果就

發生「張冠李戴」現象。

　　為了解決此一問題，可以增加基板與蒸發源（熱源）之間的距離，以減少基板的輻射受熱，從而減少熱膨脹。但是，距離過大，蒸發材料的利用效率變得極差；而且，沉積到一定膜厚所需時間變長；結果，生產效率大大下降。因此，對於尺寸超過 1m（1000mm）的基板，要採用光罩法進行 RGB 顏料的分別塗敷是相當困難的。

　　實際上，對於低分子系來說，除遮擋光罩方式之外，還可由其它方式實現彩色化。例如，採用「發白色光的元件與彩色濾光片相組合」的方式等。

4.25.4　OLED 各種膜層的蒸鍍成膜

　　OLED 中的有機層，通常由電阻加熱的真空蒸鍍法形成。首先，將加工好圖形的 ITO 基板固定在蒸鍍室的基板臺上，將需要蒸發的低分子鍍料（多為顆粒狀）放入坩堝中，通常 ITO 基板位於坩堝的正上方。對真空室抽真空，達到所需要的真空度（如 $1 \times 10^{-4} Pa$），加熱坩堝到達所需要的溫度（如 200 ～ 300℃），坩堝中的鍍料氣化，有機材料分子飛向 ITO 基板並沉積在其表面之上。

　　OLED 中有機層的沉積依下述順序進行：(1) 蒸鍍電洞注入層（HIL），膜層沉積在 ITO 電極之上；(2) 蒸鍍電洞傳輸層（HTL），膜層沉積在電洞注入層之上；(3) 蒸鍍紅（R）色發光層，光罩蒸鍍，膜層沉積在電洞傳輸層之上；(4) 蒸鍍綠（G）色發光層，光罩蒸鍍，膜層沉積在電洞傳輸層之上；(5) 蒸鍍藍（B）色發光層，光罩蒸鍍，膜層沉積在電洞傳輸層之上；(6) 蒸鍍電子傳輸層（ETL，圖中其兼做電子注入層），膜層沉積在 RGB 發光層之上；(7) 最後是陰極（金屬層）的沉積。

　　上述各有機膜層的膜厚，大多數在 20 ～ 50nm，有些元件中的膜厚分佈範圍更大些，但都屬於奈米超薄膜範疇。

　　與高分子系（聚合物系）PLED 採用濕法成膜技術相對，小分子系 OLED 採用上述乾法成膜技術。

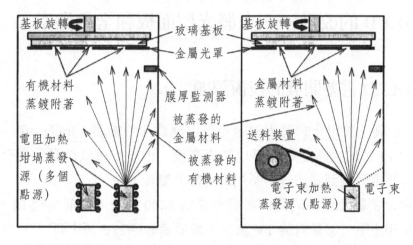

(a) 有機薄膜的坩堝蒸發源蒸鍍　　　(b) 金屬陰極的電子束蒸發源蒸鍍

圖 4.79　OLED 元件製作中常用的兩種蒸發源結構

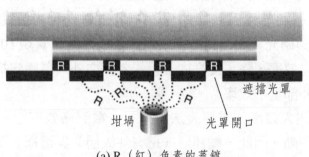

(a) R（紅）色素的蒸鍍

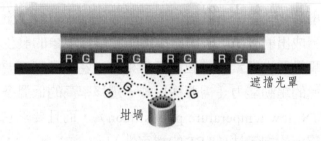

(b) G（綠）色素的蒸鍍

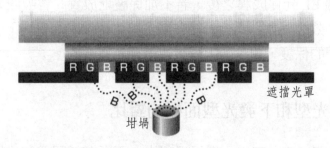

(c) B（藍）色素的蒸鍍

圖 4.80　利用遮擋光罩分塗 RGB 三原色有機色素（用於 OLED）

4.26　OLED 的改進——上發光型面板和全色像素

4.26.1　OLED 需要開發的技術課題

有機 EL 真正實用化的最大課題是亮度與壽命的折衷（trade-off）。對於自發光型有機 EL，加大驅動電流可以提高亮度。但是，這樣做會使得有機 EL 元件的壽命（亮度降低到當初一半所用的時間）變短。

手機顯示器顯示面板的壽命最低要求為 5000 小時，目前有機 EL 的壽命與這個要求不相上下。但是對於 TV 來說，最低壽命應為 3 萬小時。

僅利用螢光的發光效率（luminous efficiency）（內部發光效率）最大只有 25%，為提高光轉換效率，在研究開發有機 EL（有色染料）技術的同時，應大力研發利用磷光（發光）的技術。這是當前有機 EL 需要開發的最大課題。如果能從三重激發狀態返回基態的過程中取出磷光發光，從理論上講，螢光（fluorescence）與磷光（phosphorscence）加在一起可實現 100% 的發光效率。

為了提高發光效率，除了提高內部量子效率之外，還應該提高載子注入效率和光取出效率（外部量子效率）。

為提高載子注入效率，需要設法將電子、電洞高效率地送入發光層一側，並使其無損失地移動。因此，輸運層（還有注入層）與電極之間的相容性極為重要。提高光取出效率（外部量子效率），意味著如何將光從發光層無衰減地向外取出。發光層發出的光，由於層間折射率不同等因素，會發生全反射而被封閉在元件之中，從而造成出射光的衰減，必須要防止這種現象的發生。

另外，對於驅動發光像素的薄膜電晶體來說，為達到亮度要求，必須具有允許足夠大電流通過的驅動能力〔需要採用載子遷移率高的低溫多晶矽薄膜電晶體（LTPS TFT, LPTS: low temperature poly silicon），而且要求它具有不產生亮度偏差不齊等驅動電流的均勻性（TFT 的穩定性）〕。

此外，有機 EL 元件成膜之後，若不加保護地放置，會吸收大氣中的水分，從而產生工作失效的隱患。因此，在考慮工程生產效率的前提下，對薄膜進行可靠的與外界隔絕的保護，即封裝工程，也是極為重要的。

4.26.2　上發光型和下發光型面板的對比

在有機 EL 顯示器向實用化進展過程中，不斷有新開發的成果問世。其中我

們首先要介紹的就是通過擴大開口率（aperture opening ratio）以實現高亮度、高精密化的上發光型面板技術。

過去的 TFT 主動式矩陣方式之有機 EL 顯示器，一般採用下發光（bottom emission）型面板技術，即從 TFT 玻璃基板一側，由發光層取出光。而上發光（top emission）面板技術與過去方式不同，它採用從基板上方取出光的結構。在上發光面板結構中，位於像素內的 EL 元件驅動電路（作為開關元件的 TFT、作為電流驅動元件的 TFT 等）都佈置在發光像素的下面，每個像素幾乎在整個區域都可作為發光像素來使用。與傳統下發光型面板結構相比，上發光型面板結構的開口率要大得多。

由於上發光型面板結構顯著提高發光像素的開口率，因此可以進一步提高亮度。而且，由於開口率提高，在保持亮度的前提下，可以實現各個像素的微細化，進而增加像素數，實現高精密化。即高亮度、高精密化同時兼得。

上發光型面板結構與下發光型面板結構的出光方向正好相反，由於不是透過下電極（陽極）取出光，因此下面電極並非必須採用 ITO 透明電極，而且基板也不一定非要採用透明玻璃不可。相反地，陰極則必須採用透明電極（透光性陰極）。二者的比較，如圖 4.81 所示。

4.26.3　SOLED 的全色像素技術與發光時間控制電路技術

在眾多新成果中，堆積式 OLED（SOLED）的全色（full color）像素技術為製造高畫質（HD, high definition）顯示器指明了前景。

傳統的全色化像素，無論對有機 EL 還是對液晶顯示器而言，都是在同一平面內佈置的。SOLED（stacked OLED）或稱為串聯式 OLED，是將 RGB 三原色的發光層與透明電極沿縱向堆積（stacked），並由此構成一個像素。SOLED 的全色像素與傳統全色像素的對比：在發光過程中，RGB 的發光層通過各自對應的透明電極分別進行控制。與 RGB 橫向平面佈置的情況相比，RGB 縱向堆積佈置的圖像解析度至少提高到 3 倍。因此，這種方式適用於非常精緻的可攜式裝置，以及超高精密的畫面顯示。在透明電極、發光層的堆積技術中，今後有機薄膜積層技術是不可缺少的，如果能成功實現，則會促進有機 EL 顯示技術的更大進步。

為了大幅度提高畫面品質，發光時間控制電路技術是不可忽視的一個成果。傳統有機 EL 中的調灰（調節顯示的明暗水準），是通過控制發光體的亮度

來實現的。日立（Hitachi）中央研究所，通過在發光體亮度一定的條件下，對發光體的發光時間進行控制，以實現亮度調節，開發出發光時間控制電路技術，其中包括發光時間控制電路技術和峰值亮度控制兩項關鍵技術。

發光時間控制電路技術：像素的調灰方法是，在亮度為 100% 的狀態下，針對每個像素對發光時間軸（發光時間）進行控制。在驅動電路中，每個像素都採用 4 個 TFT。

峰值亮度控制：由於通過發光時間控制進行灰階調節，100% 亮度水準與調灰可以獨立控制。因此，畫面上區域亮的部分，可以達到通常白色 2 倍以上的亮度，即可實現峰值亮度控制。除此之外，還實現了 26 萬色（64 灰階）的高精密度發光，以及平滑的動畫顯示。

4.26.4　商品化的被動驅動面板和主動驅動面板產品

在原本一直由 LCD 主導的中小顯示市場（9 英吋及以下），AM OLED 滲透率已逐步攀高。據 NPD DisplaySearch 季度中小尺寸出貨和預測報告顯示，2012 年 AM OLED 將擁有中小顯示市場 6% 的市場份額，並將於 2015 年翻升到 13%。商品化面板產品如圖 4.82 所示。主動驅動面板產品裡，最早推出的是柯達（Kodak）的數位相機（EasyShare LS633），它搭載 2.2 英吋的 LTPS 面板，解析度為 521×218，最大亮度為 $120 cd/m^2$。Sony 在 2004 年 9 月限量發行的多功能行政助理（PEG-VZ90），其顯示面板為 3.8 英吋的主動面板，解析度 $480 \times RGB \times 320$（HVGA），可顯示 262144 色。如圖 4.83 所示。和索尼（Sony）同級的半穿透半反射式的液晶顯示面板比較，在亮度、厚度、應答速度、色彩飽和度、視角和對比度方面都優於液晶。上述產品均是少量生產，有些也已經停產，以 2007 年為分水嶺，新的主動面板生產商正積極推出新產品。日商 KDDI 推出京瓷（Kyocera）開發之厚度僅為 13.1mm 的超薄手機「MEDIA SKIN」，作為量產手機，全球首次配備了 26 萬色的 2.4 英吋（QVGA）AM OLED 面板。京東方已經掌握了下一代新型 AM OLED 核心技術，總投資 220 億元的京東方 5.5 代 AMOLED 生產線，已於 2011 年在鄂爾多斯開工，由此可知，中國企業在下一代顯示技術領域中，又一次帶領產業的發展。

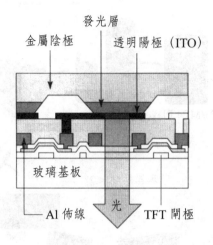

金屬陰極　發光層　透明陽極（ITO）

玻璃基板

Al 佈線　光　TFT 閘極

(a) 下發光型面板

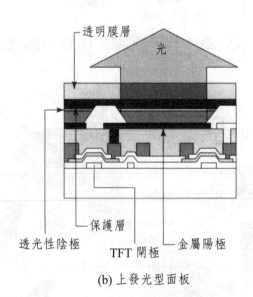

透明膜層　光

保護層

透光性陰極　TFT 閘極　金屬陽極

(b) 上發光型面板

圖 4.81　上發光型與下發光型面板的對比

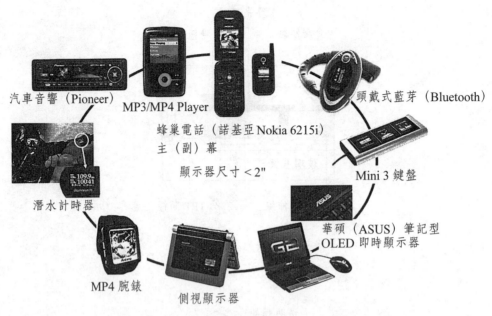

汽車音響（Pioneer）

MP3/MP4 Player

蜂巢電話（諾基亞 Nokia 6215i）
主（副）幕

顯示器尺寸 < 2"

頭戴式藍芽（Bluetooth）

Mini 3 鍵盤

潛水計時器

華碩（ASUS）筆記型
OLED 即時顯示器

MP4 腕錶

側視顯示器

圖 4.82　商品化的被動驅動 OLED 面板產品

2004/07
NeoSo CLIOD-2210
(PMP)

2003/04
柯達 LS633

2006/02 明碁 -Siemens S88
(Cell phone)

AUO

2006/06 明碁 DC E521
(DSC)

SK Displays Inc.

2005/12 Ixpress CFH
照相機（DSC）

Display Size ≥ 2"

索尼

2004/09 索尼 PEG VZ90
(PDA)

TMD

三星

2006/02 三洋 Xacti HD1
(DSC)

2007/Q1 Vosonic VP8390
（多媒體播放器）

2007/Q1 KDDI MEDIA SKIN
(Cell phone)

2007/Q1 iRiver Clix2
(A/V player)

1. PMP：portable media player 可攜式多媒體播放器
2. cell phone：蜂巢式電話
3. PDA：personal digital assistant 個人數位助理
4. DSC：digital signal camera 數位信號照相機

圖 4.83　商品化的主動驅動 OLED 面板產品

4.27 OLED 將與 LCD 長期共存

4.27.1 半導體顯示概念的提出

世紀交替之際，TFT LCD 顯示器以不可阻擋之勢替代 CRT、PDP 等顯示器，正像 20 世紀 70 年代電晶體替代真空管一樣，是半導體顯示替代了真空管顯示，這種技術的更新換代，具有劃時代的意義。

半導體顯示（semiconductor display）是通過半導體元件獨立控制每個最小顯示單元的顯示技術總稱。它有三個基本特徵：一是以 TFT 陣列等半導體元件獨立控制每個顯示單元的狀態；二是採用非晶矽（a-Si）、低溫多晶矽（LTPS）、氧化物（oxide）、有機材料（organic）、碳材料（carbon material）等半導體材料；三是採用半導體製造技術。與半導體顯示技術和產品相關的材料、裝備、元件和應用終端產品鏈，統稱為半導體顯示產業。

可以通過 TFT LCD 和主動矩陣 AM（active matrix）OLED 的結構比較，進一步說明上述定義。多年的技術進步和市場應用驅動，TFT LCD 正從 a-Si 向 LTPS 和氧化物進展。TFT LCD 由六個部分組成，從觀視者的視線方向往裡看，分別為：偏光片、彩色濾光片、液晶、TFT 陣列、偏光片、背光源。頂發光 AM OLED 由三個部分組成，從觀視者的視線方向往裡看，分別為：密封層、有機發光層、TFT 陣列。但 TFT 陣列的半導體材料已發生變化，其採用的是 LTPS 或氧化物。材料和技術發生了革命性進步，元件結構也簡單多了，但半導體顯示的基本特徵和技術基礎並沒有改變，柔性顯示也同理。所以我們說從 TFT LCD 到 AM OLED 是技術的延伸和發展。它們之間技術相關性和資源分享性高達 70%。

從 a-Si TFT LCD、LTPS TFT LCD、oxide TFT LCD 到 AM OLED，半導體顯示產業的關鍵驅動力有兩個：一是技術進步，二是市場應用。而市場應用是最根本的驅動力。隨著市場應用的拓展和進一步細分化，客戶對顯示元件的性能要求更高：圖像更真美、更省電、更輕薄、更便利、更時尚、更好的性價比。而傳統 a-Si TFT LCD 儘管仍在進步，但總體上尚不能滿足細分市場顯示產品性能提升的要求，在這種形勢下，LTPS TFT LCD、oxide TFT LCD 和 AM OLED 應運而生。

4.27.2 OLED 的技術發展現狀

AM OLED 製程包括 TFT 背板、有機發光元件和封裝等三部分。其中，TFT 背板對產品性能影響很大，也是成本的重要部分。TFT 背板技術包括非晶矽（a-Si）TFT、微晶矽（μc-Si, micro crystal-silicon）TFT、低溫多晶矽（LTPS）TFT、氧化物 TFT 等。

OLED 元件製作技術方式有很多，目前主要的路線有 RGB FMM（fine metal mask，金屬精細光罩）、白光加彩膜、LITI（laser induced thermal imaging，雷射熱轉印）以及噴墨列印等。

目前，AM-OLED 還處於產業化發展初期，尚存不少問題需要解決。歸納起來主要包括以下幾個方面：(1) AM OLED 背板技術技術尚不成熟；(2) AM OLED 顯示像素技術路線的選擇；(3) AM OLED 成膜技術路線的選擇；(4) 綜合以上三個方面，AM OLED 成本還很高，由於裝備製造效率或單位產能、良率、材料利用率等方面的問題，AM OLED 雖然理論上有結構簡單的優勢，但目前階段 AM OLED 的成本依然居高不下，難以與 TFT LCD 競爭。

4.27.3 OLED 的產業化發展現狀

目前發展 AM OLED 的主要有三股力量，主力軍團為 TFT LCD 面板企業，如三星、LG、JDI、京東方、天馬、友達、奇美（Chi Mei）等廠商；其次為傳統的 OLED 企業及研究機構，如維信諾、臺灣錸寶、廣州新視界等企業；第三為投資機構，如和輝光電、信陽激藍等企業。這三股力量各有優勢，也存在不足。目前國內企業大多數採取的經營模式為「自有資金、進口設備、自主技術團隊、進口原材料」或「中方資金、進口設備、僱傭技術團隊、進口原材料」。

雖然大尺寸 OLED TV 在超薄、快速回應、色彩等方面有 TFT LCD TV 無法比擬的獨特優勢，但距離大規模普及還很遙遠。其主要因素有三：一是金屬氧化物背板技術不成熟，目前只有三星、夏普在技術上量產；二是其白光＋彩色濾光片的模式雖然破解了解析度的難題，但大尺寸 OLED 成膜量產難度依然很大；三是大尺寸 OLED TV 的壽命問題還很難達到電視機使用的要求。一是金屬氧化物背板技術不成熟，目前只有三星、夏普在技術上量產。

銦鎵鋅氧化物（IGZO）面板的結構圖，如圖 4.84 所示，電路圖和結構圖則如圖 4.85 所示，螢幕結構圖如圖 4.86 所示，全球面板發展如圖 4.87 所示。

4.27.4　OLED 將與 LCD 長期共存

「透明」、「柔性」、「OLED」已成為近年來顯示領域的熱點詞。2012 年美國拉斯維加斯（Las Vegas）消費電子展（CES）上，三星、LGD 均展出 55 英吋大尺寸 OLED 電視，三星還宣布將在 2013 年上半年推出柔性 OLED 顯示器。而就在 2012 年 10 月，京東方成功研製出全球首塊融合氧化物 TFT 背板技術和噴墨列印技術的大尺寸 AM OLED 彩色顯示器。

OLED 的主動發光元件，無需背光源，回應速度快，有機材料的發光光譜可調，其發光層是薄膜結構，因此在動態圖像顯示和色彩方面具有更大的優勢，也更容易實現透明、柔性的顯示方式。OLED 目前的主要應用還集中在手機和照明方面，未來將滲透至電視及更廣的領域，可摺疊彎曲的特性，使其可以戴在手上、穿在身上，窗戶、鏡子、桌子與顯示功能合二為一的願景也將現實。

這樣的產品形態對技術的要求是什麼？三個關鍵字：一是 Smart，即智慧，人與機器間可以互動交流，機器和機器間可以互聯互通，TV（電視機）、NB（筆記型電腦）、Mobile（手機）等產品的功能性界限將變得越來越模糊；二是 Vivid，即真實感、生動感、鮮豔感、栩栩如生感，如中小尺寸面板解析度為 500ppi（pixel per inch）的移動產品、大尺寸 UHD 級產品、裸眼 3D 以及透明顯示等；三是 Flexible，即產品是柔性的：更輕、更薄、可彎曲甚至可捲曲；生產技術是柔性的，甚至產品功能也能實現柔性。某些時候它是顯示產品，但同時它也可以成為建築物的窗戶、鏡子等等。

擁有這方面技術的產品將成為推動顯示產業發展的新浪潮。當然，這些浪潮不僅需要顯示技術本身的發展，還需要互聯互通、通信等技術的發展。

在滿足 Smart、Vivid 和 Flexible 的要求方面，AM OLED 有更大的優勢。即使 AM OLED 目前在成本、技術、材料及技術路線上還存在很多問題，但隨著產業界投入加大、產業規模擴大，這些問題將得到解決和改善。

因此，TFT LCD 與 AM OLED 在技術上不是對立關係，也不是純粹的替代關係，而是相通和延展的關係。TFTLCD 產業的基礎和核心競爭力，是發展 AM OLED 最重要的基礎。

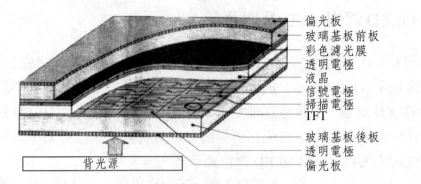

圖 4.84 IGZO 面板結構示意圖

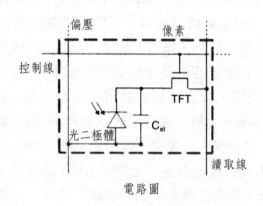

電路圖

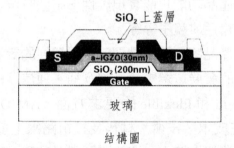

結構圖

圖 4.85 IGZO 的電路圖和結構圖

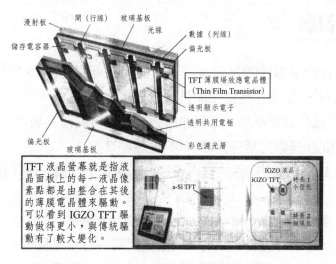

圖 4.86　IGZO 螢幕的結構示意圖

低溫多晶矽

	LTPS TFT	IGZO TFT
較適合應用類	>300ppi 或 10 英吋以下	250~300ppi 或 4 英吋以上
日廠擴產計畫	Japan Display（5.5 代、6 代）、夏普（6 代）	夏普（8 代）
韓廠擴產計畫	Samsung Mobile Display（5.5 代）	三星電子（5 代、8.5 代）、LG Display（8.5 代）
臺廠擴產計畫	友達（3.5 代）	友達（5 代）、奇美電（5.5 代）

除了傳統的 a-Si TFT（非晶矽），LTPS TFT 因為高精度液晶面板的需求增大，而受到重視。不過在大型化、成本、生產線改造這些方面，IGZO 要占有更大優勢。

圖 4.87　2011 ～ 2013 年全球主要面板廠 LTPS、IGZO 的面板發展

思考題及練習題

4.1 Ⅲ-Ⅳ族化合物半導體的禁帶寬度與其組元在元素週期表中的位置有什麼關係？如何通過改變組元及含量調整其禁帶寬度？

4.2 何謂同質磊晶和異質磊晶？如何才能獲得高品質的磊晶層？

4.3 GaN 基的 LED 是如何通過摻雜實現 pn 接面？

4.4 何謂藍光 LED 元件中採用的雙異質接面、緩衝層和量子阱，說明採用這些結構的理由。

4.5 簡述 LED 實現白光的三種方式，比較各自的優缺點。

4.6 大功率 LED 是如何封裝的？請介紹幾種相關的高熱導基板。

4.7 針對白光 LED 固態照明用的磊晶基板、化合物半導體薄膜、螢光體、封裝樹脂、高熱導基板等五大類材料，介紹最新發展。

4.8 以 5 層型 OLED 為例，每層起什麼作用、用什麼材料？另外，對陰極材料和陽極材料各有什麼要求？

4.9 對比小分子系 OLED 和高分子系 PLED 所用材料、製作技術和元件結構的差異。

4.10 OLED 實現全彩化的方法共有幾種，試從光色的純度、發光效率、製作流程等方面加以比較。

4.11 何謂主動矩陣驅動方式？ OLED 用的 TFT 與 LED 用的 TFT 有何不同，為什麼？

4.12 請指出無機 EL、有機 EL（OLED）、LED 三者發光機制的同異。

4.13 大尺寸 OLED 電視存在的技術課題，近年開發的新技術和最新進展。

參考文獻

[1] 田民波，呂輝宗，溫坤禮，白光 LED 照明技術，臺北：臺灣五南圖書出版有限公司，2011。

[2] 田民波，朱焰焰，白光 LED 照明技術，北京：科學出版社，2012。

[3] 田口常正，白色 LED 照明技術のすべて，工業調查會，2009。

[4] 谷腰欣司，発光ダイオードの本，日刊工業新聞社，2008 年 1 月。

[5] 奧野保男，発光ダイオード，產業図書，1993 年 1 月。

[6] 一ノ瀬昇，田中裕，島村清史，高輝度 LED 材料のはなし，日刊工業新聞社，2005 年 12 月。

[7] LED 照明推進協議會，LED 照明信賴性ハンドブック，日刊工業新聞社，2008 年 2 月。

[8] 一ノ瀬昇，中西洋一郎，次世代照明のための白色 LED 材料，日刊工業新聞社，2010 年 3 月。

[9] 郭浩中，賴芳儀，郭受義，LED 原理與應用，臺北：五南圖書出版股份有限公司，2009 年 6 月。

[10] 陳金鑫，黃孝文，OLED 有機電激發光材料與元件，臺北：五南圖書出版股份有限公司，2005。

[11] 陳金鑫，黃孝文著，田民波修訂，OLED 有機電致發光材料與組件，北京：清華大學出版社，2007。

[12] 陳金鑫，黃孝文，OLED 夢幻顯示器——OLED 材料與元件，臺北：五南圖書出版股份有限公司，2007。

[13] 城戶淳二，有機 EL のすべて，日本實業出版社，2003。

[14] 時任靜士，安達千波矢，村田英幸，有機 EL ディスプレイ，Ohmsha，2004。

[15] 河村正形，よくわかる有機 EL ディスプレイ，電波新聞社，2003。

[16] 西久保靖彥，ディスプレイ技術の基本と仕組み，秀和システム，2003。

[17] 泉谷涉，これが液晶，プラズマ，有機 EL・FED・リアプロのすべてディスプレイの全貌だ！かんき出版，2005。

[18] 岩井善弘，越石健司，液晶・PDP・有機 EL 徹底比較，工業調查會，2004。

[19] J. R. Sheats etal., Science 273, 884 (1996).

5 化學電池及電池材料

5.1 電池的種類及現狀

目前市場上的電池（battery）種類繁多、形狀各異，為適應不同用途，性能也各不相同。但如果做大的分類，可分為化學電池、物理電池、生物電池三大類。若細分，大約有 40 多種；再細分，則有 4000 餘類。圖 5.1 為電池系統圖。

5.1.1 化學電池

化學電池（chemical battery）是依靠其內部的化學反應產生電力，並將該電能取出的總稱。化學電池可分為一次電池、二次電池（蓄電池）、燃料電池以及特殊電池四大類別。一提到「電池」，人們自然聯想到日常生活不可缺少的乾電池和充電電池，這些大都屬於化學電池。

1. 一次電池

一次電池是離我們生活最近的電池。根據電解質（electrolyst）的形態，一次電池可分為：乾電池、濕電池和注液電池。根據電解液種類，一次電池可分為水溶液系電解液電池和非水系（有機、無機溶質）電解液電池。根據負電極的活性物質，可分為鉛系電池、鋰系電池等。根據正極活性物質，又可以分成多種電池。將這些因素排列組合，可以得到一億種以上的電池。現在，這些電池中被廣泛應用的有錳乾電池、鹼性乾電池、銀電池、空氣電池和鋰、二氧化錳有機電池等。一次電池的主要用途如表 5.1 所列。一次電池具有下述特徵：

(1) 只能用而不能充電，用盡之後就廢棄；「一次」並非只能使用一次，而是指不能重生再用。

(2) 由於不經充電就能使用，因此方便靈活，遇到災害，或在電網鞭長莫及不能充電的地區（如海島、高山、沙漠等），大有用武之地。

(3) 種類繁多，形式多樣。既有錳（Mn）乾電池及鹼性電池（alkali）乾電池，又有適用於需要大電流的鎳（Ni）一次電池（羥基氧化鎳乾電池）及在精密機器等所使用的鈕扣（button）電池等。

2. 二次電池

二次電池（secondary battery）具有下述特徵：

(1) 可以反覆進行充放電，即一旦蓄積的電能耗盡（放電結束），可藉由

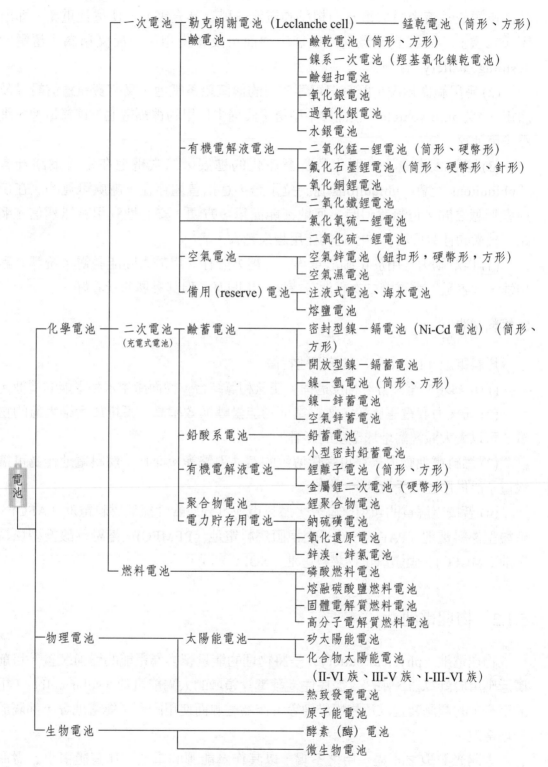

圖 5.1　電池的系統圖

外部電源使其流過與放電方向相反的電流（稱為為充電），使電池重新（即所謂「二次」）返回到放電前的狀態，從而可反覆使用。一般又稱為「蓄電池（storage battery）」。

(2) 應用範圍極廣，既有汽車等使用的傳統鉛蓄電池，又有資訊通信設備及汽車（AV, auto vehicle）設備等小型電子設備中使用的鎳鎘電池、鎳氫電池、鋰離子電池等。

(3) 隨著大容量、小型化及長壽命化的進展，二次電池在當代網路社會〔ubiquitous 社會：ubiquitous 源於拉丁語，意指普遍存在，處處可見的。在使用者無意之間，但無論何時、何地都能簡單、方便、安心地利用資訊通信（網路）技術的社會環境〕中所起的作用越來越大。

(4) 作為動力（用於電動汽車等）、電力貯存（用於太陽能發電系統等）等用途，大容量、大電流二次電池有待進一步開發，但其發展前景看好。

3. 燃料電池

燃料電池（fuel cell）具有下述特徵：

(1) 用與水的電致分解相反過程，使氫和氧結合，從而產生水和電能的電池。

(2) 同火力發電等比較，燃料電池的能量轉換效率高，不排放污染大氣的物質，可以大大減輕對地球環境的影響。

(3) 燃料電池動力馬達可替代傳統的石油引擎等。而且，燃料電池作為可攜式電子設備用也備受青睞。

(4) 若按電解質的類型來區分，燃料電池可分為鹼性氫氧燃料電池（AFC）、磷酸型燃料電池（PAFC）、質子交換膜燃料電池（PEMFC）、熔融碳酸鹽型燃料電池（MCFC）、固體氧化物燃料電池（SOFC）等。

5.1.2　物理電池

物理電池（physical battery）是將物理的能量轉換為電能的變換裝置。目前廣泛應用於計算器、手錶、居民住宅發電等領域的太陽能電池（solar cell），用於宇宙中的觀測裝置以及醫療設備等，作為電源而使用的原子能電池等，都屬於物理電池。

太陽光等取之不盡、用之不竭，以其作為能源的電池，具有體積小、壽命長、無公害等優點，而其作為替代型能源，正引起人們關注。

5.1.3　生物電池

生物電池（bio battery）是藉由生物體觸媒〔酵素（酶）及葉綠素等〕及微生物等所引發的生物化學變化而產生電能的裝置。其原理如圖 5.2 所示。其中包括生物太陽能電池和生物燃料電池等。目前仍處於研究階段，期望今後進一步取得進展。

5.1.4　實用電池應具備的條件及常用電池的特性

化學電池現在被廣泛用於各種用途。在可攜式裝置上應用的電池，在其使用環境（一定溫度、濕度、壓力條件）下，尤其要滿足下述條件：(1) 電壓高（符合用電要求）；(2) 能量密度高（電容量大、放電時間長）；(3) 輸出密度高（可輸出大電流）；(4) 放電特性穩定；(5) 溫度特性好；(6) 自放電少，保存性好；(7) 充放電迴圈壽命長（二次電池）；(8) 能量轉換效率高；(9) 密閉度高；(10) 容易使用；(11) 安全性、可靠性有保證；(12) 無公害；(13) 經濟性好。

然而，同時滿足所有上述條件的完美電池並不存在。因此，有必要針對不同使用目的來製造不同特性的電池。例如，輸出電流很小但可以長時間輸出穩定電壓的電池；輕量、小型，但可以輸出很多電能的電池；短時間可以輸出大電流的電池；保存性非常好的電池；儘管成本有些高，但性能特別可靠的電池等。

為了滿足特定的條件，必須使用合適的正極材料、負極材料、電解液（質）和分隔膜（separator）來製造滿足條件的電池。因此，電池有許多種類。

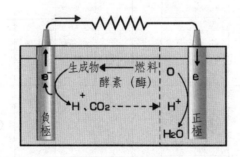

圖 5.2　酵素（酶）電池的原理實例

表 5.1

◆一次電池的主要用途例（◉最常使用　◎經常使用）		錳乾電池						鹼乾電池					
		R20P	R14P	R6P	R03	R-1	6F22	LR20	LR14	LR6	LR03	LR1	6LR61
燈具	強光燈、手電筒螢光燈、常備燈	◉	◉	◎				◎	◎				
	筆燈、微型燈	◉		◉	◉	◉		◎		◉	◎	◎	
音響、便攜聽	電話機、對講機	◉	◉	◎	◉		◉	◎	◎	◎	◎		◉
	收音機、收發兩用機、遙控器		◎	◉	◉		◎	◎	◎	◎			◎
	便攜聽	◉	◉	◉	◎			◉	◉	◉	◉		
玩具	電動玩具、監視器、模型、教材	◉	◉	◉		◎	◉	◎	◎	◎	◎	◉	◉
	電子遊戲機			◉			◉						◉
照相機	電子快門、EE照相機、曝光計、自動資料收集器												
	8mm電影攝影機集中電源閃光燈			◉	◎					◉	◉		

續表 5.1

◆一次電池的主要用途例（◉最常使用 ◎經常使用）		錳乾電池						鹼乾電池					
		R20P	R14P	R6P	R03	R-1	6F22	LR20	LR14	LR6	LR03	LR1	6LR61
鐘錶等	手錶												
	信號鐘			◉	◉	◎							
	掛鐘、固定鐘	◎	◉	◉	◎	◎							
便攜事務機	筆記型電腦、印表機、計算機、平板電腦、打字機			◉	◉				◎	◎	◎		
驅動馬達	電動螺刀、削鉛筆機、廚房用品、泵、噴霧器	◉	◎	◉	◎			◉	◎	◉	◎		

5.2 電池四要素和電池的三個基本參數

5.2.1 構成電池的四要素

　　凡是電池，都需要四個基本要素：正極材料、負極材料、電解質和分隔膜（separator），如圖 5.3 所示。

　　以丹聶耳電池為例，電池的這四個基本要素分別表述如下。電池中，可取出電（能）的材料，被稱為活性物質。(1) 作為氧化劑，一旦發生電池反應本身被還原的，稱為正極性物質；(2) 作為還原劑，一旦發生電池反應本身被氧化的稱為負極性物質；(3) 在兩種活性物質間，作為離子通道的離子傳導性物質即電解質（electrolyte）；(4) 位於傳導性物質中，與正極性物質和負極物質接觸，但防止二者直接發生反應的隔膜，即為分隔膜（separator）。當然，還需要盛放這些

物質的容器。進一步，如同丹聶耳電池正極性物質的銅離子那樣，在無電子傳導性的活性物質的場合，還需要作為電子授受舞臺的電子傳導性材料（通常為金屬及碳素材料）。

在此，使鋅離子和鋅金屬、銅離子和銅金屬，分別對應各自的氧化狀態和還原狀態相組合。這樣的組合構成電極系。這種電極系多數情況下稱為電極。

正極（anode）或負極（cathode）的電極反應並不是單獨進行的。如果發生這種情況，正電荷和負電荷將會偏離平衡。例如，鋅被氧化變成鋅離子，則金屬鋅的相中就會積存鋅離子殘留下來的電子負電荷，如此在鋅周圍的溶液中就會積存鋅離子的正電荷。這種情況即使很少，但只要發生，鋅金屬與其周圍的溶液間即會發生電位差（即電壓），如果這種情況發生，鋅則難以繼續變為鋅離子。從物理學上講，正負電荷難以發生大的偏離。

5.2.2 電池的容量──可取出電（荷）的量

電池的容量是指在一定放電條件下電池所給出的電量，常用 C 表示，單位為 $a \cdot h$，分為理論容量、實際容量和額定容量。

電池的理論容量 C_0 是根據法拉第定律（Faraday law）計算出來的，即活性物質全部參加電池反應所給出的電量。如果某活性物質完全反應的質量為 m，該物質的摩爾質量（mole mass）為 M，物質參加反應化合價變化為 n，則按照法拉第定律，其容量為：

$$C_0 = 26.8mn/M = m/q \qquad (5\text{-}1)$$

式中，q 稱為電化學當量（chemical equivalent）。顯然，理論容量與電池中活性物質的質量成正比，與電化學當量成反比。理論容量在電池設計時應用較多。

電池的實際容量是指在一定條件下，電池實際放出的電量。

當電池在恆流放電時，$C = It$；

當電池在恆阻放電時，$C = \int_0^t I\mathrm{d}t = (1/R) \cdot \int_0^t V\mathrm{d}t \approx (1/R) \cdot Vt$

式中，R 為放電平均電阻，V 為平均放電時的平均電壓，t 為放電時間。

電池的實際容量 C 主要取決於電池中的電極活性物質數量和該物質的利用率 k。

$$k = (C / C_0) \times 100\% \tag{5-2}$$

而由於種種原因，k 總是小於 100%。只有當 k 等於 1 時，實際容量才與理論容量相等。

在設計和製造電池時，規定電池在一定的條件下應該放出的最低限度電量，成為額定電量（C_r）。

5.2.3 電池的電壓 —— 電動勢

乾電池電壓是乾電池性能的重要指標之一，它表示乾電池在一定狀態下，電池兩端的電勢差，單位為伏特（V）。

標準電壓又稱額定電壓，指電池正負極材料因化學反應而造成的電位差，並由此產生的電壓值。乾電池的標準電壓為 1.5V。

普通乾電池內部化學電解液反應的激烈程度，只能達到使電池發揮出約 1.5V 的電壓水準。這個電壓跟化學離子化傾向有關，也就是說，跟陰極和陽極材料有關，鋅跟碳棒在電解液中產生的電勢大約是 1.5V。開路電壓（open circuit voltage）指電池在非工作狀態下，即電路中無電流流過時，電池正負極之間的電勢差。乾電池充滿電後的開路電壓為 1.65 ～ 1.725V。工作電壓又稱端電壓，是指電池在工作狀態下，即電路中有電流流過時，電池正負極之間的電勢差。在電池放電工作狀態下，當電流流過電池內部時，需克服電池內阻所造成的阻力，故工作電壓總是低於開路電壓，充電時則與之相反。

乾電池的所有反應物質活度為 1mol 時，電極相對於標準氫電極電位的電位值，即該電極與標準氫電極組成的電池電動勢。對給定的電極說，其標準電極電位是一個常數。

標準電極電位是以標準氫原子作為參考電極，即氫的標準電極電位值定為 0，與氫標準電極比較，電位較高的為正，電位較低者為負。如氫的標準電極電位 $H_2 \longleftrightarrow 2H^+$ 為 0.000V，鋅的標準電極電位 $Zn \longleftrightarrow Zn^{2+}$ 為 $-0.762V$，銅的標準電極電位 $Cu \longleftrightarrow Cu^{2+}$ 為 $+0.342V$。

金屬浸在只含有該金屬鹽的電解溶液中，達到平衡時所具有的電極電位，叫做該金屬的平衡電極電位。當溫度為 25℃，金屬離子的有效濃度為 1mol/L（即活度為 1）時，此時測得的平衡電位，叫做標準電極電位。

電極電位是表示某種離子或原子獲得電子而放還原的趨勢。如將某一金屬放入其溶液中（規定溶液中金屬離子的濃度為 1M），在 25℃時，金屬電極與標準

氫電極（電極電位指定為零）之間的電位差，叫做該金屬的標準電極電位。

5.2.4 　電池的電能 —— 電池電壓與電荷量的乘積

　　為了對電池的電動勢和容量有更清楚的理解，可以參考圖 5.4 所示。當水槽中灌滿水，水從水槽落下驅動水車時，水槽越高、水勢越大，則水車能越快地旋轉。而且水槽越大、儲水量越多，則水車能越長時間地旋轉。水槽的高度相當於電池的電動勢，水槽的儲水量相當於電池的容量。

　　電池的電能可表示為：電池的電能 ＝ 電池的電動勢 × 電池的容量。

　　如同為了提高電動勢那樣，一般是將電極電位高、電化學當量小的正極，與電極電位低、電化學當量小的負極相組合，由此構成能量密度大的電池。

　　使種種的正極性物質與負極性物質相組合都可以構成電池，其中的若干組合時至今日仍在研究開發中，有些已達到實用化。

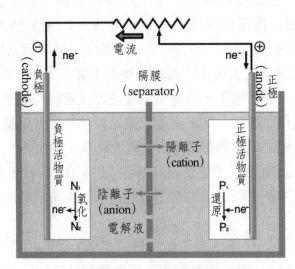

圖 5.3　電池的基本構成（四要素）

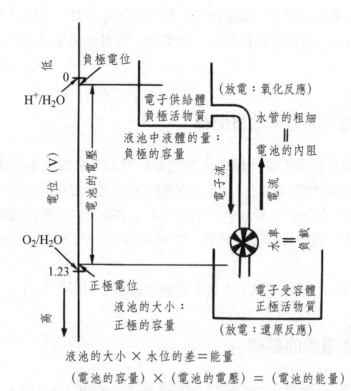

液池的大小 × 水位的差＝能量

（電池的容量）×（電池的電壓）＝（電池的能量）

圖 5.4 電池的容量、電壓和能量

5.3 常用一次電池

5.3.1 一次電池的（放電）特性比較

一次電池（primary battery）是裝在容器中的活性物質全部反應完之後，就不能再用的電池。因此要設計得能盡量裝入更多的活性物質。各種一次電池的特性歸納如表 5.2。目前使用得最多的錳乾電池，日本國內電池產量約 87% 的，就是這種電池。

但是隨著用電池做驅動電源的電器不斷開發，重負載放電用的超輕負載用電池也隨之急劇增多。與此同時，用鹼溶液作介電質的錳乾電池產量增加，用非水溶劑介電質的鋰電池已商品化。這些電池的典型放電曲線對比，如表 5.2 中所示。

此外,小型電子器具也大量使用著小型鈕扣電池,其中又以具有優秀特性的氧化銀電池用得最多。此外錳鹼電池、汞電池、鋰電池都是可以做成這種鈕扣電池的材料。

5.3.2 錳乾電池的標準放電曲線

典型放電曲線相當於強光燈或小型電動玩具的 2 歐姆放電。連續放電和間歇放電兩者的持續時間明顯不同。連續放電時,在開始放電的同時,電壓急劇下降,160 分鐘後達到終止電壓 0.9V,而以 30 分 ×2 次 / 天進行間歇放電時,由於每當處於開時,電壓又恢復到高壓,故到 0.9V 終止電壓前,約能放電 350 分鐘。

錳乾電池的可用最低電壓,因使用目的和器具不同而有不同。

5.3.3 鋰一次電池的結構

鋰的相對原子質量小(6.94),比容量(specific capacity)高(3.86A·h/g),電化學還原電位負(−3.045V),所有這些使鋰電池具有很高的比能量(specific energy)。

鋰一次電池常用金屬鋰做負極,化合物如 CuO、CuS、CF_x、MnO_2、MoO_3 等,均可用作正極。從商業上看,採用最廣的正極材料為 CF_x 和 MnO_2。介電質是溶於有機溶劑的鋰鹽,大多數鋰電池生產廠家有自己的鋰鹽溶液。1975 年三洋電力公司(Sanyo Electrie)確定了 $Li-MnO_2$ 間的新反應,成功開發了 Li/MnO_2 電池。他們還在全世界範圍內,許可電池生產商使用他們的製造技術。

雖然非水電池對陰極材料的無水要求十分嚴苛,但在實際應用 MnO_2 時,水的存在卻是不可避免的。一般認為這些微量水是束縛在晶體結構中的,並不影響電池的儲存特性。

根據不同的用途和要求,Li/MnO_2 電池可製成各種形狀。如圖 5.5 為一種柱形電池結構。扣式電池一般用於滿足低電流需求。圓柱體電池可用做存貯器的備用電源。螺旋形柱體電池可滿足大電流需求,如閃光燈、收錄機、高功率電燈、LCD 電視、行動電話、無線電收發兩用機等可攜式電子設備。

世界上第一個 $Li/(CF)_n$ 電池是松下(Matsushita)電池工業公司製造的。$(CF)_n$ 是碳粉與氯氣在特定溫度下反應的產物,其性質類似於聚四氟乙烯

〔PTFE, poly tetra fluoro-ethylene $(C_2F_4)_n$〕。$Li/(CF)_n$ 電池的形狀主要有扣式、圓柱形和針式。$Li/(CF)_n$ 電池的應用領域很廣，從專業和商業化的無線傳輸機和積體電路存貯器一直擴展到家庭消費用的電子錶、照相機、計算器等；針式電池用在發光型浮標中；高溫扣式電池的絕緣包和隔膜是用特種工程塑料製成，可在 150℃下穩定使用。表 5.2 列出可供高溫條件使用的 $Li/(CF)_n$ 鈕扣式電池性能。

$Li/(CF)_n$ 電池由金屬鋰箔陽極、多孔碳陰極、兩極間的多空非組織物或聚合物隔膜和含 $SOCl_2$ 及可溶鹽（通常是四氯鋁酸鹽）的電解液組成。$SOCl_2$ 既是陽極活性材料，又是電解液的溶劑；而碳陰極既是 $SOCl_2$ 還原反應的催化表面，又是放電不溶物的存貯庫。$SOCl_2$ 在碳表面上還原反應的詳細機制十分複雜。電池反應一般可寫作：

$$4Li + SOCl_2 \rightleftharpoons 4LiCl + SO_2 + SE^- = 3.6V \qquad (5\text{-}3)$$

生成的二氧化硫在電解液中是可溶解的，生成的硫溶解度約為 $1mol/dm^3$，在放電末期，會沉積到陰極孔內。$LiCl$ 基本不溶，在陰極多孔碳表面沉積形成絕緣層。因此 $Li/SOCl_2$ 電池的放電行為主要受陰極控制。該電池的工作電壓較高（3.6V），工作溫度範圍較寬（$-55 \sim 85℃$），貯存壽命長。

5.3.4 錳氧化物的各種不同晶體結構

目前已發現二氧化錳具有 α、β、γ、δ、ε、ρ 等多種晶相。

$\alpha\text{-}MnO_2$ 一般式子用 RMn_8O_{16} 來表示，式中的 R 通常為 K^+、Na^+、Pb^{2+}、Ba^{2+} 等所置換。天然錳礦有鉀錳礦、鋇錳礦、鉛錳礦等，$\alpha\text{-}MnO_2$ 多屬體心立方晶系，由於內部應變大而得不到發達的結晶。用合成方法製造 $\alpha\text{-}MnO_2$，是在硫酸錳溶液內加入硝酸（HNO_3）煮沸，然後徐徐加入固體氯酸鉀（$KClO_3$）。或者把電解二氧化錳放在氯化銨或氯化鉀水溶液中，在高壓釜內加熱處理也可得到 $\alpha\text{-}MnO_2$。

$\beta\text{-}MnO_2$ 天然礦叫做軟錳礦。屬於這種晶相的二氧化錳，以爪哇（Java）、高加索（Caucasus）的錳礦為代表。$\beta\text{-}MnO_2$ 具有最穩定的晶格，活性低，多數不適於乾電池使用。將硝酸錳在 $150 \sim 160℃$下進行熱分解，便可合成 $\beta\text{-}MnO_2$。此外，將鉀錳礦、$\gamma\text{-}MnO_2$ 等加熱到 $400℃$，也可轉變為 $\beta\text{-}MnO_2$。$\beta\text{-}MnO_2$ 屬於正方晶系、金紅石（rutile）型，具有六方最密充填的構造，結晶十分發達。

γ-MnO$_2$是以電解二氧化錳為代表的一種晶相，最適合做為去極劑使用。由於製造方法上的原因，電解二氧化錳中常混有少量 β 型二氧化錳。結晶發達程度由於連續有不同晶相存在，所以呈現出不明確的微結晶組織。

具有 γ-MnO$_2$ 晶相的電解二氧化錳，已大規模地利用於乾電池生產。其製造方法是將菱錳礦用硫酸溶解後，得到硫酸錳溶液，用沉澱方法除去溶液中的鐵等雜質，獲得精製液。精製液在高溫下（80℃以上），以石墨、硬鉛或鈦為陽極，用 0.5 ～ 1.5A/dm^2 的電流密度進行直流電解氯化，在陽極上便析出二氧化錳。將電解二氧化錳剝離、粉碎、中和處理、乾燥後，即可用於乾電池。

表 5.2　一次電池的（放電）特性比較

電池的種類	鹼乾電池	錳乾電池	氧化銀電池 *	鹼鈕扣電池
記號	LR（圓筒形）	R（圓筒形）	SR	LR（鈕扣形）
標稱電壓	1.5V	1.5V	1.55V	1.5V
正極	二氧化錳	二氧化錳	氧化銀	二氧化錳
負極	鋅	鋅	鋅	鋅
電解液	氫氧化鈉水溶液	氧化鋅水溶液	氫氧化鈉水溶液[1]	氫氧化鈉水溶液
放電特性	電壓 3.0 1.5 時間	電壓 3.0 1.5 時間	電壓 3.0 1.5 時間	電壓 3.0 1.5 時間
使用溫度範圍	−20～+60℃	−10～+55℃	−10～+60℃	−10～+60℃
特長	・最適合大電流連續使用的用途 ・優良的耐漏液性和保存性 ・完全不使用水銀 ・完全不使用鎘	・最適合小電流、斷續使用的用途 ・優良的耐漏液性和保存性 ・完全不使用水銀 ・完全不使用鎘	・穩定的放電電壓 ・優良的耐漏液性和保存性 ・高的能量密度 ・優良的耐負載特性 * 又稱銀鋅電池	・優良的耐漏液性 ・廉價 ・優良的耐負載特性

續表 5.2 一次電池的（放電）特性比較

電池的種類	空氣鋅電池	圓筒形二氧化錳鋰電池	硬幣形二氧化錳鋰電池	氯化鋰電池
記號	PR	CR（筒形）	CR（硬幣形）	ER
標稱電壓	1.4V	3V	3V	3.6V
正極	空氣（氧）	二氧化錳	二氧化錳	氯化
負極	鋅	鋰	鋰	鋰
電解液	氫氧化鈉水溶液	有機電解液	有機電解液	非水無機電解液
放電特性				
使用溫度範圍	−10～60℃	−40～+85℃	−20～+85℃	−55～+85℃
特長	·面向微小電流用途 ·穩定的放電電壓 ·高能量密度	·最適合大電流用途 ·低自放電率 ·優秀的低溫特性	·面向微小電流用途 ·低自放電率 ·溫度相關性低	·穩定的放電電壓 ·低自放電率 ·工作溫度範圍寬

＊氫氧化鈉水溶液或氫氧化鉀水溶液

●圓筒型電池

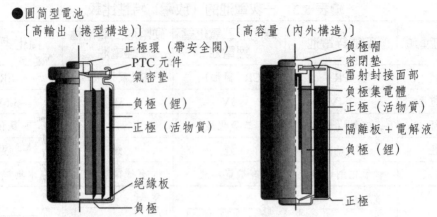

〔高輸出（捲型構造）〕　　　〔高容量（內外構造）〕

（高輸出構造標示）
正極環（帶安全閥）
PTC 元件
氣密墊
負極（鋰）
正極（活物質）
絕緣板
負極

（高容量構造標示）
負極帽
密閉墊
雷射封接面部
負極集電體
正極（活物質）
隔離板＋電解液
負極（鋰）
正極

PTC：正溫度係數（positive temperature coefficient）

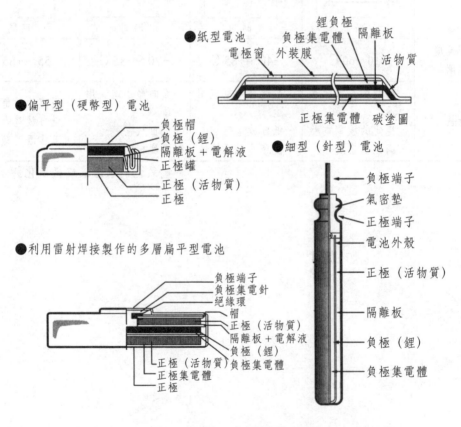

●紙型電池
鋰負極
負極集電體　隔離板
電極窗　外裝膜　　　　活物質
正極集電體　碳塗圖

●偏平型（硬幣型）電池
負極帽
負極（鋰）
隔離板＋電解液
正極罐
正極（活物質）
正極

●細型（針型）電池
負極端子
氣密墊
正極端子
電池外殼
正極（活物質）
隔離板
負極（鋰）
負極集電體

●利用雷射焊接製作的多層扁平型電池
負極端子
負極集電針
絕緣環
帽
正極（活物質）
隔離板＋電解液
負極（鋰）
正極（活物質）負極集電體
正極集電體
正極

圖 5.5　鋰一次電池的結構

5.4　從一次電池到二次電池

5.4.1　二次電池的工作原理

二次電池（secondary battery）又稱為充電電池，是指電池在放電後，可透過充電方式使活性物質啟動而繼續使用的電池。它是利用化學反應的可逆性而組建成的一類電池。即電池體系內儲存的化學能轉變成電能後，又可以用電能使化學體系修復，然後再利用化學能轉化為電能，從而完成一個充放電過程。一般來說，二次電池的充放電迴圈次數都可達數千次到上萬次。而與之形成鮮明對比的是，一次電池往往是只要電能耗盡，就不可對其充電而迴圈使用。二次電池的工作原理，如圖 5.6 所示。

5.4.2　鉛酸蓄電池（二次電池）的結構和充、放電反應

鉛酸蓄電池（lead acid storage battery）由於性價比高、功率特性好、自放電小、高低溫性能優越、運行安全可靠、回收技術成熟以及鉛的再利用率高等優點，長期以來一直是世界上產量最大的二次電池產品，其產值及銷售額至今仍占全球電池的一半、占二次電池的 70%。據不完全統計，中國鉛酸蓄電池銷售總額達 800 多億元，已經發展成為全球鉛酸蓄電池的生產基地。

鉛酸蓄電池的電化學運算式為：$(-)Pb|H_2SO_4|PbO_2(+)$。其主要結構包括正極、負極、隔板和電解液四個部分，另外還有蓄電池槽、蓋子、安全閥等。在生產應用中時，正負極分別焊接成極群，然後由匯流排引出成極柱。鉛酸蓄電池使用的電解液是一定濃度的硫酸電解液。另外，隔板的作用是將正負極隔開，它由電絕緣體（如橡膠、塑膠、玻璃纖維等）構成，要求耐硫酸腐蝕、耐氧化，還要有足夠的孔率和孔徑，以便能讓電解液和離子自由穿過。槽體也具有電絕緣性，並且也要具有耐酸、耐溫範圍寬、機械強度高等特點，一般用硬橡膠或塑膠做槽體。

鉛酸蓄電池在放電前處於完全充足電的狀態，即正極板為多孔性的活性物質二氧化鉛（PbO_2），負極板為多孔性的活性物質鉛（Pb），正負極板浸入硫酸（H_2SO_4）溶液之中。充電時，正極上二氧化鉛與硫酸作用，生成過硫酸鉛，負極上 Pb 失去電子生成 Pb^{2+}。而放電過程為其可逆過程。鉛酸蓄電池的充放電過可以概括為：

$$PbO_2 + Pb + 2H_2SO_4 \longleftrightarrow 2PbSO_4 + 2H_2O \qquad （5\text{-}4）$$

它的結構和充放電過程如圖 5.7 所示。

5.4.3 主要二次電池的特徵及用途

自伏打（Volta）於 1799 年發明電池起至今，化學電池已經歷了 200 多年的發展。從鉛酸蓄電池、鎳鎘電池到綠色的鎳氫電池和鋰離子電池，電池的能量密度不斷提高。如今，已經商業化應用的二次電池種類繁多。目前鋰離子二次電池能量密度已達到鉛酸蓄電池的 5 倍。隨著近年來微電子技術的飛速發展和可攜式電子產品的大量普及，化學電源的需求與日俱增。同時，電子產品的日益小型化、輕量化及功能整合化對二次電池性能也提出了越來越高的應用要求。

二次電池主要包括鉛酸蓄電池、鎳氫蓄電池、鎳鎘蓄電池、金屬鋰二次電池、鋰離子二次電池、鋰聚合物二次電池、氧化還原電池、鉛空氣二次電池、鋅空氣二次電池、鋅鎳二次電池、鋅硫二次電池、鈉硫二次電池等。電力貯存系統的性能比較，如圖 5.8 所示。鉛酸蓄電池價格、性能穩定，至今在工業和民用中仍有廣泛用途。與鉛酸蓄電池相比，鎳—鎘蓄電池具有比能量（specific energy）高，可製成圓柱形，便於小型化的優點。在鉛酸蓄電池的許多應用領域，如果忽略價格因素，強調有較高的比能量，都可以使用鎳—鎘蓄電池。鎳—氫蓄電池相對於鎳—鎘蓄電池而言，最大優勢就是對環境污染小。鎳氫蓄電池是新型二次電池中能量比高、性價比合理的綠色電池，在各類可攜式電器、電動汽車、電動助力車領域有很強的適應性。

與上述電池相較，鋰離子電池（lithium ion battery）具有單體電壓高、比能量大、自放電低、迴圈壽命長、工作溫度寬等優點。鋰二次電池可以分為鋰離子二次電池、鋰聚合物二次電池等。鋰聚合物電池的安全性更好，而且可以製成任意尺寸和厚度的電池。

以空氣為正極的二次電池，可以分為鋅空氣二次電池、鉛空氣二次電池等。目前直接可再生式鋅空氣二次電池，在實際應用中還存在很多問題。如鋅在鹼性溶液中的電化學活性很大，同時熱力學性質不穩定，充電產物鋅酸鹽在強鹼溶液中溶解度高，因此電極容易出現變形、枝晶生長、自腐蝕及鈍化等現象，導致電極逐漸失效。另外，空氣電極可逆性差，且在大氣環境中電解液容易碳酸化，而且，電解液受空氣濕度的影響較大。

5.4.4 各種二次電池的特性

　　如今二次電池種類繁多，不同種類的二次電池，在性能、價格、穩定性、環保等方面也存在顯著差異。根據正極活性物質的狀態，可將二次電池分為三大類：氣態、固態和液態。

　　正極活性物質為氣態的二次電池，主要是金屬空氣電池，包括鋅－空氣電池、鋁－空氣電池、鐵－空氣電池、鎂－空氣電池等，另外，鎳－氫電池等正極活性物質也為氣態。與鎳鎘電池相比較，金屬空氣電池可提供大 10 倍左右的電力，且極大地減少了充電時間；與鋰離子電池相比較，它具有更大的能量密度和更高的迴圈壽命；尤其是在能量轉換效率方面，比內燃機等能量轉換設備高出很多。但目前金屬空氣電池也存在很多挑戰，一方面氣體擴散電極是整個電池的能量轉換器，氣體擴散電極的品質與性能的優劣，已成為二次電池發展的瓶頸，目前氣體擴散電極存在的主要問題是使用壽命及催化活性。另一方面，以金屬作為二次電池的負極反應物，而氧氣來自空氣體系，所以金屬空氣電池在工作時是一個開放的體系。但是，如果將金屬曝露在空氣中，即使在非工作狀態中，活潑金屬也會與空氣中的氧反應。所以如何使金屬空氣電池在工作時有足夠的氧供應，而在非工作狀態時能夠隔絕空氣，成為金屬空氣電池需要進一步研究的問題。

　　正極活性物質為固態的二次電池，又可以分為酸鹼溶液系和非水系。酸鹼溶液系主要包括鉛蓄電池、鎳鎘電池、鐵鎳電池等；非水系主要包括二氧化錳鋰電池、氧化鈷鋰電池、硫化鈷鋰電池等。正極活性物質為液態的二次電池，主要包括氧化還原電池和鋅溴電池。

5.5 二次電池性能的比較

5.5.1 二次電池能量密度的比較

　　雖然目前鋰離子電池中負極材料的容量一般都高於正極材料，但相對於傳統的石墨負極材料（372mAh/g），負極材料的能量密度（energy density）仍有較大的提升空間。高能量密度負極材料需具備較大的儲鋰容量和較低的嵌脫鋰電位。

　　由於金屬鋰具有很高的儲鋰容量（3860mAh/g）和較低的電位，早期的鋰電

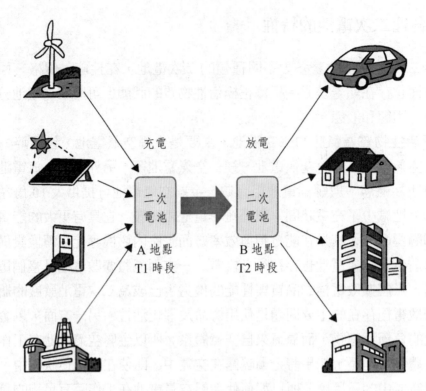

圖 5.6 二次電池的工作原理

池使用金屬鋰作為負極材料。然而鋰在迴圈過程中可能會在其表面形成鋰枝晶，引發電池短路和爆炸，帶來安全隱患，因此當時被棄之。但隨著科學技術的進步和對更高能量密度鋰電池〔如後面討論的鋰硫電池、鋰空氣電池（lithium ion battery）等〕的追求，金屬鋰負極仍具有吸引力。在這方面，亟需利用先進的奈米科學與技術，發展具有保護機制的金屬鋰電極。

在高容量負極材料中，過渡金屬化合物 MX（M = Fe、Co、Ni、Cr、Mn、Cu 等；X = O、S、F、N、P 等）近年來引起了廣泛關注。同石墨層間儲鋰機制不同，該類化合物在進行嵌脫鋰時，會發生如下轉化反應：$MX + y\mathrm{Li}^+ + ye^-$ $\longleftrightarrow \mathrm{Li}_y X + M$，研究顯示，反應中 $\mathrm{Li}_y X$ 鍵的斷裂與形成，涉及 X 陰離子和 M 陽離子擴散穿越過形成的 M 中間相的過程，室溫下可逆的原因，在於原位形成的 $\mathrm{Li}_y X/M$ 奈米複合體中具有較小的顆粒尺寸和較大的介面面積，是奈米尺寸效應在動力學優勢上的體現。基於此一機制的反應過程，使過渡金屬化合物普遍具有 1000mAh/g 左右的高容量，導致一系列新型高容量負極材料的發現，但過渡金屬化合物在電極反應過程中，普遍存在體積變化大、極化大和結構不穩定等問題，導致充放電過程中電壓滯後大、迴圈穩定性差。此外，這類材料放電過程中

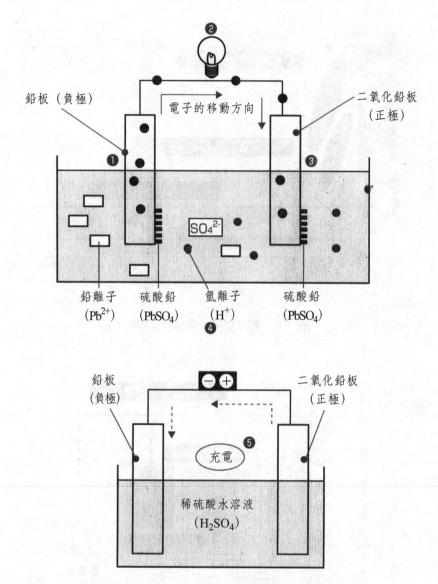

圖 5.7 鉛酸蓄電池（二次電池）的結構和充放電過程

原位形成之處於奈米尺寸的過渡金屬，通常會催化電解液在電極材料表面的副反應，不但消耗大量的電解液，還可能引起安全性問題。通過適當的微奈結構設計和表面包覆技術，可以改善這類材料的電化學性能。

主要二次電池的能量密度比較，如圖 5.9 所示。

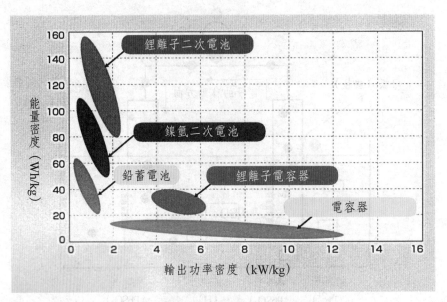

圖 5.8　電力貯存系統的性能比較

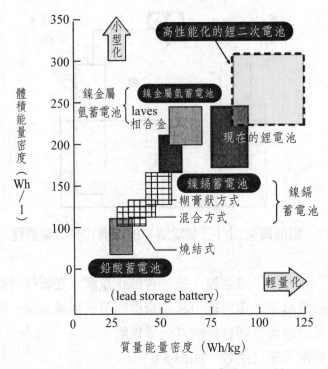

圖 5.9　二次電池能量密度的比較

5.5.2　二次電池的（放電）特性比較

　　一般情況下，用一定的電流，使蓄電池進行充電或放電時，都是用曲線來表示電池端的電壓、電解液比重以及電解液溫度隨時間所發生的變化，將這樣的一些曲線，成為電池的特性曲線，可以用來表示電池的各種特性。通常特性曲線會因電池盒極板的種類不同，而稍有不同。

　　以汽車的鉛蓄電池為例，放電特性曲線是由三部分組成的。放電開始後幾分鐘，電壓短時間急劇下降，這是第一部分；然後是第二部分電壓緩慢降低；最後在第三部分，電壓在極短的時間裡迅速降低，接近零伏。第二部分的時間越長，平均電壓越高，鉛蓄電池的特性也就越好。

　　關於放電電壓在放電過程中的電壓變化，可有如下定性說明。在放電沒開始的時候，活性物質表面上的硫酸濃度 m，和在電極外部的硫酸濃度 m_0 相等，電壓呈現出相當於 m_0 的平衡值。然而，一經開始放電，則因活性物質表面上的硫酸被消耗，所以 m 急劇降低，其結果電壓也隨著急劇降低。其次，雖然活性物質表面上的 m 急劇降低，但是與此同時，極板外部的硫酸將按照 m_0-m 此一濃度梯度，向活性物質的表面擴散。加入一定電流進行放電，那麼就像是在起電反應式中所表示的那樣，因為在單位時間裡被消耗的硫酸量是一定的，所以當由於擴散所補給的硫酸量，恰好等於被消耗的硫酸量時，則在某一 m 值時電壓處於平衡狀態。即使在平衡的情況下，由於隨著放電的進行，硫酸不斷被消耗，極板外部的硫酸濃度 m_0 也開始減少，因此電壓又開始緩緩下降，而放電曲線也就表現出徐徐降低。此外，根據起電反應方程式，在這個期間裡，活性物質也逐漸變成硫酸鉛。如果放電再進行下去，活性物質深部的未反應部分將逐漸發生反應，電極外部的硫酸向活性物質深部的擴散就變得越發困難。加之硫酸鉛的容積比 Pb 或 PbO_2 更大，導電率也不好，所以，隨著放電的進行，活性物質的電阻增加，活性物質的細孔變小，電解液的擴散也就受到阻礙，活性物質表面上的電解液，即便是處於穩定狀態下，也難從外部攻擊硫酸，m 也就會急劇降低，因此電壓快速下降。在大電流放電時，極板表面上的 Pb^{2+} 離子存在過剩，可以認為極化電壓的增加是電壓急劇下降的主要原因。另一方面，對於正極板的放電，根據放電中間體學說，可以解釋為放電管中間生成物的積蓄，是產生穩定狀態的放電過電壓的主要原因，而硫酸的擴散與中間生成物的消減速度有關。

5.5.3　已實用化的二次電池

　　表 5.3 為已普及的二次電池，歷史最久且最具代表性的是鉛蓄電池和鎳－鎘
蓄電池（Ni-Cd storage battery），而近年來開發的小型二次電池，則是鎳－金
屬氫電池（Ni-MH battery）和鋰離子有機電解液電池等。

　　目前仍未普及、但歷史久遠，僅限於特殊用途的二次電池，包括氧化銀鋅蓄
電池、鎳鋅蓄電池等。

　　已實用化的蓄電池，不論哪一種，也像一次電池那樣，都要包括四個基本要
素：正活性物質、負活性物質、電解液以及浸入電解液中起隔離作用的隔膜，當
然還需要收納這些要素的容器。

　　鉛蓄電池自 1859 年由普蘭特（Plante）發明以來，經大量改良才達到今天
的狀態。但是，即使是今天，鉛蓄電池依然穩坐二次電池的頭把交椅，足見其
生命力之強。在我們身邊，汽車、電動自行車等無不使用稱為「電瓶（electric
battery）」的鉛蓄電池。

　　這種電池，正極採用二氧化鉛，負極採用金屬鉛，電解液採用稀硫酸。放電
時兩電極同時與電解液的硫酸反應生成硫酸鉛，由於電解液中的硫酸被消耗而濃
度降低。

　　另一方面，充電時，藉由與放電相反的反應，致使硫酸濃度上升。此時電解
液濃度與電動勢的關係可表示為：

$$E = E_0^+$$

　　因此，通過電動勢的測定，就可以得知電池的充放電狀態。

5.5.4　開發中的二次電池

　　有鈉硫磺電池、鈉金屬氯化物電池、鋰硫化鐵電池、聚合物電池、鎳鐵電
池、鋅空氣電池、鐵空氣電池、鋁空氣電池、鋅溴電池、鋅氯電池、氧化還原流
電池等。

表 5.3 已實用化的蓄電池

名稱	構成			工作電壓	特長及用途
	正極活物質	電解質	負極活物質		
鉛蓄電池	PbO_2	H_2SO_4	Pb	2.0	穩定的品質,適度的經濟性。以汽車應用為中心,已達最廣泛的實用化。
鎳鎘蓄電池	$NiOOH$	KOH	Cd	1.2	價格高,但壽命長,保管、運行都比較方便,僅次於鉛蓄電池而獲得廣泛應用,特別是在電纜設備中已多為採用。
鎳-氫蓄電池	$NiOOH$	KOH	MH H_2	1.2	就能量密度而言,MH型用於一般機器,H_2型用於太空開發等特殊用途。
鋰離子蓄電池 鋰蓄電池	CoO_2 V_2O_6 MnO_2 等	Li 鹽(有機電解液)	LiC_6 Li	3.6	鋰離子型具有高能量密度,在用於電纜機器方面,已達實用化;金屬鋰型在記憶體—備用電源方面已達實用化。
氧化銀-鋅蓄電池	AgO	KOH	Zn	1.5	高能量密度,高輸出密度,但壽命短,價格高,在火箭等特殊用途已達實用化。
鎳鋅蓄電池	$NiOOH$	KOH	Zn	1.3	在高能量密度等方面是繼氧化銀鋅蓄電池之後的電池,在用於電纜設備方面已達實用化。

已廣泛普及的二次電池

特殊用,已少量實用化的二次電池

5.6 常用二次電池

5.6.1 鉛酸蓄電池

鉛酸蓄電池(lead-acid battery)作為一種成熟商品的歷史已經超過一個世紀了。由於鉛酸蓄電池在能量貯存、緊急供電、電動車和混合動力電動車等新領

域的應用，同時，也由於車輛的增加、引擎啟動、車輛照明、引擎點火等用電池數量的增加，使得鉛酸蓄電池的生產和使用量不斷增加。鉛酸蓄電池廣發用於電話系統、電動工具、通信裝置、緊急照明系統，也可用於採礦設備、材料搬運設備等，為其提供動力。如圖 5.10(a) 所示。

依鉛酸蓄電池型號、尺寸而異，容量可在 1 ～ 10000Ah 範圍內選擇。

鉛酸蓄電池以二氧化鉛作為正極活性物質，高比表面積（specific surface area）多孔結構的金屬鉛作為負極活性物質，電解質在充電狀態下，是相對密度為 1.28 或質量分數為 37% 的硫酸溶液。電池放電時，兩個電極的活性物質分別轉變為硫酸鉛；充電時，反應向反方向進行。其放電、充電時的反應，分別如圖 5.10(b) 和 (c)。

5.6.2　鎳鎘電池

鎳鎘電池最大的特點是迴圈壽命長，可達 2000 ～ 4000 次。電池結構緊湊、牢固、耐衝擊、耐振動、自放電較小、性能穩定可靠、可大電流放電、使用溫度範圍寬。缺點是電流效率、能量效率、活性物質利用率較低，價格較貴，特別是鎘的毒性。工業上生產的大容量電池，仍以極板盒式電池為主。中、小容量電池多為半燒結式或燒結式、密封箔式。

電池工作原理：電池負極為海綿狀金屬鎘，正極為氧化鎳，電解液為 KOH 或 NaOH 水溶液。電池放電時，負極鎘被氧化，生成氫氧化鎘；正極上氧化鎳接受由負極經外電路流來的電子，被還原為 $Ni(OH)_2$。充電時變化正好相反。由電池反應式知，電池放電過程消耗水，充電過程生成水。氧化鎳是一種 p 型氧化物半導體，電池放電時，在氧化鎳電極、溶液介面上，氧化還原過程是通過半導體晶格中的電子缺陷和質子缺陷轉移來實現的。鎘電極的反應，利用了溶解沉積機制，放電產物 $Cd(OH)_2$ 疏鬆多孔，不影響 OH^- 的液相遷移，可使電極內部繼續氧化。所以，鎘電極活性物質利用率較高。

鎳鎘電池的標準電動勢為 1.33V，充足電時的開路電壓可達 1.4V 以上。當電池放置一段時間後，開路電壓降至 1.35V 左右。電池的理論容量為 161.6Ah · kg^{-1}，一般正極活性物質利用率為 70% 左右，負極活性物質利用率為 75% ～ 85%，密封式鎳鎘電池正極活性物質利用率為 90% 左右，但負極活性物質利用率只有 50% 左右。

5.6.3　鎳氫電池

　　密封鎳氫蓄電池（Ni-MH Storage battery）結合了蓄電池技術和燃料電池（fuel cell）技術，氧化鎳正極源自鎳鎘電池，氫負極源自燃料電池。鎳氫電池體系的主要優點有質量比能量高、迴圈壽命長、在軌壽命長、耐過充電、過放電、氫氣壓力指示荷電狀態。但是它有初始成本高、自放電與氫氣壓力成比例、體積比能量低等缺點。鎳氫電池主要應用於空間領域，如許多太空梭（space shuttle）的儲能分系統、地球同步軌道（GEO, geosynchronous orbit）商業通訊衛星（satellite）、低地球軌道（LEO）衛星、哈勃太空望遠鏡等，但近年來地面應用計畫已開始實施，如長壽命無人值守光伏電站。

　　過充電：在過充電過程中，正極產生氧氣。等量的氧氣和氫氣經鉑催化，在負極上發生電化學複合反應。同樣地，在持續的過充電過程中，電池內 KOH 溶液的濃度或水的總量不發生變化。氧氣在鉑負極上的複合速率非常快，只要能將熱量及時從電池中傳導出去，以免發生熱失控，即使以很高的充電率進行持續過充電，電池也能承受。

　　過放電：在電池過放電過程中，正極產生氫氣，同時負極以同樣的速率消耗著氫氣。因此，電池可以持續過放電，而且不會出現氫氣壓力的積累或電解質濃度的改變。

　　自放電：鎳氫電池的極組被一定壓力的氫氣包圍。一個顯著的特點是，氫氣通過電化學反應而非化學反應還原氧化鎳。實際上，氧化鎳也發生化學還原，只是速率非常慢，對在空間應用中的性能沒有影響。

　　鎳氫電池的外觀及放 / 充電時的反應，如於圖 5.11。

5.6.4　鎳鋅電池

　　鋅鎳電池是一種鹼性蓄電池，它將鎘 / 鎳、鐵 / 鎳和金屬氫化物 / 鎳電池中的鎳電極以及與鋅 / 銀電池中的鋅電極整合在一起。目前，根據具體設計，鎳鋅電池的質量比能量（specific energy）為 50 ～ 60W·h/kg，體積比能量為 80 ～ 120W·h/L。在放電深度為 100% 的情況下，電池的迴圈壽命可達 500 次以上，當放電深度降低時，可高達幾千個迴圈。鎳鋅電池的優勢主要有質量比能量高、迴圈性能好、原材料豐富、成本低、環保。鎳鋅電池適用於許多商業應用上，如電動自行車、電動摩托車、草坪和花園用電動設備以及要求能進行深放電迴圈的艦艇上。

　　鎳鋅電池體系採用鎳／氧化鎳電極作為正極，鋅－氧化鋅電極作為負極。當電池放電時，鹼式氧化鎳被還原成為氫氧化鎳，金屬鋅被氧化為氧化鋅／氫氧化鋅。該電池的理論開路電壓為 1.73V。當電池過充電時，鎳電極上析出氧氣，鋅電極上析出氫氣，氫氣和氧氣隨之複合成水。另外，過充電期間，鎳電極上析出的氧氣可以在鋅電極上與金屬鋅直接複合。如果電池過放電，鎳電極上將析出氫氣，鋅電極上將析出氧氣。在實際電池中，以上反應受到正、負極活性物質配比和活性物質利用率的影響。

　　鎳鋅電池的理論質量比能量為 334W · h/kg，此一性能使鎳鋅電池對於許多應用都非常具有吸引力。根據具體的設計，實際上鎳鋅電池的負載放電電壓為 1.55 ～ 1.65V，質量比能量為 70W · h/kg。這僅相當於理論值的 20%，可見鎳鋅電池還有進一步發展的空間。

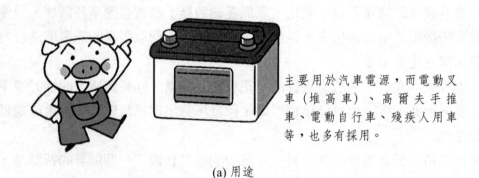

主要用於汽車電源，而電動叉車（堆高車）、高爾夫手推車、電動自行車、殘疾人用車等，也多有採用。

(a) 用途

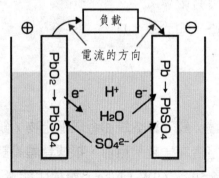

①正極：氧化鉛變為硫酸鉛，同時產生水，而電子提供給電解液。
$$PbO_2 + 4H^+ + SO_4^{2-} + 2e^- \rightarrow PbSO_4 + 2H_2O$$
②負極：鉛變為硫酸鉛，並向電極供給電子。
$$Pb + SO_4^{2-} \rightarrow PbSO_4 + 2e^-$$

(b) 放電時的反應

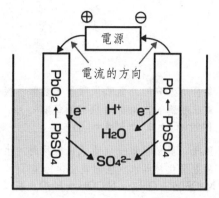

①正極：由電解液供給電子，硫酸
　鉛變為氧化鉛，並消耗水。
　$PbSO_4 + 2H_2O \rightarrow$
　$PbO_2 + 4H^+ + SO_4^{2-} + 2e^-$
②負極：硫酸鉛變為鉛，同時向電
　解液供給電子。
　$PbSO_4 + 2e^- \rightarrow Pb + SO_4^{2-}$

(c) 充電時的反應

圖 5.10　鉛酸電池的用途、放電時的反應及充電時的反應

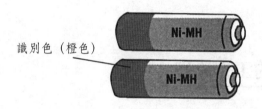

識別色（橙色）

(a) 外觀

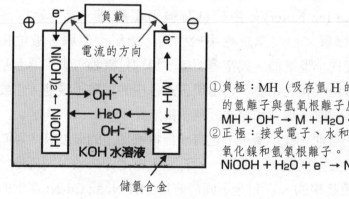

①負極：MH（吸存氫 H 的儲氫合金 M），放出電子
　的氫離子與氫氧根離子反應生成水。
　$MH + OH^- \rightarrow M + H_2O + e^-$
②正極：接受電子、水和羥基氧化鎳反應，生成氫
　氧化鎳和氫氧根離子。
　$NiOOH + H_2O + e^- \rightarrow Ni(OH)_2 + OH^-$

(b) 放電的反應

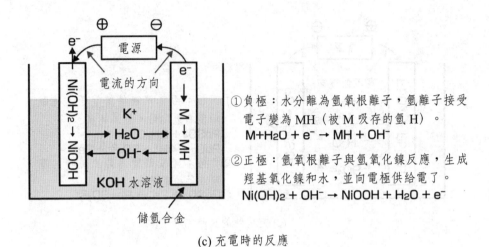

①負極：水分離為氫氧根離子，氫離子接受
電子變為 MH（被 M 吸存的氫 H）。
M+H₂O + e⁻ → MH + OH⁻

$M + H_2O + e^- \rightarrow MH + OH^-$

②正極：氫氧根離子與氫氧化鎳反應，生成
羥基氧化鎳和水，並向電極供給電了。

$Ni(OH)_2 + OH^- \rightarrow NiOOH + H_2O + e^-$

(c) 充電時的反應

圖 5.11　鎳金屬氫電池的外觀、放電時的反應及充電時的反應

5.7　鋰離子電池的工作原理

5.7.1　各式各樣的鋰離子電池

鋰離子電池（lithium ion battery）由於具有輸出電壓高、能量密度高等優點，其應用領域不斷擴展，目前廣泛應用於手機、筆記型電腦、數位相機（digital camera）、便捷式小型電器、太空等領域，特別是電動汽車和混合動力車領域的需求量增加相當快。與之相應，也出現各式各樣的鋰離子電池，主要有圓柱形鋰離子電池、方形鋰離子電池和扣式鋰離子電池等。

方形與圓柱形鋰離子電池一樣，蓋子上也有一種特殊加工的破裂閥，以防電池內壓過高而可能出現的安全問題。這種閥一旦打開，電池即失效。同樣地，鋰離子電池的極片也是捲繞起來的，它完全不同於方形 MH-Ni 或 Cd-Ni 電池的疊片結構。方形與圓柱形電池不同，方形電池的正極柱是一種金屬—陶瓷或金屬—玻璃絕緣子，它實現了正極與殼體之間的絕緣。為了滿足電腦、攝影機、筆記型電腦對高比能量和薄型化的要求，許多公司紛紛開發扣式鋰離子電池。隨著鋰離子電池在傳統的和新的應用領域市場繼續增大，鋰離子電池有著巨大的發展空間。

5.7.2 鋰離子電池的充、放電反應和工作原理

鋰離子電池實際上是一種鋰離子濃差電池，正、負極由兩種不同鋰離子嵌入化合物所組成。通常情況下，鋰離子電池的正負極均採用可供鋰離子自由脫嵌的活性物質。用 $LiCoO_2$ 複合金屬氧化物在鋁板上形成正極，用鋰碳化合物在銅板上成負極。兩極之間插入聚烯烴（polyolefin）薄膜狀隔板，電解液為有機溶劑。充電時，Li^+ 從正極逸出，嵌入負極；放電時，Li^+ 從負極脫出，嵌入正極。

充電時，鋰離子從氧化物正極晶格脫出，通過鋰離子傳導性的有機電解液後遷移嵌入碳材料負極，負極處於富鋰態，正極處於貧鋰態，同時電子的補償電荷從外電路供給到碳負極，保證負極的電荷平衡；放電時則恰好相反，鋰從碳材料中脫出，回到氧化物正極中，正極處於富鋰態。充、放電過程中發生的鋰離子在正、負極之間的移動，在正常充、放電情況下，鋰離子在層狀結構的碳材料和層狀結構的氧化物層間的嵌入和脫出，一般只會引起層間距的微小變化，而不會引起晶體結構的破壞，伴隨充、放電的進行，正、負極材料的化學結構基本不變，因此從充、放電反應的可逆性來講，鋰離子電池中的反應，是一個理想的化學反應。其中充、放電過程類似一把搖椅，故鋰離子二次電池又稱搖椅電池（rocking chair battery，簡稱RCB）。鋰離子電池的原理及充、放電的反應，如圖5.12所示。

鋰離子電池是以可嵌脫鋰離子的化合物為正、負極。正極是鋰的過渡金屬化合物，如鈷酸鋰等，負極材料是碳素材料，如石墨等，這些材料本身提供晶格空間，鋰離子可以嵌入晶格也可以脫嵌出來。總之，這些化合物中有鋰離子的二維或三維通道，在一定電壓條件下，鋰離子可以嵌入、脫出於該化合物，而後者本身的骨架結構維持不變。

5.7.3 鋰離子電池的充、放電過程

鋰離子電池的充、放電過程，就是鋰離子的嵌入和脫嵌過程。與此同時，伴隨著與鋰離子等當量電子的嵌入和脫嵌（習慣上正極用嵌入或脫嵌表示，而負極則用插入或脫插表示）。

當鋰離子電池充電時，正極材料被氧化，負極材料被還原。在該過程中，正極的鋰原子電離成鋰離子和電子。得到外部輸入能量的鋰離子，在電解液中由能量較低的正極向能量較高的負極遷移，且鋰離子和電子在負極上複合成鋰原子，重新形成的鋰原子插入石墨晶體的晶狀層之間。

　　放電時則相反，插入石墨晶狀層中的鋰原子，從石墨晶體內部向負極表面移動，並在負極表面電離成鋰離子和電子，鋰離子和電子分別通過電解質和負載流向正極，在正極表面複合成鋰原子，然後插入氧化鈷鋰的晶狀層中。鋰離子電池與採用金屬鋰負極的鋰蓄電池相比，前者的化學反應性更低、更安全，並且具有更長的迴圈壽命。

5.7.4　鋰離子電池的結構和充電特性

　　無論何種鋰離子電池，它的基本結構都離不開正極片、負極片、正負極集流體、隔膜紙、安全閥、正溫度係數（PTC）元件、外殼、密封圈及蓋板等。鋰離子電池內部採用螺旋繞製結構，用一種非常精細而滲透性很強的聚乙烯（polyethylene）薄膜隔離材料作為正、負極之間隔而成，如圖 5.13 所示。現對鋰離子電池的基本結構說明如下：

　　(1) 正極目前使用的有 $LiCoO_2$、$LiFePO_4$、$LiNiO_2$、$LiMn_2O_4$ 等，從電性能及其它綜合性能來看，普遍採用 $LiCoO_2$ 製作正極，即將 $LiCoO_2$ 與黏結劑（PTFE）混合，然後碾壓在正極集流體（鋁箔）上製成正極片。

　　(2) 負極將石墨和黏結劑混合碾壓在負極集流體（銅箔）上。

　　(3) 電解液（electrolyte）較好的是 $LiPF_6$，但價格昂貴；其它有 $LiAsF_6$，但有很大的毒性；$LiClO$ 具有強氧化性；有機溶劑有 DEC、DMC、DME 等。

　　(4) 隔膜紙採用微孔聚丙烯薄膜或特殊處理的低密度聚乙烯膜。

　　另外還裝有安全閥和 PTC 元件，以便電池在非正常狀態及輸出短路時，保護電池不受損壞。此外還原外殼、蓋帽、密封圈等，這些需要根據電池的外形變化而有所改變，還要考慮安全裝置。

　　電池的化成（活化，formation）過程是保證電池壽命的重要環節，鋰離子電池對充電要求非常嚴格，正常情況下分為恆流充電和恆壓充電兩個階段，一般情況下，新生產的電池在化成時，其端電壓低於放電終止電壓（2.7V），應先採用小電流涓流充電，使電池的端電壓先到放電終止電壓，再恆流充電直至電池的端電壓達到恆壓充電電壓，然後再改為恆壓充電到電池充滿為止。在恆流充電階段（current regulation phase），充電電流最大不超過 1.0A。在恆壓充電階段和充電終止階段（voltage regulation charge termination phase），單體電池的最高充電電壓限定為 4.1V（焦炭材料陽極）或 4.2V（石墨材料陽極）。充電終止階段依然為恆壓充電，但充電電流呈線性減小，當檢測到充電電流降低到充電終

止電流值時，停止充電。其充電特性如圖 5.14 所示。

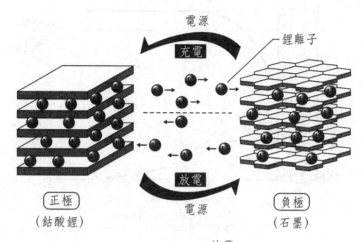

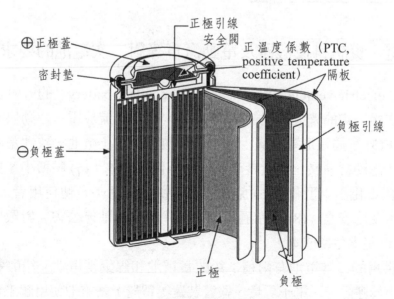

圖 5.12　鋰離子蓄電池的原理與充放電反應

正極反應：$CoO_2 + Li^+ + e^- \underset{\text{充電}}{\overset{\text{放電}}{\rightleftharpoons}} LiCoO_2$

負極反應：$LiC_6 \underset{\text{充電}}{\overset{\text{放電}}{\rightleftharpoons}} Li^+ + e^- + C_6$

全體反應：$CoO_2 + LiC_6 \underset{\text{充電}}{\overset{\text{放電}}{\rightleftharpoons}} LiCoO_2 + C_6$

圖 5.13　鋰離子蓄電池的構造

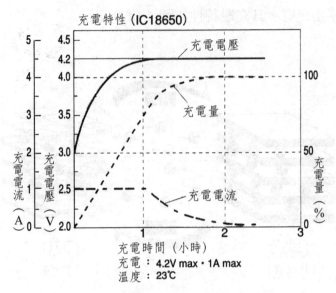

圖 5.14　鋰離子蓄電池的充電特性

5.8　二次電池的開發方向

5.8.1　家電、資訊科技機器及電動汽車等對二次電池的要求

電動車（electric vehicle）對二次電池（secondary battery）的一般要求：(1) 高容量：以支援一定的續行里程；(2) 高功率：能大電流放電，啟動快，加速及爬坡能力強；(3) 單體電池電壓高：減少串聯數量，防止電池一致性差產生的電池組故障；④迴圈壽命長、容量衰減小：降低使用成本；(5) 體積小、重量輕：有利於車的輕量化、小型化；(6) 免維護、能快速充電：方便使用者；(7) 無洩漏、不爆炸：使用安全；(8) 生產過程無污染、廢棄電池無公害：對環境友好；(9) 廉價：降低整車生產成本。

家庭中常用的二次電池有兩種：鉛酸蓄電池和鎳鎘蓄電池。鉛酸蓄電池在家庭中主要用於應急燈、電子玩具、報警裝置等電器，蓄電池使用起來無廢氣污染、噪音低。可充電的鎳鎘蓄電池因具有容量高、內阻小、壽命長、大電流使用時放電電壓平穩，充電次數可達 500 次以上等特點，也為一些長期使用電池的小型電暖器採用。微型電池由於體積小，低溫性能好，工作溫度範圍寬，形狀多

樣，應用也較為廣泛。

　　最早的筆記型電腦都使用鎳鎘電池，具有良好的大電流放電特性、耐過充電能力強、維護簡單、成本低等優點。鎳氫電池有利於環保，具有較大的比能量，有效延長設備的工作時間。鋰離子電池工作電壓高（3.6V），比能量（specific energy）大，迴圈壽命長，自放電率低，無記憶效應，對環境無污染。筆記型電腦要求幾種不同的電壓，如圖 5.15 所示。鋰聚合物電池體積小、重量輕、能量密度高、自放電率小、無記憶效應、安全性能好，可製成任意形狀，安全性能好，不易產生漏液和燃燒爆炸，抗過充性好。決定電池電壓的因素，如圖 5.16 所示。

5.8.2　鋰二次電池的發展經歷

　　20 世紀 70 年代 Li/MnO_2 和 Li/CF_x 等鋰原電池實現了商品化，與傳統的原電池相比，具有明顯的優點。(1) 電壓高；(2) 比能量高；(3) 工作溫度範圍寬；(4) 比功率（specific power）大；(5) 放電平穩；(6) 儲存時間長。因此也自然推動了鋰二次電池的發展。環境保護意識的日益增強，對鉛、鎘等有毒金屬的使用日益受到限制，這也成為鋰二次電池的推動力之一。

　　經過近 20 年的探索，以具有石墨結構的碳材料取代金屬鋰負極，正極則用鋰與過渡金屬的複合氧化物，終於在 20 世紀 80 年代末至 90 年代初誕生了鋰離子電池。以石墨化碳材料為負極的鋰二次電池，組成為鋰與過渡金屬的複合氧化物／電解質／石墨化碳材料。

　　由於鋰與石墨化的碳材料形成插入化合物（intercalation compound）LiC_6 的電位與金屬鋰的電位相差不到 0.5V，因此可以替代金屬鋰，作為鋰二次電池的負極材料。在充電過程中，鋰插入石墨的層狀結構中，放電時則從層狀結構中跑出來，該過程的可逆性很好，因此所組成的鋰二次電池迴圈性能非常優越。另外，碳材料便宜，沒有毒性，且處於放電狀態時在空氣中比較穩定，一方面避免使用活潑的金屬鋰，另一方面避免了枝晶的產生，明顯改善使用壽命。這樣得到的鋰二次電池（鋰離子電池）與傳統的充電電池相比，具有許多明顯的優點。例如：(1) 平均放電電壓較高，一般在 3.6V 左右；(2) 無論是體積容量還是質量容量，均比較大；(3) 放電時間長；(4) 質量輕。因此 1991 年就進行了商品化生產。

　　除了常見的鋰離子電池外，還有鋰／聚合物電池、聚合物鋰離子電池、Li/FeS_2 電池等，它們的發展也到了商品化即將成功之際。

5.8.3　各種正極材料的特性

(1) 層狀氧化鈷鋰：在理想層狀 $LiCoO_2$ 結構中，Li 和 Co^{3+} 各自位於立方緊密堆積氧層中交替的八面體位置，c/a 比為 4.899，但是實際上由於 Li^+ 和 Co^{3+} 與氧原子層的作用力不一樣，氧原子的分佈並不是理想的密堆結構，而是發生偏離，呈現三方對稱性〔空間群（space group）為 R3m 菱方〕。在充電和放電過程中，鋰離子可以從所在的平面發生可逆脫嵌、嵌入反應。由於鋰離子在鍵合強的 CoO_2 層間進行二維運動，鋰離子電導率高，擴散係數為 $10^{-9} \sim 10^{-7} cm^2/s$。另外共稜的 CoO_6 的八面體分佈，使 Co 與 Co 之間以 Co-O-Co 形式發生相互作用，電子電導率也比較高。

(2) 尖晶石（spinel）型 $LiMn_2O_4$ 的結構：$LiMn_2O_4$ 尖晶石具有四方對稱性。由於尖晶石型 $Li[Mn_2]O_4$ 可以發生脫嵌，也可以發生鋰嵌入，導致正極容量增加；同時，可以摻雜陰離子、陽離子及改變摻雜離子的種類和數量而改變電壓、容量和迴圈性能，再加上錳比較便宜，Li-Mn-O 尖晶石結構的氧化電位高。在尖晶石 $[Mn_2]O_4$ 框架中，立方密堆氧平面間的交替層中，Mn^{3+} 陽離子層與不含 Mn^{3+} 陽離子層的分佈比例為 3：1。因此，每一層中均有足夠的 Mn^{3+} 陽離子，鋰發生脫嵌時，可穩定立方密堆氧分佈。

當鋰嵌入 $LiMn_2O_4$ 時，產生協同位移，鋰離子從四面體位置（8a）移到鄰近的八面體位置（16c）。嵌入的鋰離子填在餘下的八面體位置（16c），得到岩鹽組合物 $LiMn_2O_4$。至於鋰離子在 $LiMn_2O_4$ 中的位置，應該說不只是在 16c 位置，8a 位置也應該有。

$LiNiO_2$（氧化鎳鋰）和氧化鈷鋰一樣，為層狀結構。儘管 $LiNiO_2$ 比 $LiCoO_2$ 便宜，容量可達 130mAh/g 以上，但是在一般情況下，鎳較難氧化為 +4 價，易生成缺鋰的氧化鎳鋰；另外熱處理溫度不能過高，否則生成的氧化鎳鋰會發生分解，因此實際上很難批量製造理想的 $LiNiO_2$ 層狀結構。

各種正極材料的特性，如表 5.4 所列。

5.8.4　鋰電池負極高性能化的方法

第一代鋰金屬電池的能量密度（energy density）高，但是由於在使用過程中容易產生枝蔓晶，使正負極之間發生短路，引起安全問題，所以被擱置了。第二代鋰吸收金屬負極材料目前只是用於鈕扣電池中，應用極為有限。第三代碳系負極材料是目前應用最廣泛的。碳材料的導電性好，且結構易於使鋰離子嵌入和

脫出,且具有良好的結構穩定性,可以經受多次充、放電。碳材料分為石墨材料、硬碳材料和軟碳材料。石墨材料結晶性好,導電性佳,層狀結構適合鋰離子的嵌入和脫出,是很好的負極材料。放電特性依負極材料不同而異,如圖 5.17 所示。

軟碳材料相比於硬碳材料,結構更為疏鬆,更利於鋰離子的嵌入和脫出。而且在嵌入和脫出的過程中,材料的體積變化不大,不容易使材料發生粉化。第四代鋰吸收合金負極材料不僅使電池具有較高的能量密度,也可以大大提高電池的壽命。目前正在開發的是固體聚合物電池,它可以具有比鋰金屬負極更高的能量密度,且在安全性方面有更好的表現。

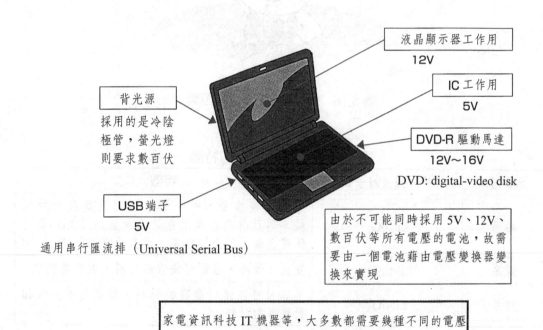

圖 5.15 筆記型電腦中要求幾種不同的電壓

① 損失應達到最小

② 有可能裝載的電池的量

③ 電壓變動容許度

進合綜合判斷

依服役機器的性能價格等因素，採用何種電池往往是優先考慮的項目之一

圖 5.16　決定電池電壓的因素

表 5.4　各種正極材料的特徵

正極材料	化學符號（分子式）	特徵
鈷系	$LiCoO_2$	合成比較容易，綜合看來被認為是最好的材料，到目前為止應用也最多。但鈷（Co）屬於稀有金屬，不僅價格高，而且受資源制約
錳系	$LiMn_2O_4$	安全性最高，且價格便宜的材料，但容量較低
鎳系	$LiNiO_2$	是容量可以達到最高的材料，但也是安全性相對較差的材料

5.9　燃料電池發展概述

5.9.1　燃料電池的發展簡史及應用概況

燃料電池（fuel cell）的起源可以追溯到 19 世紀初，歐洲的兩位科學家 C. F. Schonbein 教授與 William R. Grove 爵士，他們分別是燃料電池原理的發現者和燃料電池的發明者。Schonbein 在 1838 年首先發現了燃料電池的電化學效應，

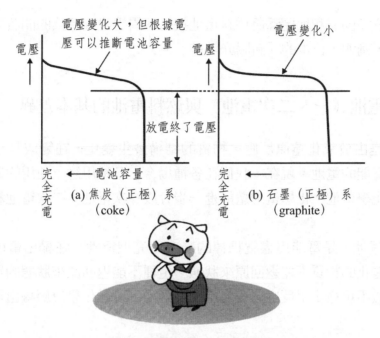

圖 5.17　放電特性依負極材料不同而異

而第二年 Grove 發明了燃料電池。氫氣與鉑電極上的氯氣或氧氣所進行的化學反應過程中能夠產生電流，Schonbein 將這種現象解釋為極化效應，這便是後來被稱做燃料電池的起源。「燃料電池」一詞一直到了 1889 年才有 L. Mond 和 C. Langer 兩位化學家提出，採用浸有電解質的多孔非傳導材料為電池隔膜，以鉑黑為電催化劑，以鑽孔的鉑或金片為電流收集器組裝出氣體電池。1959 年，Beacon 製造出能夠工作的燃料電池。除了 Beacon 之外，著名的農用機械製造商 Allis-Chalmers 公司也在同一年底推出了第一部以燃料電池為動力的農用拖拉機。

　　20 世紀 60 年代初期太空科技的發展，美國太空總署（NASA）為了尋找適合作為載人太空梭的動力源，NASA 便開始資助一系列燃料電池的研究計畫，製造出所謂的 Grubb-Niedrach 燃料電池，且於 1962 年順利應用於雙子星（Gemini）太空任務中。

　　20 世紀初期，飛機發動機製造商普惠（Hewlett Packard）公司取得了培根鹼性燃料電池專利後，便著手進行減輕質量的設計，而成功地開發出鹼性燃料電池作為阿波羅（Apollo）登月計畫的太空船動力。杜邦公司（Dupont）於 1972 年成功開發出燃料電池專用的高分子電解質隔膜 Nafion。直到 20 世紀 90 年代，加拿大巴拉德動力系統（Ballard Power Systems）公司在 1993 年所推出的全世界第一輛以質子交換膜燃料電池為動力的車輛。

近年來，許多國家和地區都將燃料電池技術與周邊設施產業的開發列為國家重點研發項目，例如，日本的「新陽光計畫」。

5.9.2　化學電池（一、二次電池）與燃料電池的基本差異

化學電池是由於氧化還原反應，物質的結構發生變化，在變成其它物質的過程中所產生電能的電池。現在，我們在各種場合、各種用途上使用的電池，幾乎都設計採用化學電池。化學電池還能進一步分成一次電池、二次電池和燃料電池。

所謂一次電池，是電能用盡就扔掉的一次用完型電池。在輸出電能的化學反應中，發生變化的物質不能返回原來狀態。這種不能返回原來狀態的單向進行化學反應，叫做不可逆化學反應，一次電池是通過不可逆化學反應輸出電能的電池。

所謂二次電池，是在電能一次用完後，能夠進行充電再使用的電池。也就是說，電池能夠通過物質的化學反應產生電能，也能從外界接受電能使物質返回原來狀態，並且能夠從返回原來狀態的電池再次輸出電能。這種能夠返回原來狀態的雙向進行的化學反應，叫做可逆化學反應。二次電池就是通過可逆化學反應能夠反覆使用的電池。

一次電池和二次電池內，通常裝有可以發生化學反應、產生電能的物質，但也有從外部不斷供給化學反應物質而連續發生化學反應，並產生電能的燃料電池。在燃料電池中，於化學反應前供給的反應物就是燃料（fuel），化學反應後，排除化學反應的生成物，有的生成物也會堆積在電池內。因此，只要不斷地供給燃料，就能連續產生電能。

化學電池和燃料電池的基本差異，如圖 5.18 所示。

5.9.3　人體與燃料電池何其相似

燃料電池的第一特徵是低公害。燃料電池基本上是燃料與空氣經過電化學反應產生電力的過程，並沒有火力發電或柴油發電機那樣的燃燒過程，它只產生電、水和熱。因為反應過程並無高溫燃燒，幾乎不會產生氮氧化物等有害物質。燃料電池的第二個特徵是發電效率高。傳統的發電方式，自燃料能源至獲得電力過程中，經由熱能與動能轉換，每個階段均有能量損失。燃料電池的理論效率高達 80% 以上，是熱力學推導出的理論極限值。現實中仍需考慮電極反應的

損失，接觸電位和電解質電阻的損失等等。儘管如此，燃料電池的發電效率還是遠高於其它發電方式的。燃料電池的設計可以用人體構造來比擬。氫氣之於燃料電池，如同食物之於人類，電解液之於燃料電池，如同消化系統之於人類。氫氣和氧氣在電解液中發生電化學反應，產生大量能量，並將能量輸送到外部。就如同人將食物和氧氣在消化系統中發生化學反應，然後將產生的能量用於供應人體的各項生命活動。而且就如同人類一樣，燃料電池可以將燃料高效率地轉化為能量，且排出的廢物極少，不正和人類高效率的能量轉化相同嗎？由此看來，以人體構造來比擬燃料電池是多麼恰當。

5.9.4 燃料電池由氫、氧反應發電是水電解的逆過程

水電解過程是用電將水分解成為氫氣與氧氣，反過來說，將氧氣和氫氣反應便逆轉電解過程而產生電。如圖 5.19 所示。

氫氧燃料電池運轉基本結構，包括中間的一層電解質（electrolyte），而旁邊則分別貼附著多孔陰極（porous cathode）與多孔陽極（porous anode）。陽極持續補充氫氣，而陰極則持續補充氧氣，電化學反應在電極上發生。陽極反應後產生的質子通過電解質而抵達陰極，而電子從陽極經過外接負載抵達陰極而產生完成電流迴路，反應產物水及未反應的氫氣與氧氣，則經由電機出口排出。

燃料電池與一般傳統電池（battery）一樣，是一種將活性物質的化學能轉化為電能的裝置，因此都屬於電化學動力源（electrochemical power source, electrochemical cell），如圖 5.20 所示。與一般傳統電池不同的是，燃料電池的電機本身不具有活性物質，而只是個催化轉換元件。傳統電池除了具有電催化元件外，本身也是活性物質的貯存容器，因此，當貯存於電池內的活性物質使用完畢時，則需停止使用，而且必須重新補充活性物質後再進行發電。相對地，燃料電池則是名副其實的能量轉換機器，而非能貯存容器，燃料和氧化劑等活性物質都是從燃料電池外部供給，原則上只要這些活性物質不斷輸入、產物不斷排除，燃料電池就能夠連續地發電。因此，從工作方式來看，燃料電池較接近於汽油（gasoline）或柴油（diesel）發電機（generator）。乾電池和燃料電池的比較，如圖 5.21 所示。

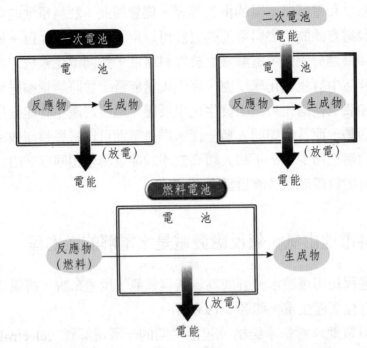

圖 5.18　化學電池（一次、二次電池）與燃料電池的基本差異

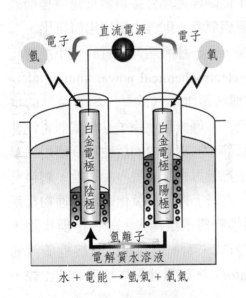

水＋電能 → 氫氣＋氧氣

圖 5.19　水的電解

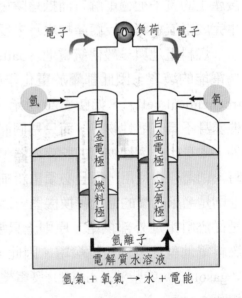

氫氣＋氧氣 → 水＋電能

圖 5.20　燃料電池由氫、氧反應發電

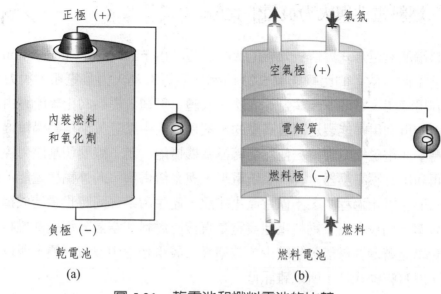

圖 5.21　乾電池和燃料電池的比較

5.10　燃料電池的工作原理

5.10.1　燃料電池的工作原理

　　燃料電池（fuel cell）的基本結構如圖 5.21(b) 所示，它是由多孔性金屬或碳素構成的兩電極，中間夾有各種電解質構成的。

　　在負極（燃料極），從外部供給的氫氣通過電極內的細孔到達反應區域附近，並被該電極記憶體在的觸媒所吸附，變為活性的氫原子 H-H。

　　這種氫原子變為氫離子，藉由圖中所示的反應，將兩個電子（$2e^-$）送到電極。該電子通過外部電路到達反對側的正極（空氣極）。

　　在正極（空氣極），由於存在觸媒，會接受來自電極兩側的電子，與從外部供應的氧分子生成氧離子，作為電池全體，發生生成水的反應。

　　讓氫氣和氧氣反應得到電的燃料電池稱為氫氧燃料電池。氫氣進入的電極稱為燃料極，氧氣進入的電極稱為空氣極。氫氧燃料電池中的電化學反應如圖 5.22所示。氫氣進入的電極一側為負極（燃料極），氧氣進入的電極一側為正極（空氣極），將兩側外部連結起來也得到電流。

5.10.2　燃料電池與火力發電的比較

　　燃料電池發電方式與傳統熱機的火力發電（thermal power generation）過程仍有顯著不同，兩者的比較如圖 5.23 所示。熱電廠為火力發電廠，火力發電必須先將利用煤炭、石油、天然氣等固體、液體、氣體、燃料的化學能經由燃燒而變成熱能，再利用熱能製造高溫高壓的水蒸氣進入中壓缸，來推動渦輪機，帶動發電機轉子（電磁場）旋轉，使熱能轉換為機械能，定子線圈切割磁力線，發出電能，再利用升壓變壓器，升到系統電壓，與系統併網，向外輸送電能。在一連串的能量形態變化過程中，不僅會產生雜訊，產生污染，同時也會造成損失而降低發電效率。相較之下，燃料電池發電是直接將燃料和空氣分別送進燃料電池，燃料的化學能轉變為電能，步驟少、效率高，發電過程中沒有燃燒，所以不會產生污染，沒有轉動元件，所以雜訊低。

　　現在的火力發電站，由於受到卡諾迴圈（Carnot cycle）制約，最終的能量變換效率僅在 40% 上下。

　　與其相對，採用燃料電池，由於途中不需要熱變換、機械變換，而是直接變換為電能，其理論效率可達 75% ～ 80% 的高效率（殘餘的為熱）。各種發電方式的變換效率，如圖 5.24 所示。

　　而且，在構造上不需要複雜的機械部分和啟動部分，噪音小，反應生成物也只有水、二氧化碳及氮等無害的液體或氣體。圖 5.25 表示各種發電方式中排出物的對比。

　　如此看來，燃料電池具有能量變換效率高、環境友好等鮮明的特徵。

5.10.3　Bauru 和 Toplex 燃料電池的推定圖

　　對 Grove 的電池十分關注，並於 50 年後的 1889 年繼續進行該研究的是英國的 Mond 和 Langer。他們採用石綿那樣具有許多小孔洞的支持物質（稱其為 matrix），其中滲入稀硫酸。以此很容易組裝成電池，而且性能也是穩定的，直到現在，這種在 matrix 中滲入電解質的方式，在一部分電池中仍有採用。但是，其性能非常低，離實用化始終有一定距離。

　　1896 年，美國的 Jacks 在鐵製的罐子中放入 400 ～ 500℃的苛性鈉（caustic sodium），在其正中插入電極，考察了燃料電池的可能性。向鐵製的罐子中吹入空氣，並以此作為正極而起作用，將 100 個這樣的鐵罐串聯，得到 1.6kW 的出力，並成功運行 6 個月。

使上述方式進一步發展的是德國的 Bauru。他實驗了種種熔鹽之後，於 1921 年考察了以碳酸鉀和碳酸鈉混合熔鹽為電解質的燃料電池。負極採用鐵和氫，正極採用氧化鐵和空氣，在 800℃獲得了電壓為 0.77V，電流為 4.1mA/cm² 特性。性能儘管不高，但可以認為是今日熔融碳酸鹽型燃料電池的原型。

與這種高溫工作的燃料電池研究並行，對有可能在常溫附近使用的燃料電池也進行了改良。1932 年，德國的 Hize 和 Schemaha 提出以苛性鈉（NaOH）為電解液，為了防止液體流出，藉由石蠟進行防水處理的碳素粉末作為正極的方案。參考此一方案，德國 Toplex 組裝成以氫為燃料，常溫下可工作的燃料電池，其性能提高也不斷得到確認。這被認為是鹼型燃料電池的原型。

5.10.4 Beacon 燃料電池的誕生

Toplex 考察的燃料電池，也可以說是現在的鹼型燃料電池的原型。但是，第二次世界大戰迫使研究停止。戰後燃料電池的研究最早是由前蘇聯（Soviet）的達布恰因開始的。負極採用滲入鎳顆粒的活性碳，正極採用滲入銀顆粒的活性碳，電解液採用 35% 的苛性鈉。

無電流情況下的電壓（稱其為開路電壓）為 1.2V，電流密度為 35mA/cm² 時，電壓為 0.7V。這些參數和以前相比，有數量級的提高，但需要解決的關鍵課題，是電極的製作方法。在細孔大量存在的電極中要浸入電解液，但作為電極而起作用的表面有可能被堵塞。為了有效使用細小的孔洞，要用排斥水溶液的石蠟（paraffin）對電極進行處理。

在此道路上，1952 年英國人 Beacon 對燃料電池的性能獲得最顯著的提高，並取得現在仍稱為 Beacon 電池的燃料電池英國專利。Beacon 在 Hize 和 Schemaha 所提出的燃料電池結構的基礎上，對其兩個缺點進行了改進。一個缺點是採用高價的白金觸媒，另一個缺點是採用腐蝕性大的硫酸作電解質。Beacon 對採用鹼電解液的燃料電池之電極進行了改良。藉由鎳的有機化合物熱分解得到細的鎳顆粒，再將其吸附在碳粉表面進行燒結，得到分佈有大量小孔的鎳顆粒分散電極。

另外，將電極中存在的孔洞按大小分為兩類，與電解質接觸部分的直徑小，而相反一側的直徑大。這樣做的結果，電解質一側有液體充滿，而氣體可以到達電解質和電極相接觸的場所，從而促進大面積上的反應。

在 Beacon 電池中，電解質採用 27% ～ 37% 的苛性鈉，氣體壓力 2.7 ～ 4.5MPa，工作溫度 200 ～ 250℃，性能獲得明顯提高。

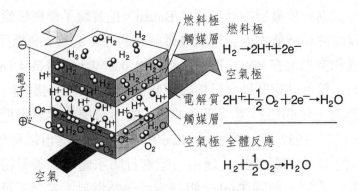

圖 5.22　燃料電池的原理

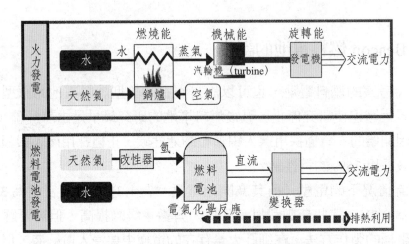

圖 5.23　火力發電與燃料電池的比較

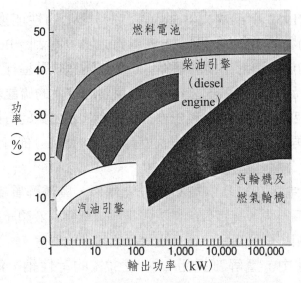

圖 5.24　各種各樣發電方式的變換效率

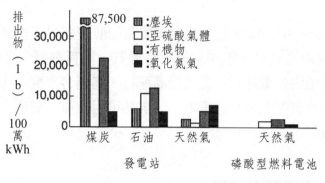

圖 5.25 各種發電站的排出物

5.11 燃料電池的種類

5.11.1 燃料電池的分類方法及構造

燃料電池（fuel cell）是一種將存在於燃料與氧化劑（oxidant）中的化學能直接轉化為電能的發電裝置。原則上只要外部不斷供給化學原料，正、負極分別供給氧和氫〔通過天然氣（natural gas）、煤氣（gas）、甲醇（methanol）、汽油等化石燃料（fossil fuel）的重整製取〕，燃料電池就可以不間斷地工作，將化學能轉變為電能，因此燃料電池又叫「連續電池」。

燃料電池的特點主要有：(1) 能量轉化效率高。目前燃料電池系統的燃料—電能轉換效率在 45% ～ 60%，而火力發電和核電的效率大約在 30% ～ 40%；(2) 有害氣體 SO_x、NO_x 排放及噪音都很低；CO_2 排放因能量轉換效率高而大幅度降低，無機械振動;(3) 燃料適用範圍廣;(4)「積木化」強，規模及安裝地點靈活，燃料電池電站占地面積小，建設週期短，供電站功率可根據需要由電池堆組裝，十分方便；(5) 負荷回應快，運行品質高。

燃料電池按其工作溫度可以分成三類：常溫燃料電池（從室溫到 100℃）、中溫燃料電池（一般在 300℃左右）、高溫燃料電池（500℃以上）；按其使用的電解液分成五類：鹼型燃料電池（AFC, alkaline fuel cell）、磷酸型燃料電池（PAFC, phosphoric acid fuel cell）、熔融碳酸鹽型燃料電池（MCFC, molten carbonate fuel cell）、高溫固體電解質型燃料電池（SOFC, soiid oxide fuel cell）、高分子電解質型燃料電池（PEFC）。如圖 5.26 所示。燃料電池的構

造，如圖 5.27 所示。

　　表 5.5 按固體高分子型、磷酸型、鹼型、熔融碳酸鹽型、固體氧化物型等五種，分別介紹了每種電池燃料、工作溫度、電解質、電荷載體、排熱利用等特徵。比如固體高分子型燃料電池的特徵是低溫運行、高出力密度、適合移動用動力源；熔融碳酸鹽型燃料電池有高發電效率、排熱可用於複合發電系統、燃料可進行內部改進等特徵。

5.11.2　燃料電池的種類和特徵

　　隨著人們對燃料電池研究的不斷深入，開發出了種類繁多的燃料電池。在低溫型電池中，就有固體高分子型燃料電池（PEFC, polymer electrolyte fuel cell），其電解質是離子交換膜（ion exchange membrane），離子導電性是氫離子，工作溫度在 80 ～ 100(120)℃，所用的燃料是氫氣，發電效率一般在 30% ～ 40%，主要是便攜用、家庭用、小型業務用、汽車用，而構成材料的高性能化、長壽命化、單體電池構成技術、大型化以及溫度、水分管理、以及白金使用的減低等，都是目前存在的問題和有待開發的課題。而對於應用較多的磷酸型燃料電池來說，它的電解質是磷酸，導電離子是氫離子，可以在較高的溫度（190 ～ 200℃）下工作，可以利用天然氣（natural gas）、液化石油氣 LPG、甲烷（methane）、粗汽油和煤油中的氫氣來作為燃料氣體，發電效率在 40% ～ 45%，以業務用或工業用的居多，對於廉價觸媒的開發或白金使用量的減低和發電系統全體的壽命延長、低價格化都是目前需要克服的工業難題。

5.11.3　鹼型燃料電池

　　鹼型燃料電池（AFC, alkaline fuel cell）是發展最快的一種電池，主要為太空（space）應用，包括向太空梭（space shuttle）提供動力和飲用水。AFC 是燃料電池中生產成本最低的，因此可用於小型的固定發電裝置。鹼性燃料電池是以強鹼為電解質，氫為燃料，氧為氧化劑的燃料電池，觸媒是鎳、銀系。在陽極，氫氣與鹼中的 OH^- 在電催化劑作用下，發生氧化反應生成水和電子：

$$H_2 + 2OH^- \longrightarrow 2H_2O + 2e^- \qquad\qquad (5-4)$$

氫電極反應生成的電子通過外電路到達陰極，在陰極電催化劑（catalyst）的作用下，參與氧的還原反應：

$$1/2O_2 + H_2O + 2e^- \longrightarrow 2OH^- \qquad\qquad （5\text{-}5）$$

為保持電池連續工作，除需與電池消耗氫氣、氧氣等速地供應氫氣、氧氣外，還需連續、等速地從陽極排除電池反應生成的水，以維持電解液濃度的穩定；排除電池反應的廢熱以維持電池工作溫度的穩定。

AFC 的燃料有純氫（用碳纖維增強鋁瓶儲存）、儲氫合金和金屬氫化物。AFC 工作時會產生水和熱量，採用蒸發和氫氧化鉀的迴圈實現排除，以保障電池的正常工作。氫氧化鉀電解質吸收二氧化碳生成的碳酸鉀會堵塞電極的孔隙和通路，所以氧化劑要使用純氧而不能用空氣，同時電池的燃料和電解質也要求高純化處理。此外，燃料、氧化劑中混合二氧化碳不造成電解液劣化、水熱技術的控制、純氫氣燃料利用技術等，這些都是目前需要解決的技術問題。

5.11.4　直接甲醇燃料電池

直接甲醇燃料電池（DMFC, DM: direct methanol）屬於質子交換膜燃料電池（PEMFC）中之一類，直接使用甲醇水溶液或蒸氣甲醇為燃料供給來源，而不需通過甲醇、汽油及天然氣的重整製氫以供發電。相較於質子交換膜燃料電池，直接甲醇燃料電池是離子交換膜，工作溫度在 70～90℃，觸媒是白金（platinum）系，具備低溫快速啟動、燃料潔淨環保以及電池結構簡單等特性。這使得直接甲醇燃料電池可能成為未來可攜式電子產品應用的主流。

直接甲醇燃料電池是質子交換膜燃料電池的一種變種，它直接使用甲醇而毋需預先重整。甲醇在陽極轉換成二氧化碳、質子和電子，如同標準的質子交換膜燃料電池一樣，質子透過質子交換膜在陰極與氧反應，電子通過外電路到達陰極並做功。

直接甲醇燃料電池所具備的優勢是體積小巧、燃料使用便利、潔淨環保、理論能量比高，同時也具有能量轉化率低、性能衰減快、成本高的缺點。目前在催化劑、質子交換膜、積體電路等方面存在技術難題。

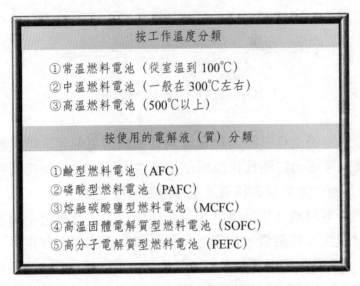

按工作溫度分類

①常溫燃料電池（從室溫到 100℃）
②中溫燃料電池（一般在 300℃左右）
③高溫燃料電池（500℃以上）

按使用的電解液（質）分類

①鹼型燃料電池（AFC）
②磷酸型燃料電池（PAFC）
③熔融碳酸鹽型燃料電池（MCFC）
④高溫固體電解質型燃料電池（SOFC）
⑤高分子電解質型燃料電池（PEFC）

圖 5.26　燃料電池的分類方法

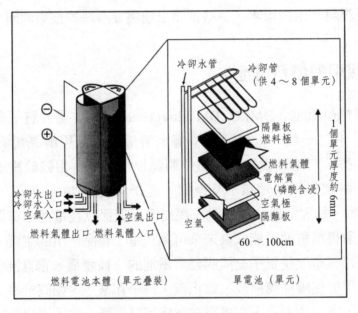

圖 5.27　燃料電池的構造

表 5.5　各種不同類型的燃料電池

燃料電池的種類	低溫型			高溫型	
	固體高分子型（PEFC）	磷酸型（PAFC）	鹼型（AFC）	熔融碳酸鹽型（MCFC）	固體氧化物型（SOFC）
燃料	氫氣 甲醇 天然氣	氫氣 甲醇 天然氣	純氫氣	天然氣、甲醇、粗汽油、煤氣	天然氣、甲醇、粗汽油、煤氣
工作溫度（°C）	室溫～100	160～210	室溫～260	600～700	900～1000
電解質	氫離子交換膜	高濃度磷酸	高濃度氫氧化鉀	鋰・鉀碳酸鹽	二氧化鋯系陶瓷（固體氧化物）
電荷載體	氫離子	氫離子	氫氧化物離子	碳酸離子	氧化物離子
排熱利用	溫水	溫水、蒸氣	溫水、蒸氣	蒸氣透平 燃氣輪機	蒸氣透平 燃氣輪機
特徵	低溫運行、高出力密度、移動用動力源	將排熱用於加熱水及冷暖房已達商業化階段	低溫運行出力較高	高發電效率，排熱可用於複合發電系統，燃料可進行內部改性	高發電效率，排熱可用於複合發電系統，燃料可進行內部改性

5.12　燃料電池的發展前景

5.12.1　氫的安全容器——儲氫合金

作為安全且高密度儲氫的方法，是儲氫合金容器（tank）。

金屬與氫反應形成金屬氫化物。特別是鈀（Pd）、鈦（Ti）、鋯（Zr）、稀土金屬（rare earth metal）等在其晶格間隙中可以吸藏大量的氫，以這種方式利用的合金便是儲氫合金（hydrogen storage alloy）。

儲氫合金的特長是在 10 個大氣壓以下的壓力下，可以儲藏比液態氫（liquid hydrogen）密度更高的氫，為了放出氫，必須由外部對其加熱，儲藏的氫一次性

放出的危險性低。目前儲氫合金已部分實用化，其在鎳氫電池中的應用，就是我們身邊的實例，如圖 5.28 所示。

為了使儲氫合金能用於汽車中的儲氫合金容器，在向盛放合金粉末的部位供應氫的同時，還必須提供冷卻、加熱用的熱媒，用於氫的吸藏、放出。

迄今為止，豐田公司（Toyota）生產的 RAV-4FCEV(FCHV-1)、馬自達（Mazda）公司生產的 DEMIAO-FCEV、本田公司（Honda）生產的 FCX-V1 等燃料電池汽車中都使用了儲氫合金。日本的汽車廠商之所以採用儲氫合金，一是安全性高，不受高壓氣體保安法的限制，二是由於儲氫合金容器的容積小，特別適合小型車的搭載。

儲氫合金的問題是，利用很重的金屬儲藏很輕的氫，致使儲氫合金容器本身很重，這有些不合邏輯。為此近幾年人們專注以輕金屬鎂為基的儲氫合金研究開發。鎂在理論上可以儲藏重量比為 7.6% 的氫，但為了使儲藏的氫放出，需要 250℃以上的高溫。最近有人將鎂和鈀以奈米尺度積層，即使在低溫下，氫也能容易地放出，這可能是由於鈀的觸媒（catalyst）作用所致。

5.12.2　工作溫度可降低的燃料電池

高溫固體電解質型燃料電池 SOFC 目前大量應用的電解質是 YSZ，它要求結構緊湊而且機械強度高，成本和價格也要求適中。它的工作溫度是 800～1000℃。高溫對電池各部件的熱穩定性、高溫強度、電子導電率、熱膨脹匹配、化學穩定性等要求較高，材料選用受限，高溫下電極與電解質反應而使電池性能下降等，限制了它的應用和發展，如果能夠降低它的工作溫度，那麼一般的金屬材料便可以應用在 SOFC 的連接材料中，如此，生產 SOFC 的價格將會大大降低。而且陶瓷材料在高溫下的劣化嚴重，在低溫下，材料的劣化顯著變慢，SOFC 的壽命將會大大延長。

要使操作溫度降低有兩個途徑：一是減少電解質 YSZ 薄膜的厚度。二是研究發展出比氧化鋯基電解質的氧離子電導率高得多的新一類固體電解質。除此之外，還需要解決適應於中低溫工作，與中低溫電解質相適應的電極材料。

近年來，出現很多關於多摻雜體系的研究，因為相對於 Sm、Gd 單摻雜體系，雙摻雜體系具有更多的氧空位無序性和較小的氧離子遷移啟動能，控制其等效離子半徑接近臨界離子半徑，則可提高其離子電導率。

5.12.3 可利用煤炭的燃料電池

煤是我們人類一種非常重要的能源（energy source），可是人們要想使用煤炭中所蘊含的能量，總免不了要燃燒它，這中間產生的空氣污染和能量損失都非常可觀。專家估計，煤炭在燃燒發電的過程中，有 60% 以上的能量都被浪費了，同時還釋放出大量二氧化碳和有害氣體。

有沒有不點火就把煤炭中能量取出來的辦法呢？有人想到了燃料電池，可以把煤炭中的化學能直接轉化成電能。這種思路不算新鮮，以前就有人製作過使用煤炭的燃料電池，但是卻存在很大的缺陷，最大的麻煩是需要在 600 ～ 900℃ 高溫下熔化的碳酸鹽做電解液。高溫不僅降低了電池的工作效率，對電池自身的結構也有很大的破壞作用。如果有朝一日燃料電池的發電效率超過了熱電廠，人類就可以從地球上豐富蘊藏的煤炭資源中汲取到更加巨大的能量，同時不增加二氧化碳的排放量。

5.12.4 可利用廢棄物的燃料電池

目前生活垃圾主要採用焚燒、掩埋處理。焚燒產生戴奧辛（dioxin），掩埋占用土地，且戴奧辛、垃圾惡臭污染大氣、地下水及土壤。因此世界各國正在開發研究減輕環境污染的垃圾處理方法。採用新型固定床高溫甲烷發酵與燃料電池聯合發電，是生活垃圾再資源化的一種新方法。如圖 5.29 所示。

用廢棄物發電，一般需要經歷下列步驟：

(1) 生活垃圾預處理：分類旨在除去難以生物分解、容易造成泵和機械故障的管狀物、帶狀物、容器、金屬片、衛生筷、尼龍等。

(2) 生物反應器和生物產生之氣體精製：生物產生之氣體除含甲烷、CO_2 外，還含有硫化氫、氨等腐蝕性氣體。這些成分往往會造成燃料電池催化劑老化，因此需要淨化。

(3) 發電：儘管已有初步設想，但是廢棄物發電現在還不成熟，需要研究更好地、轉換率更高的方法。如果可以做到廢棄物發電，對於能源的利用、環境的保護，都有很好的發展面向。

儲氫合金〔日亞化學工業（Nichia）〕

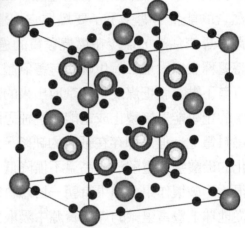

鎂系儲氫合金的晶體結構

◎ : Mg　● : Ni　● : H

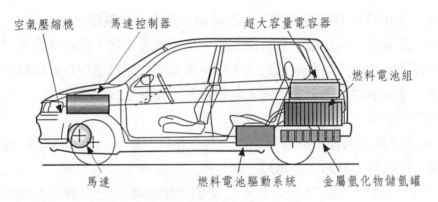

空氣壓縮機　馬達控制器　超大容量電容器

燃料電池組

馬達　燃料電池驅動系統　金屬氫化物儲氫罐

圖 5.28　儲氫的安全容器——儲氫合金

圖 5.29　可利用廢棄物的燃料電池

思考題及練習題

5.1 依工作原理，電池共包括哪些類型？

5.2 作為實用的電池，應具備哪些條件。

5.3 敘述從伏打電池到丹聶耳電池（Daniel cell）、再到勒克朗謝電池（Leclanche cell）的發展過程。

5.4 現在常用的乾電池有哪兩大類，指出各自的優缺點。

5.5 化學電池（可推廣到所有電池）必須具備的四要素是什麼？

5.6 化學電池的容量、電壓和能量是由什麼決定的？

5.7 何謂一次電池？何謂二次電池？請分別舉出四個實例。

5.8 畫出鉛酸蓄電池的結構，並寫出充、放電反應式。

5.9 鋰離子電池在二次電池中脫穎而出的原因是什麼？

5.10 鋰離子電池正、負極分別選用什麼材料？請介紹這些材料的結構和性能。

5.11 寫出鋰離子電池的充、放電反應。

5.12 指出燃料電池的種類和特徵。

5.13 說明 PAFC 燃料電池的工作原理，並寫出兩極上發生的反應。

5.14 說明 MCFC 燃料電池的工作原理，並寫出兩極上發生的反應。

參考文獻

[1] 池田宏之助，武島源二，梅尾良之，図解：電池のはなし，日本実業出版社，1996 年 12 月。

[2] 松下電池工業株式會社監修，図解入門：よくわかる最新電池の基本と仕組み，秀和システム，2005 年 3 月。

[3] 細田條，2 次電池の本，日刊工業新聞社，2010 年 2 月。

[4] 吳宇平，萬春榮，姜長印，鋰離子二次電池，北京：化學工業出版社，2002 年 11 月。

[5] Sam Zhang. Hand of Nanostructured Thin Films and Coatings——Functional Properties. CRC Press, Taylor & Francis Group, 2010.
奈米結構的薄膜和塗層——功能特性，北京：科學出版社，2011 年。

[6] Sam Zhang. Hand of Nanostructured Thin Films and Coatings——Mechanical Properties. CRC Press, Taylor & Francis Group, 2010.
奈米結構的薄膜和塗層——力學特性，北京：科學出版社，2011 年。

[7] Sam Zhang. Hand of Nanostructured Thin Films and Coatings——Organic Nano-structured Thin Film Devices and Coatings for Clean Energy. CRC Press, Taylor & Francis Group, 2010.

[8] Richard J.D. Tilley. Defects in Solids. John Wiley & Sons, Inc., 2008.
劉培生，田民波，朱友法譯，固體缺陷，北京：北京大學出版社，2012 年 12 月。

[9] 黃鎮江，劉鳳君，燃料電池及其應用，北京：電子工業出版社，2005年8月。

[10] 池田宏之助，燃料電池のすべて，日本實業出版社，2001 年 8 月。

[11] 燃料電池 NPO 法人 PEM-DREAM，よくわかる最新燃料電池の基本と動向，秀和システム，2004 年 11 月。

[12] （社）日本セラミックス協會，燃料電池材料，日刊工業新聞社，2007年1月。

[13] 燃料電池研究會，燃料電池の本，日刊工業新聞社，2001 年 11 月。

[14] J. Genossar, P.S.Rudman: J.Phys, Chem Solid. 42 (1981) 611.

6 光伏發電和太陽能電池材料

6.1　取之不盡、用之不竭的太陽能

6.1.1　太陽輻射發出巨大能量

　　太陽以巨大的光和熱，無私地哺育著地球上的萬物，給地球帶來光明和溫暖。地球上生命的成長和繁育，各地氣候的形成和演變，全球水分迴圈的進行，都與太陽巨大的能量分不開。即使人們現在開發的化石能源，也是太陽早年為人類創造的「遺產」。

　　太陽作為恆星，是太陽系宇宙的中心。太陽半徑大約為 6.96×10^5km，是地球半徑（6371km）的 109 倍，太陽的體積大約為 1.41×10^{16}(km)^3，地球的體積只有 1.083×10^{12}(km)^3，太陽的體積是地球的 130 萬倍，地球與太陽的距離為 1.496 億千米。

　　由太陽發出的表面輻射功率大約為 3.85×10^{23}kW。

　　太陽的能量是由氫及氦等原子核發生融合，形成重原子核時的原子核反應而形成的。一般稱此反應為核融合（nuclear fusion）。正是因為核融合產生的巨大能量，致使太陽中心部位的溫度約為絕對溫度 1500 萬（K），表面溫度約為 6000K。在太陽表面輻射能量中，除了可見光之外，還包括紅外線、紫外線、X 射線、γ 射線、太陽風（solar wind）（電漿流）等。而且，從太陽還會放出溫度高達絕對溫度百萬以上因自由電子散射而產生的日冕（corona），如圖6.1所示。

　　由於地球相較於太陽體積很小，加上距太陽又很遠（太陽發出的光經過 8 分 19 秒才能到達地球表面），到達地球的總功率為 177×10^{12}kW，僅為太陽輻射功率的 22 億分之一。比例雖小，但絕對值很大。

　　上述到達地球的總功率中，約 30% 被反射回宇宙，剩下約 70%（124×10^{12}kW）到達地球表面。

　　而到達地球表面的能量中，33% 變成儲存於海水及冰中的能量，剩下 67% 變為地表熱及維持四季氣溫的能量。地表太陽能電光譜分佈，如圖 6.2 所示。

　　在天氣晴朗的中午，陽光垂直照射地球大氣的功率密度〔太陽常數（solar constant）〕被確定為 1368W/m^2，但其中一半被地表的大氣吸收，真正達到大地表面的約為 700W/m^2。

　　如果用太陽能電池將該輻射太陽能轉換為電力，設轉換效率為 20%，則每平方米可獲得大約 140W 的電力。

6.1.2　太陽光譜

在地球表面接收的太陽光譜（sun spectrum solar spectrum）中，可見光（波長範圍：380 ～ 780nm）的分光能量密度最高。而在由紅、橙、黃、綠、青、藍、紫 7 色光組成的可見光中，波長為 550nm 的綠色光，其分光能量密度最大。植物葉片葉綠素的綠色與太陽光的綠色是相同的。所以植物主要捕捉的是太陽中的綠色光線。人眼對綠色的視感度也最高。這些都是自然選擇和生物長期適應的結果。

太陽輻射譜（在地表，由受光面接收的光譜）與被加熱黑體輻射（blackbody radiation）譜的比較中可以看出，光譜及其強度因在大氣層外和在地表層而有差異。其中，$m = 0$ 表示大氣層外，$m = 1$ 表示太陽在正上方，$m = 2$ 表示太陽從正上方傾斜 60° 角度時，分別在海平面上得到的測量值。圖 6.1 中，虛線表示將太陽近似為 6000K 黑體輻射譜，其中忽略了大氣的吸收。

波長 2μm 以下的輻射，占太陽輻射量的 90%，而在 0.2 ～ 2μm 波長範圍內，以可見光區域（0.38 ～ 0.78μm）為中心向外擴展。若在波長 2μm 附近，採用具有反射率（reflectivity）急劇從 0 變為 1 的光選擇吸收面，則可使波長 2μm 以下的太陽光幾乎被完全吸收，而波長 2μm 以上的紅外線輻射（稱反射率急劇變化的波長 λ_c 為截止波長）難以穿透。

太陽能（solar energy）是人類可以利用的最豐富能源。根據恆星演化理論，太陽按照目前的功率輻射能量，持續時間大約可達 100 億年。因此人們說太陽可以作為永久性的能源，取之不盡用之不竭。它照射地面 1 小時發送的能量，就足夠全世界使用一年，每年到達地球表面的太陽輻射能，大約相當於 130 萬億噸標準煤，其總量係屬現今世界上可以開發的最大能源。此外，太陽能還有清潔無污染、分佈廣泛、不需要運輸、獲得方便等優點。

但太陽能也存在強度弱、不連續、不確定、利用裝置成本高、效率較低等缺點，當然，目前的研究開發也是著重解決這些問題。

中國是太陽能資源相當豐富的國家，絕大多數地區平均每天的輻射能量在 $4kWh/m^2$，西藏地區最高達 $7kWh/m^2$。中國又是能源消耗大國，開發利用太陽能產業刻不容緩。

6.1.3　太陽能電池中常使用之代表材料的光吸收係數

太陽能電池（solar cell）常使用之代表性材料的光吸收係數，與光子能量密

切相關，且各不相同。光吸收係數小的材料，即使再強的太陽光照射，由於吸收有限，若無足夠厚度，則不能高效率地轉變為電能。

　　光吸收係數大（透射少）的 $CuInSe_2$（或廣義指的是 $CuIn_xGa_{1-x}Se_2$）、CdTe 等，幾微米厚的薄膜就可以充分吸收太陽光，因此可大大節省材料；而光吸收係數小（透射多）的單晶 Si、多晶 Si，則需要至少 $200 \sim 300\mu m$ 的半導體層才能有效吸收太陽光，因此需要的矽材料多。

　　順便指出，為減少對太陽光的表面反射，可藉由表面絨毛化（texture）來解決，但光吸收係數的大小卻是由材料本性決定，且難以改變。太陽能電池中常使用之代表性材料的光吸收係數，如圖 6.3 所示。

6.1.4　太陽能電池轉換效率與材料禁頻寬的關係

　　半導體材料可吸收光的波長 λ[nm] 與其禁頻寬 E_g[eV] 的關係可表示為：

$$\lambda[nm] \leq 1240/E_g[eV] \tag{6-1}$$

　　非晶矽（amorphous silicon）的禁帶寬度大約為 1.7eV，因此可吸收的波長限於約 700nm 以下。而從光譜圖可見，在波長大於 700nm 時，光譜還拖著一個長長的尾巴。非晶矽不能吸收波長大於 700nm 的可見光及紅外線等，本質上來講，其轉換效率不可能很高。國內許多出版物宣稱，非晶矽薄膜太陽能電池的轉換效率已達 13.5%（估計是抄來抄去），注意這是以三波長螢光管光源測出的資料（早期非晶矽薄膜太陽能電池最得意的應用領域，是在室內螢光燈照射下即可發電的計算器用永久電源），而非太陽光照射下即可測得的資料。

　　由太陽能電池轉換效率與材料禁頻寬（forbidden band width）的關係曲線可以看出：(1) 禁帶寬度不同的各種材料，轉換效率不同；(2) 同一種材料，單晶、多晶及非晶狀態下，轉換效率各不相同；(3) 禁帶寬度為 1.5eV 左右材料的轉換效率最高；(4) 太陽能電池理論、研究水準和量產水準的太陽能電池板、元件、發電裝置，其轉換效率有很大差異；(5) 採用異質接面、多串結等結構，可明顯提高太陽能電池的轉換效率。

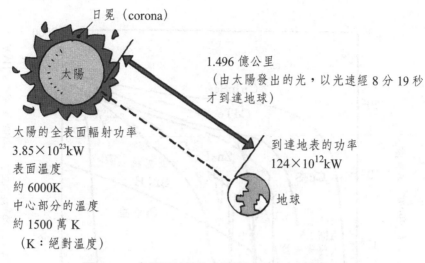

圖 6.1 太陽因核融合而放出巨大能量

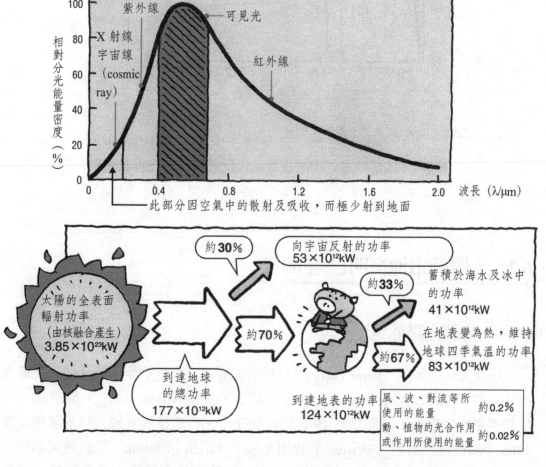

圖 6.2 地表太陽能電光譜分佈（可見光分光能量密度最高）

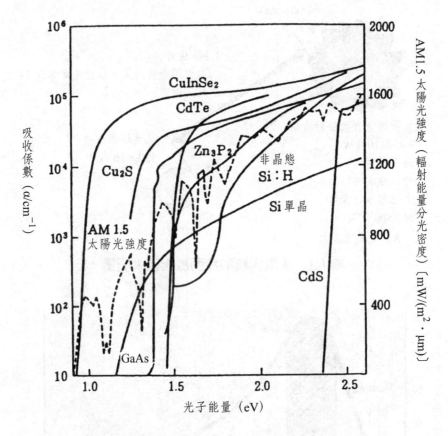

（AM：air mass 氣團，空氣質量）

圖 6.3　太陽能電池中常使用之代表性材料的光吸收係數

6.2　太陽能電池發明已逾 60 年

6.2.1　何謂太陽能電池

　　所謂太陽能電池（solar cell），是指將光變換為電能的半導體元件，又稱為光伏元件（photovolatic device）或光伏電池（photovolatic cell）。關於從光可以獲得電能的現象，人們早在 19 世紀就已知曉，但最早對其進行科學解釋是在 1905 年前後愛因斯坦（Einstein）提出光量子（light quantum）假說後開始的。光具有波粒二相性（wave-particle duality），即光具有波的性質的同時，還具

有帶有能量的無數粒子〔光子（photon）〕之特性。太陽能電池受光照射時，光子的能量被太陽能電池中的電子所吸收，進而變換為電能（電功率）。之所以能從光變換為電功率，正是利用了半導體的性質（結構和工作原理將在 6.4 節說明）。

由於這種變換是直接進行的，與傳統的發電方式相比，途中不需要經過熱能及動能的轉換。特別是太陽能電池的電能是由取之不盡、用之不竭的「免費」太陽光轉換而來，而傳統發電離不開不斷漲價的燃料，二者的轉換效率不能簡單地類比。

從愛因斯坦的發現開始，經過大約一個世紀，太陽能電池開始獲得真正意義上的普及。由此可以看出，從一個科學發現轉化為實際的社會應用需要許多人的不懈努力，並花費相當長的時間。

從太陽照射在地球上的 1 小時光能量，與人類 1 年所消耗的能量相當。實際上，僅是發電可以利用的那一部分能量，就達到人類目前所消耗總能量的數十倍。「僅靠太陽能發電，就可以滿足全世界能量需求」──這也許並不是天方夜譚（Arabian nights）。太陽能發電的最大優點是，對應每單位發電量的 CO_2 排放量小，製造太陽能電池時所消耗的能量，2 年左右（薄膜太陽能電池僅需 8 個月）即可回收。發電過程不需要燃料，對於資源貧乏國家可提高能量自給率。也不需要冷卻水。維護保養比較容易，也不產生噪音。因此，從市井、居民區到沙漠、不毛之地，所有場所均可設置。

以工作壽命 30 年計，太陽能電池的能量再生比可達 20 年以上。

如此看來，太陽能電池通過將原來未被利用的太陽能轉換為電能，不僅可防止地球溫暖化（globe warming），減少污染，還可使我們的生活更加舒適，更加豐富多彩。

6.2.2　最早發表的太陽能電池

有光照射會發光的現象，是在 1839 年由貝克勒爾（Becquerel）最早發表的。他當時發現，用光照射置於電解液中的銀電極會產生電流。1877 年對光照射金屬硒（Se）時所發生的電氣現象進行了詳細的研究，以這些為基礎，採用由硒─氧化亞銅構成的太陽能電池，作為光照度計等，很長一段時間一直採用。當時，它的轉換效率約為 1%。

美國貝爾實驗室（Bell Laboratory）在 20 世紀 50 ～ 60 年代，針對半導體在理論和實驗兩方面進行大規模的基礎研究。卓越的研究成果，為今天積體電

路、半導體雷射的發展奠定了雄厚基礎。作為成果之一並與現代緊密相連的太陽能電池便應運而生。

　　1954 年，貝爾實驗室採用半導體單晶矽製作的 pn 接面（pn junction），實現了世界上最早的太陽能電池。如圖 6.4 所示。估計當時的光電轉換效率大約為 6%。此一報導載於 1954 年 4 月 26 日的《紐約時報》（New York Times），題目是「從砂子的成分（矽）製成電池，可以獲取發自太陽的無限能量！」

　　太陽能電池獲取的能量來自太陽，可謂取之不盡；而製造太陽能電池所用的材料為矽，其在地殼表層的元素中排行第二（約占 27.72，僅次於氧），可謂用之不竭。儘管當時「綠色環保」、「可持續發展」這些概念還未流行，但這種「長生不老」的獲取能量方式，理所當然地備受矚目。

　　恰逢當時蘇、美兩國正競相開發人造衛星（satellite），太陽能電池作為宇宙用電源，在人造衛星上順利搭載，使太陽能電池成功的消息立刻傳遍世界。此後，太陽能電池的開發以塊體（單晶、多晶）矽為主流，但近年來採用薄膜材料的太陽能電池增長很快。

6.2.3　提高轉換效率之路並非平坦

　　太陽能電池的工作原理本身大約是一個世紀前發現的，但作為電力能源使用且被人們認識卻是在 1954 年，即在採用單晶矽太陽能電池的轉換效率導帶大約 6% 之後。以此成果為契機，太空用及燈塔用太陽能電池的開發不斷取得進展，不過價格也高得驚人。由此開始，經過半個世紀後的今天，即使同樣是使用單晶矽的太陽能電池，已經能將照射光能的 20% ～ 25% 轉換為電能。與當初的太陽能電池相比，轉換效率大幅度提高，而且價格也大幅下降。但是，提高效率、降低價格之路並非平坦。太陽能電池發展到今日的水準，人們採取了哪些措施呢？

　　對於太陽能電池來說，最為重要的是，在不使照射光逃逸的條件下，高效率地吸收入射光。為此，表面要覆以防反射膜，並故意形成規則的凹凸（絨毛化，texture）。這樣做的結果，入射光幾乎完全不被反射，而是全部封閉於太陽能電池內部。被封閉的光在太陽能電池中被稱作半導體的材料（在 pn 接面附近）所吸收，光子的能量轉移給電子。世界效率第一的單晶矽太陽能電池，如圖 6.5 所示。

　　光子的能量被電子吸收，產生自由電子和電洞，藉由 pn 接面附近所形成的內建電場（built-in field），盡可能地收集這些載子，並將電洞推向正極，電子

推向負極，再由電極取出。在太陽能電池中，為了高效率地收集能量較高的電子，要依場所而異，使材質發生少許變化，並利用奈米（nm）程度的極薄絕緣膜，將電子限制在所訂定的範圍內，電極材料除了具有良好的導電性之外，還要與半導體材料形成歐姆接觸（ohmic contact），背面電極應對光有良好的反射性、表面電極的形狀要藉由計算實現最佳化等，需要採取各式各樣的措施。這樣做的目的，是為了提高太陽能電池的轉換效率，特別是防止電子的能量變為熱而失去活性。

乍看之下，在太陽能電池這種極為簡單的結構中，卻不斷補充、積累著尖端技術。正因為如此，使太陽能電池的性能不斷提高而這種改良目前仍在繼續。製作更便宜、更高性能太陽能電池的技術開發，正在全世界如火如荼地繼續展開。

6.2.4 沒有太陽能電池就沒有衛星和太空梭

50 多年前，人造衛星剛開發時，令人頭痛的問題之一是，確保電源的供應。初期人造衛星的電源只是內藏式的，不僅笨重，使用期又短，最多只能使用 1 個月。困擾人們的人造衛星電源問題，因 1954 年開發的太陽能電池迎刃而解。太空用太陽能電池具備多項優點，如圖 6.6 所示，其效率推移和開發目標，如圖 6.7 所示。

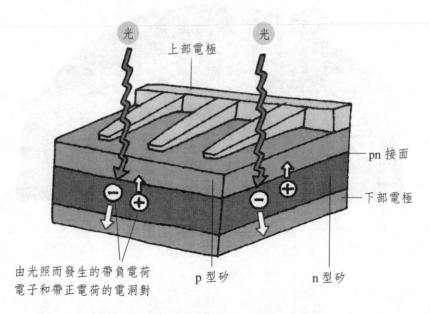

圖 6.4 最初的太陽能電池構造示意圖

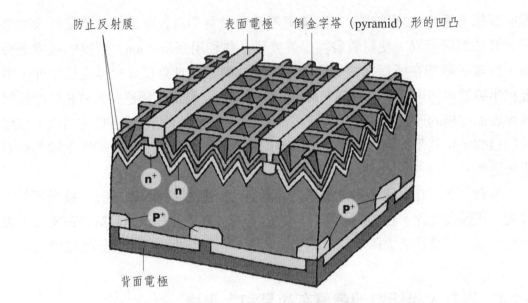

圖6.5　世界效率第一（24.7%）的單晶矽太陽能電池

太空用太陽能電池應具備的特性
①高轉換效率　②高可靠性
③耐輻射性　　④輕量性
⑤耐環境性　　⑥經濟性（低價格）

圖6.6　太空用太陽能電池

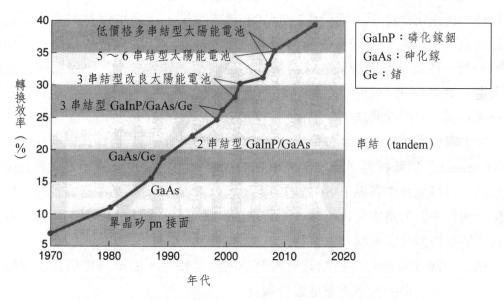

圖 6.7　太空用太陽能電池的效率推移和今後的開發目標

6.3　太陽能電池的製作和光伏電力的使用

6.3.1　太陽能電池板、組件和太陽能電池陣列的製作

　　近幾年晶體矽太陽能電池製造技術變化最快的是 pn 接面的邊緣隔離技術，由早先的電漿蝕刻（plasma etching），發展成現在普遍使用的雷射（laser）在矽片正面邊緣刻劃，現在又有濕法腐蝕矽片表面，所以製造流程也因此有差異。使用雷射劃邊的製作流程為：製絨→磷擴散→去氧化層→沉積減反射膜→製作電極→邊緣隔離→光電特性測試；而使用濕法去邊或是電漿去邊的製造流程為：製絨→磷擴散→邊緣隔離→去氧化層→沉積抗反射膜→製作電極→光電特性測試。

　　單個的單晶矽太陽能電池輸出功率太小，在實際應用上，必須將許多太陽能電池串聯或並聯在一起，形成所謂的元件（模組），以獲得足夠的電。如圖 6.8 所示。由於太陽能電池的應用，需要在戶外環境中操作，所以必須有一定的保護裝置，才能確保太陽能電池可以長久在戶外運作。這些保護裝置有正面玻璃、背面塑膠或玻璃基板、外緣鋁框保護等。太陽能電池的串聯通常是將銅箔焊接在正面金屬電極上，而銅箔的另外一端則接到另一個電池的背面。由於金屬電極的電導率比較低，所以銅箔必須與金屬電極重疊一定的長度。一個傳統 36 系列串聯

的元件，在正常操作下，均可產生 15V 的最大電壓，這已足夠對 12V 的蓄電池進行充電。太陽能電池元件生產流程為：電池檢測→正面焊接—檢驗→背面串接—檢驗→敷設（玻璃清洗、材料切割、玻璃預處理、敷設）→層壓→去毛邊（去邊、清洗）→裝邊框（塗膠、裝角鍵、沖孔、裝框、擦洗餘膠）→焊接接線盒→高壓測試→組件測試—外觀檢驗→包裝入庫。

在太陽能電池元件封裝技術中，由於乙烯醋酸乙烯酯共聚物（EVA, ethylene vinyl acetate）封裝材料必須均勻充填在玻璃與背面材料的夾縫間，空氣必須完全抽掉。封裝過程中各點 EVA 需均勻熔融，且 EVA 的流動必須適當控制，才能使壓合過程中的力量適度且均勻，不致造成矽片破裂及移動，矽片的串排列維持整齊，所以技術品質管制非常重要。

所謂太陽能電池元件是指具有封裝及內部連接的、能單獨提供直流電輸出的、不可分割的最小太陽能電池組合裝置。

單體太陽能電池不能直接做電源使用。作為電源必須將若干單體電池串聯、並聯連接和嚴密封裝成元件。如圖 6.9 所示，太陽能電池元件（也叫太陽能電池元件）是太陽能發電系統中的核心部分，也是太陽能發電系統中最重要的部分。其作用是將太陽能轉化為電能，或送往蓄電池中儲存起來，或推動負載工作。太陽能電池元件的品質和成本，將直接決定整個系統的品質和成本。

6.3.2 太陽能電池的使用——獨立蓄電方式和系統併網方式

獨立蓄電方式採取與電網供電線路完全獨立的設計，如圖 6.10 所示。它是以蓄電池（storage battery）作為儲能的元件，在白天太陽光充足時，可以將轉換剩餘的電力儲存起來，而在夜間或太陽光不足時，則由蓄電池提供電力——維持負載的正常運轉。蓄電池的容量大小，與太陽日照時數、負載運轉週期有很大的關係。蓄電池的充、放電需藉由充電控制器進行適當調控，以維持蓄電池的性能與壽命。如果獨立蓄電方式的負載為直流電設備，那麼就不需要使用交／直流轉換器。倘若獨立蓄電方式的負載為交流電設備，則需要使用交／直流轉換器，將直流電轉換成適當的交流電。

系統併網如圖 6.11 所示，是將電網作為儲能元件。在應用上，太陽能光電與電網系統之間必須互相搭配使用。也就是說，利用太陽能光電系統所產生的電力，會優先供應負載的使用，但當負載用量無法完全消耗太陽能電力時，這些多餘的電力將會傳輸到電網系統上。而當太陽能光電系統所產生的電力無法滿足負載正常運轉的電力需求時，電網系統會即時供應不足的電力。由於此系統的應

用，可以緩和電網高峰與低谷差異過大的問題，進而降低電網發電成本與輸配電容量的需求，所以一般多用於人口密集或用電需求在特定時間段較大的城市。

6.3.3 家庭如何使用光伏電力

家庭太陽能發電系統就是將一個太陽能發電站的發電規模和容量縮小到一個家庭用電水準，並應用到家庭的發電系統。由於在現在的技術條件下，太陽能電池板的發電能力還較小，如果要想大規模利用太陽能的話，就必須將太陽能電板大面積的呈矩形排列在空曠且日照充足的地方，這樣要建造太陽能發電站的條件就變得相當苛刻，很難滿足太陽能行業的發展。所以家庭太陽能發電系統此一產業便應運而生。對於家庭而言，用電負荷一般較小，而一般家庭有也足夠的場地（比如陽臺、屋頂）可以安裝太陽能發電系統，且一個小型的太陽能發電系統發出的電能，也足夠一個家庭使用，甚至有餘，如果國家法律通過的綠電併網補貼電價政策能夠真正實施，這樣的一套發電系統甚至可以是營利的。

太陽能發電系統由太陽能電池板、控制器、蓄電池（組）和逆變器（inverter）組成。逆變器的品質決定了發電系統的效益，它是太陽能發電系統的核心。太陽能控制器的作用是控制整個系統的工作狀態，並對蓄電池產生過充電保護、過放電保護的作用。太陽能電板是太陽能發電系統中的核心部分，也是太陽能發電系統中價值最高的部分。變換效率最高的單晶矽（single crystal silicon）太陽能電池，則是現在家庭太陽能發電系統的太陽能電板的最佳選擇。

6.3.4 街區如何使用光伏電力

太陽能產品通過近幾年的發展，其應用領域不斷擴大，在「綠色城市」中，可以發揮越來越大的作用。(1) 太陽能熱水。除在建築屋頂安裝太陽能電板外，還可以利用建築物的南立面（south elevation），作為安裝集熱器的有利位置，從而充分利用建築外表面，安裝更多的太陽能熱水器，以提供不同使用群體對熱水的需求。(2) 太陽能光伏發電。光伏發電一般應用在三個方面：一是太陽能日用電子產品；二是為無電場合提供電源；三是併網發電。併網光伏發電系統是與電網相連並向電網輸送電力的光伏發電系統。(3) 太陽能採暖。利用太陽能產生的熱能，提供建築所需的熱負荷，該技術一般採用太陽能與地板輻射或吊頂輻射採暖結合的方式進行供暖。(4) 太陽能製冷。利用太陽能進行製冷有兩種方法，一是先實現光—電轉換，再以電力推動常規的壓縮式製冷機製冷；二是進行

光—熱轉換，以太陽能產生的熱能為空調機組進行製冷。(5) 太陽能照明，現在市場上小功率的太陽能庭院燈、草坪燈非常有特色，特別配套 LED 燈泡的草坪燈很別致，電池板面積很小，對景觀無負面影響。附近無配電系統、不能破挖路面、難於設置電纜的路段，可安裝太陽能路燈，太陽能照明不僅有現實意義，而且發展前景極為光明。

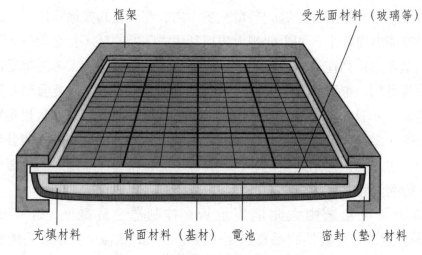

圖 6.8　太陽能電池組件的構造

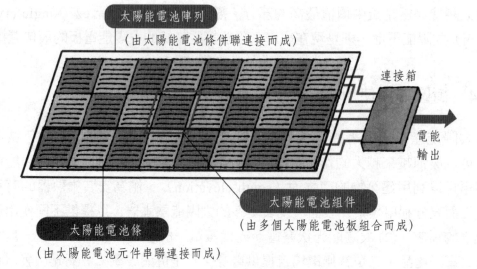

圖 6.9　太陽能電池陣列的構成

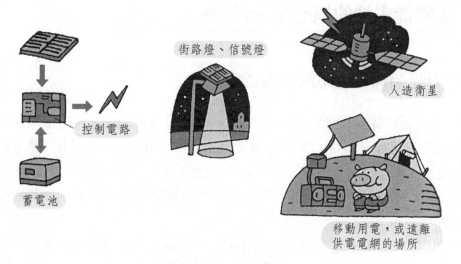

圖 6.10　獨立蓄電方式

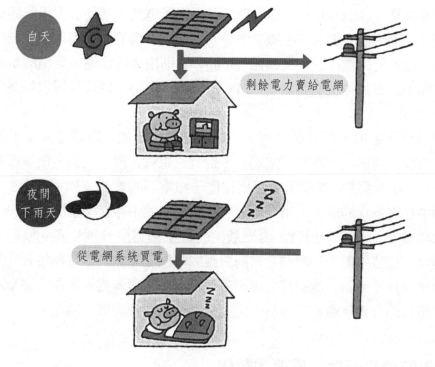

圖 6.11　系統併網方式

6.4 太陽能電池的核心是 pn 接面

6.4.1 有光照即可發電的太陽能電池

當光照射太陽能電池時，太陽能電池內部便有發電產生，利用這種電池可使各種電氣設備運行。但是，太陽能電池與通常的乾電池（dry cell）等不同，前者本身並不具備貯存電（蓄電）的功能。正因為如此，確切地講，太陽能電池是直接將光變為電的光電變換裝置，這可以說是太陽能「電池」有別於其它電池的最大特徵。

基本上講，太陽能電池都是由已在電腦等各種電子設備中廣泛使用的半導體製成的。一般太陽能電池都是由兩類電氣特性不同，並分別稱為 n 型和 p 型的半導體組合而成的，由二者形成 pn 接面，再分別在 n 型半導體和 p 型半導體的表面形成金屬電極（electrode），這邊構成了太陽能電池。為便於太陽光經過入射側的電極（表面電極）進入半導體之內，一般將入射側的表面電極做成梳狀。若由這種太陽能電池的電極連接成迴路（loop），則由太陽能電池發出的電將流經外電路，如果外電路中接有負載（load），例如電燈泡，則可使燈泡點亮發光，如圖 6.12 所示。

半導體受光照射，具有發生電子和電洞的獨特性能。所謂電洞是半導體中的電子被拔脫出而形成的電荷「空洞」，帶有正電荷。與之相對，電子帶有負電荷。n 型、p 型半導體的差別正是由這種電子和電洞的數量不同而決定的：在 n 型半導體中存在多量的電子；相反地，在 p 型半導體中存在多量的電洞。

當太陽能電池受光照射時，由光產生的電子和電洞分別受到 n 型和 p 型半導體的排斥，使這些電子和電洞各自向對應的電極處集結，當電極接有外部迴路時，電流將流經外電路。像這樣太陽能電池直接將光變為電，工作中完全不產生破壞自然環境的有害氣體等，作為一種完全清潔的能源而廣受關注。

6.4.2 半導體的價帶、導帶和禁帶

那麼，到底太陽能電池是如何由光變換為電呢？下面以太陽能電池最常使用的矽晶半導體為例，做簡要說明。

矽單晶是由矽（Si）原子按空間週期有序排列而構成的，而矽原子本身又是由帶有正電荷的原子核和帶有負電荷的核外電子所構成的。電子位於原子核周圍

的軌道上，而處於最外側軌道上的電子〔價電子（valence electron）〕數量級極為重要。矽原子有四個價電子，這些電子被相鄰的原子所共有，每個矽原子同與之相鄰的四個矽原子靠共價鍵結合成整個晶體〔構成鑽石（diamond）結構〕，圖 6.13(a) 是矽單晶的原子配置平面示意圖。

下面考慮矽單晶受光照射的情況。光具有波粒二象性，可以將光看作是由球狀粒子〔光子（photon）〕所構成，相應於光的波長，每個粒子帶有一定的能量。因此，當光照射矽原子時，光子有可能將形成化學鍵的價電子碰出軌道之外（被激發），致使後者成為自由運動的電子（自由電子），而電子被拔脫的位置成為電洞。

關於電子和電洞的生成，若用表徵電子能量狀態的能帶圖〔圖 6.13(b)〕來說明，則更容易理解。能帶圖中，按最外層電子的能量，有價帶、禁帶和導帶之分。基本上講，單晶半導體的價電子集中分佈在被稱為價帶的能量區域，導帶是電子沒有占據的空軌道，禁帶是電子不能進入的能帶區域。而禁帶的能量寬度特別被稱為帶隙（band gap, E_g）。

當半導體受到所帶能量比禁帶寬度更高的光（子）照射時，價帶電子獲得光子的能量，躍遷到能量較高的導帶。與此同時，價帶上被拔脫出電子的位置產生電洞，太陽能電池正是將這種光照產生的電子和電洞，在相應電極收集，並最終變換為光電流。

6.4.3　利用摻雜獲得 n 型和 p 型半導體

如果說太陽能電池是由 n 型半導體和 p 型半導體組合而成的，那麼 n 型半導體和 p 型半導體則是藉由摻雜，即在本徵半導體（intrinsic semiconductor）中摻入少量異種原子而形成的。

以矽半導體的情況為例，如果分別摻入磷（P）原子和硼（B）原子，則可相應形成 n 型和 p 型半導體。矽原子的價電子數是 4 個，而磷屬於 V 族元素，具有 5 個價電子，硼屬於 III 族元素，具有三個價電子。

首先，讓我們考慮在矽單晶中摻入一個磷原子構成 n 型半導體的情況。在矽單晶體中，矽原子的 4 個價電子被相鄰原子所共有（構成共價鍵），保證在最外側的軌道（最外層軌道）上共計有 8 個電子。不限於矽，當有 8 個電子填入最外層軌道時，原子處於穩定狀態〔八偶體（octet）規則〕。因此，矽中摻入磷的場合也不例外，如同純矽的情況一樣，每個原子周圍也要構成 4 個雙鍵（四個共價電子對）。但由於磷的外層電子數是 5 而不是 4，多出 1 個，因此有一個是「富

餘」的，可以自由運動的矽中摻入的磷原子，在貢獻出一個自由電子的同時，磷原子自身也成為正離子 P^+。室溫下，磷幾乎都被離子化，而電子在半導體中自由運動，這有點像金屬中帶正電荷的金屬原子和自由電子相組合的情況。稱這種半導體為 n 型半導體。

另一方面，當價電子比矽少一個的硼原子摻入單晶矽時，八配位共價鍵中會出現一個不存在電子的空洞，稱其為電洞。這種硼原子由矽接受一個電子，變為硼的負離子 B^-，也就是說，電洞向著給出電子的矽原子位置發出移動。室溫下，硼原子也幾乎都被離子化，產生的負離子在半導體中自由移動，這種半導體被稱為 p 型半導體。

在太陽能電池中，正是這種 n 型、p 型半導體存在的電子和電洞起著極為重要的作用。

6.4.4 pn 接面是太陽能電池的關鍵與核心

無論是 n 型半導體還是 p 型半導體，其自身的正、負電荷量相等，整體上是電中性的。但是，若使 p 型半導體和 n 型半導體相接觸，則會在二者的結合部位形成分別帶正電荷和負電荷的兩層。正是由於上述兩個電荷層的存在，從而在半導體內部形成電場〔內建電場（built-in field）〕。這種內建電場是太陽能電池最為重要的部分，如果沒有這個內建電場，即使被光照射，也不能產生電，自然也就不具備太陽能電池的功能。那麼，這種內建電場是如何形成的？它又起著什麼關鍵作用呢？下面對此做簡要說明。

首先，對 p 型半導體來說，摻入半導體中的雜質原子在室溫被負離子化，形成的電洞數正好與摻雜原子數相等。另一方面，在 n 型半導體的情況下，摻雜的原子被正離子化，半導體中存在多個電子。而且，p 型、n 型半導體中的電洞和電子，都在各自的半導體中自由運動。

如果將這種 p 型、n 型半導體相接觸而形成 pn 接面時，p 型半導體總的電洞將向著 n 型區域，相反地，n 型半導體中的電子將向著 p 型區域開始遷移。但是，電洞原來就是電子被拔脫出來而形成的，容易想像，如果電洞與電子相碰撞，二者會發出能量而消失。這同光照射產生電子和電洞所發生的現象正好相反，稱這種電子和電洞相碰撞而消失的現象為複合（recombination，再結合）。

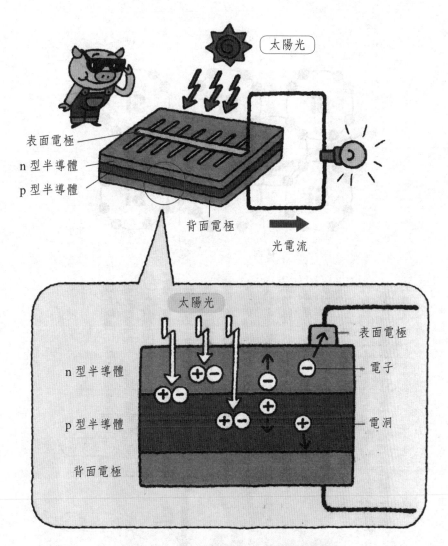

圖 6.12 靠光發電的太陽能電池

(a) 平面圖

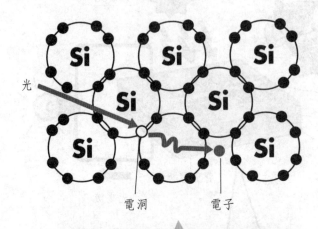

光

電洞　　　電子

矽原子的外層電子受光激發，進而產生自由電子和電洞

(b) 能階圖

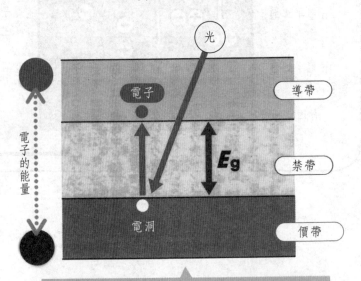

光

電子

導帶

電子的能量

E_g

禁帶

電洞

價帶

由於矽原子聚集（晶體場）而產生的價帶中的電子，在光能（光子）作用下躍遷到導帶（被激發）

圖 6.13　矽單晶的原子配置

6.5 開路電壓和短路電流

6.5.1 開路電壓與禁帶寬度的關係

太陽能電池的開路電壓（V_{oc}），基本上與半導體的禁帶寬度（E_g）成正比。禁帶寬度的單位一般採用電子伏（eV），它原本表示一個電子被 1V 電壓加速時獲得的能量。因此，開路電壓與禁帶寬度在數值上取同等程度的值（圖6.14）。例如，矽單晶的禁帶寬度為 1.11eV，相應太陽能電池的開路電壓大致在 0.7V 左右。

即使同為矽太陽能電池，開路電壓也會因相結構不同（單晶、多晶、非晶）而異。多晶矽（polysilicon）太陽能電池相對於單晶矽（single crystal silicon）來說，由於晶粒小，因而開始開路電壓低；而非晶矽中原子隨機排列構成非晶矽態結構，禁帶寬度大，因而開路電壓高（$V_{oc} = 0.9\text{V}$)。

太陽能電池中，除由矽半導體製作的之外，還有由各種半導體材料製作的太陽能電池。像Ⅲ-Ⅴ族半導體（GaAs、InP 等）和Ⅱ-Ⅵ族半導體（CdTe）等，由兩種以上原子構成的化合物半導體，也廣泛應用於太陽能電池。

開路電壓與禁帶寬度的關係，可由圖 6.14 所示的能帶圖來說明。特別需要指出的是，開路電壓是由 p 型層、n 型層的費米能階（Fermi level）之差來表示的。因此，禁帶寬度大的半導體，開路電壓也大。另外，一般來說，開路電壓取比禁帶寬度略小的值，這是因為如果開路電壓（open circuit voltage）與禁帶寬度正好相等，則 n 型層的電子會向 p 型層流動，與 p 型層的電洞發生複合（再結合）而消失。

若使太陽能電池的構造積層，則與通常的乾電池相同，可使開路電壓增加。這種結構的太陽能電池稱為多結合型太陽能電池。例如，具有 GaInP/GaAs/Ge 積層結構的太陽能電池，可獲得 2.6V 的開路電壓。

6.5.2 短路電流與禁帶寬度的關係

由太陽能電池產生的電流，一般由電流強度除以太陽能電池的受光面積，即以電流密度（單位：mA/cm^2）來表示。矽的單晶太陽能電池之短路電流密度在 $J_{sc} = 40\text{mA/cm}^2$ 左右，由 10cm 見方的一個太陽能電池，大致可以產生 4A 的電流。

太陽能電池的短路電流密度也與禁帶寬度密切相關，如圖 6.15 所示，短路電流密度隨著禁帶寬度的變窄而增加。因此，禁帶寬度大的非晶矽太陽能電池的短路電流密度，僅為禁帶寬度小的晶體矽太陽能電池短路電流密度的 1/2 以下。

短路電流密度（short circuit current density）與禁帶寬度的關係，可以由半導體的光吸收特性來理解。基本上講，半導體的光吸收，是藉由光的能量，處於價帶的電子被激發至導帶而引起的。但是，由於在禁帶中不存在電子可進入的電子軌道，因此，所具有的能量比禁帶寬度小的光，即使入射，也不能使電子激發。因此，在這種情況下，光不能被吸收，而是單純地從太陽能電池內透過。相反地，所具有的能量比禁帶寬度大的光入射時，會使電子激發，產生電子和電洞。此時，藉由過剩的能量而被激發的電子會放出能量，在導帶底達到穩定狀態。

基準太陽光的分光發射強度，在 500nm 附近可見光區域具有最大值，越向著長波長，越趨向於減弱的趨勢（圖 6.16）。光的能量 E 與光的波長 λ 成反比，並可由 $E(eV)=1240/\lambda(nm)$ 求出。砷化鎵（GaAs）的禁帶寬度為 1.43eV，與光波長 867nm 相對應，因此 GaAs 不能吸收比此波長更長的光。而矽晶體的禁帶寬度小，因此直到波長 1117nm 的光都能吸收。如此，禁帶寬度小時，能吸收更寬波長範圍的光，其結果是太陽能電池的電流密度增加。

6.5.3 能否製成轉換效率為 100% 的太陽能電池

在由單一材料製作的太陽能電池中，迄今為止所報導的最高轉換效率是矽（單晶）和 GaAs（單晶）的 25%。由此看來，製作轉換效率為 100% 的太陽能電池是極為困難的。

轉換效率（conversion efficiency）的理論極限值（理論極限效率），基本上由半導體的禁帶寬度（能隙）決定。而禁帶寬度為 1.4eV 左右時，轉換效率最高。可藉由均決定於禁帶寬度的開路電壓和短路電流密度變化來說明。禁帶寬度小時，光吸收在寬廣的波長範圍內發生，從而短路電流密度增加，但開路電壓隨著 p 型層與 n 型層之間費米能階的差別變小而降低。相反地，在禁帶寬度大的情況下，儘管開路電壓增加，但由於光吸收小，從而短路電流減小。二者平衡的結果，在禁帶寬度為 1.4eV 附近時，轉換效率最高。

造成轉換效率低下的原因各式各樣，但其中由光的反射、透射所引起的損失及光能量的損失最大，扣除這些損失後，理論極限效率至多剩下 30% 左右。由於光能的損失，無論光的能量有多強，只有與禁帶寬度相當的能量，才能轉換為

電能。而且，為抑制光反射，通常要在太陽能電池的受光面上形成抗反射膜。

如果半導體內存在缺陷（不可能不存在），則電子及電洞都有可能在缺陷處發生複合，從而造成轉換效率低下。電子和電洞的複合也可能在半導體的表面和背面發生，因此在有些情況下還要形成減少這種複合的抑制層。在實際的太陽能電池中，為防止由上述原因導致的轉換效率低下，需要採取各式各樣的措施。為了獲得更高的效率，需要將不同禁帶寬度的多個太陽能電池疊層組合，從表面到內部禁帶寬度依次減小，用以增加太陽光的吸收和轉換，稱此為多接面型太陽能電池。

6.5.4　太陽能電池按種類所占的份額及元件轉換效率的比較

太陽能電池按種類所占的份額及元件轉換效率的比較，組件的轉換效率明顯低於太陽能電池片的轉換效率。太陽輻射是客觀存在，人們藉由太陽能電池將太陽能高效率地轉換為電能的關鍵，最終歸結為「如何減少（抑制）損失」。這裡所說的損失，包括「光損失」和「電損失」兩大部分。

非晶矽薄膜太陽能電池中的代表性能量損失，對轉換效率影響最大，人們一直不遺餘力進行研究的是，如何抑制長波長的未利用（採用光封閉技術、以及藉由多串結有效利用光等）和發電層中的復合損失〔利用發電材料的高品質化（i型非晶矽、i型微晶矽等）〕。

關於光損失的抑制，藉由通常所謂的「光管理」，已不斷取得進步。另一方面，以非晶矽材料的光劣化為首，即使是微晶矽（micro crystal silicon），在高品質化方面，近年來也未取得實質性進展。當然，於高速製膜下，在維持膜層品質等技術開發方面還是取得很大進展。

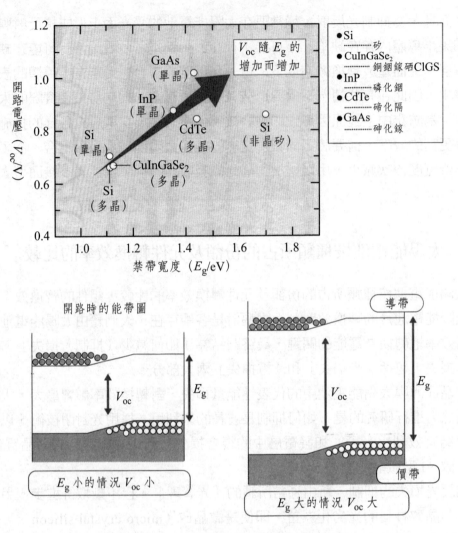

圖 6.14 開路電壓與禁帶寬度的關係

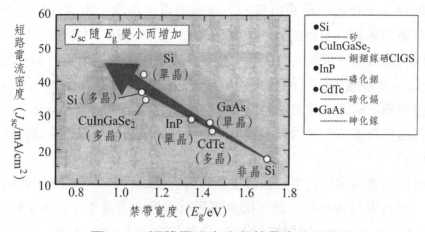

圖 6.15　短路電流密度與禁帶寬度的關係

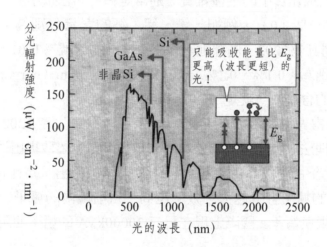

圖 6.16　基準太陽光的光譜

6.6 「矽是上帝賜給人的寶物」

6.6.1 矽石經由電弧爐還原成金屬矽

儘管矽（silicon）元素是地殼裡含量最豐富的礦物質，但太陽能的矽材料依然會出現緊缺的情況，就是因為提煉的難度較大。太陽能電池用的矽原料來自石英礦或矽石礦。金屬矽是採用石英礦與碳，在高溫下進行還原得到的。石英礦（quartz mine）也稱為矽石礦（silica ore），主要成分是二氧化矽。碳是作為還

原劑，將矽從二氧化矽中還原出來的，通常可選用焦炭、木炭、精煤和石油焦等。將石英礦石破碎到合適的大小，與碳還原劑按大約 3：1 的比例均勻混合放入礦熱爐內，通電產生電弧，將矽石熔化，使之在高溫下與碳進行還原反應。如圖 6.17 所示，礦熱爐內的反應其實是十分複雜的。到目前為止，還沒有一個冶煉技術模型能夠準確地描述出礦熱爐內所發生的物理化學變化。但是，因為這種冶煉技術已經使用很多年，所以，對於一般用途的金屬矽來說，冶煉技術是沒有什麼大問題的。

金屬矽的純度通常用其中三種最主要雜質含量的百分比中的千分位元數位來表示，這三種雜質是鐵、鋁、鈣。如果這三種雜質的含量依次是 0.5%、0.5%、0.3%，那麼就稱為 553，如果鐵鋁鈣的含量依次為 0.4%、0.4%、0.1%，就稱為 441。如果這三種雜質中的某種雜質（通常是鈣）的含量小於千分之一，那麼就在該位前增加一個「0」，例如，鐵、鋁、鈣的含量分別為：0.2%、0.2%、0.02%，那麼就稱其為 2202。同樣地，如果金屬矽的標號為 1101，就說明其鐵、鋁、鈣的含量分別為：0.1%、0.1%、0.01%，換算成 ppm（parts per million）的話，鐵、鋁、鈣的含量依次就是 1000、1000、100ppm。

目前國內通常做得比較好的金屬矽廠，可以穩定生產 2202 的金屬矽。最近，隨著開發物理法太陽能電池的公司越來越多，對金屬矽提出了較高的要求，也有不少廠家開始生產 1101 的金屬矽，同時可以生產出一定比例的 3N 的金屬矽。冶煉金屬矽的爐子容量越大，效率越高。目前國內的爐子，以從 5000kVA 到 12000kVA 的規模為多。國際上現在已有 30000kVA 的爐子使用中。

6.6.2 改良西門子法生產高純度多晶矽

這種方法的優點是節能降耗顯著、成本低、品質好、採用綜合利用技術，對環境不產生污染，具有明顯的競爭優勢。改良西門子（Siemens）技術法生產多晶矽所用設備，主要有：氯化氫合成爐、三氯氫矽（$SiHCl_3$）沸騰床加壓合成爐、三氯氫矽水解凝膠處理系統、三氯氫矽粗餾、精餾塔提純系統、矽晶爐、節電還原爐、磷檢爐、矽棒切斷機；腐蝕、清洗、乾燥、包裝系統裝置、還原尾氣乾法回收裝置；其它包括分析、檢測儀器、控制儀表、熱能轉換站、壓縮空氣站、迴圈水站、變配電站、淨化廠房等。

(1) 石英砂在電弧爐中冶煉提純到 98%，並生成工業矽，其化學反應為：$SiO_2 + C \rightarrow Si + CO_2 \uparrow$。

(2) 為了滿足高純度的需要，必須進一步提純。把工業矽粉碎並用無水氯化

氫（HCl）與之反應在一個流化床反應器中，生成擬溶解的三氯氫矽 SiHCl$_3$。其化學反應：Si + 3HCl → SiHCl$_3$ + H$_2$ ↑。

反應溫度為 300℃，該反應是放熱的，同時形成氣態混合物（H$_2$，HCl，Si-HCl$_3$，SiCl$_4$，Si）。

(3) 第二步驟中產生的氣態混合物還需要進一步提純（purification），需要分解：過濾矽粉、冷凝 SiHCl$_3$、SiCl$_4$，而氣態 H$_2$、HCl 返回到反應中或排放到大氣中，然後分解冷凝物 SiHCl$_3$、SiCl$_4$、淨化三氯氫矽（多級精餾）。

(4) 淨化後的三氯氫矽採用高溫還原技術，以高純的 SiHCl$_3$ 在 H$_2$ 氣氛中還原沉積而生成多晶矽。其化學反應：SiHCl$_3$ + H$_2$ → Si + 3HCl。

多晶矽的反應容器為密封的，用電加熱矽晶棒（silicon ingot）（直徑 5 ～ 10mm，長度 1.5 ～ 2m，數量 80 根），於 1050 ～ 1100℃在棒上生長多晶矽，直徑可達到 150 ～ 200mm。

這樣大約三分之一的三氯氫矽發生反應，並生成多晶矽。剩餘部分與 H$_2$、HCl、SiHCl$_3$、SiCl$_4$ 從反應容器中分離。這些混合物進行低溫分離或再利用，或返回到整個反應中。氣態混合物的分離是複雜的、耗能量大的，從某種程度上決定了多晶矽的成本和該技術的競爭力。

6.6.3　太陽能電池元件是如何製造出來的——晶矽太陽能電池的生產流程

為製作矽圓片，要先控制矽單晶。以小塊的矽單晶作為種晶（seed），在高溫下由熔融態矽控制成圓柱狀單晶矽棒，再由多線切割機將單晶矽棒切割成厚度 200μm 左右的薄形矽圓片（silicon wafer），製作流程如圖 6.18 所示。通常，為了增加電子的擴散長度，以便取出更大的光電流，一般採用 p 型的矽圓片，但採用 n 型矽圓片的情況也是有的。由 p 型矽圓片的表面，經擴散磷（P）形成薄的 n 型層，而後形成集電用的表面電極和抗反射膜，再於整個背面形成電極，形成基本的太陽能電池構造。在實際應用的太陽能電池中，還要在上述基本構造的基礎上追加具有各種功能的膜層，為了獲得更高效率而採取各種措施。

單晶矽太陽能電池表面為無條紋的黑色，形狀為擬似正方形，白色柵格式表面電極。

6.6.4　矽片表面的加工

　　矽太陽能電池的製作，有以下幾個步驟：矽片表面的加工→ pn 接面的形成→抗反射膜的形成→背面電廠的形成→電極的形成。下面針對太陽能電池製造的各個過程加以說明（後續加工過程見 6.9.4 節）。

　　製作太陽能電池的矽片，由於表面受到污染要預先進行清洗。有機物污漬可以用氨水和過氧化氫的稀釋液或硫酸等來清除。而對於金屬污漬，可以用鹽酸和過氧化氫的稀釋液等來去除。另外，要除去矽片表面的自然氧化膜，可用氫氟酸溶液。

　　太陽能電池用矽片表面，存在厚 10 ～ 20μm 的帶斷裂表層，該層是在切片時造成的損傷層，電池製造的第一道工序就是要除去這一層。除去這個斷裂層，常用氫氟酸和硝酸混合的酸性腐蝕液等進行酸蝕，或者利用 NaOH 和 KOH 等水溶液進行鹼蝕。另外，在進行酸蝕時，矽片表面必須平整到有金屬光澤。而在進行鹼腐蝕時，由於用的是鹼濃度為 5% 的水溶液，而且矽片表面的晶向不同，蝕刻速度也不同，需要進行異向性蝕刻（anisotropic etching），最後形成（111）面的凹凸結構。矽片的表面為晶向（110）時，（111）晶向為斜面，形成金字塔形的均勻結構。此一結構面酷似絲絨，稱為絨面。該結構陷光效果好，是製造高效率太陽能電池的重要技術。

6.7　太陽能電池的種類和轉效率

6.7.1　太陽能電池按材料體系的分類

　　太陽能電池按材料體系進展可分為四代。如圖 6.19 所示。

　　第一代，矽（Si）半導體系。其中包括結晶 Si 系（單晶矽，多晶矽）、薄膜 Si 系（非晶矽、微晶矽、HIT 型）、球狀 Si 系。

　　第二代，化合物半導體系。其中包括 II-VI 族化合物半導體太陽能電池（CdS，CdTe 等）、III-V 族化合物半導體太陽能電池（GaAs、InP 等）、I-III-VI 族化合物半導體太陽能電池〔CuInSe$_2$：CIS（CuInSe）、CIGS（CuInGaSe）等〕。

　　第三代，有機系。其中包括染料敏化型（TiO$_2$、Ru 染料等）、有機半導體型（導電高分子、有機色素）。

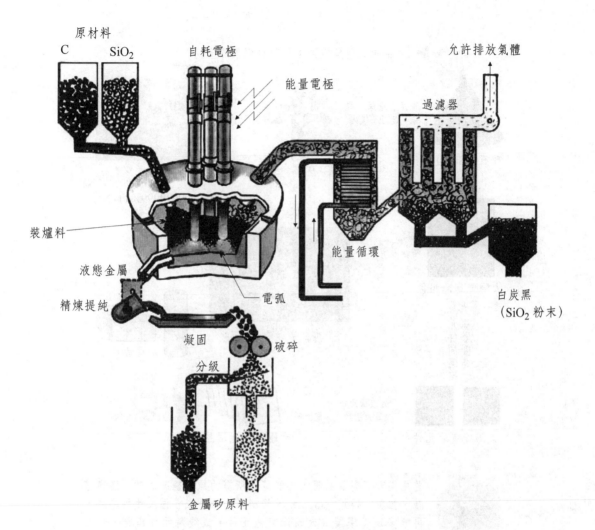

圖 6.17 矽石經由電弧爐還原成金屬矽的技術流程

■「太陽能級」高純矽的生產

高純矽的生產首先要從高純度二氧化矽還原為金屬矽，一般是在使用碳電極的電弧爐中，由林木、木炭、煤和焦炭等與二氧化矽發生反應使後者還原得到純度98% 左右的金屬矽（西門子技術）。此後還需採用不同技術進一步提純。

■金屬矽的進一步提純（purification）

◎化學方法（已工業規模採用或有可能採用）

△三氯氫矽法（西門子法，大批量工業生產，占 80% 市場份額）

△矽烷法（REC，挪威，另一種工業規模生產方法，占 20% 市場份額）

△四氯化矽片〔杜邦（Dupont），迄今為止還未工業規模採用〕

▶ ▶ ▶ 晶矽太陽能電池：從原料到最終產品

矽石（SiO₂）

洗淨、還原、熔融、凝固、破碎

金屬矽
（純度：97%～99%）

氯化、汽化、精製、析出

多晶矽
〔純度：99.99999% (7N)～
99.999999999% (11N)〕

晶融
或熔
澆、
注拉
單

矽棒或矽錠

切片、洗淨

太陽能電池用晶片

pn 接面形成、
防止反射形成、電極形成

太陽能電池元件

疊元件
層間
檢連
查接

太陽能電池組件

佈線、安裝、
熔調試

太陽能光伏發電系統

 首先從矽石製取晶體太陽能電池所需的純度極高的矽，經過熔融、拉製、鑄錠（ingot）、切割等，切分成各種尺寸的晶片，再經多道工序製成太陽能電池元件，最後將元件串聯、封裝等，完成太陽能電池元件。

圖 6.18　太陽能電池元件是如何製造出來的——晶矽太陽能電池

第四代，以超高效率型與量子點（quantum dot）型為代表的其它新型太陽能電池。

6.7.2　太陽能電池元件的種類和基本結構

太陽能電池組件是指：具有封裝及內部連接的、能單獨提供直流電輸出的、不可分割的最小太陽能電池組合裝置。

太陽能電池元件的種類較多，如圖 6.20 所示，根據太陽能電池片的類型不

同，可分為晶體矽（單、多晶矽）太陽能電池組件、非晶矽薄膜太陽能電池組件及砷化鎵電池組件等；按照封裝材料和技術不同，可分為環氧樹脂（epoxy）封裝電池板和層壓封裝電池組件；按照用途的不同，可分為普通型太陽能電池元件和建材型太陽能電池元件。

常見的普通型太陽光伏組件有環氧樹脂膠封板元件、透明 PET 聚對苯二甲酸乙二酯層壓板元件和鋼化玻璃層壓元件。

環氧樹脂膠封板元件主要由電池片、印刷電路板及環氧樹脂膠等組成，具體尺寸和形狀根據產品需要才確定。

透明 PET 層壓板元件主要由電池片、透明 PET 膠膜及印刷電路板或塑膠基板等組成，具體尺寸和形狀也是根據產品的需要確定。

鋼化玻璃層壓元件也叫平板式光伏組件。它是目前見得最多、應用最普遍的太陽光伏組件。鋼化玻璃層壓組件主要由面板玻璃、矽電池片、兩層 EVA 膠膜、TPT 背板膜及鋁合金框和接線盒等組成。

6.7.3 太陽能電池轉換效率的現狀

太陽能電池的種類、轉換效率和作為電力用途的現狀：太陽能電池分塊體型和薄膜型兩大類，到目前為止，作為電力用而生產的，九成以上為塊體型矽太陽能電池，市售大面積模組的轉換效率，一般在 13% ～ 18%。以超高轉換效率為目標，採用化合物半導體的太陽能電池也被歸類為塊體型。採用這種化合物半導體體系，並藉由集光系統的 3 串結型太陽能電池已實現超過 40% 的轉換效率。藉由集光系統，化合物半導體禁帶寬度各不相同（從而可以實現多串結）的組合優勢得以淋漓盡致地發揮。

截至 2012 年 10 月，美國可再生能源實驗室（NREL, National Renewable Energy Laboratory）完成關於實驗室光伏電池轉換效率的最新報告。從報告中可以看出，各類太陽能電池轉換效率的整體趨勢是，疊層太陽能電池高於矽系太陽能電池，矽系太陽能電池又優於各類化合物薄膜太陽能電池，而各類新型太陽能電池雖都具有各自的優勢，但整體轉換效率還是比較低。

早在 30 年前，由 Wolf 引入疊層概念，拓展了電池的光譜回應範圍，為提高電池效率開闢了新途徑，疊層電池的研究隨之湧現。到目前為止，三接面聚光太陽能電池依然是轉換效率最高的太陽能電池，當日照強度為 947 時，矽谷太陽能公司 Solar Junction 的三接面聚光太陽能電池的功率轉換效率達到了 44%，打

破了該公司 2011 年 4 月創造的日照強度 418 時 43.5% 的紀錄。

　　至今，晶體矽電池仍然是光伏市場的主流。在矽系太陽能電池中，單晶矽電池的轉換效率始終由於多晶矽及矽基薄膜電池。目前，NREL 的單晶矽電池轉換效效率可達 25%。

　　人們認識到薄膜電池在價格方面的潛力，大力發展薄膜電池技術已成為普遍的趨勢。II-VI 族、III-V 族、I-III-VI 族化合物半導體（compound semiconductor）太陽能電池均在不斷地發展進步。其中 CIGS（CuInGaSe）薄膜太陽能電池自 20 世紀 70 年代出現以來，得到非常迅速的發展，目前已成為國際光伏界的研究熱點，並將逐步實現產業化。在 2010 年之前的十多年間，美國國家可再生能源實驗室（NREL）始終保持著小面積 CIGS 電池的世界紀錄。德國太陽能和氫能研究機構 ZSW，在 2010 年取得了相當大的突破，使得 CIGS 轉換效率達到 20.3%，創造紀錄的 CIGS 太陽能電池面積為 $0.5cm^2$，厚度僅 $4\mu m$。其使用了共蒸鍍（co-evaporation）技術來製造 CIGS 電池，這種方法原則上可以放大應用於商業生產。

　　在有機、量子點等新型太陽能電池中，染料敏化太陽能電池低廉的成本，相對較高的性能，成為最有希望得到應用的新型電池。1991 年瑞士洛桑（Ecole）聯邦理工學院（EPFL）的 Michael Grätzel 教授（2010 諾貝爾化學獎得主）在領導的研究小組，將高比表面積的奈米多孔 TiO_2 薄膜引入染料敏化太陽能電池中，使得這種電池的光電轉換效率有了大幅度的提高，研製出光電轉換效率大於 7% 的染料敏化太陽能電池，開闢了太陽能電池發展史上一個嶄新的時代。2011 年底，由 Grätzel 教授領導的小組再一次創紀錄，將電池效率提高到 12.3%。

6.7.4　太陽能電池轉換效率的現狀

　　入射光條件為 AM 氣團（air mass）1.5，$100mW/cm^2$ 下測試各種太陽能電池的理論極限效率。單接面太陽能電池的能量轉換效率即使從其理論極限考慮，也只不過 30% 左右。然而實際製造的太陽能電池實測效率，依賴於所用材料的技術成熟度，只有理論極限的 5 ～ 7 成。晶矽 pn 接面太陽能電池的理論極限為 26%，實際市場上銷售的太陽能電池轉換效率約為 18% 左右。

　　由於太陽能電池需要較高的一次性投入，因而其在普通人群中的應用也往往受到限制。所以，提高太陽能電池轉換效率的同時，要盡可能地降低生產成本。目前，第一代、第二代太陽能電池發展已比較成熟，但百分之十幾的轉化效率與相對較高的價格使得人們不斷地嘗試其它類型太陽能電池的產業化。如今的太陽

能電池技術在提高效率和進一步降低成本上已經顯示出侷限，打破這一侷限的關鍵在於利用完全不同於以往的技術。單就轉化效率而言，疊層太陽能電池不斷刷新的紀錄使得人們興奮，但高昂的製造成本使得其產業化幾乎不能成為可能。此外，量子點等新型太陽能電池在轉化效率提升的同時，成本也在幾乎成比例地增加。最近，強關聯電子體系材料和電漿技術等根本上有別於傳統半導體的技術，已經開始作為低成本高效率的技術嶄露頭角，此技術尚處於起步階段，還有許多實用化問題需要解決。

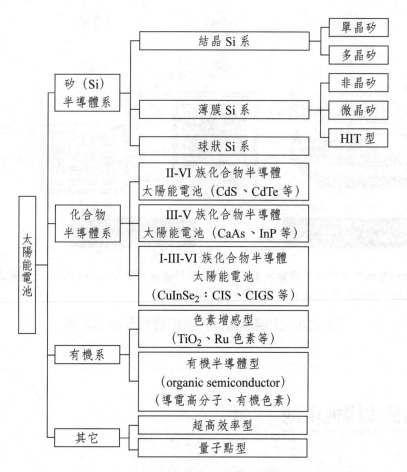

圖 6.19　太陽能電池按材料體系的分類

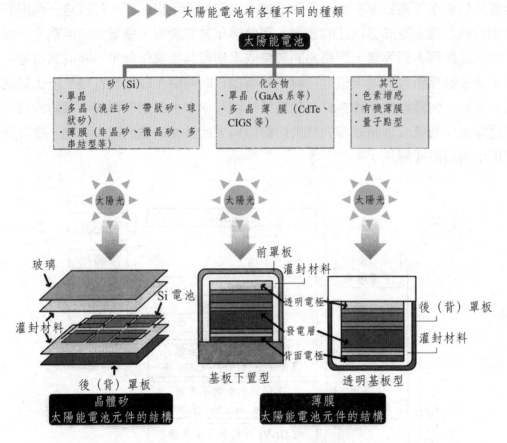

▶▶▶ 太陽能電池有各種不同的種類

太陽能電池的種類有單晶矽、多晶矽以及類型各異的薄膜太陽能電池。隨著太陽能電池的高速發展，元件材料供應產業也日趨活躍。

圖 6.20　太陽能電池元件的種類和基本結構

6.8　晶矽太陽能電池

6.8.1　單晶矽和多晶矽太陽能電池

　　所謂單晶（single crystal）矽，是指矽原子在整個固體中呈三維規則有序排列的結晶狀態。單晶矽（single crystal silicon）作為矽材料，特別是半導體材料，可以最大限度地發揮矽的優良特性。

　　在各種不同類型的太陽能電池中，歷史最久且富有實績當屬單晶矽太陽能電池，也有許多書籍介紹單晶矽太陽能電池的製作方法和結構。

　　根據已公開發表的資料，在現在已實用化的太陽能電池中，單晶矽太陽能電池具有最高的轉換效率。單晶矽太陽能電池的轉換效率可達 20%，現在是最高的，其耐久性也好，得益於長年培育的技術，可靠性也高。在占據市場份額 90% 的矽系太陽能電池中，有一半左右是單晶矽太陽能電池。

　　但是，高純度單晶矽晶圓的價格很高。為便於太陽能發光的普及，降低太陽能電池的價格極為重要。幸好，太陽能電池用的矽晶圓沒有採用 IC 製造那麼高純度的矽，一般都是採用被稱作太陽能等級（solar grade, SOG）矽的廉價材料製作的。

　　多晶矽太陽能電池的轉換效率與單晶矽的相比，要低大約 10% 左右，但更適合大批量生產。截至 2011 年，已占據太陽能電池全體的 38%，而且新的生產線繼續增加。與單晶矽相同，多晶矽也很硬，要切割成板狀矽片使用。由矽片形成 pn 接面以及元件化工程，與單晶矽太陽能電池相同。

6.8.2　太陽能電池片（cell）製造

　　(1) pn 接面的形成：在矽基片表面進行凹凸加工後，接著就是用擴散法控制 pn 接面的環節。pn 接面的形成分兩種：一種是對於 p 型矽片形成 n 型層結構；另一種是相反的，對於 n 型矽片形成 p 型結構。一般地，對於 p 型矽片而言，n 型化就是在表面層添加磷元素，但是對 n 型矽片來說，添加硼元素來形成 p 型層的 p 型化法使用較多。這些添加硼或磷雜質的方法，加工成本比便宜的熱擴散法獲得廣泛應用。太陽能電池的製造，如圖 6.21 所示。

　　雜質擴散的控制方法是通過熱處理溫度來控制矽片表面的雜質濃度，通過熱處理時間來控制向矽片內擴散的雜質擴散深度。矽片表面的雜質濃度必須是高濃度的，與電極的接觸電阻很小，但是另一方面，越是高濃度，矽片表面的載子復合損耗越大。

　　(2) 抗反射膜的形成：太陽能電池在有效接受太陽光的基礎上，抑制反射光量並且有效利用矽片內部結構吸收是很重要的。為達此目的，可在矽片受光面利用透明干涉形成抗反射膜。加上使用前述的矽片表面凹凸結構，才能使矽片表面的反射損耗降低到百分之幾以下。抗反射膜材料用的是空氣、玻璃與矽之間存在折射率（refractive index）的透明膜材料，一般有氧化膜、氮化矽膜等。要形成這類膜，一般用真空蒸鍍法、常壓 CVD 法等。抗反射膜的厚度因膜材料的折射率不同而異。折射率為 2.0 時，膜厚約為 70nm。

　　(3) 背面電場的形成：太陽能電池的背面在擴散後也會添加高濃度的。和矽

片表面有相同導電型的雜質，從而形成背面電場，這樣可以提高電池的轉換效率。但是要形成電力用太陽能電池的背面電場層，就要用鋁漿印刷燒結法來單獨完成。

印刷燒結法首先將鋁的粉末與溶劑混合，混勻成糊狀，然後在矽片表面印刷，最後在電爐中燒結。燒結過程的溫度，比鋁和矽的共晶溫度還高，因此可在矽中簡單添加鋁。在燒成的矽片背面，就會形成向矽中添加鋁的添加層、矽和鋁的合金層和鋁氧化層。由於鋁氧化層無法焊接，為了連接引出太陽能電池中的電池到外部的導線，可以考慮用銀漿印刷燒結成連接部。

(4) 受光面電極的形成：最後形成矽片表面的電極，太陽能電池製作就完成了。通常在半導體元件的電極形成上，一般採用佈線圖案法。亦即通過真空蒸鍍（vacuum evaporation）法形成金屬薄膜之後，再用微影成像製版印刷技術將金屬薄膜製成所希望的形狀。在低成本製作的太陽能電池中，也廣泛使用這種印刷技術形成電極的方法。

(5) 組件封裝：製成的單片太陽能電池的輸出功率通常只有幾瓦，因此需要把多塊電池片連接起來，才能得到一定的所需功率。為此，就把太陽能電池片連接、封裝成太陽能電池元件。組件封裝過程為：將太陽能電池接線的引線框架安裝好之後，再與相鄰的電池接線並排。接著按照玻璃、密封樹脂、接線後的太陽能電池、樹脂、背膜的順序進行疊層，依序排列接線，安裝好用於取出電能的端子線後進行密封。封裝順序是，設置對疊後的材料，進行壓膜的熱處理裝置，真空脫泡後再加熱密封樹脂，不進行交聯密封就可以完成。最後，在用於電能取出的接線上安裝接線盒，在組件周圍安裝邊框，組件封裝就完成了。封裝後的元件要用太陽模擬器照射模擬太陽光，並進行輸出特性檢查後方可上市。

6.8.3　晶矽太陽能電池的優點和缺點

晶矽太陽能電池的優點有：(1) 矽太陽能電池的轉換效率可達 20% ～ 25%，與有機半導體太陽能電池（5%）等相比要高得多；(2) 原料矽的資源豐富，在地殼中儲量為 27.72%，排行第二，不必擔心資源枯竭；(3) 晶矽太陽能電池已有長年產業化的實績，技術成熟；(4) 商業上也相當成熟，周邊設備得到成熟開發，配套齊全，社會的認知度和可靠性高。

晶矽太陽能電池的缺點有：(1) 矽的熔點高（1400℃上下）且很硬，加工困難，因此大型生產線及大型產品等受到限制；(2) 製造工程中需要高溫和大電力，很難說是節能和環境友好；(3) 作為原料所使用高純矽的精製價格高，目前看來這方面的改善空間不大；(4) 高的發電量需要大面積的設置場所。

6.8.4　市售晶矽太陽能電池的產品鏈和價格構成

在分析太陽能電池今後發展時，必須考慮的一個關鍵因素是能量轉換效率。無論採用何種材料系統，若轉換效率不高，則發電價格難以降低。圖 6.22 表示與代表性矽太陽能電池產品鏈相關聯的各工序價格分析實例。其中，價格分析按產業鏈，即高純多晶矽、矽錠（silicon ingot）、矽片、太陽能電池板、模組工程、光伏 PV（photovolatic）系統等依次進行。上述各項代表性的價格比率分別為 10%、6%、7%、12%、21%、43%。換句話說，即使太陽能電池板部分所占的價格比率為零，用於 PV 系統的模組化及系統設置等，仍需 50% 以上的費用。特別是在轉換效率很低的情況下，與面積相關聯的 BOS（系統平衡）價格會變得很高。因此，高轉化效率是必須追求的目標。投資回收估算，如圖 6.23 所示。

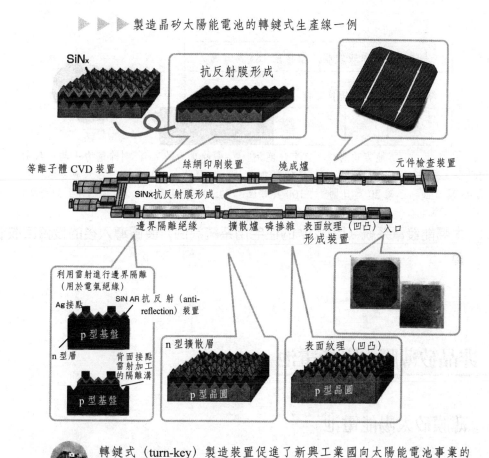

▶ ▶ ▶ 製造晶矽太陽能電池的轉鍵式生產線一例

轉鍵式（turn-key）製造裝置促進了新興工業國向太陽能電池事業的介入。薄膜太陽能電池的品質和價格正成為人們關注的下一個重點。

圖 6.21　假如有轉鍵式製造裝置，就能製作太陽能電池！

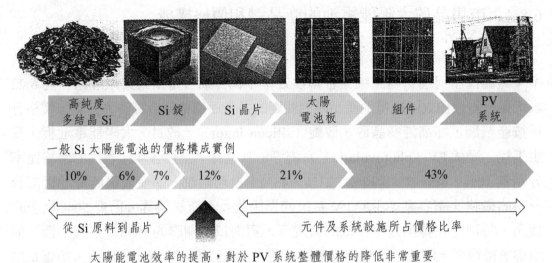

一般 Si 太陽能電池的價格構成實例

高純度多結晶 Si	Si 錠	Si 晶片	太陽電池板	組件	PV 系統
10%	6%	7%	12%	21%	43%

從 Si 原料到晶片　　　　　　元件及系統設施所占價格比率

太陽能電池效率的提高，對於 PV 系統整體價格的降低非常重要

圖 6.22　市售晶矽太陽能電池的產品鏈和價格構成

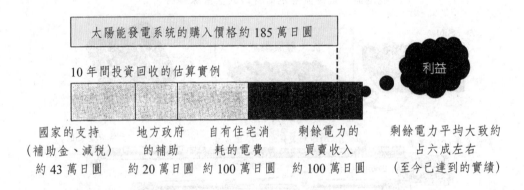

太陽能發電系統的購入價格約 185 萬日圓

10 年間投資回收的估算實例

利益

| 國家的支持（補助金、減稅）約 43 萬日圓 | 地方政府的補助約 20 萬日圓 | 自有住宅消耗的電費約 100 萬日圓 | 剩餘電力的買賣收入約 100 萬日圓 | 剩餘電力平均大致約占六成左右（至今已達到的實績） |

圖 6.23　太陽能發電系統（以 3kW 的住宅用系統為例）裝置導入後的投資回收估算

6.9　非晶矽薄膜太陽能電池

6.9.1　薄膜矽太陽能電池

　　為促進太陽能光伏發電系統的普及，需要大量的太陽能電池，為此要消耗大量作為太陽能電池主原料的矽。現在，占太陽能電池市場八成以上的晶矽太陽能

電池,由於使用厚度 200μm 以上的單晶或多晶矽片,因此太陽能電池價格接近一半是材料費用。為將來大幅度地降低成本價格以及伴隨需求擴大而確保材料供應,「省矽」必將成為業界競相奮鬥的目標。

薄膜矽(thin film silicon)太陽能電池的最大特徵是,作為吸收光矽層的厚度與晶矽太陽能電池的情況相比,要薄得多(僅為大約 1/100),而且不是採用由矽錠(silicon ingot)切割成矽片(silicon wafer),而是在便宜的基板上,在 1 ~ 2m 見方範圍內,做成薄而大面積的薄膜,既節省資源,生產效率又高。此外,薄膜矽太陽能電池與晶矽太陽能電池相比,轉換效率與溫度的相關性(溫度係數)小,這對於溫暖地區的發電還有優勢。

但從另一方面講,薄膜矽太陽能電池的轉換效率低,量產規模僅為 7% ~ 10%,與晶矽太陽能電池的轉換效率相比,只有 1/2 左右。現在,薄膜矽太陽能電池已在對設置面積制約小的大規模太陽能發電站等導入,但為了擴大今後的市場份額,迫切要求其提高轉換效率,降低發電價格。

6.9.2　非晶矽及微晶矽的結構

對薄膜 Si 做概略的分類,可分為非晶 Si(a-Si)和微晶 Si(μc-Si micro crystal)兩種。非晶矽的「非晶」有「非晶態」(amorphous)之意,由於與結晶 Si 的結構不同,儘管同屬 Si,但兩種物質的性質卻有很大不同。首先,非晶矽的禁帶寬度大約為 1.7eV,比結晶 Si 的 1.1eV 要大得多。因此,非晶矽可吸收的光的波長限於約 700μm 以下。而且,非晶 Si 還存在光致劣化的問題。所謂光致劣化,是指非晶矽太陽能電池受光持續照射,由於缺陷增加,致使電池轉換效率下降的現象。通常光致劣化引起的轉換效率下降,可達初始值的兩成左右,但經加熱還會恢復到初始值。

微晶 Si 從結構上講,是由非常小的結晶矽構成的。微晶 Si 的晶粒尺寸大致在 10 ~ 100nm,這與多晶 Si 的粒徑相比,僅為 1/100000。由於晶粒小,從而晶界大量存在,這些晶界會阻礙電荷的輸運,而且成為由外部引入氧等雜質的原因。但是,藉由選擇製作條件,可以獲得晶界間隙少的緻密微晶 Si。現已證明,這樣的材料顯示出優良的太陽能電池特性。另一方面,其光學特性與結晶 Si 基本相同,吸收波長範圍可達 1100nm 的近紅外線(near infrared)區域。而且,微晶 Si 即使多少含有些非晶成分,也不顯示光致劣化。

6.9.3 電漿增強化學氣相沉積法（PECVD）生產薄膜矽

製作薄膜 Si 最具代表性的製膜法是電漿（plasma）增強化學氣相沉積（PECVD）。在與真空泵（vacuum pump）相連接的反應容器內，導入矽烷（SiH_4）和氫氣（H_2），在對向佈置的兩個平行平板電極之間產生電漿。為生成電漿，通常採用 13～100MHz 的射頻（RF, radio frequency）電源，藉由匹配器向單側電極（負極）供電。另一側設置基板的電極（正極）接地，基板通常被加熱至 200℃左右。在電漿中，SiH_4 氣體分子與電子碰撞而被分解為 SiH_3（活性基），這種活性基在向基板輸運的過程中生長成非晶矽膜層。而且，活性基中所含有的氫及電漿中存在的氫原子一部分會混入生長膜層中，這些氫對於降低非晶矽的缺陷密度關係極大。儘管微晶矽也是由同樣的方法獲得，但與非晶矽製作條件很大的不同點在於製膜時導入的氫氣量不同。若將 SiH_4 氣體由氫氣逐漸稀釋，則相對於電漿中的 SiH_3 活性基來說，原子狀氫的比例不斷增大，當該比例達到某一臨限值（threshold）以上時，便生長成微晶 Si。儘管依條件不同而異，通常將 SiH_4 氣體由 10～30 倍以上的氫氣稀釋時，便可獲得微晶矽。

利用以上的製作方法，可以獲得電氣本質型（intrinsic，i 型）薄膜 Si，其電阻很高，但藉由摻雜（doping）Ⅲ族及Ⅴ族元素，膜層電阻率（resistivity）可大幅度降低。在製膜時，相對於 SiH_4 氣體，若按 0.1%～1% 的比率混入乙硼烷（B_2H_6）及磷化氫（PH_3），則可分別獲得 p 型和 n 型薄膜 Si。另外，藉由混入甲烷（CH_4）及氫化鍺（GeH_4）等含矽以外Ⅳ族元素的氣體，還可獲得碳化矽（SiC）及矽鍺（SiGe）等合金薄膜。

6.9.4 薄膜矽太陽能電池的製作方法和構造

薄膜 Si 太陽能電池的基本結構分為圖 6.24 所示的兩大類，一類是圖 (a) 所示，從基板側受光的上襯底型（superstrate），另一類是圖 (b) 所示，從膜表面受光的下襯底型（substrate）。相對於前者的構造，可採用雷射（laser）等加工，容易實現大面積、整合化、模組化太陽能電池等而言，後者的優點是，基板透明與否無關緊密（不透光而反射率高更好），因此可採用輕量薄型，如不鏽鋼基板、塑膠基板等。無論哪種形式：都採用 i 型層（光吸收層）被 p 型層和 n 型層相夾的 p-i-n 結作為基本結構，利用 i 型層中產生的內建電場（built-in field），將光照雷射的電荷（電子和電洞）高效率地從電極取出。表面電極採用光透射性好的透明導電氧化物（TCO, transparent conductive oxide），以 nm 以

上的紅外線區域無感度而言，微晶矽可吸收波長至 1100nm 的光。易於想像，從而作為代表性的材料，一般選用摻錫的氧化銦（ITO）及二氧化錫（SnO₂）、氧化鋅（ZnO）等。背面電極一般採用 TCO／金屬（Ag 或 Al）的兩層結構，並以此實現 Si 與背面電極介面對光的高反射率（reflectivity）。

在薄膜 Si 太陽能電池中，為獲得高的光電流，需將從受光面入射的光及從背面電極反射的光封閉在 i 型層中，這種光封閉技術（light trappmg）極為重要。為實現光封閉，通常採用表面形成次微米（submicron）級凹凸〔又稱為表面絨毛化（texture）〕，並被 TCO 包覆的基板，藉由 TCO/Si 介面對光的散射效果，實現的光路長度比 i 型層的厚度更長，以使光充分發揮雷射效果。

活性層的製作方法，如圖 6.25 所示。

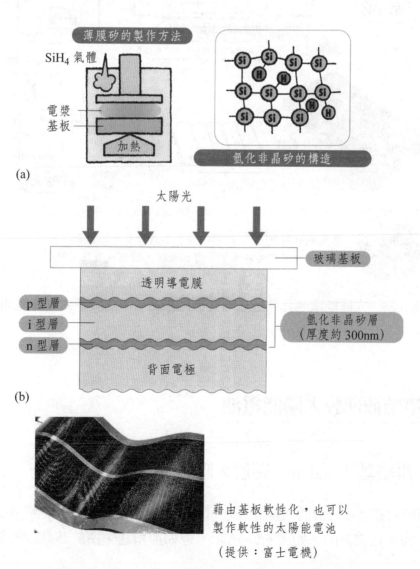

圖 6.24　薄膜矽太陽能電池的製作方法和構造

▶▶▶ 真空和雷射起著關鍵作用，發電層（活性層）的製作方法各式各樣

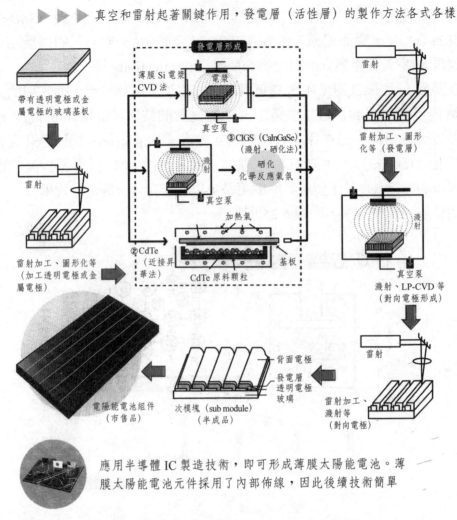

應用半導體 IC 製造技術，即可形成薄膜太陽能電池。薄膜太陽能電池元件採用了內部佈線，因此後續技術簡單

圖 6.25　太陽能電池元件是如何製造出來的——薄膜矽太陽能電池

6.10　串結矽薄膜太陽能電池

6.10.1　串結型（tandem）薄膜太陽能電池

　　雖然照射在地球表面的太陽光譜在可見光區出現峰值，但包括紅外線區域在內，其分佈是相當寬的，如圖 6.26 所示。但如前所述，由於非晶矽的能帶間隙

為 1.7eV，對於波長 700nm 以上的紅外線區並無感度。而微晶矽的禁帶寬度為 1.1eV，對波長直到 1100nm 的紅外線都可以吸收。因此，微晶矽太陽能電池可取出的最大電流（短路電流密度，J_{sc}）比從非晶矽的大。但從另一方面講，若從太陽能電池可取出的最大電壓（開路電壓，V_{oc}）做比較。禁帶寬度大的非晶矽要比微晶矽大。由於太陽能電池的轉換效率是由電流和電壓的乘積決定的，其結果是，二者的轉換效率在研究階段，最大都停留在 10% 左右。但是，將兩個以上不同能帶間隙的太陽能電池串接在一起，就可以提高轉換效率。這稱為太陽能電池的多串結化（tandem）。

圖 6.26 中表示將非晶 Si 和微晶 Si 串結相聯的 2 串結型太陽能電池，其中 (a) 為結構示意圖、(b) 為量子效率（quantum efficiency）譜、(c) 為電流電壓特性。由於非晶 Si 設置在頂部，而微晶 Si 設置在底部，因此分別稱前者為頂部電池，而後者為底部電池。太陽光的可見光部分被頂部電池吸收，而透射的紅外線被底部電池吸收，然後兩部分的發電相組合。輸出電壓為兩個電池的電壓之和，故輸出電力（轉換效率）增加。對於串結型太陽能電池來說，在設計中考慮頂部電池與底部電池的輸出電流平衡極為重要，因此，一般吸收紅外線的微晶 Si 厚度與吸收可見光的非晶 Si 厚度之比為 5～10 倍。

因此，對於串結型太陽能電池的生產來說，提高微晶矽的製膜速度就成為非常重要的問題。為形成微晶 Si 底部電池，過去要花費數小時來製膜，而由於技術的進步，最近可在 10 分鐘左右的時間內完成。而且，為了抑制非晶矽的光致劣化，頂部電池的厚度要設計得盡量薄，藉由在頂部電池與底部電池之間插入透明的中間反射層（TCO 及 SiC_x 薄膜），開發成功控制電流平衡的技術。到目前為止，採用 a-Si/μc-Si 串結型的太陽能電池，初期效率可達 14.7%，光致劣化後的穩定化效率（次組件，面積 14cm^2）為 11.7%。

在 2 串結型太陽能電池的基礎上，藉由再重疊（積層）一個電池，還開發出 3 串結（triple tandem）型太陽能電池。據報導，採用 a-Si/a-SiGe/μc-Si 結構電池的初期轉換效率超過 15%。此外，還提出不採用微晶 Si 的 a-Si/a-SiGe/a-SiGe，和以微晶 Si 作底部電池的 a-Si/a-Si/μc-Si 及 a-Si/μc-Si/μc-Si 電池，以及採用比微晶 Si 對紅外線感度更靈敏的微晶 SiGe，作底部電池的 a-Si/μc-Si/μc-SiGe 等各式各樣的組合方案。目前 3 串結型太陽能電池的高效率技術和生產技術的研究開發，正在活躍進行中。

6.10.2 提高串結型薄膜太陽能電池轉換效率的措施

薄膜 Si 太陽能電池的性能，藉由多串結等技術的成功運用，已得到明顯改善。但從現狀看，只能說已勉強追上市售多晶 Si 太陽能電池的水準。今後，薄膜 Si 太陽能電池要實現市場上的躍進，需要性能進一步提高，作為近期轉換效率的目標，2 串結型要達到 15%，3 串結型要達到 18%。為此，抑制非晶 Si 光致劣化技術及更有效光封閉結構的開發、光吸收損失更小的 TCO 材料的開發以及藉由新材料的開發改善紅外線吸收感度等課題，可說是堆積如山，既要求技術、技術的創新，更要求材料的創新。

另一方面，伴隨多串結化，由於太陽能電池的層數、膜厚增加，從價格角度，估計對製膜速度的要求會越來越高。如果發電效率能進一步提高，而且藉由高速製膜技術能使生產成本進一步降低，則薄膜 Si 太陽能電池就可以與結晶 Si 太陽能電池在市場上一爭高下。期待薄膜太陽能電池對世界太陽能發電系統的導入與普及做出更大貢獻。

6.10.3 HIT 太陽能電池與傳統晶矽太陽能電池的比較

HIT〔heterojunction with intrinsic thin-layer，帶內稟（本質）薄層的異質接面〕太陽能電池是在 Si 系太陽能電池中，將高電壓的非晶矽（a-Si:H）太陽能電池要素，與高電流的單晶矽（c-Si）太陽能電池要素進行「雜化」而得到的。但是，僅靠簡單的組合，則不能實現高效率的太陽能電池。HIT 是通過在單晶矽與 p 型摻雜的或 n 型摻雜的 a-Si:H 層之間，插入不摻雜的本質性薄的 a-Si:H 層（i 型 a-Si:H）而實現，具有高轉換效率的混成結構。

圖 6.27(a) 表示 HIT 太陽能電池與傳統晶矽太陽能電池的對比。傳統晶矽太陽能電池中，作為基本結構的 pn 接面是由同一種材料的 Si 單晶形成的。具體來說，是在 p 型 Si 單晶中，藉由 P（磷）的熱擴散而形成的。

而且，在背面側，藉由使作為背面電極的 Al 之一部分，向 Si 中熱擴散，形成 p^+ 層。上述 P 和 Al 的擴散過程及表面 Ag 電極的燒成，全部要採用 800 ～ 900℃的高溫技術。這種高溫技術會引發 Si 單晶的熱損傷（品質劣化），而且由於各種材料的熱應力不同而引發的熱應變，難免造成太陽能電池的撓曲。

6.10.4 HIT 太陽能電池的結構及性能參數

HIT 太陽能電池是單晶矽上積層非晶矽的矽系太陽能電池〔圖 6.27(b)〕。由於可獲得高轉換效率，近年來受到廣泛關注。在 n 型單晶矽的表面和背面，由電漿 CVD 法分別沉積極薄的非晶矽層〔按需要進行控制，以形成 p 型及 n 型、i（intrinsic 本質）型層等〕，再在兩面分別形成透明導電膜（ITO 膜）和梳狀銀電極，得到圖示的結構。與單晶矽太陽能電池的製程可在 200℃相對較低的溫度下進行，因此製造過程中不容易發生宏觀變形，與僅採用非晶矽的情況相比，還具有容易實現薄膜化的優點。

關於轉換效率（conversion efficiency），$100cm^2$ 的電池元件達到 21.3%（AM1.5，$100mW/cm^2$），商品級的模組也達到 17.0%，轉換效率是相當高的。由於在極薄的非晶態層中插入了薄的 i 型層，減少了介面上發生的復合（再結合，recombination），從而開路電壓提高。進一步利用單晶矽表面的隨機紋理化（random texture）提高光封閉效果。藉由這些技術的聯合採用，HIT 太陽能電池已達到相當高的轉換效率。

與單晶矽太陽能電池相比，HIT 太陽能電池還具有高溫時特性降低較小的優點。太陽能電池一般在戶外使用，有時模組溫度電量多，對於實用來說十分有利。而且，由於表、背兩面都形成透明透光膜（ITO）和銀的梳狀電極，可充分利用反射光等，背面也能用於發電。正是基於此，通過調整戶外設置的角度，可使發電量大幅度提高。

今後的課題是，藉由進一步的高效率化和低價格化，以使導入量迅速增加。

6.11 聚光型和多串結型太陽能電池

6.11.1 球狀矽太陽能電池

球狀矽太陽能電池所利用的是 1mm 左右的小球。球狀矽太陽能電池具有下述特點：(1) 與片狀矽太陽能電池相比，矽的使用量只有片狀矽太陽能電池的 1/5；(2) 由於採用的是晶矽，故可期待高的轉換效率（conversion efficiency）和高可靠性（reliability）；(3) 有可能實現軟性化和透明化。

但是，球狀矽太陽能電池具有製作技術難、價格高等缺點。

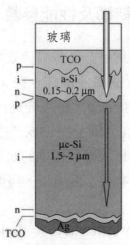

電壓：頂部電池和底部電池的電壓之和

電流：主要決定於電流低的電池

(a) 結構示意圖

將太陽光譜分成兩部分，分別
由 a-Si 和 μ-Si 電池吸收、發電

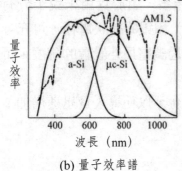

(b) 量子效率譜

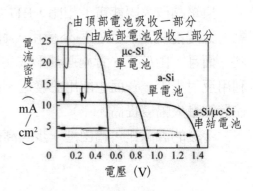

(c) 電流電壓特性

TCO：transparent conductive oxide

圖 6.26　串結（tandem）薄膜矽太陽能電池

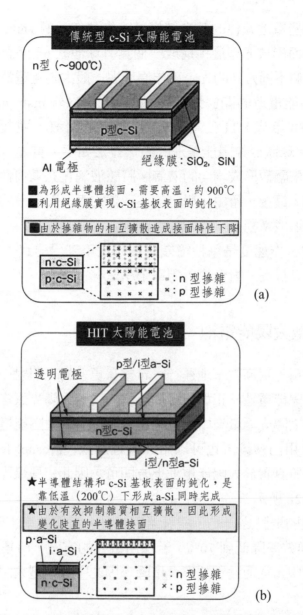

圖 6.27　HIT 太陽能電池與傳統晶矽太陽能電池的對比

　　球狀矽太陽能電池元件的基本結構是，先製作一個 1mm 直徑的 p 型單晶矽球，再在球體表面形成 n 型層，構成一個具有球殼狀 pn 接面結構的受光體，它可以接受來自各個不同方向的光，工作原理與一般太陽能電池相同。

　　球狀矽太陽能電池的開發始於美國的 TI（Texas Instruments，德州儀器）公司。20 世紀 80 年代，TI 公司進行大量技術開發，並提交許多重要專利（patent）申請。球狀矽太陽能電池的製作方法如下：首先，將 p 型矽在石英坩堝中熔融，並由熔融矽形成均勻的液滴。將該液滴在充滿惰性氣體的容器內自由落下，使其凝固。最後，藉由化學方法在矽球的表面形成薄的 n 型層，研磨掉球的一部分，以便形成電極。

　　開發當初的製作速度是每秒鐘幾個球，近年來已達到每秒鐘幾百個球的程度，生產效率大有提高。對今後人們寄予厚望。

6.11.2　聚光型太陽能電池

　　為使太陽能電池更高效率地運行，希望有更多的光照射。為此，需要將大面積的光聚焦於太陽能電池。正如兒童們用聚光鏡將太陽光聚焦可使棉花或紙張點燃那般。這種使太陽光能量集中的效果，也可以用於太陽能電池。

　　由於既可以用凸透鏡，也可以用菲涅耳透鏡（Fresnel lens）（具有鋸齒狀斷面的透鏡），將其置於太陽能電池上方即可，因此這種聚光型發電裝置已達到實用化，如圖 6.28 所示。

　　太陽能電池的弱點之一是，隨著溫度上升、發電效率下降。溫度從 20℃上升至 80℃，轉換效率降低到 70%。若採用聚光的方法，所集中的不只是光，熱（熱線）也被集中，從而發電效率會下降。因此，聚光型太陽能電池中必須設置冷卻裝置。

　　但是，冷卻水帶走熱量後會變成熱水，這種熱水作為熱源可以利用，這便是光，和熱同時利用系統。

　　下節將要介紹的多接面（串結）型太陽能電池採用的是積層結構，上一層不能利用的光，可由下一層來利用。

　　也有將本身吸收殘餘而投射的光再利用的系統。即通過將金屬的表面進行鏡面處理，使透過半導體層的光反射，再度返回到半導體中。或者，正負電極都採用透明電極，在電池的下方設置反射鏡（reflecting mirror），也可達到同樣的效果。

　　上一節球狀矽太陽能電池中所採用的「碗型」反射鏡，既有聚光作用，又有利用透射光的作用。

6.11.3　多接面型太陽能電池

　　太陽能電池的轉換效率到底提高到多高呢？我們身邊經常看到太陽能電池，一般只使用一個 pn 接面，稱其為單接面（single junction）型太陽能電池。單接面型太陽能電池的轉換效率理論極限值，由半導體材料的禁帶寬度（E_g）決定，大約以 30% 為限。

　　但是，上述理論極限進一步提高的方法也有幾種考慮。其中現在已實用化的是，圖 6.29 所示具有多個 pn 接面的多結型太陽能電池。太陽光譜中含有從紫外線到紅外線各種不同波長的光。波長越短，能量越高，由太陽能電池所能發生的電壓越高。這樣，波長短的光被禁帶寬度大（意味著開路電壓高）的太陽能電池所利用，而使波長更長的光透過。透過的波長較長的光再一次被禁帶寬度小（意味著開路電壓低）的太陽能電池所利用。如此，使多個禁帶寬度不同的太陽能電池堆疊，就構成多接面型太陽能電池，據說其理論極限轉換效率可超過 60%。

　　多接面型太陽能電池由於高性能，已廣泛用於太空開發等特別重視轉換效率的用途。而且，即使地面用，使小型多結型太陽能電池配合透鏡（lens）及反射鏡等進行集光發電（圖 6.30），即利用集光型太陽能發電系統的開發也在進行中。藉由這種集光條件，採用兩個 pn 接面堆疊的轉換效率可達 33%，採用三個 pn 接面堆疊的可達 39%。除此之外，民生用多接面型非晶矽太陽能電池也已達到實用化。使改變禁帶寬度的非晶矽 pn 接面積層堆疊，可以獲得比單接面非晶矽太陽能電池更高的轉換效率。

6.11.4　太空用太陽能電池

　　太陽能電池作為各種人造衛星（satellite）的電源，在太空開發中也扮演著重要角色。不過，對太空太陽能電池的特性要求，與地面應用的相比，多少有些差別。

　　首先，在太空中，由高能質子射線和電子射線造成的輻射很強，由此會在半導體內形成晶格缺陷（lattice defect），造成太陽能電池的輸出下降。當初採用的晶體矽太陽能電池，一般說來具耐射線輻射性，在宇宙的光條件下（AM-0），可獲得 12% ～ 14% 的轉換效率。

　　相比之下，GaAs（砷化鎵）及 InP（磷化銦）等化合物半導體太陽能電池具有優於矽的耐輻射特性，轉換效率也高，作為衛星用電源已達實用化。GaAs 太陽能電池在 AM-O 條件下的轉換效率為 19%，InP 太陽能電池也可達到 16% ～ 19%。特別是最近，作為耐輻射特性優良的太陽能電池，採用銅、銦、鎵、硒的 CIGS 太陽能電池也受到廣泛注目。2002 年搭載這種太陽能電池的日本人造衛星「飛翼」送上太空，已經受數年的考驗。

　　而且，對於人造衛星來說，單位重量和大小的發射費用極高，因此需要想盡辦法採用轉換效率更高的太陽能電池。為此，常採用儘管製造價格高，但可獲得高轉換效率的多接面型太陽能電池。兩個太陽能帶積層的多型太陽能電池，在 AM-O 條件下可期待 34% ～ 36% 的高轉換效率，而由 GaAs 和 GaSb（銻化鎵）構成多接面型太陽能電池，在集光條件下已獲得 32% 的高轉換效率。

　　今後，仍會在高效率化、低價格化、輕量化、耐射線輻射性提高等方面繼續進行研究開發。

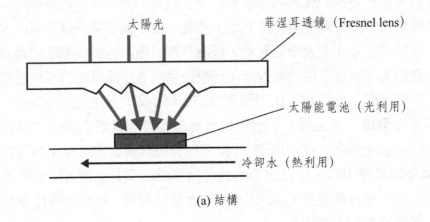

(a) 結構

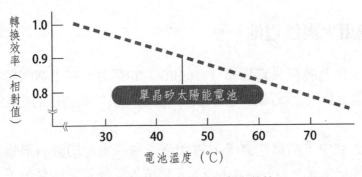

(b) 轉換效率與電池溫度的關係

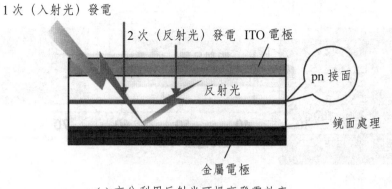

(c) 充分利用反射光可提高發電效率

圖 6.28 集光型太陽能電池（熱利用）與聚光鏡基於相同的原理

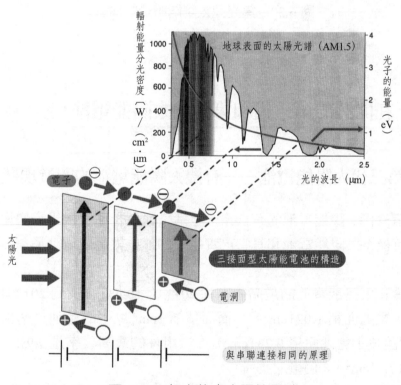

圖 6.29 超高效率太陽能電池

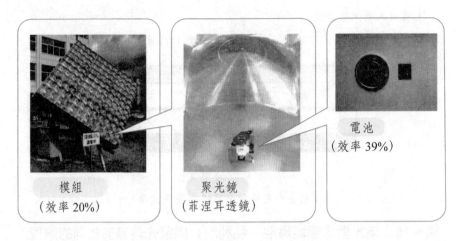

模組
（效率 20%）

聚光鏡
（菲涅耳透鏡）

電池
（效率 39%）

〔照片來源：大同特殊鋼（株）〕

圖 6.30　集光型太陽能電池的構造

6.12　正在開發的第三代和第四代太陽能電池

6.12.1　第三代太陽能電池──有機太陽能電池的開發現狀

作為第三代太陽能電池的有機系，包括染料敏化和有機半導體薄膜太陽能電池等，有機系太陽能電池和其它已實用化的無機太陽能電池最高轉化效率約25%。

染料敏化太陽能電池的最高效率從 2011 的 10.6% 提高到 2012 年的 11.0%（認證值，電池面積 1.021cm^2）。而面積為 1cm^2 以下的電池效率更是更新為11.4%（認證值，電池面積 0.231cm^2）。次組件的最高效率是 9.9%（認證值，電池面積 17.11cm^2，8 個電池並列）。

有機薄膜太陽能電池的開發從 1986 年起全面展開。契機源於有機 EL（organic electroluminance）發明人美國伊士曼柯達（Eastman Kodak）的鄧青雲博士（Dr.C.W.Tang）之研究，當時的轉換效率只有 1%。美國普林斯頓大學（Princeton University）的 Stephen Forrest 和新日本石油的內田聰一（Uchida Ishii）等通過向 i 層導入共蒸鍍層，使低分子有機太陽能電池的轉換效率達到 5%。在此基礎上，平本（Akira）等使用將富勒烯（fullerene）（C$_{60}$）提純至 99.99999% 的 C$_{60}$ 和 H2Pc（phthalocyanine，酞箐）形成共蒸鍍層，將轉換

效率進一步提高到了 5.3%。Solarmer Energy 公司曾宣布,利用高分子 p 型半導體 PBDTTT,於 2010 年實現了轉換效率為 8.1% 的電池單元,且三菱化學(Mitsubishi Chemical)已於 2011 年 3 月達到 9.26%,向實現兩位數轉換效率邁進一步。2012 年 5 月,德國太陽能電池廠商 Heliatek 開發出了轉換效率為 10.7% 的有機薄膜太陽能電池,此一轉換效率達到了當前全球最高水準。

6.12.2 染料敏化(色素增感)太陽能電池的工作原理

染料敏化太陽能電池(dye-sensitized solar cell,DSSC;又稱色素增感太陽能電池)儘管廣義上以有機系太陽能電池的一種來對待,但其與包括有機薄膜(半導體)太陽能電池在內的「固體半導體接面」太陽能電池,在原理上有根本性差異。這是由於 DSSC 的發電機制是基於化學反應而非半導體接面的空乏層(depletion layer)。染料敏化太陽能電池的工作原理如圖 6.31 所示。原理如下:(1) 染料敏化太陽能電池發電的第一步從太陽光透過透明電極到達有機色素(organic coloring matter)開始。有機色素中接受太陽光能量的,是處於低能軌道的電子。電子接受光能之後,躍遷到高能軌道,成為激發電子,如圖 6.32 所示。(2) 接收該激發電子的是 TiO_2。TiO_2 的最高能量軌道低於有機色素的最高能量軌道,因此有機色素的激發電子轉移至 TiO_2 的軌道;再轉移至 TiO_2 的電子,從作為陰極的透明電極出發,經導線,到達作為反對側陽極的白金電極;(3) 與白金電極相接觸的是電解液中的碘,碘在電解液中電離,被分為陽離子 I^+ 和陰離子 I^-。電子會轉移到陽離子 I^+。一個碘分子便形成兩個 I^-,造成電子過剩。這樣,藉由電解液中的碘,就可把一個 I^- 中的電子轉移到有機色素的陽離子。

這樣,電子從有機色素出發,經由二氧化鈦和電解液中的碘,又返回原來的有機色素而發生複合。其中,電子的移動自然與電流相當。與同是基於化學反應而工作的乾電池、電容器、二次電池等一樣,DSSC 採用的也是「正極/電解液/負極」這種固—液結合型結構。作為用來發電而產生光激發電子的接收器,即在固—液界面上,為了對電流進行整流而採用半導體電極的原理(光電化學),是 1960 年代確定的。在半導體中採用奈米多孔體的二氧化鈦(TiO_2)以提高光吸收的方法,經過 Grätzel 的研究,使其在太陽能電池的應用成為可能。截至 2011 年,DSSC 的能量轉換效率已提高到接近 13%,耐用性的開發也在進行之中。TiO_2 不僅價格便宜,而且作為電化學最穩定的金屬氧化物之一,在光觸媒(photo-catalyst)領域也達到實用化。

　　DSSC 的優點和缺點都源於電化學反應，即由於採用了電解液。作為光吸收材料採用了分子狀的色素，在太陽能電池中也是唯一的，這依照的是照相感光材料的方法（敏化或增感意味著感度的提升）。

6.12.3　有機半導體薄膜太陽能電池的工作原理

　　有機半導體薄膜太陽能電池是當陽光從陽極層（p 型有機半導體）照射時，有機分子吸收光產生激子（exciton），激子向電子施子（donor）和電子受子（acceptor）的介面移動，在介面處通過光誘導解離分解成自由電子和自由電洞，自由電子和自由電洞各自向電極兩端遷移，最後注入兩端電極輸向外電路。

　　有機半導體薄膜電池接面結構主要由 pn 異質接面、基板、金屬電極、透明電極構成。根據分子結構單元的重複性，有機半導體材料可分為小分子型和高分子型兩大類。小分子型有機半導體材料的分子中，沒有呈鏈狀交替存在的結構片段，通常只由一個比較大的共軛體系構成。

　　要構成太陽能電池，p 型半導體和 n 型半導體必不可少。對於有機薄膜太陽能電池來說，作為 p 型的有機半導體，採用前面介紹的導電性聚合物；而對於 n 型有機半導體來說，迄今為止仍未發現比較滿意的材料，但是，具有足球形結構分子而聞名於世的富勒烯（C_{60}，足球烯），看來是最合適的材料。這種富勒烯的發現，同樣也獲得諾貝爾獎（Nobel prize）。

　　將上述兩種不同種類的有機半導體混合溶解，而後將得到的溶液在帶有電極的基板上塗敷、乾燥，形成薄膜，最後在有機薄膜上形成電極，採用這種極為簡便的方法就可以製作太陽能電池。圖 6.33 表示有機薄膜太陽能電池的構造，圖 6.34 表示基板也使用塑膠薄片的全有機型軟性太陽能電池的實例。

　　由此製作的有機薄膜太陽能電池轉換效率目前為 3% 左右，但由於有機材料種類繁多，如果能發現最適合太陽能電池的材料，說不定能獲得令人吃驚的轉換效率。對此，人們寄予厚望。

6.12.4　第四代太陽能電池——量子點太陽能電池的工作原理

　　在太陽能電池的研究開發中，最重要的課題應屬如何實現更高的轉換效率。在這裡，針對可以實現 60% 以上超高轉換效率的全新構成方式做簡要介紹，這便是採用半導體量子點的新型太陽能電池。

　　所謂量子點（quantum dot），顧名思義，是指將電子三維封閉於其中的小箱體。由於電子被封閉於邊長各 10nm 左右的箱體中，從而可充分利用電子作為量子力學（quantum mechanics）的波的性質。藉由有效利用這種性質，人們已看到實現全新太陽能電池可能性。迄今為止，這種結構的太陽能電池是不存在的。

　　藉由量子點大小變化的特性，應尺寸不同所吸收光的波長發生變化，稱此為量子尺寸效應。可以使小尺寸的量子點吸收短波長的光（如藍光），而大尺寸的量子點吸收長波長的光（如紅光）。換句話說，量子點是在固體中，由人工製作的原子量級的「元件」。

　　大量地製作量子點，並使其按規則排列，當彼此間靠得很近時，量子點相互間會產生相互作用，從而形成新的吸收帶。利用這種相互作用，可是對光的吸收波長範圍加寬，進而可覆蓋太陽光譜的全譜範圍。其結果，至少從理論上講，可以實現非常高的轉換效率。

　　使用量子點的太陽能電池開發已經開始，但到目前為止，仍未獲得足夠高的轉換效率。為了最大限度地發揮量子點效應，需要形成大小均一的量子點，而且必須按三維規則排列，特別是要高密地排列，可以想像其難度之高。總之，為實現這種新型的太陽能電池，還存在大量的課題需要解決。

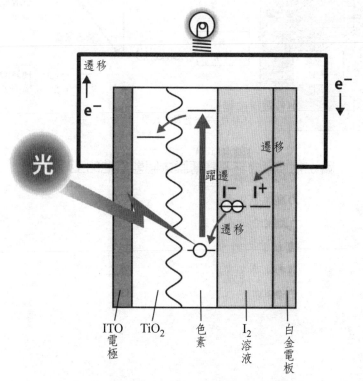

圖 6.31　染料敏化太陽能電池的工作原理

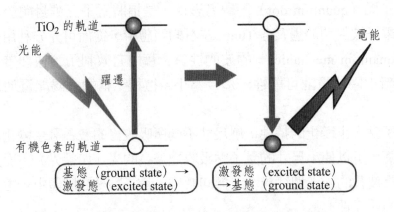

圖 6.32 染料敏化太陽能電池中的電子

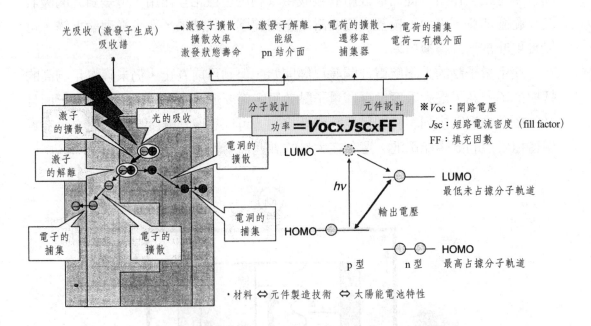

圖 6.33 有機半導體薄膜太陽能電池的工作原理

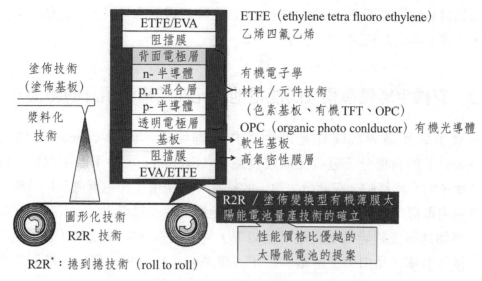

圖 6.34 有機半導體薄膜太陽能電池的層構成實例和製作技術示意

6.13 有機半導體薄膜太陽能電池

6.13.1 採用漿料塗佈技術製作有機薄膜太陽能電池

作為塑膠原料的有機材料，由於不導電，因此在與電氣相關的領域通常是用於絕緣體。

但是，如果能很好地利用有機分子中特有的 π 電子，也有可能使有機材料成為導電性的。白川英樹（Hideki Shirakawa）正是由於導電性聚合物的開發而獲得諾貝爾化學獎（Nobel prize in Chemistry）。

為構成太陽能電池，需要 p 型和 n 型半導體。作為 p 型有機半導體，可以採用前面介紹的導電性聚合物。另一方面，n 型有機半導體至今仍未發現較為理想的材料，作為具有足球型結構的分子——富勒烯（fullerene）看來是最合適的。這種富勒烯的發現，同樣獲得了諾貝爾化學獎。

將這兩種有機半導體混合溶解，然後將該溶液塗敷於帶有電極的基板上，乾燥後形成薄膜，最後在有機上形成電極。採用這種非常簡單的方法，即可製作太陽能電池，如圖 6.35 所示。

這樣製作的有機薄膜半導體太陽能電池的轉換效率，目前僅有 3% 左右，但

由於有機材料的種類繁多，若能發現最適合太陽能電池的材料，實現最高轉換效率，說不定並非天方夜譚。

6.13.2　有機半導體薄膜太陽能電池的元件結構和預計的轉換效率

有機半導體薄膜太陽能電池的工作原理如下：施子（donor）〔或受子（acceptor）〕的有機分子吸收光而成為激子（exciton），激子藉由擴散，向著施子／受子的介面移動，在此發生激子的解離，致使電子和電洞電荷的分離，電子和電洞由電荷向外部電路取出，則以光電變換元件而起作用。因此，為了提高有機半導體薄膜太陽能電池光電轉換效率，需要提高光吸收效率（激子生成效率）、擴散效率，藉由激子解離的電子、電洞的生成效率，電子、電洞的遷移率，電荷的捕集效率等。

當有機薄膜半導體受到光照射時，在 p 型半導體中，便會生成稱為「激子」的電子和電洞對。有機半導體中激子的庫侖力（Columb force），與矽中相比是非常大的。與有機薄膜太陽能電池場合的庫侖力為數百 meV 相對，矽的庫侖力為 15meV。有機半導體薄膜太陽能電池的構造，如圖 6.36 所示。它的異質結構概念，如圖 6.37 所示。

矽的場合，即使室溫能量下，一旦受光照射，電子和電洞便容易地分離。矽系太陽能電池的場合，其庫侖力要比有機系小，因此可以認為生成的是大尺寸激子。與之相對，有機薄膜半導體的情況，電子與電洞間的庫侖力非常強，因此激子的尺寸變小，在其狀態下不分離，生成的激子在移動到 p 型（施子）和 n 型（受子）半導體的介面之前不會發生分離。在介面上，藉由介面能之差，實現電子和電洞的分離，電洞通過 p 型半導體移向陽極。電子通過 n 型半導體移向陰極，若將兩電極相連，則有電流流動。

有機薄膜太陽能電池藉由光吸收過程而產生激子，擴散距離有數十奈米，如果其間不能形成 p 型、n 型半導體的介面，則形成的激子不能很好地分離。即使激子在介面上分離，也需要電子與電洞不發生複合而是分別移向各自的電極。此時，遷移率便成為重要的因數。能量轉換效率可以表示為開路電壓（V_{oc}）、短路電流密度（J_{sc}）、填充因數（FF）三者的乘積，要想提高效率，這三個參數都要大。

例如，為使 V_{oc} 提高，由於 p 型的 HOMO（最高被占軌道）能階與 n 型的 LUMO（最低空軌道）能階間的間隙與開路電壓（V_{oc}）成正比，因此這一間隙

取大些為好。為了提高 J_{sc}，希望吸收光的 p 型半導體的帶隙小些，以便對長波長側能高效率地吸收，但為了使激子更高效率地分離，需要對介面進行很好的控制。目前的情況是，在對這些要素進行解析的同時，分別加以改良。

6.13.3　高轉換效率的超階層奈米結構和相應材料

從原理上講，有機系的轉換效率低於矽的理由並不存在，但有機半導體中電荷的遷移率比在矽中低 3 個數量級以上，不解決此一本質缺點，難以提高有機系太陽能電池的轉換效率。因此，迄今為止，人們在半導體接面的改良方面進行了大量研究開發。有機系太陽能電池中，半導體接面的結構可分為圖 6.38 示的四種類型。其中 (d) 為採用使 pn 半導體微觀相分離的結構，這種結構可以增加表面積，使電荷發生量增加，增大短路電流密度，光電轉換效率高，是目前研究開發的重點。

常用的有機半導體材料主要分為兩類：小分子型和高分子型。常見的小分子有機半導體材料有：並五苯型、三苯基胺（triphenyl amine）類、富勒烯（fullerene）、酞菁（phthadocyamine）、苝衍生物（derivative）和花菁（cyanine）類；常見的高分子有機半導體材料有：聚乙炔（polyacetylene）型、聚芳（polyarylene）環型、共聚物（co-polymer）型。

6.13.4　有機半導體薄膜太陽能電池的開發目標和應用前景

有機半導體薄膜太陽能電池的開發目標和應用前景，截至 2011 年，採用獨自開發的 p 型半導體和 n 型半導體系統，已達到最高為 11% 的轉換效率。

作為改良光電轉換效率的課題主要包括：(1) 光吸收譜與太陽光匹配的最佳化；(2) 激子遷移及電荷分離功能的提高（藉由介面控制使電荷發生機會增大）；(3) 電荷分離後的載子輸運效率提高；(4) 復合的抑制等。總之，需要在材料設計和元件設計等方面採取改良措施。從實用化考慮，以電池（cell）效率 10% 為目標，要想效率達到 15%，需要串結型電池的開發。另外，關於壽命的提高，除了所用有機半導體的耐久性提高之外，阻擋層材料、封裝材料性能的提高，也是重要的因素。

對於商業化來說，有機薄膜太陽能電池具有各種優點，例如軟性、薄型、輕量、透明、全彩色、低價格等。其中充分利用輕量、薄型、軟性（flexible）特

徵的建材一體化太陽能電池領域及汽車領域，就可以在不損害設計性的基礎上，開創出許多新的用途。

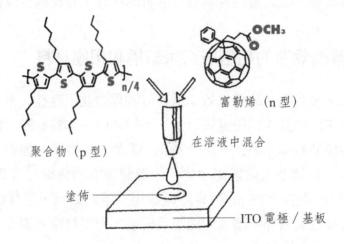

聚合物（p 型）
富勒烯（n 型）
在溶液中混合
塗佈
ITO 電極／基板

圖 6.35　有機半導體薄膜太陽能電池的製作方法

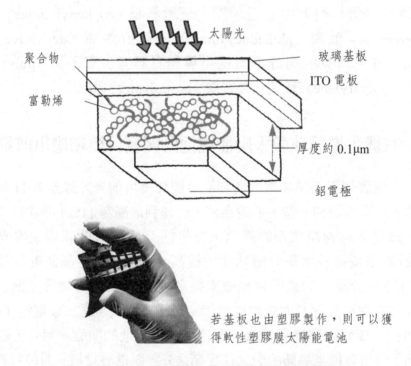

太陽光
聚合物
富勒烯
玻璃基板
ITO 電板
厚度約 0.1μm
鋁電極

若基板也由塑膠製作，則可以獲得軟性塑膠膜太陽能電池

圖 6.36　有機半導體薄膜太陽能電池的構造

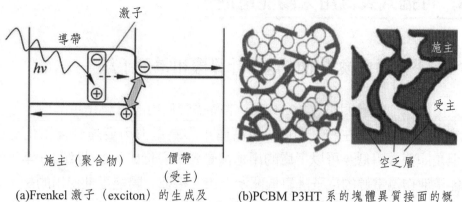

(a)Frenkel 激子（exciton）的生成及　　(b)PCBM P3HT 系的塊體異質接面的概
　　電荷的發生機制　　　　　　　　　　　念圖

圖 6.37　採用有機半導體電池初期過程及塊體異質結構的概念圖

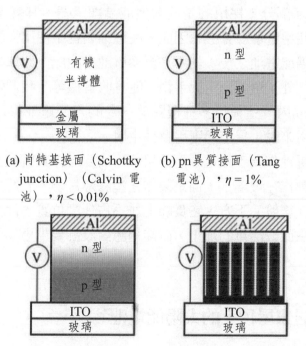

(a) 肖特基接面（Schottky　　(b) pn 異質接面（Tang
　　junction）（Calvin 電　　　電池），$\eta = 1\%$
　　池），$\eta < 0.01\%$

(c) 塊體異質接面　　　(d) 超晶格奈米（superlattice）
　　（Sariciftci 電　　　　結構電池，$\eta > 7\%$
　　池），$\eta \approx 4\%$

圖 6.38　有機半導體薄膜太陽能電池的元件構造和預想的轉換效率

6.14　可攜式裝置用太陽能電池

6.14.1　不需要更換電池的電子計算機和電子手錶

太陽能電池的發明是在 1954 年，當時儘管使用的材料是單晶矽，但發電效率卻很低，只有 6% 左右。因此，當時看來作為電力用要達到實用化是相當難的。但是即使效率低，可以考慮的用途卻是各式各樣的，20 世紀 80 年代初，以太陽能電池作為電源的電子計算機開始上市。這種太陽能電池使用的是，稱作非晶矽的薄膜材料，而這種材料是 1976 年發明的。

同曲線對比，非晶矽適合於較短波長的光發光，因此，由非晶矽製作的太陽能電池適用於採用螢光燈（fluorescent lamp）照明的室內發電。電子計算機（calculator）的顯示部分，採用的是反射型液晶顯示器，其耗電小，而且在全暗的場合下也不會使用電子計算機，因此，在這種裝置中使用太陽能電池是再適合不過的。搭載太陽能電池之後，就不必更換電池，因此，非單晶矽太陽能電池除用於電子計算機之外，還廣泛用於手錶、隨身收音機等，我們隨身使用的小型電子設備。在短時間內，這種集多種優點於一身的方便電池得以普及。順便提出，相對於電力應用來說，稱這類應用為民生用。

非晶矽太陽能電池作為手錶電源而使用時，需要發揮其既輕又薄的優點。因此，這種電池不是製作在玻璃上，而是製作在塑膠薄片上。若將太陽能電池放置在透過光的文字盤（錶盤）下方，它實際上並不占什麼位置。而且，由於是在塑膠薄膜上製成，藉由比較簡單的加工，就能適應對設計要求極為嚴格的手錶複雜形狀。

6.14.2　安裝在居家屋頂上的太陽能電池

近年來，在歐洲、日本、澳大利亞等地，在成片的居家屋頂安裝太陽能電池板已屢見不鮮（圖 6.39）。那麼，個人居家設置太陽能電池有什麼優點呢？下面對此做簡要說明。

作為個人住宅用，通常要安裝 3kW 發電功率的太陽能電池，價格大致為 200 萬日圓。日本從平成 6 年（1994 年）起，對於居家屋頂安裝太陽能電池的情況，推行提供享受國家補助金制度，在此優惠政策之下，太陽能光伏發電的普及大大加速。在國家提供補助金推進太陽能電池普及的同時，補助金的受益人也

需要向國家提供太陽能電池的運行資料，並回答關於太陽能電池的滿意度及節能意識變化方面的問題，以便為下一代的技術開發及政策決定做出正確判斷。

但是，太陽能電池安裝之後，正常發電所節省的電費，要超過購買太陽能電池的費用，大概需要 20 年左右。因此，為了太陽能的普及，更顯著地降低太陽能電池的造價是當務之急。而且，即便是相同價格的太陽能電池，能發出更多的電力，提高由太陽光能轉變為電能的變換效率也是極為重要的。

「所有住宅的屋頂都安裝太陽能電池」，此一宏偉目標，說不定會在 21 世紀實現。世界上已建成的大規模太陽能發電設備，如表 6.1 所列。

6.14.3　在窗戶上也可使用的透明太陽能電池

在人們的印象中，太陽能電池似乎像黑板那樣並不透過光。但是，有一種太陽能電池為透明或半透明的，透過它可以看到其後面的景物，稱它為透明（see-through）太陽能電池。透明型太陽能電池不僅可以兼做窗（玻璃）使用，最近在公共場所也屢見不鮮。那麼，這種太陽能電池是如何製作的呢？

在透明型太陽能電池中，通常使用的是薄膜矽型太陽能電池。這種太陽能電池是在玻璃板上沉積 0.3 ～ 3μm 程度的非晶矽及微晶矽薄膜製成的。當然，這些膜層要吸收光才能發電，因此膜自身不是透明的。但是，可以將這種膜層的一部分藉由雷射加工去除，從而實現部分地透光。如果將大約 10% 的膜層去除，就可以實現透明，即透過太陽能電池看到其後面的景物。

另一種最近開發成功的透明太陽能電池是由透明氧化物半導體製作的，與吸收可見光和紅外線發電的傳統太陽能電池不同，這種電池讓可見光和紅外線穿過，但吸收紫外線將轉換為電能。由這種電池做成玻璃窗，既透明又可以阻隔有害的紫外線，並為整套住宅供電。此外，這種太陽能電池還能幫助控制穿過玻璃的紫外線，給住宅加溫或降溫。

透明型太陽能電池不僅可以發電，還具有省電節能的功效，可以說是「一舉兩得」式太陽能電池。最近，還出現使透明型太陽能電池與發光二極體相組合，白天使太陽光導入室內的同時發光，夜間再有太陽能電池產生的電點亮發光二極體燈的複合式太陽能電池。目前，這種「發光太陽能電池」已經上市。

6.14.4　既輕又薄，特別是能摺疊彎曲的軟性太陽能電池

　　上一節介紹了最新開發的透明型太陽能電池，本節介紹既薄又輕，特別是能彎曲的（flexible）太陽能電池（圖 6.40）。這種太陽能電池是在塑膠薄片上製成的，故稱其為軟性太陽能電池，它是可彎曲的。這種太陽能電池不像普通的太陽能電池那樣採用重的玻璃板，而是既薄又輕，其重量僅為目前普通太陽能電池的約十分之一。

　　之所以被稱為軟性太陽能電池，當然是由於其令人注目的可彎曲性，但更重要的特徵在於它的輕。目前，由於工廠及體育館的屋頂等面積太大，因強度不夠而不能安裝太陽能電池的情況非常普遍。若採用薄而輕的太陽能電池，即使在屋頂強度較弱的情況下，也能簡單地安裝，這對於太陽能電池的普及意義非凡，如圖 6.41 所示。

　　這種太陽能電池是在塑膠膜片上，利用以 250℃ 左右的溫度下，沉積至 1μm 以下厚度的非晶矽薄膜製成的。在高分子有機材料中，塑膠膜片耐熱溫度達 300℃（即在較短時間內經歷 300℃ 的溫度材料性能不發生顯著變化）是可以找到的，因此上述沉積技術是可行的。如果把塑膠片變成金屬箔（sheet），還可以在更高的溫度下製作太陽能電池。這樣，就有可能製作比非晶矽轉化效率更高的化合物半導體軟性太陽能電池。不過，這種太陽能電池製作成本較高。薄膜太陽能電池製作流程如圖 6.42 所示。

　　實際上，最近採用 CuInGaSn（銅銦鎵錫，CIGS）靶，藉由濺鍍方法，已在塑膠膜片上製成這種高轉換效率的化合物半導體軟性太陽能電池。

　　另外，與目前一塊一塊製作太陽能電池的製作方法相對，軟性太陽能電池可以按圖所示的卷對卷連續方式（roll to roll）製作，可大大提高生產效率，降低成本。

　　而且軟性太陽能電池既輕又柔，也可以製作在衣服上（參照圖）。

　　由於這種軟性太陽能電池可以摺疊，方便收納，還可以作為應急及移動通信用之資源，且適用於人造衛星的電源。

圖片來源：京セラ（株）（パナホーム・シティ西神南）

圖 6.39　安裝在居家屋頂上的太陽能電池

表 6.1　世界上已建成的大規模太陽能發電設備（截至 2008 年，取不同國家最大的
發電設備）

序號	發電規模 （電池功率）	國家	發電設備名稱	實施機關	完成時間 （年）
1	60MW	西班牙	Parque Fotovoltaico Olmedilla de Alarcon	Nobesol	2008
2	46MW	葡萄牙	Moura photovoltaic power plant	ACCIONA Energia	2008
3	40MW	德國	Solarpark "Waldpolenz"	juwi GmbH	2008
4	24MW	韓國	新安東洋太陽光發電所	東洋建設產業	2008
5	7MW	法國	La Narbonaise PV plant	EDF	2008
6	5.2MW	日本	龜山工場		2006
7	3.3MW	義大利	Centrale di Serre Persano	ENEL	1995
8	60MW	捷克	Photovoltaic plant Divčice	Energy 21	2008
9	2.3MW	荷蘭	Floriade exhibition hall	Siemens Nederland N.V.	2002
10	2.1MW	泰國	Petchaburi Solar Farm	Bangkok Solar Power Co.Ltd.	2008

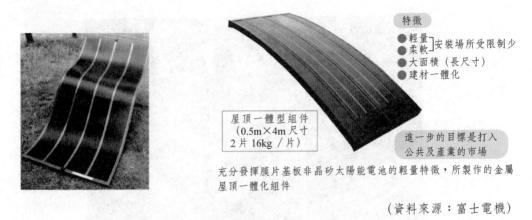

圖 6.40　軟性太陽能電池　　圖 6.41　大面積金屬屋頂貼附型太陽能電池組件

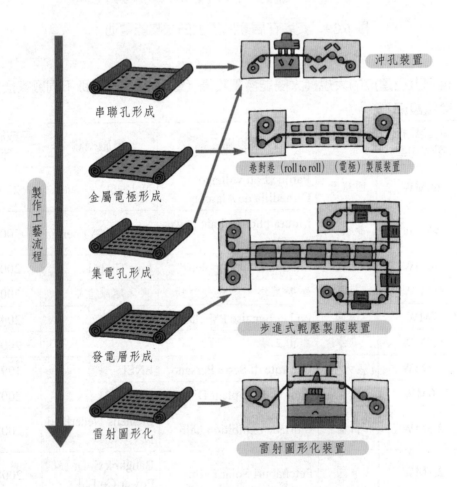

圖 6.42　薄膜太陽能電池製作技術流程

6.15 深山、離島用太陽能電池

6.15.1 設置於農田、牧場及自來水廠之上的太陽能電池

在德國南部的上空俯視地面，可發現數公頃的農田及牧場被許多藍色和紅色的物體所覆蓋，這些都是太陽能電池，藍色的由結晶矽製造，紅色的由非晶矽製造。

在德國推行的制度，即電力公司以較貴的電價購買由太陽能電池發出的電力。如此，在農田和牧場上安裝太陽能電池與原來的農田和牧場相比，收益更高。在此一制度激勵下，人們競相安裝太陽能電池。巴伐利亞州（Bavaria）在這方面走在世界前列，整個系統達到 13MW 的發電量。在這個 10MW 以上的系統中，為保證結晶矽太陽能電池一直朝向太陽，因此均設有跟蹤系統。

即使是採用非晶矽太陽能電池的系統，據說有的也已達到 1.5MW 發電功率。與結晶矽太陽能電池相比，儘管非晶矽太陽能電池的轉換效率較低，但只要有廣闊的土地，也能產生大量電能，其能力得以充分發揮。如果採用卷對卷連續式（roll to roll）技術，在塑膠膜片上製作薄膜狀非晶矽太陽能電池，不僅生產效率高，而且用矽量少，在降低價格、節能減排方面會有顯著效果。

在日本的自來水廠，藉由在淨水池蓋子上設置太陽能電池，有的也達到1.5MW 的發電量。淨水池中的水在太陽光照射下會產生藻類，因此必須加蓋。而且，為防止異物進入，蓋子也是不可缺少的。蓋子上方安裝太陽能電池，起碼可以產生自來水廠中水泵所需的電力。

最近，日本三重縣某工廠藉由在屋頂、牆面上設置太陽能電池，導入世界上最大的 5MW 系統，作為「綠色工廠」而引人注目。對更大規模系統的證實研究，也在北海道開始進行。通過在農田和自來水廠等未充分利用的土地及大型建築物上有效利用太陽能電池，以使太陽能光伏發電儘快推廣和普及的努力必將變為現實。

6.15.2 燈塔用及深山中安裝的太陽能電池

峽谷村落、邊遠山寨、大漠牧場、深海孤島等等，往往電網莫及。這些場所若能安裝太陽能電池，相對於電網送電來說，電價要便宜得多。與其它發電方式相比，太陽能光伏發電的規模可以自由選擇。如果在上述地區建立由太陽能光伏

發電驅動的手機通信用中繼基地等，則遠離城市、集鎮的村落、山寨、牧場、孤島等，也能受惠於便攜通信。在深山等遇險時，若能使用手機，則可即時聯絡求救，這對於挽救生命至關重要。

為保證航海安全，多數情況需要在無人島上設置燈塔，但以往都是由汽油發電機提供燈塔所需的電力。由於需要人看護，無人島變成有人島，為守護燈塔需要人員常駐，由此帶來補給、安全、換崗等方面的問題，負擔不小。但是，2005 年 12 月日本國內最後一個有人燈塔——長崎縣（Nagasaki）女島燈塔（lighthouse）之使用電源，由汽油發電機改換為太陽能電池。至此，日本國內 3337 個燈塔全部實現無人化。而且，在 2003 年 12 月，日本國內採用最大太陽能電池作為電源的草垣島燈塔在鹿兒島（Sakurajima island）誕生〔圖 6.43(a)〕。在此使用了 30 塊太陽能電池板，發電功率達 8KW。

但是，對於深海孤島上設置的燈塔來說，可設置太陽能電池的面積有時會受到限制，僅僅靠太陽能電池難以向燈塔提供足夠的電力。在這種場合下，可利用容易朝夕變化的氣候條件，使互補的自然能量相組合〔圖 6.43(b)、(c)〕。例如，在太陽能電池出力不足、天氣很差時，往往海浪很高。據此，可使太陽能光伏發電和海浪發電相結合，構成混成（hybrid）電源系統。圖示就是設置此混合電源系統的大分縣水之子島燈塔。

6.15.3　發展中國家用及安裝在沙漠中的太陽能電池

在世界各國，電網難以達到，由此可知不能供應電力的地域是大量存在的。無電則生活不便，更難享受現代生活的樂趣。為了使這些地域的居民受惠於電力，太陽能光伏發電可大顯身手。採用汽油發電機等發電的情況也是有的，但將燃料運抵遠離城市的無電村寨並非易事。與之相對，太陽能電池一旦安裝完成，就可工作 20 年以上，在晴天陽光之下，即可連續發出電能。如果與蓄電池相結合，下雨天和夜間也能提供必要的電能。

在蒙古（Mongolia）的戈壁沙漠（Gobi desert）等地，也開始安裝太陽能電池，並在人們的生活中發揮越來越大的作用。若使用這種電能，可以向沙漠的村落中引水，並提供夜間照明，這不僅有助於提供教育水準，還可以改善和豐富人們的生活。另外，如果在沙漠中旅行的駱駝背負由太陽能電池驅動的小型冰箱（圖 6.44）就可以及時向沙漠村莊提供疫苗等藥品，挽救人的生命。在電網不能達到的偏遠地區，太陽能光伏發電可說是人們的生命之泉。

　　太陽能光伏發電的規模可以自由選擇，不需要冷卻水，安裝和操作都很簡單。這些對於遠離城市的偏遠地區，可說是求之不得的優點。相應於無電化村鎮的規模，將太陽能電池和蓄電池相結合，就能全天候提供所需電力。因此，光伏發電是獨立性很高的發電方式。

　　圖 6.45 表示戈壁沙漠中設置的太陽能電池。如果戈壁沙漠面積 1/2 被太陽能電池所覆蓋，則由其發出的電可滿足目前全球電力需求。日本作為國家能源機構（IEA, International Energy Agency）下設的太陽能發電系統、籌畫中的「沙漠地域大規模太陽能發電系統的調查研究」的理事國，正在進行沙漠地域大規模太陽能發電系統實現可能性的檢證、評價、規劃等。如果沙漠中設置太陽能電池驅動水泵等，還可以解決沙漠綠化此一困難已久的問題。

6.15.4　綠色環保型太陽能汽車

　　太陽能汽車（solar car）是將太陽光轉換為電的太陽能電池和貯存電力的蓄電池二者作為動力源，可以做到零排放，可以稱得上是綠色環保無公害汽車。由於這種車僅靠太陽能電池發生的電力而行走，故車輛的輕量化是極重要的課題。太陽能電池採用的是，以樹脂等封裝而非玻璃封裝的輕量型。在外形設計上，為了盡可能減小空氣阻力，而採用獨特的流線型。但是，若在該部分上貼滿太陽能電池，特別是由於朝夕太陽照射方向不同，太陽能電池的輸出會產生差別。太陽能電池每片只能發出 0.5V 左右的電壓，一般是數十塊串聯使用，但如果太陽能電池的特性出現參差不齊，整體的電流就會受到特性最差太陽能電池電流的限制。因此，儘管太陽能汽車作為整體式流線型的，但只是在貼附太陽能電池片的場所設計成二維的曲面，以保證面向太陽的方向是完全相同的。

　　在日本三重縣的鈴鹿賽場（Suquka circuit），每年都舉行太陽能汽車比賽（solar car race），屆時全日本許多高中、高職、大專及大學都會派代表參加。從效果看，太陽能汽車比賽的意義遠遠超越比賽本身，更為一般人提供了解太陽能電池的機會，使教育與實踐相結合並賦予創新內涵。

獨立為離島燈塔等供電的太陽能電池
（7920W 系統）及燈塔全景

(a)

對於海島很小，設置太陽能電池面積受限
的情況，需要導入太陽光和海波混合電
源系統

(b)

風力發電　　　　太陽光發電

海波發電

發電、充放電資訊

信號處理裝置

全球定位系統
（Global
Positioning
System, GPS）
受信機

資料匯集裝置

風向風速計

電源

控制

資料匯集並處理

(c)

圖 6.43　安裝在離島上為燈塔等供電的太陽能電池

圖 6.44 背馱以太陽能電池作為小型冰箱電源的駱駝

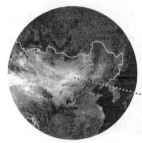

圖 6.45 戈壁沙漠設置的太陽能電池

6.16 光伏發電的產業化現狀和發展前景

6.16.1 世界光伏發電的新增安裝量和累積安裝量

據統計，2011 年世界光伏發電系統的裝機容量為 29.6GW，比 2010 年的 16.8GW 增長 70% 以上，其中，德國、中國內地、美國、法國和日本的光伏電池裝機容量都達到了 1GW。以上世界六個太陽能電池主要生產國的光伏電池裝機總量約占世界總量的 76%。

2012 年全世界光伏發電系統的裝機容量達 32GW，累計裝機總量達 100.684GW。2012 年世界太陽能電池片的生產量達到 37GW，產能超過 60GW。其中，中國內地的太陽能電池片生產量約為 21GW，臺灣生產量約為 5.5GW，日本和歐洲分別約為 2 ~ 3GW。

中國《可再生能源發展「十二五」規劃》：太陽能發電裝機目標，2015 年從原訂目標的 5GW 提高到 10GW，到 2020 年從原訂目標的 20GW 提高到 50GW。其中，到「十二五」末，太陽能屋頂發電裝機達 3GW，到 2020 年從原訂目標的 25GW，分別占新裝機目標的 30% 和 50%。

6.16.2 住宅用光伏發電系統的價格和價格組成

普及太陽能光伏發電系統的最大課題，是裝備此一系統的價格到底能便宜到多少。1992 年，日本實行電力公司對富餘電力的收購制度，即當太陽能光伏發電的電力剩餘時，電力公司藉由收購電力的連網系統，將多餘的電力全部買下。即使如此，裝備住宅用 3kW 系統的價格也要超過 1000 萬日圓。

1994 年，由新能源基金會（NEF, National Energy Foundation）作為視窗，開始執行國家對住宅（裝備太陽能光伏發電系統）的補助全制度，規定系統價格的一半由國家補助。此一戰略性措施為太陽能光伏發電系統真正啟動和普及提供了優越條件。此制度執行後，預算也逐年擴大，得益於市場的擴大和技術革新的進展，系統價格逐年降低，與此同時，資金補助比率也在下降。這些都成為倒入量和市場規模逐年急速增大的原動力。到 2004 年，系統價格降低到當初約 1/5，每千瓦降低到 67 萬日圓。住宅用太陽能光伏發電系統價格逐漸向下推移。

從技術角度講，隨著多晶矽太陽能電池轉換效率的顯著提高和製作價格的明顯下降，到 1999 年，它的產量已超過當時作為主流的單晶矽太陽能電池。在構成系統的機器設備方面，當初舊轉換器（inverter）約占系統價格一半（每千瓦約 200 萬日圓），由於進入 21 世紀，每千瓦降低到 16 萬日圓，實現了低價期望。

但是，太陽能光伏發電的發電價格，目前仍處於 46 日圓／kWh，約為住宅用市電電價的 2 倍。降低價格的努力任重道遠。對於占系統價格一大半的太陽能電池模組來說，當務之急是提高目前作為主流的結晶矽太陽能電池的轉換效率、降低製作價格，與此同時，藉由薄膜矽、化合物半導體薄膜、色素增感、有機薄膜等新型太陽能電池的開發與進展，通過系統價格的大幅削減，使太陽能光伏價格顯著下降。

6.16.3　促進太陽能光伏發電的各國優惠政策

(1) 義大利：到 2012 年 10 月，義大利光伏發電設備累計裝機容量為 15.93GW，估計 2012 年的裝機容量為 3.5 ～ 4GW。由於該國過去幾年的太陽能電池組件進口稅率（FIT, feed in tariff）優惠政策實施，而獲得退稅補貼額達到 63.9 億歐元。當 FIT 的支持總額達到 67 億歐元上限時，該國政府就決定結束 FIT 政策的實施。FIT 終結以後，預計每年的太陽能電池元件導入量只有 1 ～ 2GW 的規模。

(2) 德國、西班牙：2012 年的光伏發電市場關注焦點是，德國和西班牙等裝機先進國家中補貼政策的重新估計。德國為了可再生能源產業，20 世紀 90 年代制定了電力的固定購買制度，其結果是，從 21 世紀第一個十年的後半期到現在，完成了以光伏發電為主的可再生能源大量裝機。西班牙在 2008 年曾裝機光伏發電 1900MW，使它當年成為世界各國光伏發電裝機量排名首位國家。但現在，西班牙因為財政惡化而決定停止對可再生能源的新裝機給予補貼的制度。德國在 2012 年 1 ～ 9 月間的完成發電裝機容量為 6.22GW。2012 年 6 月德國通過的修正可再生能源法（EFG）中，把 10MW 以上的大規模光伏發電系統劃為享受 FIT 政策（進口稅率的「退稅補貼」）以外。德國政府確定的未來發展光伏發電計畫目標是：每年 2.5 ～ 2.5GW 的裝機容量。

(3) 美國：美國 2012 年上半年光伏發電設備裝機容量為 31254MW。美國太陽能產業協會（SEIA, Solar Energy Industries Association）預計，2012 年的裝機容量約為 2011 年的 1.7 倍，即達到 3.2GW。

　　歐巴馬（Obama）當選美國總統後，更是致力於大力發展太陽能產業，希望將太陽能產業作為美國調整經濟結構的軸心和美國經濟崛起的引擎。金融危機過後，歐巴馬從總額 7870 億美元的經濟刺激計畫中撥款 4.67 億美元用於促進太陽能的開發和利用。為幫助太陽能相關企業度過難關，美國能源部（Department of Energy）為其提供 5.35 億美元的貨款擔保，這些都是美國光伏市場穩步發展的保障。2010 年 7 月 21 日，美國參議院能源委員會投票通過了「千萬屋頂計畫」，從 2012 年到 2021 年將累計投資 50 多億美元，總裝機容量將達到 30 ～ 50GW。

　　(4) 法國：法國 2012 年上半年導入 450kW 裝機容量的光伏發電系統，預計在 2012 年的裝機容量為 1 ～ 1.5GW。每個季度的 FIT 雖然減額，但是 100kW 以上大規模系統實施投標政策。近期注意到，法國總統要求減少對核電的依靠，希望在法國強化推行光伏發電的資助政策。

　　世界各國光伏發電近十年來的變化，如圖 6.46 所示。太陽能光伏發電廣的闊市場，如圖 6.47 所示。

6.16.4　世界太陽能電池企業的大浪淘沙

　　太陽能電池供應過剩導致價格大跌，光伏企業收益迅速下滑甚至惡化。2012 年以後，光伏企業破產數量增多，在大浪淘沙中堅守的光伏企業正在邁出重新增長的步伐。原為「大牌」的一些歐美光伏企業相繼破產，這也使得部分亞洲光伏企業從中獲利。中國、韓國等多家光伏企業在「破產潮」中快速獲得了「技術」、「品牌」。而日本的光伏企業在「衰退」與「期望」中舉步維艱。

▶ ▶ ▶ 作為能源其評價已今非昔比的光伏發電，在各國已成為重點發展的產業

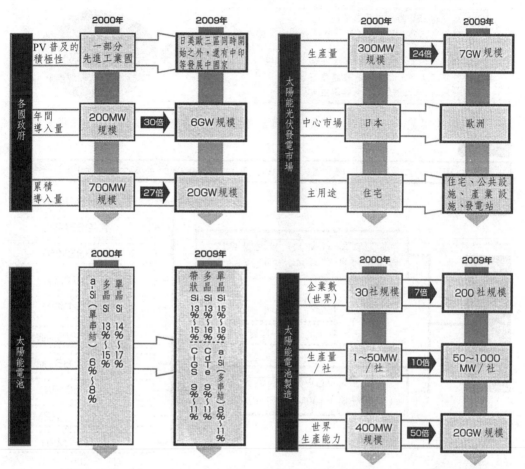

※2009 年的資料有些為估計值。實際上，2011 年全
　世界新增裝機量估計為 19GW，累積裝機量估計為
　57GW。2011 年中國的太陽能電池組件產量估計為
　10GW，而產能達到 21GW（有關權威部門宣稱是
　30GW）

10 年間舊貌換新顏！太陽能光伏發電產業作為一個新興的產業
「分號」正在打開大門，開張經營，其發展前途無量

圖 6.46　世界的光伏發電僅經過短短十年，就發生如此巨大變化

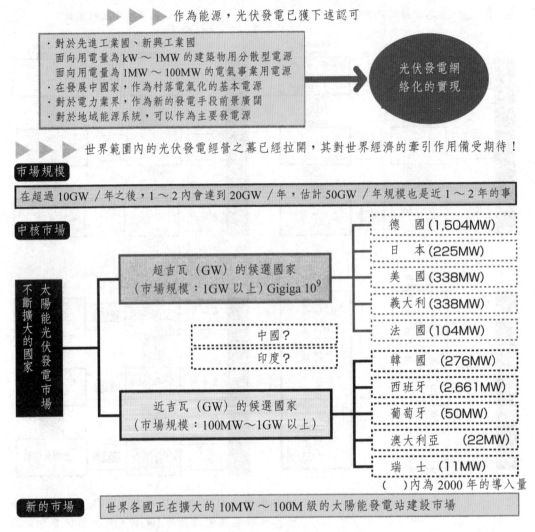

▶ ▶ ▶ 作為能源，光伏發電已獲下述認可

· 對於先進工業國、新興工業國
  面向用電量為 kW ～ 1MW 的建築物用分散型電源
  面向用電量為 1MW ～ 100MW 的電氣事業用電源
· 在發展中國家，作為村落電氣化的基本電源
· 對於電力業界，作為新的發電手段前景廣闊
· 對於地域能源系統，可以作為主要發電源

光伏發電網絡化的實現

▶ ▶ ▶ 世界範圍內的光伏發電經營之幕已經拉開，其對世界經濟的牽引作用備受期待！

市場規模

在超過 10GW／年之後，1～2 內會達到 20GW／年，估計 50GW／年規模也是近 1～2 年的事

中核市場

不斷擴大的國家 太陽能光伏發電市場

超吉瓦（GW）的候選國家
（市場規模：1GW 以上）Gigiga 10^9

中國？
印度？

近吉瓦（GW）的候選國家
（市場規模：100MW～1GW 以上）

德　國 (1,504MW)
日　本 (225MW)
美　國 (338MW)
義大利 (338MW)
法　國 (104MW)

韓　國 (276MW)
西班牙 (2,661MW)
葡萄牙 (50MW)
澳大利亞 (22MW)
瑞　士 (11MW)

（　）內為 2000 年的導入量

新的市場 世界各國正在擴大的 10MW ～ 100M 級的太陽能發電站建設市場

前途無量的太陽能光伏發電產業，近期有可能改變世界經濟的低迷狀態，使之重新走上健康之路

圖 6.47　太陽能光伏發電的廣闊市場

6.17　光伏發電將改變人們的生活

6.17.1　沙漠將成為世界能源供應基地

照射到地球的太陽能總量是極大的，僅 1 小時的照射量就相當於全世界一年

的能量消耗（2004 年換算成石油的消耗量為 108 噸）。但是，太陽光照射的能量密度低，$1m^2$ 的最大照射功率大約為 1000W，在撒哈拉沙漠（Sahara Desert）平均約為 300W，日本的入射能量密度只有其一半左右。

地球表面被沙漠覆蓋的不毛之地大約為 1800 萬 km^2。只要其中一部分被太陽能光伏發電所利用，其所提供的光電能就可滿足世界的能量需求。例如，面積約 130 萬 km^2 戈壁沙漠（Gobi Desert）的 1/2 被太陽能電池所覆蓋，其發電量就相當於全世界的能量消耗量。

當然，地面上的天氣會發生變化，而且晝夜、季節輪迴是不可抗拒的規律。全世界的能量供應不可能僅指望一兩個沙漠的貢獻。但是，如果在多個沙漠地區分散設置太陽能發電設備，從總體上看，就可期待提供穩定的能源供應。圖 6.48 表示太陽能利用比率的「太陽能比率稜錐」。

作為這一事業的組織者，IEA（International Energy Agency）提出在世界上 6 個沙漠地區分別構築 1GW（百萬千瓦）級太陽能發電系統的方案，為實現此方案進行了實際設計，並對發電價格及環境影響評價、導入程序（Scenario）進行了系統分析。

作為分析的結果，若按目前的太陽能電池價格估算，發電價格大致在 17～20 美分 /kWh，與日本家用電費基本相當，如果將來太陽能電池價格下降到 1 美元 /W，估計發電價格將達與大型火力發電站不相上下的程度。電能回收期（EPT, energy pay back time）大致在兩年上下，二氧化碳排出原單位為 45g（換算成 CO_2）。

若進一步與沙漠綠化計畫相結合，將對環境保護做出更大貢獻。圖 6.49 表示準備在沙漠地區建設的超大規模太陽能光伏發電系統的預想圖。

6.17.2　24 小時都能發電的太陽能電池

普通太陽能電池在夜間不能發電，這自然是它的重大缺點之一。解決此一問題的設想之一是，向圍繞地球的衛星軌道發射巨大的太陽能電池，將此處發出的電力變換成微波（microwave）等，向地面輸送，這便是太空太陽能發電系統。在太空中，也存在與月蝕（eclipse）相當的現象，不可能做到全白天（即 100% 無夜間天象），但除了極個別的時間之外，基本上可以實現 24 小時均能發電的太陽能發電系統。由於不存在遮擋日照的雲、水蒸氣及沙塵陰霾等所造成的衰減，因此，年間發電量可達到地上相近系統平均發電量的數倍。

　　太空太陽能發電的設想早已有之，1968 年由美國的 Peter Glaser 提出，上世紀 70 年代以美國國家太空總署（National Aeronautics and Space Administration, NASA）為中心進行了詳細的論證。由於用於開發所需的資金過於龐大，時值今日仍未達到實際性的執行階段，但由於受到大量熱心者的強力支持，即使在今天，各式各樣的探討仍然在進行之中。在日本，與太空航空研究開發機構（JAXA, Japan Aerospace Exploration Agency）、無人（駕駛）太空實驗系統研究開發機構（USEF）等為中心的研究計畫也在進行之中，包括大學及國家研究機關的研究者在內的研究（會）活動，也在持續進行。

　　作為經濟上得以成立的系統，如何向地面高效率地送電及發射費用的降低，都是需要解決的課題。作為送電方法，迄今為止主要探討的是將光伏發電變換為微波，再利用設置於地面上被稱為接收天線（rectenna）的天線（antenna）來接收的方法，但最近也在探討將太陽光直接變換為雷射並傳送至地面，再由太陽能電池將其接收並發電的方式。

　　為實現上述設想，需要花費巨額費用，並將延續相當長的開發時間，但從超長期角度講，利用太陽能作為向基本負載（base load）提供穩定電力供應的有效手段，說不定會成為有希望的系統之一。

6.17.3　分散型能源有哪些好處

　　迄今為止，電力供應主要依靠以火力發電站（thermal power station）及核電廠（nuclear power station）等大規模集中型發電站為中心所構成的電力網，與之相對，由太陽能電池及風力發電站等小規模的多個發電系統構成的「分散型發電」，也正引起人們關注。圖 6.50 表示分散型能源（電）網路（network）的概念圖。

　　分散型能源的第一個優點是，由於能源不必要長距離輸送，從而可減少損耗，進而降低價格。對於核電廠及水力發電（hydro-electric power）站來說，當用電池區域的距離很遠（一般如此）時，輸電線造成的能量損耗是很大的。

　　分散型能源的第二個優點是，因發電而產生熱的情況，可以有效地利用這些熱，藉由燃料電池（fuel cell）及小型汽輪機（gas turbine）進行發電等，可期待產生很大的輔助效果。由於高效率地長距離輸送熱是極為困難的，由大規模集中型發電站排除的廢熱很難利用，而對於分散型發電來說，藉由房間提供暖氣、熱水等，可有效利用發電產生的廢熱。

　　儘管分散型能源系統有上述種種優點，但由於現有的能源系統都是以大規模、集中型為前提做成的，不可能據此原封不動地大量導入分散型能源系統。為構築以大量小規模、分散電源及熱源存在為前提的新能源網路系統，必須開發相應的系統構成技術、控制技術等。而且，對於太陽能光伏發電及風力發電（wind power）等可再生能源來說，無論如何也難免受到「天有不測風雲」的影響，因此，必須引入可吸收發電能力變動的能源貯存系統，並使整體最佳化。

6.17.4　改變人們生活的太陽能電池

　　只要是在有太陽光及其它光照射的場所，太陽能電池在任何地方都能發電。由於不需要燃料，無運動的部件，從而也幾乎不需要維修。而且，發電效率等性能與其規模無關，關於這一點就優於火力發電站等，因為後者的發電效率等性能是與其規模密切相關的。太陽能電池小自手錶及計算機用的幾毫米立方（或直徑）尺寸，大到兆瓦級的大型發電站，所有光伏發電都以幾乎相同的轉換效率，相應於受光面積大小，輸出所需要的電力。將來隨著價格下降，如果可以在各種不同場所設置的太陽能電池大量普及，不限於建築物的屋頂及大樓的牆壁等，幾乎在所有場所都能使用。

　　目前所使用的電力，都是由大型發電站發出，並由輸電線長距離輸送到人們身邊。如果太陽能電池大規模普及，人們生活中所使用電能相當一大部分，便可以在使用場所（現場）產生。

　　特別受益於太陽能光伏發電這一特點的應用領域，是在設備中所使用的電源。例如，靠太陽能電池驅動的太陽能汽車，儘管目前僅用於特殊的競技賽車，但隨著太陽能電池及蓄電池性能的提高，以及車身輕量化等方面的進展，說不定有朝一日就會發展成使用的交通工具。再比如遊覽船等，由於有足夠的面積可安裝太陽能電池以滿足所需的功率，目前由太陽能電池作動力的遊覽船已有的實例。

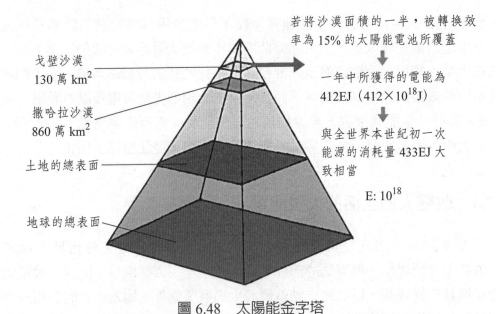

戈壁沙漠
130 萬 km^2

撒哈拉沙漠
860 萬 km^2

土地的總表面

地球的總表面

若將沙漠面積的一半，被轉換效
率為 15% 的太陽能電池所覆蓋

一年中所獲得的電能為
412EJ（412×10^{18}J）

與全世界本世紀初一次
能源的消耗量 433EJ 大
致相當

E: 10^{18}

圖 6.48　太陽能金字塔

在太陽能「發電場」四周設置防沙林和農田，也能產生將沙
漠綠化的作用

圖 6.49　超大規模太陽光發電的完成預想圖

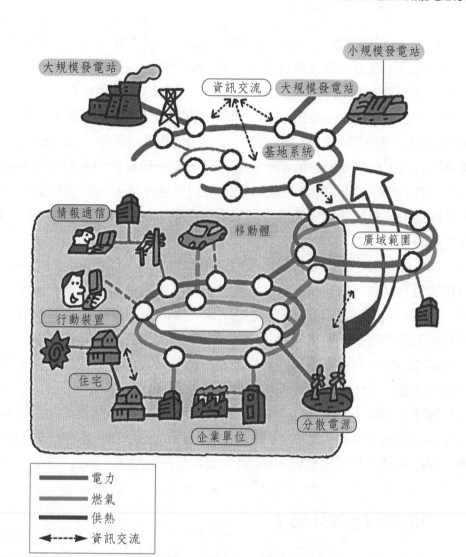

圖 6.50 分散型能源網路示意圖

6.18 太陽能電池的品質保證

6.18.1 太陽能電池的壽命有多長

　　太陽能電池中沒有運動的部分，是直接將太陽光轉換為電（光伏發電），從本質上講具有長壽命。20 世紀 70 年代初期的產品，已運行 30 年以上的實例並不鮮見。對於一般的結晶矽太陽能電池模組（module）來說，構成太陽能電池

元件（cell）的材料與常見的石頭所差無幾，幾乎不發生經年劣化。模組的壽命主要決定於為防止電池元件及電氣電路受到風雨侵蝕而採用樹脂、玻璃、金屬部件等的耐氣候特性。現在對一般的產品來說，模塊的期待壽命在 20～35 年以上。所謂期待壽命（life expectancy），係指可使用時間的大概值。其中，廠家對性能提高的保證時間一般為 10～20 年。由於玻璃的變色（chromatic）及電氣佈線等的劣化，模組輸出會隨年月略顯減少，但一般對於結晶矽太陽能模組來說，如果設計合理，使用 20 年後仍能維持最初年度 9 成前後的發電量是不成問題的。順便指出，對於功率等周邊設備來說，保證一次維修時間超過 10～15 年也是有可能的。

為了調查經年劣化的實際情況，長時間跟蹤現場使用環境得到的結果最為可靠。這樣的現場試驗（field test）在世界上各種氣候的地域都在進行中，迄今已收集到 20 年以上的數據資料。根據這些結果，人們正在從防止水氣的浸入、選擇不易發生變色的樹脂及玻璃材質、增強承受因溫度變化而引起的疲勞耐性等，為延長現在產品的壽命進行各式各樣的改良。對於有害氣體排放較多以及鹽分腐蝕較嚴重的地區，支撐台架等需要用耐腐蝕的材質製作。

在開發新產品時，也需要同時開發加速試驗方法，一般是使產品經受激烈的溫度變化，同時進行鹽水浴加紫外線照射。將這種加速試驗與現場試驗的結果進行比較，說不定將來有可能實現 30 年以上的廠商保證期。

6.18.2　真能做到無故障嗎？

太陽能電池無物理的運動而發電，從本質上講，是不易發生故障的發電方式（圖 6.51），一般來說，放置在太陽光之下就能方便地發電。而且，即使出現故障，一般情況下只要更換故障部分即可恢復正常。現在的市場產品，都是模組化的，可靠性都有保證，如果出現故障的話，也大都發生在功率調節器（power conditioner）等周邊相應的異常（error）顯示。另外，太陽能電池發電系統是涉及數百伏電壓的高電壓設備，即使必須施工和修理，也應該先請具有相應資格的專家諮詢。

平常需要注意的是，不能對表面玻璃造成深度的劃傷，也不能對模組背面造成損傷（圖 6.52）。一旦強化玻璃出現裂紋，水分就會浸入，進而成為引發故障的原因。太陽能電池應安裝在電視天線（television antenna）和樹木分支等倒落不會觸及的場所。萬一模組受到大的損傷，要及早請人修補。而且，希望廠家及銷售店每隔數年須對太陽能發電系統定期檢修。

相對於太陽能光伏一側不易出現故障而言，由於電力網（系統）一側的問題，往往出現干擾〔trouble，超負荷（overload）等〕。例如，系統側的電壓過高，致使安全裝置啟動，從而發生的電力完全不能輸送到一側（逆潮流被抑制）。一旦發生這樣的問題，需要與銷售店商談，但這種干擾之所以發生，是由於現在的送電網還沒有對逆潮流進行足夠的考慮所致，因此想解決此一問題，最終需要與電力公司協商才能奏效。今後隨著太陽能發電的進一步增加，若想不發生上述干擾，需要在法律及送電網的改善方面進一步努力。

6.18.3　不需要掃描清潔嗎？

在沿海等比較清潔的環境下，由髒污引起太陽能電池性能下降的情況很少，一般來說不必特意清掃。在設計時就考慮到：模組上降落砂塵等，靠風雨的自然刷洗，即可達到清除的目的。塵埃等髒污造成的輸出下降，通常在 5% 以下，而且靠雨和風的沖刷即可恢復（圖 6.53）。傾斜角小時，污物難以流走，通常太陽能電池板相對於地面的傾斜角應在 10° 以上。有些產品為保證污物順利流走，採取了特殊措施。

當油性髒污等難以掉落的污物附著，及設置角度接近水準從而髒污難以掉落時，清掃才是必要的。例如，鳥糞及濡濕的落葉附著而不能脫落的情況、靠近大交通流量道路的情況，以及火山灰大量降落的情況等。而且，落葉等使光難以透過的玷污若長期存留，陰影部分的太陽能電池會過熱，從而導致部分的性能下降〔稱其為熱點（hot spot）〕現象，是從周圍的發電部分向不發電部分發生電流集中所引起的。無論怎麼說，對於髒污本身不能流失的情況，是需要清掃的。但在清掃和檢查時，由於攀爬屋頂很危險，最好以安全的場所用水清洗，或者請銷售店代為清掃。但是，過於頻繁的清洗反而會附著水垢等，因此清洗次數應盡量減少。

太陽能模組本身壽命是長的，可以作為建築物的一部分，與一般建築物一樣，只需不定期的檢查即可放心使用。例如，重點檢查 5 ～ 10 年前安裝的固緊零件是否鬆弛，是否發生漏雨等等。建議要由銷售店或專業人員進行定期檢查。

除了上述應該注意的幾點之外，並不需要日常維修，有光照即可以發電，這當然是用戶所希望的。

6.18.4　能承受颱風暴雨、冰雹雷電、嚴冬酷暑

　　一般來說，在日本銷售的太陽能電池模組是符合日本工業標準 JIS（Japan Industry Standard）規格設計的，即在地面上 15m 處，可承受風速為 60m/s 左右的風壓。若按現在的颱風分類，這屬於最高階段「猛烈颱風」（54m/s 以上）。若專門用於經常遭受強颱襲擊的地域，可選用耐更強風壓規格的製品。

　　模組（module）表面厚度為 3mm 的強化玻璃保護，一般來說，直徑 4cm 左右的冰雹落下不會發生問題。電氣電路是靠玻璃和樹脂與外部絕緣的，從而可避免雷擊放電。作為應對附近落雷時產生感應電流〔雷電湧（surge）〕的對策，通過設置避雷器（arrester）、電湧吸收器（surge absorber）及耐雷變壓器（transformer）等避雷裝置加以解決。對於雷電特別多的地域及重要設備來說，為有效避免雷擊，有的還需要設置避雷針（thunder arrester）。

　　模組受太陽光加熱，在盛夏無風時的最高溫度有可能達到 60 ～ 80℃。在這麼高的溫度下（沙漠及太空中的溫度可能會更高）不會發生故障，但溫度高時發電量會減少。減少的幅度依產品不同而異，一般對結晶矽太陽能來說，溫度每上升 10℃，發電量減少不到 2% ～ 3%，目前這種產品已經上市。換句話說，依設置環境而異，即使相同設備容量的產品，實際的發電量也會有百分之幾到百分之十的差異。

　　設置在比較寒冷的地區，從太陽能電池發電本身來說，氣溫低是有利的，不會出現低溫下太陽能電池不能運行的情況。但是，在多雪地域，如果厚雪在範本上堆積則不能發電。因此，在設計安裝時，需要增大太陽能電池板相對於地面的傾斜角，以便雪花滑落。如果積雪層很薄，透過的陽光使模組升溫，可使積雪融化流走。

6.19　光伏發電仍有潛力可挖

6.19.1　非朝向太陽也能正常發光

　　太陽能電池模組即使不向著正南方傾斜，也能正常發電。按過去觀測資料得到的平均斜面日照量，一般來說，以相對於地面傾斜角為 20° 的情況為例，即使傾斜方位正西（正東）時，同正南傾斜的情況相比，也能獲得八成至九成左右的

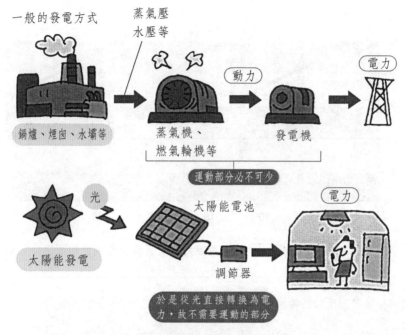

圖 6.51　太陽能發電較少發生故障，運行中不污染環境

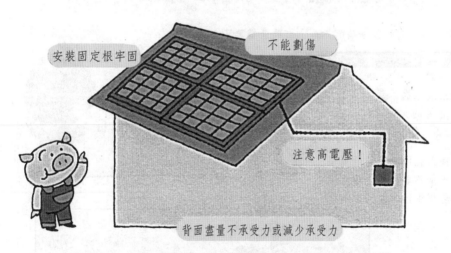

圖 6.52　安裝太陽能電池組件時，應特別注意事項

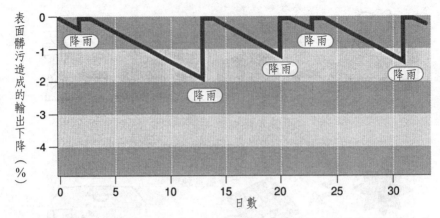

（設清潔時的輸出為 100%，則因元件表面髒污造成的輸出下降大約為 0.2% ／天）

- 由於污染蓄積而造成的輸出下降變化率，大致在 −0.1% ～ −0.2% 範圍內
- 若遇 1mm 以上的降水量，可恢復至清潔狀態
- 污染造成的輸出下降降低平均值，大致在 1% ～ 5% 範圍內

靠自然降雨難以清除的污染，有時還需要人工清洗……

靠降雨難以清除的污染實例

- 鳥糞
- 沾滿水的落葉
- 過量的火山灰（volcanic ash）等

清洗過程中應注意的事項

- 千萬不要造成表面劃傷
- 要用中性的洗滌劑清洗

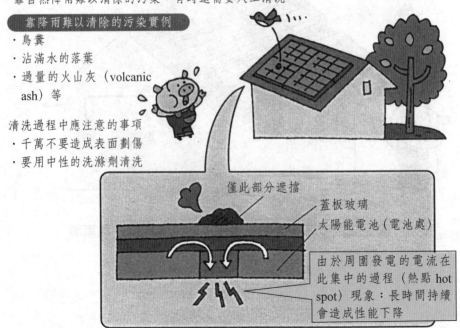

僅此部分遮擋

蓋板玻璃
太陽能電池（電池處）

由於周圍發電的電流在此集中的過程（熱點 hot spot）現象：長時間持續會造成性能下降

圖 6.53　組的件出表力面髒污對出力的影響（示意圖）

日照量（sunshine amount），因此也常有設置。而正北 20° 傾斜面上，也能獲得七成的日照量。順便指出，電力的需求量傍晚比早晨多，從而傍晚對採用化石燃料的火力發電依賴比例更大。因此，若將朝東傾斜和朝西傾斜的兩種情況作比較，後者從環境面看，價值更高。從電費來講，朝西傾斜的情況收益更大。

　　就傾斜方位從西南到東南的範圍而論，相對於地面的傾斜角度在 30° 左右最為理想。但在 20° ～ 40° 之間，傾斜方位正南的場合，一年間的發電量也只有 2% 左右的變化。用於屋頂的情況，當傾斜角為 5 寸坡度（約 27°）以上時，由於施工時需要腳架而不便，因此一般按 4 寸（約 21°）左右的坡度設置。從另一方面講，傾斜角過小時，污物不易流走，致使發電量降低。在水平場所設置時，利用台架等獲得所需的傾斜角。

　　搭載於屋頂之上的模組重量，一般為屋頂瓦重量的 20% ～ 30%，通常在重量上不會發生什麼問題。採用建材一體型結構，作為屋頂及壁面一部分而與建築物組合成一體的情況，從建築物造成的負荷還可進一步減輕。從外觀上講，也可做到與建築物相協調，目前已有專門為用戶設計、符合不同審美需求的產品供應。還有能使一部分光透過，兼作採光窗的製品出售。

　　太陽能電池模組一般以長方形為基本形狀，雖然正方形大面積的鋪設效率最高，但對於拼接式或構型複雜的屋頂，為保證鋪設完整，有時需要採用三角形及細長條形模組。

6.19.2　對於獨立式供電系統來說，貯電裝置必不可少

　　太陽能電池本身並不具備蓄電功能。如圖 6.54 所示，陰天下雨時發電量會減少，而夜間不發電。但是，在送電網完備的地域，靠電網系統（electricity grid system）可補充不足的電力，因此，各個家庭沒有必要在蓄電池中貯存電力。即使太陽能發電的輸出發生變動，藉由調整其它發電所的輸出等，也能被整個系統的調節能力所吸收。

　　但是，在離岸島嶼等規模很小、暫不具備送電網的地域，相應於太陽能發電的變動，需要給予定時定量的補充。如果是為幾個家電供電用的小規模系統，採用汽車用的市場鉛蓄電池就可方便地解決。但是，面向村落、集鎮等，就需要採用更大規模的獨立型系統（圖 6.55），目前正對此進行研究。在這種系統中，需要對多數太陽能電池陳列的輸出進行統一管理，採用大型貯電設備調配供電輸出。採用的蓄電池，除了傳統鉛蓄電池之外，還正在開發「鈉硫電池」和「氧

化還原電池（redox cell）」等各種新型蓄電池。這些蓄電池儘管體積較大，但由於充電、放電效率高，每次充電後的工作時間長，因此具有很好的應用前景。同各個家庭分別使用鉛蓄電池的情況相比，集中由一個貯電系統調配供電輸出，不僅效率高，而且還可節省每個家庭的管理之勞。另外，由於可以對分散於廣闊範圍的數個陳列輸出進行整合，從而可有效緩解輸出的變動。進一步藉由在一個時間帶內調節電池的蓄電量達到最佳值，以及藉由抑制備用（backup）火力發電機的運轉，使之達到必要的最小限度等，可控制太陽能發電的供應量更有效地利用。

這種大規模獨立型系統技術，不僅對於海島及發展中國家實現電氣化，而且對於整個系統價格的削減、消費電的「削峰填谷」，都可望發揮積極作用。

6.19.3　太陽能電池的循環利用

太陽能發電在現有的若干種發電方式中，可以說是機械再利用最方便的方式。一般說來，將模組從台架取出，經假設固定即可使用。功率調節器等周邊設備也是類似處理。依場合不同而異，也許會出現設計及尺寸、安裝場合不一致而異的情況，但基本上講，還可以轉賣或移設到其它位置。儘管目前流通量還很小，但將來有可能出現二手商品市場。

如圖 6.56 所示，壽命終了的太陽能發電系統之相當部分（金屬、玻璃、矽等）都可能循環再利用。必要的技術也正在開發之中，並已在使用規模的工廠中進行試驗等。藉由再循環，與由礦石精製原料從頭做起的製程相比，製造所必需的能量及溫室效應（green house effect）氣體排放量都可降低到一半以下，具有明顯的環境保護（environmental proteetion）效果。以現在作為主流的矽晶太陽能電池的情況為例，由矽製作的太陽能電子元件（cell）劣化少，由模組中拆下，不經加工即可重新利用，也可作為高純度矽原料再循環使用。目前也在開發再循環時容易解體的模組結構和材料。

依照截至 2006 年的日本法規，太陽能電池暫不適用於家電循環等法律，因此主要依據一半產業廢棄物的相關規定進行廢棄和再循環（recycle）（若經由企業處理，則按產業廢棄物）。這是由於太陽能發電系統的壽命長，現在銷售的產品，近期鮮有廢棄可言。

將來隨著廢棄產品的增加，看來專門的再循環系統必不可少，目前相應制度也在探討之中。太陽能發電系統越是普及，再循環的效果越顯著，從而對環境保

護所做的貢獻也就越大。

6.19.4　太陽能光伏發電與國際合作

現在，全世界共有 16 億人過著無電的生活。根據 IEA 的報告，2015 年將有 15 億人，2030 年將有 14 億人仍然處於無電生活之中，預計改善此一狀況的步伐是相當慢的。另一方面，全世界一次能源的消耗量，預計會從現在換算成石油的約 100 億噸，擴大到 2030 年的約 160 億噸。其中，發展中國家消耗所占比例會從 2003 年的 39%，擴大到 2030 年的 49%，特別是亞洲消耗量將有更大的增長。

太陽能是地球上任何地方都可以利用的，幾乎所有發展中國家都可期待有豐富的太陽光照射量。太陽能光伏發電不論規模大小，屬於在消耗地即可發電的分散電源，只要是用電的地方，馬上即可發電。例如，蒙古（Magolia）為了提高遊牧民族生活的電氣化率，正實施「10 萬太陽能蒙古包計畫（蒙古包即篷帳型移動式住所）」，對此，中國和日本提供相當於 3 萬 5 千套帶有太陽能光伏發電的太陽房系統的資金援助。因此，蒙古的遊牧民族生活的電氣化率從 2000 年的 10.7% 提高到 2005 年的約 29%，5 年內電氣化率提高 18%。

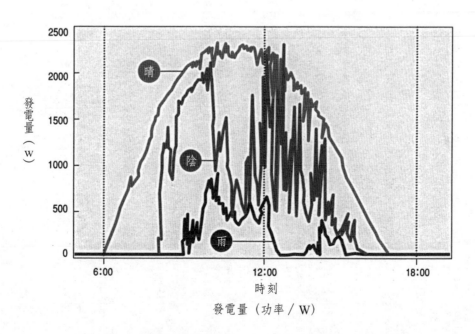

圖 6.54　從清晨到傍晚，一天中發電量變化的實例

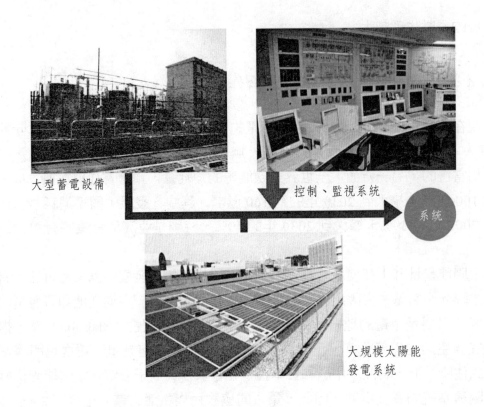

大型蓄電設備

控制、監視系統

系統

大規模太陽能
發電系統

圖 6.55 利用大型蓄電池，對發電量變動進行調節的系統（研究階段）

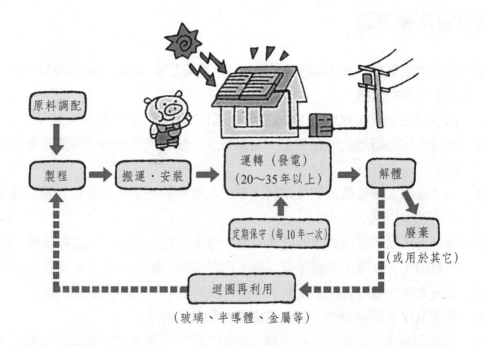

解體實驗中的組件

取走周圍金屬框（frame）之後的電池片

取出太陽能電池片後倒過來放置的情況

由於製造時安裝固定並無採取特殊措施，因此在不損壞電池片的情況下，即可將其取出

圖 6.56　太陽能發電系統壽命週期（life cycle）的實例

思考題及練習題

6.1　設「太陽常數」為 $1368W/m^2$，試估算用電功率 3kW 的家庭需要安裝太陽能電池陣列的面積。

6.2　pn 接面在太陽能電池和 LED 中分別起什麼作用？請對比加以說明。

6.3　何謂太陽能電池的開路電壓、短路電流、填充因數，試分別在 I-V 曲線上標出。

6.4　為了提高太陽能電池的光電轉換率，在電池的表面、背面以及電極結構上應採用哪些措施？

6.5　分別畫出以下五種太陽能電池的製作技術流程：晶矽、非晶矽薄膜、CIGS、染料敏化、有機半導體薄膜，指出它們目前的轉化效率及發展前景。

6.6　晶矽太陽能電池有什麼優點？存在什麼問題？如何解決這些問題？

6.7　何謂 HIT 太陽能電池，指出它的優點和發展前景。

6.8　非晶矽薄膜太陽能電池存在哪些問題？採用何種串結結構能顯著提高太陽能電池的效率？

6.9　CdTe 薄膜太陽能電池是如何製作的？它有什麼優點？存在什麼問題？發展前景如何？

6.10　CIGS 薄膜太陽能電池是如何製作的？它有什麼優點？存在什麼問題？發展前景如何？

6.11　何謂染料敏化太陽能電池？簡述其工作原理及目前的產業化現狀。

6.12　何謂半導體有機薄膜太陽能電池？簡述其工作原理及目前的產業化現狀。

6.13　何謂量子點太陽能電池？簡述其工作原理及目前的產業化現狀。

參考文獻

[1] 產業技術總合研究所太陽光発電研究センター，編著，太陽能電池の本，日刊工業新聞社，2007 年 1 月。

[2] Augustin McEvoy, Tom Markvart, Luis Castañer. Practical Handbook of Photovoltaics: Fundamentals and Applications. Elsevier, Academic Press, 2012.
光伏發電手冊──基礎和應用，北京：科學出版社，2012 年。

[3] 黃惠良，曾百亨，太陽能電池（Solar Cells），臺北：五南圖書出版公司，2008 年。

[4] 桑野幸德，近藤道雄，図解最新太陽光発電のすべて，工業調查會，2009。

[5] Tom Markvart, Luis Castañer. Solar Cells: Materials, Manufacture and Operation. Elsevier Ltd., 2005.
梁駿吾等譯，太陽能電池：材料、製造技術及檢測，北京：機械工業出版社，2009 年 4 月。

[6] 車孝軒，太陽能光伏系統概論，武漢大學出版社，2006 年 10 月。

[7] 谷腰欣司，光の本，日刊工業新聞社，2004 年 8 月。

[8] 日本セラミックス協會，太陽能電池材料，日刊工業新聞社，2006 年 1 月。

[9] 電気、電子材料研究會編，杉本榮一監修，太陽光発電ミステム構成材料，工業調查會，2008 年 7 月。

[10] （株）資源總合システム編著，一木修監修，太陽光発電ビジネス，日刊工業新聞社，2010 年 3 月。

[11] 齋藤勝裕，よくわかる太陽能電池，日本實業出版社，2009 年 2 月。

[12] 楊德仁，太陽能電池材料，北京：化學工業出版社，2006 年 10 月。

[13] 羅運俊、何梓年、王長貴，太陽能利用技術，北京：化學工業出版社，2005 年 1 月。

[14] 施鈺川，太陽能原理與技術，西安：西安大學出版社，2009 年 8 月。

[15] K. Emery, D. L. King, Y. Hishikawa, and W. Warta, "Solar Cell Efficiency Tables", Prog. Photovolt: Res. Appl. 14.455 (2006).

[16] 浜川圭弘、桑野幸德共編，「太陽エネルギー工學：太陽能電池」，培風館（1994）。

7

核能利用和核材料

7.1 核爆炸和核反應器的原理

7.1.1 天然的核反應器

奧克洛（Oklo）是非洲加彭共和國（Gabonese Republic）一個鈾礦的名字。從這個礦區，法國取得其核計畫所需的鈾（U）。1972 年，當這個礦區的鈾礦石被運到一家法國的氣體擴散工廠時，人們發現這些鈾礦是被利用過的，其含量低於 0.711wt.% 的自然含量。似乎這些鈾礦石早已被一個核反應器（nuclear reactor）使用過。法國政府宣布了這一發現，震驚了全世界。科學家們對這個鈾礦進行了研究，並將研究成果於 1975 年在國際原子能委員會（International Atomic Energy Agency）的一個會議上公布。

法國科學家在整個礦區的不同地方都發現了核分裂（nuclear fission）的產物和 TRU 廢物。開始時，這些發現讓人很迷惑，因為用天然的鈾是不可能使核反應器越過臨界點（critical point）〔而發生核反應（nuclear reaction）的〕，除非在特別的情況下，如有石墨（graphite）和重水（heavy water）。但在 Oklo 周圍地區，這些條件是從來都不大可能具備的。

U-235 的半衰期（half lifetime）為七億（7.13E8）年，少於 U238 的半衰期四十五億（4.51E9）年。從地球形成至今，相比 U-238，更多的 U-235 衰變了。這就說明在久遠年代以前，天然鈾礦的濃度比今天要高得多。實際上，簡單的計算就可以證明，30 億年前此濃度為 3wt.% 左右。而此濃度已足以在一般的水中進行核反應。而當時在 Oklo 附近是有水源的。Oklo 天然核反應器相關資訊，如圖 7.1 所示。

7.1.2 核爆炸原理

核武器（nuclear weapon）又叫原子武器，通常指的是原子彈（atomic bomb）和氫彈（hydrogen bomb）。氫彈又叫熱核武器。近年來出現了中子彈（neutron bomb），它是一種小型的氫彈。無論是原子彈、氫彈，還是中子彈，它們都是利用原子核發生分裂（fission）或融合（fussion）反應瞬間放出來的巨大能量，對人員和各種目標產生殺傷和破壞作用的武器。

在連鎖反應（chain reaction）中，一個原子核分裂的同時，又會放出 2～3 個中子，這些中子又能使其它原子核分裂。在百萬分之一秒的時間內，這樣的反

應如果能持續好多代，就能放出巨大的能量，產生強烈的爆炸，這就是核爆炸。

但這樣的連鎖反應沒那麼容易持續下去，只有在核燃料（nuclear fuel）足夠多的時候，中子才能在燃料炸開前將分裂持續上幾代。這個核燃料質量的下限就叫做臨界質量（critical mass）。原子彈的核燃料有兩種，其中鈾 235 的臨界質量為 50 公斤，鈽 239 的臨界質量為 10 公斤。同時臨界質量的大小也與材料的外形、密度有關。而且如果在燃料外套上一層反射中子的物質，也能減少臨界質量。

8 月 6 日早晨 6 點整，由封基克率領代號為「509」的 B-29 轟炸機（bomber）組從提尼安島（Tinian Island）的機場起飛，逕自飛往日本。飛機上帶有一枚原子彈。這次轟炸的主要目標為廣島，候補目標是新潟。上午 8 時 15 分，飛機在廣島（Hiroshima）上空投下一枚長 3.2 公尺、直徑 0.74 公尺、重 4.1 噸的名叫「小男孩」的槍式鈾原子彈（atomic bomb）。這顆原子彈帶著降落傘緩緩下降，在離地面 550 米時爆炸。它的核裝藥為 64 公斤鈾 235，黃色炸藥三硝基甲苯（trinitro toluene）TNT 當量 15500t。這枚原子彈造成 9 萬多人死亡，5 萬多人受傷，建築物 85% 被毀，整個廣島被夷為廢墟。據計算，要達到同樣的效果，至少需要 2000 架滿載炸彈的 B-29 轟炸機。原子彈的原理，如圖 7.2 所示。

7.1.3 核反應器原理

原子由原子核與核外電子組成。原子核（nucleus）由質子與中子組成。當 U-235 的原子核受到外來中子轟擊時，一個原子核會吸收一個中子，分裂成兩個品質較小的原子核，同時放出 2 ～ 3 個中子。這分裂產生的中子又去轟擊另外的鈾 235 原子核，引起新的分裂。如此持續進行就是分裂的連鎖反應。連鎖反應產生大量熱能。用循環水（或其它物質）帶走熱量，才能避免反應器因過熱而燒毀。匯出的熱量可以使水變成水蒸氣，推動汽輪機發電。由此可知，核反應器最基本的組成是分裂原子核 + 熱載體。

要建造核反應器，就需要解決兩個問題：

(1) 控制：核反應器中進行的核反應也是連鎖反應，但與原子彈不同。原子彈的爆炸是 2n 式反應，也就是中子一個變兩個，兩個變四個，所以它可在極短時間內放出大量能量，不受控制。而在核反應器中，則要保證任何時刻參與核反應的中子數都相等，這樣才能使核能被平穩緩慢地釋放，也就是所說的受控連鎖反應。

(2) 慢化中子：中子的能量越高，運動得就越快，就越難碰到鈾 235 的核。所以要在核反應器中加上慢化中子的裝置，使中子源發出的快中子轉變為容易引

起鈾 235 分裂的熱中子。

另外，鈾及分裂產物都有強放射性，會對人造成傷害，因此必須有可靠的防護措施。綜上所述，核反應器的合理結構應該是：核燃料＋慢化劑＋熱載體＋控制設施＋防護裝置。核反應器的工作原理，如圖 7.3 所示。

7.1.4　核能利用現狀

發電是核能（nuclear energy）的主要利用方式。核電廠由核島和常規島組成。以最常用的壓水堆為例，核島又稱一迴路系統，其作用相當於普通火力發電廠的高壓蒸氣鍋爐，核心是一個封裝在鋼壁厚 200mm 壓力殼中的反應器。主泵（pump）將高壓冷卻劑（一迴路水）送入反應器，帶出核燃料釋放的熱能；冷卻劑由反應器進入蒸發器，將熱量傳給管外的二迴路水，使之沸騰為蒸氣。流過蒸發器的冷卻劑再由主泵送回反應器循環使用。上述部件全部安裝在內襯鋼板的預應力鋼筋混凝土厚牆廠房——安全殼——中。常規島又稱二迴路系統，與普通火力發電廠利用蒸氣發電的汽輪發電機系統基本相同，包括汽輪機、發電機、凝汽器、給水泵及冷卻水系統。

一座 90 萬千瓦的壓水堆核電廠約裝 80t 二氧化鈾，每年換料約三分之一，換入元件中鈾 235 的豐度為 3%，即每年需要補充的燃料元件僅約 30t 重，「燒」掉的鈾 235 約重 1t。與同等功率的火力發電廠每年需燃煤 270 萬噸相比，運輸量上形成非常鮮明的對照。

核能發電 40 年來發展得很快，至 1995 年底，全世界已有 30 個國家、431 個機組（截至 2011 年 11 月 10 日已達 486 個）在運行，總淨電功率達 34255.4 萬千瓦，發電量占世界總發電量的 17%。核電容量超過 700 萬千瓦的有 11 個國家。

核電發展如此迅速的原因，在於其突出的優點：(1) 強力地彌補碳氫燃料及水力資源的不足。(2) 價格普遍低於火電 15% ～ 40%。(3) 核電廠對環境污染和危害，遠小於燃煤的火力發電站（thermal power station）。

動力堆提供的蒸氣可以作為艦船的動力。在原子破冰船、原子客輪、核動力航空母艦，核潛艇（nuclear submarine）等船艦中，以潛艇使用核動力優點最突出：它一次裝料可續航 40 萬海里以上，是常規潛艇的 40 倍；單次潛航距離可達 4 萬海里，是使用蓄電池之常規潛艇的 100 倍；此外，航速可提高約一倍，機動性和隱蔽性大為改善。全世界共建造過 400 餘艘核動力潛艇，正在服役的約 300 艘。此外，反應器也可作為取暖或工業上低溫熱源。這種供熱堆不需發生高壓蒸氣，故建造價格低得多。

加彭共和國和奧克羅

奧克羅核反應器遺址

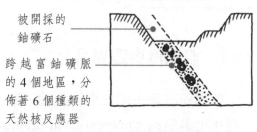

被開採的
鈾礦石

跨越富鈾礦脈
的 4 個地區，分
佈著 6 個種類的
天然核反應器

在這裡，6 個位置的天然核反應器堆芯分佈在
4 個反應帶（上圖的黑色團塊）上。

圖 7.1　Oklo 天然的核反應器相關資訊

原子彈的原理

核能發電—受控連鎖反應

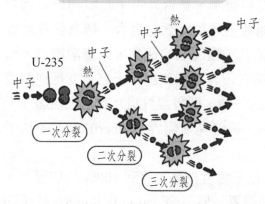

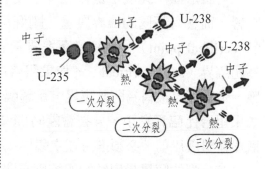

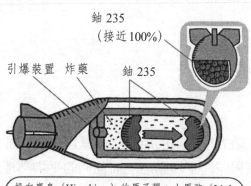

投向廣島（Hiroshima）的原子彈：小男孩（Little
Boy）
長度：約 3m，重量：約 4t
直徑：約 0.7m，主體：鈾 235

投向長崎（Nagasaki）的原子彈：胖男人（Fatman）
以鈽 239 為主體的近球形原子彈

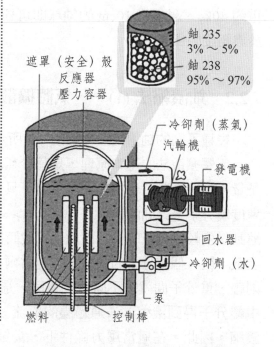

圖 7.2　原子彈的原理

圖 7.3　核反應器的工作原理

7.2　鈾濃縮

7.2.1　濃縮度與臨界量

　　根據國際原子能機構的定義，豐度（abundance）為 3% 的鈾 235 為核電廠發電用低濃縮鈾（low enriched uranium），鈾 235 豐度大於 80% 的鈾，為高濃縮鈾，其中豐度大於 90% 的稱為武器級高濃縮鈾，主要用於製造核武器。但與鈾的總質量超過臨界質量有關。

　　臨界質量（critical mass）是指維持核子連鎖反應（chain reaction）所需的分裂材料質量。不同的可分裂材料，受核子的性質（如分裂截面）、物理性質、物料形狀、純度、是否被中子反射物料包圍、是否有中子吸收物料等因素影響，而會有不同的臨界質量。剛好可能產生連鎖反應的組合，稱為已達臨界點（critical point）。比這樣更多質量的組合，核反應的速率會以指數增長，稱為超臨界（super critical）。如果組合能夠在沒有延遲放出中子之下進行連鎖反應，這種臨界被稱為即發臨界，是超臨界的一種。即發臨界組合會產生核爆炸。如果組合比臨界點小，分裂會隨時間減少，稱之為次臨界（subcritical）。核子武器在引爆以前，必須維持在次臨界。

　　核分裂的臨界量與鈾的濃縮度有關，在濃縮度極高、達到 100% 的情況下，重約 40kg、半徑約 10cm 的鈾球即可達到臨界，原子彈（atomic bomb）就是基於濃縮度製作的。

7.2.2　鈾濃縮法 (1)──氣體擴散法

　　幾種不同的鈾濃縮法，如圖 7.4 所示。

　　氣體擴散法的基本原理，是基於氣體動力學理論的能量均分原理，即兩種分子量不同的氣體混合物，在熱平衡下具有相同的平均動能，而他們的平均熱運動速度與分子量之間的關係為 $<v_1>/<v_2> = \sqrt{m_2/m_1}$，從式中可見，輕分子的平均熱運動速度較重分子的快，因此，單位時間內一個輕分子同容器壁或分離膜碰撞的次數，比一個重分子的次數要多，當兩種組分的氣體混合物通過分離膜流動時，則輕、重分子間就以不同速度擴散，通過膜的氣流〔輕餾分（light distillate）〕中輕分子得到濃縮，未通過膜的氣流（重餾分）中輕分子被貧化、重分子得到濃縮。因此，在適當壓力條件下，當鈾同位素（isotope）混合氣體 UF_6 通過分

離膜後，在輕餾分中 U-235 得到濃縮，在重餾分中 U-235 被貧化，這就實現了 U-235 與 U-238 兩種同位素的分離。在理想情況下，氣體擴散法的分離係數為 q = 1.0043。

該方法具有以下的特點：

(1) 該法的分離係數很小：由於這個原因，為生產一定量的產品需很多分離級。這樣使一般氣體擴散廠占地面積很大。

(2) 能耗大：由於工作氣體需要不斷地壓縮，同時為了在一定溫度下操作，氣體需經熱交換器冷卻，這樣浪費了大量的壓縮能，所以氣體擴散過程耗能很大，一般單位分離功的耗電量約為 2300 ～ 3000kW・h/kgSWU。

(3) 平衡時間較長，總滯留量較大：如為從天然鈾生產武器級的 HEU（highly enriched uranium，高度濃縮鈾），其平衡時間至少一年，這對於秘密生產 HEU 是極不利的。

7.2.3　鈾濃縮法 (2)——離心分離法

該方法的原理是：待分離的同位素（isotope）混合氣體在高速旋轉的氣體離心機（certrifugal machine）內，受離心力場的作用，使輕同位素（A）在轉軸附近濃集，而重同位素（B）在轉筒壁附近濃集，利用這個現象，就可實現不同質量的同位素之間的分離。

對於轉筒半徑為 r_2 的離心機，輕同位素（A）的基本分離係數為離心機旋轉圓筒中（$r = 0$）與內壁（$r = r_2$）處所需同位素的相對豐度之比值，即

$$q_{基本} = \frac{N_A(0)/(1-N_A(0))}{N_A(r)/(1-N_A(r))} = \exp\left[\frac{(M_B - M_A)(r_2\Omega)}{2RT}\right] \qquad (7\text{-}1)$$

對於鈾同位素 $M_B - M_A = 3$，如果當圓周線速度為 500m/s，$T = 300$K 時，分離係數為 1.162，這比氣體擴散法的理想分離係數（1.0043）大得多。

與氣體擴散法相比，氣體離心法主要有以下幾個特點：

(1) 分離係數大：氣體離心機的基本分離係數比擴散法的理論分離係數高得多。因此，設備規模及占地面積較少，僅占幾千平方米。

(2) 耗電少：其單位分離功的耗電量一般在 100 ～ 300kW・h/kgSWU（Separative work unit，分離功作單位），這比擴散法少一個量級。

(3) 所用的平衡時間極短，總滯留量很小：由於離心機工作在壓力很低的

UF$_6$ 氣體之中，其總滯留量很小，這個與相對高的分離係數相結合，導致平衡時間很短，只是「分鐘」的量級，而不是氣體擴散的「數週」。由於這些原因，對於一個小的離心機進行分批再循環生產 HEU 是可行的。然而，在重新裝添濃縮供料時，所有離心機將需要停止運行並清除乾淨，這樣的停止和再開始是耗時的，並對離心機有損。

7.2.4　鈾濃縮法 (3) —— 原子雷射法

自 70 年代早期以來，人們就期望雷射濃縮技術將為下一代濃縮設施提供基礎。不過，該方法目前仍處於研究和發展階段。在原子或分子中，同位素的質量差異會引起其光譜的同位素位移，根據此一微小的差別，可利用單色性極好的雷射，有選擇地激發某一種同位素粒子至特定的激發態，然後利用物理的或化學的方法，將被激發的該種同位素粒子與未被激發的其它同位素粒子分開，從而實現同位素的分離。

用雷射分離同位素主要有兩種技術途徑。一種是原子方案，即原子蒸氣雷射同位分離素（AVLIS, atomic vapor laser isotope separatin），它利用幾種不同雷射頻率，使 U-235 原子從基態變成電離態，然後利用強電場和磁場，使 U-235 離子聚集在收集板上，使其與未受激發的中性 U-238 原子分離開。

7.2.5　鈾濃縮法 (4) —— 分子雷射法

另一種是分子方案，即分子雷射分離同位素（MLIS, molecular laser isotope separation），它利用雷射有選擇地使 U-235 氣體分子進行紅外線吸收然後進一步在紅外線或紫外線頻率照射下，使激發的分子分解或化學分離，從而實現同位素的分離。

雷射分離同位素法的特點是濃縮係數很高，比上述的其它過程都大，同時分離單元的尺寸較小，減小了總滯流量和平衡時間，其能耗較小，大約 10 ～ 50kW‧h/kgSWU 生產工廠的投資較擴散法和離心法要小，而且有可能利用擴散廠或離心廠的尾料作為原料進行分離。該技術對於核擴散問題是很敏感的；利用其濃縮後很容易通過分批再循環獲得 HEU。如果濃縮係數為 10，僅用 3 個再循環，原則上可得 97%HEU。

如果用雷射分離同位素在商業是可行的話，這對於全世界核擴散將產生嚴重的後果。

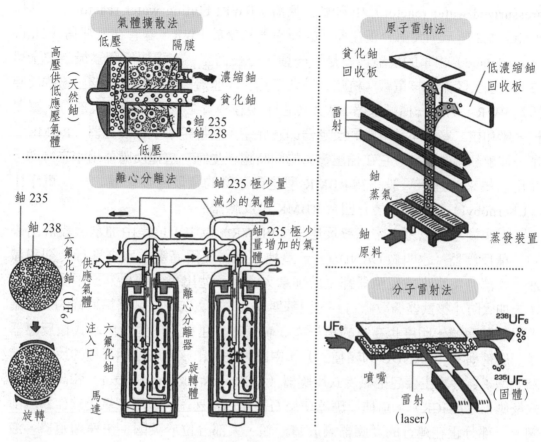

圖 7.4　幾種不同的鈾濃縮法

7.3　核反應器的種類及其結構

7.3.1　核反應器的種類

　　核反應器（nuclear reactor）有許多種不同的分類方法，按用途分類，可以分為動力核反應器、研究核反應器、生產核反應器（快中子增殖反應器）；按照反應器中的中子速度，可以分為：熱中子堆、快中子堆；按照反應器慢化劑和冷卻劑的不同，可以分為輕水爐、重水爐、石墨氣冷堆和快速增殖堆。現今正在運營的核反應器，均可按照這種分類方法進行分類，輕水爐可分為輕水堆與石墨輕水型核反應器（PBMK），輕水堆可以進一步分為壓水式核反應器（PWR, pressurized water reactor）和沸水反應器（BWR, boiling water reactor）。其原理如圖 7.5 所示。大部分正在運行的反應器都屬於 PWR，儘管在三哩島（Three Miles Island）出事的反應器就是這一種，一般仍認為，這類反應器最為安全可靠。中國大陸秦山核電廠（杭州）一期工程、大亞灣核電廠和臺灣核三廠的反應器為 PWR，另外一種輕水器 BWR 也占了現在運行之反應器的一大部分。臺灣核一廠和核二廠兩座發電廠的反應器即為此型；石墨輕水型核反應器（RBMK）是一種前蘇聯的設計，它在輸出電力的同時還產生鈽。這種反應器用水來冷卻，並用石墨來減速。一般認為 RBMK 型是最危險的核反應器型號之一。車諾比（Chernobyl）核電廠即擁有四台 RBMK 型反應器。

重水爐主要以壓重水式核反應器（PHWR）為主，這是由加拿大設計出來的一種反應器（也叫做 CANDU），這種反應器使用高壓重水來進行冷卻和減速。大部分壓重水式反應器都位於加拿大，有一些出售到阿根廷、中國、印度（未加入防止核武器擴散條約）、巴基斯坦（未加入防止核武器擴散條約）、羅馬尼亞和南韓。印度也在它的第一次核試爆後，運行了一些壓重水式核反應器（一般被稱為「CANDU 的變種」）。中國大陸秦山核電廠三期工程的反應器亦為此型；氣冷堆主要包括氣冷式反應器（GCR, gas cooling reactor）和高級氣冷式反應器（AGCR）。這種反應器使用石墨作為減速劑，並用二氧化碳作為冷卻劑。一部分正在運行的反應器屬於這一類，大部分位於英國；快速增殖器，液態金屬式快速增殖核反應器（LMFBR, liquid metal fast breeder reactor，液體金屬快滋生反應器），這種反應器使用液態金屬作為冷卻劑，而完全不用減速劑（moderator），並在發電的同時，生產出比消耗量更多的核燃料。法國的超級鳳凰核電廠和美國的費米 -I 核電廠，都是使用這種反應器。

7.3.2　壓水堆

採用低濃度（鈾 235 濃度約為 3%）的二氧化鈾作燃料，高壓水作慢化劑和冷卻劑，是目前世界上最為成熟的器型。其裝機總容量約占所有核電廠各類反應器總和的 60% 以上。最早用作核潛艇（nuclear submarine）的軍用反應器。1961 年，美國建成世界上第一座商用壓水堆核電廠。壓水堆由壓力容器、堆芯、堆內構件及控制棒組件等構成。反應器堆芯位於壓力殼內，由排列為方形的燃料元件組成。燃料一般是濃度在 2% ～ 4.4% 的燒結二氧化鈾。壓力容器的壽命週期為 40 年，堆芯則裝有核燃料元件。

壓水式反應器是輕水（light water）反應器的一種，利用普通水作為冷卻劑及慢化劑。壓水式反應器有一個主冷卻劑迴路（一迴路），冷卻水會在超過150bar（1bar＝100kPa）的高壓下流過反應器器芯，並帶出核分裂產生的熱能，然後流入蒸氣發生器，通過熱交換，在二迴路產生蒸氣，以推動渦輪發電機，把熱能轉化為電力。在運作期間，一迴路的水溫會高達300℃以上，並保持150bar以上的高壓，以防沸騰（中國秦山一期核電廠反應器壓力容器設計參數為工作壓力：15.2MPa，設計壓力：17.17MPa，設計溫度：350℃）。

與沸水反應器相比，壓水堆芯體積更小，堆芯的功率密度較大（大型壓水堆的堆芯功率密度可達100千瓦／升），壓水堆的發電效率約為33%；但由於堆芯中的工作壓力和溫度都較沸水堆高，因此對反應器材料性能的要求也較沸水堆更高。

7.3.3　沸水堆

採用低濃度（鈾235濃度約為3%）的二氧化鈾作燃料，沸騰水作為慢化劑（moderator）和冷卻劑（cooling agent）。沸水式反應器是輕水反應器的一種，這種反應器和壓水式反應器相似，均利用普通水作為冷卻劑及慢化劑，但沸水式反應器只有一個連接反應器和渦輪機的迴路，且沒有裝設蒸氣發生器。沸水堆是由壓力容器及其中間的燃料元件、十字形控制棒和氣水分離器等組成。氣水分離器在堆芯的上部，它的作用是把蒸氣和水滴分開、防止水進入汽輪機，造成汽輪機葉片損壞。沸水堆所用的燃料和燃料元件與壓水堆相同。沸騰水既作慢化劑又作冷卻劑。反應器的水會維持約75bar的低壓，令水可以在大約285℃時沸騰。反應器所產生的蒸氣會經過堆芯上方的蒸氣分離器，然後直接送到渦輪機。離開渦輪機的蒸氣會經過冷凝器，凝結為液態水（給水），然後回流至反應器，俾能再次轉化為蒸氣。

這些反應器也以輕水作為冷卻劑和減速劑，但水壓較前一種稍低。正因如此，在這種反應器內部，水是可以沸騰的，所以這種反應器的熱效率較高，結構也更簡單，而且可能更安全。其缺點為沸水會升高水壓，因此這些帶有放射性的水可能突然洩漏出來，這種反應器也占了現在運行反應器的一大部分。

從維修來看，壓水堆因為一迴路和蒸氣系統分開，汽輪機未受放射性的沾污，所以容易維修。而沸水堆是堆內產生的蒸氣直接進入汽輪機，這樣，汽輪機會受到放射性沾污，所以在這方面的設計與維修都比壓水堆要麻煩一些。

7.3.4　輕水堆的安全性

　　現在用於原子能發電站的反應器中，壓水堆是最具競爭力的堆型（約占61%），沸水堆占一定比率（約占 24%），重水堆用的較少（約占 5%）。所以研究輕水堆的安全性非常有必要。在由於某些原因從外部引入反應性，使中子通量增加（核燃料、冷卻劑溫度上升）的情況下，反應器本身具有防止核反應失控的工作特性。我們稱這種特性為固有的安全性。固有特性來自反應器本身所具有的負反應性溫度效應、空泡效應、多普勒效應（Doppler effect）、氙和釤的積累及核燃料的燃耗等。輕水堆的固有安全性，如圖 7.6 所示。

　　反應器內各部分溫度升高而再生係數 K 變小的現象，稱為負反應性溫度效應（negative reactivity temperature effect），對反應器的穩定性和安全性產生決定作用。

　　反應器冷卻劑中，特別是在沸水堆中產生的蒸氣泡，隨功率增長而加大，從而造成相當大的負泡係數，使反應性下降，這個效應叫空泡效應（cavitation），有利於反應器運行的安全。多普勒效應是指分裂中產生的快中子在慢化過程中被核燃料吸收的效應。它隨燃料本身的溫度變化而有很大的變化。特別重要的是，這種效應是暫態的，當燃料溫度上升時，它馬上就起作用。

　　在分裂產物中積累起來的氙（Xe）和釤（Sm），是對反應器毒性很大的元素，這兩種元素很容易吸收熱中子（thermal neutron），使堆內的熱中子減少，反應性也下降。

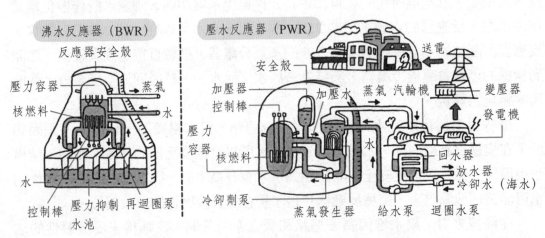

圖 7.5　核能發電（輕水堆）原理示意圖

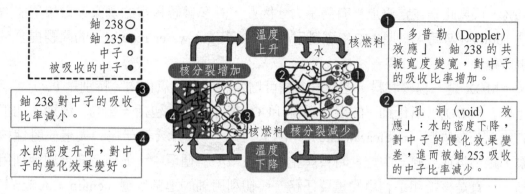

圖 7.6 輕水堆的固有安全性

7.4 熱中子堆中鈽（Pu）的使用

7.4.1 鈽熱（Plu Thermal）堆的原理

鈽 -239 是易分裂（fission）核素，可作為反應器（reactor）的核燃料。在熱中子堆中鈽吸收中子（neutron）後，經分裂產生的中子數小於 2.0，不能增殖；而在快中子堆中通過鈾—鈽循環可以實現增殖。

鈽鈾混合氧化物的氧化堆，用已使用過的鈾燃料再加工製成。以這種混合氧化物為燃料的鈽熱發電，可以提高鈽、鈾利用率。鈾鈽堆用鈽 239 作燃料，在堆心燃料鈽 239 的周邊再生區裡放置鈾 238。鈽 239 分裂，在產生能量的同時，又不斷地將鈾 238 變成可用燃料鈽 239，而且再生速度高於消耗速度，核燃料越燒越多，快速增殖，所以這種反應器又稱快速增殖堆，亦稱快堆。

7.4.2 MOX 核材料

MOX（mixed oxide）燃料是混合氧化物核燃料的簡寫，目前用得最多的是 UO_2 和 PuO_2 構成的氧化鈾鈽燃料。利用 MOX 燃料可以提高資源的利用率，解決核燃料資源不足的問題。MOX 燃料用作輕水反應器燃料元件，在當前是必要的，具有現實意義。大量的研究和實驗證明，換裝 1/3 的 MOX 元件，反應器運行是安全的，技術上是可行的。與原來用 UO_2 燃料相比，降低元件製造費用約

30%，可見此舉在經濟上具有競爭力。因此，許多發展核電的國家，當核電能力達 10000MW 時，就將 MOX 燃料用於 LWR（light water reactor）的問題提至議事日程。

　　MOX 是一種核燃料，它包含多種可增殖的可衰變氧化物，特別是 PuO_2（氧化鈽）與 UO_2（氧化鈾）的混合燃料〔UO_2 來源廣泛，包括天然的、經過再加工的，以及核廢料（nuclear waste）中的〕。鈽是一種非天然存在的人造放射性核素，鈾燃料在反應器中燃耗時會產生鈽。在核燃料循環中，如何有效合理地利用鈽，一直是核能和平利用的重要任務。最初利用鈾的連鎖反應（chain reaction）生產鈽是為了軍事目的，即生產核武器（nuclear weapon）。但隨著高濃集鈾生產技術的發展以及鈽量的增加，鈽除用於製造核武器外，還可以製成核燃料，用作和平目的，其中最有效的利用就是鈽鈾混合氧化物燃料，即 MOX 燃料。MOX 可以利用乏核燃料（輻照核燃料反應堆內燒過的燃料）中的鈽。一般情況下，乏核燃料中鈽含量為 1%，其中 2/3 的物質具有放射性，鈽 239 占 50%，鈽 241 占 15%，每年全世界大約有 70 噸可用來生產 MOX 燃料的鈽被當作核廢料傾倒。有統計數據顯示，鈽的單次循環利用可以將鈾原料的利用率提高 12%，而如果將核廢料中的鈾也循環利用，那麼利用率將提高 22%。工作原理示於圖 7.7。

　　快堆中常用的核燃料是鈽 239，而鈽 239 發生分裂時，放出來的快中子會被裝在反應區周圍的鈾 238 吸收，又變成鈽 239。這就是說，在堆中一邊消耗鈽 239，又一邊使鈾 238 轉變成新的鈽 239，而且新生的鈽 239 比消耗掉的還多，從而使堆中核燃料變多，實現增殖。

7.4.3　兩種核燃料的使用對比

　　Pu 是製造 MOX 燃料的重要元素。在核反應中，U-238 會擄獲中子變成 ^{239}Pu、^{240}Pu、^{241}Pu、^{242}Pu，也會變成其它超鈾元素或錒（Ac）系元素。在普通壓水堆電站中，乏核燃料含有約 1% 的 Pu，其中 2/3 是易分裂的 ^{239}Pu 和 ^{241}Pu。此外，Pu 元素是製造核武器的主要原料，庫存 Pu 的積累，增加了核擴散風險。如今，世界各核能國家已達成共識，將其過剩的武器級 Pu 與 U 混合製成 MOX 燃料，在反應器中「燃燒」，從而徹底銷毀這些武器級 Pu。即使在現在的核反應爐，鈽仍作為核燃料使用，如圖 7.8 所示。

　　因此，製造 MOX 燃料時，不僅可以通過對乏核燃料進行後處理，提取其中可用的 Pu 元素，也可以直接使用庫存的武器級 Pu。這樣不僅能夠大幅提高核燃

料利用率，也有利於保護環境，防止核擴散，是可持續發展戰略的重要體現和世界無核化的有效途徑。

MOX 燃料與 UO_2 燃料具有不同的性能。首先，由於 Pu 同位素（isotope）的吸收截面比 U 的吸收截面大，所以，MOX 燃料的截面要大於 UO_2 的截面；其次，MOX 燃料與 UO_2 燃料相比，中子能譜偏硬。綜合上述兩點，MOX 燃料的中子分裂擄獲較低，會使熱堆的有效分裂減小。另外，MOX 燃料的熔點和導熱係數會隨著鈽含量的增加而下降，釋放的分裂氣體會稍多於 UO_2 燃料。MOX 燃料還含有劇毒（highly toxic）以及強發射性，在製造、運輸、使用過程中，均要採取特殊措施。

MOX 燃料的製造，主要經過 UO_2 與 PuO_2 粉末製作、粉末混合、芯塊壓製、芯塊燒結、芯塊裝管、元件組裝等步驟。其中，粉末製作和粉末混合決定了 MOX 燃料芯塊的元素成分。由於鈾濃縮的技術要求和成本代價過大，通過提高 235U 的濃度來增加反應器相關性能的途徑就顯得極不經濟。而在 ^{235}U 濃度不高的 UO_2 燃料中加入 PuO_2，可以大幅提高反應器的性能，同時較易實現。

MOX 燃料的混合方式主要分為兩種：一種是將濃縮的 UO_2 粉末與 PuO_2 粉末按照一定的質量比進行混合，製成 MOX 燃料芯塊；另一種是用等質量的 PuO_2 置換濃縮 UO_2 中的 UO_2（^{238}U）成分，製成 MOX 燃料芯塊。

7.4.4　採用 MOX 核材料的好處

MOX 燃料是由 7% 的鈽和 93% 的高濃度鈾 238 混合製成的。設計的巧妙之處在於，將核廢料裡的鈽以及自然儲備更多的鈾 238 充分加以利用。當中子撞擊鈾 238 時，會轉變為鈽 239，而鈽 239 最終又會衰變成鈾 235，這樣就把稀少缺乏的燃料鈾 235「加工」出來。MOX 的優點是通過添加少量的鈽，使得這個循環能更好地進行，可分裂燃料的濃度更容易增大。如果控制合理，這種燃料的利用率將非常高。另一個優點就是為傳統的鈾燃料反應器產生的鈽找到了新出路，也算是幫助解決了核廢料處理的一個難題。MOX 燃料與 UO_2 燃料相比，具有如下優點：

(1) 採用 MOX 燃料可以大大節約鈾資源，也可減少化石能源的消耗。MOX 燃料是一種既能再生也能循環的燃料，並且有效利用了鈽。

(2) 低濃鈾乏核燃料元件中，一般含有約 3% 的有害物質。通過分離，如果將其中 97% 的鈾、鈽分離回收而製成 MOX 燃料，這與將乏核燃料元件直接當

廢物處置相比,能夠大大減少廢物體積。

(3) 減少世界上鈽的貯存量,降低鈽擴散的風險。加速核裁軍的進程,為拆毀核彈頭所得軍用鈽尋找了新的用途。

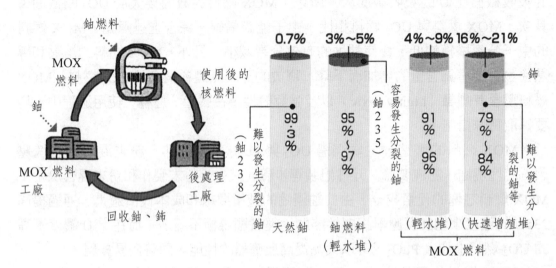

MOX(Mixed Oxide)核燃料:使鈽和鈾混合製作的燃料〔鈾、釷(Th)混合氧化物燃料〕,在輕水堆的鈽計畫及快速增殖堆等之中使用。

圖 7.7　熱中子堆使用鈽(Pu)的原理和 MOX 核燃料

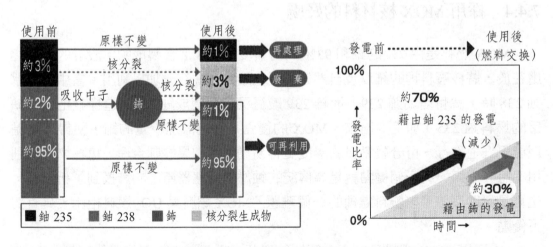

圖 7.8　即使在現在的核反應爐中,鈽仍作為核燃料而使用

7.5 快速增殖堆

7.5.1 熱中子堆和快中子堆

核反應器（nuclear reactor）按照中子的反應速度，可以分為熱中子堆和快中子堆。

通常的核分裂（nuclear fission）反應器中使用的核材料，同時包含鈾235和鈾238，且鈾238占總體含量的95%至97%。然而，只有其中占少量的鈾235才能發生分裂反應。但是，鈾238對高速中子的捕獲概率（capture probability）要大於鈾235，導致大量中子被鈾238吸收而含量降低，破壞了連鎖反應（chain reaction）的繼續進行。為了降低鈾238對中子的吸收，提升核燃料連鎖分裂反應的效率，需要採用中子慢化劑（moderator），將高速中子減速成為速度較慢的中子（熱中子）。通常會加入較輕的原子核構成的中子慢化劑，比如輕水、重水等，利用其中的氫原子與中子碰撞，達到減速中子的目的。這種利用熱中子使鈾235分裂的核反應器，成為熱中子堆。

如果核分裂時產生的快中子，不利用中子慢化劑予以減速，當它轟擊鈾238時，鈾238便會以一定比例吸收這種快中子，變為鈈239。鈾235通過吸收一個速度較慢的熱中子發生分裂，而鈈239可以吸收一個快中子（fast neutron）而分裂。鈈239是比鈾235更好的核燃料。由鈾238先變為鈈，再由鈈進行分裂，分裂釋出的能量變成熱，運到外部後加以利用，這便是快中子反應器的工作過程。

在快中子增殖堆內，每個鈾235核分裂所產生的快中子，可以使12至16個鈾238變成鈈239。儘管它一邊在消耗核燃料鈈239，但一邊又在產生核燃料鈈239，生產的比消耗的還多，具有核燃料的增殖作用，所以這種反應器也就被叫做快中子增殖堆。二種核反應器的比較，如表7.1所列。

中子增殖堆幾乎可以百分之百地利用鈾資源，同時還能讓核廢料充分燃燒，減少污染物質的排放。但是在核反應器中製造更多的燃料是有風險的，製造出來的鈈可能會促進核子增生反應，同時提煉鈈必須進行的燃料再製，會產生放射性廢料，可能造成大量放射線外洩，加上能用於製造核燃料，可能被用於製造核武器所需，在限制核武問題上亦有疑慮，目前美國、英國、法國和德國都已停用這類反應器。

7.5.2　高速增殖堆與輕水堆的比較

高速增殖堆和輕水堆是目前利用較為廣泛的兩類核反應器。

高速增殖反應器（FBR, fast breeder reactor）即快中子堆，是直接利用快中子堆核材料進行轟擊，從而引發連鎖反應，因而這類反應器中不使用中子慢化劑，冷卻劑使用液態金屬 Na。快速增殖堆中使用的核燃料包括鈽和鈾，其中核分裂性鈽含量約為 16%～21%，貧化鈾（depleted uranium）含量約為 79%～84%。具體增殖過程包括：鈽 239 分裂釋放快中子，快中子擊中鈾 238，鈾 238 轉變為鈽 239，鈽 239 繼續釋放快中子參與反應，如圖 7.9 所示。在核反應器中，新產生的核燃料與所消耗的核燃料之比成為轉換比。當這個比值大於 1 時，亦稱之為增殖比。在高速增殖反應器中，鈽 239 一次分裂可釋放出 3 個中子，而分裂反應只需一個快中子即可維持，剩餘中子被鈾 238 吸收後，產生 1 個以上新的核材料——鈽 239，因而快速增殖堆的轉換比較大，約為 1.2。

輕水堆（light water reactor）是熱中子反應器的一種，它包括沸水反應器（BWR）和壓水反應器（PWR）。輕水堆利用輕水作為慢化劑，將核分裂產生的高速中子減速為熱中子，轟擊核燃料中的鈾 235，繼而引發連鎖反應。輕水堆使用的冷卻劑也是輕水，它的核燃料使用的是自然界中的鈾，其中可產生分裂反應的鈾 235 含量僅占 3%～5%，其餘是不能被輕水堆利用的鈾 238。一個鈾 235 分裂時，平均可產生 2.43 個中子，由於鈾 235 的濃縮度較低，因而其轉換比也只有 0.6 左右。

7.5.3　利用高速增殖堆實現鈽燃料的增殖

高速增殖反應器利用中子轟擊核燃料中的鈽 239 和鈾 238 引發連鎖分裂反應。

首先是一個中子轟擊鈽 239，鈽 239 在捕獲一個中子後發生分裂反應，生成兩個或兩個以上原子序（atomic number）較小的原子，同時釋放出 2～3 個中子，並產生能量。其中有一個中子引起其它鈽 239 進行分裂反應，而剩下的中子被核燃料中的鈾 238 擄獲成為鈾 239，並以錼（Np）作為中間體，在產生兩次 β- 衰變後，蛻變成鈽 239。下面反應式表示出了鈾 238 被一個中子轟擊，發生 β 衰變並生成鈽 239 的過程。

$$^{238}_{92}U + ^{1}_{0}n \rightarrow ^{239}_{92}U \xrightarrow{\beta^-} ^{239}_{93}Np \xrightarrow{\beta^-} ^{239}_{94}Pu \tag{7-2}$$

這就意味著，一塊天然鈾中不但有鈈 239 的連鎖反應，而且還會由於鈾 238 的不斷衰變（decay）生成更多的鈈 239。只要反應器中有源源不斷的鈾 238 輸送，就會一直產生更多的鈈 239，從而實現了鈈燃料的增殖。

7.5.4 高速增殖堆（FBR）的結構

高速增殖堆主要由堆芯（核燃料）、控制棒、中間熱交換器（heat exchanger）、汽輪發電機等幾部分組成。如圖 7.10 所示。

在增殖堆的中央部位，是由直徑約 1m 的核燃料組成的堆芯，堆芯採用的是由鈈和鈾混合而成的 MOX（混合氧化物燃料），目前使用最多的是 UO_2 和 PuO_2。貧化鈾燃料（鈾 238 和少量的鈾 235）包圍著堆芯的四周，構成增殖層，鈾 238 轉變成鈈 239 的過程主要在增殖層中進行。

因為高速增殖堆中核分裂反應十分劇烈，必須使用導熱能力很強的液體把堆芯產生的大量熱帶走，同時這種熱也就是用作發電的能源。鈉（Na）導熱性好而且不容易減慢中子速度，不會妨礙快堆中連鎖反應的進行，所以是理想的冷卻液體。在實際反應器中，堆芯和增殖層都浸泡在液態的金屬鈉中，從而實現反應系統的迅速冷卻和熱量傳遞。

反應器中使用吸收中子能力很強的控制棒，靠它插入堆芯的程度改變堆內中子數量，以調節反應器的功率。為了使放射性的堆芯同發電部分隔離，鈉冷卻系統也分為一次系統鈉和二次系統鈉。一次系統鈉直接同堆芯接觸，通過熱交換器將反應器中產生的熱量傳給二次系統鈉。二次系統鈉可以用來加熱鍋爐，通過蒸氣發生器使水轉變為蒸氣，用以驅動汽輪機發電。

表 7.1　核反應爐的比較

	對核分裂起作用的中子	核燃料	慢化劑	冷卻劑	轉換比
快速增殖堆（FBR）	快中子	核分裂性 鈈約 16%～21% 貧化鈾約 79%～84% （包襯燃料僅含貧化鈾）	——	液態金屬 Na	約 1.2
輕水堆 $\binom{\text{BWR}}{\text{PWR}}$	熱中子	鈾 235：3%～5% 鈾 238：95%～97%	輕水	輕水	約 0.6

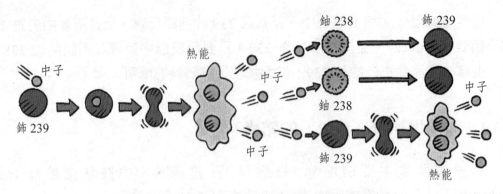

圖 7.9　利用快速增殖堆實現鈽燃料的增殖

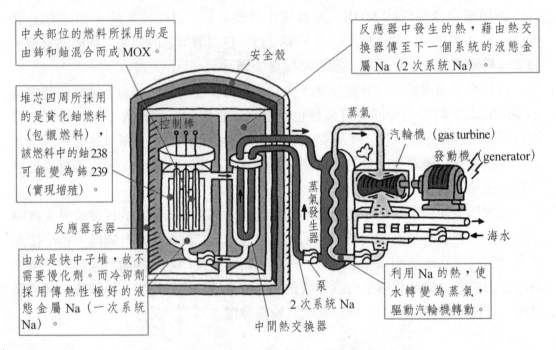

圖 7.10　快速增殖堆（FBR）的原理示意圖

7.6　核燃料循環

7.6.1　核燃料的循環路徑

核能系統的核燃料（nuclear fuel）循環，係指從鈾礦開發、開採到核廢物（nuclear waste）最終處置的一系列工業生產過程，它以反應器為界，分為前、

後兩段。核燃料在反應器中使用之前的工業過程，稱為核燃料循環前段。它包括鈾礦開採、礦石加工冶煉、鈾濃縮和燃料元件加工製造；核燃料從反應器卸出後的各種處理過程，稱為核燃料處理後段，它包括乏核燃料中間儲存、乏核燃料後處理、回收燃料再循環（recycle）、放射性廢物處理與最終處理。回收燃料可以在熱中子堆中循環，也可以在快中子堆中循環，統稱核燃料「閉式」循環。如果乏核燃料不進行後處理而直接處置，則稱為「一次通過」循環。核燃料的閉式循環是實現可持續發展的保證。

核能（nuclear energy）可持續發展必須解決兩大問題，即鈾資源利用的最優化和核廢物的最少化。目前國際上已達到商用化水準的熱堆燃料循環，可部分地實現分離 Pu 和 U 的再循環，從而適度地提高鈾資源的利用率和減少核廢物體積。從 20 世紀 90 年代開始研究開發的「先進核燃料循環」體系，是對現有核能生產及其燃料循環體系的進一步發展，它是現有的熱堆燃料循環與將來的快堆或加速器驅動系統燃料循環的結合。隨著快堆和加速器（accelerator）驅動系統燃料循環的逐步引入，今後的先進後處理技術，將能處理熱堆和快堆—加速器驅動系統乏核燃料，實現 Pu 和 U 的閉合循環，從而在充分利用鈾資源的同時，實現核廢物體積和毒性的最少化。

7.6.2　核燃料棒的構造

核燃料棒是內裝一串二氧化鈾（UO_2）的芯塊和充有高壓氦氣的一個密閉元件。如圖 7.11 所示。UO_2 芯塊為核分裂燃料，高壓氦氣主要作為傳熱劑，即傳遞核分裂釋放的熱能，冷卻 UO_2 芯塊，同時也為核燃料棒密封性能的氦質檢漏提供了適漏氣體。

在進行核燃料棒的生產之前，首先要將濃縮鈾經過氧化製成氧化鈾餅，然後進行和燃料棒的生產線組裝。

一個核燃料棒在生產線上要經過多道生產工序才能製造出來，其技術流程如下：

包殼管料超聲檢測→管殼製作→向管內填充 UO_2 芯塊等→工業 X 射線電視檢查 UO_2 芯塊→管殼兩端焊接端塞→X 射線檢測端塞的環形焊接→抽真空充氦和端塞堵孔密封焊→X 射線檢測堵孔密封焊點→UO_2 芯塊豐度測量→棒表面酸洗→棒外觀目視檢測→氦質譜檢漏→成品包裝。

從技術流程可以看出，核燃料棒從堵孔密封焊到氦質譜檢漏之間還要經過 4 個其它的工序，所以要經過一定的時間間隔後，才能進行氦質譜檢漏工序。

7.6.3　核燃料棒的後處理工程

　　核燃料後處理分離體系極為複雜，操作的放射性水準極高，因而技術操作難度極大。乏核燃料後處理 Purex 流程，起初是為生產核武器用鈽而發展起來的。後來國際上動力堆乏核燃料的後處理仍然採用 Purex 流程。只是隨著燃耗的提高，動力堆乏核燃料後處理的技術難度更高。

　　具體的後處理過程，主要包括通過進料、貯藏、剪斷與溶解過程，讓使用後的核燃料棒進入廢氣處理系統，然後在溶解槽中，使鈾稱為核分裂生成物分離後，在貯藏庫安全保管。接著進行分離操作，使部分核分裂生成物分離後，由玻璃固化安全保管。此後，將剩餘的核燃料進行鈾和鈽的分離。經分離的鈾和鈽，均需要經過精製。精製後的鈾和鈽再進行脫硝後，可得到純淨的鈾氧化物製品，以進行密封保存。脫硝後的鈽形成鈽的氧化物和部分鈾氧化物混合在一起進行封存。如圖 7.12 所示。

7.6.4　核燃料棒的安全隱患

　　核電廠（nuclear power station）是人類和平利用核能發電的工廠。保障核安全是世界的課題，核素外溢所造成的危害，原則上是無國界和無時限的。為了確保廠區工作人員和周圍居民免受過量輻照，是每一個從事核工業設備製造、安裝、運行和退役作業工作人員的責任。獲得高品質的產品，要從原材料到零部件的生產過程嚴格控制開始，並使用無損檢測方法、確認其完好的內在品質。

　　在原子反應器中有幾千根燃料棒，燃料棒內裝有核燃料棒粒 UO_2，棒中核燃料粒由棒頂及底端的彈簧頂緊，充入 1 ～ 20 大氣壓的惰性氣體。有時候核反應器早期停止運轉，由於燃料棒壁發脆，核燃料與冷卻水接觸，使水被沾污，有很強的核輻射性能的分裂物，發生很大危險，燃料壁發脆失效的原因可能有兩個。

　　(1) 由於氫脆引起，鋯合金棒壁一般表面有一薄層氧化鋯，使表面鈍化，但在高溫時，氧擴散到鋯內部，這樣合金表面能吸附氣體，雖然核燃料 UO_2 製造過程中經過減壓烘乾、真空乾燥、在乾燥空氣中加工處理，保證含水分只有幾個 ppm，但當 UO_2 工作時，溫度高達 2000℃，可能將殘留的水分放出，鋯合金與水汽在高溫時，反應生成 ZrO_2 及 H_2，當氫氣壓逐漸增高，氫與鋯生成氫化鋯，逐漸擴散，當 H_2/H_2O 量達到臨界值（critical value）時，鋯合金棒壁便被脆裂蝕穿，UO_2 就與冷卻水接觸，沾污冷卻水，當水汽量超過 10ppm 就足以使棒壁蝕穿，而且沸水反應器比加壓水反應器問題更嚴重。

(2) 由於鹵化物引起氟、碘亦能使燃料棒失效，碘、氟是 UO_2 生產過程中的雜質，碘是揮發性（volatile）、放射性（radiative）的分裂產物，在鐵和空氣的催化（catalysis）作用下，碘能與鋯生成 ZrI_2，由於核燃料的局部過熱能使 ZrI_2 開裂損壞，如有氫及水汽存在還可能生成 HI，加速腐蝕棒壁作用。

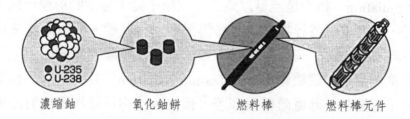

圖 7.11　核燃料棒的構造

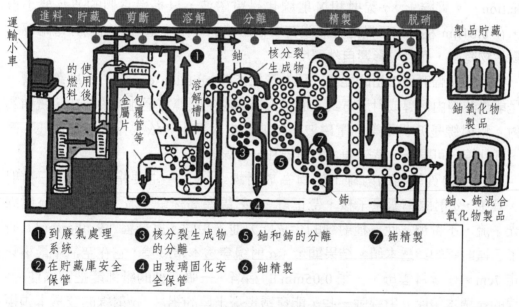

圖 7.12　核燃料棒的後處理工程

7.7　輻射能和輻射線

7.7.1　輻射能和輻射線的定義

輻射（radiation）指的是能量以波或是次原子粒子移動的形態傳送。輻射可以是熱、光、聲、電磁波等物質向四周傳播的一種狀態。輻射的能量從輻射源向外所有方向直線放射。一般可依其能量的高低及電離物質的能力，分類為電離輻射或非電離輻射。電離輻射（ionization radiation）具有足夠的能量，可以將原子或分子電離化，非電離輻射則否。輻射活性物質是指可放射出電離輻射的物質。電離輻射主要有三種：α、β 及 γ 輻射（或稱射線）。此外，還包括中子和 X 射線。非電離輻射主要有：中子輻射、電磁輻射和黑體輻射（blackbody radiation）。實際上，γ 輻射和 X 射線也是電磁波，只不過它們的波長要小得多，在 0.01nm 左右。可見此分類沒有一個嚴格的界限。電離輻射或非電離輻射皆對生物有害，而且可影響自然環境。

物體通過輻射所放出的能量，稱為輻射能（radiation energy）。廣義來講，凡是能量非經由傳導或對流方式，而是直接穿越空間傳達至他處的方式，統稱為輻射。輻射線是波長不等的電磁波，按波長由大到小，依次分為無線電波、微波、紅外線、可見光、紫外線、X 射線和 γ 射線等。

放射性物質放出的射線，俗稱為放射線（ray）。主要指 α、β、γ 三種射線。其中，α 射線為氦原子核，帶正電。β 射線為高速電子流，帶負電。γ 射線為光子流，不帶電。此三種射線的穿透能力並不相同。盧瑟福（Rutherford）研究了三種射線的穿透本領。結果顯示：α 射線穿透本領最差，它在空氣中最遠只能走 7cm。一薄片雲母、一張 0.05mm 的鋁箔、一張普通的紙都能把它擋住。β 射線的穿透本領比 α 射線強一些，能穿透幾毫米厚的鋁片。γ 射線的穿透本領極強，1.3cm 厚的鉛板也只能使它的強度減弱一半。γ 射線具有穿透任何生物體的能力，並會破壞細胞的遺傳基因（DNA），嚴重會造成突變。

放射線的相關單位，如圖 7.13 所示。

7.7.2　放射性核素

放射性核素，亦即放射性同位素（radiative isotope）。同位素具有相同原子序（atomic number）的同一化學元素的兩種或多種原子之一，在元素週期表

上占有同一位置，化學性質幾乎相同（気、気和気的性質有些微差異），但原子質量或質量數不同，從而其質譜性質、放射性轉變和物理性質（例如在氣態下的擴散本領）有所差異。如果該同位素是有放射性的話，則稱為放射性同位素。原子序數在 83（鉍）或以上的元素都具有放射性，但某些原子序數小於 83 的元素〔如鎝（Tc），原子序數 43〕也具有放射性。放射性同位素的原子核很不穩定，會不間斷地、自發地放射出射線，直至變成另一種穩定同位素，這就是所謂「核衰變（nuclear decay）」。放射性同位素在進行核衰變時，可放射出 α 射線、β 射線、γ 射線和電子捕獲等，但是放射性同位素在進行核衰變的時候，不一定能同時放射出這幾種射線。核衰變的速度不受溫度、壓力、電磁場等外界條件的影響，也不受元素所處狀態的影響，只和時間有關。放射性同位素衰變的快慢，通常用「半衰期」來表示。半衰期即一定數量放射性同位素（radiative isotope）原子數目減少到其初始值一半時所需要的時間。考古學上經常利用碳 14 的半衰期（half life time）來估算文物的年代。

　　天然存在的放射性同位素主要是恆星的內部。例如鈾，在星體內直接被形成。而當今仍然存在，是因為它們的半衰期時間很長，而它們還沒有完全衰變。具有放射性的核素有很多種，如鈾 238、碘 131、銫 137 等。輻照燃料中，因中子活化產生的放射性核素（radiative nuclide），由燃料組分及雜質與中子反應生成，生成的主要放射性核素是碳 -14。

7.7.3　輻射線對人的危害

1. 核輻射的危害

　　據臨床醫學實驗和流行病學調查證實，人體在受到一定劑量的核輻射照射後，會導致健康受損。放射性物質可通過吸入、皮膚傷口及消化道吸收進入體內，引起內輻射，外輻射可穿透一定距離被機體吸收，使人員受到外照射傷害。內外照射形成放射病的症狀有：疲勞、頭昏、失眠、皮膚發紅、潰瘍、出血、脫髮、白血病、嘔吐、腹瀉等。有時還會增加癌症（cancer）、畸變（distortion）、遺傳性病變發生率，影響幾代人的健康。一般講，身體接受的輻射能量越多，其放射病症狀越嚴重，致癌、致畸風險越大。具體如下：

　　(1) 急性核輻射性損傷：放射線吸收劑量超過 1 戈瑞（Gy）時，可引起急性放射病或局部急性損傷；在劑量低於 1Gy 時，少數人可出現頭暈、乏力、食慾下降等輕微症狀；劑量（dose）在 1 ~ 10Gy 時，出現以造血系統損傷為主；劑

量在 10～50Gy 時，出現以消化道為主症狀，若不經治療，在兩週內 100% 死亡；50Gy 以上出現腦損傷為主症狀，可在 2 天死亡。急性損傷多見於核輻射事故。

(2) 慢性核輻射損傷：全身長期超劑量慢性照射，可引起慢性放射性病。局部大劑量照射，可產生局部慢性損傷，如慢性皮膚損傷、造血障礙、白內障等。慢性損傷常見於核輻射工作的職業人群。

(3) 胚胎與胎兒的損傷：胚胎和胎兒對輻射比較敏感，在胚胎植入前接觸輻射可使死胎率升高；在器官形成期接觸，可使胎兒畸形率升高，新生兒死亡率也相應升高。據流行病學調查顯示，在胎兒期受照射的兒童中，白血病和某些癌症的發生率較對照組為高。

(4) 遠期效應：在中等或大劑量範圍內，核輻射致癌已為動物實驗和流行病學調查所證實。在受到急慢性照射的人群中，白血球嚴重下降，肺癌、甲狀腺癌、乳腺癌和骨癌等各種癌症的發生率，隨照射劑量增加而增高。

2. 電磁輻射的危害

人體生命活動包含一系列的生物電活動，對環境中能量強的電磁波較為敏感。電磁波（electromagnetic wave）對人體的危害可大致分為：熱效應、非熱效應以及累積效應。具體如下：

(1) 熱效應：人體 70% 以上是水，水分子受到電磁波輻射後相互摩擦，引起機體升溫，從而影響體內器官的正常工作。體溫升高引發各種症狀，如心悸、頭脹、失眠、心動過緩、白血球（white blood cell）減少，免疫功能下降、視力下降等。產生熱效應的電磁波功率密度在 $10mW/cm^2$；微觀致熱效應 $1～10mW/cm^2$；淺致熱效應在 $10mW/cm^2$ 以下。當功率為 1000W 的微波直接照射人時，可在幾秒內致人死亡。

(2) 非熱效應：人體的器官和組織都存在微弱的電磁場，它們是穩定和有序的，一旦受到外界電磁場的干擾，處於平衡狀態的微弱電磁場將遭到破壞，人體也會遭受損害。這主要是低頻電磁波產生的影響，即人體被電磁輻射照射後，體溫並未明顯升高，但已經干擾了人體固有的微弱電磁場，使血液、淋巴液（lympha）和細胞原生質發生改變，對人體造成嚴重危害，可導致胎兒畸形或孕婦自然流產；影響人體的循環、免疫（immunity）、生殖和代謝功能等。

放射線的醫學利用，如圖 7.14 所示。

	國際單位制單位	舊單位制單位
放射性活度	貝克勒爾（Bq, Becquerel）	居禮（Curie）
放射線（劑量當量）	希沃特（Sievert）	雷姆（Rem）
（吸收劑量）	戈瑞（Gyay）	拉德（Rad）
（照射量）	庫侖每千克（C/kg）	倫琴（Roentgen）

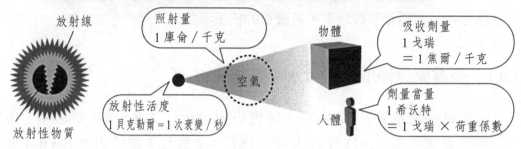

放射線

放射性物質

照射量
1 庫侖／千克

放射性活度
1 貝克勒爾＝1次衰變／秒

空氣

物體

吸收劑量
1 戈瑞
＝1 焦爾／千克

人體

劑量當量
1 希沃特
＝1 戈瑞 × 荷重係數

圖 7.13　放射性和放射線

利用 X 光進行牙齒檢查
不僅是眼睛可見的牙齒樣貌，還可以看到牙床內所有牙齒的狀態（每次檢查的劑量當量約為 0.03 毫希沃特）

利用放射性物質進行腦檢查
將特定的放射性物質置入體內，由於這些物質在腦及肝臟等特定器官及組織內濃度，藉此可以調查這些器官和組織的作用、功能是否正常（每次檢查的劑量當量約為 4 毫希沃特）

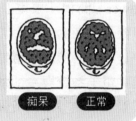

痴呆　　正常

利用 X 光進行胸部疾患檢查
通過團體體檢，檢查肺部有無結核疾患等（每次檢查的劑量當量約為 0.05 毫希沃特）

利用 X 射線進行胃檢查
由於鋇能有效吸收 X 射線，因此在胃的檢查中經常使用。在發生腫脹、潰瘍的部位，由於沒有鋇，故可以看到其影像（每次檢查的劑量當量約為 0.6 毫希沃特）

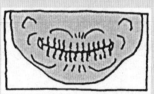

X 射線 CT
利用細 X 光束測量各個方向的透射量，經電腦處理做成斷層照片，稱其為 X 光 CT（computer tomography，電腦斷層掃描），常用於頭、胸、腹等出血及腫脹、潰瘍等之檢查與診斷（每次檢查的劑量當量約為 6.9 毫希沃特）

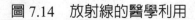

圖 7.14　放射線的醫學利用

7.8 「3.11」東日本大地震福島核電廠事故分析

　　2011 年 3 月 11 日在日本宮城縣東方外海發生芮氏（Ritcher）規模 9.0 地震（earthquake）、與緊接著引起的海嘯（tsunami），在福島第一核電廠造成的一系列設備損毀、堆芯熔毀、輻射釋放等災害事件，為 1986 年車諾比（Chernobyl）核電廠事故以來，最嚴重的核子事故。

7.8.1 強震緊急停堆後所有水冷系統失靈

　　福島第一核電有 6 台機組，1 號機組 460MW，為 BWR-3 型機組，1970 年下半年並網發電，1971 年投入商業運行；2 號至 5 號機組為 BWR-4 型，784MW，197 ～ 1978 年投產；6 號機組為 BWR-5 型、1067MW，1979 年投產。六台機組在同一廠址，全是沸水堆，均屬於東京電力公司（Tokyo Electric Power，簡稱「東電」）所有。在大地震發生時，1、2、3 號機組立刻進入自動停機程式。4、5、6 號機由於定期檢修，正處於停機狀態。因此，廠內發電功能停止，由於機組與電力網的連接也遭受到大規模損毀，只能倚賴緊急柴油發電機驅動電子系統與冷卻系統。但是，隨即而來的大海嘯淹沒了緊急發電機室，損毀了緊急柴油發電機及備用水泵，冷卻系統因此停止運作，反應器開始過熱。地震與海嘯造成的損毀也阻礙了外來的救援。在之後的幾個小時到幾天內，1、2、3 號反應器經歷了不折不扣的堆芯熔毀。員工們努力設法使反應器得以冷卻，但又發生幾起氫氣爆炸事件。政府命令使用海水來冷卻反應器，這也徹底打消了未來修復反應器的念頭。損壞的反應器，如圖 7.15 所示。

7.8.2 核餘熱及衰變產生的熱量，足以使燃料元件熔化

　　二代核電廠，不管是沸水堆還是壓水堆，都有一個問題。如果發生嚴重事故將會伴隨全廠發電功能停止，需要應急柴油機在 20 秒內迅速啟動，為安全相關系統提供電力。主要是安全系統，向堆內注水，保證堆芯冷卻不裸露在外。

　　地震發生後，工程師進行了緊急停堆處理。但是，反應器核餘熱及衰變仍會產生很高的熱量，必須儘快排除。但由於海嘯引起的柴油發電機及備用水泵損壞，冷卻系統失靈，冷卻水不能及時注入，而燃料棒產生的大量餘熱，導致水被大量蒸發，冷卻水位急劇下降，核燃料棒部分曝露出水面。東電表示，在 3 月

14 日 13 時 25 分，2 號機的冷卻功能完全停止。稍後，時事通信社報導，冷卻水水位正逐漸降低，2 號機的 4m 長燃料棒已經完全曝露約 140 分鐘之久，很可能會發生堆芯熔毀。在 20 時 07 分，燃料棒仍有 3.7m 曝露在外，不排除堆芯熔毀的可能性。1、3 號機組均處於警戒狀態。

可以大致估算一下：假如這是一個 100MW 的核電機組，就是說它發的電是 100MW，那麼這個反應器產生的熱量是多少呢？大概是 330MW，是它的 3 倍多一點。當工程師將控制板插進去，使反應器停止了，它仍有剩餘的衰變熱，開始是百分之幾，後來慢慢地衰竭。330MW 剛開始是百分之幾的衰變熱，即使算 1%，那就有 3300kW，那相當於在這個反應器裡，還有 3300 個 1kW 的電爐在工作並產生熱量。這個熱量是很可怕的，即使停堆了相當長的時間，仍然有千分之幾的衰變熱會持續較長的時間。例如福島核電廠即使到了 3 月 30 日，從事故發生後停堆處理已經 19 天了，粗略估計，反應器裡仍有 2000kW 左右的衰變熱（decay heat），就是說這個燃料元件裡，大概有相當於 2000 個 1kW 的電爐在燒著。而福島核電廠使用的反應器中，1 號機組輸出功率 460MW，2、3 號機組的輸出功率則為 748MW。由此可見，停堆後的核餘熱及衰變產生的熱量是相當可觀的。

反應器中使用的核燃料是鈾的氧化物。其熔點很高，接近 2800℃。燃料被製成高度 1cm、截面直徑 1cm 的圓柱狀，並放入鋯合金製成的長管中。長管的熔點在 1200℃ 左右，並且被嚴格密封。因此，由於冷卻系統失靈，一方面冷卻液得不到有效補充，冷卻液溫度升高；另一方面冷卻液大量蒸發，導致燃料棒曝露在冷卻液之外，燃料棒無法有效冷卻，溫度不斷升高。由前面估算的核餘熱及衰變熱可知，燃料元件溫度超過其熔點是很容易發生的，進而導致鋯合金管熔化破裂，核燃料洩漏。

7.8.3　高溫熔體穿透壓力殼

反應器停機後，工程師需要恢復電力供應，並保證大量的水供應，以對反應器核心進行損害控制。由於海嘯損毀了柴油發電機和備用水泵，使得損壞的核心沒能得到及時冷卻，熔融的鈾燃料就像一攤熔岩一樣一路向下，燒穿整個反應器。

另一方面，鋯合金和水在高溫下，它會產生一種反應，我們稱之為鋯水反應。由於冷卻不充分，鋯合金管溫度過高，發生鋯水反應。其總反應式為：

$$Zr_{(s)} + 2H_2O_{(g)} \xrightarrow{1000^{\circ}C} ZrO_{2(s)} + 2H_{2(g)} \qquad \Delta H = 20.2063 \text{ kJ/mol} \qquad （7\text{-}3）$$

該反應會生成氧化鋯和氫氣，放出的氫氣在空氣中濃度到達一定程度，它就和氧氣結合，就會發生爆炸，稱之為氫爆。福島核事故中，發生多次反應器建築物爆炸，專家很快毫無異議地斷定這些爆炸均為氫爆。這與車諾比發生的核爆有本質的不同。核爆是由於核反應過快，燃料棒內的壓力和溫度急劇上升，引發了核的瞬發超臨界，即核爆。

在最壞的情況下，熔融的爐芯將會燒穿整個反應器防護，逃逸到自然界中。

7.8.4　高放射性核燃料透過壓力殼洩漏到地面、海水乃至空氣中

放射性物質的洩漏主要有三個方面：

(1) 熔融狀態的高放射性核燃料將燒穿整個反應器防護，洩漏到地面中；

(2) 反應器溫度很高，產生大量的蒸氣，而由於福島核電廠採用的是沸水堆，水與已經損壞的燃料元件接觸，產生的蒸氣不可避免的會帶有大量放射性。由於之前發生的氫爆已將反應器建築屋頂炸飛，帶有高放射性的蒸氣擴散到空氣中，擴大了核污染的範圍。福島核電廠 3 號機組附近測量結果顯示，核輻射量比法定標準高出 400 倍。半徑 20km 內被列為禁區。屬於其半徑範圍內的雙葉町，居民全部撤離，成了一座「鬼城」。

(3) 由於無法冷卻反應器核心，日本政府最終決定將海水注入反應器。這樣用於冷卻核心的海水將會帶有大量放射性物質，然後被排放到海裡，造成周邊海域的放射性污染。靠近福島第一核電廠附近的海水放射性輻射超標 4000 倍以上，檢測出具有放射性的碘、銫、釕、碲，其中 3 月 31 日檢測到碘 131 超標 4385 倍，4 月 2 日在受污染海水中檢測到超標 750 萬倍的碘 131。

7.9　典型核電廠事故分析

7.9.1　國際核事故分級

國際核事故分級標準（INES, International Nuclear Event Scale）制定於

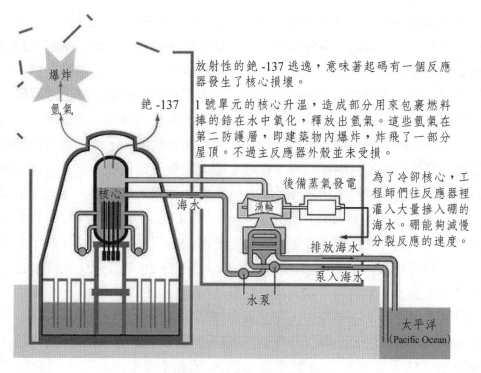

放射性的銫-137逃逸，意味著起碼有一個反應器發生了核心損壞。

1號單元的核心升溫，造成部分用來包裹燃料捧的鋯在水中氧化，釋放出氫氣。這些氫氣在第二防護層，即建築物內爆炸，炸飛了一部分屋頂。不過主反應器外殼並未受損。

為了冷卻核心，工程師們往反應器裡灌入大量摻入硼的海水。硼能夠減慢分裂反應的速度。

爆炸

氫氣

銫-137

核心

海水

後備蒸氣發電

渦輪

排放海水

泵入海水

水泵

太平洋
(Pacific Ocean)

圖 7.15　損壞的反應器

1990 年。這個標準是由國際原子能機構（IAEA, International Atomic Energy Agency）起草並頒布，旨在設定通用標準以及方便國際核事故交流通信。

　　核事故分為 7 級，類似於地震級別，災難影響最低的級別位於最下方，影響最大的級別位於最上方。最低級別為 1 級核事故，最高級別為 7 級核事故。但是相較於地震級別來看，由於缺少精密資料作為定量標準，核事故等級評定往往是在發生之後，根據造成的影響和損失來評估等級。綜合考慮人和環境、輻射屏障和控制，以及縱深安全防護等方面進行評定。所有的 7 個核事故等級又被劃分為 2 個不同的階段。最低影響的 3 個等級被稱為核事件，最高的 4 個等級被稱為核事故，具體內容見國際核事故分級列表（表 7.2）。

7.9.2　美國三哩島核事故

　　三哩島（Three Miles Island）核洩漏事故，通常簡稱「三哩島事件」，是 1979 年 3 月 28 日發生在美國賓夕法尼亞州（Pennsylvania）薩斯奎哈納河三哩島核電廠的一次部分堆芯熔毀事故。這是美國核電歷史上最嚴重的一次事故，也是核能史上第一次反應器堆芯熔毀事故。

　　該事故清楚地顯示出，核電廠工作人員面對緊急事故的處理能力不足、控制系統設計不合理等問題。事件起因是反應器主給水泵停轉，輔助給水泵雖然有按照預定程式啟動，但是由於操作人員違反操作規定，沒有將此前進行例行檢查的輔助迴路中的隔離閥門（valve）打開，從而導致輔助迴路沒有正常啟動，二迴路冷卻水沒有按照程式進入蒸氣發生器，熱量不能及時排出，導致堆芯熱量聚集、壓力上升。為了降低堆芯壓力，穩壓器減壓閥自動開啟，冷卻水流出使堆芯壓力降低。但是由於發生機械故障，在堆心壓力回復正常值後，堆心冷卻水繼續注入減壓水槽，造成減壓水槽水滿外溢。一迴路冷卻水大量排出，造成堆心溫度快速上升，等到操作人員發現問題所在時，已有 47% 的堆心燃料熔毀並發生洩漏。政府出於安全考慮疏散了核電廠 5 英里範圍內的學齡前兒童和孕婦，並下令對事故堆芯進行檢查。檢查中發現堆芯嚴重損壞，約 20 噸二氧化鈾堆積在反應器壓力容器底部，大量放射性物質堆積在核反應器安全殼內，少部分放射性物質洩漏到周圍環境中。此次事故中，安全殼發揮了重要作用，有效阻礙和防止了放射性物質洩漏到環境中，凸顯了其作為核電廠最後一道安全防線的重要作用。

　　事故後，核子管制委員會對周圍居民進行了連續追蹤研究，研究結果顯示：在以三哩島核電廠為圓心 50 英里範圍內的 220 萬居民中，無人發生急性輻射反應。周圍居民所受到的輻射，相當於進行一次胸部 X 光照射的輻射劑量。核洩漏事故對於周圍居民的癌症發生率沒有顯著性影響。在其附近未發現動植物異常現象。當地農作物產量未發生異常變化。但是，洩漏事故造成核電廠二號堆嚴重損毀，直接經濟損失達 10 億美元之鉅。

7.9.3　前蘇聯車諾比（Chernobyl）核事故

　　車諾比核電廠事故是 1986 年 4 月 26 日星期六，發生在前蘇聯（Soviet）烏克蘭（Ukraine）車諾比核電廠的核子反應器事故。該事故被認為是歷史上最嚴重的核電廠事故，也是國際核事件分級表中，第一個被評為第七級事件的事故。

　　該核電廠由四座 RBMK-1000 型壓力管式石墨慢化沸水反應器組成。事故發生時，操作人員按下緊急停堆按鈕，但由於控制棒的插入機制（18 ～ 20s 的慢速完成），控制棒的空心部分臨時移位和冷卻劑逸出，導致反應功率增加。增加的能量導致控制棒管道的變形。控制棒在插入的過程中被卡住，只能進入該管道的三分之一，因此無法停止反應。核反應器功率大規模、災難性地激增，導致蒸氣爆炸，撕裂反應器的頂部，使核心曝露，並散發出大量的放射性微粒和氣態殘

骸（主要是銫 137 和鍶 90），超高溫核心中的 1700 噸可燃性石墨減速劑曝露與空氣中，導致石墨減速劑燃著，加速了放射性粒子的洩漏。此外，爆炸引發的大火也擴大了洩漏，大量的放射性物質被釋放到環境中。造成如此大規模洩漏的原因，部分是由於放射性物質並沒有被裝在圍阻體中（不像大多數西方的核電廠，前蘇聯的反應器通常沒有這種裝置），隨後放射性粒子隨風穿越了國界。

　　事故的起因主要有兩個方面：一個是 RBMK 存在設計缺陷，特別是控制棒的設計；另一個是核電廠運行人員操作失誤。據總部設在倫敦的世界核協會說，儘管俄羅斯（Russia）目前還有幾座壓力管式石墨慢化沸水反應器仍在運行，但是世界上的其它動力反應器沒有像車諾比一樣，把石墨慢化劑和水冷卻劑結合在一起使用的。壓力管式石墨慢化沸水反應器「具有正回饋」，溫度越高，產生的能量就越多，產生的能量越多，溫度就會升得越高。

　　首先是設計上的問題：反應器安全程度是由「空泡係數」來衡量，用於測量水冷卻劑中蒸氣氣泡的形成與增加對反應器的影響。如果冷卻劑含有蒸氣氣泡，能被減速的中子數量將會下降。速度快的中子，一般不易造成鈾原子的分裂，所以反應器會產生較少的能量。車諾比的 RBMK 石墨緩和反應器之特殊設計中，有一個相當高的「空泡係數」，意味著在沒有水、僅有水蒸氣時，減低的中子吸收作用會使反應器的功率迅速增加，在這種情況下，對反應器進行操作將逐漸變得不穩定且更加危險。使用固體石墨當作中子緩和劑（moderator）來降低中子的速度（慢化的中子可以引發鈾原子的分裂），且用吸收中子的輕水來冷卻核心。因此儘管水中有蒸氣氣泡產生，仍有大量中子被減速。此外，因為蒸氣吸收中子不像水那樣容易，因而增加 RBMK 反應器的溫度，就會有更多的中子能夠分裂鈾原子，增加反應器的能量輸出。這導致 RBMK 的設計在低水位時非常不穩定，在溫度上升時，存在輸出能量在短時間內達到危險水準的傾向。這對於工作人員而言是難以理解和預見的。

　　在這個系統中更重大的缺陷是控制棒的設計。在反應時，控制員透過將控制棒插入反應器的動作來減慢反應速度。在 RBMK 反應器的設計中，控制棒的尾端是由石墨組成，延伸部分（在尾端區域超出尾端的部分，大約是一米或三英尺長度）中空且注滿水．而控制棒的其它部分由碳化硼製成，是真正具有吸收中子能力的部分。因為這種設計，當控制棒一開始插入反應器時，石墨端會取代冷卻劑，反而大大地增加了核分裂的反應速度，因為石墨能夠吸收的中子比沸騰的輕水少。因此，一開始插入控制棒的前幾秒鐘，反應器的輸出功率反而會增加，而不是預期的降低功率。反應器操作員對於這部分也不知曉，且無法預見。此外，因為反應器有巨大容積，所以為了降低成本，建造電廠時反應器周圍並沒有建構

任何圍阻體。因此，蒸氣爆炸使主要的反應器壓力容器破損後，輻射性污染物得以直接進入地球大氣層之中。

另一個是人為因素：1986 年 8 月出版的政府調查委員會報告指出，操作員從反應器核心拿走了至少 204 支控制棒（這類型的反應器共需要 211 枝），留下了七支，而技術指南上是禁止 RBMK-1000 操作時，在核心區域使用少於 15 支控制棒的。

表 7.2 國際核事故分級列表

	事故等級	人和環境	輻射屏障和控制	縱深安全防護
事故	特大事故 (7)（例：車諾比核事故）	·大量的放射性元素被釋放到環境中，不斷惡化的健康和環境問題，需要履行既定或因應對策		
	重大事故 (6)	·較多的放射性元素洩漏，可能需要履行既定對策		
	具有場外風險的事故 (5)（例：三哩島核事故）	·有限的放射性元素洩漏，可能需要履行某種既定對策 ·發生數起由輻射導致的死亡	·核反應器芯嚴重受損 ·裝置內洩漏大量放射性元素，公眾有可能受到大劑量輻照。可能由重大臨界事故或者火災導致	
	場外無顯著風險的事故 (4)	·少量放射性元素洩漏，不需要當地食品控制之外的對策 ·至少已經由輻照導致的死亡	·核燃料融化或者損傷，導致多於堆芯燃料總量 0.1% 的洩漏 ·裝置內有顯著的放射物質洩漏，公眾有可能受到顯著的輻照傷害	

續表 7.2　國際核事故分級列表

事故等級		人和環境	輻射屏障和控制	縱深安全防護
事件	嚴重事件 (3)	·曝露在超過核電廠工人法定年最大輻射劑量十倍環境下 ·輻射導致的非致命傷害（如燒傷）	·工作區有超過每小時 1Sv 的輻射 ·非預定區域內有致命的污染，公眾受到顯著輻照傷害的可能性很小	·核電廠幾乎發生事故，縱深防護體系所剩無幾 ·高放射性物質丟失或者失竊 ·高放射性物質被錯誤地運送到沒有充分準備接受的地方
	事件 (2)	·公眾曝露在輻射劑量超過 10mSv 的環境下 ·工人超過法定年最大輻射劑量（50mSv） Sv：希沃特	·工作區的輻照強度超過每小時 50mSv ·核電廠內非設定區域內有顯著的放射性污染	·安全系統出現顯著的失誤，但是沒有嚴重後果 ·發現安全標籤完好的、高放射性的無主放射源、裝置或者運輸包 ·高放射性物質沒有充分包裹
	異常 (1)			·公眾中任何人有超過法定年最大輻射劑量 ·安全不見有微小問題，縱深防護體系基本工作正常
偏差現象 (0)		低於本表級別，安全上沒有重要意義		

7.10　核融合和融合能的應用

7.10.1　自然的太陽和人造太陽

地球上的所有生物，無一不是受惠於太陽母親的熱和光等而生存、進化和發展的。幾乎所有自然能量都源於太陽釋放的能量。太陽主要是由氫的電漿（plasma）所構成，因此可看作是一個巨大的天然核融合（nuclear fussion）反應器。為了能在地球上獲得這種巨大的能源，人們正加緊進行核融合的研究開發。

為引發核融合，需要將電漿長時間封閉於高溫、高密度之下。在太陽中，電漿是靠自身所具有之非常大的重力而被封閉。為使核融合在我們生活的地球上生成，或靠磁場對核融合電漿封閉，或靠雷射（laser）對其實施慣性封閉。這些人造太陽和自然的太陽相較，如圖 7.16 所示。

與普通核電廠中利用鈾等核燃料分裂所產生的核分裂（nuclear fission）能相對，在核融合發電中，所利用的是氘（deuterium）和氚（triterium, tritiun）（重氫和超重氫）等燃料間發生核融合時產生的核融合能。當然，在由這些核能變換為熱（蒸氣），再驅動汽輪機發電的方式上，二者是相同的。由於它們均不發生二氧化碳，因此具有不引起地球溫暖化（globe warming）及酸雨（acid rain）被害等優點。根據理論計算，從 1 克熱核燃料，即可得到 8 噸石油燃燒所放出的巨大能量，而由 1 噸氚融合所產生的能量，相當於 1100 萬噸標準煤。各種核融合反應，如圖 7.17 所示。

要設法從核融合堆中心的電漿中發出核融合能。在磁場核融合中，為保持電漿的超導線圈是必不可少的。反應中所產生的中子，在包圍堆心的環形殼層（blanket）中被變換為熱能。高溫冷卻水藉由熱交換器發生蒸氣，並利用蒸氣透平（渦輪機，turbine）進行發電。

與核反應器相較，核融合堆發電的燃料在海水中有無限貯藏（多達 40 萬億噸），且沒有核劫持之患，因此安全性、環境保護性很好，放射性廢棄物也少，故被稱為「夢之反應器」，現在國際也正在強力推進「國際熱核融合實驗堆（International Thermonuclear Engineering Reactor，ITER）」建設項目。

7.10.2　雷射慣性約束核融合

輕元素原子核的融合，遠比重元素原子核的分裂困難。首先，作為反應體的混合氣必須被加熱到電漿態，也就是溫度要足夠高，以便電子能脫離原子核的束縛，原子核能自由運動。這時才有可能使原子核發生直接接觸，這個時候，需要大約攝氏 10 萬度的高溫。其次，為了克服庫侖力（Coulumb force），也就是均帶正電荷的原子核之間的斥力，原子核需要以極快的速度運動，為得到這個速度，最簡單的方法就是繼續加溫，達到攝氏上億度。在這種情況下，氚（T）的原子核和氘（D）的原子核以極高的速度，赤裸裸地發生碰撞，產生新的氦核和新的中子，釋放出巨大能量。經過暫短時間，反應體已經不需要外來能源加熱，核融合的溫度足夠使得原子核繼續發生融合。這個過程只要反應產物——氦原子核和中子被及時排除，而新的反應物——氚和氘的混合氣體被輸入反應體，

核融合就能持續下去，產生的能量小部分留在反應體內，維持連鎖反應（chain reaction），大部分可以輸出，作為能源來使用。

　　迄今為止，人類還沒有製造出任何能經受攝氏 1 萬度的化學結構，更不要說攝氏上億度了。這就是為什麼氫彈（hydrogen bomb）已經成功製造 50 年後，人類還不能有效地從核融合中獲取能量的唯一原因。

　　人類是很聰明的，不能用化學結構的方法解決問題，就嘗試用物理方法。早在 50 年前，兩種約束高溫反應體的理論就誕生了，一種是慣性約束，另一種是磁力約束。前者利用超高強度的雷射，在極短時間內輻射氘、氚靶實現融合；後者利用強磁場可很好地約束帶電粒子的特性，將氘、氚混合氣體約束在一個特殊的磁容器中，並加熱至攝氏數億度，實現融合反應。

　　慣性約束核融合（inertial confined fusion, ICF）是把幾毫克的氘、氚混合氣體裝入直徑約幾毫米的小球內，然後從外面均勻射入雷射光束或粒子束，球面內層因而向內擠壓。球內氣體受到擠壓，壓力增大，溫度也急劇升高，當達到所需要的點火溫度時，球內氣體發生爆炸，產生大量熱能。這樣的爆炸每秒鐘發生三、四次，並持續不斷地進行下去，釋放出的能量就可以達到百萬千瓦級的水準。此一理論的奠基人之一，就是中國著名科學家王淦昌。一些國家的實驗室已在這類雷射裝置上做了大量基礎研究工作。美國、法國等已著手建造更大規模的巨型激光器，期望能夠實現雷射熱核「點火」。

7.10.3　磁慣性約束核融合

　　磁約束核融合被稱為托克馬克裝置（Tokamak）。1954 年，世界第一個托克馬克裝置在前蘇聯庫爾恰托夫原子能研究所建成。Tokamak 在俄語中由「環形」、「真空」、「磁」、「線圈」幾個片語結合而成。由於原子核是帶正電的，因此，磁場只要足夠強大，它就難以從中逃逸；由於是環形磁場，原子核就只能沿著磁力線的方向，按螺旋形運動；而在環形磁場之外的一定距離，可以建立一個大型的換熱裝置，然後再用業已成熟的方法，把熱能轉換成電能向外輸送。目前世界受控核融合研究，主要集中在這個領域。

　　托克馬克的中央是一個環形的真空室，外面纏繞著超導線圈（縱向場或極向場線圈），在線圈一通電，托克馬克的內部會產生強大螺旋形環向磁場，將電漿狀態的融合物質約束在真空環形容器裡，極向場控制電漿的位置和形狀，中心螺管也產生垂直場，形成環向高電壓，激發電漿，同時加熱電漿，也起到控制電漿

的作用。以上措施的綜合最佳運用，可以實現核融合的目的。

7.10.4 核融合反應器的結構和融合能應用前景

圖 7.18 中所示為以超導托克馬克融合為基礎的核融合電廠原理。核融合產生的能量由冷卻劑帶出，到熱交換器將能量傳給二迴路，蒸氣推動汽輪發電機發電。托克馬克裝置中核融合反應的控制方法，是通過控制核融合燃料的加入速度及每一次的加入量，使核融合反應按一定的規模連續或有節奏地進行。

國際融合界普遍認為，21 世紀實現融合能的應用，將經歷三個戰略階段：一是建設 ITER 裝置並在其上開展科學與工程研究，其規模為 50 萬千瓦核融合功率，但不能發電，也不在包層中生產氚；二是在 ITER 計畫的基礎上設計、建造與運行融合能示範電廠，其規模為近百萬千瓦核融合功率用以發電，包層中產生的氚與輸入的氚供核融合反應持續進行；最後將在 21 世紀中葉（如果不出意外）建造商業融合堆。科學家們估計，人類可望在 2050 年以後，使用熱核融合反應器發出的第一度核電。那時，人類將擺脫能源問題的困擾。

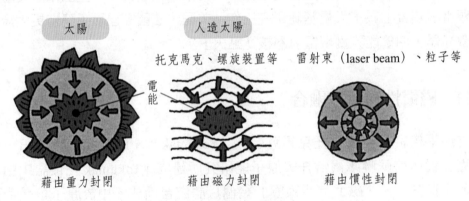

圖 7.16 自然的太陽和人造太陽

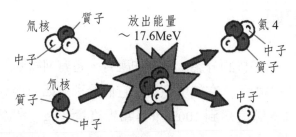

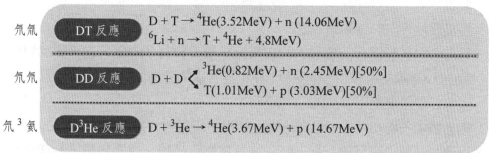

$$1\text{MeV} \approx 100\ \text{億度}$$

圖 7.17　各種核融合反應

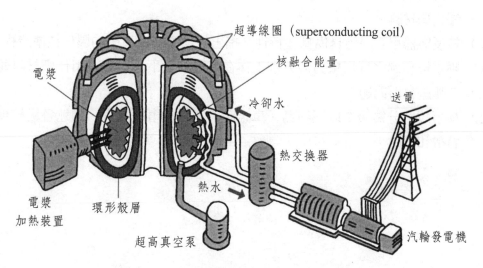

圖 7.18　核融合堆的結構及工作原理

思考題及練習題

7.1 舉例說明何謂原子核的分裂、衰變和融合，各有何特點？

7.2 何謂快中子和熱中子？在核反應器中它們分別是如何得到的？

7.3 假定 U235 的濃縮度達到 100%，其臨界質量（kg）和臨界半徑（cm）各為多少？

7.4 指出四種不同的鈾濃縮方法。

7.5 目前全世界已運行及建設中的核電廠數量大致有多少座，在世界的總能量消耗中，核能的供應比例為多大？在世界各國的分佈如何？

7.6 說明熱中子堆使用鈽（Pu）的原理。

7.7 指出快中子堆和熱中子堆在原理、結構、所用材料方面的區別。

7.8 以沸水（熱中子反應）堆為例，試選擇燃料芯體、燃料包殼、冷卻劑及慢化劑材料。

7.9 以高溫氣冷（熱中子反應）堆為例，試選擇燃料芯體、燃料包殼、冷卻劑及慢化劑材料。

7.10 核反應器用石墨應具備哪些特性？指出核反應器用石墨的製作技術流程。

7.11 壓水堆和沸水堆用壓力殼分別工作在何種參數下，目前採用什麼材料並應解決哪些材料問題？

7.12 核事故共分幾級？以三哩島、車諾比、福島核事故為例，簡述各級核事故的特徵和危險。

參考文獻

[1] 長谷川正義，三島良績，原子爐材料ハンドブック，日刊工業新聞社，1977年，孫守仁等譯，核反應器材料手冊，北京：原子能出版社，1987年10月。

[2] 山崎耕造，エネルギーの本，日刊工業新聞社，2005年2月。

[3] 竹田敏一，図解雜學：知っておきたい原子力発電，ナツメ社，2011年8月。

[4] 高田純，核と放射線の物理，醫療科學社，2006年4月。

[5] 周志偉，新型核能技術 —— 概念、應用與前景，北京：化學工業出版社，2010年1月。

[6] 徐世江、康飛宇，核工程中的碳和石墨材料，北京：清華大學出版社，2010年12月。

[7] 新エネルギー，產業技術總合開発機構監修，水素エネルギー協會編，水素の本，日刊工業新聞社，2008年6月。

[8] 張瑞平、張雪、張祿慶，世界核電主要堆型技術沿革，中國核電，2009，2(4)：371-379。

[9] 歐陽予，先進核能技術研究新進展，中國核電，2009，2(2)：98-105。

[10] 新エネルギー，產業技術總合開発機構監修，水素エネルギー協會編，水素の本，日刊工業新聞社，2008年6月。

[11] Convention on nuclear safety is viewed by most member countries as strengthening safety worldwide. Gao-10-489, Nuclear Safety; 2010.

[12] International status and prospects of nuclear power. IAEA, Vienna; 2008.

[13] Nuclear technology review 2010. IAEA, Vienna; 2010.

[14] Plans for new reactors wordwide. WNA, international papers; 2012.

8 能量、信號轉換及感測器材料

8.1 能量、信號轉換與感測器

8.1.1 能量轉換現象及應用舉例

根據熱力學第一定律（thermodynamics 1st law），自然界中的能量是守恆的（conservative），它既不會憑空產生，也不會憑空消失。一切物體都具有一定的能量，這些能量以不同形式存在，能在不同形式間轉換，在轉化的過程中，能量總和不變，這就是能量轉換的現象。能量的存在形式主要歸結為以下幾類：力學能、熱能、電能、磁能、光能、化學能。正是這些能量之間的相互轉換，構成了人類豐富多彩的世界。

在實際生活中，人類能夠利用能量轉換獲得所需的能量形式。在表 8.1 中列舉了不同能量的轉換在實際生活中的運用。從表中我們可以發現，能量轉換幾乎涵蓋了生活的各方面。我們食用蔬菜中的化學能，來自於光能的轉換；我們用的電池，是利用化學能和電能的相互轉換；白熾燈泡發光利用的是電能向光能的轉換；水力風力發電機利用的是力學能向電能的轉換。可以說，沒有能量的轉換，就沒有宇宙的運轉；沒有能量的轉換，就沒有生物的進化和延續；沒有能量的轉換，就沒有人類文明的誕生。

8.1.2 感測器的定義

感測器（transducer，轉能器）是一種能把特定被測量資訊（物理量、化學量、生物學量）按一定規律轉換成某種可用信號輸出的元件或裝置。

從本質上看，感測器是一種能量轉換（energy conversion）的裝置。利用能量轉換的原理，能感受到被測量的資訊，並能將檢測感受到的資訊，按一定規律變換成其它所需形式的資訊輸出，以滿足資訊的傳輸、處理、儲存、顯示、記錄和控制等要求。它是實現自動檢測和自動控制的首要環節。它的檢測物件可以是任何資訊及能量變化；檢測手段包括化學方法、物理方法及生物學方法；一般以電氣信號作為輸出資訊，進行進一步的分析處理。

8.1.3 感測器的分類

經過過去數十年發展，感測器發展出了許多種類，與許多學科相關。面對如

此繁多的感測器，科學的分類方法便成了掌握和應用感測器時必不可少的步驟。

下面將對目前比較常見的分類方法作簡單介紹。

首先，可以按照用途分類，這是感測器分類的一種較為直接易行方式。按照用途，可將感測器分為以下兩類：

第一類是工業用感測器，其中又包括了生產技術用和生活保證用。生產技術用感測器，主要指的是在工業生產中對生產環境、氣氛條件進行監視（monitor）和控制（control）的裝置，用來保證工業生產的安全性和穩定性、探測和排除系統故障。生活保證用感測器，指的是在工業生產中對生活環境、氣氛條件進行監視和控制的裝置，用來保障工人生產生活的環境。

第二類是生物醫學用感測器，其主要被應用於醫療活動及醫療生活的支援，以及為保證與維持上述所需環境、氣氛等進行的監視和控制等。

我們還可以根據工作原理的不同，將感測器分為以下幾個類別：

第一類是物理感測器，指的是將實體信號轉換為電信號的感測器。根據被轉換的實體信號不同，還可以將物理感測器細分為光感測器、磁感測器、壓力感測器、溫度感測器、音響感測器等數個類別。

第二類是化學感測器，指的是將化學信號轉換為電信號的感測器。根據被轉換的化學信號不同，也可以將化學感測器細分為氣體感測器、物質感測器、濕度感測器、離子感測器、生物感測器等。

8.1.4　感測器的組成及重要性

感測器一般是由三部分組成，包括敏感元件、轉換元件、基本轉換電路。敏感元件是直接感受被測量並輸出與被測量成一定關係信號的元件。轉換元件是通過接收來自敏感元件的輸出信號，轉換成電路參數（parameter）。基本轉換電路將電路參數轉換成電量輸出。以上三個部分通過逐級串聯的形式構成。感測器只完成了被測參數至電信號的基本轉換，然後輸入到測控電路，進行放大、運算、處理等進一步變換。

在 21 世紀，伴隨技術革命的深化，資訊的轉化愈發重要。在利用資訊的過程中，首要任務就是解決如何獲取準確可靠的資訊問題，而感測器的產生為人類獲取自然和生產領域中的資訊，提供了主要的途徑與手段。

感測器技術以研究感測器的原理、材料、設計、製造、應用為主要內容；以感測器敏感材料的物理、化學、生物效應為理論基礎，綜合物理、微電子、生物

工程、材料科學、精密機械等技術的綜合學科。現今，感測器技術已發展成為現代資訊產業支柱之一，是一個前途光明且歷久不衰的研究方向。

在現代工業自動化生產過程中，要用各種感測器來監視和控制生產過程中的各個參數，使設備在正常狀態或最佳狀態下工作，使生產出的產品達到最好的品質（quality）。因此可以說，沒有眾多優良的感測器，現代化生產也就失去了基礎。在基礎學科研究中，感測器也具有舉足輕重的低位。現代科技越來越多元化，從宏觀上以光年計的宇宙，到微觀上奈米（nano meter）量級甚至更小的粒子世界，都離不開感測器的探測與表徵。在開拓新能源、新材料的過程中，對人類感官無法直接探測到的各種極端條件，如超高及超低溫、超高壓、超高真空（ultra high vacuum）、超強及超弱磁場等，感測器都發揮了無可替代的作用。許多基礎科學研究的障礙，首先就在於物件資訊的獲取存在困難，而一些新機制和高靈敏度檢測感測器的出現，往往會導致科學領域的突破。由此可見，感測器技術在發展工業、推動社會進步方面有著十分重要的作用。相信不久的將來，感測器技術將會出現進一步的飛躍，繼續推動人類向前發展。

表 8.1　能量轉換現象及應用舉例

轉換後 / 轉換前	力學能	熱（內）能	電能	磁能	光（電磁波）能	化學能
力學能	水輪機	摩擦、電阻壓縮、變形	靜電感應電磁感應（發電機）壓電效應	ΔE 效應	摩擦發光	機械化學效應
熱（內）能	熱膨脹（熱機械）相變	熱泵	西貝克效應（Seeback effect）皮爾第效應（Peltier effect）熱釋電效應熱電效應（發電機）	磁場中可逆的溫差致磁化	熱輻射（白熾燈泡）	吸熱反應
電能	靜電力電磁力（電動機）壓電逆效應	焦耳熱皮爾第效應電熱效應	變壓器	電流的磁效應（電磁鐵）	電致發光場致發光氣體放電雷射	電致分解

續表 8.1　能量轉換現象及應用舉例

轉換前＼轉換後	力學能	熱（內）能	電能	磁能	光（電磁波）能	化學能
磁能	磁致伸縮	斷熱消磁熱磁效應	電磁感應	永磁材料充磁	克爾效應（Kerr effect）法拉第效應（Faraday effect）	磁共振吸收
光（電磁波）能	光壓、光彈性	光吸收	光電效應（光電池）	光磁效應	磷光	植物等光合作用（photo-synthesis）
化學能	化學機械效應	發熱反應	電極電位（電池）	—	化學發電	—

8.2　代表性感測器

8.2.1　代表性感測器一覽

在生產生活中，各種不同的感測器被廣泛利用。在此，我們列舉了一些在生活中常見的感測器。代表性感測器如表 8.2 所列。

(1) 光感測器（photo transducer）：以光為被檢信號的感測器。包括熱釋電紅外線感測器、非晶矽、光電二極體、光雪崩二極體、位置敏感探測器 PSD（position sensitive detector）、太陽能電池（solar cell）、CdS 光電元件、光 IC、光電倍增管、攝像管、光電管、UV 檢測器、GM 管（Geiger Müller tube，蓋格一彌勒計數管）、閃爍計數器等。日常生活中的遙控器、測溫儀都是運用了光感測器的原理。Transducer 也可譯為感測器或轉能器，與一字詞 sensor 略有不同意義。

(2) 磁感測器：以磁為被檢信號的感測器。包括霍爾元件（Hall device）、磁致電阻（MR）元件、磁針、電磁感應近接開關、磁飽和型元件、磁頭、磁導線開關、超導量子干涉元件 SQUID、感應式感測器、磁致伸縮感測器、法拉第效應（Faraday effect）感測器、電流變換器、差動變壓器、磁規等。

(3) 振動感測器及超音波感測器：以震動或超音波為被檢信號的感測器。包括麥克風、振動感測器、陶瓷振動感測器、衝擊感測器、壓電極振動陀螺儀等。

表 8.2　代表性感測器一覽表

檢出媒體	元件及單元名稱
① 光（紫外線 紅外線） 光感測器	熱釋電紅外線感測器、非晶矽、光電二極體、光雪崩二極體、PSD、太陽能電池、CdS 光電元件、光電晶體（photo-transistor）、光 IC、光電倍增管、攝像管、光電管、UV 檢測器、GM 管、閃爍計數器
② 磁 磁感測器	霍耳元件（Hall device）、磁致電阻 MR（magneto-resistive）元件、磁針、電磁感應近接開關、磁飽和型元件、磁頭（檢出線圈型、半導體型）、磁導線開關、SQUID（超導量子干涉儀，約瑟夫森元件（Josephson device）、感應式感測器、磁致伸縮線規、光法拉第效應感測器、電流變換器差動變壓器、磁規
③ 超音波（振動） 振動感測器 超音波感測器	麥克風（microphone）（電磁式、壓電式） 振動感測器〔鐵氧體（ferrite）、鈦酸鋇〕 陶瓷振動感測器（水晶） 衝擊感測器、壓電振動陀螺儀（gyroscope）
④ 壓力 壓力感測器（動力感測器）	壓電元件、加壓導電膜（橡膠）、布林東管（Bourdon tube）、半導體壓力感測器、感應聚合物、波紋管、傳感膜片（薄膜型壓力感測器、擴散型壓力感測器） 扭力彈簧、應變（電阻）片（負載感測器）
⑤ 溫度（紅外線） 溫度感測器（紅外線感測器）	熱敏電阻、感溫電阻（白金）、熱電型紅外線感測器、水晶溫度感測器、光電二極體（量子型紅外線感測器）、熱電偶、感溫鐵氧體、溫度熔斷器、液晶溫度感測器、IC 化溫度感測器
⑥ 氣體（氣體、氣味） 氣體感測器（濕度感測器）	氧化錫、氧化鋅、金屬氧化物半導體、白金線、厚膜結構的陶瓷、氧化錫系熱線型燒結半導體感測器、鋯酸鈦酸鹽

註：有些感測器在分類上不是很明確

(4) 壓力感測器：以壓力為被檢信號的感測器。包括壓電元件、加壓導電膜、布爾東管（Bourdon tube）、半導體壓力感測器、感應聚合物、波紋管、傳感膜片、扭力彈簧、應變片等。生活中的電子秤、壓力計等，都是壓力感測器的一種。

(5) 溫度感測器：以溫度為被檢信號的感測器。包括熱敏電阻（thermister）、感溫電阻、熱電型紅外線感測器、水晶溫度感測器、光電二極

體、熱電偶（thermocouples）、感溫鐵氧體、溫度熔斷器、液晶溫度感測器、IC 化溫度感測器等。日常生活中的空調、冰箱溫控裝置；實驗室裡的熱電偶、熱敏電阻，都屬於溫度感測器的範疇。

(6) 氣體感測器：以氣體為被檢信號的感測器。包括氧化錫、氧化鋅、金屬氧化物半導體、白金線、厚膜結構的陶瓷、氧化錫系熱線型燒結半導體感測器、鋯酸鈦酸鹽等。氣體感測器可被應用於檢測煤氣洩漏、測空氣中氧分壓等方面。

8.2.2 檢出媒體和採用的元件及單元

檢出媒體指的是感測器中對檢測到的微弱電信號進行處理的單元。

雖然感測器大都以電信號為輸出形式，但不同感測器輸出的電信號，形式各有不同。如熱電偶的輸出為直流電壓；光電二極體的輸出為直流電流；電磁流量計的輸出為交流電壓等等。感測器的輸出信號往往都很微弱，並混雜了各種干擾和雜訊，為了便於信號的顯示、記錄和分析處理，檢出媒體需把這些微弱信號轉化成足夠大的電信號。通過對信號的轉換、放大、解調（demodulation）、類比／數位 A/D（anolg/digital）轉換以及干擾抑制等變換後，才能得到所希望的輸出信號。

8.2.3 對感測器要求的各事項

在實際應用過程中，我們對感測器有一個「3S」要求：敏感性（sensitivity）、選擇性（selectivity）、穩定性（stability）。敏感性保證了檢出過程的敏銳和準確；選擇性保證了檢出過程對檢出量的專一性，避免誤檢和干擾信號；穩定性則保證了感測器檢出過程的可靠性（reliability）、可重複性以及壽命。

根據以上「3S」要求，為了檢測感測器是否符合要求，並保證感測器的正常運作，我們針對感測器的輸入輸出、回應特性、準度與精度、可靠性及安全性等方面做出進一步要求。以下介紹部分對於感測器的要求。

(1) 對感測器輸入狀況的要求：包括對輸入信號大小、形態和檢出範圍的要求。

(2) 對感測器輸出狀況的要求：包括對輸出信號大小、形態和信噪比 S/N（signal/noise）比的要求。

(3) 對感測器準確度和精度的要求：包括感測器的校正（calibration）及檢

定、直線特性、滯後特性、偏移、雜訊補償、溫度和溫度補償等內容。

(4) 對感測器可靠性、安全性、耐環境性、可操作性、壽命的要求：包括溫度循環特性、耐衝擊性、EMC 耐藥品性、互換性、防暴性、使用溫度範圍、封閉及操作性、故障自動保護性能、維修性能。

8.2.4　控制用感測器概要

在自動化系統中，控制系統是其能實現自動化的關鍵部分。而在控制系統中，感測器又是其核心部分。在控制系統中，控制用感測器通過檢測檢出量，轉化為電信號傳至下一級，並通過分析電信號、控制系統能，對控制量進行調節。

通過對不同檢出量的檢測，控制用感測器可分為以下三大類：

(1) 第一類是進行物體的存在檢出。它能檢測某物質是否存在、物質有多少通過量或識別系統中特定的成分。氣敏感測器、生物感測器等，都屬於此類感測器。

(2) 第二類是進行位移量的檢出。檢出量可以是位移、位置、旋轉、移動或速度等。雷達、汽車的儀表系統都屬於這個類別的感測器。

(3) 第三類是進行力學量的檢出。檢出量可以是壓力、轉矩、力或重力（gravity）等。其中應用最廣的是壓力感測器。該類感測器包括我們生活中常用的電子秤（electron balance）、在鍍膜裝置真空室裡的真空規等。

8.3　光感測器概述

8.3.1　電磁波的波長範圍及可能在感測器中的應用

我們生活中利用的電磁波（electro-magnetic wave）波長跨度十分廣泛。其分佈小至 10^{-3} nm（γ 射線），大到 mm 量級（毫米波）。在這些電磁波的波段中，人們都希望能夠用感測器檢測出不同波段的信號，因此，針對不同波段的感測器被開發和利用。由於不同波段感測器的發展，讓人類在不同電磁波波段的利用上向前邁進一大步。如圖 8.1 所示。

可以說，光感測器是人們生活中不可或缺的重要組成部分。通過對不同波段光的利用，人們的生活也變得豐富而方便。在實際生活中，有許多利用感測

器探測和接收不同波段電磁波的例子。探測紫外線（ultra violet）區域 GM 管（Geiger-Müller tube）可以治療皮膚病；探測可見光（visible）區的光電二極體（photodiode）；探測紅外線（infrared）的熱釋電元件可以作為體溫計（thermometer）；極遠紅外線（extremely far infrared）到毫米波段常被用於長距離信號的傳輸，電視天線通過探測這個波段的信號，將精彩的節目傳遞到千家萬戶。

8.3.2　可用於光感測器的光電效應

為了將外界的光資訊轉化為電信號，我們通常利用幾種光電效應（photo-electric effect）來實現光資訊的探測。如圖 8.2 所示。

首先是光伏效應（photo volatic effect），又稱為光生伏特效應。這個效應指的是，在光照射條件下，材料的兩端會出現電位差。這個效應在半導體的 pn 接面（pn junction）中十分常見。在光的照射下，pn 接面空乏層（depletion layer）兩端的自由電子分別向另一端擴散，使空乏層勢壘降低，當將 p 型半導體與 n 型半導體的兩端用導線連接時，將會在迴路中形成電流。目前快速發展太陽能發電正是利用了這個原理。另外，肖特基效應（Schottky effect）和光電磁效應也被歸於此類中。

其次是光電導（photo conduction）效應。光電導指的是在光的作用下，體系對電荷的傳導率有高達三至五個數量級的提高。許多光敏電阻都是利用了這種效應。在無光條件下，光敏電阻的阻值很大，在光照下，電阻又會大幅減小。

光電子發射效應也是另外一種用於光感測器的主要原理。當能量大於材料中電子逸出功的光照射在材料上時，電子將會被電離出來成為自由電子。利用對光電流大小的探測，我們可以推算出光照強度。光電管和光電倍增管（photo multiplier）都是利用了這種原理。

另外，還有一類比較特殊的光感測器，利用的並不是光電效應，而是熱釋電效應（pyroelectric effect）。這種感測器專門用於紅外線的檢出。這種紅外線感測器運用了高熱電係數的材料，能夠測量紅外線微弱的能量變化。由於特定溫度物體能夠發出特定能量的紅外線，這種效應還可以用來測量物體的溫度。利用這種感測器，我們能夠完成人體快速測溫、野外生命探測等任務。

8.3.3　光感測器的分類

　　根據不同光感測器的不同結構，我們可以將其分為以下幾類，如圖 8.3 所示。

　　(1) 有半導體接面的光感測器：此類感測器利用了半導體 pn 接面中載子的傳輸特性，在太陽能電池、光電二極體等方面有廣泛應用。

　　(2) 無半導體接面的光感測器：此類感測器利用了半導體或絕緣體中壓電、熱電、熱釋電等性能，產生電流或電勢差，在紅外線探測、壓力探測方面有重要作用。

　　(3) 真空管類光感測器：在真空管內，電子在被檢資訊的影響下進行發射、傳輸，從而達到資訊傳遞的目的。

　　(4) 其它類光感測器：除了以上三大類感測器外，還有顏色感測器、固體圖像感測器、位置檢測用元件、光電二極體（Si、a-Si）等其它類。

8.3.4　紅外線的波長範圍及效能

　　紅外線在日常生活中有著廣泛應用。我們通常將紅外線（infrared）定義為光譜中波長 0.78μm 至 1mm 的光。在這個區間內，我們又人為地將紅外線劃分為四個部分：近紅外線、中紅外線、遠紅外線、極遠紅外線。不同波段的紅外線有著不同的效能。如圖 8.4 所示。

　　近紅外線指的是波長介於 0.78μm 與 1.5μm 之間的電磁波。這個波段的紅外線有著與可見光相似的性質，在通訊、醫療上有很多應用。我們平常使用的空調、電視等家用電器的遙控器，都是利用了近紅外線進行控制。

　　中紅外線指的是，波長介於 1.5μm 與 5μm 之間的電磁波。

　　遠紅外線指的是，波長介於 5μm 與 100μm 之間的電磁波。人體或其它動物對外輻射的紅外線大多處於這個波段。利用這個波段的紅外線，我們可以快速測量人體體溫、定位人的方位，還可以用於感應門等自動裝置中。

　　極遠紅外線指的是，波長介於 100μm 與 1mm 之間的電磁波。極遠紅外線在加熱方面有很廣泛的運用。當被加熱物體的吸收波長和遠紅外線波長一致時，被加熱物體中的分子或原子會吸收遠紅外線能量，並發生劇烈震動。震動過程中分子間相互作用會產生熱量，從而達到加熱物體的目的。在生活中，極遠紅外線被運用於無煙燒烤爐、紅外線加熱器、三溫暖（sauna，桑拿）蒸氣爐等方面。

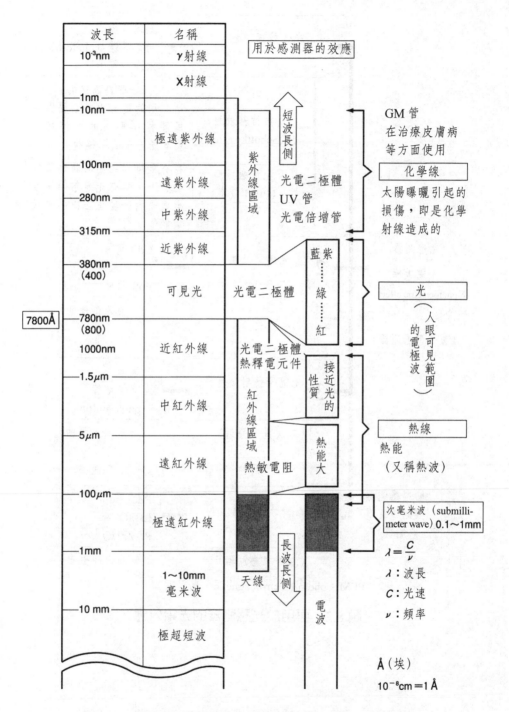

圖 8.1　電磁波的波長範圍及可能在感測器中的應用

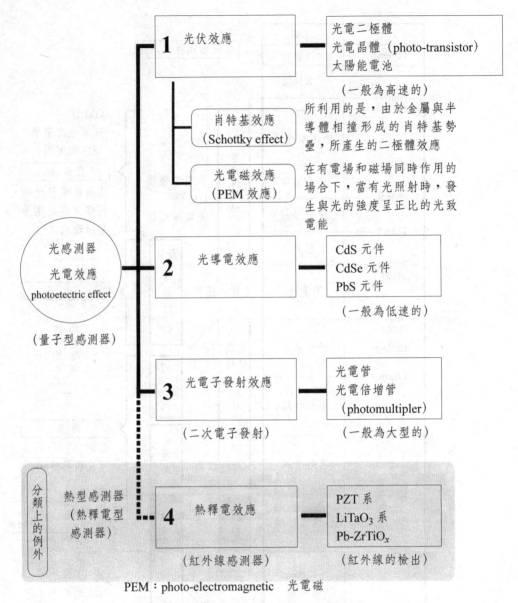

PEM：photo-electromagnetic　光電磁

圖 8.2　可用於光感測器的光電效應

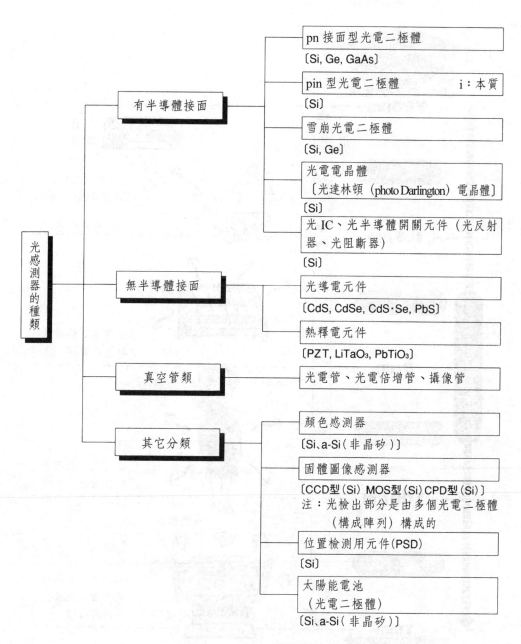

圖 8.3　光感測器的分類

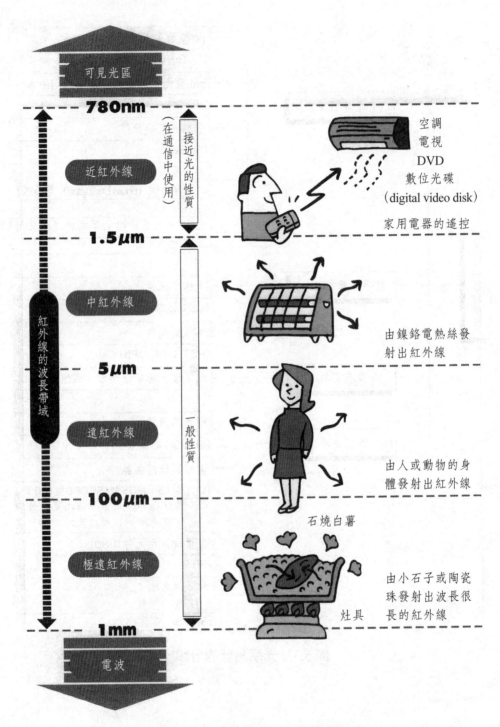

圖 8.4　紅外線的波長範圍及效能

8.4 磁感測器及材料

8.4.1 磁場的量級及相應的感測器

在生活中，廣泛存在著小至 10^{-13}T 特斯拉（Tesla），高達 10T 的磁場。人的腦波產生的磁場強度只有大約 10^{-12}T 量級，而超導直線馬達產生的磁場卻能達到數個特斯拉之大。因此，我們需要能檢測不同強度範圍的磁感測器，來滿足各式各樣的需求。如圖 8.5 所示。

霍爾效應（Hall effect）磁強計能檢測出 10^{-7}T 以上的磁場；質子磁強計〔核磁共振（nuclear magnetic resonance, NMR）〕和光泵磁強計（電子自旋共振）能檢測從 $10^{-11} \sim 10^{-5}$T 的磁場；SQUID（超導量子干涉計）則可以檢測 $10^{-14} \sim 10^{-10}$T 極其微小磁場。近幾十年來，測量超微小磁場技術的發展，對科研領域的推動是革命性的。SQUID 的發展使得在超低溫下測量超微小磁場成為可能，許多自然界的物理學現象也因此揭開了神秘面紗。

8.4.2 磁感測器的種類

我們根據檢測原理的不同，將磁感測器分為幾大類。

第一類利用了電磁感應原理。作為最早被發現的磁電轉換作用，電磁感應在磁感測器中也是應用最廣的原理之一。對於檢測不太小的磁場，電磁感應往往是最簡單高效的方法。諸如變壓器、早期磁帶中的磁頭等元件，都是利用電磁感應的原理。

第二類利用了磁電變換作用（也稱作電流磁氣效應）。所謂電流磁氣效應，指的是物質中流過電流的同時，施加磁場時所顯示出的物理現象。這種效應表現在電動勢 E 的變化。霍爾效應和磁致電阻效應都屬於電流磁氣效應。霍爾元件和磁致電阻（MR, magneto-resistive）元件就是利用電流磁氣效應的感測器元件。

第三類利用了磁氣吸引排斥作用。利用的是磁性材料異性相吸、同性相斥的原理。生活中的磁導線繼電器、羅盤等，都屬於此類。

第四類利用了超導效應。用於檢測極其微小磁場的 SQUID（超導量子干涉計），就是利用了這種效應。SQUID 是使超導物質特有的約瑟夫森效應（Josephson effect）與超導環形成的磁通集中器相組合而構成的高靈敏度磁強

計，在生物體測量、磁溫度計、核磁測量等方面都有十分重要的應用。

第五類利用了磁、核作用。我們對核磁共振並不陌生。在醫院裡，醫生常用核磁共振儀檢查人體內的病變組織。核磁共振儀便是一種利用了磁、核作用的感測器。磁、核作用指的是具有磁矩（magnetic moment）的原子核在高強度磁場作用下，可吸收適宜頻率的電磁輻射，由低能態躍遷到高能態的作用。利用不同分子中原子核化學環境不同導致共振頻率不同的原理，我們還能進行分子組成和結構的分析，這類感測器在化學研究中常常起到至關重要的作用。

第六類利用了磁、熱作用。磁熱效應指的是絕熱過程中鐵磁體（ferromagnet）或順磁體（paramagnet）的溫度，隨著磁場強度的改變而變化的現象。利用這種效應，可以製成磁感測器探測磁場大小。

第七類利用了磁致伸縮作用。在磁場的作用下，磁致伸縮材料會產生形變，從而導致出現層間的應力，通過應力的傳遞，可以進行信號傳遞。

8.4.3　霍爾效應感測器

霍爾效應感測器（Hall effect transducer），又稱為霍爾元件，是利用霍爾效應作為敏感元件原理的一類感測器。

霍爾效應是磁電效應的一種，此一現象是由美國物理學家霍爾（A.H.Hall，1855 ～ 1938）於 1879 年在研究金屬的導電機構時發現的。當電流垂直於外磁場通過導體時，在導體垂直於磁場和電流方向的兩個端面之間會出現電勢差，這一現象便是霍爾效應（Hall effect）。這個電勢差也被叫做霍爾電勢差。霍爾效應的本質來自於電子在磁場中受羅倫茲力（Lorentz force）的作用偏轉，使得電荷在兩端聚集出現電勢差。

圖 8.6 中很清楚地闡釋了霍爾元件的構造和工作原理。在霍爾元件中通電流，在表面與電流垂直方向測電勢差。在特定的磁場下，通過這種方式可以建立起電流、磁場和電勢差之間的關係，從而進行信號的檢出。

霍爾感測器有許多不同的形式。利用元件周圍磁場大小與元件中電流成正比的特點，可以測量出磁場，就可確定導線電流的大小。利用這一原理可以設計製成霍爾電流感測器。若把霍爾元件（Hall device）置於電場強度為 E、磁場強度為 H 的電磁場中，則在該元件中將產生電流 I，元件上同時產生的霍爾電位差與電場強度 E 成正比，如果再測出該電磁場的磁場強度，則電磁場的功率密度瞬時值 P 可由 $P = EH$ 確定。利用這種方法可以構成霍爾功率感測器。如果把霍爾

元件整合的開關按預定位置有規律地佈置在物體上，當裝在運動物體上的永磁體（permanent magnet）經過它時，可以從測量電路上測得脈衝信號。磁導線開關的構造，如圖 8.7 所示。根據脈衝信號列可以傳感出該運動物體的位移。若測出單位時間內發出的脈衝數，則可以確定其運動速度。這樣看來，霍爾感測器還真是大有用處！

8.4.4　MR 元件及磁致電阻感測器

磁致電阻效應指的是施加磁場使得物質電阻發生變化的效應，又稱作 MR 效應。磁致電阻本質上是由霍爾效應引起的，因此磁致電阻效應廣泛存在於一般導體中。為了表示電阻的變化率，我們引入了磁致電阻的概念。我們通常將磁致電阻定義為電阻改變前後之差與低電阻態阻值之比，其定義公式如下：

$$\mathrm{MR} = \frac{\rho(T,H) - \rho(T,0)}{\rho(T,0)} \tag{8-1}$$

磁致電阻越大，說明電阻變化率越高，不同電阻狀態下的區分度就越大。

MR 元件是一種利用了磁致電阻效應的感測器元件。我們通常將其劃分為化合物半導體型 MR 元件與鐵磁性體金屬 MR 元件兩類。化合物半導體型 MR 元件有正的磁氣特性，鐵磁性體金屬 MR 元件則有負的磁氣特性。一般 MR 元件的磁致電阻值在 2% ～ 10% 之間。MR 元件的主要用途，如表 8.3 所列。

1988 年，法國科學家阿爾貝‧費爾（Albert Fert）和德國科學家彼得‧格林貝格爾（Peter Gruenberg）分別獨立發現巨磁阻效應（GMR, giant magneto-resistance）。巨磁阻和傳統磁致電阻效應不同，巨磁阻效應是利用了兩層鐵磁層，磁化方向平行與反平行（anti-parallel）時層間電阻不同。當控制鐵磁層的磁化方向，能獲得高達 200% 的磁致電阻。現今，巨磁阻效應被廣泛地應用在硬碟（hard disk）的讀寫頭上，用來讀取儲存於磁片中得資訊。巨磁阻的發現給儲存技術帶來巨大的變革，費爾和格林貝格兩位教授也因此獲得了 2007 年的諾貝爾物理學獎（Nobel prize in physics）。MR 元件有兩種類型── 1 個 MR 元件型和 2 個 MR 元件型，兩種類型都包括了一個偏置用磁鐵。

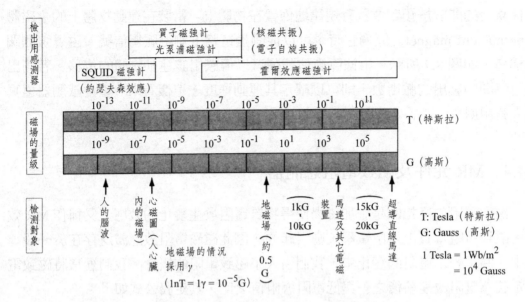

圖 8.5　磁場的量級及相應的感測器

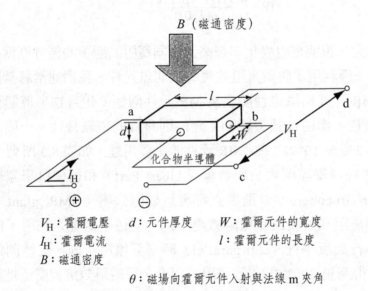

V_H：霍爾電壓　　　d：元件厚度　　　W：霍爾元件的寬度
I_H：霍爾電流　　　　　　　　　　　　l：霍爾元件的長度
B：磁通密度

θ：磁場向霍爾元件入射與法線 m 夾角

圖 8.6　霍爾元件的構造及工作原理

表 8.3　磁致電阻元件的主要用途

M R 元件的主要用途	接近開關（非接觸開關）
	速度檢出器〔周波數發送器（感測器）〕
	旋轉角檢出器（增長型、絕對型、絕對增長型編碼器）
	位置檢出器、電位差計（直線型、旋轉型）
	圖案識別感測器（對採用磁性油墨印刷物的識別）
	電子鎖裝置（磁卡、磁鐵鑰匙等）
	磁卡閱讀機
	馬達（旋轉磁極、速度檢出複合感測器）
	薄膜磁頭
	磁測量器（超導磁致電阻元件），其它

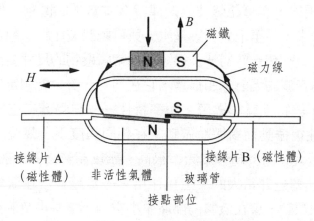

圖 8.7　磁導線開關的構造

8.5　振動感測器

8.5.1　音響振動頻率及其特徵

　　人耳對聲音的感覺有一定頻率範圍，大約每秒鐘振動 20 次到 20000 次範圍內，即頻率範圍是 20Hz ～ 20kHz，如果物體振動頻率低於 20Hz 或高於 20kHz，人耳就聽不到了，低於 20Hz 的頻率就叫做低周波，而高於 20kHz 的頻

率就叫做超音波（ultrasonic, supersonic）。音響振動頻率範圍及特徵，如圖 8.8 所示。

在自然界中，海上風暴、火山（volcano）爆發、大隕石（meteorite）落地、海嘯、電閃雷鳴、波浪擊岸、水中漩渦、空中湍流、龍捲風、磁暴、極光等，都可能伴有次聲波的發生。在人類活動中，諸如核爆炸、導彈（missile，飛彈）飛行、火砲發射、輪船航行、汽車爭馳、高樓和大橋搖晃，甚至像鼓風機、攪拌機、擴音喇叭等在發聲的同時，也都能產生低周波。低周波不容易衰減，不易被空氣和水吸收，而低周波的波長往往很長，因此能繞開某些大型障礙物發生繞射（diffraction）。某些低周波能繞地球 2 至 3 周，某些頻率的低周波由於和人體器官的振動頻率相近，容易和人體器官產生共振（resonance），對人體有很強的傷害性，危險時可致人死亡。

超音波在媒質中的反射（reflection）、折射（refraction）、繞射、散射（scattering）等傳播規律，與可聽聲波的規律沒有本質上的區別。但是超音波的波長很短，只有幾釐米，甚至千分之幾毫米。與可聽聲波比較，超音波具有許多奇異特性：傳播特性——超音波的波長很短，通常障礙物的尺寸要比超音波的波長大好多倍，因此超音波的繞射本領很差，它在均勻介質中能夠定向直線傳播，超音波的波長越短，該特性就越顯著。功率特性——當聲音在空氣中傳播時，推動空氣中的微粒往復振動而對微粒做功。在相同強度下，聲波的頻率越高，它所具有的功率就越大。由於超音波頻率很高，所以超音波與一般聲波（sound wave）相比，它的功率是非常大的。空化作用——當超音波在液體中傳播時，由於液體微粒的劇烈振動，會在液體內部產生小空洞。這些小空洞迅速脹大和閉合，會使液體微粒之間發生猛烈的撞擊作用，從而產生幾千到上萬個大氣壓的強度。微粒間這種劇烈的相互作用，會使液體的溫度驟然升高，起到很好的攪拌作用，從而使兩種不相溶的液體（如水和油）發生乳化，且加速溶質的溶解，促進化學反應。

8.5.2　超音波的應用領域及其製品

超音波（supersonic）的方向性好，穿透能力強，易於獲得較集中的聲能，在水中傳播距離遠，可用於測距、測速、清洗、焊接、碎石、殺菌消毒等。在醫學、軍事、工業、農業上有很多應用。

醫生所用的超音波掃描術，可說是超音波最重要的應用。超音波掃描不涉及

有害的輻射，遠比 X- 射線等檢驗工具安全，所以常用於產前檢查。醫生會將一個發出高頻超音波（頻率為 1 ～ 5MHz）的手提換能器（trans ducer），貼著母親的肚皮進行掃描。聲波到達各種身體組織的邊界時，會有不同程的反射（例如液體及軟組織的邊界、軟組織及骨的邊界）。接收器收到反射波，便可計算出反射的強度及反射面的距離，以分辨不同的身體組織，並得到胎兒的影像。接收器使用了壓電（piezo-electric）的原理，把超音波所產生的壓力轉變成電子訊號，再輸送到儀器分析。超音波掃描可以幫助醫生測量胎兒的大小以確定產期，檢查胎兒的性別、生長速度、頭的位置是否正常向下、胎盤的位置是否正常、羊水是否足夠，以及監看抽羊水的過程，以保障胎兒的安全等。此外，超音波掃描術也用於婦科檢查，它可以幫助醫生有效地把生長在乳房或卵巢中的惡性組織分辨出來。

超音波掃描術的兩個重要分支——多普勒（Doppler）超音波掃描術和立體超音波成像技術，更擴大了超音波在醫學上的用途。

多普勒超音波掃描術已應用了頗長時間，這項技術利用了波動的多普勒效應。反射超音波物體的運動，會改變回聲（echo）的頻率，當物體向著接收器移動時，頻率便會升高，相反地，當物體正在遠去時，頻率便會降低。從回聲的頻率改變，儀器便可計算到物體的運動速度。多普勒超音波掃描術主要用於檢查血液在心臟及主要動脈中的流動速度。血液的流動情況會以一個顏色的影像顯示出來，不同顏色代表不同的流速。這有助醫生及早發現胎兒先天性心臟毛病。

立體超音波成像（stereo supersonic imaging）技術是很新的技術。檢查員首先從多個不同角度拍攝胎兒的二維超音波影像，然後利用電腦技術合成胎兒的立體影像。利用這個技術可清晰地顯示胎兒的樣貌，甚至攝錄到胎兒踢腳或轉身等細緻動態，為準父母帶來不少驚喜。外表的缺憾，如兔唇、多指、甚至細如斑痣等，都可以清楚地顯示出來。立體成像技術將會成為未來超音波技術研究的重點。

此外，高頻的超音波帶有強大的振動能。將超音波射入載滿水的容器，再放入需要清洗的物件，水的振動便可去除物件上的塵垢，而不需直接接觸物件的表面。眼鏡公司替我們洗眼鏡時就是用這種方法。如果將高能超音波聚焦，能量甚至足以震碎石塊，所以可以用來擊碎體內結石，使患者免受手術之苦。

8.5.3 壓電效應和逆壓電效應

壓電效應（piezoelectric effect）是介電質材料中一種機械能與電能互換的現象。壓電效應有兩種，包括正壓電效應和逆壓電效應。壓電效應在聲音的產生和偵測、高電壓的生成、電頻生成、微量天平和光學元件的超細聚焦有著重要的作用。某些介電質在沿一定方向上受到外力作用而變形時，其內部會產生極化現象，同時在它的兩個相對表面上出現正負相反的電荷。當外力去掉後，它又會恢復到不帶電的狀態，這種現象稱為正壓電效應。如圖 8.9 所示。當作用力的方向改變時，電荷的極性也隨之改變。相反地，當在介電質的極化方向上施加電場，這些介電質也會發生變形，電場去掉後，介電質的變形隨之消失，這種現象稱為逆壓電效應，或稱為電致伸縮（electro-restrictive）現象。如圖 8.10 所示。

8.5.4 空中超音波感測器的構造

空中超音波感測器（ultrasonic transducer）是指根據發射在空中的超音波遇到物體後反射波束測定工作的。通常用於警報裝置、自動門，以及汽車尾部安裝的測距儀等。空中超音波感測器分為壓電性、磁致伸縮型、靜電型、動電型等種類。其中，採用壓電陶瓷的壓電型以體積小、性能好、成本低的特點成為主流。其種類有通用型、防滴型、高頻率型。

電壓施加於壓電陶瓷時，電壓和頻率產生相應的機械變形，並且開始振動。振動施加壓電陶瓷時產生電荷。利用這種原理，製成由 2 塊壓電陶瓷，或壓電陶瓷和金屬板各 1 塊相互黏合結構，把它稱之為雙壓電振動元件。當電信號施加該元件時，由彎曲振動發射超音波。反之，超音波振動施加雙壓電晶片振動元件時產生電流，因此可作為空中超音波感測器使用。

空中超音波感測器的特點：(1) 體積小、重量輕；(2) 靈敏度高、聲壓高；(3) 電流消耗低；(4) 可靠性高；(5) 成本低。

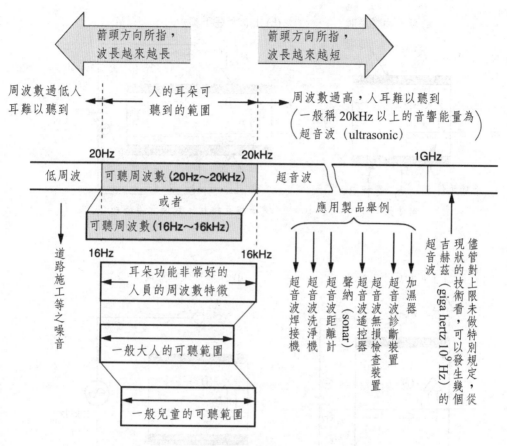

圖 8.8　音響振動頻率範圍及其特徵

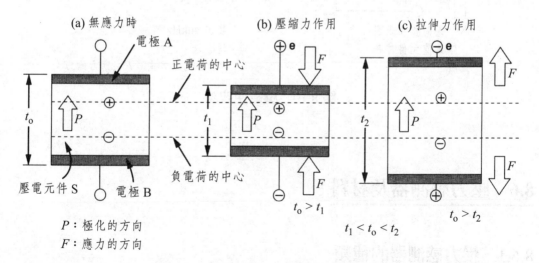

圖 8.9　壓電效應（壓電直接效應）

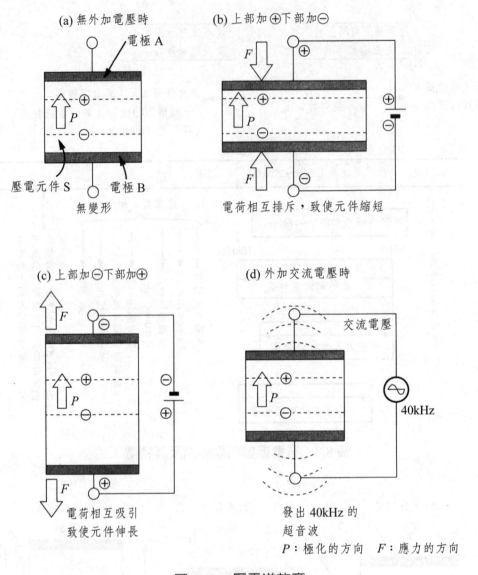

圖 8.10　壓電逆效應

8.6　壓力感測器及材料

8.6.1　壓力感測器的種類

壓力感測器（pressure transducer）是工業實踐中最為常用的一種感測器，其廣泛應用於各種工業自控環境，涉及水利水電、鐵路交通、智慧建築、生產自

控、航空太空、軍工、石化、油井、電力、船舶、機床、管道等眾多行業。壓力感測器的種類繁多，但常用的有電阻應變片壓力感測器、半導體應變壓力感測器、壓阻式壓力感測器、電感式壓力感測器、電容式壓力感測器、諧振式壓力感測器及電容式加速度感測器、光纖壓力感測器等。應用最為廣泛的是壓阻式壓力感測器，它具有極低的價格和較高的精度，以及較好的線性特性。圖 8.11 為一空中超音波感測器的構造。

8.6.2 壓力檢出裝置及檢出範圍

壓力感測器是工業實踐中最為常用的一種感測器，而我們通常使用的壓力感測器主要是利用壓電效應（piezoelectric effect）製造而成的，這樣的感測器也稱為壓電感測器。與壓力感測器相關的主要領域，如圖 8.12 所示。壓力的種類，如表 8.4 所列。

我們知道，晶體（crystal）是各向異性的（anisotropy），非晶體（amorphous）是各向同性的（isotropy）。某些晶體介質，當沿著一定方向受到機械力作用發生變形時，就產生了極化（polarization）效應；當機械力撤掉之後，又會重新回到不帶電的狀態，也就是受到壓力的時候，某些晶體可能產生出電的效應，這就是所謂的極化效應。科學家就是根據這個效應，研製出壓力感測器。

壓電感測器（piezoelectric transducer）中主要使用的壓電材料，包括石英、酒石酸鉀鈉和磷酸二氫胺。其中石英（二氧化矽）是一種天然晶體，壓電效應就是在這種晶體中發現的，在一定的溫度範圍之內，壓電性質一直存在，但溫度超過這個範圍之後，壓電性質完全消失（這個高溫就是所謂的「居禮點（Curie point）」）。由於隨著應力的變化，電場變化微小（也就是說壓電係數比較低），所以石英逐漸被其它壓電晶體所替代。而酒石酸鉀鈉具有很大的壓電靈敏度和壓電係數，但是它只能在室溫和濕度比較低的環境下才能夠應用。磷酸二氫胺屬於人造晶體，能夠承受高溫和相當高的濕度，所以已經得到廣泛的應用。現在，壓電效應也應用在多晶體上，比如現在的壓電陶瓷，包括鈦酸鋇壓電陶瓷、PZT、鈮酸鹽系壓電陶瓷、鈮鎂酸鉛壓電陶瓷等等。

壓電效應是壓電感測器的主要工作原理，壓電感測器不能用於靜態測量，因為經過外力作用後的電荷，只有在迴路具有無限大的輸入阻抗時才得到保存。實際情況不是這樣的，所以這決定了壓電感測器只能測量動態的應力。

壓電感測器主要應用在加速度、壓力和力等測量中。壓電式加速度感測器是

一種常用的加速度計。它具有結構簡單、體積小、重量輕、使用壽命長等優異特點。壓電式加速度感測器在飛機、汽車、船舶、橋樑、建築的振動和衝擊測量中已經得到廣泛應用，特別是航空和太空（space）領域中，更有它的特殊地位。壓電式感測器也可以用來進行發動機內部燃燒壓力的測量與真空度的測量。也可以用於軍事工業，例如用它來測量槍砲子彈在膛中擊發的一瞬間之膛壓變化和砲口的衝擊波壓力。它既可以用來測量大的壓力，也可以用來測量微小的壓力。

壓電式感測器也廣泛應用在生物醫學測量中，比如說心室導管式微音器（microphone，麥克風）就是由壓電感測器製成的，因為測量動態壓力是如此普遍，所以壓電感測器的應用就非常廣。

除了壓電感測器之外，還有利用壓阻效應製造出來的壓阻感測器（piezoresistive tranducer），利用應變效應的應變式感測器等，這些不同的壓力感測器利用不同的效應和不同的材料，在不同的場合能夠發揮它們獨特的用途。

8.6.3 半導體壓力感測器的主要用途

半導體壓力感測器是靠本身實現壓力→應變（strain）→電信號的轉換，因此，大量使用它就可以降低成本、提高可靠性和性能。使用半導體壓力感測器，還能實現計量儀器的小型化，所以，其為航空、醫療、家電、車燈領域大量採用。

今後，隨著微處理機（microprocesor）的發展和信號處理、控制的數位化，將有更大的發展。現在使用的半導體壓力感測器，多半是採用 IC 技術製成的擴散型。它是在單晶矽片的表面上，通過擴散形成應變電橋而製成的。可以說，工業用半導體壓力感測器幾乎都是採用這種方式。

8.6.4 擴散型半導體壓力感測器的原理構造

擴散型半導體壓力感測器具有體型小、性能好、造價低等優點，因而發展很快，近幾年已日益廣泛應用於各種產業領域。

它的工作原理是：被測介質的壓力，直接作用於感測器的膜片上（不鏽鋼或陶瓷），使膜片產生與介質壓力成正比的微位移，使感測器的電阻值發生變化，和用電子線路檢測此一變化，並轉換輸出一個對應於此一壓力的標準測量信號。如圖 8.13 所示。

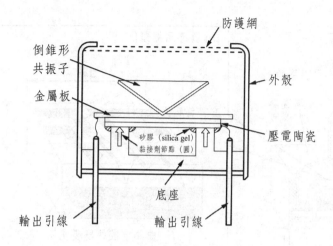

圖 8.11 空中超音波感測器的構造

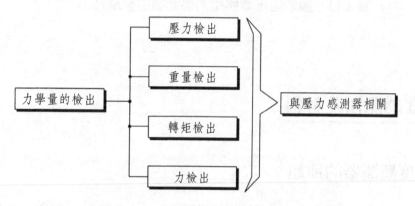

圖 8.12 與壓力感測器相關的主要領域

表 8.4 壓力的種類

壓力的種類	壓力圍範的模式圖
表壓 Gauge （相對壓）	真空 /Vacuum 大氣壓 /760mmHg kgf/cm² -1 0 1 2 ⊖ ⊕ 正壓
差壓 Differential （相對壓）	⊖ ⊖ ⊕ ⊕ 線路壓力 = 0kgf/cm²
絕對壓 Absolute	0 1 2 3 ⊕

0mmHg   760mmHg
（完全真空）   （大氣壓）

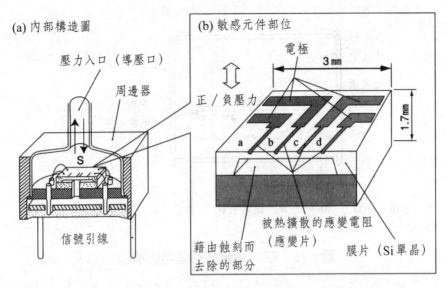

圖 8.13 擴散型半導體壓力感測器的原理結構

8.7 溫度感測器及材料

8.7.1 溫度感測器的種類

溫度感測器（temperature transducer）依探溫元件的不同，可分為三類：(1)鉑電阻溫度感測器；(2) 熱電偶（thermocouples）溫度感測器；(3) 熱敏電阻溫度感測器。依檢測部分與被測物件是否接觸，可分為接觸式溫度感測器和非接觸式溫度感測器：

1. 接觸式溫度感測器

接觸式溫度感測器的檢測部分與被測物件有良好接觸，又稱溫度計（thermometer）。

溫度計通過傳導或對流達到熱平衡，從而使溫度計的示值能直接表示被測物件的溫度。一般測量精度較高。在一定測溫範圍內，溫度計也可測量物體內部的溫度分佈。但對於運動體、小目標或熱容量很小的物件，則會產生較大的測量誤差，常用的溫度計有雙金屬溫度計、玻璃液體溫度計、壓力式溫度計、電阻溫度計、熱敏電阻和溫差電偶等。它們廣泛應用於工業、農業、商業等部門。在日

常生活中人們也常常使用這些溫度計。隨著低溫技術在國防工程、太空技術、冶金、電子、食品、醫藥、石油化工等部門的廣泛應用和超導（superconduction）技術的研究，測量 120K 以下溫度的低溫溫度計得到了發展，如低溫氣體溫度計、蒸氣壓溫度計、聲學溫度計、順磁鹽溫度計、量子溫度計、低溫熱電阻和低溫溫差電偶等。低溫溫度計要求感溫元件體積小、準確度高、重現性和穩定性好。利用多孔高矽氧玻璃滲碳燒結而成的滲碳玻璃熱電阻，即是低溫溫度計的一種感溫元件，可用於測量 1.6 ～ 300K 範圍內的溫度。

　　非接觸式溫度感測器的敏感元件與被測對象互不接觸，又稱非接觸式測溫儀表。這種儀表可用來測量運動物體、小目標和熱容量小或溫度變化迅速（瞬變）物件的表面溫度，也可用於測量溫度場的溫度分佈。

2. 非接觸式溫度感測器

　　最常用的非接觸式測溫儀表基於黑體輻射（blackbody radiation）的基本定律，稱為輻射測溫儀表。輻射測溫法包括亮度法（見光學高溫計）、輻射法（見輻射高溫計）和比色法（見比色溫度計）。各類輻射測溫法只能測出對應的光度溫度、輻射溫度或比色溫度（color temperature）。只有對黑體（吸收全部輻射並不反射光的物體）所測溫度，才是真實溫度。如欲測定物體的真實溫度，則須進行材料表面發射率的修正。而材料表面發射率不僅取決於溫度和波長，而且還與表面狀態、塗膜和微觀組織等有關，因此很難精確測量。在自動化生產中，往往需要利用輻射測溫法來測量或控制某些物體的表面溫度，如冶金中的鋼帶軋製溫度、軋輥溫度、鍛件溫度和各種熔融金屬在冶煉爐或坩堝中的溫度。在這些具體情況下，物體表面發射率的測量是相當困難的。對於固體表面溫度自動測量和控制，可以採用附加的反射鏡，使其與被測表面一起組成黑體空腔（cavity）。附加輻射的影響，能提高被測表面的有效輻射和有效發射係數。利用有效發射係數通過儀表對實測溫度進行相應的修正，最終可得到被測表面的真實溫度。最為典型的附加反射鏡是半球反射鏡。球中心附近被測表面的漫射輻射能受半球鏡反射回到表面而形成附加輻射，從而提高有效發射係數式中 ε 為材料表面發射率（emissivity），ρ 為反射鏡的反射率（reflectivity）。至於氣體和液體介質真實溫度的輻射測量，則可以用插入耐熱材料管至一定深度，以形成黑體空腔的方法。通過計算求出與介質達到熱平衡後的圓筒空腔之有效發射係數。在自動測量和控制中就可以用此值對所測腔底溫度（即介質溫度）進行修正，而得到介質的真實溫度。

　　非接觸測溫優點，即測量上限不受感溫元件耐溫程度的限制，因而對最高可

測溫度原則上沒有限制。對於 1800℃以上的高溫，主要採用非接觸測溫方法。隨著紅外線技術的發展，輻射測溫逐漸由可見光向紅外線擴展，700℃以下直至常溫都已採用，且解析度很高。

8.7.2　各種溫度感測器的測溫範圍

鉑電阻溫度感測器是通過鉑本身的特性，根據溫度變化阻值變大與溫度成正比對應的變化曲線為直線。因此通過阻值變化來顯示溫度的變化。它的特點為穩定性好、線性好（近似直線）、誤差小，但價格貴。溫度範圍在 –200℃到 150℃，–50℃到 850℃。適用於各種儀表，如發電廠、火車、飛機、汽車、醫療、工業電爐測溫等需要溫度誤差小的行業，及精密儀器儀表。

熱電偶（thermo-couples）溫度感測器是通過兩根不同金屬材料焊接在一起，當溫度改變的時候，兩端產生不同的電勢，通過電勢的變化得出相應的溫度變化。特點是能測高溫到 2300℃，在高溫段比較準，低溫段誤差比較大。常用的 K 型正極為鎳鉻，負極為鎳矽，測溫範圍 –50 ～ 1200℃，價格便宜。R 型的熱電偶正極為鉑銠 30，負極為鉑銠 6，使用時間非常長，且能測高溫 2300℃以上。但價格昂貴，一支根據市價鉑的變動而變動，小的每支也要 4500 元左右。熱電變換的三種模式，如圖 8.14 所示。

熱敏電阻溫度感測器的原理是，通過溫度改變阻值的變化來顯示溫度。溫度變化線性為拋物線。以 25℃時的阻值來分類：如負溫度係數（negative temperature coefficient）NTC10K 就是在溫度 25℃時，元件的阻值是 10000Ω。同理，NTC100K 就是在溫度 25℃時，元件的阻值是 100000Ω。特點為溫度範圍小，為 –50 到 200℃左右，體積小，回應時間快，價格低廉，每個 0.2 元左右。廣泛應用在各種家電產品上。

8.7.3　熱敏電阻的種類及其特種

導體的電阻值隨溫度變化而改變，通過測量，其阻值推算出被測物體的溫度，利用此原理構成的感測器，就是電阻溫度感測器，這種感測器主要用於 –200 ～ 500℃溫度範圍內的溫度測量。純金屬是熱電阻的主要製造材料，熱電阻的材料應具有以下特性：(1) 電阻溫度係數要大而且穩定，電阻值與溫度之間應具有良好的線性關係；(2) 電阻率高，熱容量小，反應速度快；(3) 材料的重現性和技術性好，價格低，熱敏電阻溫度特性穩定；(4) 在測溫範圍內，化學物理

特性穩定。

目前在工業中應用最廣的鉑和銅，已製作成標準測溫熱電阻。

熱敏電阻的種類及特徵，如表 8.5 所示。

8.7.4 熱釋電材料及其應用

具有自發極化（spontaneous polarization）特性的晶體材料。自發極化是指由於物質本身結構在某個方向上正負電荷中心不重合而固有的極化。一般情況下，晶體自發極化所產生的表面束縛電荷被吸附在晶體表面上的自由電荷所遮罩，當溫度變化時，自發極化發生改變，從而釋放出表面吸附的部分電荷。晶體冷卻時，電荷極性與加熱時相反。熱釋電（pyroelectric）材料是一種壓電材料，是不具有中心對稱性的晶體。熱釋電材料及應用，如圖 8.15 所示。

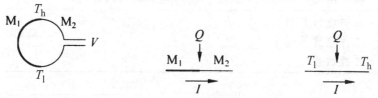

(a) 西貝克（Seebeck）效應　(b) 皮爾第（Peltier）效應　(c) 湯姆遜（Thomson）效應

圖 8.14　熱電變換的三種模式

表 8.5　熱敏電阻的種類及其特徵

熱電偶	NTC 熱敏電阻	PTC 熱敏電阻	CTR
特性	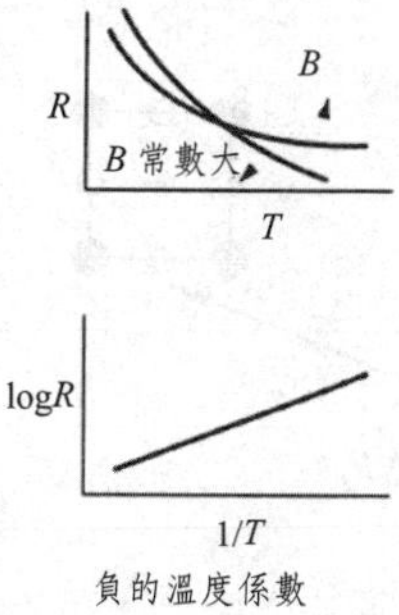 負的溫度係數	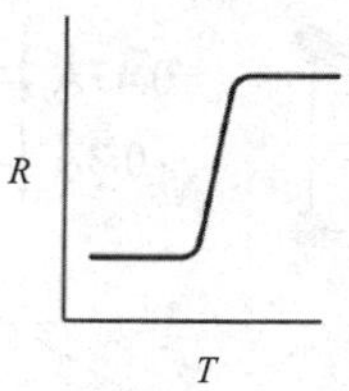 開關特性 （正的溫度係數）	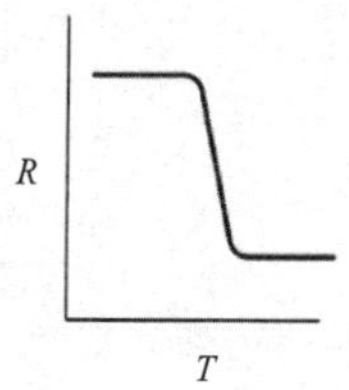 開關特性 （負的溫度係數）
測定溫度範圍	L　−100 ～ 0℃ M　−50 ～ +300℃ H　+200 ～ +800℃	−50 ～ 150℃	0 ～ 150℃

續表 8.5 熱敏電阻的種類及其特徵

熱電偶	NTC 熱敏電阻	PTC 熱敏電阻	CTR
主要材料 (燒結體)	燒結的過度金屬氧化物 Mn Ni Co Fe Cu Al_2O_3	鈦酸鋇 $BaTiO_3$	氧化釩系
用途及 其它	溫度測定 溫度補償 電流制限	溫度開關 恆溫發熱 電湧防止	記憶和儲存 延遲 輻射熱計 (紅外線能量)

CTR：critical temperature resistor，臨界溫度電阻器。

表 8.6 熱敏電阻的種類及其特徵

優點	・相應於溫度變化，電阻值的變化大 (輸出感度高) ・可大批量生產，價格便宜 ・小型且堅固 ・由於高感度，因此信號進一步的電氣處理較易
缺點	・非直線性元件 ・工作溫度範圍窄 ・互換性差

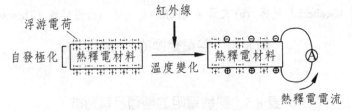

(a) 熱釋電型紅外線感測器的原理

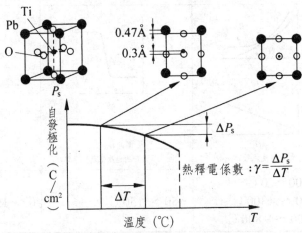

(b) 熱釋電材料的特性 (自發極化與溫度的關係)

圖 8.15 熱釋電材料及應用

8.8 光感測器應用實例 (1)

8.8.1 遙控器中使用的紅外線感測器

紅外線遙控（infrared remote control）以其應用設備體積小、功耗低、功能強、成本低，不影響周邊環境、不干擾其它電器設備等特點，成為目前使用最為廣泛的一種遙控手段，同時也廣泛應用於各種家用電器中，如圖 8.16 所示。由於紅外線遙控無法穿透牆壁，所以不同房間的家用電器可使用通用的遙控器，而不會產生相互干擾。電路調試簡單，只要按給定電路連接無誤，一般不需任何調試即可投入工作，編解碼（encode-decode）容易，可進行多路遙控。

常用的紅外線遙控系統，一般分為發射和接收兩個部分。發射部分的主要元件為紅外線發光二極體（LED）（主要是砷化鎵），這是一種由 pn 接面構成、將電能轉換為光能的特殊半導體元件。只要在其兩端加一定的電壓，使 pn 接面內有電流流動即可發光。由於構成 pn 接面的材料不同，可發出諸如：紅、橙、黃、綠等各種美麗顏色外，在外形上可靈活地做成各種形狀，幾乎可代替除液晶以外的所有指示器、讀出器和遙控器。作為一種特殊的發光二極體，由於其內部材料不同於普通發光二極體，因而在其兩端施加一定電壓時，它發出的便是紅外線而不是可見光。目前大量使用的紅外線發光二極體，其發出的紅外線波長為940nm 左右。外形與普通發光二極體相同，只是顏色不同。紅外線發光二極體外觀一般有黑色、深藍、透明三種顏色。判斷紅外線發光二極體好壞的辦法，與判斷普通二極體一樣：以三用表電阻擋，量一下紅外線發光二極體的正、反向電阻即可。紅外線發光二極體的發光效率要用專門儀器才能精確測定，而業餘條件下只能用拉距法來粗略判定。接收部分的紅外線接收管是一種光敏二極體（photo sensitive diode）。在實際應用中要給紅外線接收二極體加反向偏壓，它才能正常工作，亦即紅外線接收二極體在電路中應用時是反向運用，這樣才能獲得較高的靈敏度。紅外線接收二極體一般有圓形和方形兩種。

8.8.2 條碼讀數器

條碼閱讀器（bar code reader）是用來讀取物品上條碼資訊的設備，由條碼掃描和解碼兩部分組成。現在絕大部分條碼閱讀器（reader）都將掃描器（scanner）和解碼器（encoder）整合為一體，人們根據需要設計了各種類型的掃描器。

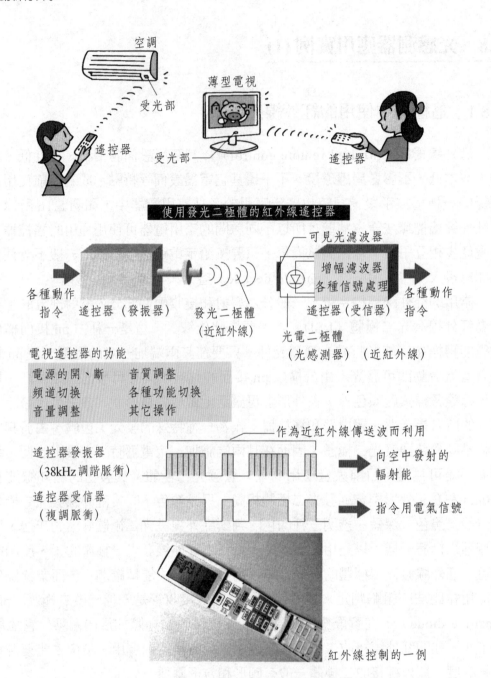

圖 8.16　遙控器中使用發射紅外線的發光二極體

　　條碼閱讀器的結構通常分為以下幾部分：光源、接收裝置、光電轉換部件、解碼電路、電腦介面，基本工作原理如圖 8.17 所示。是由光源發出的光線經過光學系統照射到條碼符號上，由於不同顏色的物體，其反射的可見光波長不同，白色物體能反射各種波長的可見光，黑色物體則吸收各種波長的可見光，被反射回來的光經過光學系統成像在光電轉換器上，使之產生電信號，信號經過電路的放大後，產生類比（analog）電壓，它與照射到條碼符號上被反射回來的光成正比，再經過濾波、整形，形成與類比信號對應的方波信號，經解碼器解釋為電腦可以直接接受的數位（digital）信號，完成了條碼辨讀的全過程。

　　掃描器利用自身光源照射條碼，再利用光電轉換器接受反射的光線，將反射光線的明暗轉換成數位信號。不論採取何種規則印製的條碼，都由靜區、起始字元（word）、資料字元與終止字元組成，有些條碼在資料字元與終止字元之間還有校驗字元。掃描器可以分為光筆、CCD、雷射三種。電信號輸出到條碼掃描器的放大電路增強信號之後，再送到整形電路將類比信號轉換成數位信號。白條、黑條的寬度不同，相應的電信號持續時間長短也不同。然後解碼器通過測量脈衝數位電信號數目來判別條和空白的數目，通過測量信號持續的時間來判別條和空白的寬度。此後再根據對應的編碼規則，將條形符號換成相應的數位、字符（character）資訊。最後，由電腦系統進行資料處理與管理，物品的詳細資訊便被識別了。

8.8.3　CCD 圖像感測器

　　電荷耦合元件 CCD（charge coupled device）的基本原理與金屬－氧化物－矽（MOS）電容器的物理機制密切相關。CCD 的電荷〔少數載流子（minority carrier）〕的產生有兩種方式：電壓信號注入和光信號注入。根據感測器分類，可分為固態圖像感測器和真空管成像圖像感測器，固體圖像感測器根據 X、Y 位址指定方式和信號送達方式的不同，又分為不同類型。

　　作為圖像感測器，CCD 接收的是光信號，即光信號注入法。當光信號照射到 CCD 矽片上時，在閘極附近的空乏區（depletion region）吸收光子產生電子－電洞對。這時在閘極電壓的作用下，多數載子（majority carrier）（電洞）將流入襯底，而少數載子（電子）則被收集在勢井中，形成訊號電荷儲存起來。這樣一來，高於半導體禁帶寬度的那些光子（photon），就能建立正比於光強的儲存電荷。由許多個 MOS 電容器排列而成的 CCD，在光像照射下，產生光生

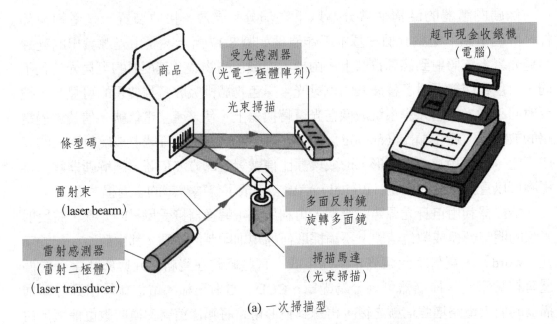

(a) 一次掃描型

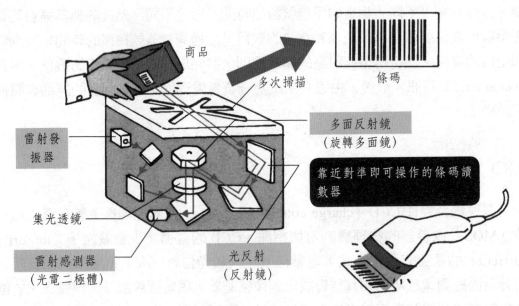

(b) 多次掃描型

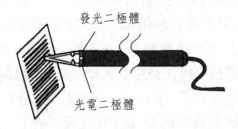

超市現金收銀機中使用的雷射，一般是波長為 633nm（紅色）附近的可見光。這是由於以肉眼即可確定光束應該照射的位置，且紅光不會對商品及人體造成損傷。

(c) 手動操作的條碼讀數器（反射光感測器）

圖 8.17　條碼讀數器的工作原理

載子的信號電荷，再使其具備轉移信號電荷的自掃描功能，即構成固態圖像感測器。當入射光像信號照射到攝像管中間電極表面時，其上將產生與各點照射光量成比例的電位分佈，若用電子束掃描，中間電極，負載上會產生變化的放電電流。由於光量不同而使負載電流發生變化，這恰是所需的輸出電信號。所用電子束的偏轉或集束，是由磁場或電場控制實現的。

8.8.4　旋轉編碼器

旋轉編碼器（encoder）是把輸入軸的角度變化比例地變換成脈衝信號輸出之一種類比／數位（A/D）轉換器，可以精確地進行旋轉角度、角位移、角度分度、位置控制、長度測量。主要應用領域包括機器人的關節部位、雷達、天文望遠鏡（celestron telescore）的位置檢測、一些閥門開度的控制、自動生產線、數控機床等等，都可以使用旋轉編碼器。

旋轉編碼器可分為應用光學光柵原理和磁性磁閘原理兩種類型，光學式旋轉編碼器主要是由中心軸、主光柵盤、副光柵、發光二極體及光偵測器組成。LED的光源可以經由主光柵盤、副光柵至光偵測器（photo-detector），當主光柵盤隨中心軸旋轉時，光偵測器便收到不同的光源，並依次產生信號。當圓盤旋轉時，光感測器（photo-sensor）即接收到 on-off 的脈波，計算脈衝波的數量，即可計算出旋轉的角度或位移長度。

光學式編碼器依其形狀分為圓形及線型（光學尺）兩種，按檢測方式分為平行狹縫方式、莫爾條紋（Moire pattern）方式、縱向條紋方式；依光學特性分為反射式及穿透式兩種。目前光學式編碼器大部分採用平行狹縫方式，其原理為使用一個帶有主光柵的編碼盤（encoding disk）及副光柵（index grating）、光源及光偵測（photo detection）模組。編碼盤、副光柵相對轉動，通過之光強產生變化，形成週期性三角波信號，輸出信號週期與主光柵之間距相同，旋轉編碼器必須有六個信號輸出，發出近似平行的紅外線，穿過光柵，到達光偵測器，副光柵作用是與主光柵重疊以產生位移信號，於每圈產生寬度在閘距內之脈衝信號作為參考，又稱為零位光柵，最後由光偵測模組將光強信號轉為電流信號。

編碼器編碼盤的材料有玻璃、金屬、塑膠，玻璃編碼盤是在玻璃上沉積很薄的刻線，其熱穩定性好，精度高，金屬編碼盤直接以導通和不導通刻線，不易碎，但由於金屬有一定厚度，精度就有限制，其熱穩定性就要比玻璃差一個數量級，塑膠編碼盤是經濟型的，其成本低，但精度、熱穩定性、壽命均要差一些。

8.9 　光感測器應用實例 (2)

8.9.1 　紅外線照相機

　　紅外線照相機（infrared camera）是在透鏡（lens）周圍設置輔助光的照相機。通常使用紅外線膠片和透紅外線濾光鏡（filter），但也有和螢光攝影相似的間接紅外線攝影。由於紅外線具有較強的穿透力，可用於遠距離拍攝或對生物組織進行穿透攝影，亦可用於森林、海洋污染調查或進行司法鑒定等。

　　紅外線相機所用的紅外線光譜段在 700 ～ 1300nm 範圍內，紅外線作為光源，所用的感光片是由吸收紅外線波長的菁類染料（cyanine dyes）增感而成。攝影時，在鏡頭前加置暗紅至紅外線攝影用之黑色濾色鏡，以濾去日光中的紫外線及可見光，或使用紅外線光源照射被攝體，感光片在只有紅外線及少量紅色光下曝光，然後再經一般顯影加工而得到正片。

　　光子探測器利用光敏感材料的光電效應，把一定波長的電磁波信號轉化為電信號輸出。如一些具有紅外線攝影功能的數位相機（digital camera）之光電耦合器（CCD）能回應的波譜為 0.4 ～ 1.1μm，同樣在進行紅外線攝影時，須加裝紅外線濾鏡，CCD 感應到的是景物反射太陽輻射中或是相機自帶的紅外線燈發出的近紅外線。數位紅外線相機使用的 CCD 或 CMOS 感應到紅外線，只是在一般狀況下由於可見光的光量遠大於紅外線，所以看不出紅外線效應。紅外線濾鏡（infrared filter）的作用是阻擋可見光，而讓紅外線順利通過，在鏡頭前加裝紅外線濾鏡後，底片或 CCD 便只看到紅外線。

　　圖像增強器由光陰極（photo cathode）、微通道板、螢光幕組成。在螢光幕－微通道板、微通道板、微通道板－螢光螢幕之間存在高電壓。光子打到光陰極後產生光電子，光電子進入微通道板後被倍增，放大後的電子束打在螢光幕上成像。此時的像為增強後的影像，然後經光纖錐耦合到 CCD 上，對像進行記錄。

8.9.2 　利用光阻斷器的感測器

　　光阻斷器（photo-interrupter）是光感測器的一種，是以光為檢測物件，將光能量轉換成有用電信號的元件，如圖 8.18 所示。與測量其它物理量的感測器相比，光感測器歷史悠久，種類很多，從紫外線到遠紅外線各個波段都有相應的元件。光阻斷器分為光透射型和光反射型兩種，透射型輸出脈衝大，反應速度

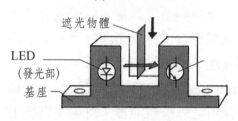

圖 1. 光阻斷器的原理和構造

(1) 光透過型光阻斷器

遮光物體

LED
（發光部）

基座

(2) 光反射型光阻斷器

LED
（發光部）

光感測器
（受光部）

基座

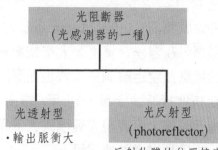

圖 2. 光阻斷器的種類和特徵

光阻斷器
（光感測器的一種）

光透射型

・輸出脈衝大

光反射型
（photoreflector）

・反射物體的位置精度存在問題
・可以計測距離
・一般說來，小型化比較容易

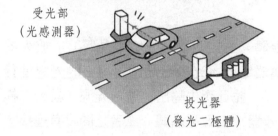

圖 3. 物體通過量的測定

受光部
（光感測器）

投光器
（發光二極體）

圖 4. 侵入者的監視

紅外線束

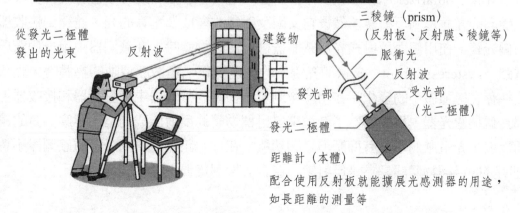

圖 5. 利用發光二極體發出的光可以進行長距離的測定

從發光二極體
發出的光束

反射波

建築物

三稜鏡（prism）
（反射板、反射膜、稜鏡等）

脈衝光
反射波
受光部
（光二極體）

發光部

發光二極體

距離計（本體）

配合使用反射板就能擴展光感測器的用途，
如長距離的測量等

圖 8.18　利用光阻斷器可以進行通過物體的檢出和距離的測定

快，靈敏度高，位置檢測精度高；反射式可計算和測量距離，但位置精度不高，可小型化。

　　紅外線感測器（infrared transducer）常用於無接觸溫度測量，氣體成分分析和無損探傷，在醫學、軍事、太空技術和環境工程等領域得到廣泛應用。例如採用紅外線感測器遠距離測量人體表面溫度的熱像圖，可以發現溫度異常的部位，及時對疾病進行診斷治療；利用人造衛星（satellite）上的紅外線感測器，對地球雲層進行監視，可實現大範圍的天氣預報；採用紅外線感測器，可檢測飛機上正在運行的發動機過熱情況等。

　　利用發光二極體發出的光，可進行長距離的測定，測距儀以砷化鎵（GaAs）發光二極體研發的螢光作為載波源，發出的紅外線強度，能隨注入電信號的強度而變化，兼有載波源和調製器的雙重功能，一般採用脈衝法和相位法兩種方式來測量距離。

8.9.3　物體感測器的基本原理

　　物體光電感測器由光源（發光二極體）、接收器（光敏電晶體）、放大器〔或比較器（comparator）〕及訊號轉換器組成。光敏電晶體對進來的光線進行分析，分析是否是從發光二極體產生的光，並且產生輸出信號。光源（發光二極體）還包括振盪器與供電源，光源與接收器（光敏電晶體）二者之間沒有連接，以提高抗干擾。光源（發光器）與接收器可以在一個機殼內，也可以分開。

　　透射式物體感測器是指被測物體放在光路中，恆光源發出的光能量穿過被測物，部分被吸收後，透射光投射到光電元件上。有些鏡面反射式光電感測器是帶有偏光鏡（polarizer）的，當發射器發出的光線通過偏光鏡時，它將被改變成水平橫向的光並達到反射鏡，然後它又因反射鏡改變成為垂直的光，並達到接收器的偏光鏡。在用鏡面反射式光電感測器檢測清晰物體時，在感測器中用一個滯環電路（hysteresis ciruit）來檢測光線中的微弱變化。在敏感清晰的物體時，光線往往存在這種微小的變化。在用於檢測清晰物體的感測器中，發光器和接收器上都有偏振濾光器，目的是為了減少來自目標物體的反射所成的錯誤響應。有的鏡面反射式光電感測器具有抑制前景的功能。在一定距離範圍內，這種感測器不會把明亮的目標物體誤認為是反射鏡，適合於檢測貨盤。

8.9.4 雷射印表機工作原理

雷射印表機（laser printer）脫胎於 20 世紀 80 年代末的雷射排版技術，流行於 20 世紀 90 年代中期，是將雷射掃描技術和電子照相技術相結合的列印輸出設備。其基本工作原理是由電腦傳來的二進位（binary）資料資訊，通過視訊控制器轉換成視訊訊號，再由視頻界面／控制系統把視訊訊號轉換為雷射驅動信號，然後由雷射掃描系統產生載有字元資訊的雷射束（laser beam），最後由電子照相系統使雷射光束成像並轉印到紙上，如圖 8.19 所示。相較其它列印設備，雷射印表機有列印速度快、成像品質高等優點，但使用成本相對高昂。雷射印表機是由雷射、聲光調製器、高頻驅動、掃描器、同步器及光偏轉器等組成，其作用是把介面電路送來的二進位晶格資訊調製在雷射光束上，之後掃描到感光體上。感光體與照相機構組成電子照相轉印系統，把射到感光鼓上的圖文映射轉印到列印紙上，其原理與影印機相同。雷射印表機是將雷射掃描技術和電子顯像技術相結合的非擊打輸出設備，要經過：充電、曝光、顯影、轉印、消電、清潔、定影七道工序，當把要列印的文本或圖像輸入電腦中，通過電腦軟體（software）對其進行預處理。然後由印表機驅動程式轉換成印表機可以識別的列印命令（印表機語言），送到高頻驅動電路，以控制雷射發射器的開與關，形成點陣（point group）雷射束，再經掃描轉鏡對電子顯像系統中的感光鼓進行軸向掃描曝光，縱向掃描由感光鼓的自身旋轉實現。

LED 印表機將成千上萬個微小的 LED 發光二極體排列成一個隊列，放置在感光鼓軸向上方，印表機的每一個物理解析度對應一個發光二極體，在列印信號的控制下，需要列印的部分 LED 管點亮，它們產生的光線通過聚焦頭直接投影在感光鼓表面，使感光鼓曝光，在單行感光完畢後，感光鼓轉動，LED 重新依列印要求點亮，使下一行進行感光，從而完成感光過程。如圖 8.20 所示。列印頭的詳細圖示於 8-21。

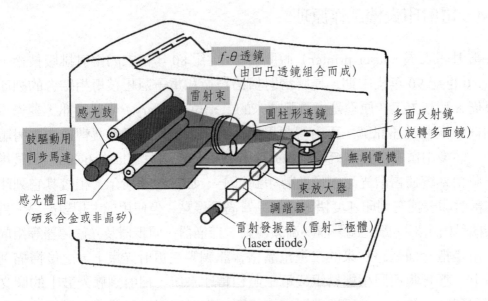

圖 8.19　雷射印表機的工作原理

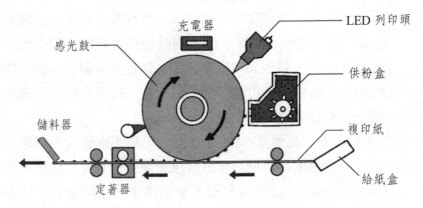

圖 8.20　採用發光二極體（LED）的印表機

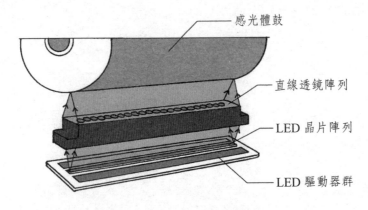

圖 8.21　列印頭的詳細圖

8.10　智慧感測器和舒適材料學

8.10.1　生物感測器的原理

　　生物感測器（biosensor）是一種對生物物質敏感，並將其濃度轉換為電信號進行檢測的儀器。其原理如圖 8.22 所示。由固定化的生物敏感材料作識別元件包括酶（enzyme）、抗體（antibody）、抗原（antigen）、微生物（microbe）、細胞（cell）、組織、核酸（nucleic acid）等生物活性物質、適當的理化換能器（如氧電極、光敏電晶體、場效應電晶體、壓電晶體等等）及信號放大裝置構成的分析工具或系統。生物感測器具有接受器與轉換器的功能。

　　生物感測器由分子識別部分（敏感元件）和轉換部分（換能器）構成，以分子識別部分去識別被測目標，是可以引起某種物理變化或化學變化的主要功能元件。分子識別部分是生物感測器選擇性測定的基礎，生物體中能夠選擇性地分辨特定物質者，包括酶、抗體、組織、細胞等。這些分子識別功能物質通過識別過程，可與被測目標結合成複合物，如抗體和抗原的結合、酶與基質的結合。在設計生物感測器時，選擇適合於測定物件的識別功能物質，是極為重要的前提。要考慮到所產生的複合物特性。根據分子識別功能物質製造的敏感元件所引起之化學變化或物理變化，去選擇換能器，是研製高品質生物感測器的另一重要環節。敏感元件中光、熱、化學物質的生成或消耗等，會產生相應的變化量。根據這些變化量，可以選擇適當的換能器。人體五官與感測器的關係，如表 8.7 所示。

　　生物化學反應過程產生的資訊是多元化的，微電子學和現代傳感技術的成果，已為檢測這些資訊提供了豐富的手段。

　　微型感測器可以安裝於昆蟲（如蜜蜂）身上，做為研究之用，如圖 8.23 所示。

8.10.2　智慧材料

　　智慧材料（intelligent material, smart material）是具有感知和驅動雙重功能的材料。它能對外界環境進行觀測（感覺）並做出反應（驅動），從另一個角度看，這是一種仿生物（生命）系統的材料。

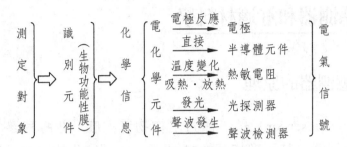

圖 8.22　生物感測器的原理圖

表 8.7　人體五官與感測器的關係

人體的器官	人的感覺	感測器的種類	感測器的種類
目	視覺	光感測器	光導電元件、CCD、圖像感測器、光電二極體
耳	聽覺	音響感測器	麥克風、壓電元件
皮膚	觸覺	振動感測器 溫度感測器 壓力感測器	應變片、半導體壓力感測器 熱敏電阻、白金、熱釋電感測器 感壓膜片、感壓聚合物
舌	味覺	味覺感測器	白金、氧化物、半導體、氣體感測器 粒子感測器、氧化錫系熱線型燒結半導體
鼻	嗅覺	嗅覺感測器	生物化學元件、矽酸鈦酸鹽

圖 8.23　微型感測器安裝在蜜蜂的後背

　　智慧材料有一系列功能，它們的英文名字都是以 S 開頭：選擇性（selectivity）、自調節性（self-tuning）、靈敏性（sensitivity）、可變形性（shapeability）、自恢復（self-recovery）、簡化性（simplicity）、自修復（self-repair）、穩定性與多元穩定性（stability and multi stability）、候補現象（stand-by phenomenal）、免毀能力（surviability）和開關性（swichability）等。因此，稱為「S 行為材料」。以上的一些 S 行為有些比較接近，如自恢復、候補現象、自修復等，所以只要具備幾個 S 特性就可以認為是智慧材料了。

　　Smart 和 Intelligent 兩個詞都有智慧的意思，但程度有所不同。Smart 是靈巧的意思，目前的智慧材料大都是 Smart 型材料而不是智慧（Intelligent）型材料。正溫度係數（PTC）熱敏電阻、壓敏電阻、「靈巧窗（smart window）」等是大家熟知的 Smart 元件；電流變體（一種電場會影響材料黏度的物體，它們隨外電場的大小，可發生固態與液態間的可逆變化）則是一種新型 smart 材料。

8.10.3　智慧感測器

　　智慧感測器（intelligent sensor）是具有資訊處理功能的感測器。智慧感測器帶有微處理機，具有採集、處理、交換資訊的能力，是感測器整合化與微處理機相結合的產物。一般智慧型機器人（robot）的感覺系統由多個感測器集合而成，採集的資訊需要電腦進行處理，而使用智慧感測器就可將資訊分散處理，從而降低成本。與一般感測器相比，智慧感測器具有以下三個優點：通過軟體（software）技術可實現高精度的資訊採集，而且成本低；具有一定的程式設計自動化能力；功能多樣化。

　　自動化領域所取得的一項最大進展就是智慧感測器的發展與廣泛使用。但究竟什麼是「智慧」感測器？以下一個感測器廠家的專家，將對此一術語進行定義。

　　據霍尼韋爾（Honeywell）工業測量與控制部產品經理 Tom Griffiths 的定義：「一個良好的『智慧感測器』是由微處理器驅動的感測器與儀表套裝，並且具有通信與板載診斷等功能，為監控系統和／或操作員提供相關資訊，以提高工作效率及減少維護成本。」

8.10.4　舒適材料學的基本構成

　　舒適的要素可按照人的五官進行分類。材料本身向五官發出訊號，其訊號根

據材料因數的變化而變化。把材料的分析、訊號的分析和官能檢查結果的分析結合在一起。

　　已經大量存在的生物材料、絕熱材料、隔音材料和景象材料等,成為舒適材料原型的例子。它的基本構成,如圖 8.24 所示。舒適材料必須具備以下特性:

　　(1) 具有對人來說不產生有害及不愉快物質因數或遮罩、隔斷的功能。其中就有涉及材料的活體親和性、活體適應性或由於溶出、磨損等造成排放物質毒性等材料與生物的直接反應材料,和電磁波遮罩、遮光(絕熱)、防振、防音等抑制產生有可能損害人體健康的物質因數,或切斷向人體傳播的發揮防禦性功能之材料。

　　(2) 應具有積極引出和產生舒適性的功能。也就是說,應產生與人五官進行反應並能感到更愉快的狀態。

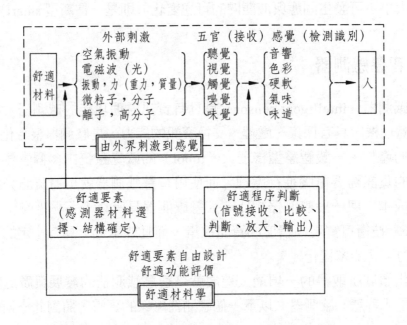

圖 8.24　舒適材料和舒適材料學的基本構成

思考題及練習題

8.1　說出身邊的能量轉換現象及應用實例，寫出感測器的定義。

8.2　感測器按用途和工作原理的分類為何？

8.3　解釋熱（能）轉換為電（能）的西貝克效應、皮爾第效應和熱釋電效應。

8.4　解釋磁光轉換的克爾效應和法拉第效應，並寫出磁感測器的類型有哪些？

8.5　寫出可見光的波長範圍、其長波長側和短波長側的電磁波分佈和名稱。

8.6　說明壓電效應應用於壓力感測器的原理。

8.7　說明熱釋電材料熱電變換的原理。

8.8　說明陶瓷厚膜濕度感測器的工作原理。

8.9　用於空調機和電視機的遙控器是如何工作的？

8.10　說明條碼讀數器的工作原理。

8.11　說明雷射印表機的工作原理。

8.12　對智慧感測器要求哪些性能？

8.13　說明舒適材料的基本構成。

參考文獻

[1] 谷腰欣司，センサーのすべて，電波新聞社，1998 年 10 月。

[2] 山崎耕造，エネルギーの本，日刊工業新聞社，2005 年 2 月。

[3] 谷腰欣司，光の本，日刊工業新聞社，2004 年 8 月。

[4] 関東學院大學表面工學研究所編，図解：最先端表面処理技術のすべて，工業調查會，2006 年 12 月。

[5] 半導體新技術研究會編，村上元監修，図解：最先端半導體パッケージ技術のすべて，工業調查會，2007 年 9 月。

[6] 沼倉研史，よくわかるフレキシブル基板のできるまで，日刊工業新聞社，2004 年 6 月。

[7] 澤岡昭，電子材料：基礎から光機能材料まで，森北出版株式會社，1999 年 3 月。

[8] 井上伸雄，通信のしくみ，日本實業出版社，1997 年 9 月。

[9] 佐野康，高品質スクリーン印刷ガイド，株式會社エスピーソューション，2007 年 8 月。

[10] 田民波，薄膜技術與薄膜材料，北京：清華大學出版社，2006。

[11] 田民波編著，顏怡文修訂，薄膜技術與薄膜材料，臺北：五南圖書出版有限公司，2007。

[12] 田民波，李正操，薄膜技術與薄膜材料，北京：清華大學出版社，2011。

[13] 須賀唯知，鉛フリーはんだ技術，日刊工業新聞社，1999。

[14] 菅沼克昭，はじめてのはんだ付け技術，工業調查會，2002。

[15] 谷腰欣司，フェライトの本，日刊工業新聞社，2011 年 2 月。

9 電磁相容——電磁遮罩及 RFID 用材料

9.1 電磁波及其傳播方式

9.1.1 電磁波按頻率的劃分及電磁波的應用

人類對無線電通訊（radio communication）的認識，是從電磁波（electromagnetic wave）開始的。電磁波又稱電磁輻射（electromagnetic radiation），是由同相振盪且相互垂直的電場與磁場在空間中以波的形式移動，其傳播方向垂直於電場與磁場構成的平面，可以有效地傳遞能量和資訊。

電磁波可以按照波長和頻率來分類。按波長從小到大可分為：毫米波、微波、準微波、超短波、短波、中波、長波。按頻率從低到高可以分為：無線電波、微波、紅外線、可見光、紫外線、X 射線和倫琴射線等。

電磁波的不同應用，主要由它們的頻率決定。頻率在 3 ～ 30Hz 之間的稱為極低頻（ELF, E: extremely），頻率在 30 ～ 300Hz 之間的稱為超低頻（SLF, S: super），這兩種頻率的電磁波容易在海水中傳播，主要用於美軍及俄羅斯軍方核潛艇通信。頻率在 300Hz ～ 3kHz 之間的稱為特低頻（ULF, U: ultra），通常於礦場內使用，也可以作為勘探地質和地震之用。頻率在 3k ～ 30kHz 之間的稱為甚低頻（VLF, V: very），在雪崩時的人命及財產搜索是，VLF 會起到一定作用。頻率在 30k ～ 300kHz 之間的稱為低頻（LF, low frequency）或長波，主要用於無線航行（遠端）和航空移動通信；頻率在 300kHz ～ 3MHz 之間的稱為中頻（MF, medium frequency）或中波，主要用於無線電播放、船舶通信和無線航行；頻率在 3M ～ 30MHz 之間的稱為高頻（HF）或短波，主要用於無線電播放（面向海外）和業餘無線電；頻率在 30M ～ 300MHz 之間的稱為甚高頻（VHF）或超短波，主要用於電視播放、FW（調頻波，frequency modulated wave）播放、各種移動通信和袖珍電話機；頻率在 300MHz ～ 3GHz 之間的稱為特高頻（UHF）或準微波或極超短波，主要用於手機、手持電話系統（PHS）、計程車無線通訊和電視播放；頻率在 3G ～ 30GHz 之間的稱為超高頻（SHF）或微波，主要用於無線中繼、衛星（satellite）通信、衛星播放和各種雷達；頻率在 30G ～ 300GHz 之間的稱為極高頻（EHF）或毫米波，主要用於電波天文（radio astronomy）、汽車雷達和簡易無線電裝置。

電磁波的周波數和主要用途，如圖 9.1 所示。

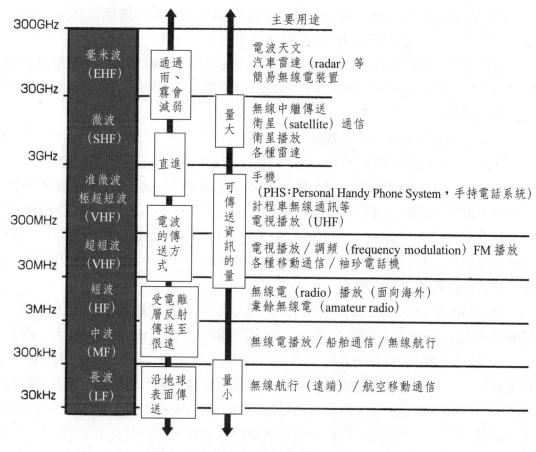

圖 9.1　電磁波的周波數和主要用途

9.1.2　電磁波的傳播方式

　　電磁波是電磁場的一種運動形態。變化的電場和變化的磁場構成一個不可分離的統一的場，這就是電磁場（electromagnetic field），而變化的電磁場在空間的傳播形成了電磁波，也常稱為電波。

　　電磁波頻率較低時，主要依靠有形的導電體才能傳遞。這是因為在低頻的電磁振盪（electromagnetic oscillation）中，電場和磁場之間的相互變化比較緩慢，能量很難輻射出去。電磁波的頻率較高時，即可在自由空間內傳遞，不需要介質也能向外傳播能量。

　　有效地向外界發射電磁波的條件是：

　　(1) 要有足夠高的振盪頻率（oscillation frequency），因為頻率越高，發射電磁波的本領越大；

(2) 振盪電路（oscillation circuit）的電場和磁場必須分散到盡可能大的空間，才有可能有效地將電磁場的能量傳播出去。

電磁波在空間傳播時，如果遇到導體，會使導體產生感應電流，感應電流的頻率與激起它的電磁波頻率相同。因此利用放在電磁波傳播空間中的導體，就可以接收到電磁波。

不同頻率波的傳播方式主要有：

(1) 長波和中波的傳播方式：長波和中波可以沿著地球表面傳播很遠。

(2) 短波（HF）的傳播方式：短波主要以電離層（ionosphere）的反射為傳送方式，電離層的變動會影響電波的傳播，信號容易衰落是短波特點。短波會受到 F 層（離地面約 130km 以上）的發射，行程較短。經由電離層反射下來，再從地面反射到上空的只有短波。短波可以經由無數次折返，甚至環繞地球幾周之後，依然可以聽到清晰的回波。

(3) 超短波（VHF）的傳播方式：超短波是不會被電離層反射的，大部分是在地表波行程內進行通信的電波。在頻率高時，地表波的損失較大。超短波在以下異常傳播的情況，可以傳播至更遠：①散射 E 層（離地面約 90～130km）──一般發生在夏季的白天，在電離層 E 層下面，超短波的電波會被反射下來；②散射傳播──在碰到大氣層亂流時，超短波會散射，一部分反射到地面；③其它──山地回折，山地反射和無線電波道等也會散射超短波。

(4) UHF 以上的傳播方式：UHF 頻段以上的電波傳送方式與「光」相似。受到大氣層的影響不大，但遇雨時的損失較大。

電磁波的傳播方式，如圖 9.2 所示。

9.1.3 衛星通信和衛星全球定位系統的工作頻率為什麼要超過 1GHz？

空間電離層可以看作電漿（plasma）。電漿振動頻率 f_p 在理論上可由下式求出：

$$f_p = \sqrt{ne^2 / \pi m^*} \qquad (9\text{-}1)$$

式中，π 為圓周率；n 為每 $1cm^3$ 中的自由電子數，即電子密度；e 為電子電量（$1.6 \times 10^{-19}C$）；m^* 為電子的有效質量（effective mass）。由式（9-1）可以看出，電漿中電子密度 n 越大、f_p 越高、波長越短、凡是影響空間電離層中電子密

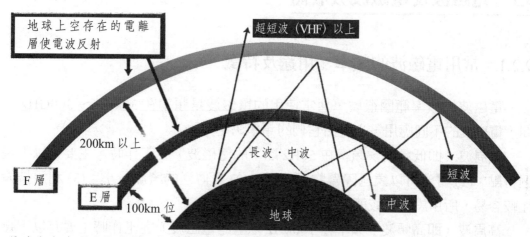

長波和中波可沿地球表面傳播至很遠。中波和短波受電離層反射可到達地球周邊。特別是短波，在電離層與地表之間經多次反射，可到達地球的裡側。超短波（VHF, very high frequency）以上的電波，由於不發生反射，從而直進到極遠而不能返回。

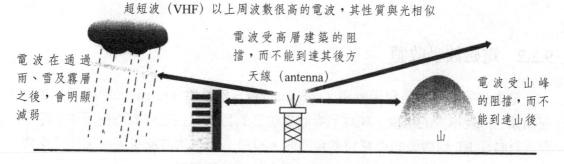

圖 9.2　電磁波的傳播方式

度的因素，都會對電漿振動頻率 f_p 造成影響。

　　空間傳播的電磁波遇到電離層，到底發生散射還是發生透射，決定因素要看兩者頻率的相對大小。如果電磁波的頻率低於電漿振動頻率 f_p，則電磁波被反射；如果電磁波的頻率高於電漿振動頻率 f_p，則電磁波發生透射。按通常條件計算，空間電離層電漿的振動頻率 f_p 大致在 1GHz 上下，因此，衛星通信和衛星全球定位系統（global positioning system, GPS）的工作頻率要選擇在高於 1GHz 範圍。如果頻率低於此，則衛星信號傳不到地面，地面信號也傳不到衛星，如何進行衛星通信和全球定位！

　　地面無線電和電視（television）播放所採用的信號頻率，通常在數 kHz 到數百 MHz 之間，低於空間電離層電漿的振動頻率 f_p。正因如此，這些信號經電離層多次反射，可以傳輸到地面的任何距離，甚至地球背面。

9.2　電磁波及電磁波吸收體

9.2.1　常用電磁波的頻率、用途及特徵

電磁波的頻率範圍很廣，通常使用的電磁波是頻率在 30kHz ～ 300GHz 之間，電磁波的不同應用，主要由它們的頻率決定。

低周波（即低頻波，頻率在 50Hz 以下的電磁波）在工作時，主要有以下幾個特點：(1) 電波可以繞過障礙物而傳播；(2) 可傳送的資訊量小；(3) 利用技術比較容易，所用設備比較簡單。

高周波（即高頻波，頻率在 100kHz 以上的電磁波）在工作時主要有以下幾個特點：(1) 電波直向傳播，易受降雨等影響；(2) 可傳送的資訊量大；(3) 利用技術較難，所用設備比較複雜。通常使用的電磁波頻率、用途及特徵，如圖 9.3 所示。

9.2.2　電磁波吸收體

電磁波吸收材料是利用軟磁（soft magnet）鐵氧體（ferrite，肥粒鐵）等，在高頻下損耗增大的現象，來達到吸收電磁波的目的。在工程實際應用中，除了要求材料從 RF 到微波的很寬頻率範圍內，有很高的電磁波能量吸收率外，還要求材料的機械強度高、質量輕、耐溫耐濕、抗腐蝕等優點。

電磁波吸收材料可以分為四大類：導電性（介電性）材料、導電性薄膜材料、磁性材料、圖形構成。

導電性（介電性）材料：粒子、粉末〔金屬、石墨、碳奈米管 CNT（carbon nano tube）、碳素微線圈 CMC（carbon micro coil，氧化鈦等）、細片、薄片（金屬碎薄片）、纖維（金屬、石墨、氧化鋁包裹玻璃、玻璃纖維強化塑料 FRP（fiber glass reinforced plastic）等〕。

導電性薄膜材料：導電性織物（格子狀、積層）、導電紙（單層、積層）。

磁性材料：金屬磁性體（鐵、矽鋼片、坡莫合金、扁平磁性粉末等）、氧化物磁性體（鐵氧體）、非晶態磁性體、橡膠鐵氧體、M 型六方晶鐵氧體等。

圖形構成：分割導電膜、周波數選擇板、可變元件。

迄今為止，應用比較廣泛的，仍是鐵氧體電波吸收體。鐵氧體電波吸收體能在超高頻到毫米波頻率範圍內工作，且在頻帶寬度和幾何尺寸方面均比其它電波吸收材料優越。

電磁波吸收材料按其成型技術和承載能力，分為塗覆型吸波材料和結構性吸波材料兩大類。塗覆型是將電磁波吸收體（粉體等）與黏合劑混合，通過調整填充比例、塗層厚度等成膜參數，以提高吸波性能。電磁波吸收體直接決定吸波塗料對入射電磁波的損耗能力，而黏合劑是塗料的成膜物質。塗覆型因其方便、靈活、吸波性能好等優點，獲得廣泛應用。而結構型電磁波吸收體則是將電磁波吸收材料分散在具有不同夾層結構的結構材料中，其本身是一種結構材料，在吸波的同時，起著承載和減重的作用，是吸波材料的發展方向。

9.2.3 電磁波吸收體的應用領域

電磁波吸收材料應用範圍分為軍用和民用兩個方面。

(1) 在軍用方面，即隱形技術。在飛機、飛彈、坦克、艦艇、倉庫等各種武器裝備和軍事設施上，塗上吸收材料，就可以吸收偵察電波、衰減反射信號。從而突破地方雷達（radar）的防區，這是反雷達偵察的一種有力手段，減少武器系統遭受紅外線導彈和雷射武器襲擊的一種方法。

飛機機身對於電磁波反射產生的假信號，可能導致高靈敏機載雷達假截獲或跟蹤；一架飛機或一艘艦船上的幾部雷達同時工作時，雷達首發無線電的串擾有時十分嚴重，機上或艦上自帶的干擾設備，也會干擾自帶的雷達或通信設備。為了減少這些干擾，國外常用吸收性能優良的磁屏蔽來提高雷達或通信設備的性能。

由於高功率雷達、通信機等設備的應用，防止電磁輻射或洩漏、保護操作人員的身體健康，是一個全新而複雜的課題，吸收材料就可以達到此一目的。

(2) 在民用方面，鐵氧體電波吸收體應用也很廣泛。在高大建築物上使用，可以消除電視接收機疊影。建設超高層大廈時，從電視塔發射的電磁波一旦觸及，就反射至各家用天線，以致電視機接收這些反射電磁波，而發生二、三個圖像重疊的疊影故障。所以，在大廈壁面加以鐵氧體等電磁波吸收體，減低大廈到電視機的電磁波反射，是最有效的方法。

在電子產品製造領域，可以做屏蔽房，用於檢查手機、電視機、微波爐等產品。這與軍用的微波暗室在原理上是一樣，都是用來消除外界雜波的干擾，以提高檢測的效率。

另外，電磁波吸收體也可以用作微波功率源的屏蔽罩，防止微波輻射傷害人體。

(3) 微波暗室（microwave dark room），由吸收體裝飾的壁面構成之空間，

稱為微波暗室。在暗室內可形成等效無反射的自由空間（無噪音區），從四周反射回來的電磁波，要比直射電磁能量小得多，並可忽略不計。微波暗室主要用於雷達或通信天線、飛彈、飛機、太空梭（space shuttle）、衛星等特性阻抗和耦合度的測量、太空人（astronaut）用肩背式天線方向圖的測量以及太空船的安裝、測試、調整等，這既可消除外界雜波干擾和提高測量精度與效率（室內可全天候工作），還可保守祕密。

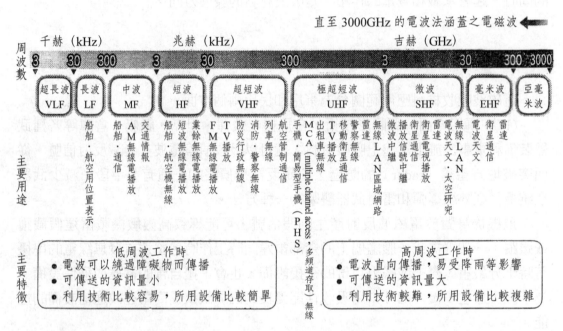

注：依據國際電氣通信聯合會（ITU, International Telecommunication Union）所規定的周波數分配範圍（區域），由國家相關部門決定周波數的國內分配範圍（區域）。周波（頻率）的單位是赫茲（hertz）。周波數指電波每秒鐘的振動次數。兆是指百萬，吉是指10億。須注意兆在日本、臺灣地區指萬億，與目前中國大陸百萬是不同的。

圖9.3　常用電磁波的頻率、用途及特徵

9.3　電磁干擾（EMI）和電磁相容性（EMC）

9.3.1　EMC、EMI 和 EMS

電磁相容性 EMC（electro magnetic compatibility），是指設備或系統在其

電磁環境中符合要求運行，並且不對其環境中的任何設備產生無法忍受的電磁干擾能力。因此，EMC 包括兩個方面的要求：一方面是指設備在正常運行過程中，對所在環境產生的電磁干擾不能超過一定的限值；另一方面是指器具對所在環境中存在的電磁干擾，具有一定程度的抗擾度，即電磁敏感性。

　　國際電子電機委員會（IEC）對 EMC 的定義是：在不損害信號所含資訊的條件下，信號和干擾能夠共存。研究電磁相容的目的，是為了保證電氣元件或裝置在電磁環境中能夠具有正常工作能力，以及研究電磁波對社會生產活動和人體健康造成危害的機制及預防措施。

　　電磁干擾（electromagnetic interference, EMI）分為傳導干擾和輻射干擾兩種。傳導干擾是指通過導電介質，把一個電網路上的信號耦合（干擾）到另一個電網路。輻射干擾是指干擾源通過空間，把其信號耦合（干擾）到另一個電網路。在高速印刷電路板（PCB, printed circuit board）及系統設計中，高頻信號線、整合電路的引腳、各類接外掛程式等，都可能成為具有天線特性的輻射干擾源，能發射電磁波並影響其它系統或本系統內其它子系統的正常工作。

　　電磁耐受性（electro magnetic susceptibility, EMS）是指由於電磁能量造成性能下降的容易程度，以及對於來自外部任何雜訊的承受能力，也是指排除電磁障礙的能力。

　　EMC、EMI、EMS 的解釋，也可見圖 9.4 所示。

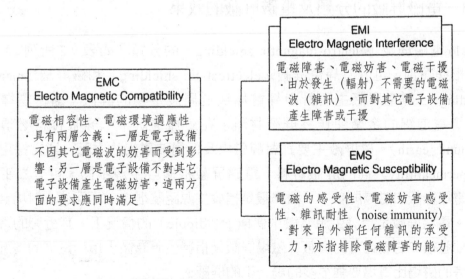

圖 9.4　何謂 EMC、EMI、EMS

9.3.2 EMC 的國際標準和國際機構

關於 EMC 國際機構（如表 9.1 所列），主要包括國際標準組織（ISO, International Standard Organization）、國際電子電機委員會（IEC）、下屬機構國際無線電特別委員會（CISPR）和含迴路網在內的電氣設備間的 EMC 委員會（TC77）。

國際標準組織（ISO）主要是促進工業標準，實現國際統一的組織，負責發行 ISO 標準，例如品質管制標準 ISO9001、環境標準 ISO14001 等。

國際電子電機委員會（IEC, International Electrotechnical Comission）主要負責審查、制定與電工、電子相關的技術標準化及國際標準的國際委員會。各國應盡量採用 IEC 的標準。

國際無線電特別委員會（CISPR）是 IEC 的下屬機構。專門負責電磁輻射問題。制定有關電磁輻射相關法規、輻射允許值等國際統一標準。在 CISPR16-1 等有詳細規定，制定的標準以發行物形式定期出版。

含迴路網在內的電氣設備間的 EMC 委員會（TC77），則是 IEC 的下屬機構，完全負責電磁感受性的技術委員會，所制定的標準，按 IEC61000 系列的序號分別列出。

9.3.3 電磁屏蔽的分類及電磁屏蔽的效果

(1) 電磁屏蔽（electro-magnetic shielding）的分類（如表 9.2 所列）：電磁屏蔽根據類別，可分為靜電屏蔽（electrostatic shielding）和磁屏蔽（magnetic shielding）。靜電屏蔽主要針對靜電場級低周波電場的屏蔽，通常選擇導電膠或導電泡綿的金屬網作為屏蔽材料，在這種情況下，屏蔽材料必須接地（ground, earth）。磁屏蔽主要針對靜磁場及低周波磁場的屏蔽，通常採用導磁率（permeability）高的屏蔽材料。電磁屏蔽根據發生源不同，可分為平面屏蔽、電場屏蔽和磁場屏蔽。平面屏蔽是指發生源距離很遠，平面波入射場合下的屏蔽。電場屏蔽是指發生源為微小偶極子（dipole）的情況下，其近旁的電場比磁場要強很多的場合下的屏蔽。磁場屏蔽是指發生源為微小環形電流的情況下，其近旁的磁場比電場要強很多的場合下的屏蔽。

(2) 電磁屏蔽的效果：對於電磁屏蔽的效果，有如下基準：10dB 以下的屏蔽基本無效果；10 ～ 30dB 之間的屏蔽，是最小限度屏蔽效果；30 ～ 60dB 之間的屏蔽，是平均屏蔽效果；60 ～ 80dB 之間的屏蔽，是平均以上的屏蔽效果；

80 ～ 120dB 之間的屏蔽，是高性能的屏蔽效果；120dB 以上的屏蔽，是很難達到的，測定也很困難。屏蔽效果的基準，如表 9.3 所列。

9.3.4 電磁波吸收材料的分類

吸波材料的吸波性能，取決於吸收劑的損耗吸收能力，因此吸收劑的研究一直是吸波材料的研究重點。目前最受重視的吸收劑主要有：

(1) 鐵氧體系列吸收劑：包括鎳鋅鐵氧體、錳鋅鐵氧體和鋇系鐵氧體等，是發展最早、應用最廣泛的吸收劑。由於強烈的鐵磁共振吸收和磁導率的頻散（dispersion）效應，鐵氧體吸波材料具有吸收強、吸收頻帶寬之特點，被廣泛用於隱形領域。鐵氧體材料在高頻下，具有較高的磁導率，且其電阻率（resistivity）亦高（$10^8 \sim 10^{12}\Omega \cdot cm$），電磁波易於進入並得到有效的衰減。

(2) 多晶鐵纖維系列吸收劑：包括鐵纖維、鎳纖維、鈷纖維及其合金纖維。多晶鐵纖維因其獨特的形狀特徵和複合損耗機制（磁損耗和介電損耗），而具有重量輕、頻帶寬的優點。調節纖維的長度、直徑及排列方式，可輕易地調節吸波塗層的電磁參數。

(3) 導電高聚物：導電高聚物吸波材料是利用某些具有共軛 π 電子的高分子聚合物之線形、平面形構型與高分子電荷轉移錯合物（complex）作用，設計其導電結構，實現阻抗匹配和電磁損耗，從而吸收雷達波。

(4) 手徵性（chirality）材料：研究顯示，手徵性材料能夠減少入射電磁波的反射，並能吸收電磁波。手徵性材料在實際應用中，主要可分為本徵手徵性材料和結構手徵性材料，前者自身的幾何形狀（如螺旋線等）就使其成為手徵性物體，後者是通過其各向異性的不同部分，與其它部分形成一定角度關係而產生手徵性使其成為手徵性材料。手徵性材料與一般吸波材料相比，具有吸波頻率高、吸收頻帶寬等優點，並可通過調節旋波參數來改善吸波特性。

(5) 磁性金屬奈米粒子吸收劑：這種材料具有強烈的表面效應，在電磁場輻射下，原子、電子運動加劇，促使磁化，使電磁能轉化為熱能，從而可以很好地吸收電磁波（包括可見光、紅外線），因而可用於毫米波隱形及可見光－紅外線隱形。

表 9.1 EMC 的國際標準和國際機構

機構簡稱	下屬機構	機構名稱	有關標準制定的活動
ISO*		國際標準組織	促進工業標準實現國際統一的組織。負責發行 ISO 標準，例如品質管制標準 ISO9000、環境標準 ISO14000 等
IEC**		國際電子電機委員會	審查、制定與電工、電子相關的技術標準化及國際標準的國際委員會。各國應盡可能採用 IEC 的標準
	CISPR（International Special Comittee on Radio Interfering）	國際無線電障礙特別委員會	IEC 的下屬機構。專門負責電磁輻射問題。制定有關電磁輻射測定法、輻射允許值等國際統一標準，在 CISPR16-1 等有詳細規定。制定的標準，以發行物的形式定期出版
	TC77（Electromagnetic Compatibility Electrotechnical Comission）	含電路網在內的電氣設備間的 EMC 委員會	IEC 的下屬機構，完全負責電磁感受性的技術委員會。所制定的標準，按 IEC61000 系列的序號分別列出

*ISO: International Standard Organigation
**IEC: International Electrotechnical Commission

表 9.2 電磁屏蔽的分類

分類	發生源	屏蔽的內容
靜電屏蔽		針對靜電場及低周波電場的屏蔽，通常選擇導電性好的金屬作為屏蔽材料 在這種情況下，屏蔽材料必須接地
磁屏蔽		針對靜磁場及低周波磁場的屏蔽，通常採用導磁率高的屏蔽材料
		針對高周波電磁場的屏蔽，通常所說的「電磁屏蔽」即指此
	平面屏蔽	發生源距離很遠，平面波入射場合下的屏蔽
	電場屏蔽	發生源為微小偶極子的情況下，其近旁的電場比磁場要強很多的場合下的屏蔽
	磁場屏蔽	發生源為微小環形電流的情況下，其近旁的磁場比電場要強很多的場合下的屏蔽

表 9.3 屏蔽效果的基準

dB	
10dB 以下	微乎其微的效果,幾乎無效果
10～30dB	屬於最小限度的屏蔽效果
30～60dB	平均的屏蔽效果
60～80dB	平均以上的屏蔽效果
80～120dB	高性能的屏蔽效果
120dB 以上	很難達到,測定也很困難

9.4 電磁屏蔽及電磁屏蔽材料

9.4.1 電磁屏蔽的分類

電磁相容性(Electromagnetic Compatibility, EMC)就是指某電子設備既不干擾其它設備,同時也不受其它設備的影響。電磁相容性和我們所熟悉的安全性一樣,是產品品質最重要的指標之一。安全性涉及人身和財產,而電磁相容性則涉及人身和環境保護。

電磁波會與電子元件作用,產生干擾現象,稱為 EM(Electromagnetic Interference)。例如,TV 螢光幕(fluorescent screen)上常見的「雪花」,便表示接收到的訊號被干擾。

屏蔽(shielding)就是對兩個空間區域之間進行金屬的隔離,以控制電場、磁場和電磁波由一個區域對另一個區域的感應和輻射。具體來講,就是用屏蔽體將元部件、電路、組合件、電纜(cable)或整個系統的干擾源包圍起來,防止干擾電磁場向外擴散;用屏蔽體將接收電路、設備或系統包圍起來,防止它們受到外界電磁場的影響。因為屏蔽體對來自導線、電纜、元件、電路或系統等外部的干擾電磁波和內部電磁波均起著吸收能量〔渦流損耗(eddy current loss)〕、反射能量(電磁波在屏蔽體上的介面反射)和抵消能量(電磁感應在屏蔽層上產生反向電磁場,可抵消部分干擾電磁波)的作用,所以屏蔽體具有減弱干擾的功能。(1) 當干擾電磁場的頻率較高時,利用低電阻率(resistivity)金屬材料中產生的渦流,形成對外來電磁波的抵消作用,從而達到屏蔽的效果;(2) 當干擾電磁波的頻率較低時,要採用高導磁率的材料,從而使磁力線限制在屏蔽體內部,

防止擴散到屏蔽空間；(3) 在某些場合下，如果要求對高頻和低頻電磁場都具有良好的屏蔽效果時，往往採用不同金屬材料組成多層屏蔽體。

　　電磁屏蔽材料以導電性漿料為主，其構成成分如圖 9.5 所示。其電阻率的分佈，如圖 9.6 所示。

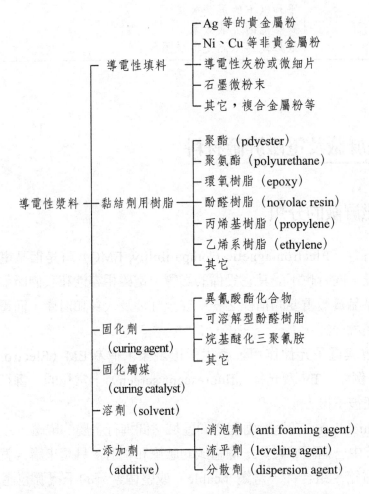

圖 9.5　導電性漿料（聚合物型）的構成成分

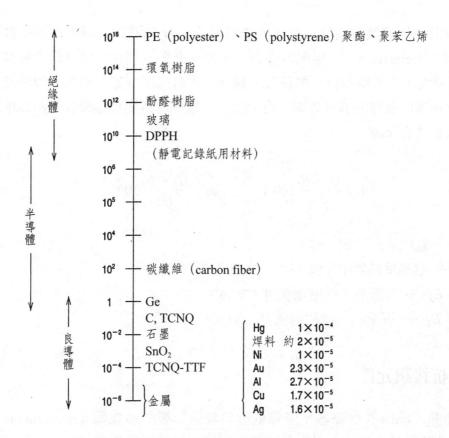

圖 9.6 導電性漿料的電阻率 σ_v（$\Omega \cdot cm$）

9.4.2 屏蔽效果基準

衡量電磁屏蔽效果的好壞，可用電磁屏蔽效能 SE（shielding efficacy）來評價。為了定量衡量這種效能，將區域屏蔽後測量點的功率密度與屏蔽前同一測量點的功率密度相較，這個降低的值，採用分貝數（dB, decibel）來表示。

$$對於電場有 S_H = 20 \lg \frac{E_b}{E_a} \qquad (9\text{-}2)$$

$$對於磁場有 S_H = 20 \lg \frac{H_b}{H_a} \qquad (9\text{-}3)$$

E_b、E_a——裝屏蔽體前、後的電場強度，V/m。

H_b、H_a——裝屏蔽體前、後的磁場強度，A/m。

由於各種材料吸收（absorption）和反射（reflection）效果不同，材料的選

擇成為屏蔽效果好壞的關鍵。材料內部電場強度 H 在傳播過程中均按指數規律迅速衰減（attenuation），用電磁波衰減係數 α 來衡量其在導體材料中衰減的快慢，α 值越大，衰減得越快，屏蔽效果越好，也可以用屏蔽效率來表現屏蔽作用的大小。所謂屏蔽體的屏蔽效率（百分比），取決於電場和磁場在屏蔽前後的強度比值，公式表示為

$$\alpha_E = \frac{E_2 - E_1}{E_1} 100\% \qquad\qquad \alpha_H = \frac{H_2 - H_1}{H_1} 100\% \qquad\qquad （9\text{-}4）$$

α_E —— 電場屏蔽效率，%；

α_H —— 磁場屏蔽效率，%；

E_1、E_2 —— 屏蔽前、後電場強度，V/m；

H_1、H_2 —— 屏蔽前、後磁場強度，A/m。

9.4.3 抗雜訊元件

抗雜訊（noise）傳聲器是能降低環境雜訊影響的傳聲器（microphone，麥克風）。由動圈或鋁帶式心形指向性元件組成，其低頻回應衰減較大。使用時，將傳聲器靠近嘴唇。這種傳聲器設計還包括了防呼吸聲口罩，能使說話者始終與傳聲器保持正確距離，又能減輕口腔和鼻腔發出的呼吸聲影響。遠距離聲音主要由低頻構成。該傳聲器對低頻衰減較大，因而遠距離聲音和近處講話聲音之間便有顯著差別。所以，該傳聲器可供環境雜訊較大的室外場合適用。

9.4.4 電波暗室

電波暗室（anechoic chamber）通常對於輻射試驗來說，測試場地分為三種，分別是全電波暗室、半電波暗室和開闊場。在這三種測試場地中進行的輻射試驗，一般都可認為符合電磁波在自由空間中的傳播規律。其中全電波暗室是一個經過屏蔽設計的六面盒體，在其內部的地板、牆壁和天花板上，均覆蓋電磁波吸波材料，吸波材料一般為聚氨酯泡沫材料製成的錐形體，可有效吸收入射的電磁波能量，並使其散射大幅度衰減，但由於錐形體吸波材料的低頻性能較差，因此通常採取同時使用鐵氧體和錐形體吸波材料的方法，以提高暗室的低頻性能。

9.5 吸波材料和電波暗室

9.5.1 吸波材料的應用

　　所謂吸波材料（absorbing material），係指能吸收投射到其表面的電磁波能量之類材料。在工程應用上，除要求吸波材料在較寬頻帶內對電磁波具有高的吸收率（absorptance）外，還要求它具有質量輕、耐溫、耐濕、抗腐蝕等性能。吸波材料的應用，主要包括下述幾個方面：

　　(1) 隨著現代科學技術的發展，電磁波輻射對環境的影響日益增大。在機場，飛機航班因電磁波干擾無法起飛而誤點；在醫院，行動電話常會干擾各種電子診療儀器的正常工作。因此，治理電磁污染，尋找一種能抵擋並削弱電磁波輻射的材料——吸波材料，已成為材料科學的一大課題。

　　(2) 電磁輻射（electro-magnetic radiation）通過熱效應、非熱效應、累積效應，對人體造成直接和間接傷害。研究證實，鐵氧體（ferrite）吸波材料性能最佳，它具有吸收頻段高、吸收率高、匹配厚度薄等特點。將這種材料應用於電子設備中，可吸收洩漏的電磁輻射，能達到消除電磁干擾（electromagnetic interference）的目的。根據電磁波在介質中從低磁導向高磁導方向傳播的規律，利用高磁導率鐵氧體引導電磁波，通過共振，大量吸收電磁波的輻射能量，再通過耦合把電磁波的能量轉變成熱能。

　　(3) 吸波材料是一種重要的軍事隱形（stealth）功能材料，其作用是減少或消除雷達（radar）、紅外線等對目標的探測。開發這種材料的當初，就是用於潛艇和飛機等軍事裝備，為了不被敵方雷達探測到，或是用在天線（antenna）指向性（directional）等實驗中所使用的電波暗室。在日益重要的隱形和電磁相容（EMC）技術中，電磁波吸收材料的作用和地位十分突出，已成為現代軍事中電子對抗的法寶和「秘密武器」，包括隱形、改善整機性能、安全保護等。

9.5.2 吸波材料按其損耗機制分類

　　吸波材料按其損耗機制，大致可分為以下幾類：

　　(1) 電阻型損耗，此類吸收機制是與導電率（conductivity）有關的電阻性損耗，即導電率越大，載子引起的宏觀電流〔包括電場變化引起的電流以及磁場變化引起的渦流（eddy current）〕越大，從而有利於電磁能轉化成為熱能。

(2) 介電質損耗，它是一類與電極化有關的介質損耗吸收機制，即通過介質反覆極化產生的「摩擦」作用，將電磁能轉化成熱能耗散掉。介電質極化過程包括：電子雲位移極化，極性介質電矩轉向極化，電鐵體電疇轉向極化以及壁位移等。

(3) 磁損耗（magnetic loss），此類吸收機制是一類與鐵磁性介質的動態磁化過程有關的磁損耗，此類損耗可以細化為：磁滯損耗，旋磁渦流、阻尼損耗以及磁後效效應等，其主要來源是和磁滯（magnetic hysteresis）機制相似的磁疇（magnetic domain）轉向、磁疇壁位移以及磁疇自然共振等。此外，最新的奈米材料（nanometer material）微波損耗（microwave loss）機制，是目前吸波材料分析的一大熱點。

9.5.3　吸波材料按其形狀的分類

吸波材料按其形狀大致可分為以下幾類：

(1) 尖劈形：微波暗室採用的吸收體（absorber）常做成尖劈形〔金字塔（pyramid）形狀〕，主要由聚氨酯泡沫型、不織布難燃型、矽酸鹽板金屬膜組裝型等。隨著頻率的降低（波長增大），吸收體長度也大大增加，普通尖劈形吸收體有近似關係式 $L/\lambda \approx 1$，所以在 100MHz 時，尖劈長度達 3000mm，不但在技術上難以實現，而且微波暗室有效可用空間也大為減少。

(2) 單層平板形：國外最早研製成的吸收體就是單層平板形，後來製成的吸收體都是直接貼在金屬層上，其厚度薄、重量輕，但工作頻率範圍較窄。

(3) 雙層或多層平板形：這種吸收體可在很寬的頻率範圍內工作，且可製成任意形狀。如日本 NEC 公司將鐵氧體和金屬短纖維均勻分散在合適的有機高分子樹脂中製成複合材料，工作頻帶可拓寬 40%～50%。其缺點是厚度大、技術複雜、成本較高。

(4) 塗層形：在飛行器表面只能用塗層型吸收材料，為展寬頻率帶，一般都採用複合材料的塗層。如鋰鎘鐵氧體塗層厚度為 2.5～5mm 時，在釐米波段，可衰減 8.5dB；尖晶石（spinel）鐵氧體塗層厚度為 2.5mm 時，在 9GHz 可衰減 24dB；鐵氧體加氯丁橡膠（neoprene）塗層厚度為 1.7mm～2.5mm 時，在 5GHz～10GHz 衰減達 30dB 左右。

(5) 結構形：將吸收材料摻入工程塑料，使其既具有吸收特性，又具有載荷能力，這是吸收材料發展的一個方向。

近年來，為進一步提高吸收材料的性能，國外還發展了幾種形狀組合的複雜型吸收體。如日本採用該類吸收體製成的微波暗室，其性能為：136MHz，25dB；300MHz，30dB；500MHz，40dB；GHz～40GHz，45dB。

9.5.4 EMC 用電波暗室

通常對於輻射試驗來說，測試場地分為三種，分別是全電波暗室、半電波暗室和開闊場。在這三種測試場地中進行的輻射試驗，一般都可以認為符合電磁波在自由空間中的傳播規律。其中全電波暗室是一個經過屏蔽設計的六面盒體，在其內部的地板、牆壁和天花板上，均覆蓋電磁波吸波材料，吸波材料一般為聚氨酯泡沫材料製成的錐形體，可有效吸收入射的電磁波能量，並使其散射大幅度衰減，但由於錐形體吸波材料的低頻性能較差，因此通常採取同時使用鐵氧體和錐形體吸波材料的方法來提高暗室的低頻性能。

由吸收體（圖 9.7）裝飾壁面構成的空間稱為微波暗室。在暗室內可形成等效無反射的自由空間（無噪音區），從四周反射回來的電磁波，要比直射電磁能量小得多，並可忽略不計。微波暗室主要用於雷達（radar）或通信天線、飛彈（missile）、飛機、太空梭（space shuttle）、衛星（satellite）等特性阻抗和耦合度（coupling degree）的測量、太空人用肩背式天線方向圖的測量以及太空船的安裝、測試和調整等，這既可消除外界雜波干擾、提高測量精度與效率（室內可全天候工作），還可保守秘密。

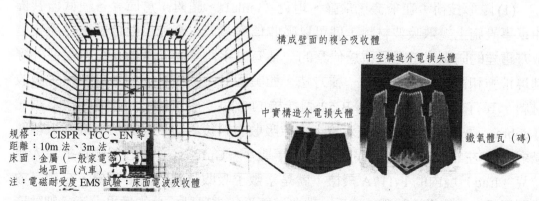

規格：　CISPR、FCC、EN 等
距離：10m 法、3m 法
床面：金屬（一般家電等）
　　　地平面（汽車）
注：電磁耐受度 EMS 試驗：床面電波吸收體

構成壁面的複合吸收體
中空構造介電損失體
中實構造介電損失體
鐵氧體瓦（磚）

CISPR: International Special Committee on Radio Interference
FCC: Federal Communication Comission（聯邦通信委員會）
EMS: Electromagnetic Susceptibility

圖 9.7　EMC 用的電波暗室和複合電波吸收體

9.6　隱形材料

9.6.1　何謂隱形材料

　　隱形材料（stealth material）按其隱形頻譜可分為聲波、紅外線、可見光、雷達、雷射隱形材料。按材料應用形式，可分為隱形塗層和隱形結構材料。

　　隱形材料是隱形技術的重要組成部分，在裝備外形不能改變的前提下，隱形材料是實現隱形技術的物質基礎。武器系統採用隱形材料可以降低被探測率，提高自身的生存率，增加攻擊性，獲得最直接的軍事效益。因此，隱形材料的發展及其在飛機、主戰坦克、艦船、飛彈（missile）上應用，已成為國防高科技的重要組成部分。對於地面武器裝備，主要防止空中雷達或紅外線裝置探測，雷達制導武器和雷射導彈的攻擊；對於作戰飛機，主要防止空中預警機雷達、機載火控雷達和紅外線裝置的探測，主動和半主動雷達、空對空飛彈和紅外線戰鬥飛彈的攻擊。為此，常需要雷達、紅外線和雷射隱形技術。

9.6.2　隱形材料的作用

　　在日益重要的隱形和電磁相容（EMC）技術中，電磁波吸收材料的作用和地位十分突出，已成為現代軍事中電子對抗的法寶和「秘密武器」，其工程應用主要在以下幾個方面：

　　(1) 隱形技術：在飛機、飛彈、坦克（tank）、艦艇、倉庫等各種武器裝備和軍事設施上塗敷吸波材料，就可以吸收偵察電波、衰減反射信號，從而突破敵方雷達的防區，這是反雷達偵察的一種有力手段，減少武器系統遭受紅外線制導飛彈和雷射武器襲擊的一種方法。如美國 B-1 戰略轟炸機由於塗敷了吸收材料，其有效反射截面僅為 B-52 轟炸機的 1/50；在 0H-6 和 AH-1G 型眼鏡蛇（cobra）直升機發動機的整流罩上塗敷吸收材料後，可使發動機的紅外線輻射減弱 90% 左右。在 1990 年的波斯灣戰事戰爭（Gulf war）中，美國首批進入伊拉克（Iraq）境內的 F-117A 飛機，就是塗敷了吸收材料的隱形飛機，它們有效避開了伊拉克的雷達監測。據悉，瑞典海軍近年來研製成功的世界上第一艘隱形戰艦已投入使用，美、英、日、俄等國均已研製出自己的隱形坦克和其它隱形作戰車輛。此外，電磁波吸收材料還可用來隱蔽著落燈（landing lamp）等機場

導航設備及其它地面設備、艦船桅桿、甲板、潛艇的潛望鏡支架和通氣管道等設備。

(2) 改善整機性能：飛機機身對電磁波反射產生的假信號，可能導致高靈敏機載雷達假截獲或假跟蹤；一駕飛機或一艘艦船上的幾部雷達同時工作時，雷達收發天線間的串擾有時十分嚴重，機上或艦上自帶的干擾機，也會干擾自帶的雷達或通信設備。為減少諸如此類干擾，國外常用吸收材料優良的磁屏蔽來提高雷達或通信設備的性能。如在雷達或通信設備機身、天線和周圍一切干擾物上塗敷吸收材料，則可使它們更靈敏、更準確地發現敵方目標；在雷達拋物線天線開口的四周壁上塗敷吸收材料，可減少副瓣對主瓣的干擾和增大發射天線的作用距離，對接收天線則起到降低假目標反射的干擾作用；在衛星通信系統中應用吸收材料，將避免通信線路間的干擾，改善衛星載通信機和地面站的靈敏度，從而提高通信品質。

(3) 安全保護：由於高功率雷達、通信機、微波加熱等設備的應用，防止電磁輻射或洩漏、保護操作人員身體健康是一個全新而複雜的課題，吸收材料就可達到此一目的。另外，目前的家用電器普遍存在電磁輻射問題，通過合理使用吸收材料及其元件，也可有效加以抑制。

9.6.3　各類隱形材料

鐵氧體奈微米磁性材料因其具有頻帶寬、電阻率大、可以做得很薄及吸波能力強等特點，受到廣泛應用。美國的 F-117A 隱形飛機和「海上陰影」隱形艦艇，都採用一種叫「鐵球」的鐵氧體材料，是將玻璃微球表面塗上鐵氧體粉或將鐵氧體製成空心微球，從而降低鐵氧體密度。

金屬奈微米粉末具有較大的磁導率，與高頻電磁波有強烈的相互作用，其複數磁導率（complex permeability）的實部和虛部相對於鐵氧體較大，且具有高度熱穩定性，從理論上講，金屬奈微米粉末具有更高效的吸波性能；但普通金屬微粉由於電阻率較小，通過降低粒子尺寸，製造奈微米級金屬磁性顆粒，利用其自身的表面活性，氧化成一層薄的氧化層，可有效提高材料的電阻率。

碳基微波吸收材料主要包括碳黑（CB, carbon black）、碳奈米管（CNT, carbon nano tube）、碳奈米纖維（CNF, carbon nano fiber）以及石墨烯等，其具有密度小、頻帶寬等優點。通常將其與聚合物混合成複合物，通過改變其形態、成分和碳粉的體積百分比等因素，調整材料的吸波特性。Wu 等人製造出 CB 表面包裹聚苯胺的核殼結構奈米複合物。當 CB 含量是 30wt% 時，複合物在 X 波

段的最大吸收高達 40dB，然而 RL<-10dB 的波寬僅有 3GHz。在玻璃／樹脂的基質中，加入 6vol.%CB 製成的複合材料，在 X 波段的最低反射損耗是 -32dB，頻帶寬是 2.7GHz。Kwon 等人製造出 CB／矽膠（silicone）複合物，在 X 波段的最低反射損耗是 -24dB，頻帶寬是 3.9GHz。

CNT 具有更輕質的結構，且尺寸在奈米級，因此相對於 CB 有更好的吸波性質。CNT 的彈性模量（elastic modulus）在 1TPa 數量級，抗拉強度在 50 ～ 500GPa 範圍內。更重要的是，CNT 具有很好的半導體性質，載子遷移率高達 $10^5 cm^2/Vs$，載流容量超過 $10^9 A/cm^2$。當與聚合物複合時，CNT 含量很小（約 0.35%）的複合物就具有和含 20%CB 複合物同樣大小的電導率。

CNF 具有較大的長徑比（aspect ratio）和優良的熱電性質，但同時 CNF 相對於 CNT 有較大密度的缺陷，導致其機械性能下降。然而 CNF 製造成本低，較大的長徑比可使 CNF 具有更高的電導率和介電常數，且 CNF 相對於 CNT 具有更小的滲流臨限值（threshold value）。被保護體表面塗以 ITO 等透明導電膜，其種類及特性，如表 9.4 所列。

9.6.4 奈米複合隱形材料的最新發展

碳基微波吸收材料屬於電阻型吸收劑，其主要通過與電場的相互作用來吸收電磁波，具有較高的介電損耗角正切，依靠介質的電子極化或介面極化衰減來吸收電磁波。單獨使用時，存在電磁波吸收頻率窄、吸收性能弱等缺點。而將其與磁損耗型吸收劑，如鐵氧體、羰基（carbonyl）鐵以及金屬奈米微粒等複合，製成複合材料，就可以達到低密度和強吸收的目的，這種吸收劑的複合化是微波吸收材料的發展方向。陶瓷類電磁波吸收材料的研究開發實例，如表 9.5 所列。

例如，Wen 等人研究了 Ni／碳奈米管體系，分析了體系中的兩種共振模式，指出高頻下，奈米顆粒的共振吸收包含了自然共振吸收和交換共振吸收兩種模式，磁導率的虛部分別在 6.0GHz 和 10.1GHz 頻率下出現兩個共振峰，這兩種共振作用共同存在，有利於微波吸收材料的寬頻化發展。Wu 等人利用矽介孔材料做範本，製造出有序的碳介孔材料並摻雜 Ni_2O_3 奈米粒子，在 10.9GHz 頻率下，吸收劑的反射損耗 RL 是 -39dB；當吸收劑厚度是 2.8mm 時，在整個 X 波段內 RL<-10dB。

表 9.4　ITO 等透明導電膜的種類及其特性的幾個實例

種類		基板	成膜法	基板溫度 (℃)	片電阻 (sheet resistance) ($\Omega/\square$)	電阻率 ($\Omega \cdot cm$)	透明性 (%)
半導體	ITO	—	DC 磁控濺射	200		1.5×10^{-4}	85
		—	DC 磁控濺射	RT		3.8×10^{-4}	85
		—	RF 磁控濺射	130		1.5×10^{-4}	> 85
		膜片	L.V.I.P.	180		2.2×10^{-4}	> 82
		膜片	L.V.I.P.	RT		2.8×10^{-4}	> 84
		—	PLD	200		2.8×10^{-4}	> 90
		—	PLD	RT		2.8×10^{-4}	> 90
		PET	DC 磁控濺射	80	$10^1 \sim 10^2$	2.0×10^{-5}	
		PET	RF 磁控濺射	RT		1.4×10^{-4}	
半導體	SnO_2	—	CVD	250		4.0×10^{-4}	
	ZNO	—	DC 磁控濺射	200		1.5×10^{-4}	
	CTO	PET	DC 磁控濺射	—	$10^1 \sim 10^2$	5.0×10^{-4}	
	CuI	PET	DC 磁控濺射		$10^1 \sim 10^2$	1.5×10^{-4}	
	TiO_2	—	DC 磁控濺射	250	$10^2 \sim 10^4$	1.5×10^{-4}	
金屬薄膜	金	PET	DC 磁控濺射		$10^1 \sim 10^2$	—	$70 \sim 80$
	Pd	PET	DC 磁控濺射		$10^4 \sim 10^3$	—	$65 \sim 75$
	Ag	PET	DC 磁控濺射			—	
多層膜	$TiO_2/Ag/TiO_2$	PET	DC 磁控濺射	RT	$10^0 \sim 10^2$	—	$75 \sim 85$
	$In_2O_3/Ag/In_2O_3$	PET	DC 磁控濺射	RT	$10^1 \sim 10^2$	—	
漿料	Ag	PET	塗敷		大約在 0.1 左右	$0.5 \sim 1 \times 10^{-4}$	
導電性填料		PET	塗敷	—	大約在 10^3 左右		
導電網	Cu 網		電鍍等		大約在 0.08 左右		

L.V.I.P.：low voltage ion implant（低壓離子植入）
FLD：pulse laser deposition（脈衝雷射沉積）
RT：room temperature（室溫）

表 9.5　陶瓷類電磁波吸收材料的研究開發實例一覽表

序號	名稱	基板（母材）	電波吸收原理	適用頻率帶域	特徵	適用領域
1	鐵氧體	Ni-Cu-Zn 系鐵氧體 Mn-Zn 鐵氧體	Fe：鐵磁性	MHz 帶～GHz 帶	廣帶域，耐候性	電波暗室、TV 鬼點（ghost）防止、雷達偽像障害防止、噪聲對策元件
2	電波吸收陶瓷	氧化鋁＋碳素	C：導電性	60GHz 附近（1mm厚度時）	耐熱溫度：600℃	室外一般用途
3	電波吸收瓦	水泥＋鐵氧體	Fe：鐵磁性	10MHz～3GHz	阻燃性	DSRC[①]（高速公路自動收費系統等），無線局域網路 LAN（local area network）
4	複合鐵氧體電波吸收體	發泡火山灰[②]＋鐵氧體	Fe：鐵磁性	1GHz～3GHz	阻燃性	金字塔型／電波暗室、多層膜型／DSRC
5	鈦酸鹽	$CaSiTiO_5$	$CaSiTiO_5$：高介電損失	1GHz～18GHz	耐候性	毫米波無線 LAN 等
6	薄型	$BaTiO_3$＋陶瓷板	$BaTiO_3$：鐵電性	60GHz 附近（0.2mmj 厚度時）	薄型	－
7	奈米碳／陶瓷複合體	多孔氧化鋁＋碳素	C：導電性	60GHz, 90GHz 附近（0.7mm 厚度時）	阻燃性	自動收費系統〔ＥＴＣ，Electronic Toll Collocition（電子道路收費）〕
8	內充磁性體的碳素微線圈（MGCMC）	Ni-Zn 鐵氧體／碳素微線圈（CMC，carbon micro coil 碳素微線圈）	Ni-Zn 鐵氧體：鐵磁性 C：導電性	～110GHz	超廣帶域（ＧＨｚ帶）	手機、無線 LAN 等

註：① DSRC：Dedicated Short Range Communication 的縮略語，意為專用窄帶域通信。
註：②發泡火山灰：將火山噴出的火山灰在流化床（fluidized bed）爐中急速加熱至 900℃以上，再對含有火山灰的水進行發泡處理，由此得到的火山玻璃質粉粒體。

9.7　電磁輻射的應用 (1)──可見光

9.7.1　由激發引起自然發射的原理

　　光被反射到我們眼中會有明亮之感，這是眾所周知的事實。但如果要問，為什麼光會有明亮之感呢？要從理論上說明此一問題並非容易，在此簡要說明激發引起自然發射（spontaneous emission）的原理。

　　一般情況下，一旦原子從外界獲得足夠的能量，則在原子核周圍旋轉的電子被激發，如圖 9.8 所示，在內側軌道旋轉的電子會躍遷至外側軌道，這種狀態稱為處於激發態。電子獲得能量而被激發的方式有熱激發、電子碰撞激發和紫外線照射激發等，而且，每個原子都有由其本身決定的軌道，電子不能隨意在此之外的軌道上旋轉。但是，靠外部能量激發的原子處於非常不穩定的狀態，力求儘快回到穩定狀態。也就是說，電子要返回原來的軌道，如圖 9.9 所示。

　　此時，電子從高能量軌道落入低能量軌道時（從外層的激發態能階到內層的基態能階）時，為保持能量守恆（energy conservation），則會以可見光及紅外線等電磁波的形式，放出與此能階差相應的能量。而且，當被激發電子從較高能量軌道（相對外層）向靠核更近一層的軌道依次降落時，會以近於熱線的電磁波形式放出能量。

　　順便指出，儘管此時放出的波長是各式各樣的，但依原子的激發能階（energy level）不同，它們各不相同，如果是可見光（400 ～ 780nm），刺激人眼視神經的視錐細胞便產生明亮（色彩）之感，如圖 9.10 和圖 9.11 所示。

9.7.2　自然光（太陽光）的色散

　　一提到白色光，一般情況下都會想像為強烈的太陽光。太陽光中含有各種波長不同的光（遠不止人們通常所說的七色光），這些光完美地混合，便構成與日月共存的自然光。

　　雨過天晴，太陽對面天空中，往往會出現鮮豔的彩虹（rainbow）。帶狀的彩虹按顏色順序，從外側到內側分別為紅、橙、黃、綠、藍、靛、紫，對應的波長從長波長的紅，逐漸過渡到短波長的紫。

　　讀者可能都聽過「光譜（photo spectrum）」這個名詞，使白色光通過狹縫板向稜鏡（prism）照射，不同顏色的光依波長不同而異，折射率不同，因此出射

光表現為由一系列顏色所構成的色帶。這種現象稱為光的色散（dispersion），如果將這種光投射在一張白紙上，則可以看到七色的色帶，這便是光的色散譜。

如果將這種光再一次通過稜鏡和透鏡（lens）等光學系統還原，則又返回白色光。也就是說，白色光是具有七色（遠不止七色）光譜的電磁波，其中無論少了哪一種，也不能再返回完全的白色光。圖 9.12 表示，自然光即太陽光等白色光由稜鏡色散，按其成分波長變為七色色帶的情況。

圖 9.13 表示，一條白色光被稜鏡色散，再通過稜鏡合成，返回為原來的白色光情況，這就是人們所熟知的牛頓光學實驗。

以上所述儘管是大家所熟知的常識，但其實際應用卻處於高科技的前沿。例如，薄膜電晶體液晶顯示器（TFT LCD）的全色顯示，就是先由彩色濾光片（color filter, CF）將背光源（back light）發出的白色光變為紅（R）、綠（G）、藍（B）三色光（用的是「減法」），再將其組合為所需要的彩色（用的是「加法」），即「先減後加」。再如發光二極體（LED）白色照明的實現方法之一，是將 InGaN 二極體發出的藍光與其激發 YAG 螢光體發出的黃光相組合而實現白色。

9.7.3 發光光源的波長及其色溫度

通常我們所理解的「色」（顏色）到底所指為何呢？另外，物體的色是由其自身所產生或說是其所固有的嗎？

在談到有關顏色話題時，一般是針對肉眼可識別的光，即針對可見光領域而言的。但這對於昆蟲及動物等來講，所看到的卻是完全不同的世界。

實際上，人對於顏色不同的感知，完全是由於人的大腦本身對波長不同外光的識別，即通過人腦視神經的視錐細胞（cone cell），對各種顏色進行感知。

對於這種情況，所有的發光光源都有其特有的色溫度（color temperature），即使是同一物體，依照射光不同而異，物體的顏色看起來均多少有些差異（見表 9.6）。大家都有體驗，即使同一物體，在螢光燈下看或在室外的太陽光下看，會發現其顏色有所差別。例如，在服裝商店仔細挑選的衣服，當我們走出商店（室外）一看卻大失所望（圖 9.14）。這是由於照射衣服的光的色溫度不同所致，色溫度與發光光源的波長成分（分佈，如圖 9.15）有關。

一般情況下所謂看到物體的色，所看到的當然是照射該物體的反射光，服裝商店照明環境下所看到的色，與室外太陽光線下所看到的，由於反射光線不同，

當然感覺到的色不同。

這種現象是由於發光光源的性質不同而產生的。太陽光的色溫度高，這是由於它平衡含有七色光成分。與之相對，螢光燈及白熾電燈的色溫度低，七色光不像太陽光那樣平衡，因此衣服會產生不同的觀視效果。

9.7.4　螢光燈的發光過程

圖 9.16 表示螢光燈的工作原理。

螢光燈（fluorescent lamp）作為照明器具已經十分普及（商家以「節能燈」的廣告宣傳作為賣點），但它與白熾電燈（incandescent lamp）的發光機制卻完全不同，前者是以氣體放電現象和原子的激發、紫外線放出以及由此引起的螢光塗料波長變換為中心而發生的。螢光燈的基本結構是在內壁上塗有螢光物質的細長玻璃管內封入水銀蒸氣，玻璃管兩端佈置有燈絲型的放電電極而組成的。

螢光燈的發光過程如圖 9.17，說明如下。首先將電源插頭插入 AC 電源插座中，由於兩端的燈絲被加熱，從熱燈絲會發射出大量的自由電子。此後不久，啟動器（starter）OFF，則兩端的燈絲作為放電電極而起作用。此時，放出的自由電子被引向電極的正方向，致使放電開始，請見 A 部的放大圖。

由燈絲發出的自由電子與玻璃管中充滿的水銀蒸氣（氣態的 Hg 原子）發生碰撞。由此，水銀原子從自由電子獲得能量，致使原子內的電子由內側軌道向外側的軌道躍遷而成為激發狀態。在這種情況下，激發的水銀原子是極不穩定的，會迅速返回穩定狀態（下位能階）。此時，多餘的能量會以紫外線（波長 245nm）的形式放出。

但是紫外線本身並不能直接作為照明光而利用，藉由它照射塗佈於玻璃管內壁上的螢光物質，即可變換為可見光。這是由於螢光物質的原子被紫外線的能量激發，此後在返回下位能階時，而放出可見光。

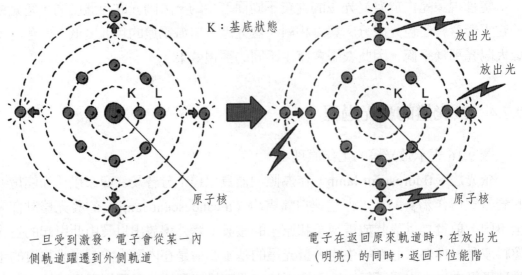

一旦受到激發，電子會從某一內
側軌道躍遷到外側軌道

電子在返回原來軌道時，在放出光
（明亮）的同時，返回下位能階

圖 9.8　被激發（受激）原子的狀態　　**圖 9.9　放出光能後，返回原來的狀態**

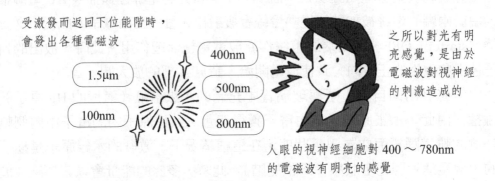

受激發而返回下位能階時，
會發出各種電磁波

之所以對光有明
亮感覺，是由於
電磁波對視神經
的刺激造成的

人眼的視神經細胞對 400 ～ 780nm
的電磁波有明亮的感覺

圖 9.10　返回下位能階時，會放出各種電磁波

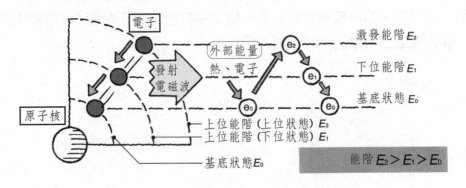

圖 9.11　由激發而引起的自然發射原理

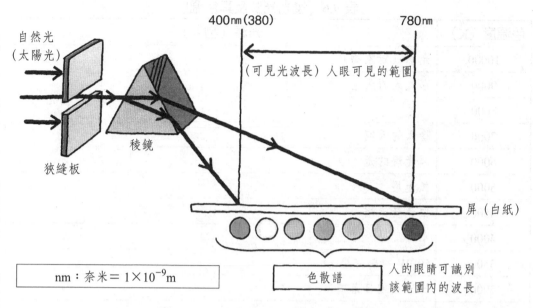

圖 9.12 自然光（太陽光）的色散

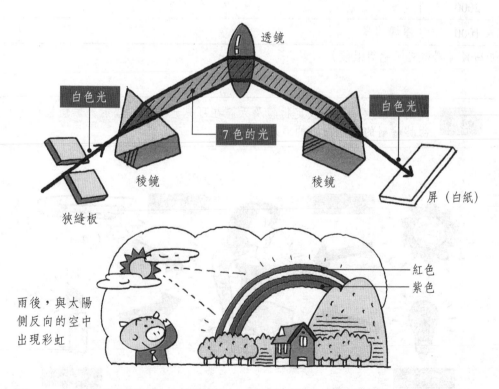

圖 9.13 白色光可分為 7 色的光，7 色光又可合成為白色光（牛頓實驗）

表 9.6　發光光源及其色溫度

色溫度（K）	光源（物件）		
10000	光源（對象物）		
9000	霧氣天的天空		自然光 照相機
8000			
7000	陰天的天空		
6000	閃光燈的光		
5000	弧光燈		
4500	白色螢光燈		
4000			
3500	500W 的鎢絲燈		
3000	日出後或日落前		
2800	100W 的電燈泡		
2000			
1000	蠟燭的光		

單位為 K（開爾文，絕對溫度）

定義　所謂色溫度，是指假定物體及天體在可見光領域的輻射為黑體輻射，而由其輻射的色所推定的溫度

圖 9.14　因發光光源不同，物體的反射光會有微妙差異

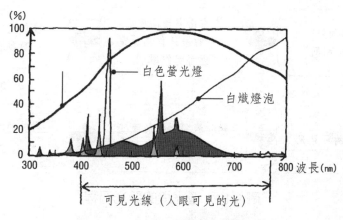

圖 9.15　各種光源的波長分佈

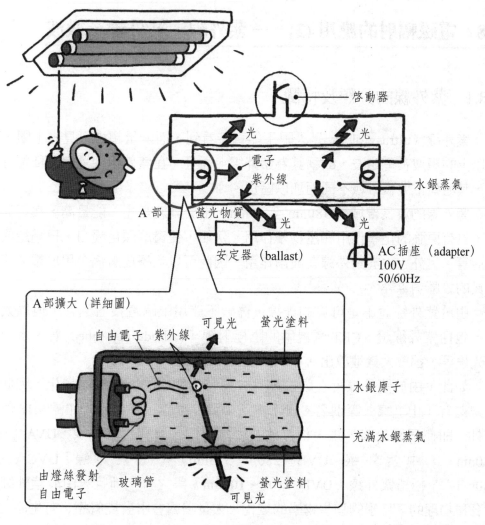

圖 9.16　螢光燈的工作原理

圖 9.17　螢光燈的發光過程

9.8　電磁輻射的應用 (2) —— 紫外線、紅外線、微波

9.8.1　紫外線的分類及特徵

　　紫外線（ultra-violet）是人眼不能直接看到，而能量超過可見光上限，即紫色以上的短波長電磁波，故稱其為紫外線。而且，在紫外線中還有各種區分，因此，其名稱依波長帶域不同而加以區別。

　　紫外線的波長帶域從 380nm 至 10nm，由於其波長短、能量高，與可見光相比，具有更強的化學作用和生物學作用。例如，使窗簾顏色變白，日曬造成皮膚炎症等。另外，由於紫外線有殺菌作用，因此可以治療皮膚病，用於電冰箱內及餐具的殺菌消毒等。

　　由於紫外線並不是可見的光線，儘管不能用眼睛直接看到它，但以太陽為首，包括紫外線燈、CRT 電視用的陰極射線（cathode ray tube）管、水銀燈、螢光燈等，都會大量地放出。

　　如此，由於紫外線近在眼前，且會引發生物學的、化學的變化，因此，紫外線還有「化學線」等別名。日常生活中紫外線的化學作用，如圖 9.18 所示。此外，即使同屬於紫外線，依其波長帶域不同，還有近紫外線：UVA（315～380nm）、中 紫 外 線：UVB（280～315nm）、遠 紫 外 線：UVC（100～280nm）、極遠紫外線：UVD（10～100nm）等之分。而且，由於紫外線會引發各種物理的、化學的和生物學的變化，大量曝露會引發皮膚癌，有生命之虞。但是，適度照射可以治療皮膚病，日光浴還可以使皮膚變成時髦的「小麥色」。

特別是，紫外線療法採用「太陽燈」對人體進行紫外線照射，使皮膚表層的蛋白質發生變化，形成組胺（histamine）那樣的促進血管擴張作用之物質，由此使黑色素細胞顆粒向皮膚表面移動，產生色素深沉的效果。紫外線的分類及特徵，如表 9.7 所列。

曝露適量，即使紫外線被皮膚吸收也不會引發紅斑。但是，如果紫外線曝露過量，會造成紅斑，像燒傷或開水燙傷那樣，皮膚起泡，痛苦難耐。

9.8.2　影像增強管的工作原理

一般說來，採用觀視遠方的望遠鏡（telescope）及雙筒鏡，如同人的眼睛那樣，若所觀察物件的周圍環境很暗，則難以看到鮮明的畫面。這是由於周圍環境很暗，由觀察物件反射的光也就很少，從而肉眼不能接收足夠的光所致。

在這種情況下，使用暗視相機，即使在昏暗的條件下，也能看到比較鮮明的畫面。若採用特別為軍事所開發的高感度暗視相機，即使在星光（0.05lx）程度的亮度下，也能十分清楚地看到周圍景色。

儘管暗視相機主要用於夜間發現不法侵入者，對昏暗環境下的生物進行生態觀察，特別是軍用等，但是稍作變更，還可應用於內窺鏡監視器。

暗視相機中所使用的感測器，是一種被稱作影像增強管、具有光電子倍增（photo-electro multiplier）功能的圖像感測器，圖 9.19 表示其工作原理。一般說來，光信號直接放大是很難的。但是，若將入射的光先變換為電子，將後者在影像增強管內的光電子倍增管中進行放大，再通過螢光面〔螢光幕（fluorescent screen）〕將電子信號轉換為光信號。這種情況下，光電面（入射光部）的光學像變換為電子像，再藉由微通道板（micro channel plate, MCP），僅將必要的信號倍增（6 萬～ 12 萬倍），在螢光面上得到黃綠色的畫面。

順便指出，暗視相機的波長感度是從可見光到近紅外線，藉由電子倍增功能而映出的圖像顏色，限定為普通的一色。因此得不到明亮情況下那樣的全色（full color）圖像。

需要指出的是，利用暗視相機的目的，在於觀視或拍攝昏暗環境下的行動，因此要防止它被不良使用，如窺視他人幽會、深夜偷拍薄暗光線下寢室等，如圖 9.20 所示。

9.8.3　隱蔽相機和微膠囊相機

所謂 CCD 感測器，是將多個光感測器並排為馬賽克（mosaic）狀，將其一個一個地連接成 CCD（電荷耦合元件，charge coupled device）構成的。利用這種感測器，可以清楚地讀取圖像，亦即可以作為性能良好的電子眼使用。

這種電子眼與人眼不同，前者在 0.05lx 以下的昏暗光線中，也能清楚地看到周圍景物。因此，即使在人眼不能看到的暗處，也能看到物體。而且，由於它的尺寸很小，因此可以製成米粒大小的微小相機。另外，由於 CCD 相機也屬於電子部件，如果附加電波發振器，則可對室內、暗處、泥土中等處進行偵察。如果進一步發展應用，就可使患者從痛苦的內視鏡（endoscope）檢查中解脫。通過製造像藥片那樣的小型膠囊，由口中飲入，經由消化系統的過程中，不斷窺視周圍的情況，如圖 9.21 所示。

需要指出的是，若能製成這樣小而且高性能的相機，有可能被人用於各種不良用途。特別是住家內的情況被遠方監視、幽會場所被人窺視，嚴重情況下，窗簾內部情況也會一覽無遺。

9.8.4　微波用於安檢

隨著感測器（transducer）技術的發展，累計道路上行走汽車的數量，測試汽車的速度和距離等早已不在話下。但是，不打開箱子卻想清楚看到其中疊放物品卻不是一件容易的事。

要完成這種任務，可發揮威力的是微波感測器（microwave transducer）。它是由發射幾個 GHz 到 20 幾個 GHz 範圍內微波的可變發射器，和接收該信號的受信器構成的。

應用這種裝置，可以對旅客行李箱內的物體進行電子檢查，並可對其成像。而且，這種微波依其波長帶域不同，對不同物品表現出極為特殊的透射性。即使是在箱內密藏包裝的毒品及在手提袋中隱藏的手槍等，都可以被發現，如圖 9.22 所示。而且，這種檢查方法不受檢出物受污、被水滴附著等影響。

但是，這種方法也並非全能，需要對發振（送信）周波數進行變化，並對電波出力進行調整。換句話說，要操作檢查裝置需要相當的經驗和必要的知識。此外，作為其發展形式，還有超寬頻域的雷達感測器系統，採用這種裝置，除能檢測箱中物品形狀之外，還可以透過衣服對身體成像〔裸體像（nude）〕。另外，在飛機場（airport）行李托運處，除了聯合採用上述檢查裝置外，還要運用 X 光

進行內部檢查。

曝曬

使表皮的膠原（collagen）細胞硬化，變得黑而粗糙。

加速皮膚的老化現象

● 預防紫外線的方法

塗抹防止紫外線（UV cut）的化妝品

（其中加入 TiO_2 微粒）

窗透

太陽光的紫外線，部分地透過窗玻璃使窗簾變色

（質地也會發生老化）

大量輻射紫外線的光源有：

・太陽

・太陽燈（大量發射可見光和紫外線的放電燈）

・紫外線燈

・焊接放電（電弧焊）

・水銀燈（mercury lamp）

・大型的彩色布勞恩陰極射線管

・其它的放電燈

治療皮膚病

腳氣病等

殺菌

食品櫃的殺菌燈

圖 9.18 日常生活中紫外線的化學作用

表 9.7 紫外線的分類及特徵

按波長分類	記號	波長帶域（nm）	特徵及應用
近紫外線	UVA	380～315	微電子微影成像
紫外線	UVB	315～280	強力的殺菌作用
遠紫外線	UVC	280～100	超微細加工、高密度光儲存
極遠紫外線	UVD	100～10	與 X 射線相近

註：1nm（奈米）$= 1 \times 10^{-9}$m

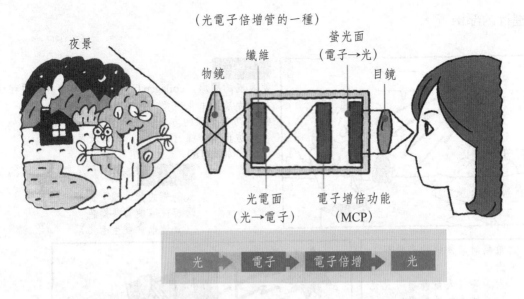

（光電子倍增管的一種）

圖 9.19　影像增強管（image intensifier）的工作原理

◎照相機已隱藏在窗簾架上方、窗框中、鐘錶內等
◎由於照相機具有高感度，即使室內燈光暗下來也能拍攝

圖 9.20　利用隱藏式相機窺探房間中的秘密

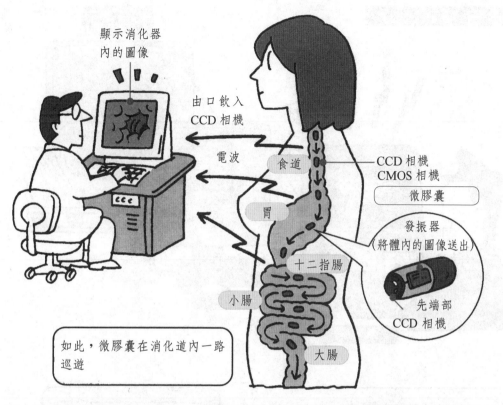

圖 9.21　由口飲入超小型 CCD 相機微膠囊，即可清楚地看到消化道內狀況

利用圖像檢測箱子內部

掃描器
（發信裝置）　數 GHz～十幾 GHz
（GHz：吉赫茲）

感測器
（受信裝置）

帶式傳送機

控制器

二維監視器

採用合適的帶域，透過
衣服可將人體一覽無遺

微波能透過衣服、鞋帽等，但難以透過皮膚，因此人體影像
便自然顯露出來

圖 9.22　採用合適帶域的微波，可進行各種類型的安全檢查

9.9　電磁輻射的應用 (3)──RFID 的工作原理

9.9.1　IC 卡的構造體系和 RFID 技術的發展歷程

　　RFID 是射頻識別技術（Radio Frequency IDentification）的縮寫，又稱為「電子標籤（E tag, electronic tag）」，是一種通信技術，可通過無線電訊號識別特定目標，並讀寫相關資料，無需識別系統與特定目標之間建立機械或光學接觸。用於 RFID 的 IC 卡，其尺寸和元件配置及構造體系，如圖 9.23 所示。

　　RFID 不是一個新的概念，早在第二次世界大戰期間就被用來在空中作戰行動中進行敵我識別。從歷史上來看，RFID 技術的發展，基本上可以劃分為表 9.8 所列的幾個方面：

　　RFID 主要由三部分組成：標籤（tag）、閱讀器（reader）、天線（antenna）。標籤由耦合元件及晶片組成，每個標籤具有唯一的電子編碼，附著在物體上標幟目標物件。閱讀器用於讀取（有時還可以寫入）標籤資訊，可設計為掌上型或固定式，天線則主要用於在標籤和讀取器之間傳遞射頻信號。

　　RFID 技術的基本工作原理並不複雜，標籤接受解讀器發出的射頻信號，憑藉感應電流所獲得的能量發送出儲存在晶片中的產品資訊，或者由標籤主動發送出某一頻率的信號，解讀器（decoder）讀取資訊並解碼後，送至中央資訊系統進行相關資料的處理。憑藉感應電流能量發送出儲存在晶片中的產品資訊標籤，稱之為無源標籤或被動標籤（passive tag），主動發出信號的標籤，稱之為有源標籤或主動標籤（active tag）。

9.9.2　接點型 IC 卡和非接觸 IC 卡

　　RFID 系統根據不同的方法，可以分成不同的種類。

　　按照 RFID 標籤的供電方式，可分為主動標籤和被動標籤，主動標籤是指標籤內有電池提供電源，其作用距離較遠，但壽命有限，體積大，成本高，且不適合在惡劣環境下工作；被動標籤內無電池，它利用波束供電技術，將接收到的射頻能量轉化為直流電源為標籤內電路供電，其作用距離相對於主動標籤短。但是壽命長且對環境要求不高。

　　按照載波頻率可以分為低頻射頻卡、中頻射頻卡和高頻射頻卡。低頻射頻卡主要有 125kHz 和 134.2kHz 兩種，中頻射頻卡頻率主要為 13.56MHz，高頻射頻

卡主要為 433MHz、915MHz、2.45GHz 和 5.8GHz 等。低頻主要用於短距離，低成本的應用中，如多數的門禁控制、校園卡、動物監管、貨物跟蹤等，即為接觸點型，其 IC 卡如圖 9.24 所示。中頻系統用於門禁控制和需傳送大量資料的應用系統；高頻系統應用於需要較長時間的讀寫距離和高速讀寫的場合，其天線波束方向較窄且價格較高，應用於火車監控、高速公路（free way）收費等系統中，即為非接觸點型。

按照調製方式不同，可分為主動式和被動式。主動射頻卡用自身的射頻能量，主動發送資料給讀寫器；被動式射頻卡使用調製散射的方式發送資料，它必須利用讀寫器的載波來調製自己的信號，該類技術適合用在門禁或交通應用中。在有障礙物的情況下，用調製散射的方式，讀寫器的能量必須來去穿過障礙物兩次。而主動方式的射頻卡發射信號僅穿過障礙物一次，因此主動方式工作的射頻卡主要用於有障礙物的情況中，距離可達 100m。

從結構上分類，RFID 標籤有三種，即主動型、被動型和半主動型。被動型結構最簡單，由天線和晶片組成，其工作能量來自天線接收到的讀寫器發出之電磁信號，不需要積體電路電源，因而成本也最低。半主動式和主動式 RFID 標籤則需要電源來獲得更高的工作頻率，或用以記錄感測器資料的能量，這類標籤功能強大，結構複雜，成本較高。

從功能上分類，RFID 標籤又分為唯讀式和讀寫式，唯讀式標籤中的資料資訊不能更改，但是通常可以多次讀取；而讀寫式標籤允許使用者根據自己的需要，更改已經寫入標籤的資料。

9.9.3 非接觸 IC 卡的種類及通信距離

現在 RFID 系統已經越來越深入人們日常生活中。例如我們每天使用的門禁（entrance guard）系統，騎車或開車不停車收費系統等，都能找到 RFID 的身影。IC 卡片和讀取電路不需接觸，利用天線磁場感應，如圖 9.25 所示。遙控器通信亦為非接觸式，如圖 9.26 所示。非接觸 IC 卡的種類及通信距離，如圖 9.27 所示。

9.9.4 非接觸 IC 卡的構成

RFID 產品的應用特點是批量大，但是對成本極為敏感。因此為了適用更小

尺寸的 RFID 晶片，有效降低成本，在 RFID 產品的製造商，採用晶片與天線基板分別完成，鍵合封裝是目前發展的趨勢。

　　具體的封裝技術是將晶片先轉移到可等距承載晶片的載帶上，再將載帶上的晶片倒裝貼在天線基板上，然後通過超聲焊接或是利用導電膠黏接的方式，將晶片和天線結合在一起，實現電氣導通。

　　天線製造技術主要有繞製天線技術、印刷天線技術、蝕刻天線技術等。所謂印刷天線技術，是用專門的導電油墨，將天線印刷在柔性基板上製成。

　　對於電子標籤晶片和結合，從不乾膠到開模注塑，有著多種方式，以適合 RFID 系統廣泛的應用。

　　卡片式標籤的封裝，主要有熔壓和封壓兩種。熔壓是由中心層的 INLAY 片材和兩片聚氯乙烯 PVC（polyvinyl chloride）加溫加壓製成。融合後，切成規定的大小，得到所需的元件。封壓的基材通常為 PET 或紙，晶片厚度常為 0.20 ～ 0.03mm，製作時，僅將 PVC 在天線周邊封合，不是熔合，晶片部位因此可以免受擠壓，避免出現晶片被壓壞的情況。

　　非接觸 IC 卡系統，如圖 9.28 所示。非接觸 IC 卡的構成，如圖 9.29 所示。

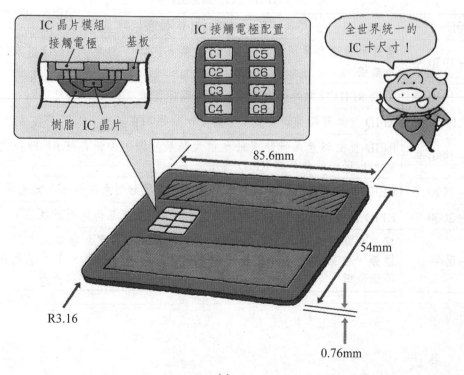

(a)

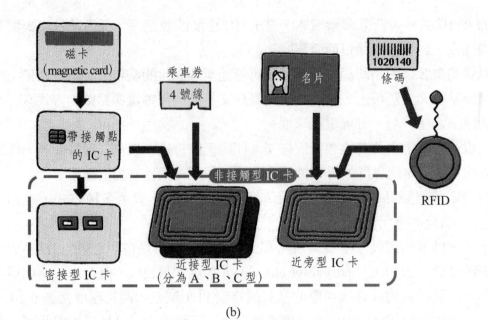

(b)

圖 9.23 (a)IC 卡的尺寸和元件的配置 (b)IC 卡的構造體系

表 9.8 RFID 技術發展歷程

時間	RFID 技術發展
1941～1950 年	雷達的改進和應用催生了 RFID 技術，1948 年奠定了 RFID 技術的理論基礎。
1951～1960 年	早期 RFID 技術的探索階段，主要處於實驗室實驗研究。
1961～1970 年	RFID 技術理論得到發展，開始了一些應用嘗試。
1971～1980 年	RFID 技術與產品研發處於一個大發展時期，加速各種 RFID 技術測試，出現一些最早的 RFID 應用。
1981～1990 年	RFID 技術及產品進入商業應用階段，各種封閉系統應用開始出現。
1991～2000 年	RFID 技術標準化問題日趨獲得重視，RFID 產品得到廣泛採用。
2001～現今	標準化問題日趨為人們所重視，RFID 產品種類更加豐富，主動電子標籤、被動電子標籤及半被動電子標籤均得到發展，電子標籤成本不斷降低。

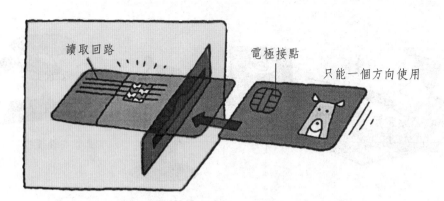

讀取回路

電極接點

只能一個方向使用

圖 9.24　接觸點 IC 卡

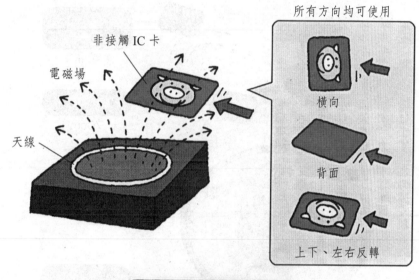

所有方向均可使用

非接觸 IC 卡

電磁場

天線

橫向

背面

上下、左右反轉

接觸型、非接觸型兼用 IC 卡的實例

RFID（Radio Frequency Identification，射頻識別）：以無線電周波數作為媒體近距離認識物體的自
動識別系統。

圖 9.25　非接觸點 IC 卡

圖 9.26 遙控器通信

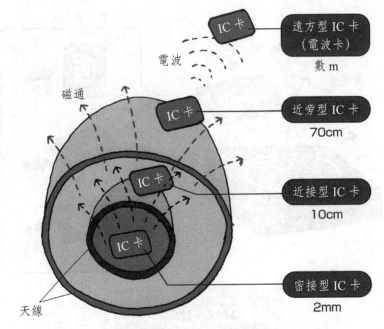

在近接型 IC 卡中，依通信方式不同，又分為 A、B、C 型。

近接、近旁、遠方：在電磁學中近似解析時的距離表現

圖 9.27 非接觸 IC 卡的種類及通信距離

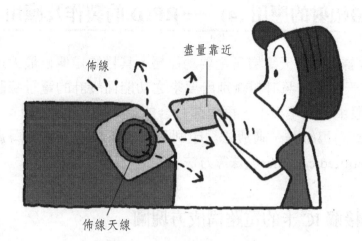

圖 9.28　非接觸 IC 卡系統

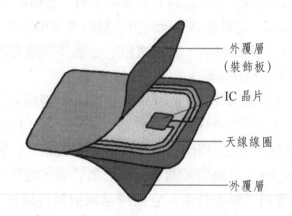

外覆層
（裝飾板）

IC 晶片

天線線圈

外覆層

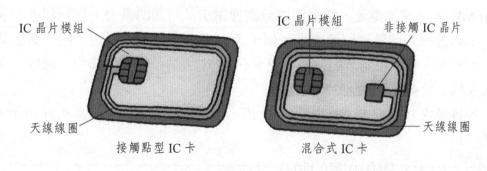

IC 晶片模組　　　　　IC 晶片模組　　非接觸 IC 晶片

天線線圈　　　　　　　　　　　　　　天線線圈

接觸點型 IC 卡　　　　　混合式 IC 卡

圖 9.29　非接觸 IC 卡的構成

9.10　電磁輻射的應用 (4) —— RFID 的製作及應用

在 RFID 標籤中，天線層是主要功能層，其目的是傳輸最大能量進出標籤晶片。RFID 天線是按照射頻識別所要求之功能而設計的電子線路，將導電銀漿或導電碳漿網印在基板上，再與晶片合成為 RFID 系統。目前 RFID 天線的標籤製作主要有導線法、濺鍍法、印刷及噴墨法和低溫共燒陶瓷 LTCC（low temperature cofired ceramics）法等方法。

9.10.1　非接觸 IC 卡的電路構成方塊圖

IC 卡根據接觸介面不同，分為接觸式、非接觸式和混和式。接觸式 IC 卡是在塑膠卡片上封裝記憶體（memory）和邏輯電路，也稱為 IC 記憶卡。卡片上提供外接的金屬接觸點，使得讀寫裝置可對它提供電源和信號，並使兩者之間可相互通信傳輸資料。安全性較高，適於電信、金融及醫療方面的應用。如手機的 SIM 卡、IC 金融卡及健保卡等。

非接觸式 IC 卡有微處理器（microprocessor）和隨機存取記憶體（RAM）、唯讀記憶體（ROM）、電子抹除式可複寫唯讀記憶體（EEPROM）等積體電路晶片，也稱 IC 智慧卡。它由 IC 晶片和感應天線組成，封裝在一個標準的塑膠卡片內。在 2.5～10 公分距離範圍靠近讀寫器表面，透過無線電波的傳遞來完成資料的讀寫，應用了無線技術。它使用無線射頻辨識技術（RFID, radio frequency identification），是飛利浦（Philips）公司首先研發出來的，使用頻率為 13.56MHz，不需加電池，透過感應線圈提供卡片所需的電力。它便利於交通運輸、出勤管理和門禁管制等應用。例子如悠遊卡、員工識別證、便利商店結帳卡、門禁卡。較重視安全的單位，還會在 IC 卡上結合指紋、掌紋、聲紋、視網膜和人臉，做更安全的身分識別。

非接觸式 IC 卡的構造，如圖 9.30 所示。其電路方塊圖，如圖 9.31 所示。

9.10.2　RFID 天線線圈的製作方法

導線法生產的 RFID 天線，又稱為繞線式天線，顧名思義，就是利用絕緣導線直接繞製成天線所需要的形狀。導線法最原始、也是最容易想到的天線製作方法，該方法在中國大陸和臺灣得到較為廣泛的應用。

　　一般來說，利用導線繞製天線時，需將導線首先繞製在一個專門的繞製工具上，並進行固定，以使得天線滿足設計的形狀，因此需要的天線線圈匝數較多，否則不易成形。導線法生產的繞製天線，主要用於頻率範圍在 125 ～ 134kHz 的 RFID 標籤，這種方法的優點是，技術簡單要求低，但同時又有成本高、生產速度慢、生產效率低等缺點。因此，該方法正被後面所述的幾種方法慢慢取代。

　　濺鍍法製造 RFID 天線的技術流程，和電鍍法生產晶片電路板的技術流程相近，即利用非金屬遮蓋物在基板上製作出所需要的天線互補圖形，然後再利用濺射的方法，在基板表面鍍一層金屬膜，是基本具有一定的導電性，然後去除非金屬遮蓋層，留下鍍膜的天線圖形，最後在電鍍槽中對基板進行電鍍，在基板鍍膜的天線圖形上，形成一層較厚的金屬層，得到所需的金屬天線。

　　濺鍍法的製造技術屬於整體製造形式，具有精度高的優點，可用於製造精密的高頻線圈。但是因為其在技術流程中使用了成本較高的濺射鍍膜法，因此生產效率較低，製造成本也比較高，這就在一定程度上限制了該方法的發展。

　　印刷及噴墨法是近幾年廣泛流行的 RFID 晶片製作方法。

　　廣義上講，印刷法製作 RFID 天線包括兩類方法：蝕刻天線和直接印刷天線。

　　蝕刻天線的製作技術，和傳統的印刷電路板製作技術類似，主要包括以下技術流程：

　　基板→貼感光膜／印刷感光油墨→曝光→顯像→蝕刻→退膜→後期處理。即首先在基板兩面覆蓋金屬，如銅、鋁等，然後採用印刷法、燙印法或者微影成像法，在薄膜片材的雙面天線圖案區域印刷抗腐蝕油墨，就是將抗腐蝕的油墨印刷在需要保留導體層的天線圖案部分，用以防止線路圖形在蝕刻中被溶解掉。然後將印刷油墨圖案已經固化的基板片材浸入專用的蝕刻液中，蝕刻掉沒有被油墨遮擋的導體層，這樣就在基板上得到了所需的天線圖案，然後再去掉基板上的油墨，就完成天線的加工過程。

　　這種天線製作方法的優點是精度高，蝕刻法製造的天線線寬應控制在 ±0.3mm，因而天線特性能夠使 RFID 的其它設備信號有更好的匹配；而且蝕刻天線的柔性好，能夠任意彎曲上萬次，環境耐候性好，耐高低溫、耐潮濕耐腐蝕性強，可在多種條件下應用；同時使用時間長，壽命可達 10 年以上，但缺點是製造成本高，且生產過程中產生的大量銅離子容易對水體造成很大的污染。

　　而直接印刷天線和噴墨法製作天線的技術相似，都是基於使用導電油墨製作天線的原理進行的，是近年來業界推出的比較好的 RFID 製造方法之一。

　　印刷天線是直接用導電油墨（碳漿、銅漿、銀漿等）在絕緣基板（或薄膜）上印刷導電線路，形成天線的電路。在導電油墨印刷法的技術流程中，最重

要的部分是導電油墨的性能。

導電油墨是一種特種油墨,它是在普通的 UV 油墨、柔版水性油墨或者膠印油墨中加入可以導電的載體,使油墨具有導電性。導電油墨主要由導電材料、黏合劑、溶劑和助劑組成。其中導電材料是構成導電油墨的主要材料,其性質和數量直接決定了導電油墨的導電性大小,也是導電油墨的主要研究方向。黏合劑則是組成導電油墨的主要成膜物質。主要由樹脂和一些鹼金屬的矽酸鹽等組成,黏合劑一般都是絕緣體,是導電油墨印刷天線的主要電阻來源。

目前導電油墨已經開始取代各頻段的蝕刻天線,例如在高頻段(860～950MHz)和微波(2450MHz)頻段,導電油墨印刷天線已經能夠和傳統的蝕刻天線相媲美。和傳統的蝕刻天線相比,導電油墨印刷天線具有兩個顯著優點,一是這種方法較蝕刻法省去了覆箔、印刷抗蝕油墨、蝕刻等多種技術,可以直接採用絲網印刷的方式,將導電油墨按照天線的設計,印刷在基材表面,大大簡化了生產流程,降低了成本,同時也極大的減輕了蝕刻法對環境的污染。另一個方面,傳統方法生產的金屬天線要消耗大量金屬原料,而導電油墨的原料成本大大降低,這種成本的降低,對於 RFID 的推廣是具有極大意義的。但是導電油墨印刷方法也有很明顯的缺點,例如導電油墨形成的電路電阻較大,對環境敏感,線寬精度低於蝕刻法等。這也限制了該方法在一定範圍內的應用。

天線線圈的製作方法,如圖 9.32 所示。

LTCC 是低溫共燒陶瓷(low temperature co-fired ceramics)的縮寫。在傳統 RFID 天線的生產技術中,所使用的基板多數為高分子或者紙質基板,這些基板材料介電常數較低,介電損耗較高,因此當 RFID 設備工作在超高頻(UHF, ultra high frequency)頻段時,這類基板生產的天線性能存在不穩定性,天線的製作技術也不能與半導體積體電路的製作技術相容,無法實現完全的整合性 RFID 設備。

而低溫共燒陶瓷材料則具有介電常數高、介電損耗低等特點,而且還可以和半導體積體電路的生成技術完美結合,得到高度整合的 RFID 標籤。因此被廣泛使用在 UHF RFID 設備的生產製造中。

LTCC 法生產 RFID 設備天線的製造技術,和 LTCC 法生產半導體晶片的生產技術類似,都是利用高熔點金屬在氧化鋁—玻璃體系中逐層佈線,然後整體在 900℃左右的溫度下燒結得到產品的技術。這種方法的優點是,可以得到精準的高頻天線圖形,同時可以和 RFID 設備晶片的生產技術結合,製作出一體式的 RFID 設備,但同時這種方法生產的 RFID 標籤成本較高,因此,目前只用於一部分超高頻天線製作中。

9.10.3 RFID 標籤的利用領域

無線射頻辨識（RFID）是一種無線通信技術，通過無線電信號識別特定目標並讀寫相關數據，識別系統與特定目標之間不需建立機械或光學接觸。無線電的訊號通過射頻（radio frequency 13.56MHz）的電磁場，把數據從附著在物品上（如高速公路上行駛的車輛）的標籤（tag）傳送出去，以自動辨識與追蹤該物品。某些標籤從識別器發出的電磁場中得到能量，不需要電池；也有標籤本身有電源，並可主動發出無線電波。標籤包含了電子儲存的資訊，數公尺之內都可以識別。和條碼不同的是，射頻標籤不需在識別器視線之內，也可以嵌入被追蹤物體（如車輛）中。無論在手提箱裏、紙箱裏、盒子裏或其它容器內，射頻標籤都可以被讀取，讀取機可以一次讀取上百個射頻標籤，而條碼只能一次一讀。

射頻辨識標籤至少有二個部分，一是積體電路。用來儲存和處理資訊，調變解調射頻訊號，收集從閱讀器傳來的訊號。二是天線，用以收集並傳導訊號。

射頻識別技術的具體應用，如圖 9.33 所示。此外還有鈔票防偽，身分證、通行證（含門票）、電子收費系統（如悠遊卡、台灣通、一卡通）、病人識別及電子病歷、物流管理、機場行李分類和門禁系統等。RFID 標籤的製品範例，如圖 9.34 所示。

9.10.4 採用 ETC 的不停車通過收費系統

電子道路收費系統（etectronic toll collection, ETC）是一種自動收費方式，常用於高速公路、或收費的橋樑或隧道。有時也用於市中心道路收費，以減輕交通壅塞。世界上最先使用的 ETC 是 1991 年，葡萄牙的 Via Verda 系統。

ETC 不停車通過收費系統，如圖 9.35 所示。包括一個放在汽車擋風玻璃上的收發器或電子標籤（eTag）。當車輛經過收費站時，收發器或 eTag 就會對收費站的感應器發出訊號，系統便會記錄車輛經過的日期及時間。收費方式有車主先儲值，也有收費站每月寄帳單給車主。

ETC 系統如圖 9.36 所示。它的優點是不用停車，使車流更順暢加速，而且不需收費站和收費員全天 24 小時值班。雖然不停車收費，一般來說，車輛還是需要以較低速通過。ETC 系統的其它優點為減少環境污染，不使用現金或票券交易，減少人事糾紛。但車主事後向指定單位繳費、郵寄繳費通知的數量龐大。由收費站改為 ETC 不停車收費，主管單位對收費員的工作轉換要做到無縫接軌非常麻煩，引起不少勞工抗爭或警民衝突。

目前亞洲已實施 ETC 不停車收費的國家或地區，包括新加坡、香港、日本，中國大陸也有北京、天津、上海、武漢、廣東、山東、寧夏自治區等。美國和南美的智利也已實施。

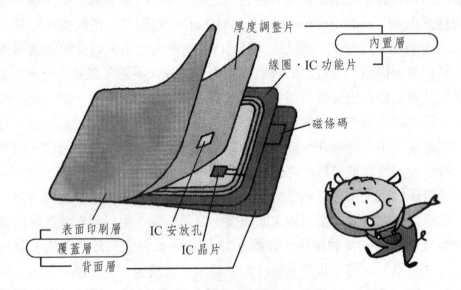

圖 9.30　非接觸 IC 卡的構造

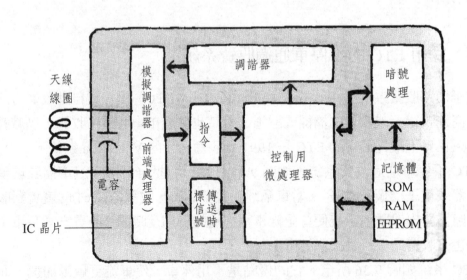

ROM：read only memory（唯讀記憶體）

RAM：random access memory（隨機存取記憶體）

EEPROM：electrical erasable programmable ROM（電子抹除式可複寫唯讀 ROM）

圖 9.31　非接觸 IC 卡晶片的電路構成方塊圖

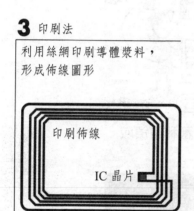

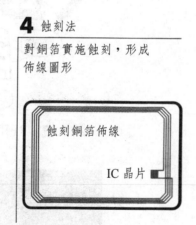

Q：品質因數（quality factor），表示線圈特性的係數，Q 值高、損失小，顯示尖銳的共振特性。

圖 9.32 天線線圈的製作方法

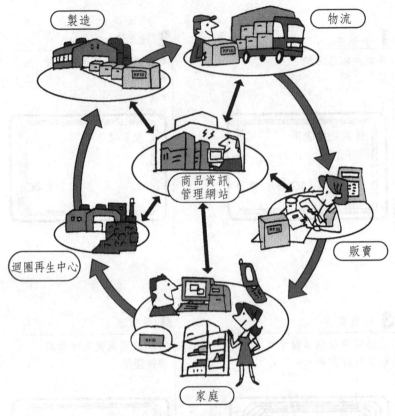

圖 9.33　RFID 標籤利用領域

圖 9.34　RFID 標籤的製品例（含微波 IC）

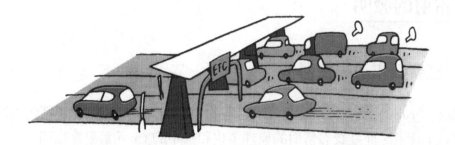

ETC: electronic toll collection

圖 9.35　採用 ETC 的不停車通過收費系統

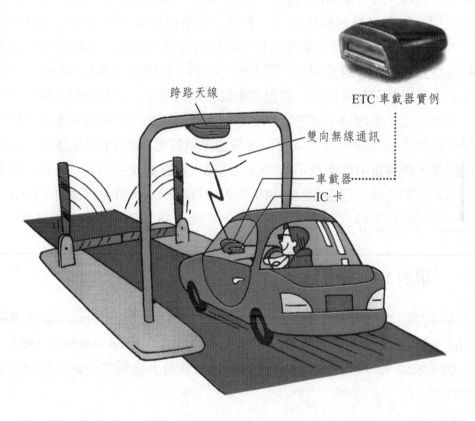

ETC 車載器實例

跨路天線

雙向無線通訊

車載器

IC 卡

圖 9.36　ETC 系統

9.11　雷射的發明

9.11.1　紅寶石雷射振盪器

紅寶石（ruby）是氧化鋁在自然界存在的一種形式，氧化鋁呈現紅色的原因是其中的 Cr 元素，而紅寶石雷射的原理，也和其中的 Cr 元素息息相關。

一個紅寶石雷射（ruby laser）主要由以下幾部分組成（如圖 9.37 所示）：一塊紅寶石晶體、一端的全反射鏡和另一端的半反射鏡，和用來激發電子的一個螺旋式的氙氣閃光燈。氙氣閃光燈環繞在紅寶石晶體周圍，用來產生激發雷射輻射的白色閃光。白光是一種複合光，由很多種顏色組成，而其中的綠色光和藍色光，和 Cr 元素的某些電子能階相符，可以引起這些電子由低能階向高能階躍遷，稍後這些電子又會躍遷回自己原來的低能階，並釋放出其本徵的紅光。起初這些紅光是發散到各個方向的，它們會激發相鄰的原子，使其輻射出相同波長的紅光，使得光強不斷增強，這些紅光在經過雷射兩端的半反射鏡和全反射鏡反射後，回到紅寶石晶體中，並在其中反覆震盪，引起更多的 Cr 原子遷移，激發出更多的紅光，使得雷射的能量不斷加強。這種反覆震盪產生的具有極強的能量和很好的單向性的光線，通過半反射鏡從雷射中發射出來，就得到雷射（laser）。

光的發射有自然發射和受激發射二種，如圖 9.38 所示，雷射屬於後者。

9.11.2　「雷射」的名稱來源

雷射的英文全稱是 Light Amplification by Stimulated Emission of Radiation，翻成中文就是光受激輻射增強。這個名稱是由 Gordon Gould 於 1957 年最先提出的（如圖 9.39 所示）。LASER 此一名稱就是上述英文全稱中每個單字首字母的縮寫。

9.11.3　自然光和雷射

自然光又稱「天然光」，是不直接顯示偏振現象的光。天然光源和一般人造光源直接發出的光都是自然光，它包括了垂直於光波傳播方向所有可能的振動方向，所以不顯示出偏振性。從普通光源直接發出的天然光，是無數偏振光（polarized light）的無規則集合，所以直接觀察時不能發現光強偏於哪一個方

向。這種沿著各個方向振動的光波強度都相同的光叫做自然光。

雷射則是原子中的電子受到激發輻射出的具有高相干性（coherence）、具有極強單向性的光束。自然光的形式多樣，生活中常見的太陽光、火焰的光，一些人工的光源，例如白熾燈泡、螢光燈等，都屬於自然光的範疇。而雷射根據自身的定義，可以知道它僅指一類人工產生、具有極好相干性的光束（如圖 9.40 所示）。

雷射和自然光的差異，具體表現在以下幾點：

指向性：雷射比自然光有更好的指向性。

干涉性：自然光往往是多種顏色光的混合，每種光的波長和相位都不相同。而雷射是人工製造的單向性很好的光，其自身的波長和相位是一樣的，很容易產生自相干現象。

在能量密度方面，當被一個透鏡聚焦時，因為自然光是由很多波長不同的光疊加而成的，因此，其焦點會在一定範圍內，因此聚焦的能量較小。而雷射則具有相同的波長，因此，經過透鏡聚焦之後，可以準確聚焦在一個焦點上，可以在很大程度匯集更多的能量，得到更小、更強的光斑。光的種類如表 9.9 所列。雷射與自然光的差異，如表 9.10 所列。

9.11.4　雷射發明的七大功臣

雷射的理論基礎起源於愛因斯坦。1917 年愛因斯坦（Einstein）提出一套全新的技術理論「受激輻射」。此一理論是說在組成物質的原子中，有不同數量的粒子（電子）分佈在不同能階上，在高能階上的粒子受到某種光子的激發，會從高能階跳到（躍遷）低能階上，這時將會輻射出與激發它的光相同性質的光，而且在某種狀態下，能出現一個弱光激發出一個強光的現象。這就叫做「受激輻射的光放大」，簡稱雷射。

1957 年，戈登‧高爾德（Gordon Gold）設計出雷射裝置的原型，並且創造了雷射（LASER）一詞。1958 年，美國科學家肖洛（Schawlow）和湯斯（Townes）發現了一種神奇的現象：當他們將氖光燈泡所發射的光照在一種稀土晶體上時，晶體的分子會發出鮮豔的、始終會聚在一起的強光。根據這一現象，他們提出了「雷射原理」，即物質在受到與其分子固有振盪頻率相同的能量激發時，都會產生這種不發散的強光──雷射。他們為此發表了重要論文，並獲得 1964 年的諾貝爾物理學獎（Nobel prize in physics）。

　　1960 年 5 月 15 日，美國加利福尼亞州休斯實驗室（Hughes Laboratory）的科學家梅曼宣布獲得了波長為 0.6943μm 的雷射，這是人類有史以來獲得的第一束雷射，梅曼因而也成為世界上第一個將雷射引入實用領域的科學家。

　　1960 年 7 月 7 日，梅曼宣布世界上第一台雷射誕生，梅曼的方案是，利用一個高強閃光燈管來刺激紅寶石。由於紅寶石其實在物理上只是一種摻有鉻原子的剛玉，所以當紅寶石受到刺激時，就會發出一種紅光。在一塊表面鍍上反光鏡的紅寶石表面鑽一個孔，使紅光可以從這個孔溢出，從而產生一條相當集中的纖細紅色光柱，當它射向某一點時，可使其達到比太陽表面還高的溫度。梅曼設計的紅寶石雷射裝置，如圖 9.41 所示。

　　前蘇聯科學家尼古拉‧巴索夫於 1960 年發明了半導體雷射（semicon ductor laser）。半導體雷射的結構通常由 p 層、n 層和形成雙異質接面（double hetero junction）的主動層構成。其特點是：尺寸小、聚合效率高、回應速度快、波長和尺寸與光纖尺寸適配、可直接調製、相干性好。

　　為了表彰他們在雷射領域的貢獻，1964 年的諾貝爾物理獎頒給了湯斯，巴索夫，普羅霍羅夫三人。七位元勳及發明順序，如圖 9.42 所示。

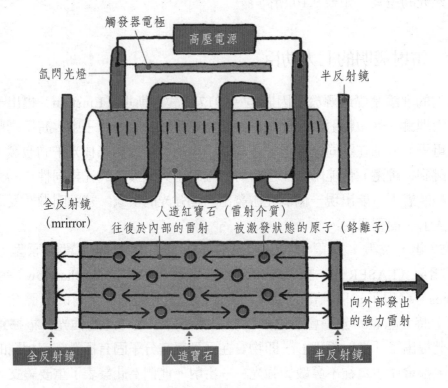

圖 9.37　紅寶石雷射發振器（示意圖）

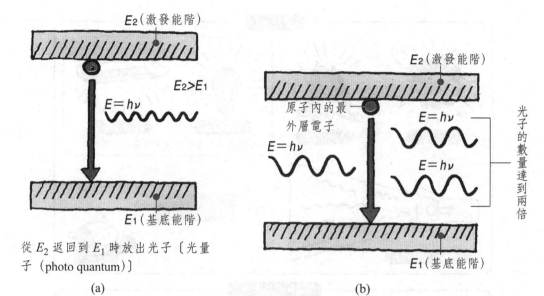

從 E_2 返回到 E_1 時放出光子〔光量子（photo quantum）〕

(a)　　　　　　　　　　(b)

誘導放出：從高能量的電子狀態向低能量的電子狀態遷移時，由於與外部的電磁波發生共振，而產生與其強度成正比的光發射現象。

圖 9.38　(a) 自然發射，(b) 受激發射（光子倍增）

（雷射）　於 1957 年 11 月由戈登‧高爾德（Gordon Gold，美國）命名，而後被普通採用的名稱

Light　Amplification　by　Stimulated　Emission　of　Radiation
光　　　放大　　　　受激　　　發射　　　　輻射

雷射這個名稱是以輻射的受激發射光放大之英文字頭組合而成

圖 9.39　雷射的名稱來源

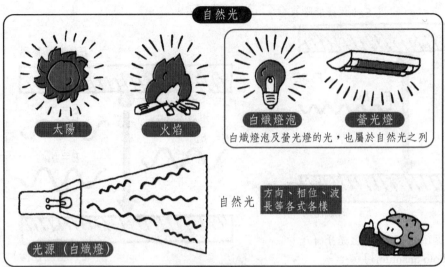

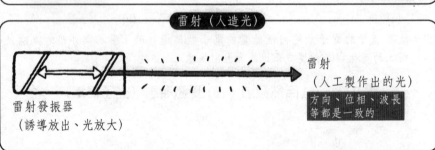

戈登·高爾德（Gordon Gold，美國）由查理斯·H·湯斯的脈射（Maser）開發受到啟發，於 1957 年設計了雷射裝置的原型，並將其命名為 Laser

圖 9.40　自然光和雷射的舉例

表 9.9　光的種類

光	自然光	自然產生的光 太陽光 火焰（火炬、松枝點火等）	人工產生的自然光 螢光燈、白熾燈泡等
	雷射	只能由人工產生的特殊光	

表 9.10　雷射與自然光的差異

比較項目	自然光	雷射	雷射的應用
指向性	反射器　易發生擴散　光源	雷射發振器　雷射束（laser beam）　雷射束向著同一方向直進	光通信　雷射掃描　光碟　雷射雷達
干涉性	發出各種各樣的光　光源　波長和位相各不相同	波長和位相是一樣的　山　山　波長　谷　波長統一化　位相統一化	全像照相（holography）　利用干涉條紋進行精密測量
能量密度	集光透鏡　由於各種不同的波長混合存在，焦點範圍寬、能量密度小	集光透鏡　由於是單一的波長，焦點集中於一點，能量密度大	雷射加工（焊接）　雷射手術　雷射武器
波長的數目	稜鏡　紅綠紫　短波長	即使分光也只有一個波長（一個振動數）　稜鏡　本來就是一個波長（單色性）	分光分析（光波的波長分析）　同位素分離

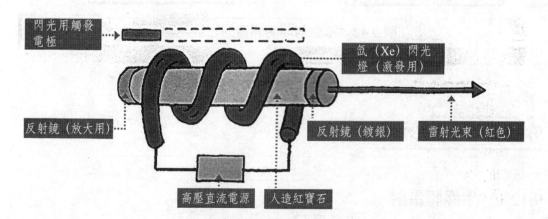

圖 9.41　由梅曼提出並設計的紅寶石雷射發振裝置（示意圖解）

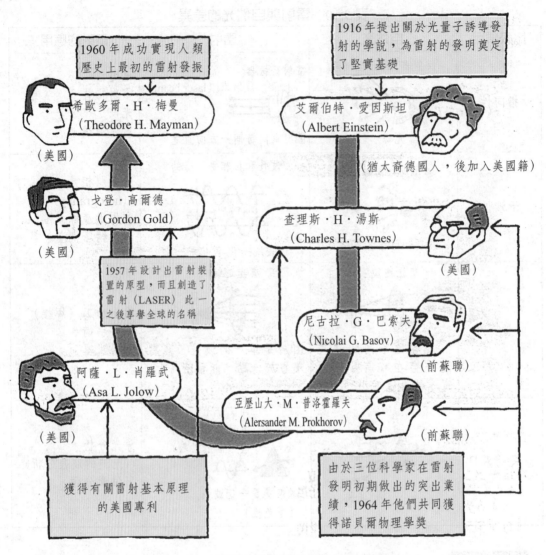

圖 9.42　為雷射發明開道的七位元勳

9.12　雷射用於通信

9.12.1　半導體雷射

　　半導體雷射（semiconductor laser）是最近幾年發展起來的一種新型雷射。
1962 年被首次激發成功，後來經過改進，被廣泛應用在光纖通信、光碟、雷射

印表機（laser printer）等方面，是目前生產量最大的雷射，被稱為「未來的雷射」。

半導體雷射中主要的半導體材料元素，主要是元素週期表第Ⅲ主族元素（例如 Al、Ga、In 等）和第Ⅴ主族元素（例如 N、P、As、Sb 等）形成的Ⅲ-Ⅴ族化合物，包括 GaAs、AlGaAs、InGaAs 和 InGaAsP 等。半導體雷射的波長通常為 630 ～ 1600nm，不過最近有研究在室溫下用氮化鎵銦（InGaN），得到了410nm 的藍色雷射。

半導體雷射的原理和傳統 CO_2 雷射、釔鋁石榴石（YAG）的雷射都有很大的不同，半導體雷射是基於「複合輻射」的原理發光，在半導體的能帶理論中，半導體的能帶，包括價帶（充滿電子的能帶）和導帶（無電子）兩種，由能帶的基本理論可以知道，半導體中導帶和價帶之間的能階差（E_g）很小，電子很容易由價帶的基態激發到導帶的激發態中，從而在價帶頂部留下電洞，電子能夠激發到的價帶中的最高能階叫做「準費米能階（quasi fermi level, imref）」，用 E_{fc} 表示，而留下的電洞的最低能階狀態用 E_{fv} 表示。當激發態的電子回落到低能階的狀態時，就會和價帶中的電洞複合並放出光子，形成所謂的「複合輻射（recombination radiation）」。

早期的半導體雷射都屬於同質接面雷射（homojunction laser），這種雷射的 pn 接面是由同一種材料構成，例如砷化鎵 GaAs，這種雷射只能在基地的溫度（大約 77K）下工作，這就極大的限制了這種雷射的應用。為了獲得能夠在室溫下工作的半導體雷射元件，又產生了 pn 接面使用不同材料的雙異質型半導體雷射，雙異質型雷射的主要工作核心是一個三明治型的 pn 接面結構，pn 接面的材料和夾在其中間的活性層材料不同，幾個典型的例子如圖 9.43 所示。

這種雙異質接面型的半導體雷射活性層（active layer）兩側的兩個包覆層，具有更高的能帶間隙，在活性層的能階兩側，形成很高的勢壘，從而可以將電子束縛在活性層中，提高了活性層電子的濃度，有利於雷射的輻射。另一方面，包覆層也對輻射產生的光子有很好的束縛作用，可以得到更強的雷射光束。雷射二極體的發振波長及所用材料，如表 9.11 所列。

與傳統雷射相比，半導體雷射可以做得非常小，一個經典的數值是 $100\mu m \times 200\mu m \times 50\mu m$，而且半導體雷射功率可以隨著活性層兩側壓差的不同而調節，比傳統的雷射更加靈活。這種雷射的主要缺點是，具有較大的發散角，大概範圍為 $1 \sim 30°$。

9.12.2　光纖通信

　　光纖通訊（optical fiber communication）是現代網際網路（internet）產業發展的重要技術基礎之一，在現代電信網中，起著舉足輕重的作用。光纖通信作為一門新興技術，其近年來發展速度之快、應用面之廣，是通信史上罕見的，也是世界新科技革命的重要標誌，以及未來資訊社會中各種資訊的主要傳送工具。

　　光纖通信的基本原理是，光線由折射率大的介質入射到折射率小的介質時，所產生的光反射現象。

　　光纖通信的介質光導纖維主要材料為摻雜的二氧化矽（石英），石英通過摻雜，獲得比外面包覆層更大的折射率，這樣當光線以一定角度從光纖一端攝入時，就不會透過包覆層射出去，而只會在石英和包覆層之間的界面上反覆發生全反射（total reflection），最終從光纖的另一端射出。光纖的內部構造，如圖 9.44 所示。光纖通信通常需要信號的光調製（modulation）和解調（demodulation）的過程，在資料的發射端，信號通過調製，將需要傳送的資訊程式設計不斷變化的光學信號，通過一個雷射二極體（laser diode），將該信號以光束的形式發射出去，同時另一端的高速光電二極體或者 pin 二極體等捕獲傳出的光電信號，通過解調之後，還原成需要傳送的資訊。

　　與傳統的光線通信相比，雷射通信具有傳輸損耗低、信號抗干擾性好等特點，同時也具有機械強度差、供電困難等缺陷，但總而言之，光纖通信還將成為未來通信領域的重要組成部分。光纖通信用於地球表面，可經由海底光纜或中繼衛星發揮作用，如圖 9.45 所示。

9.12.3　雷射和太陽光的差異

　　太陽光是地球上最重要的自然光之一，千百萬年來為地球上的大多數生命活動提供了能量。太陽光是由太陽表面的核融合（nuclear fusion）反應產生的強烈光輻射造成的，太陽光包含了各種波長的光，紅外線、紅、橙、黃、綠、藍、靛、紫、紫外線等，靠近紅光的光所含熱能比例較大，紫光所含熱能比例較小。太陽光的可見光譜能量分佈比較均勻，因而是很自然的白光。

　　太陽光是由多種顏色的光組成的，當使用透鏡將其聚焦時，因為不同波長的光具有不同的折射率，從而具有不同的焦點位置，所以很難獲得能量高度集中的光斑，一般來講，焦點的溫度要小於光源的溫度。

　　而和太陽光不同，雷射是一種高度相干的光源，所有波前（wave front）的

波長和振動方向都是相同的。當雷射被聚焦時，可以在一點上集中很高的能量，是焦點的溫度迅速升高、甚至超過光源的溫度。雷射的這種高能量密度的性質，決定了雷射可以在很多領域得到應用。雷射與太陽光的差異，如圖 9.46 所示。

9.12.4　雷射光束是雙刃劍

　　最近幾年雷射成為研究的熱門之一，在很多領域都能見到雷射應用的身影，例如雷射儲存，雷射切割，雷射通信等，這些應用大多都用到了雷射的高能量密度和極好的相干性（coherence），這些也是雷射最大的特色。但是事物總有兩面性，雷射在給人帶來巨大好處的同時，也存在著相當大的危險性。

　　因為雷射的能量密度可以達到很高的水準，因此高能量的雷射光束很容易對人體造成灼傷，尤其是眼球此一人體最脆弱的部位。任何情況下，使用雷射光束直接照射人的眼睛都是很危險的行為，而人的皮膚對於雷射灼傷的耐受程度稍大一點，能夠忍受 10mW 的雷射數秒照射。另外，雷射的能量和聚焦程度是有很大的關係，即便是很弱的雷射，在經過聚焦之後，也會在焦點上集中很高的能量，利用這一原理，可以將雷射用於視網膜剝離手術的手術刀，既能夠直接穿透眼球的其它部分，也能夠在視網膜上集中能量進行手術。一些說明示於圖 9.47。

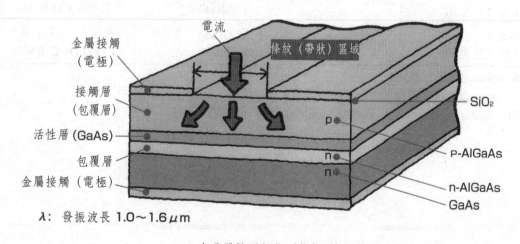

(a) 半導體接面部位（條紋型）

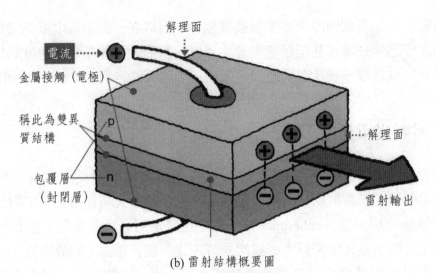

(b) 雷射結構概要圖

圖 9.43 雙異質接面結構

表 9.11 雷射二極體的發振波長及所用材料

雷射的發振波長	化合物半導體用材料		主要用途
	活性層	包覆層（封閉層）	
1.3～1.6μm 近紅外線	InGaAsP	p 型 InP n 型 InP	光通信用 （石英光纜）
780nm 紅色（可見光）	GaAs	p 型 AlGaAs n 型 AlGaAs	光發送、接收器 CD-RW CD-ROM
600nm 綠色（可見光）	ZnCdSe	p 型 ZnSSe n 型 ZnSSe	光發送、接收器 DVD DVD-RW

RW: read write（讀寫）

CD: compact disk（光碟）

DVD: digital versatile disk, digital video disk（數位光碟）

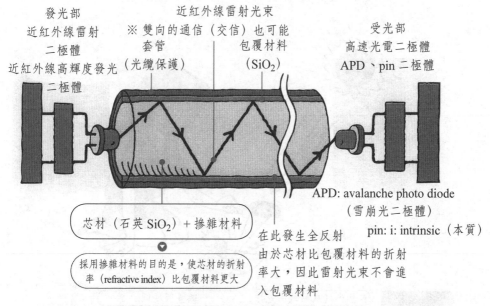

圖 9.44　光纖（光導纖維）的內部構造

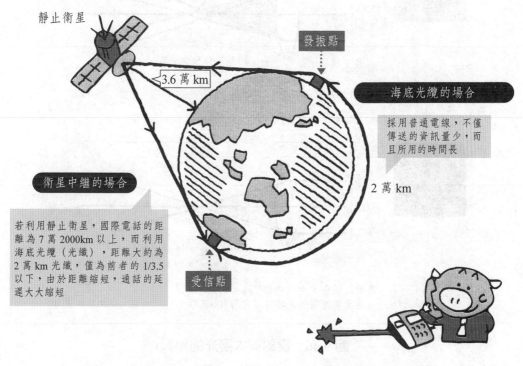

圖 9.45　與地球背面通信的場合（採用光纖是有利的）

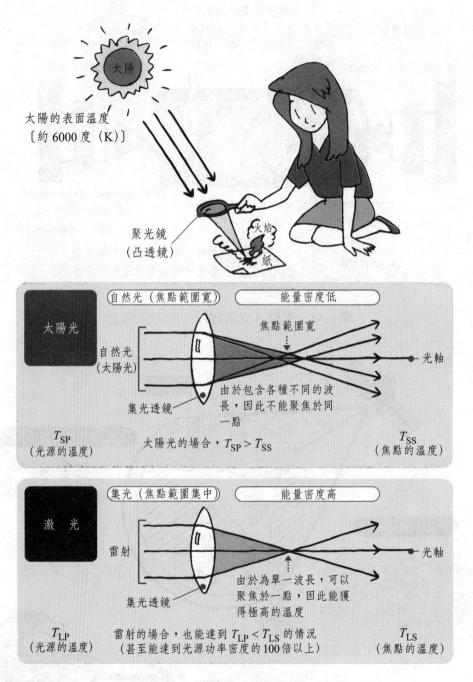

太陽的表面溫度
〔約 6000 度（K）〕

聚光鏡
（凸透鏡）

火焰

紙

自然光（焦點範圍寬）　　　**能量密度低**

太陽光

自然光
（太陽光）

焦點範圍寬

光軸

集光透鏡

由於包含各種不同的波
長，因此不能聚焦於同
一點

T_{SP}
（光源的溫度）

太陽光的場合，$T_{SP} > T_{SS}$

T_{SS}
（焦點的溫度）

集光（焦點範圍集中）　　　**能量密度高**

激　光

雷射

光軸

集光透鏡

由於為單一波長，可以
聚焦於一點，因此能獲
得極高的溫度

T_{LP}
（光源的溫度）

雷射的場合，也能達到 $T_{LP} < T_{LS}$ 的情況
（甚至能達到光源功率密度的100倍以上）

T_{LS}
（焦點的溫度）

圖 9.46　雷射與太陽光的差異

在人的身體中，眼球對於雷射來說是最弱的，任何雷射光束都不能直接照射人的眼睛

半導體雷射發振裝置
（波長660～680nm）
3mW±10%

雷射束

如果是數秒時間，即使直接照射皮膚，也不會產生問題

雷射顯示器（半導體雷射）
（波長660～680nm）
10mW±10%

雷射束

螢幕

雷射光斑

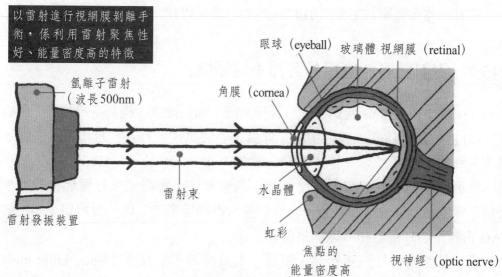

以雷射進行視網膜剝離手術，係利用雷射聚焦性好、能量密度高的特徵

氬離子雷射
（波長500nm）

雷射發振裝置

雷射束

眼球（eyeball）　玻璃體　視網膜（retinal）

角膜（cornea）

水晶體

虹彩

焦點的
能量密度高

視神經（optic nerve）

圖 9.47　雷射束是雙刃劍

9.13 雷射用於美容和手術

9.13.1 各種雷射的波長範圍及其相應名稱

1958 年，美國科學家肖洛和湯斯發現，將鈉光燈泡所發射的光照在一種稀土晶體上時，晶體的分子會發出鮮豔、始終聚在一起的強光。根據此一現象，他們提出了「雷射原理」，即物質在受到與其分子振盪頻率相同能量激勵時，都會產生這種不發散的強光 —— 雷射，也稱惰性氣體準分子雷射（excimer laser）。1960 年，美國科學家梅曼利用一個高強度閃光燈管來刺激在紅寶石水晶裡的鉻原子，從而產生一條相當集中的纖細紅色光柱，當它射向某一點時，可使其達到比太陽表面還高的溫度，稱為紅寶石雷射。前蘇聯科學家 H.F. 巴索夫於 1960 年發明了半導體雷射，其結構通常由 p 層，n 層和形成雙異質接面的主動層構成。其特點是尺寸小，耦合效率高，回應速度快，波長和尺寸與光纖尺寸適配，可直接調製，相干性好。之後，以紅寶石雷射（ruby laser）為代表的固體雷射（solid laser）和以氦氖雷射（He-Ne laser）為代表的氣體雷射相繼問世，引起了全世界科技界研究雷射的熱潮，YAG 釔鋁石榴石雷射（yttrium aluminum garnet laser）、CO_2 雷射、自由電子雷射、準分子雷射（excimer laser）、離子雷射器（ion laser）如雨後春筍般湧現出來。

雷射的波長範圍及主要雷射的名稱，如圖 9.48 所示。

9.13.2 雷射已廣泛應用於各種不同領域

(1) 雷射加工系統：包括雷射、導光系統、加工機床、控制系統及檢測系統。

(2) 雷射加工技術：包括切割、焊接、表面處理、打孔、打標籤、劃線、微雕等各種加工技術。

雷射焊接：包括汽車車身厚鋼板、汽車零件、鋰電池、心臟起搏器、密封繼電器等密封元件，以及各種不允許焊接污染和變形的元件。目前使用的雷射有 YAG 雷射、CO_2 雷射和半導體泵雷射。

雷射切割：包括汽車行業、電腦、電氣機殼、木刀模（wood knife mold）業、各種金屬零件和特殊材料的切割、圓形鋸片、壓克力、彈簧墊片、2mm 以下的電子機件用銅板、一些金屬網板、鋼管、鍍錫鐵板、鍍亞鉛鋼板、磷青銅、電木板、薄鋁合金、石英玻璃、矽橡膠（silicone rubber）、1mm 以下氧化鋁陶

瓷片、太空（space）工業使用的鈦合金等等。使用雷射有 YAG 雷射和 CO_2 雷射。

雷射治療：可以用於手術開刀，減輕痛苦，減少感染。

雷射打標籤：各種材料和幾乎所有行業均得到廣泛應用，目前使用的雷射有 YAG 雷射、CO_2 雷射和半導體泵雷射。

雷射打孔：雷射打孔主要應用在航空太空、汽車製造、電子儀表、化工等行業。雷射打孔的迅速發展，主要體現在打孔用 YAG 雷射的平均輸出功率，已由 5 年前的 400W 提高到了 800W 至 1000W。國內目前比較成熟的雷射打孔應用，是在人造鑽石和天然鑽石拉絲模的生產及鐘錶、儀錶的寶石軸承、飛機葉片、多層印刷電路板等行業的生產中。目前使用的雷射多以 YAG 雷射、CO_2 雷射為主，也有一些準分子雷射（excimer laser）、同位素雷射和半導體泵雷射。

雷射熱處理：在汽車工業中應用廣泛，如缸套、曲軸、活塞環（piston ring）、換向器（commutator）、齒輪（gear）等零部件的熱處理，同時在航空太空、機床行業和其它機械行業也應用廣泛。中國的雷射熱處理應用遠比國外廣泛得多，目前使用的雷射多以 YAG 雷射，CO_2 雷射為主。

雷射快速成型：將雷射加工技術、電腦數位控制技術及柔性製造技術結合而形成。多用於模具和模型行業。目前使用的雷射器多以 YAG 雷射、CO_2 雷射為主。

雷射塗敷：在航空太空、模具及機電行業應用廣泛。目前使用的雷射多以大功率 YAG 雷射、CO_2 雷射為主。

雷射成像：利用雷射光束掃描物體，將反射光束反射回來，得到的排佈順序不同而成像。用圖像落差來反映所成的像。雷射成像具有超視距的探測能力，可用於衛星雷射掃描成像，未來用於遙傳感繪等科技領域。

雷射已廣泛用於各種不同領域，如圖 9.49 所示。舞台背景顯示也可用雷射，如圖 9.50 所示。

9.13.3 雷射美容

雷射美容（Laser Aesthetic Surgery）是利用先進的雷射技術（狹義）及相關的強光、射頻等非放射性電磁波物理技術（廣義），結合皮膚外科和整形美容外科基礎除去體表病灶，同時達到美容效果或純粹美容，如圖 9.51 所示。臨床應用主要包括兩大方面：一是皮膚疾病的雷射治療，例如，太田痣（nevus of ota）、葡萄酒色斑等損容性皮膚疾病的雷射治療，即皮膚雷射美容；二是雷射整形美容手術；例如，雷射眼袋整形手術、雷射輔助吸脂塑形術等光子嫩膚被定義為使用連續的強脈衝光（IPL, intense pulsed light）技術，進行在低能量密度下的非剝脫方式淨膚治療。使用雷射應注意眼睛的防護，如圖 9.52 所示。真正的光子淨膚不只是改善皺紋，而是改善包括皮膚紋理，不規則色素沉著和毛細血管擴張在內的所有光老化（photo aging）現象。應用「IPL」進行淨膚治療，是一種非剝脫性的全新方法，由於治療所用的能量密度很低，因而基本上無副作用，患者甚至無需停止工作，術後可立即回復正常活動。

現代雷射儀雖然依據選擇性光熱作用理論進行美容治療，具有療效好、副作用小、治療安全性高等優點。然而，因病例選擇不當和操作失誤等原因所導致的各種術後併發症卻時有發生；另外，在某些病種上，如鮮紅斑痣、黃褐斑等採用現代雷射治療療效仍欠佳。減少雷射治療副作用和提高療效的對策，包括：嚴格掌握雷射治療的適應證，選擇合適的治療參數，把握安全的治療終點，術前、術後採取各種措施，防止併發症的發生。

雷射脫毛的原理基於選擇性光熱作用理論。毛囊和毛幹中有豐富的黑色素（black pigment），黑色素分佈於毛球基質的細胞之間，並且也能向毛幹的結構中轉移。雷射能以黑色素為標靶，目標準確而選擇性地進行脫毛治療。黑色素在吸收雷射能量後，溫度急速升高，從而導致周圍毛囊組織的破壞，將毛髮去除。根據選擇性光熱作用理論，只要選擇合適的波長、脈寬和能量密度，雷射就能精確地破壞毛囊而不引起鄰近組織的損傷。

9.13.4　雷射手術

CO_2 及 YAG 雷射在治療聲帶癌（glottic cancer）等病症過程中有著很重要的作用。

雷射手術常用的雷射方式有 CO_2 雷射手術器和 YAG 雷射手術器。CO_2 雷射手術器：波長為 $10.6\mu m$，連續輸出功率為 50W，聚焦後雷射光束的最小光斑直徑為 0.16mm，可作為「光刀」進行切割，氣化喉部癌腫。YAG 雷射光線手術器：波長 $1.06\mu m$，通過光線末端連續輸出雷射功率為 50W，可作為「光纖刀」切割，氣化癌腫，凝固止血效果較好。幾種雷射照射手術，如圖 9.53 所示。

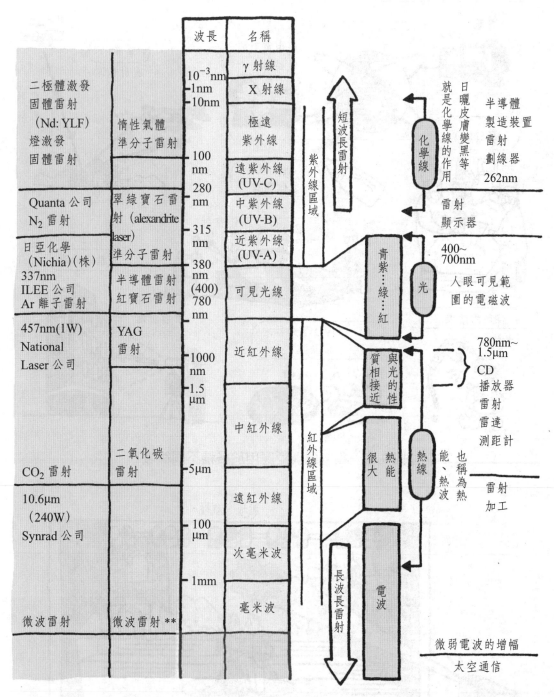

注 * 雷射即 LASER（Light Amplification by Stimulated Emission of Radiation），意思是由輻射的誘
　 導發射而形成的光放大器。
　**微波雷射即脈射（MASER），意思是微波的雷射，相應的設備稱為微波激射器

圖 9.48　雷射的波長範圍及主要雷射的名稱

圖 9.49　雷射已廣泛應用於各種不同領域

圖 9.50　舞臺背景的雷射顯示

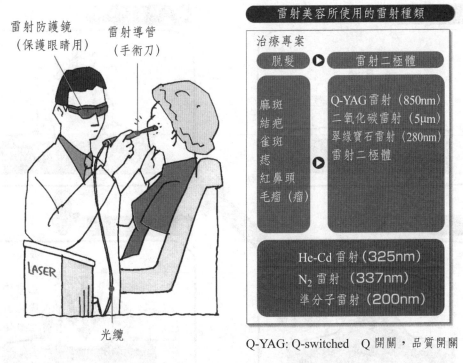

雷射防護鏡
（保護眼睛用）

雷射導管
（手術刀）

光纜

雷射美容所使用的雷射種類

治療專案

脫髮 ▶ 雷射二極體

麻斑
結疤
雀斑
痣
紅鼻頭
毛瘤（瘤）

▶

Q-YAG雷射（850nm）
二氧化碳雷射（5μm）
翠綠寶石雷射（280nm）
雷射二極體

He-Cd 雷射（325nm）
N$_2$ 雷射 （337nm）
準分子雷射（200nm）

Q-YAG: Q-switched　Q 開關，品質開關

圖 9.51　雷射不僅可以治病，還可以美容

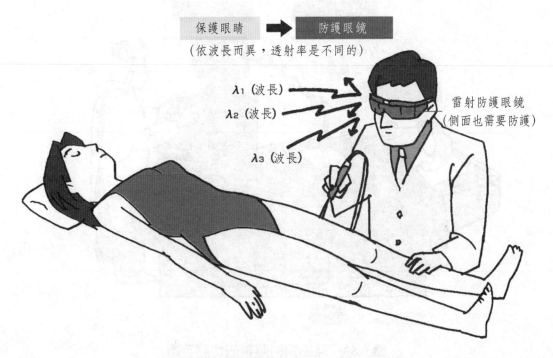

保護眼睛 ➡ 防護眼鏡
（依波長而異，透射率是不同的）

λ$_1$（波長）
λ$_2$（波長）
λ$_3$（波長）

雷射防護眼鏡
（側面也需要防護）

圖 9.52　使用雷射應注意眼睛的防護

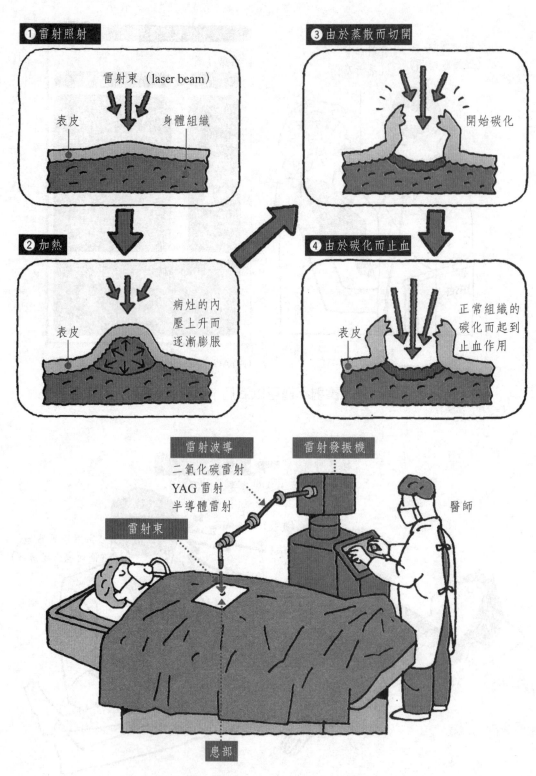

圖 9.53　藉由雷射照射的切開手術

9.14　雷射用於加工和測量

9.14.1　雷射鑽石打孔

雷射打孔技術是雷射加工領域重要應用之一。在航空（aviation）太空（space），電子儀表及醫療器械等精密尖端產品的關鍵零件中（如飛機的防冰系統、航空發動機中的渦輪葉片、導流葉片和燃燒室），為了減少元件表面溫度和氣體湍流效應，需要微孔（micro pore）多達 10^4 個；另外，陀螺儀（gyroscope）零件、電腦的打印頭等都設計有許多小孔，其加工品質的好壞，直接影響產品的使用性能和壽命。雷射打孔技術由於其能量集中度高，可控性好和不受材料侷限性等優勢，自 20 世紀 70 年代產生開始，已經在工業生產中得到廣泛的應用，成為一種必不可少的加工手段。

在實驗中發現，針對 Nd：YAG 雷射採用單脈衝雷射波形打孔的不足，在摒棄選膜技術的情況下，提出一種新型、能夠產生多脈衝雷射輸出波形的實驗裝置進行小孔加工。通過對不同雷射脈衝波打孔效果的比較分析得出：多脈衝雷射打孔不但減少了熔融物和電漿的產生，而且降低了雷射打孔對高能量的要求，獲得的小孔品質優於單脈衝雷射打孔。另外，脈衝寬度和脈衝艱巨的選擇，對雷射小孔加工品質有著決定性作用，在加工高品質孔時，應該選用較短的雷射脈衝寬度。

此外，還可以利用雷射對原料及工件進行局部退火、淬火、切斷（如 TFT LCD 用玻璃面板切斷），對被加工目標進行微細加工，對被加工物質進行非接觸式加工等，如圖 9.54 所示。

9.14.2　雷射測量地球—月球之間的距離

用雷射測量地球和月球的距離（如圖 9.55 所示），是本世紀六〇年代發展出來的一門新技術。它的原理是：通過望遠鏡從地面觀測台（站）向月球發射出一束脈衝雷射，然後接收從月球表面反射回來的雷射回波，地面上的計時器把雷射往返的時間記錄下來，天文工作者就可以從中推算出地球和月球的距離。

20 多年來，這項技術不斷地發展。為了提高測距精度，太空人（astronaut）先在月球上安放了五個後向反射器裝置（直角稜鏡，如圖 9.56 所示），地面的觀測設備也不斷改進。目前，測距精度已達到誤差不超過 8cm 的程度。美國設在白沙太空港的一架新型光學探測器，可以測出比以往設備精確 10 倍以上的月球與地球之距離。這次試驗將在地球上發射雷射到月球表面安裝的鏡面反射器上，通過記錄發射和反射雷射的時間，就可以算出月球與地球的距離。據了解，

這次實驗中，科學家們可以使時間的計算精確到萬億分之一秒。除此之外，科學家們還會仔細考慮大氣層和地球運動對雷射反射路程的影響。

9.14.3 利用雷射消除危險的雷電

雷電是伴有閃電和雷鳴一種雄偉壯觀而又有點令人生畏的放電現象。雷電一般產生於對流發展旺盛的積雨雲中，因此常伴有強烈的陣風和暴雨，有時還伴有冰雹和龍捲風（tornado）。積雨雲頂部一般較高，可達 20km，雲的上部常有冰晶。冰晶出現對稱性雪花、水滴的破碎以及空氣對流等過程，使雲中產生電荷。雲中電荷的分佈較複雜，但總體而言，雲的上部以正電荷為主，下部以負電荷為主。因此，雲的上、下部之間形成一個電位差。當電位差達到一定程度後，就會產生放電，這就是我們常見的閃電現象。閃電的平均電流是 3 萬安培，最大電流可達 30 萬安培。閃電的電壓很高，約為 1 億至 10 億伏特。一個中等強度雷暴的功率可達一千萬瓦，相當於一座小型核電廠的輸出功率。放電過程中，由於閃電通道中溫度驟增，使空氣體積急劇膨脹，從而產生衝擊波，導致強烈的雷鳴。帶有電荷的雷雲與地面的突起物接近時，它們之間就發生激烈的放電。在雷電放電地點會出現強烈的閃光和爆炸的轟鳴聲。這就是人們見到和聽到的閃電雷鳴。

早在上世紀 70 年代，科學家就已經提出雷射引導閃電的設想。其基本原理就是利用強雷射電離大氣，產生具有一定導電性能的電漿通道，引導雷電沿著通道釋放到安全的地方，以減少甚至消除雷擊的危害，如圖 9.57 所示。雷射引雷技術涉及電漿通道的產生以及與高壓放電的耦合，其物理機制十分複雜。

9.14.4 雷射緩解地球暖化

全球變暖的後果，會使南極（south pole）、北極（north pole）的冰融化、水位上升、熱島效應、溫暖國度龍捲風（tornado）頻發和颶風（hurricane wind）驟發等，既危害自然生態系統的平衡，更威脅人類的食物供應和居住環境。一些異常現象，如圖 9.58 所示。研發雷射和重氫（氘，氚）驅動的汽車，可以替代傳統汽油引擎中吸氣—壓縮—膨脹—排氣過程轉換為由雷射壓縮引爆，引起核融合（nuclear fusion），將微小核融合變換為直接旋轉力的內燃引擎，利用微小核融合驅動蒸氣渦輪機的蒸氣引擎。

雷射慣性約束核融合（如圖 9.59 所示）的基本原理是：使用強大的脈衝雷射光束直接或間接利用 X 光光子照射內含氘、氚燃料的微型靶丸外殼表面。利用表面被燒蝕的材料向外噴射而產生向內聚心的反衝力，將靶丸內的燃料以極高速度均勻對稱地壓縮至高密度和熱核燃燒所需的高溫，並在一定的慣性約束時間

內，完成核融合反應，釋放大量的融合能。藉由雷射和重氫可以驅動汽車，如圖9.6所示。

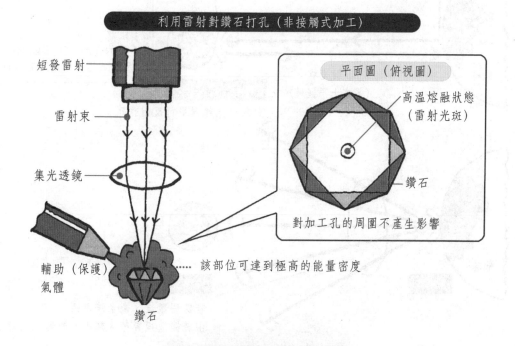

利用雷射對鑽石打孔（非接觸式加工）

短發雷射

雷射束

集光透鏡

輔助（保護）氣體

鑽石

平面圖（俯視圖）

高溫熔融狀態（雷射光斑）

鑽石

對加工孔的周圍不產生影響

該部位可達到極高的能量密度

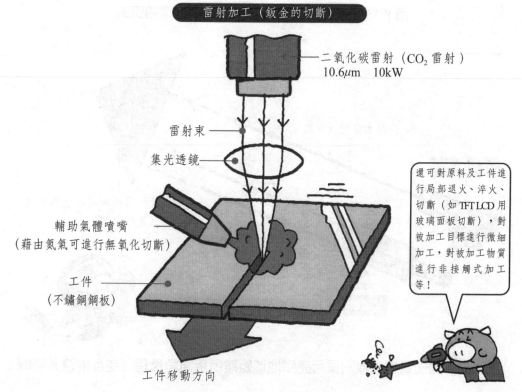

雷射加工（鈑金的切斷）

二氧化碳雷射（CO_2 雷射）
$10.6\mu m$　10kW

雷射束

集光透鏡

輔助氣體噴嘴
（藉由氮氣可進行無氧化切斷）

工件
（不鏽鋼鋼板）

工件移動方向

還可對原料及工件進行局部退火、淬火、切斷（如 TFT LCD 用玻璃面板切斷），對被加工目標進行微細加工，對被加工物質進行非接觸式加工等！

圖 9.54　利用雷射對固體物質進行加工

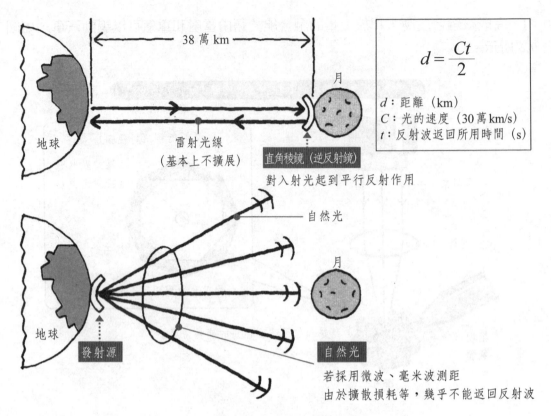

$$d = \frac{Ct}{2}$$

d：距離（km）
C：光的速度（30 萬 km/s）
t：反射波返回所用時間（s）

38 萬 km

地球

雷射光線
（基本上不擴展）

直角稜鏡（逆反射鏡）

月

對入射光起到平行反射作用

自然光

月

地球

發射源

自然光

若採用微波、毫米波測距
由於擴散損耗等，幾乎不能返回反射波

圖 9.55　利用雷射光線測量月亮到地球的距離

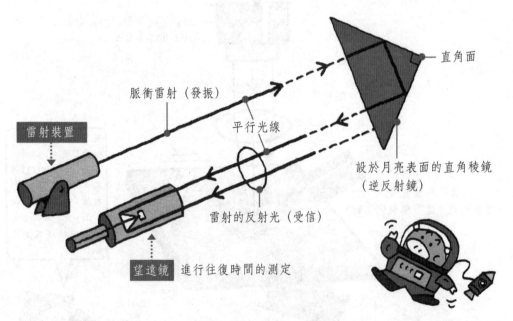

直角面

脈衝雷射（發振）

平行光線

雷射裝置

設於月亮表面的直角稜鏡
（逆反射鏡）

雷射的反射光（受信）

望遠鏡　進行往復時間的測定

圖 9.56　藉由雷射光線測量月亮到地球距離所用直角稜鏡（逆反射鏡）範例

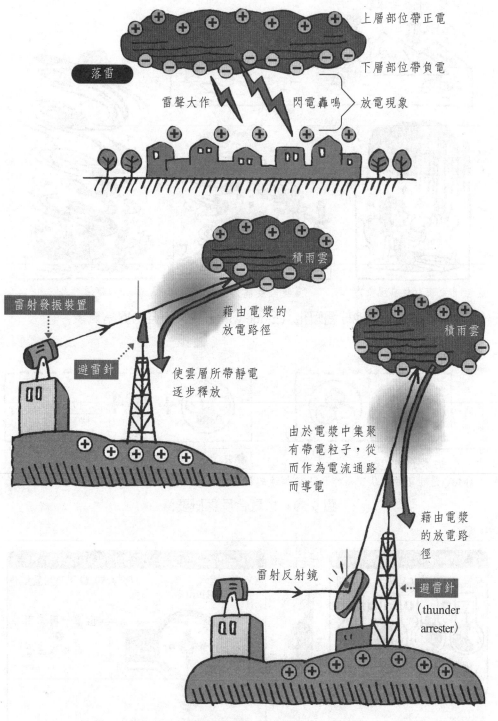

圖 9.57　利用雷射可消除危險的雷電

圖 9.58 地球溫暖化（globe warming）引發的異常氣象

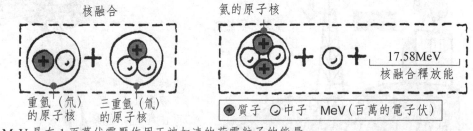

註：1MeV 是在 1 百萬伏電壓作用正被加速的荷電粒子的能量

圖 9.59 核融合反應概要圖

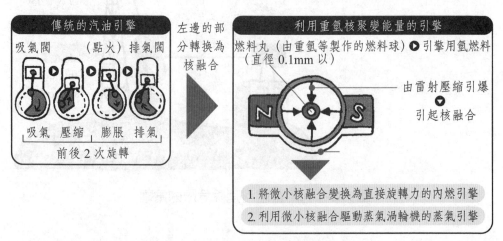

圖 9.60 藉由雷射和重氫驅動的汽車

9.15　雷射武器

9.15.1　雷射雷達及用雷射破譯雷達

雷射雷達（light/laser detect and ranging, L IDAR/LADAR），即雷射掃描（laser scanning），是一種通過位置、距離、角度等觀測資料直接獲取物件表面點三維座標，實現地表資訊提取和三維場景重建的對地觀測技術。獨特的工作方式，使其具有多方面的優勢。例如，與攝影測量技術相比，雷射雷達技術避免了投影（三維到二維）帶來的資訊損失；降低了對地表紋理資訊的要求；提高了自動化程度；增強了表現不連續變化資訊的能力等。此外，該技術受成像條件影響小，反應時間短，能部分穿透水體、反應物件細節資訊等特點，也為它的應用開闢了廣闊的前景。

雷射雷達系統主要由雷射掃描器、位置／方向控制系統和控制單元組成。如圖 9.61 所示。其中，雷射掃描器的功能是發射、接受雷射信號。方向／位置控制系統由慣性測量裝置（inertial measurement unit, IMU）和差分 GPS〔differential GPS 全球定位系統（globe positioning system）／ DGPS〕組成，其功能是確定掃描器的姿態參數和飛行平台的位置。控制單元對各部分功能進行控制和協調。雷射雷達工作的基礎是通過量測信號傳播時間，確定掃描器與對象點的相對距離。時間量測方式有兩種，其一是通過測量連續波（continuous wave, CW）信號的相位差間接確定傳播時間，其二是直接量測脈衝（pluse）信號傳播時間。

利用雷射雷達掃描（laser radar scan）測量系統進行堆體體積的監測，是一種高效率、高精度的新方法。它具有傳統測量方法無可比擬的優越性：(1) 速度快。即使對於大型煤場，也可在 10 分鐘完成外部作業。(2) 自動化程度高，勞動強度低。外部作業採集的資料均由電腦自動計算，1～2 人即可完成測量工作並顯示最終結果。(3) 精度高。雷射雷達掃描所獲取的資料量大，資料點密度高，完全能夠反映煤場表面特徵，從而可以相當精確地計算煤場體積。雷射測量系統解決了常規測量方法所不易解決的表面近似誤差。(4) 通用性強，固定投資少。硬體（hardware）設備可廣泛用於各種規模的堆場體積自動測量，在電力、煤炭、鋼鐵和工程建設等方面，有著廣泛的應用前景。

雷射對機場或環境污染觀測，如圖 9.62 所示。

9.15.2　雷射誘導炸彈

雷射導彈（LGB, laser guided bomb）裝有雷射制導裝置、能自動導向目標的炸彈。如圖 9.63 所示，具有射程遠、命中精度高、威力大和較強抗電子干擾能力。投射時，它是利用載機上的雷射照射器，先向目標照射雷射光束，經目標反射後，由裝在炸彈頭部的雷射導引頭接收，再經光電變換形成電信號，輸入炸彈控制艙，控制炸彈舵面偏轉，導引炸彈飛向目標。雷射導彈在普通氣象條件下捕獲目標率高，遇有雨、霧、灰塵、水時，命中精度降低。

9.15.3　雷射武器

高能雷射武器（laser weapon）是一種以產生強雷射的雷射器為核心，配上跟蹤瞄準系統，以及和光束控制與發射系統組成的利用雷射作為能量，直接毀傷目標或使之失效的定向聚能武器，一般由強雷射器、光束定向器和作戰控制系統組成，光束定向器又由光束發射控制系統和跟蹤瞄準系統組成。高能雷射武器與傳統常規武器的原理和殺傷機制不僅存在顯著不同，而且具有以下突出特徵：(1) 可瞄哪打哪：戰術雷射武器在實際使用時，完全可以把目標視為「靜止」，不需考慮射擊提前量，即可瞄哪打哪，非常適合攔截快速運動、機動性強或突然出現的目標；(2) 反應快速：雷射武器射出的光束質量近於零，射擊時幾乎不產生後座力，可通過控制反射鏡快速改變雷射出射方向；(3) 打擊準確：雷射武器是一種聚能武器，能將能量匯聚成很細的能束，準確地對準某一方向射出，從而可選擇殺傷來襲目標群中的某一目標，或射中目標上某一部位，而對其它目標或周圍環境無附加損害或污染作用；(4) 殺傷概率高；(5) 殺傷率可控：高能雷射武器毀傷目標是一種燒蝕過程，和用焊槍切割金屬類似，即高能雷射武器可以被認為是一種遠距離焊槍。此一特性意味著它具有非致命毀傷目標的能力。高能雷射武器對目標毀傷程度的累積效果可以即時地變化，根據需要，既可隨時停止，也可通過調整和控制雷射武器發射雷射束（laser beam）的時間和（或）功率以及射擊距離，來對不同目標分別實現非殺傷性警告、功能性損傷、結構性破壞或完全摧毀等不同殺傷效果，達到不同目的。(6) 發射使用費低。(7) 抗電子干擾能力強：雷射武器射出的是雷射光束，現有的電子干擾手段對其不起作用或影響很小。(8) 監視能力強。(9) 毀傷效能受氣候條件、目標特性以及攔截時目標與雷射武器的幾何關係影響。(10) 對目標的跟蹤和瞄準要求極高。為了提高照射到目標上的雷射功率密度，雷射武器發射的雷射光束經匯聚後照射到目標上的光斑非常

小。如此，實現對目標的毀傷，要求雷射武器系統的跟蹤和瞄準精度非常高，達10μrad 量級。

9.15.4 隱形飛機

一般飛機的整體佈局為圓形機身、平面機翼和垂直機翼，三者之間有明顯分界，根據電磁波所遵循的傳播規律，當電磁波入射到物體的直角表面處，容易形成多次反射，而產生角反射器效應。反射雷達波很強，為了達到隱形的目的，隱形飛機在總體外形上摒棄了一般飛機的常規設計方案，消除了機身與機翼之間、水平尾翼與垂直尾翼之間、飛機與發動機懸掛艙及武器吊艙、副油箱之間特殊設計，而採用多面、多錐體和飛翼式佈置及燕尾形尾翼的設計，把機身與機翼融為一體，如圖 9.64 所示。此外，還通過內裝發動機和油箱等方式，將機身的突出部位減到最低限度，使整個隱形飛機形成一種平滑的過渡，外表乾淨俐落，以消除角反射器效應，例如，美國的隱形戰鬥機（fighter）無外掛裝置，武器都裝在彈艙內。

隱形（stealth）材料是隱形技術的重要組成部分之一。雷達（radar）波遇到隱形材料後，或被吸收，或被透過，使反射雷達波很少。隱形材料主要有雷達吸波材料和雷達透波隱形材料，吸波或透波的原理是當雷達波作用於材料時，由於電、磁、光及活化面積等物理性能的變化，材料產生電導損耗、高頻介質損耗和磁損耗等，使電磁能轉換為熱能，而散發或使雷達波能量分散到目標的各部分，減少雷達接收天線方向上反射的電磁能，或採用合適的材料厚度，使雷達波在材料表面的反射波與進入材料後在材料底層的反射波疊加發生干涉，相互抵消，起到減弱反射波的作用，有些材料不僅可以起到透波作用，還可產生偏振（polarization）作用。目前正在研製的碳纖維玻璃鋼就是一種良好的透波材料。

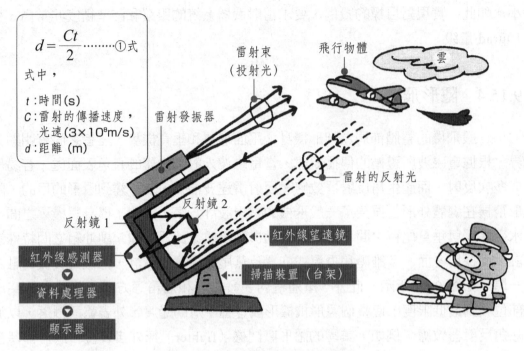

$$d = \frac{Ct}{2} \cdots\cdots ①式$$

式中，

t：時間(s)

C：雷射的傳播速度，
　　光速$(3\times10^8\text{m/s})$

d：距離 (m)

雷射束
（投射光）

飛行物體

雲

雷射發振器

雷射的反射光

反射鏡 2

反射鏡 1

紅外線望遠鏡

紅外線感測器

掃描裝置（台架）

資料處理器

顯示器

圖 9.61　雷射雷達的基本構成

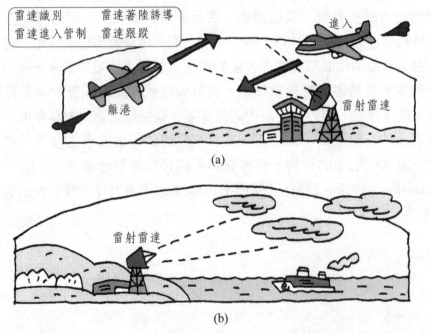

雷達識別　　雷達著陸誘導
雷達進入管制　雷達跟蹤

進入

離港

雷射雷達

(a)

雷射雷達

(b)

圖 9.62　(a) 雷達管制業務（機場的管制），(b) 環境污染的觀測（雲、霧、大氣污
　　　　 染物質）

❶ 描準目標

夜視裝置
（F-117A 隱形戰鬥機）

顯示器上的圖像

紅外線感測器

❷ 炸彈投下

彈艙（若紅外線感測器未探測到信號，在炸彈投下後立即關閉）

雷射誘導炸彈

❸ 目標指示

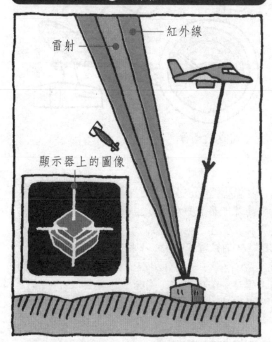

雷射

紅外線

顯示器上的圖像

※ 隱形戰鬥機難以被雷達發現

❹ 雷射引導（跟蹤雷射）

反射光雷射能量向著上方被散射為圓錐狀，投下的炸彈一旦進入該圓錐中，受雷射誘導而準確到達目標

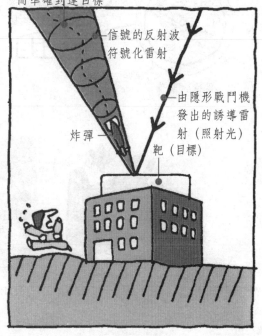

信號的反射波符號化雷射

由隱形戰鬥機發出的誘導雷射（照射光）

炸彈

靶（目標）

圖 9.63　雷射誘導炸彈（LGB）的投射和雷射目標跟蹤

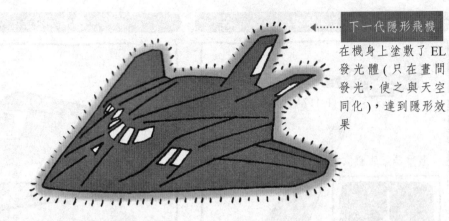

下一代隱形飛機

在機身上塗敷了 EL 發光體(只在晝間發光，使之與天空同化)，達到隱形效果

一般的航空機

反射電波
發射電波

雷達基地

清晰可見

雷達的圖像

隱形飛機（戰鬥機、轟炸機、直升機）

（反射波不能向雷達反射）
吸收

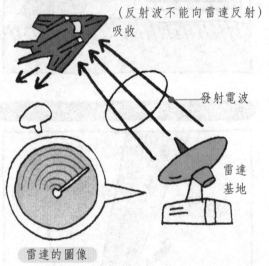

發射電波

雷達基地

雷達的圖像

之所以稱為「隱形」飛機，是由於下述雷達均不能輕易地發現

●超視距（OTH）雷達…………短波帶（周波數掃描）
●脈衝雷達…………1 ～ 120GHz
●高周波雷達………微波、毫米波、雷射（紅外線）
●發收分置雷達……分置於兩個場所的雷達

OTH: over the horizon

圖 9.64　隱形戰鬥機

9.16　雷射的發展前景

9.16.1　雷射核融合

　　當氘、氚等較輕元素的原子核相遇時，會聚合成較重的原子核，並釋放出巨大能量，此一過程就是核融合（nuclear fusion）。簡單地說，雷射核融合就是利用雷射照射核燃料使之發生核融合反應，它是模擬核爆炸物理效應的有力手段。人工控制的持續融合反應，可分為磁約束核融合和慣性約束核融合（分為雷射核融合、粒子束核融合和電流脈衝核融合3類）兩大類。目前，英國卡拉姆的歐洲聯合環形加速器（JET）以及正在法國建設的測試反應器之國際熱核融合實驗堆（ITER）計畫，都是使用磁約束核融合裝置。

　　磁約束核融合使用強大的電脈衝轟炸重氫來產生電漿。在巨變發生之前，科學家們需要施加一個強大的磁場，將電漿牢牢限制住。然後，做到這一點很困難，因為電漿很快會發生洩漏或變得不穩定。採用雷射作為點火源後，高能雷射直接促使氘氚發生熱核融合反應，這樣氫彈爆炸後，就不產生放射性分裂產物。所以，人們稱利用雷射核融合方法製造的氫彈（hydrogen bomb）為「乾淨的氫彈」。一旦雷射核融合技術成熟，製造乾淨氫彈的成本將是比較低的。這是因為不僅核融合的燃料氘幾乎取之不盡，而且雷射核融合還能使熱核融合反應變得更加容易。

　　現在，科學家們計畫利用雷射核融合產生電力。熱核爆炸，如圖9.65、9.66所示。與磁約束核融合相比，雷射核融合產生的溫度更高，壓力更大，因此，核融合發生得更快，只需要將電漿限制幾十億分之一秒即可。雷射核融合是利用雷射射入核燃料使之發生核融合反應，由於其在許多方面與氫彈爆炸非常相似，所以，自上世紀60年代雷射問世以來，科學家就開始致力於利用高功率雷射使融合燃料發生融合反應，來研究核武器的某些重要物理問題。

　　雷射核融合反應器不會產生大量可能會熔化的熱物質。不過，核融合中子非常危險。燃料中的氚也具有放射性，會釋放出ß粒子，人類吸入這種粒子會有危險，而且其半衰期（half life）很長，為12.5年。目前核電廠主要是利用鈾核分裂反應釋放出的能量來發電，而鈾核分裂（nuclear fission）會產生放射性分裂產物。如果利用雷射核融合建造融合能電站，由於融合反應本身不會產生放射性污染，而誘發融合反應的又是不產生污染的雷射。因此，融合能是一種沒有污染的乾淨能源。

9.16.2　雷射太空送電

傳統的送電方式若是長距離送電，由於電線的電阻等，會發生大的焦耳熱損失，而採用電波或雷射送電，不需要電線，即使距離很遠也能送電，減少了電力傳輸過程中的熱損失。

太陽能發電衛星（solar power satellite，簡稱 SPS）或者太空太陽能發電（space solar power，簡稱 SSP）的基本構想是在地球外太空（space）建立太陽能發電衛星基地，利用取之不盡的太陽能來發電，然後通過微波或雷射，將電能傳輸到地面的接收裝置，再將所接收的微波或雷射能束轉變成電能供人類使用。這種構想的最大優點在於充分利用太陽發出的能量。

設想中的太空太陽能發電系統（如圖 9.67 所示），基本上由三部分組成：太陽能發電裝置、太空微波或雷射轉換發射裝置和地面接收轉換裝置。太陽能發電裝置將太陽能（solar energy）轉換為電能；太空轉換裝置將電能轉換成微波或雷射，並利用天線向地面發送能束；地面接收轉換系統通過天線接收太空發來的能束，將其轉換成電能。整個過程是一個太陽能、電能、微波或雷射、電能的能量轉變過程。

9.16.3　雷射三維成像

經過幾十年的研究發展，雷射三維成像技術（原理及佈置，如圖 9.68 所示）已從大型的大地測量，拓展到遙感和測量的各個領域。特別是二十世紀 90年代以來，隨著電子通信技術的飛速發展，雷射三維成像技術逐步成為遙感和測量的主流技術之一。雷射三維成像技術具有測點精度高、測點密度大、資訊量豐富、資料處理高度自動化、產品高度數位化（digitalize）等優點，能夠很容易地將地物、地貌、植被等區分開來，並用數位進行描述，同時還能根據需求生成數位地形模型（DTM）、正射影像圖、平斷面資料等數位化產品。目前，這項技術正以其特有的優勢，逐步取代傳統的立體攝影技術，成為生成數位表面模型（DSM, digital surface model）和數位地形模型（DTM, digital terrian model）的主要技術。當前，雷射三維成像系統按搭載平台分類，主要有：地面雷射三維成像系統、機載雷射三維成像系統和星載雷射三維成像系統。三維成像技術即稱為全像術（holography），也可做寶石展示用，如圖 9.69 所示。

機載三維成像技術通常採取微波合成孔徑雷達（SAR, synthetic aperture radar）、雷射、成像光譜、立體攝影等為主要手段，並輔以 GPS 定位系統和姿態測

量裝置，確定飛機位置和姿態。隨著雷射技術以及探測技術的發展，直接利用高亮度、高方向性和相干性的雷射對地探測，並進行雷射直接成像技術，可以構成對地觀測雷射直接成像三維系統。當前，幾乎所有機載雷射配合光譜成像系統和機載直接雷射三維成像系統均採取雷射光束的掃描探測方式，通過平面轉鏡、平面擺鏡、多面鏡等運動控制雷射光束有規律地對地掃描，並探測雷射回波，掃描方式主要有線性掃描和圓錐掃描。

9.16.4　夢寐以求的 X 射線雷射

X 射線（x-ray）雷射（圖 9.70）就是指波長處於 X 射線波段的雷射，它兼具波長短（小於 1nm）和相干性（coherent）好之特點。它被看作能給原子世界照相的「夢幻之光」。在從基礎研究到應用開發的廣闊領域，比如膜蛋白的結構分析、奈米科技等領域，X 射線雷射的應用前景都被看好。

X 射線能說明人們深入觀察原子和分子世界。1976 年科學家預言，X 射線雷射能以製造可見光雷射的方法製造出來，即通過原子內部電子從高能階向低能階躍遷（energy level transition），釋放單色光的方法。為了製造這種原子雷射，科學家利用強大的 X 射線脈衝，從密封艙中的氖原子中敲除電子，從而在氖原子外殼上留下「小洞」。當電子再回落填補這些「小洞」時，大約有 1/50 的原子通過發出一個在 X 射線範圍內的光子來回應。如此，X 射線激發鄰近更多的氖原子釋放更多 X 射線，如此的多米諾效應（Domino effect，骨牌效應），將雷射放大了 2 億倍。

X 射線雷射被稱作自由電子雷射。與傳統雷射不同，自由電子雷射並不是通過光照或電流刺激某種物質發射光子，而是使用粒子加速器讓極小的電子雲穿過磁鐵組，這些磁鐵把電子推來推去，直到電子釋放出光脈衝。傳統雷射的波長是由發射光子的物質本身屬性決定，而自由電子雷射理論上只需改變電子的能量和磁鐵組的排列，就可發出各種波長的雷射。各種雷射的反射鏡裝置不同，如圖 9.71 所示。

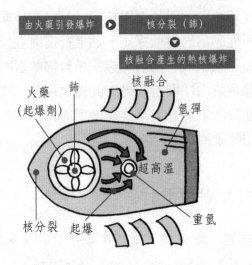

圖 9.65 熱核爆炸示意圖

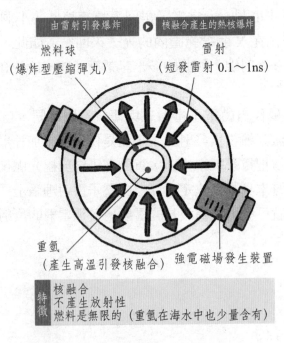

圖 9.66 採用雷射的純粹熱核爆炸

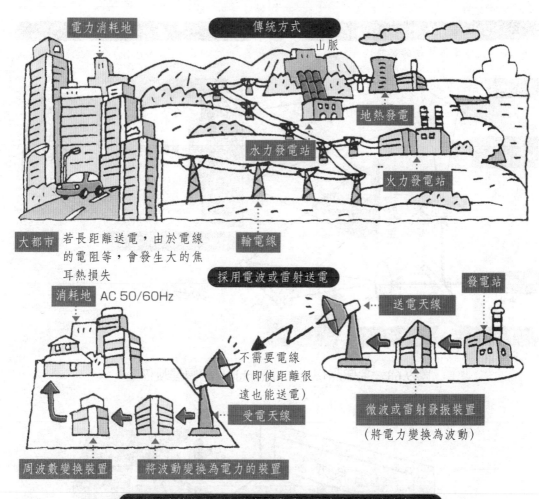

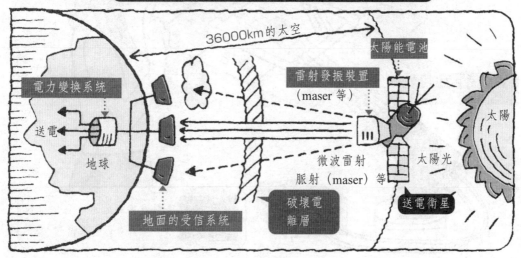

圖 9.67　利用雷射進行太空送電

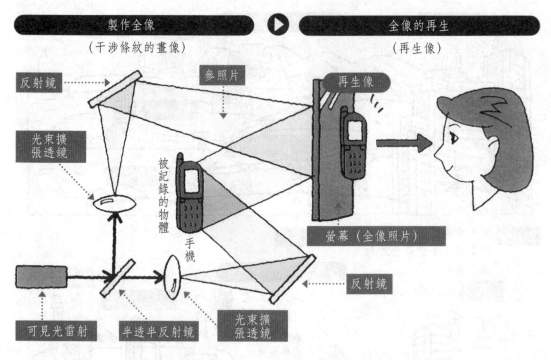

圖 9.68　全像照相（holographic）的原理及佈置

圖 9.69　利用全像照相技術進行寶石展示

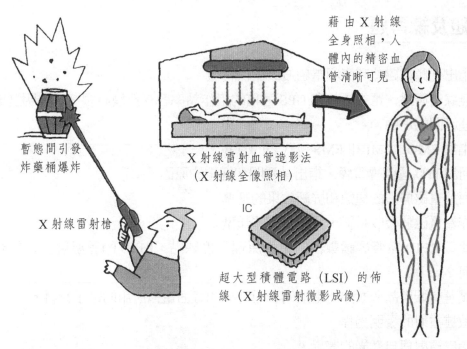

暫態間引發
炸藥桶爆炸

X 射線雷射槍

X 射線雷射血管造影法
（X 射線全像照相）

IC

超大型積體電路（LSI）的佈
線（X 射線雷射微影成像）

藉由 X 射線
全身照相，人
體內的精密血
管清晰可見

圖 9.70　X 射線雷射──波長 0.1 ～ 10nm 的雷射

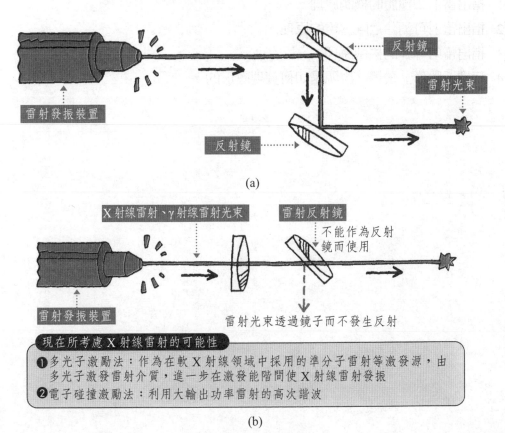

反射鏡

雷射光束

反射鏡

雷射發振裝置

(a)

X 射線雷射、γ射線雷射光束

雷射反射鏡

不能作為反射
鏡而使用

雷射發振裝置

雷射光束透過鏡子而不發生反射

現在所考慮 X 射線雷射的可能性

❶ 多光子激勵法：作為在軟 X 射線領域中採用的準分子雷射等激發源，由
　多光子激發雷射介質，進一步在激發能階間使 X 射線雷射發振
❷ 電子碰撞激勵法：利用大輸出功率雷射的高次諧波

(b)

**圖 9.71　(a) 紅外線、可見光、紫外線雷射用的反射鏡，(b)X 射線雷射、γ 射線雷射
的反射鏡**

思考題及練習題

9.1　指出低頻電磁波和高頻電磁波的工作特徵。

9.2　無線電廣播、電視播放和 GPS 通信的工作頻率各在什麼範圍？請說明選取這些範圍的理由。

9.3　指出 EMC、EMI 和 EMS 所代表的意義。

9.4　何謂 ITO 透明導電膜，指出其透明和導電的原因。

9.5　簡述電磁屏蔽的種類和屏蔽效果的基準。

9.6　作為電磁波吸收材料，一般有哪些類型？

9.7　比較 RFID 與條碼讀數器的工作原理及優缺點，RFID 的發展現狀及前景如何？

9.8　試選料配製晶矽太陽能電池的表面電極和背面電極所用的電子漿料。

9.9　敘述雷射的發明過程。

9.10　指出雷射與自然光的差異。

9.11　指出雷射二極體的機制原理。

9.12　指出雷射可消除危險雷電的原理。

9.13　指出雷射導彈的機制原理。

9.14　何謂「隱形」飛機？說明是如何實現隱形的。

參考文獻

[1]　苅部浩，非接觸 IC カードの本，日刊工業新聞社，2003 年 10 月。

[2]　小林春洋，レーザの本，日刊工業新聞社，2002 年 6 月。

[3]　山崎耕造，エネルギーの本，日刊工業新聞社，2005 年 2 月。

[4]　谷腰欣司，光の本，日刊工業新聞社，2004 年 8 月。

[5]　高木雄一，小塚龍馬，松島丈弘，谷村康行，航空工學の本，日刊工業新聞社，2010 年 3 月。

[6]　半導體新技術研究會編，村上元監修，図解：最先端半導體パッケージ技術のすべて，工業調查會，2007 年 9 月。

[7]　沼倉研史，よくわかるフレキシブル基板のできるまで，日刊工業新聞社，2004 年 6 月。

[8]　澤岡昭，電子材料：基礎から光機能材料まで，森北出版株式會社，1999 年 3 月。

[9]　須賀唯知，鉛フリーはんだ技術，日刊工業新聞社，1999。

[10] 菅沼克昭，はじめてのはんだ付け技術，工業調查會，2002。

[11] 杉本榮一，図解：プリント配線板材料最前線，工業調查會，2005。

[12] 佐野康，高品質スクリーン印刷ガイド，株式會社エスピーソューション，2007 年 8 月。

[13] 田民波，薄膜技術與薄膜材料，北京：清華大學出版社，2006。

[14] 田民波，李正操，薄膜技術與薄膜材料，北京：清華大學出版社，2011。

[15] 谷腰欣司，フェライトの本，日刊工業新聞社，2011 年 2 月。

10 環境友好和環境材料

10.1　地球環境的惡化和環境友好型社會的創建

10.1.1　人口、資源、環境

在人類影響環境的諸多因素中，人口（population）是最主要、最根本的因素。在近 100 年的時間裡，世界人口的增長速度，達到了人類有史以來的高峰，從 1930 年的 20 億總人口到如今，僅僅用了 80 年的時間，世界人口總數已經突破了 70 億。這其中，主要的人口增長集中在發展中國家，特別是最不發達國家。

資源（resource），一般指自然資源，是指一定時間、地點條件下能產生經濟價值，以提高人類當前和將來福利的自然環境因素和條件，它是人類賴以生存發展的物質基礎。資源分為可再生自然資源，例如風能、太陽輻射、水力等，它們可以反覆使用、利用；可更新自然資源，例如生物資源，它們的更新速度取決於自身的繁殖能力和外界環境，需有計劃、有限制的開發利用；不可再生自然資源，比如礦產、化石燃料，它們的形成週期漫長，應綜合利用、注意節約，避免浪費。

環境（environment），這裡一般指自然環境。自然環境是環繞人們周圍的各種自然因素的總和，如大氣、水、植物、動物、土壤、岩石礦物、太陽輻射等。這些是人類賴以生存的物質基礎。通常把這些因素劃分為大氣圈、水圈、生物圈、土壤圈、岩石圈等五個自然圈。人類是自然的產物，而人類的活動又影響著自然環境。

10.1.2　地球溫暖化

地球的平均氣溫是 15℃，維持了生物適宜的生存溫度，其調節過程被稱為溫室效應（greenhouse effect）。大氣能使太陽短波輻射到達地面，但地表向外放出的長波熱輻射線卻被大氣吸收，這樣就使地表與低層大氣溫度增高，因其作用類似於栽培農作物的溫室，故名溫室效應。但由於自工業革命以來，人類向大氣中排入的二氧化碳等吸熱效應強的溫室氣體逐年增加，大氣的溫室效應隨之增強，因而引起了地球溫暖化（globe warming）等問題。

據觀測，1906 ～ 2005 年間，地球的地表平均溫度上升了 0.74℃。預計到 21 世紀末，地球的平均氣溫預計會上升 6℃，這會給地球的環境、人類的生活帶來非常大的影響。由於溫度升高，海水受熱膨脹，且兩極的冰層融化，會使得

海平面上升，將導致沿海城市被淹沒。位於南太平洋的巴布亞紐幾內亞（Papua New Guinea）的卡特瑞島，由於海平面的上升，其居民已經被迫遷往其它島嶼生存，而卡特瑞島也預計會在數年內完全被海水淹沒，卡特瑞島的居民，是海平面上升導致的第一批遷徙者。氣溫的升高還會影響到氣候的變化，導致反常天氣的出現，比如厄爾尼諾（El Niño）現象（聖嬰現象），還可能導致洪澇乾旱的發生頻率增大。

地球環境惡化 / 友好型社會的創建，如圖 10.1 所示。地球和大氣的能量收支，如圖 10.2 所示；二氧化碳循環，如圖 10.3 所示。

10.1.3　陸地荒漠化

陸地荒漠化，也稱為沙漠化（desertification），是指乾旱和半乾旱地區，由於自然因素和人類活動的影響而引起生態系統的破壞，是原來非沙漠地區出現類似沙漠環境的變化過程。在乾旱和亞乾旱地區，在乾旱多風和具有疏鬆沙質地表的情況下，由於人類不合理的經濟活動，使得原本非沙質荒漠的地區，出現了以風沙活動、沙丘起伏為主要標誌的類似沙漠景觀之環境退化過程。

地球上受到沙漠化影響的土地面積有 3800 多萬平方公里，目前全世界每年約有 600 萬公頃土地發生沙漠化。沙漠化，是對世界農業發展的一個重大威脅。沙漠化是環境退化現象，它使土地滋生能力退化，農牧生產能力及生物產量下降，可供耕地及牧場面積減少。由於沙漠化而導致的水土流失、土地貧瘠，已使不少國家招致連年饑荒。

沙漠化現象可能是自然的。作為自然現象的沙漠化是因為地球乾燥帶移動，所產生的氣候變化導致局部地區沙漠化。但是導致陸地荒漠化更多的是人為造成的，如過度放牧，過度樵採（砍柴），過度農墾，水資源利用不當，工礦交通建設中不注意環保等。文明發祥地中東的美索不達米亞（Mesopotamia）（今伊拉克（Iraq））地區，是世上最早發展農業的地域之一，從而發展成世上最早的文明發祥地之一。美索不達米亞的土壤本來甚為肥沃，不過由於過度的農業活動、人們不理會土地長期枯渴，以及開發河段上游、採伐森林，上游土地從而不能吸收降雨，雨水流入河中，造成水土流失以及洪水，如今正慢慢退化成為沙漠。

10.1.4　世界各國對策

1972 年 6 月 5 ～ 16 日，聯合國在斯德哥爾摩（Stockholm）召開了人類環境會議，100 多個國家的代表，在會中通過了《人類環境宣言》，即《斯德哥爾摩宣言》。1972 年 12 月，聯合國環境規劃署成立，總部設在奈洛比（Nairobi），聯合國大會確定每年 6 月 5 日為世界環境日。

70 年代以來，環境保護意識已開始引起人們的普遍關注。許多國家成立了環境管理機構，70 年代初不及 10 國；80 年代以來已有 100 多國；1972 年非政府性環境保護組織有 2,500 多個，1981 年非政府性環境保護組織達 15,000 個。

1997 年在日本京都（Kyoto）召開的《聯合國氣候變化綱要公約》第三次締約方，在大會上通過了國際性公約——《京都議定書》，為各國的二氧化碳排放量規定了標準，即：在 2008 年至 2012 年間，全球主要工業國家的工業二氧化碳排放量，比 1990 年的平均要低 5.2%。

如今，環境變化已經引起了世界各國廣泛關注。很多國家都制定了相關政策對應環境的惡化。南非（South Africa）自 2005 年以來，每年都召開一次氣候變化會議，2011 年 10 月 18 日，南非公布了《南非應對氣候變化政策》白皮書。歐盟準備在 2013 年前投資 1050 億歐元發展「綠色經濟（green economy）」。擴增開發可再生能源（renewable energy）利用度，減少對化石能源依賴，計畫到 2020 年將溫室氣體排放量在 1990 年基礎上減少 20%。到 2020 年把可再生能源占能源消費的比率提高到 20%，把用於交通的生物燃料至少提高到 10%，將煤、石油、天然氣的消耗減少 20%。西班牙（Spain）擬改變經濟發展模式，發展可再生清潔能源。政府制訂了「2004 ～ 2012 年節約和有效利用能源戰略」，已開始在工業、交通等 7 個方面實施節能增效計畫。瑞典（Sweden）計畫至 2030 年，全國所有汽車都不再使用化石燃料。丹麥（Denmark）首都哥本哈根（Copenhagen）確定的目標是 2025 年實現碳零排放。美國實施總量控制和碳排放交易政策，計畫在 2020 年時，將碳排放量降低到 1990 年水準，並在 2050 再減少 80%。

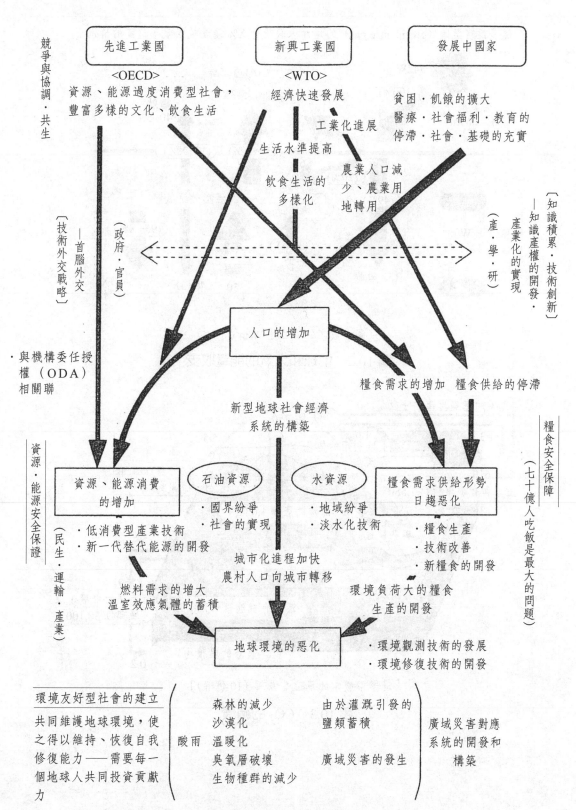

圖 10.1　地球環境的惡化和環境友好型社會的創建

隨著溫度氣體（greenhouse gas）的增加，假設有 X% 能量被吸收、遮斷的情況下

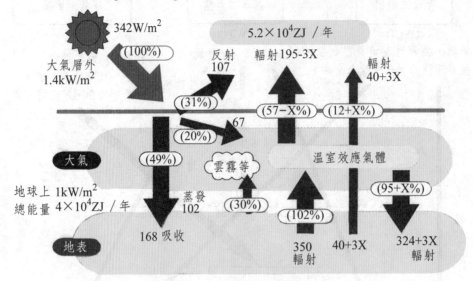

（圖中數字的單位是 W/m²）

圖 10.2　地球和大氣的能量收支

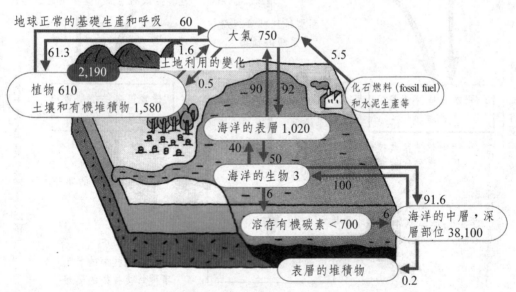

〔圖中數字的單位是吉噸（10 億噸）〕

圖 10.3　CO_2 的循環

10.2　資源匱乏、能源枯竭與環境被害

10.2.1　能源、環境、經濟三大問題（三連環）

　　能源（energy source）是生活的源泉，環境（environment）是生活的依靠，經濟（economy）是生活的動力，這三個方面的問題，都關係著全世界每一個人的生存現狀。而這三個問題本身又是彼此聯繫、環環相扣的。

　　在近一個世紀中，世界人口高速增長，2011 年 10 月 31 日世界人口突破 70 億；同時，經濟快速發展使得人們的生存品質越來越高，對於資源和能源的需求量和消耗量也在急劇增長，同時能源消費結構也在伴隨經濟增長而變化。18 世紀瓦特（Watt）發明了蒸氣機，以蒸氣代替人力、畜力，在一次能源的消費結構上，轉向以煤炭代替木柴的時代，開始了資本主義工業革命。從十九世紀 70 年代開始，電力逐步代替蒸氣作為主要動力，從而實現了資本主義工業化。到了二十世紀 50 年代，隨著廉價石油、天然氣大規模開發，世界能源的消費結構從以煤炭為主轉向以石油為主，因而使得西方經濟在二十世紀 60 年代進入了「黃金時代」。到如今，核能、風力、太陽能等清潔能源快速發展，也開始在能源結構中占據不小的比例。目前全球有超過 16 個國家的核能消費超過能源總量的20%。

　　人類對於能源的開採利用，會直接影響地球的環境。包括煤炭石油等石化燃料燃燒所導致的大氣污染，工業生產過程（化工，煉煤等）中產生的廢氣廢水廢渣，以及過度開採導致的一系列環境問題。

　　環境問題最終會影響到經濟發展。二十世紀末的車諾比（Chernobyl）核能事故，造成的直接經濟損失就達數十億盧布，各種間接損失更是無法估計；印度帕博爾（Bhopal）的有毒試劑洩漏事故，導致近 2 萬人死亡、50 餘萬人受到影響，直接經濟損失接近 150 億美元。環境的惡化會最終制約經濟的發展，並導致經濟倒退，這也是為什麼可持續發展的綠色經濟理念越來越被重視的原因。

10.2.2　世界一次能源的超長期預測

　　從自然界取得未經改變或轉變而直接利用的能源。如原煤、原油、天然氣、水能、風、太陽能、海洋能、潮汐能、地熱、天然鈾礦等。

　　據世界能源會議統計，世界已探明可採煤炭儲量共 15980 億噸，預計還可

開採 200 年。探明可採石油儲量共計 1211 億噸，預計還可開採 30～40 年。探明可採天然氣儲量共計 119 萬億立方米，預計還可開採 60 年。探明可採鈾儲量合計 235.6 萬噸（未包括中央計畫國家），如果利用得好，可再用 2400～2800 年。

據估計，占世界目前能耗 80% 的化石燃料（fossil fuel）（煤炭、石油、天然氣）的最終可開採量相當於 33730 億噸原煤，而世界能耗正以每年 5% 的速度增長，預計只夠人類使用一、二百年。隨著石油、天然氣等優質能源逐步枯竭，新能源的開發利用還沒有重大突破，目前世界正處在被稱為「青黃不接」的能源低谷時期。

10.2.3　溫室效應氣體排放和減排措施

溫室氣體（greenhouse gas）指的是大氣中能吸收地面反射的太陽輻射，並重新發射輻射的一些氣體，如水蒸氣、二氧化碳、大部分製冷劑等。它們的作用是使地球表面變得更暖，類似於溫室截留太陽輻射，並加熱溫室內空氣的作用。這種溫室氣體使地球變得更溫暖的影響，則稱為「溫室效應（greenhouse effect）」。水氣（H_2O）、二氧化碳（CO_2）、氧化亞氮（N_2O）、甲烷（CH_4）、臭氧（O_3）等，是地球大氣中主要的溫室氣體。

據聯合國政府氣候專門委員會的統計，全球化學工業每年使用二氧化碳約為 1.15 億噸，將二氧化碳作為各種合成技術過程的原料。而因人類活動主要是燃燒化石燃料，引起的每年全球二氧化碳變化約為 237 億噸。

如今大氣中的二氧化碳水準比過去 65 萬年高了 27%。工業革命時代開始大量燃燒煤炭，二氧化碳開始上升。近幾十年來，越來越多國家走向工業化，道路上的汽車也越來越多，人類造成氣候變化所需時間，要比氣候系統的自然變化週期短得多。儘管火山爆發會釋放二氧化碳和其它氣體，地球自轉軸和軌道的微小變化會對地球表面溫度造成重大影響，但仍然無法與現正持續加速的人類活動相比。

1997 年 12 月 11 日，《聯合國氣候變化綱要公約》第三次締約方大會在日本京都（Kyoto）召開，促生了公約的第一個附加協議《京都議定書》。2005 年 2 月 16 日，《京都議定書》正式生效，這是人類歷史上首次以法規形式限制溫室氣體排放。

《京都議定書》的目標是在 2008 年至 2012 年間，將主要工業發達國家的

二氧化碳等 6 種溫室氣體排放量在 1990 年的基礎上平均減少 5.2%。減排的溫室氣體包括二氧化碳（CO_2）、甲烷、氧化亞氮、氫氟碳化物、全氟碳化、六氟化硫。其中，歐盟（European Union, EU）削減 8%、美國削減 7%、日本削減 6%、加拿大削減 6%、東歐各國削減 5% 至 8%。紐西蘭（New Zealand）、俄羅斯（Russia）和烏克蘭（Ukraine）可將排放量穩定在 1990 年水準上。議定書同時允許愛爾蘭（Ireland）、澳大利亞（Australia）和挪威（Norway）的排放量比 1990 年分別增加 10%、8% 和 1%。而議定書對於包括中國在內的發展中國家並沒有規定具體的減排義務。議定書的削減目標，如圖 10.4 所示。二氧化碳減排方案，如圖 10.5 所示。各類發電站的二氧化碳排出量如圖 10.6 所示。

10.2.4　酸雨的形成機制

酸雨（acid rain）的正式名稱是酸性沉降，它可分為「濕沉降」與「乾沉降」兩大類，前者指的是所有氣狀污染物或粒狀污染物，隨著雨、雪、霧或雹等降水型態而落到地面者，後者則是指在不下雨的日子，從空中降下來的落塵所帶的酸性物質而言。

酸雨的成因，是一種複雜的大氣化學和大氣物理現象。酸雨中含有多種無機酸（inorganic acid）和有機酸（organic acid），絕大部分是硫酸和硝酸，還有少量灰塵。酸雨是工業高度發展而出現的副產物，由於人類大量使用煤、石油、天然氣等化石燃料，燃燒後產生的硫氧化物或氮氧化物，在大氣中經過複雜的化學反應，形成硫酸或硝酸氣溶膠，或為雲、雨、雪、霧捕捉吸收，降到地面成為酸雨。如果形成酸性物質時沒有雲雨，則酸性物質會以重力沉降等形式逐漸降落在地面上，這叫做乾性沉降，以區別於酸雨、酸雪等濕性沉降。乾性沉降物在地面遇水時複合成酸。酸雲和酸霧中的酸性，由於沒有得到直徑大得多的雨滴稀釋，因此它們的酸性要比酸雨強得多。高山區由於經常有雲霧繚繞，因此酸雨區的高山森林受害最重，常成片死亡。硫酸和硝酸是酸雨的主要成分，約占總酸量的 90% 以上，中國酸雨中，硫酸和硝酸的比例約為 10：1。酸雨的形成機制，如圖 10.7 所示。水溶液的 pH 值，如圖 10.8 所示。世界各地降水中的 pH 值分佈，如圖 10.9 所示。

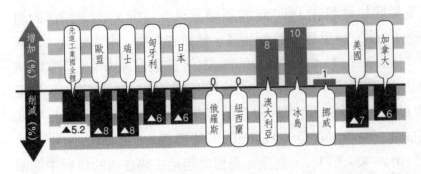

從 2008 年 到 2012 年，先進工業國（包括前蘇聯、東歐各國）以排放之溫室效應氣體的平均量與 1990 年相比減少 5% 作為目標，對同期各國設定消減目標。

圖 10.4　《京都議定書》確定的主要工業國的溫室效應氣體排放削減目標

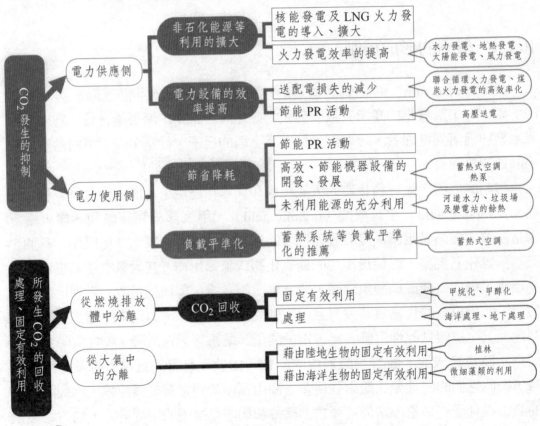

圖 10.5　CO_2 減排方案

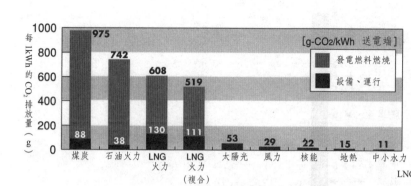

* 除了發電燃燒排放 CO_2 之外，從原料的開採到發電設備之建設、燃料運輸、精製、保管、裝爐、排渣等所消耗的全體能量，作為對象所換算出的 CO_2 的排放量
* 關於核能，按現在計畫中的使用燃料進行國內後處理，以全熱利用（以一次再循環為前提）、高放射水準廢棄物處理等所消耗的能量進行換算

LNG: liquefied natural gas（液化天然氣）

圖 10.6 各種類型電源（發電站）的 CO_2 排出量

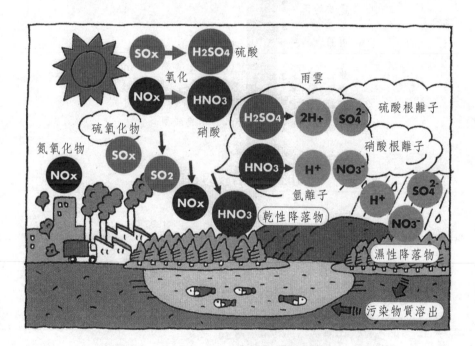

圖 10.7 酸雨的形成機制

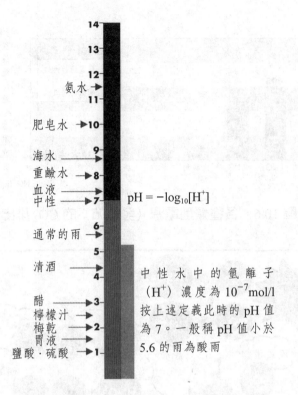

$$pH = -\log_{10}[H^+]$$

中性水中的氫離子（H^+）濃度為 10^{-7}mol/l 按上述定義此時的 pH 值為 7。一般稱 pH 值小於 5.6 的雨為酸雨

圖 10.8　水溶液的 pH 值

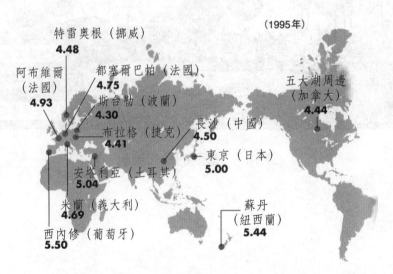

米蘭、蘇丹取 1993 年，東京、西內修、阿布維爾取 1994 年，長沙取 1996 年的數據。

一般稱 pH5.6 以下的雨水為本性雨。但是，依測量場所不同而異，測量結果往往會受到周圍地形、地質及土壤等影響，因此，pH5.6 以下的降水不一定就是受人為污染而形成的酸雨。

圖 10.9　世界範圍降水中的 pH 分佈圖

10.3 環境污染事件和世界環境保護法規的進展

10.3.1 環境被害的惡性循環

自從 18 世紀中葉英國人瓦特（Watt）改良蒸氣機開始，一系列技術革命推動了人類社會工業化的進程。人類不僅獲得了更好的生活，更激發了人類對自然的予取予求，隨之而來的便是生態環境的破壞和惡化，同時惡化的環境，反過來又影響著人類的健康，如圖 10.10 所示。據統計，中國平均每年報廢的電視機在 500 萬台以上、洗衣機約 600 萬台、電冰箱約 400 萬台，同時迅速發展和更新的電子及通訊器材（手機、電腦等）廢棄物更是與日俱增。

電子廢棄物包含多種有害物質，如鉛、鉻、汞等，處理得當可以變廢為寶，而處理不當則造成生態破壞。電子廢棄物被簡單填埋或者焚燒後，其中的重金屬滲入土壤，進入河流和地下水，將會造成當地土壤和地下水污染。而這些重金屬（heavy metal）元素會在食物鏈各級生物之間累積，作為食物鏈最頂層的人類，將這些瓜果魚肉食入人體後，必將對健康帶來危害。例如，鉛會破壞人的神經、血液系統、腎臟，影響幼兒大腦發育；鉻化物會破壞人體 DNA，引致哮喘等疾病。而人類為了更好的生活，便更加忙於新產品的開發，進而又會對環境造成一定損害，如此惡性循環著實對人類社會能否持續發展帶來不小阻礙。而打破此等惡性循環的要害之處，便是廢棄物的有效分離、提取、二次利用，變廢為寶才能根本打破環境被害的惡性循環。

10.3.2 鉛從帶焊料的印刷電路板到攝入人體的路徑

印刷電路板（PCB, printed circuit board）上幾乎裝配了各種類型的電子元件，而 Ag/Fe/Ni 等金屬元素便大量存在於電子元件中。因此在處理廢電路板時，一般都是預先將電子元件拆下來單獨處理。而鉛也較多存在於陰極射線管（CRT）、電容器、顯示面板以及印刷電路板的焊錫（solder）中。其中鉛多以矽酸鹽、鉛錫合金等形式存在。其路徑如圖 10.11 所示。

據統計，全球 1994 年到 2003 年淘汰的電腦累積量達 5 億台，這 5 億台電腦中，約含有 2,872 萬噸塑膠、718 萬噸鉛、1,363 噸鎘和 287 噸汞。若僅做填埋處理，其中所含的鉛、鎘等重金屬會滲入地下水和土壤（若受到酸雨的侵蝕，則會溶解得更快）中，經過自然界中的遷移轉化、食物鏈的循環、生物累積，最

終被人類攝取。

　　而鉛進入人體主要通過消化道和呼吸道兩個途徑，其中通過消化道攝取進入人體者，占總攝取量的 85% ～ 90%，而這些大多來自於被污染的食物，而這些食物便是從源頭（被污染水、土壤等）更經生物累積被污染的。而通過呼吸道進入人體的鉛，則多是自然界中的鉛微粒、汽車排氣中的鉛微粒以及含鉛油漆、塗料揮發出的鉛微粒等。

10.3.3　歷史上重大的化學物質環境污染事故

　　(1) 1976 年 7 月，義大利（Italy）賽維索化學污染（chemical pollution）事故：在義大利北部靠近賽維索（Cseveso）的梅達市，一家化工廠因壓力閥失靈而導致約 2 噸的化學藥品〔戴奧辛（dioxin）等〕擴散到周圍地區，當地居民產生熱疹、頭痛、腹瀉和嘔吐等症狀，許多飛禽和動物則直接被污染而致死。時隔多年後，當地居民的畸形兒出生率大為增加。

　　(2) 1978 年 3 月，卡迪茲號（Cadiz）油輪（petroleum tanker）事件：美國 22 萬噸的超級油輪「卡迪茲號」滿載原油航行至法國布列塔尼海岸時觸礁沉沒，漏出原油 22.4 萬噸，污染了 350 公里長的海岸帶。僅牡蠣就死掉 9000 多噸，海鳥死亡 2 萬多噸。海事本身損失 1 億多美元，污染的損失及治理費用達 5 億多美元，而對被污染區域的海洋生態環境所造成的損失更是難以估量。

　　(3) 1984 年 12 月，印度博帕爾（Bhopal）公害事件：坐落在博帕爾市郊的「聯合碳化殺蟲劑廠」一座存貯 45 噸異氰酸甲酯貯槽的保安閥出現毒氣洩漏事故。首先是近鄰的兩個小鎮上，有數百人在睡夢中死亡。隨後，火車站裡的一些乞丐死亡。一週後，有 2500 人死於這場污染事故，另有 1000 多人命在旦夕，3000 多人病入膏肓。在此污染事故中，有 15 萬人因受污染危害而進入醫院就診，還使 20 多萬人雙目失明。

　　(4) 1986 年 11 月，瑞士（Swiss）萊茵河（Rhine）污染事件：瑞士巴富爾市桑多斯（Sandoz）化學公司倉庫起火，裝有 1250 噸劇毒農藥的鋼罐爆炸，硫、磷、汞等毒物隨著百餘噸滅火劑進入下水道，排入萊茵河。劇毒物質構成 70 公里長的微紅色帶狀物，以每小時 4 公里的速度向下游流去，流經地區魚類死亡。8 天後，塞堵下水道的塞子在水的壓力下脫落，幾十噸含有汞的物質流入萊茵河，造成又一次污染，終使萊茵河的生態遭到嚴重破壞。

　　(5) 1990 年，海灣戰爭（Gulf war）油污染事件：在海灣戰爭期間，科威特

（Kuwait）油田到處起火，濃煙蔽日，原油順著海岸流入波斯灣，進而滔滔入海，接近沙特的海面上甚至形成長 16km、寬 3km 的油帶，而伊朗（Iran）南部也降了「黏糊糊的黑雨」。據統計，期間先後瀉入海灣的石油達 150 萬噸。

(6) 2011 年 3 月 11 日，日本福島核事故事件：日本發生 9.0 級地震並引發高達 10m 的強烈海嘯，導致福島核電廠 1、2、3 號運行機組緊急停運。在之後幾日裡，福島第一核電廠 1、2、3 機組接連發生爆炸，周圍放射性標準上升到正常標準的 70 倍。這次事故不僅造成周邊環境污染，還造成輻射塵向全球飄散、食品污染，也對全球核能復甦產生了不小的阻礙。

整理以上污染事故，如圖 10.12 所示。

10.3.4 世界環境保護法規的進展

1972 年 6 月 5 日，聯合國在瑞典（Sweden）首都斯德哥爾摩（Stockholm）召開了有 110 多個國家參加的人類首次環境大會，通過了《人類環境宣言》和《人類環境行動計畫》，成立了聯合國環境規劃署，並將每年的 6 月 5 日訂為「世界環境日」。它標誌著全世界對環境問題的認識已達成共識，人類已開始了在世界範圍內探討環境保護和改變發展戰略的進程。

1997 年在日本京都召開的《氣候變化綱要公約》第三次締約大會上通過的《京都議定書》，為各國的二氧化碳排放量規定了標準。即：在 2008 年至 2012 年間，全球主要工業國家的工業二氧化碳排放量，比 1990 年的排放量平均要低 5.2%。其目標是「將大氣中的溫室氣體含量穩定在一個適當的水準，進而防止劇烈的氣候改變對人類造成傷害」。目前美國和加拿大宣布退出《京都議定書》。

以下是對現今世界上一些環境保護法規進展的簡要介紹。

REACH 是 Registration、Evaluation、Authorization and Restriction of Chemicals 的縮略語，由歐盟建立並於 2007 年 6 月 1 日起實施的化學品監管體系。它會影響從採礦業到紡織服裝、輕工、機電等，幾乎所有行業的產品及製造工序。隨著最近幾年的發展，越來越多的化學品進入此監管體系中。

RoHS 是 on the Restriction of the Use of Certain Hazardous Substances in Electrical and Electronic Equipment 的縮略語。該法規也顯示了人們對電子電氣中某些有害物質的限制使用。如今許多國家都有各自版本的 RoHS 法規，歐洲議會也在不停地對此法規進行更新與修改。

WEEE 是 on Waste Electrical and Electronic Equipment 的縮略語，即關於報

廢電子電氣設備的指令。2009 年 3 月，歐盟發布 WEEE 修改草案，主要是將回收率提高 5%；而在 2010 年 2 月，又對其進行了些修改。

要求更好的生活

新產品的開發

電氣電子機器廢棄物
20kg/（年・1 人）

導致
兒童異常

激素異常、血鉛神
經、心肝脾被害

健康被害

食物鏈
有害物質
濃聚

不法
投棄

不適當處理

90% 未做
前處理

有害物蓄積

適當處理

經常變化

土壤・水・大氣污染

生態系統異常

水銀 36t/ 年、鎘 16t/ 年
進入地下 40% 的鉛、焚燒設施 50%
的鉛，都是 WEEE 指令的起因

圖 10.10　環境被害的惡性循環

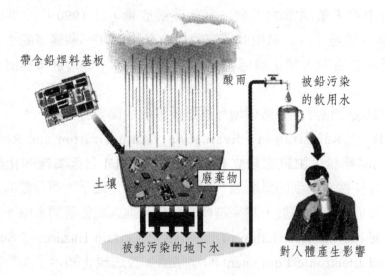

帶含鉛焊料基板

酸雨

被鉛污染
的飲用水

土壤

廢棄物

被鉛污染的地下水

對人體產生影響

圖 10.11　鉛從帶焊料的基板到進入人體的路徑

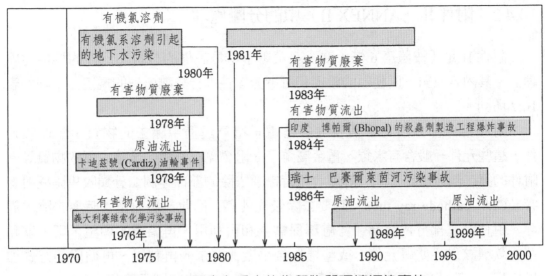

圖 10.12　歷史上重大的化學物質環境污染事故

10.4　WEEE 指令的制定及其內涵

10.4.1　WEEE 指令的附件 IA 和 IB（ANNEX IA and ANNEX IB）的回收處理

　　WEEE 全 稱 為「Waste Electrical and Electronic Equipment，WEEE Directive」，即廢棄電子電氣設備回收指令，這是歐盟（European Union）在 2003 年 2 月通過的一項環保指令。這套指令制定了一個收集、回收及循環再利用的目標，即每個私人家庭年收集報廢電子電氣設備量至少達到人均 4kg。該指令自 2009 年頒佈以來，經歷了一些小的修改，這包括 2006 年和 2009 年的更新。

　　WEEE 指令的規範物件為附件 IA 所列類別下，設計使用電壓為交流電不超過 1000V，和直流電不超過 1500V 的、正常工作需要依賴電流，或電磁場的設備和實現這些電流與磁場的產生、傳遞和測量的設備。附件 IA 中所列十種類別，分別為大型家用器具、小型家用器具、資訊技術和遠端通訊設備、使用者設備、照明設備、電氣和電子工具（大型靜態工業工具除外）、玩具休閒和運動設備、醫用設備（所有被植入和被感染產品除外）、監測和控制器械、自動販售機。附件 IB 的內容是就本指令而言，應考慮和列入附件 IA 分類下的產品清單，詳盡地列舉了各個大類別。以上資訊整理於表 10.1。

10.4.2　附件 II（ANNEX II）中的分離處理

附件 II 是「按照第 6 條 1 款，廢棄電子電氣設備的材料和元件的選擇性處理」。其內容為對不同種類的設備和可拆分零件進行分離處理的規定。細則如表 10.2 所列。

附件第一部分規定了需要從廢舊電子電氣設備中除去的物質、配件和元件，這些元件一般含有水銀、重金屬離子、阻燃劑、石綿、破壞大氣的物質等。附件的第二部分規定了部分設備收集時需要去除的部件，例如分類收集陰極射線管（CRT, cathode ray tube）時要去除螢光外套、回收氣體放電管時要去除水銀等。附件第三部分內容為「考慮環保需要和再利用、再循環的願望，第 1 款和第 2 款應該以不妨礙元件，或整機以合乎環保要求的再利用、再循環的方式加以適用。」第四部分提請歐盟委員會評估行動電話的印刷電路板（PCB, printed circuit board）和液晶顯示器（LCD, liquid crystal display）相關條目是否要被修正。

對於分離處理的規定，主要是讓部分含有有害物質的元件在產品回收之前去除，以防回收後續過程中造成污染物洩漏。

10.4.3　WEEE 指令中按不同種類的再生率和再生循環利用率

對於電子電氣設備的回收，WEEE 指令對附件 IA 中規定的 10 大類設備再生率和循環使用率都做出了規定，相關條款為指令第 7 條第 2 款，內容為：第一大類（大型家用電器）、第十類（自動販售機）要求再生率達到每件器具重量的 80% 以上，組件、材料和物質再利用、再循環率將增至每件器具平均重量的 75% 以上；第二類（小型家用電器）、第五類（照明裝置）、第六類（電動工具）、第七類（玩具、休閒及運動設備）和第九類（監視及控制用機器）要求回收率達到每件器具平均重量的 70% 以上，再利用（reuse）和再循環（recycle）率增加到 50% 以上；第三類（IT 及通訊設備）、第四類（使用者設備）要求回收率達到 75% 以上，再利用和再循環率達到 65%；對於氣體放電設備的元件再利用和再循環率達到燈具重量的 80% 以上。

但是對於第八類醫療器械設備沒有相關規定。2008 年 12 月，歐盟發布了第一版 WEEE 與 RoHS 指令修正案，2009 年 9 月頒佈了第二版修正案的草案，才把醫療器械設備的再生率和再生循環利用率的標準設定下來，修正案規定醫療器械的再生率至少 75%，再利用和再循環率達到至少 55%。

10.4.4　歐洲關於循環再利用用語的定義

關於循環再利用用語的定義，主要出自包裝和包裝廢棄物指令（Directive 94/62/EC）中的 Article 3。其中主要定義有：

處理（Treatment）：報廢電子電氣設備為紡織污染、分解、切碎、回收或處置準備而被運送到一設施後的任何行為，和其它任何為回收和處置報廢電子電氣設備而實施的操作。

預防（Prevention）：減少包裝和包裝廢棄物中使用的材料對環境的危害，減少在生產過程中和市場行銷、分銷、利用和消除過程中對環境的危害；

再使用（Reuse）：將廢舊電子電氣設備或者其元件用於該設備設計用途的任何行為，包括被返還到收集點、銷售商、再循環商或製造商的設備或其元件的連續使用；

再循環利用（Recycling）：指不包括能源回收之用於原始目的或其它用途的廢棄材料等，在生產過程中再加工利用；

能源回收（Energy Recovery）：直接點燃可燃包裝廢棄物回收能源；

處置（Disposal）：堆積在土裡或上面、土地整治、深度注射、地面儲存、專門工程化的垃圾掩埋、放入水中、放入海洋中、在陸地或海上焚化、永久保存等。

表 10.1　WEEE 指令中的附件（ANNEX）IA 和 IB

	類別	包括的主要產品（**ANNEX IB** 摘錄）
1	大型家電產品	電冰箱、冷凍櫃、洗衣機、烘衣機、洗碗機、電磁爐、微波爐、空調機等
2	小型家電產品	吸塵器、紡織機、熨斗、烤箱、咖啡機、開啓及密封容器或包裝的設備、鐘錶、天平等
3	IT 及遠端通訊設備	大型電腦、小型電腦、桌上型電腦、筆記型電腦、印表機、影印機、傳真機、電話、手機
4	民生用裝置和器具	收音機、電視機、攝影機、錄影機、傳真機、擴音器、音樂設備
5	照明裝置	螢光燈、放電管、高壓鈉燈、低壓鈉燈
6	電動工具	鑽孔機、電鋸、縫紉機、旋轉盤、碾磨盤、拋光盤、球磨盤式機、焊接機、割草或其它園林機具

續表 10.1 WEEE 指令中的附件（ANNEX）IA 和 IB

類別		包括的主要產品（**ANNEX IB** 摘錄）
7	玩具	電動火車及賽車、手動圖像遊戲控制台、圖像遊戲機、體育狹縫投擲遊戲機
8	醫療器械及設備	放射線治療機、心電圖測試機、血液透析機、體外診斷用試驗裝置、分析器、冷凍機、人工呼吸器
9	監視及控制用機器	煙霧探測報警器
10	自動販售機	熱飲無人販售機、瓶裝或罐裝冷熱飲料自動販售機、固態商品販售機、自動兌換機、所有提供自動販售服務的設備

表 10.2 附件 II（ANNEX II）中的分離處理

- 含多氯化聯苯（PCB, poly chlorinated biphenyl）的電容器、涉及 PCB 類有關 PCT（polychlorinated terpheny）的處理，可依據指令 96/59/EC
- 含水銀的部件、水銀開關及背光源用螢光燈等
- 電池
- 手機用印刷電路板以及表面超過 $10cm^2$ 的印刷電路板
- 調色塗料、不管是液態的還是黏結粉末狀的，也包括彩色調色劑
- 含溴系阻燃劑的塑膠
- 石綿（asbestos）廢棄物及石綿含有物
- 陰極射線管：螢光塗敷層去除
- 對於含氯氟氫（CFC）、羥基含氯氟烴（HCFC）、羥基氟烴（HFC）、鹵化烴（HC），要按 EU 規則做恰當處理
- 氣體放電型燈具：去除水銀
- 液晶顯示器（如果必要，也包括它的外殼）中，表面積超過 $100cm^2$ 的，以及所有作為背光源而使用的氣體放電管螢光燈
- 外部電線
- 指令 97/69 所訂的含耐火性陶瓷、纖維的構件
- 含放射性物質的構件。但是，不滿足 BSS 指令（96/29/EC 第三條及附記 1）中所訂例外標準的除外
- 電解電容器（25mm×25mm 以上）

10.5　RoHS 指令對有害物質的禁用

10.5.1　RoHS 規則適用範圍判斷樹

RoHS 指令全稱為「Restriction of Hazardous Substances Directive」，即「限制使用某些有害物質指令」，這是歐盟於 2003 年 2 月通過、2006 年 6 月起實施的一個環保指令。

對於一個電子電氣設備是否屬於 RoHS 的管轄範圍，有一個相對比較簡單的判斷方法叫做適用範圍判斷樹（Decision Tree），這是英國提出的一個指導性說明，通過簡單的邏輯判斷（是、否），來達到快速判斷一個電子電氣設備是否在 RoHS 規則適用範圍內。具體來說就是判斷電子電氣設備是否滿足規定中所要求的電壓條件、是否在所規定的產品分類群中、是否涉及國家安全、軍事機密、是否以電能為主動力等。

歐盟（EU）之外的各個國家，對於 RoHS 指令觀點及態度各異。中國公布了相應的資訊產業部令第 39 號《電子資訊產品污染控制管理辦法》，但是與歐盟 RoHS 不同，中國沒有明確的產品目錄；日本沒有直接立法處理 RoHS 規定的有毒有害物質，但是日本的回收法律，導致日本製造商在有毒有害物質的使用上和 RoHS 接軌；美國有部分州通過了 RoHS 相關法案的立法過程，有些州還在討論是否要採取類似法律。

10.5.2　環境影響物質一覽表

RoHS 指令的提出，旨在規範電子電氣設備的材料和技術標準，從而有利人體健康和環境保護。首次注意到電子電氣設備中含有對人體有害的物質是 2000 年荷蘭的電纜（cable）中發現的鎘（Cd），實際上大量使用的焊錫（solder）、印刷用的油墨等，都含有鉛等有害重金屬。

早在 2001 年，日本一些電子電氣企業創建了環保產品優先購入調查共通化協議會（Japan Green Procurement Servey Standarization Initiative，簡稱 JG-PSSI），旨在研究有關電子電氣產品綠色採購的標準化工作，並於 2005 年發行了聯合產業指南，之後重新制定了《產品所含化學物質管理指南》。他將化學物質的管理分為 3 個過程，分別為所購入原材料的內容資訊管理、製造過程管理、所銷售產品的內容資訊管理。上游企業的管理是對單一化學物質／混合物的管理，

下游企業的管理還有必要增加對成型產品的管理。

這裡面的附表 10.3 規定了一些環境影響物質，主要分為三類，一類是含有禁止物質，即頒佈之日起生效的禁止使用物質；一類是附條件的含有禁止物質，一類是含有管理物質，總共涉及到 25 種有毒有害物質，包含了 RoHS 所限制的 6 種。表中所列「禁止含有物質」中包含的物質，是頒佈之日起生效的禁止使用的物質，限制值基本都是 1000ppm，但是鎘及其化合物限制值為 100ppm。

10.5.3 特定有害物質的危害

RoHS 指令所限制使用的 6 種有毒有害物質，都是直接或間接對人體有很大毒害性的物質，如表 10.4 所列。

鉛（lead）的毒性主要作用在神經系統，但同時也能破壞身體的各個器官，可以導致血液和腦部疾病。長期接觸鉛鹽會導致腎病和類似絞痛的腹痛。鉛在人體內積蓄很難自動排除，只能通過藥物。日常生活中，含鉛鹽陶瓷製品可能會導致中毒。

水銀（mercury）本身有毒，其化合物和鹽的毒性一般比純水銀要高。水銀本身易揮發，這使其危險係數提高很多。水銀可以通過吸入或透過皮膚被吸收到體內並積累。水銀破壞中樞神經系統，對人的生殖功能也有很大影響，特別是對男性荷爾蒙的睪丸激素產生影響。

鎘（cadmium）是一種被廣泛用在電池、電鍍、油漆、染料等之元素。鎘主要損害呼吸系統，慢性中毒會引起腎功能衰竭、骨骼軟化、睪丸縮小、嗅覺消失等器官損害。1950 年發生在日本的痛病（伊太—伊太病，Itai-Itai），是世界上最早的鎘中毒事件，這是因為山區礦場排放到河裡的廢水使其鎘含量增高，導致一系列鎘中毒、鎘污染。

鉻（chromium）是人體必需的微量元素，三價鉻是對人體有益的元素，但是六價鉻是有毒的。鉻可以破壞不完整的皮膚產生潰瘍或者皮膚炎，接觸鉻鹽還能引起呼吸道疾病、對眼和耳的刺激，它也是一種致癌物質。

多溴聯苯（PBB, poly-brominated bipheny）是一種阻燃劑，防火效果機器好、具脂溶性，可溶解並積累於生物體內，造成記憶力減退、抑鬱症等中樞神經症狀，目前已經不再生產。

多溴二苯醚（PBDE, poly-brominated diphenyl ether）也是一種性能良好的阻燃劑，包括一溴到十溴的聯苯醚聚合物及其異構體。其中五溴、六溴以及八溴

二苯醚的聚合物是世界上主要使用的，其中十溴二苯醚已經證實對人類與自然環境沒有明顯影響，並且獲得 RoHS 指令的豁免。多溴二苯醚有神經毒性，會對肝和神經系統的發育造成毒害，也可能致癌或引起性別錯亂。在焚燒處理等過程中，還可能產生對環境有害的物質。

10.5.4 禁止使用的特定溴系阻燃劑

阻燃劑（flame retardant agent）根據組成成分的不同，有無機阻燃劑、鹵素阻燃劑（有機氯化物和有機溴化物）、磷系阻燃劑和氮系阻燃劑等。阻燃劑阻燃機制有吸熱、覆蓋可燃物、抑制鏈反應、不燃氣體的窒息作用等，一般阻燃劑阻燃都是通過若干機制共同達到目的。

溴系阻燃劑是含溴有機化合物的通稱，可作為阻燃劑使用，是主要的化學阻燃劑之一。溴系阻燃劑可抑制有機化合物的燃燒，電子產業是溴化阻燃劑最大的使用者。電腦中印刷電路板、零件、塑膠外殼及纜線等，均會用到含溴阻燃劑。溴系阻燃劑的阻燃機制是，阻燃劑一經加熱會釋放出溴自由基和溴化氫，這些會消耗燃燒所需的氧和燃料。

RoHS 指令限制了部分溴化阻燃劑的使用，多溴聯苯和多溴二苯醚的最大允許量均為 0.1%，其中多溴聯苯中不論含有幾個溴，一律均在指令適用範圍內，而多溴二苯醚不一樣。商業上可以使用的多溴二苯醚只有十溴二苯醚（De-caBDE）、八溴二苯醚（OctaBDE）、五溴二苯醚（PentaBDE），起初三種都是被限制使用的，但是通過長達 10 年的調查和最終的投票，十溴二苯醚被排除在限令之外，因為事實證明它的毒性很低，對人類和自然環境沒有明顯影響，可以繼續作為阻燃劑使用。

不僅歐洲頒佈指令限制溴系阻燃劑的使用，綠色和平組織也在定期推出的《綠色電子企業評鑒》中呼籲禁止溴系阻燃劑的使用。

表 10.3　環境影響物質一覽表

分類	No.	物質群名
禁止含有物質	1	PCB（多氯化聯苯）
	2	多質氯化茶（氯原子數 3 以上）
	3	丁基錫二氧撐
	4	三丁基錫化合物，三苯錫化合物
	5	石綿類
	6	短鏈型氯化烷烴（碳原子數：10～13，氯含有量：50wt%）
	7	臭氧層破壞物質（蒙特利爾議定書物件物質：1 級）
附條件的禁止含有物質	8	鎘及其化合物
	9	鉛及其化合物
	10	水銀及其化合物
	11	六價鉻化合物
	12	PBB（多溴聯苯醚）
	13	PBD（多溴二苯醚）
	14	鎳及其化合物（對象：人體接觸部分）
	15	偶氮染料（物件：人體接觸部分）
需要管理含有物質	16	銻及其化合物
	17	砷及其化合物
	18	鈹及其化合物
	19	鉍及其化合物
	20	硒及其化合物
	21	溴系阻燃劑（PBB 和 PBE 以外）
	22	酞酸酯
	23	臭氧層破壞物質〔蒙特利爾（Montreal）議定書物件物質：Ⅱ 級〕
	24	聚氯乙烯
	25	放射性物質

表 10.4　RoHS 指令中禁止使用的特定有害物質之危害

特定有害物質	有害性
鉛（Pb）	· 對神經和造血機構產生影響 · 對嬰幼兒的智慧發育等產生嚴重影響
水銀（Hg）	· 無論是無機水銀還是有機水銀，都對人的生殖功能產生影響，特別是對男性荷爾蒙的睾丸激素產生影響
鎘（Cd）	· 對肝臟、腎臟造成損害，引發軟骨症的物質，因吸入而致癌的物質。
6 價鉻（Cr^{6+}）	· 由消化器官、呼吸器官吸收而引起浮腫、潰瘍，並對皮膚產品影響的致癌物質。
PBB （多溴聯苯）	· 作為造成記憶力減退、引發抑鬱症等中樞神經症狀及小兒發育不全的物質而備受懷疑、荷爾蒙擾亂物質（疑似）
PBDE （多溴二苯醚）	· 體內蓄積性高。有研究指出，具有使甲狀腺功能紊亂等荷爾蒙擾亂作用。在焚燒等處理時，有可能像氯化物產生戴奧辛那般，產生毒性與之相匹敵的「溴化戴奧辛」之危險性

10.6　可再生能源 (1)

10.6.1　自然能源和新能源

自然能源（natural energy source）是自然界所存在或具有的能源，是自然資源的一部分。主要有太陽能（solar energy，包括光能和熱能）、水能、波能、潮汐能、風能、生物質能等。

自然能源中，除了潮汐能（來源萬有引力）、地熱（來源為地球的核分裂，nuclear fission）之外，歸根究柢幾乎都是來源於太陽的核融合（nuclear fussion）能。太陽以短波輻射的形式為地球提供能源，到達地球的總功率約為 1.73×10^{17}W，其中 30% 被直接反射回太空，有 47% 的能量經過大氣及地面吸收轉換為熱能，並以長波長形式輻射出去，還有 23% 的能量經過轉換，以降雨、蒸發、風力、波力等形式被利用。值得一提的是，只有 0.02%，約 4×10^{13}W 的能量貯存到植物中。而這僅有的 0.02%，便已多於地熱能和潮汐能提供的能量之和！

　　新能源概念由 1980 年聯合國召開的「聯合國新能源及可再生能源會議」提出，其定義為：以新技術和新材料為基礎，使傳統的可再生能源得到現代化的開發和利用，用取之不盡、周而復始的可再生能源取代資源有限、對環境有污染的化石能源，重點開發太陽能、風能、生物質能、海洋能、地熱能和氫能等。

　　新能源一般具有以下特點：(1) 資源豐富，具備可再生特性，可供人類持續使用；(2) 能量密度低，分佈廣，較多只能小規模分散利用；(3) 間斷式供應，波動性大，對持續供能不利；(4) 除了生物質能外，都為不含碳或含碳量很少，對環境影響小；(5) 目前除水電外，開發利用成本大多較石化能源高。

10.6.2　水力發電

　　全球約有四分之三的面積覆蓋著水，地球上的水總體積約有 13 億 8600 萬立方千米。而地球上的水循環最主要的三個環節是降水、蒸發和徑流，他們構成的水循環途徑，決定著全球的水量平衡，也決定著一個地區的水資源總量。每年降落到地面的水約為 111 千億升，其中 40 千億升通過河流或地下水流向海洋，71 千億升重新蒸發會回到大氣中。每年降落到海洋的降水約為 385 千億升，加上之前的 40 千億升一併蒸發回大氣，以此構成了海洋水的循環，如圖 10.13 所示。

　　水力發電（hydro-electric power）的基本原理是利用水位落差，配合水車發電機產生電力，也就是利用水的位能轉為水車的機械能，再以機械能推動發電機，進而得到電力。而低位水通過水循環回到高位，完成水利發電的可循環發展。慣常水力發電的過程是：河川的水經由攔水設施截取後，經過壓力隧道、壓力鋼管等水路設施送至電廠，當機組須運轉發電時，打開主閥，然後開啟導翼（實際控制輸出力量的小水門），使水衝擊水車，水車轉動後，帶動發電機旋轉，發電機加入勵磁後，發電機建立電壓，並於斷路器投入後，開始將電力送至電力系統。水力發電的概略圖，示於圖 10.14。

10.6.3　太陽能光伏發電

　　來自太陽的能量經過吸收與反射，最終射到地表的太陽能約為 $1kW/m^2$。光伏發電是根據光伏效應（photovoltaic effect）原理，利用太陽能電池將太陽能直接轉化為電能。下面以矽太陽能電池簡述光伏發電的原理：通過對單晶矽或多晶

矽進行不同的摻雜形成 n 型矽和 p 型矽，構成其核心結構：pn 接面。在二者介面處存在一個空間電荷區，半導體價帶電子通過吸收太陽光能量完成躍遷，在空間電荷區內產生電子—電洞對，它們分別被電荷區形成的自生電場掃向 n 區和 p 區，構成光致電流。

　　太陽能電池（solar cell）的歷史發展經過幾個進程。第一代太陽能電池以矽太陽能電池為主，可分為單晶矽（monocrystalline silicon）、多晶矽（polycrystalline silicon）、非晶矽（amorphous silicon）太陽能電池。從應用來說，以前兩者單晶矽與多晶矽為主。其發展最長久，技術也最成熟。第二代太陽能電池以薄膜技術來製造電池的種類，可分為非晶矽、碲化鎘（CdTe）、銅銦硒化物（CIS）、銅銦鎵硒化物（CIGS）、砷化鎵（GaAs）等。第三代電池太陽能電池又稱新型太陽能電池，其最大的特點是製程中導入有機物和奈米科技。種類有光化學太陽能電池、染料光敏化太陽能電池、有機太陽能電池、量子點太陽能電池等。

　　目前光伏發電產品多應用於如下幾個方面：(1) 為無電場合提供電源，獨立光伏發電系統；(2) 太陽能日用產品，如太陽能充電器、太陽能路燈等；(3) 並網發電，太陽能元件產生的直流電經過並網逆變器，轉換成符合市電電網要求的交流電，之後直接接入公共電網。

10.6.4　太陽熱能利用

　　太陽輻射到達地面的能量不只可以用來發電，也可以通過太陽能集熱器（heat collector）使之吸收變為熱，進而應用到各個方面。太陽能熱水器、太陽能採暖等產品也應用在人們的日常生活中。太陽熱能利用，如圖 10.15 所示。

　　通過太陽能集熱器收集來的熱能有以下幾個方面的應用：(1) 太陽熱能發電：利用大規模陣列的拋物或碟形鏡面收集太陽熱能，通過集熱器供給熱蒸氣，結合傳統汽輪發電機的技術，從而達到發電的目的。太陽熱發電的集光方式，如圖 10.16 所示。優點：不用矽材料，成本低廉；太陽燒熱的水可儲存起來，在太陽落山之後仍可帶動汽輪機發電。(2) 太陽冷室製冷系統：可將熱能直接驅動製冷機轉動，也可利用製冷劑在固體吸附劑中接受太陽光照而在不同溫度下的吸附、脫附實現製冷。

目前太陽能熱發電的技術路線主要有四類：技術相對成熟、目前應用最廣泛的拋物面槽式，效率提升與成本下降潛力最大的集熱塔式，適合以低造價構建小型系統的線性菲涅爾式，效率最高、便於模組化部署的拋物面碟式。四種太陽能熱發電技術有各自的優缺點，其中槽式熱發電系統是最成熟，也是達到商業化發展的技術。

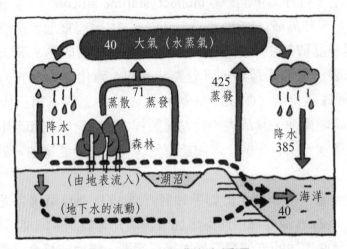

圖 10.13　地球的水循環

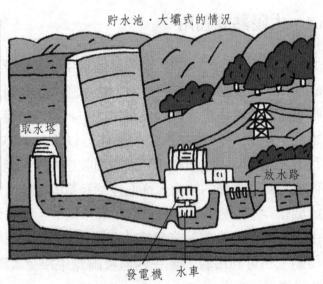

圖 10.14　水力發電的概略圖

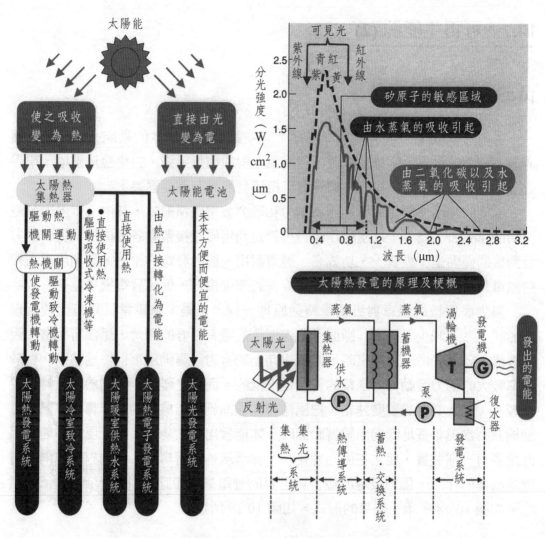

圖 10.15　太陽熱能利用

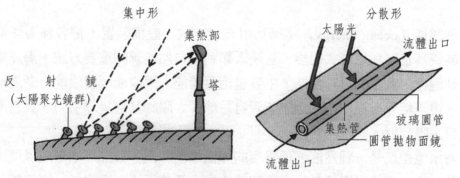

圖 10.16　太陽熱發電的集光方式

10.7 可再生能源 (2)

10.7.1 風能利用

風能（wind energy）是地球表面大量空氣流動所產生的動能。風能是一種清潔、安全、可再生的綠色能源，利用風能對環境無污染，對生態無破壞，環保效益和生態效益良好，對於人類社會可持續發展具有重要意義。

風能的利用主要是以風能作為動力和風力發電兩種形式，其中又以風力發電（wind power）為主，以風能作動力，就是利用風直接帶動各種機械裝置。風力發動機的優點是：投資少、功效高、經濟耐用。風力發電的原理，是利用風力帶動風車葉片旋轉，再透過增速機，將旋轉的速度提升，促使發電機發電。

風力發電機的風車與紙風車轉動原理一樣，但是，風車葉片具有比較合理的形狀。為了減少阻力，其斷面呈流線型。前緣有很好的圓角，尾部有相當尖銳的後緣，表面光滑，風吹來時，能產生向上的合力，驅動風車很快地轉動。對於動率較大的風力發動機，風輪的轉速是很低的，而與之聯合工作的機械，轉速要求較高，因此必須設置變速箱，把風輪轉速提高到工作機械的工作轉速。風力發動機只有當風垂直地吹向風輪轉動面時，才能發出最大功率，由於風向多變，因此還要有一種裝置，使之在風向變化時，保證風輪跟著轉動，自動對準風向，這就是機尾的作用。風力發電的概要與世界的發電量，如圖 10.17 所示。大氣的循環，如圖 10.18 所示。風車的形式，如圖 10.19 所示。

10.7.2 海洋能利用

海洋能（ocean energy）是指利用一定方式、設備裝置，把各種海洋能轉換成電能或其它可利用形式的能。它是人類利用自然能源的重要方法。海洋能是海水運動過程中產生的可再生能，主要包括溫差能、潮汐能、波浪能、潮流能、海流能、鹽差能等。潮汐能和潮流能源自月球、太陽和其它星球引力，其它海洋能均源自太陽輻射。

海水溫差能是一種熱能。低緯度的海面水溫較高，與深層水形成溫度差，可產生熱交換。其能量與溫差的大小和熱交換水量成正比。潮汐能、潮流能、海流能、波浪能都是機械能。潮汐的能量與潮差大小、潮量成正比。波浪的能量與波高的平方和波動水域面積成正比。在河口水域還存在海水鹽差能（又稱海水化學

能），入海徑流的淡水與海洋鹽水間有鹽度差，若隔以半透膜，淡水向海水一側滲透，可產生滲透壓力，其能量與壓力差和滲透能量成正比。海流的循環，如圖10.20所示。

海洋能的特點：(1) 蘊藏量大，並且可以再生不絕。估計地球上海水溫差能可用功率達 1010kW 數量級；潮汐能、波浪能、海流能、海水鹽差能等可再生功率都達 109kW 數量級。(2) 能流的分佈不均、密度低。大洋表面層與 500～1000m 深層之間的較大溫差僅 20℃左右，沿岸較大潮差約 7～10m，而近海較大潮流、海流的流速也只有 4～7 節。(3) 能量多變、不穩定。其中海水溫差能、海流能和鹽差能的變化較為緩慢，潮汐和潮流能則呈短時間週期規律變化，波浪能有顯著的隨機性。利用海洋能的發電，如圖 10.21 所示。水閥集約式波力發電系統的原理，如圖 10.22 所示。

10.7.3 地熱利用

地熱資源是一種綜合性有用礦產，它作為一種新能源，具有分佈廣、成本低、易於開採、潔淨並可直接利用等優點，如能充分開發，可節省大量的煤炭和石油。地球內部和岩漿的熱能，如圖 10.23 所示。

地熱發電（geothermal power）是地熱利用的最重要方式。高溫地熱流體應首先應用於發電。地熱發電和火力發電的原理是一樣的，都是利用蒸氣的熱能在汽輪機中轉變為機械能，然後帶動發電機發電。所不同的是，地熱發電不像火力發電那樣要備有龐大的鍋爐，也不需要消耗燃料，它所用的能源就是地熱能。地熱發電的過程，就是把地下熱能首先轉變為機械能，然後再把機械能轉變為電能的過程。地熱發電的概略圖，示於圖 10.24。要利用地下熱能，首先需要有「載熱體」把地下的熱能帶到地面上。目前能夠被地熱發電站利用的載熱體，主要是地下的天然蒸氣和熱水。按照載熱體類型、溫度、壓力和其它特性的不同，可將地熱發電的方式劃分為蒸氣型地熱發電和熱水型地熱發電兩大類。

1. 蒸氣型地熱發電

蒸氣型地熱發電是把蒸氣鍋中的乾蒸氣直接引入汽輪發電機組發電，但在引入發電機組前，應把蒸氣中所含的岩屑和水滴分離出去。這種發電方式最為簡單，但乾蒸氣地熱資源十分有限，且多存於較深的地層，開採技術難度大，故發展受到限制。主要有背壓式和凝汽式兩種發電系統。

2. 熱水型地熱發電

熱水型地熱發電是地熱發電的主要方式。目前熱水型地熱發電站有兩種循環系統：(1) 閃蒸系統：當高壓熱水從熱水井中抽至地面，於壓力降低部分熱水會沸騰並「閃蒸」成蒸氣，蒸氣送至汽輪機做功；而分離後的熱水可繼續利用後排出，當然最好是再回注地層。(2) 雙循環系統。地熱水首先流經熱交換器，將地熱能傳給另一種低沸點的工作流體，使之沸騰而產生蒸氣。蒸氣進入汽輪機做功後進入凝汽器，再通過熱交換器而完成發電循環。地熱水則從熱交換器回注地層。這種系統特別適合於含鹽量大、腐蝕性強和不凝結氣體含量高的地熱資源。發展雙循環系統的關鍵技術，是開發高效的熱交換器。

10.7.4 生物能利用

生物能（bio-energy）是指儲存於木柴、穀草、植物油、動物組織、人畜糞便、城鎮和工廠廢物廢水中的能源，也是太陽能和水電之外，另一種最重要的能源。

目前生物能主要是指生物質能。生物質能是指直接或間接地通過綠色植物的光合作用（photo synthesis），把太陽能轉化為化學能後，固定和貯藏在生物體內的能量，生物質能是指有機物中除石化燃料外，所有來源於動植物並能再生的物質。

太陽能是巨大的能量源泉，而綠色植物無疑是太陽能最好的轉化器，地球上生物量的潛力巨大，也就決定了地球上擁有巨大的生物質能。生物質能來源不僅分佈廣、數量大，而且它的生產轉化受氣候和地理條件影響，是一種隨處可得的再生能源。

生物質能的利用主要有四種途徑，即：木質燃燒（薪柴燃燒、木質壓縮成形燃料、木油複合燃料）、生物化學加工利用（厭氧發酵、乙醇發酵）、熱化學利用（裂解、氣化、液化）、生物培養能源（石油樹、石油草）等，如圖 10.24 所示。但是，現在主要停留在第一種途徑上，即薪柴燃燒，利用方法落後，效率極低，這就決定了生物質能的開發利用潛力巨大，前景十分廣闊。生物質能主要來源於動、植物，對地球生態能夠起到很好的平衡作用，有助於改善環境。生物的分類，如圖 10.25 所示。

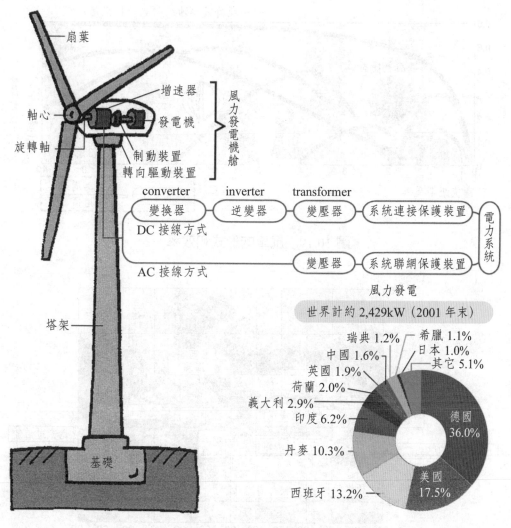

圖 10.17 風力發電的概要與世界的發電量

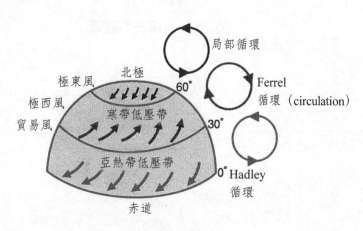

圖 10.18 大氣的循環

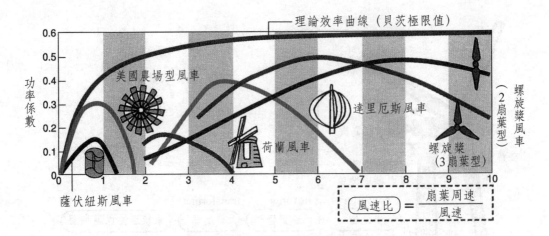

圖 10.19　風車的形式和效率

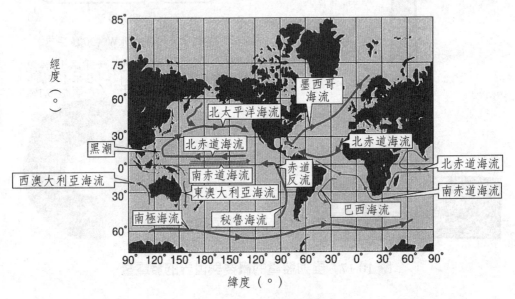

圖 10.20　海流的循環

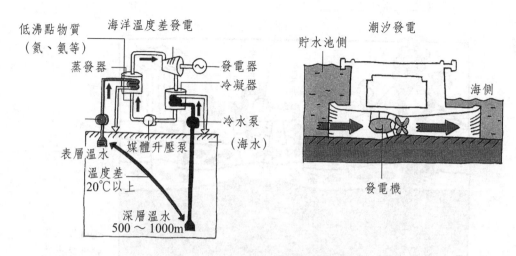

圖 10.21　利用海洋能的發電

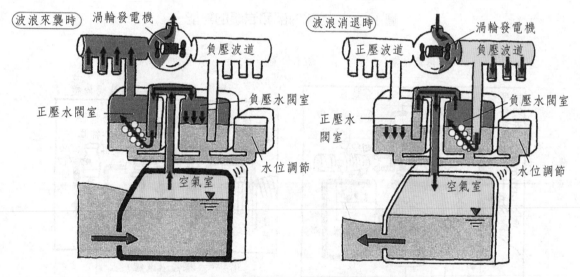

圖 10.22　水閥集約式波力發電系統的原理

圖 10.23 地球內部和岩漿的熱能

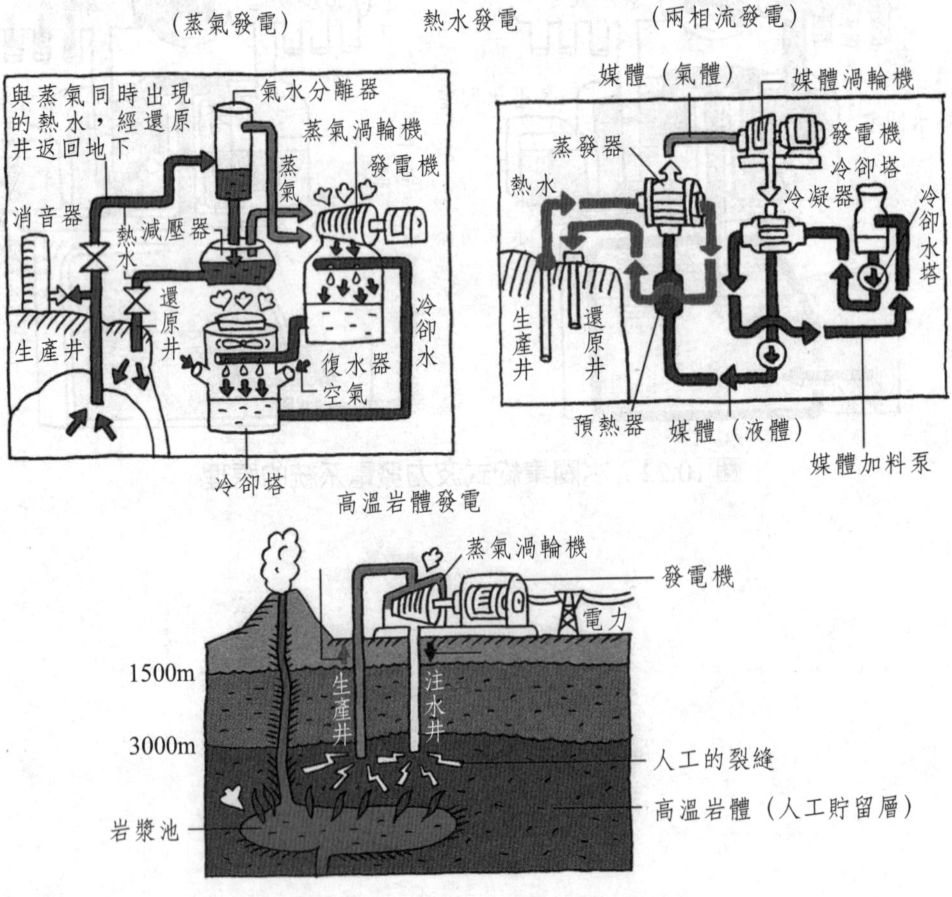

（蒸氣發電）　　　熱水發電　　　（兩相流發電）

圖 10.24 地熱發電的概略圖

生物能利用的概念

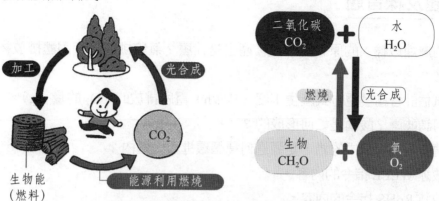

圖 10.25 生物能的利用

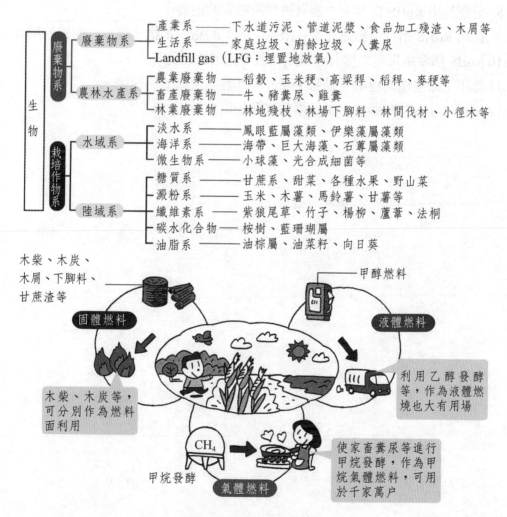

圖 10.26 生物的分類

思考題及練習題

10.1 高爐煉鐵輸入的原料有哪些，產出是什麼？氣體排放物和固體排放物各是什麼？

10.2 試估計各種發電方式產生 1 度（1kWh）電所排放的 CO_2 的量（g）。

10.3 何謂酸雨？酸雨是如何形成的？

10.4 傳統鉛錫焊料中的鉛，是經過何種循環進入人體內？

10.5 敘述 WEEE 指令的內容。

10.6 敘述 RoHS 指令的內容。

10.7 敘述 EuP 指令的內容。

10.8 分別指出 RoHS 指令中六種有害禁用物質的危害。

10.9 指出 RoHS 指令中豁免（不在限制之內）的鉛、水銀、鎘及六價鉻的用途。

10.10 RoHS 指令中規定六種有害禁用物質是如何檢測的。

10.11 指出工廠生產流程中「動脈生產」和「靜脈生產」的關係。

10.12 可再生能源共有哪些，試舉兩個實例加以介紹。

參考文獻

[1] 翁端，環境材料學，北京：清華大學出版社，2001 年 10 月。

[2] 日本電子（株）応用研究センター，編著，WEEE & RoHS 指令，日刊工業新聞社，2004。

[3] WEEE & RoHS 研究會，編著，WEEE & RoHS 指令とグリーン調達，日刊工業新聞社，2005。

[4] 山崎耕造，エネルギーの本，日刊工業新聞社，2005 年 2 月。

[5] 谷腰欣司，光の本，日刊工業新聞社，2004 年 8 月。

[6] 須賀唯知，鉛フリーはんだ技術，日刊工業新聞社，1999。

[7] 菅沼克昭，はじめてのはんだ付け技術，工業調査會，2002。

[8] 馬小娥，王曉東，關榮峰，張海波，高愛華，材料科學與工程概論，北京：中國電力出版社，2009 年 6 月。

[9] 王高潮，材料科學與工程導論，北京：機械工業出版社，2006 年 1 月。

[10] 周達飛，材料概論（第二版），北京：化學工業出版社，2009 年 2 月。

[11] 施惠生，材料概論（第二版），上海：同濟大學出版社，2009 年 8 月。

[12] 雅菁，吳芳，周彩樓，材料概論，重慶：重慶大學出版社，2006 年 8 月。

[13] William F. Smith, Javad Hashemi. Foundations of Materials Science and Engineering. 5th ed. New York, McGraw-Hill, Inco. Higher Education, 2010. 材料科學與工程基礎（第 5 版），北京：機械工業出版社，2011 年。

[14] 李恆德，劉伯操，韓雅芳，周瑞發，王祖法，現代材料科學與工程辭典，濟南：山東科學技術出版社，2001 年 8 月。

國家圖書館出版品預行編目資料

創新材料學／田民波著. －－初版.－－臺北
市：五南，2015.08
　　面；　公分
ISBN 978-957-11-8149-3（平裝）
1.工程材料
440.3　　　　　　　　　　104009922

5DI1

創新材料學

作　　者 ―	田民波(26.3)
校 訂 者 ―	張勁燕
發 行 人 ―	楊榮川
總 編 輯 ―	王翠華
主　　編 ―	王者香
責任編輯 ―	石曉蓉
封面設計 ―	小小設計有限公司

出 版 者 ― 五南圖書出版股份有限公司

地　　址：106台北市大安區和平東路二段339號4樓

電　　話：(02)2705-5066　　傳　　真：(02)2706-6100

網　　址：http://www.wunan.com.tw

電子郵件：wunan@wunan.com.tw

劃撥帳號：01068953

戶　　名：五南圖書出版股份有限公司

法律顧問　林勝安律師事務所　林勝安律師

出版日期　2015年8月初版一刷

定　　價　新臺幣850元